# HANDBUCH
# ROHRLEITUNGSBAU

Günter Wossog (Hrsg.)

# HANDBUCH
# ROHRLEITUNGSBAU

### Band II: Berechnung

### 2. Auflage

**VULKAN-VERLAG ESSEN**

Die Deutsche Bibliothek - CIP-Einheitsaufnahme

**Handbuch Rohrleitungsbau** / Günter Wossog (Hrsg.) - Essen : Vulkan-Verl.
Bd. 2. Berechnung. - 2. Aufl. - 2002

**ISBN 3-8027-2723-1**

© 2003 Vulkan-Verlag GmbH
Ein Unternehmen der Oldenbourg-Gruppe
Huyssenallee 52-56, D-45128 Essen
Telefon: (02 01) 8 20 02-0, Internet: http://www.oldenbourg.de

Das Werk einschließlich aller Abbildungen ist urheberrechtlich geschützt. Jede Verwertung außerhalb der Grenzen des Urheberrechtsgesetzes ist ohne Zustimmung des Verlages unzulässig und strafbar. Das gilt insbesondere für Vervielfältigungen, Übersetzungen, Mikroverfilmungen und die Einspeicherung und Bearbeitung in elektronischen Systemen.

Die Wiedergabe von Gebrauchsnamen, Handelsnamen, Warenbezeichnungen usw. in diesem Work berechtigt auch ohne besondere Kennzeichnung nicht zu der Annahme, dass solche Namen im Sinne der Warenzeichen- und Markenschutz-Gesetzgebung als frei zu betrachten wären und daher von jedermann benutzt werden dürften.

Das vorliegende Werk wurde sorgfältig erarbeitet. Dennoch übernehmen Herausgeber und Verlag für die Richtigkeit von Angaben, Hinweisen und Ratschlägen sowie für eventuelle Druckfehler keine Haftung.

Lektorat: Petra Peter-Antonin
Herstellung: Volker Bromby

# Vorwort

Die 1. Auflage vom Band II des vorliegenden Handbuches ist inzwischen nahezu vergriffen, so dass eine 2. Auflage notwendig war, zumal der Band I in überarbeiteter Form schon seit einiger Zeit vorliegt. Dabei musste auch das Autorenteam etwas verändert werden, da zwei Autoren in den Ruhestand getreten sind.

Die erheblichen Veränderungen im Gesetzes- und Vorschriftenwerk erforderten eine teilweise recht umfangreiche Überarbeitung. Insbesondere die Festigkeitsberechnung und die Systemanalyse oberirdischer Rohrleitungen musste entsprechend den sicherheitstechnischen Anforderungen der Druckgeräterichtlinie an die harmonisierten Normen angepasst werden. Da diese zum Zeitpunkt der Herausgabe dieses Bandes II teilweise nur als internes Material, aber noch nicht als veröffentliche Normen vorlagen, sind geringfügige Abweichungen denkbar, die aber nur unwesentlich die Ergebnisse beeinflussen. Auch das Kapitel 10 musste aus ähnlichen Gründen vollständig überarbeitet werden.

Die Gliederung wurde beibehalten. Einige Bemerkungen zu Drücken und Temperaturen wurden voran gestellt, um deren Definitionen entsprechend den harmonisierten Normen zu erläutern. Neu sind einige Grundlagen der Bruchmechanik, die in das Kapitel 3 eingefügt wurden. Zusätzlich wurde ein Kapitel über Lärm von Rohrleitungen aufgenommen, um dem Rohrleitungsplaner akustische Begriffe und Größen näher zu bringen. In zwei weiteren Kapiteln über praxisnahe Berechnungen zu Ab- und Ausblaseleitungen sind ebenfalls Überschlagsrechnungen zur Sicherung der Imissionsrichtwerte der TA Lärm enthalten.

Meinen Dank möchte ich abstatten

- an diejenigen Autoren, die die Überarbeitung tatkräftig unterstützten,
- an die Unternehmen und Einzelpersonen, die bei der Aktualisierung des Kapitels 16 (Software für Berechnungen) aktiv mitwirkten bzw. Werkbilder unentgeltlich bereitstellten,
- an Frau Dipl.-Ing. Petra Peter-Antonin vom Vulkan-Verlag, die das Werk organisatorisch betreute und auch für andere Anliegen Verständnis aufbrachte,
- an die Damen und Herren der Herstellung, insbesondere an Frau Angelika Witkowski und Herrn Volker Bromby, die das sehr anspruchsvolle Manuskript in das vorliegende Buch umsetzten.

Anregungen, Hinweise und Ergänzungen, die der Vervollständigung des Werkes dienen, werden von den Autoren und dem Herausgeber gern entgegen genommen. Hierfür steht Ihnen meine E-mail-Adresse

guenter.wossog@t-online.de

jederzeit zur Verfügung.

Der Herausgeber

## Autorenverzeichnis

Dipl.-Ing. Peter W. Berger
Witzenmann GmbH Metallschlauchfabrik
Östliche Karl-Friedrich-Straße 134
75175 Pforzheim

Kapitel 8*)

Dr.-Ing. Konrad Göbel
LINDE KCA DRESDEN GMBH
Bodenbacher Straße 80
01277 Dresden

Kapitel 5

Dipl.-Ing. Dr. techn. Gerhard Kiesselbach
Ingenieurbüro für Versorgungswirtschaft
Wienerbergstraße 7/OG
A-1100 Wien

Kapitel 12*)
,
Dipl.-Ing. Ulrich Mittag
Isolierungen Leipzig GmbH
Hohmannstraße 7c
04129 Leipzig

Kapitel 2

Dr.-Ing. Heider Lange
Hofenburger Straße 42
52080 Aachen

Kapitel 9

Dr.-Ing. Heinz-Wilhelm Lange
LISEGA GmbH
Industriegebiet Hochkamp
27404 Zeven

Kapitel 7

Dipl.-Ing. Manfred Rieke
BBP Power Plants GmbH
Duisburger Straße 375
46049 Oberhausen

Kapitel 3 und 4

Dr.-Ing. Andreas Schleyer
GEF Ingenieur AG
Ferdinand-Porsche-Straße 4a
69181 Leimen

Kapitel 10 und 11

Dipl.-Ing. Peter Sommerfeldt
BBP Service Steinmüller Instandsetzung
Kraftwerke GmbH im KW Boxberg
Mehrzweckgebäude 1
02943 Boxberg

Kapitel 1

Dipl.-Ing. Rainer Wolf
BBP Power Plants GmbH
Duisburger Straße 375
46049 Oberhausen

Abschnitt 6.1 bis 6.6

Obering. Dipl.-Ing. Günter Wossog
Technischer Berater
Bergstraße 11
01809 Heidenau

Kapitel 0, Abschnitt 6.7 bis 6.11,
Kapitel 13 bis 18

*) durchgesehen von Günter Wossog

# Inhalt

| | | |
|---|---|---|
| Vorwort | | V |
| Autorenverzeichnis | | VII |
| **0** | **Vorbemerkungen zu Drücken und Temperaturen** | **1** |
| 0.1 | Bezugsbasis und Einheiten für Drücke | 1 |
| 0.2 | Bezugsbasis und Einheiten für Temperaturen | 2 |
| 0.3 | Definition der zulässigen Parameter | 2 |
| 0.4 | Definition der Arbeitsparameter | 3 |
| 0.5 | Definition der Konstruktionsparameter | 4 |
| 0.6 | Definition der Berechnungsparameter | 5 |
| 0.7 | Definition der Ratingparameter | 6 |
| 0.8 | Definition der Prüfparameter | 7 |
| **1** | **Strömungstechnische Berechnungen** | **9** |
| 1.1 | Grundgleichungen für den Druckverlust | 9 |
| 1.2 | Wasserleitungen | 26 |
| 1.2.1 | Kaltwasserleitungen | 26 |
| 1.2.2 | Feuerlöschwasserleitungen | 36 |
| 1.2.3 | Warm- und Heißwasserleitungen | 36 |
| 1.2.4 | Leitungen für Sattwasser (Siedewasser) | 39 |
| 1.3 | Ölleitungen und andere Flüssigkeitsleitungen | 42 |
| 1.4 | Dampfleitungen | 44 |
| 1.5 | Luft- und Gasleitungen | 51 |
| 1.6 | Feststoffleitungen | 59 |
| 1.6.1 | Einteilung, Kenngrößen | 59 |
| 1.6.2 | Homogene und pseudohomogene hydraulische Förderung | 65 |
| 1.6.3 | Heterogene hydraulische Förderung | 65 |
| 1.6.4 | Pneumatische Förderung | 67 |
| 1.6.5 | Praktische Berechnung | 69 |
| 1.7 | Warmhalteleitungen | 71 |
| 1.7.1 | Allgemeines | 71 |
| 1.7.2 | Berechnung | 72 |
| 1.7.3 | Beispiel | 75 |
| 1.8 | Berechnung von Dampfabblaseleitungen | 78 |
| **2** | **Berechnung der Wärme- und Temperaturverluste** | **85** |
| 2.1 | Wärmeverluste nichtgedämmter Rohrleitungen | 85 |
| 2.2 | Wärmeverluste gedämmter Rohrleitungen | 85 |
| 2.3 | Temperaturveränderung längs einer Rohrleitung | 92 |
| 2.4 | Oberflächentemperatur | 95 |
| 2.5 | Bestimmung der Dämmschichtdicke zur Vermeidung von Tauwasserbildung | 96 |

| | | |
|---|---|---|
| 2.6 | Auskühlzeiten abgesperrter Wasserleitungen | 96 |
| 2.7 | Wirtschaftliche Dämmschichtdicke | 97 |

## 3 Zulässige Spannungen und Bruchhypothesen für Festigkeitsberechnungen ... 101

| | | |
|---|---|---|
| 3.1 | Werkstoffkennwerte | 101 |
| 3.1.1 | Stahl | 101 |
| 3.1.2 | Stahlguss | 106 |
| 3.1.3 | Gusseisen | 106 |
| 3.1.4 | Kupfer und Aluminium | 107 |
| 3.1.5 | Thermoplastische Kunststoffe | 107 |
| 3.1.6 | Duroplastische Kunststoffe | 108 |
| 3.2 | Festigkeitshypothesen | 109 |
| 3.3 | Zulässige Spannungen | 111 |
| 3.4 | Primärspannungen, Sekundärspannungen und Spannungsspitzen | 113 |
| 3.5 | Bruchmechanik – Ziele, Grundlagen, Konzepte, Methoden | 118 |
| 3.5.1 | Aufgaben der Bruchmechanik | 118 |
| 3.5.2 | Grundlagen | 118 |
| 3.5.3 | Bruchmechanische Konzepte | 122 |
| 3.5.4 | Berechnungsmethoden | 123 |
| 3.5.5 | Anforderungen an die Prüftechnik zur Feststellung von Ungänzen | 124 |
| 3.5.6 | Anwendungsbeispiele | 124 |

## 4 Festigkeitsberechnung von Rohren und Rohrleitungsbauteilen ... 127

| | | |
|---|---|---|
| 4.1 | Grundlegende Betrachtungen zum geraden Rohr unter Innendruckbelastung | 127 |
| 4.1.1 | Grundgleichungen | 127 |
| 4.1.2 | Schweißnahtfaktor | 133 |
| 4.1.3 | Bestellwanddicke $s_n$ | 133 |
| 4.1.4 | Unrundheit | 135 |
| 4.1.5 | Aufdachungen und Abflachungen (Einbeulungen) | 136 |
| 4.2 | Berechnung von Rohrbogen und -biegungen sowie Segmentkrümmern auf Innendruck | 136 |
| 4.2.1 | Wanddickenbestimmung unter Anwendung des Kräftegleichgewichts (Flächenvergleichsmethode) | 136 |
| 4.2.2 | Wanddickenbestimmung nach der rechnerischen Mindestwanddicke des geraden Rohres | 141 |
| 4.2.3 | Formabweichungen durch Unrundheit | 141 |
| 4.2.4 | Wellenbildung am Intrados in Längsrichtung der Biegung | 145 |
| 4.2.5 | Berücksichtigung von Biegemomenten aus dem Rohrleitungssystem | 146 |
| 4.2.6 | Berechnung von Segmentkrümmern auf Innendruck | 146 |
| 4.3 | Reduzierungen (Erweiterungen) | 148 |
| 4.4 | Ebene Böden | 150 |
| 4.4.1 | Geflanschte Böden | 150 |
| 4.4.2 | Verschweißte Böden (Vorschweißblinddeckel) | 153 |
| 4.5 | Gewölbte Böden | 155 |
| 4.6 | Abzweige und Ausschnitte | 156 |

| | | |
|---|---|---|
| 4.6.1 | Allgemeines | 156 |
| 4.6.2 | Bauformen | 161 |
| 4.6.3 | Berechnung | 163 |
| 4.7 | Kugelformstücke, Ausschnitte in Böden und zylindrische Y-Formstücke | 164 |
| 4.8 | Rohre unter äußerem Überdruck | 166 |
| 4.9 | Nocken und Knaggen als integrale Halterungsanschlüsse | 171 |
| 4.9.1 | Grundlagen | 171 |
| 4.9.2 | Allgemeine Randbedingungen und zulässige Spannungen | 172 |
| 4.9.3 | Definitionen und spezielle Randbedingungen | 172 |
| 4.9.4 | Bestimmung der lokalen Spannungen | 176 |
| 4.9.5 | Spannungsanalyse für das Grundrohr unter Einbeziehung der lokalen Spannungen | 177 |
| 4.10 | Ermüdung | 178 |
| 4.10.1 | Grundlagen | 178 |
| 4.10.2 | Spitzenspannungen durch Innendruck | 180 |
| 4.10.3 | Spitzenspannungen durch Temperaturbelastung | 182 |
| 4.10.4 | Lineare Temperaturänderungen | 182 |
| 4.10.5 | Kombination von Druck- und Temperaturschwankungen; Erschöpfungsgrad | 184 |
| 4.11 | Kriechen und Relaxieren | 185 |
| **5** | **Berechnung von Flanschverbindungen** | **189** |
| 5.1 | Allgemeines | 189 |
| 5.2 | Berechnungsgrundlagen | 190 |
| 5.3 | Nachweis der Tragfähigkeit und der Dichtheit der Flanschverbindung | 194 |
| 5.4 | Zulässige Innendrücke für Flanschverbindungen | 198 |
| 5.5 | Erforderliches Schraubenanzugsmoment zur Sicherung der Dichtheit | 201 |
| **6** | **Statische Rohrsystemanalyse** | **203** |
| 6.1 | Allgemeines | 203 |
| 6.2 | Elastizität des Rohrleitungssystems | 204 |
| 6.3 | Belastungen des Rohrleitungssystems | 206 |
| 6.4 | Beanspruchung des Rohrleitungssystems | 208 |
| 6.4.1 | Allgemeines | 208 |
| 6.4.2 | Spannungen auf Grund ständig wirkender Belastungen | 209 |
| 6.4.3 | Spannungen auf Grund ständig und gelegentlich wirkender Belastungen | 209 |
| 6.4.4 | Spannungen infolge von Wärmedehnung und Wechselbeanspruchung | 210 |
| 6.4.5 | Zusätzlicher Nachweis für den Zeitstandbereich | 211 |
| 6.4.6 | Spannungen infolge einmaliger Lagerstellenverschiebung | 211 |
| 6.4.7 | Nachweis der Anschlussbelastungen | 211 |
| 6.5 | Beanspruchbarkeit eines Rohrleitungssystems | 212 |
| 6.6 | Wärmespannungen | 212 |
| 6.7 | Vereinfachte Berechnung von ebenen Systemen | 214 |
| 6.8 | Vereinfachte Berechnung von U-, Z- und L-Ausgleichern | 216 |

| | | |
|---|---|---|
| 6.9 | Ermittlung der Lasten für Bauangaben | 216 |
| 6.9.1 | Übersicht der Lastfälle | 216 |
| 6.9.2 | Bezeichnung der Lasten für Bauangaben | 221 |
| 6.9.3 | Lastfall „Eigengewicht" | 223 |
| 6.9.4 | Lastfall „Behinderte Wärmedehnung" | 223 |
| 6.9.5 | Lastfall „Reibung" | 224 |
| 6.9.6 | Lastfall „Innendruck" | 226 |
| 6.9.7 | Spezielle Belastungen | 226 |
| 6.10 | Berücksichtigung von Erdbebenbelastungen | 226 |
| 6.10.1 | Allgemeine Vorgehensweise | 226 |
| 6.10.2 | Berechnung auf der Grundlage von DIN EN 13480-3 | 226 |
| 6.10.3 | Berechnung nach KTA-Regelwerk | 227 |
| 6.11 | Rechenprogramme für rohrstatische Berechnungen | 227 |

## 7 Berechnung von Rohrhalterungen ... 229

| | | |
|---|---|---|
| 7.1 | Allgemeines | 229 |
| 7.2 | Belastungsannahmen | 229 |
| 7.3 | Belastungsfälle | 230 |
| 7.4 | Bauangaben aus den Belastungen der Unterstützungskonstruktion | 231 |
| 7.5 | Auflagerarten und Belastungen | 232 |
| 7.6 | Stützweitenberechnung | 234 |
| 7.7 | Berechnungsgrundlagen für Rohrhalterungen | 238 |
| 7.7.1 | Spannungsnachweise | 238 |
| 7.7.2 | Bemessungsspannung dynamisch beanspruchter Bauteile | 243 |
| 7.7.3 | Stabilitätsnachweise | 243 |
| 7.7.4 | Vergleich verschiedener Regelwerke | 244 |
| 7.7.5 | Experimentelle Auslegung und Überprüfung von Standardrohrhalterungen | 245 |
| 7.8 | Berechnung von Stützkonstruktionen | 246 |

## 8 Berechnung von Kompensatoren ... 247

| | | |
|---|---|---|
| 8.1 | Allgemeines | 247 |
| 8.1.1 | Auslegungsvorschriften | 247 |
| 8.1.2 | Standard-Baureihen | 247 |
| 8.2 | Ermittlung der Bewegungsgrößen | 248 |
| 8.2.1 | Wärmedehnungen | 248 |
| 8.2.2 | Druckdehnungen | 250 |
| 8.2.3 | Schwingungen | 250 |
| 8.2.4 | Sonstige Bewegungen | 251 |
| 8.2.5 | Reale Gesamtbewegungen | 252 |
| 8.3 | Gelenksysteme | 252 |
| 8.4 | Regeln für die Kompensator-Auswahl | 253 |
| 8.4.1 | Schiebe- und Dreh-Kompensatoren | 254 |
| 8.4.2 | Weichstoff-Kompensatoren | 256 |
| 8.4.3 | Gummi-Kompensatoren | 257 |
| 8.4.4 | PTFE-Kompensatoren | 259 |
| 8.4.5 | Metall-Kompensatoren | 260 |
| 8.5 | Festpunktkräfte | 266 |
| 8.5.1 | Axiale Druckkraft | 266 |

| | | |
|---|---|---|
| 8.5.2 | Verstellkraft von Kompensatoren und Kompensationssystemen | 267 |
| 8.5.3 | Reibungskraft zwischen Rohrleitung und Auflagern | 268 |
| 8.5.4 | Zentrifugalkraft und sonstige anlagenbedingte Kräfte | 268 |
| 8.6 | Berechnung der Anschlusskräfte und -momente für Metall-Kompensatoren | 269 |
| 8.6.1 | Bezugsbasis der Berechnungsgleichungen | 269 |
| 8.6.2 | Berechnungsmodell | 269 |
| 8.6.3 | Zwei-Gelenk-System | 270 |
| 8.6.4 | Drei-Gelenk-System in U-Anordnung | 272 |
| 8.6.5 | Räumliches Drei-Gelenk-System in L-Anordnung | 273 |
| 8.7 | Führungen bei kompensierten Leitungen | 274 |

## 9 Fluiddynamische Berechnungen ... 279

| | | |
|---|---|---|
| 9.1 | Instationäre Strömungsvorgänge, Druckstoß | 279 |
| 9.2 | Vereinfachte Berechnungen | 279 |
| 9.2.1 | Ermittlung der Schallgeschwindigkeit | 280 |
| 9.2.2 | Druckstöße und dynamische Kräfte | 288 |
| 9.3 | Rechenverfahren für komplexe Systeme | 290 |
| 9.4 | Berechnungsbeispiele | 291 |
| 9.4.1 | Pumpenausfall | 291 |
| 9.4.2 | Turbinenschnellschluss | 291 |
| 9.5 | Fluid-Struktur-Wechselwirkung | 296 |

## 10 Erdverlegte Kunststoffmantelrohrsysteme ... 305

| | | |
|---|---|---|
| 10.1 | Allgemeines | 305 |
| 10.2 | Verlegemethoden | 305 |
| 10.2.1 | Kaltverlegung | 307 |
| 10.2.2 | Verlegung mit Vorwärmung | 308 |
| 10.2.3 | Konventionelle Verlegung | 309 |
| 10.2.4 | Einmalkompensatoren (E-Muffen) | 310 |
| 10.2.5 | Dauerkompensatoren zur Teilentlastung | 310 |
| 10.3 | Kompensation der Endverschiebungen | 311 |
| 10.4 | Systemgerechte Trassierung | 313 |
| 10.5 | Abzweige und Hausabgänge | 315 |
| 10.6 | Grundlagen der Elastizitätsberechnung bei KMR-Systemen | 317 |
| 10.6.1 | Reibungskraft $F_R'$ bei Axialverschiebung | 317 |
| 10.6.2 | Axialkräfte infolge inneren Überdruckes | 322 |
| 10.6.3 | Bettungskraft $Q_v'$ infolge Querverschiebung | 326 |
| 10.6.4 | Resultierender Bettungswiderstand | 329 |

## 11 Berechnung warmgehender erdverlegter Stahlmantelrohrsysteme ... 335

| | | |
|---|---|---|
| 11.1 | Allgemeines | 335 |
| 11.2 | Lagerung des Mediumrohres im Mantelrohr | 335 |
| 11.3 | Lagerbelastungen infolge Eigengewicht | 337 |
| 11.4 | Querbelastungen in abgewinkelten Vorspannstrecken | 338 |
| 11.5 | Querbelastungen infolge behinderter Dehnung | 338 |

| | | |
|---|---|---:|
| 11.6 | Reaktionen und Verschiebungen an den Kompensationsstellen | 338 |
| 11.7 | Axialbelastungen der Koppelpunkte | 339 |
| 11.7.1 | Grundlagen der Berechnung von Vorspannstrecken | 339 |
| 11.7.2 | Mechanisches Vorspannen | 341 |
| 11.7.3 | Thermisches Vorspannen | 344 |
| 11.7.4 | Verschiebung und Belastung des Koppelpunktes bei Betrieb | 350 |
| 11.7.5 | Berechnung der Verschiebungen und Belastungen mit Computer-Programmen | 354 |
| 11.8 | Anwendungsbeispiel | 356 |

## 12 Berechnung kaltgehender erdverlegter Rohrleitungen ... 359

| | | |
|---|---|---:|
| 12.1 | Mechanisches System „Fahrbahn-Boden-Rohr" | 359 |
| 12.1.1 | Mechanische Eigenschaften der Rohrwerkstoffe | 360 |
| 12.1.2 | Mechanische Eigenschaften der Boden und Verfüllmaterialien | 363 |
| 12.1.3 | Verlege- und Einbaubedingungen | 366 |
| 12.1.4 | Belastungsverhältnisse | 368 |
| 12.2 | Berechnungsmethoden für erdverlegte Rohrleitungen | 373 |
| 12.2.1 | Grundlagen | 373 |
| 12.2.2 | Berechnung gegen Innendruck | 374 |
| 12.2.3 | Berechnung mit vereinfachten Verfahren | 376 |
| 12.2.4 | Berechnung mit analytischen Verfahren | 387 |
| 12.2.5 | Berechnung mit der Finite-Elemente-Methode | 388 |
| 12.3 | Rohrkennfelder für erdverlegte Rohre | 389 |
| 12.4 | Sicherheitskonzepte für erdverlegte Rohrleitungen | 392 |
| 12.4.1 | Konventionelles Sicherheitskonzept | 392 |
| 12.4.2 | Statistisches Sicherheitskonzept | 393 |

## 13 Lärm bei Rohrleitungen ... 395

| | | |
|---|---|---:|
| 13.1 | Vorbemerkungen | 395 |
| 13.2 | Lärmquellen bei Rohrleitungen | 395 |
| 13.3 | Lärmemission von Armaturen | 398 |
| 13.3.1 | Grundlagen, Voraussetzungen | 398 |
| 13.3.2 | Armaturen für Gase und Dämpfe | 399 |
| 13.3.3 | Armaturen für Flüssigkeiten | 401 |
| 13.3.4 | Absperr- und Rückschlagarmaturen | 405 |
| 13.4 | Strömungslärm | 406 |
| 13.4.1 | Gase und Dämpfe | 406 |
| 13.4.2 | Flüssigkeiten | 407 |
| 13.4.3 | Feststoffe | 408 |
| 13.5 | Schallübertragung innerhalb der Rohrleitung | 408 |
| 13.6 | Schall in geschlossenen Räumen | 408 |
| 13.6.1 | Schallabstrahlung und Schalldämmung | 408 |
| 13.6.2 | Luftschallausbreitung im Raum | 410 |
| 13.6.3 | Überlagerung von Schallleistungspegeln | 411 |
| 13.7 | Zulässige Schallemissionen | 412 |

Inhalt   XV

## 14 Auslegung der Rohrleitungen von Abblasesystemen ... 415

| | | |
|---|---|---|
| 14.1 | Vorbemerkungen ... | 415 |
| 14.2 | Zuleitung zum Sicherheitsventil ... | 415 |
| 14.2.1 | Auslegungsgrundlagen ... | 415 |
| 14.2.2 | Innendurchmesser der Zuführungsleitung ... | 418 |
| 14.2.3 | Maximal zulässige Länge der Zuführungsleitung ... | 420 |
| 14.2.4 | Berechnungsbeispiel ... | 422 |
| 14.3 | Abblaseleitung und -schacht ... | 424 |
| 14.3.1 | Auslegungsgrundlagen ... | 424 |
| 14.3.2 | Innendurchmesser des Abblaseschachtes ... | 424 |
| 14.3.3 | Eigengegendruck ... | 426 |
| 14.3.4 | Kontrolle auf unzulässige Schallgeschwindigkeit ... | 428 |
| 14.3.5 | Dimensionierung von Staustufen ... | 429 |
| 14.4 | Notwendigkeit eines Abblaseschalldämpfers ... | 430 |
| 14.4.1 | Austrittsquerschnitt der Abblasemündung ... | 430 |
| 14.4.2 | Berechnung der Austrittsgeschwindigkeit ... | 430 |
| 14.4.3 | Schallleistungspegel ... | 431 |
| 14.4.4 | Schallausbreitung im Freien ... | 431 |
| 14.4.5 | Zulässige Immissionsrichtwerte ... | 433 |
| 14.4.6 | Erfordernis eines Abblaseschalldämpfers ... | 434 |
| 14.5 | Kräfte beim Abblasevorgang ... | 434 |

## 15 Auslegung von Ausblasesystemen ... 437

| | | |
|---|---|---|
| 15.1 | Beschreibung des Reinigungsverfahrens ... | 437 |
| 15.2 | Berechnungsgrundlage ... | 438 |
| 15.2.1 | Sauberkeitskriterium ... | 438 |
| 15.2.2 | Erforderlicher Massenstrom zum Ausblasen ... | 441 |
| 15.3 | Strömungstechnische Berechnung des Ausblasesystems ... | 442 |
| 15.3.1 | Ausblasemündung ... | 442 |
| 15.3.2 | Gegendruck nach Drosselventil ... | 442 |
| 15.3.3 | Auslegungsdruck der provisorischen Ausblaseleitung ... | 444 |
| 15.3.4 | Kontrolle auf unzulässige Schallgeschwindigkeit ... | 444 |
| 15.3.5 | Auslegungsdruck und Druckverlust der Zuführungsleitung ... | 445 |
| 15.3.6 | Berechnungsablauf ... | 445 |
| 15.4 | Ermittlung der Schallemission ... | 446 |
| 15.5 | Kräfte an der Ausblasemündung ... | 446 |

## 16 Häufig angewendete Berechnungs-Software ... 447

| | | |
|---|---|---|
| 16.1 | Strömungstechnische Berechnungen ... | 447 |
| 16.1.1 | Programmsystem SINETZ, SIFLOW, FWNETZ und SPRINK ... | 447 |
| 16.1.2 | Programm SISHYD zur hydraulischen und thermischen Rohrnetzberechnung ... | 448 |
| 16.1.3 | LV-Programme: Module Bereich Strömungstechnik ... | 449 |
| 16.2 | Berechnung der Dämmung und der Wärmeverluste ... | 449 |
| 16.2.1 | Programm ROBERT und WANDA ... | 449 |
| 16.2.2 | LV-Programme: Modul Bereich Wärmeleitung ... | 450 |
| 16.2.3 | Programm FERO: Modul zur Berechnung von Dämmdicken ... | 450 |
| 16.3 | Festigkeitsberechnungen ... | 450 |
| 16.3.1 | Programmsystem FERO ... | 450 |
| 16.3.2 | Programm PROBAD ... | 451 |

| | | |
|---|---|---|
| 16.3.3 | Mathcad-Dateien KONDROL | 452 |
| 16.3.4 | LV-Programme: Module Festigkeitsberechnungen | 453 |
| 16.3.5 | Programm AD | 453 |
| 16.3.6 | Programm CENFLA für Flanschverbindungen | 453 |
| 16.3.7 | Programm ADRIESS und ACRIESS | 454 |
| 16.3.8 | FEM-Programmpaket ANSYS | 454 |
| 16.4 | Rohrsystemanalyse | 455 |
| 16.4.1 | Programmsystem ROHR2 und R2STOSS | 455 |
| 16.4.2 | Programmsystem KWUROHR | 456 |
| 16.4.3 | Programmsystem P10 (Pipe-Stress-Analysis) | 457 |
| 16.4.4 | Programmsystem EASYPIPE und KEDRU | 457 |
| 16.4.5 | Programmsystem CAESAR II | 458 |
| 16.4.6 | Programmsystem AutoPIPE | 459 |
| 16.5 | Betriebsbegleitende Berechnungen | 459 |
| 16.5.1 | Programm ConLife zur Lebensdauerüberwachung | 459 |
| 16.5.2 | Programm „Boiler Life" zur Lebensdauerüberwachung | 460 |
| 16.5.3 | Programm FERO: Modul zur Betriebsüberwachung | 461 |
| 16.6 | Programm FLEXPERTE zur Auswahl von Kompensatoren | 461 |
| 16.7 | Berechnung von Rohrhalterungen | 461 |
| 16.7.1 | Berechnung von Hilfs- und Stützkonstruktionen (Stahltragwerken) | 461 |
| 16.7.2 | Programm LICAD zur Auswahl und Berechnung von Standardhalterungen | 462 |
| 16.7.3 | Programm PSS 2005 zur Auswahl und Berechnung von Standardhalterungen | 463 |
| 16.7.4 | Programm CASCADE zur Auswahl und Berechnung von Standardhalterungen | 463 |
| 16.7.5 | Programm HTA zur Auswahl und Berechnung von Ankerschienen, Applikationen für Powerclick | 463 |
| 16.8 | Berechnung erdverlegter Rohrleitungen | 464 |
| 16.8.1 | Software-Paket KEROHR zur statischen Berechnung erdverlegter Rohrleitungen | 464 |
| 16.8.2 | Software-Paket MARC und MENTAT zur Strukturanalyse erdverlegter Rohrleitungen | 464 |
| 16.8.3 | Programm sisKMR zur Berechnung warmgehender Kunststoff- und Stahlmantel-Rohrleitungen | 465 |
| 16.8.4 | Programm FERO: Modul für eingeerdete Rohrleitungen | 466 |
| **17** | **Verzeichnis der Normen und Regeln** | **467** |
| 17.1 | Deutsche Normen | 467 |
| 17.2 | Deutsche Regeln | 472 |
| 17.3 | Ausländische Normen und Regeln | 476 |
| 17.4 | Ungültige Normen und Regeln | 476 |
| **18** | **Literaturverzeichnis** | **477** |
| | **Stichwortverzeichnis** | **485** |

# 0 Vorbemerkungen zu Drücken und Temperaturen

## 0.1 Bezugsbasis und Einheiten für Drücke

a) *Bezugsbasis*

Drücke sind gemäß Druckgeräterichtlinie (DGR) auf den Atmosphärendruck zu beziehen, d.h. sie sind als Überdrücke zu verstehen. Demzufolge tragen Drücke im Vakuumbereich (Unterdrücke) ein negatives Vorzeichen. Die Umrechnung von prozentualen Vakuumangaben $V_p$ auf Überdruck erfolgt mit ausreichender Genauigkeit nach der Formel:

$$p_{[\text{Überdruck}]} = \frac{V_p}{100} - 1{,}013 \text{ bar} \qquad (0.1)$$

20 % Vakuum entsprechen somit -0,813 bar.

Sind für spezielle Berechnungen Absolutdrücke erforderlich, können sie vereinfacht aus

$$p_{[\text{Absolutdruck}]} = p_{[\text{Überdruck}]} + 1 \text{ bar}, \qquad (0.2a)$$

bzw. für $p_{[\text{Überdruck}]} < 0{,}5$ bar aus

$$p_{[\text{Absolutdruck}]} = p_{[\text{Überdruck}]} + 1{,}013 \text{ bar} \qquad (0.2b)$$

ermittelt werden.

Differenzdrücke entsprechen Absolutdrücken.

b) *Einheiten*

- SI-Einheiten

    Vorzugsweise ist die Einheit bar zu verwenden. In bestimmten Fällen sind auch andere SI-Einheiten zweckmäßig:

    1 MPa ≙ $10^3$ kPa ≙ $10^6$ Pa ≙ $10^6$ N/m$^2$ ≙ 1 N/mm$^2$ ≙ 10 bar

- Atmosphärischer Druck

    Es sind teilweise noch folgende SI-fremde Einheiten angegeben:

    1 atm ≙ 760 mm Hg ≙ 760 Torr ≙ 1,013 bar

    d.h.

    750 mm Hg ≙ 750 Torr ≙ 1 bar,

    wobei mm Hg manchmal auch als mm QS (Quecksilbersäule) bezeichnet wird.

- SI-fremde Einheiten

    10 m WS ≙ 10 000 mm WS ≙ 0,981 · $10^5$ Pa ≅ $10^5$ Pa ≙ 1 bar

    1 at ≙ 1 kp/cm² ≙ 0,981 · $10^5$ Pa ≅ $10^5$ Pa ≙ 1 bar

- Angelsächsische Einheiten

    1 lb./sq. ft. ≙ 1/144 lb./sq. in. ≙ 0,479 · $10^{-3}$ bar

    1 lb./sq. in. ≙ 1 psi ≙ 0,06895 bar

    Überdrücke werden zusätzlich durch den Buchstaben „g" (engl.: gauge; amerik.: gage) kenntlich gemacht, z.B. psig oder lb./sq.in.g.

## 0.2 Bezugsbasis und Einheiten für Temperaturen

Temperaturen sind in °C anzugeben. Sind für spezielle Berechnungen Absoluttemperaturen in K erforderlich, können sie vereinfacht aus

$$T_{[\text{Absoluttemperatur in K}]} = t_{[\text{Celsiustemperatur in °C}]} + 273 \text{ K}$$

ermittelt werden. Für Temperaturen in der Nähe des absoluten Nullpunkts (T < 20 K) ist als Konstante der Wert 273,15 K einzusetzen.

Temperaturdifferenzen tragen die Einheit K oder °C. Die Einheit „grd" ist nicht mehr anzuwenden.

Für angelsächsische Temperatureinheiten gilt als Umrechnung:

$$t_{[\text{Fahrenheittemperatur in °F}]} = 1,8 \cdot t_{[\text{Celsiustemperatur in °C}]} + 32 \text{ °F}$$

Formelzeichen in Bezug auf die Druckgeräterichtlinie siehe DIN EN 764 und DIN EN 764-2.

## 0.3 Definition der zulässigen Parameter

a) *Zulässiger Druck (allowable pressure)* $p_s$

Er ist gemäß DIN EN 764 ein aus Sicherheitsgründen festgelegter Grenzwert für den Arbeitsdruck der Rohrleitung. Zur Begrenzung sind geeignete Sicherheitseinrichtungen erforderlich, z.B. Sicherheitsventile. Die Definition entspricht im ASME-Code dem „maximum sustained operating pressure" (MSOP).

Veraltete Bezeichnungen: zulässiger Betriebsüberdruck (allowable working pressure), Betriebsdruck, Genehmigungsdruck, Konzessionsdruck.

b) *Zulässige Temperatur (allowable temperature)* $t_s$

Sie ist die aus Sicherheitsgründen festgelegte Grenze für die Arbeitstemperatur der Rohrleitung. Zu ihrer Begrenzung sind geeignete Sicherheitseinrichtungen erforderlich, z.B. geregelte Dampfkühler.

Veraltete Bezeichnung: zulässige Betriebstemperatur.

0 Vorbemerkungen zu Drücken und Temperaturen

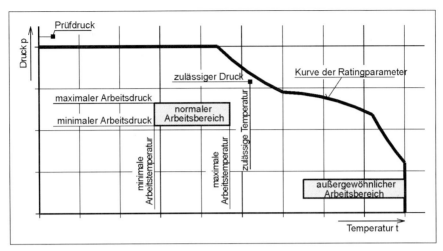

Bild 0.1: Druck- und Temperaturangaben nach DIN EN 764

c) *Zulässige Parameter*

Ein Wertepaar aus zulässigem Druck und zulässiger Temperatur, kurz als zulässige Parameter oder Lastkombination (set) bezeichnet, das in Abhängigkeit von den Sicherheitseinrichtungen festzulegen ist. Die zulässigen Parameter müssen mindestens den maximalen Arbeitsparametern entsprechen und dürfen auf der Kurve der Ratingparameter liegen, aber diese nicht übersteigen (Bild 0.1).

Je nach Betriebsregime der Rohrleitung können weitere Wertepaare für außergewöhnliche oder spezielle Arbeitsbedingungen existieren, die ebenfalls auf der Kurve der Ratingparameter liegen, aber diese nicht übersteigen dürfen.

**0.4 Definition der Arbeitsparameter**

a) *Arbeitsdruck (operating pressure) $p_o$*

Er ist der für den Ablauf einer oder mehrerer Arbeitsoperationen vorgesehene Fluiddruck in der Rohrleitung. Er kann zwischen einem Höchst- ($p_{o\,max}$) und Niedrigstwert ($p_{o\,min}$) schwanken.

b) *Arbeitstemperatur (operating temperature) $t_o$*

Sie ist die dem jeweiligen Arbeitsdruck zugeordnete Fluidtemperatur in der Rohrleitung. Sie kann zwischen einem Höchst- ($t_{o\,max}$) und Niedrigstwert ($t_{o\,min}$) schwanken.

c) *Arbeitsparameter*

Die maximalen und minimalen Arbeitsparameter bilden den normalen Arbeitsbereich. Je nach Betriebsregime der Rohrleitung können noch weitere außergewöhnliche oder spezielle Arbeitsbereiche existieren (Bild 1.1).

*d) Beispiele für Rohrleitungen mit außergewöhnlichen Arbeitsparametern*
- Kalte Zwischenüberhitzungsleitung
  - Betrieb bei geöffneter HD-Umleitstation mit gedrosselter Frischdampftemperatur sowie
  - Leerlaufbetrieb der Turbine unter hohen Temperaturen bei niedrigem Druck.
- Entnahmedampf- und Anzapfleitungen
  Leerlaufbetrieb der Turbine unter hohen Temperaturen bei niedrigem Druck.
- Rohrleitungen mit Begleitheizung, z.B. Ölleitungen
  - Weiterbetrieb der Begleitheizung bei entleerter Rohrleitung, falls keine automatisch wirkenden Sicherheitseinrichtungen vorhanden sind, so dass die Rohrleitung sich stärker als im gefüllten Zustand ausdehnt.
  - Weiterbetrieb der Begleitheizung bei fehlender Abnahme, z.B. bei plötzlichem Ausfall des Kessels, so dass sich das Produkt bis zur maximalen Arbeitstemperatur der Begleitheizung aufheizen kann.
- Ölleitungen, die turnusmäßig mit Dampf gereinigt werden
  Berücksichtigung der zulässigen Parameter des Dampfes.

*e) Beispiele für Rohrleitungen unter zeitweisem Vakuumbetrieb*
- ND-Systeme von Kraftwerksrohrleitungen
  Planmäßige Evakuierung von ND-Anzapfungen oder -Entnahmen, Kondensatleitungen, Abführungsleitungen von MD-Umleitstationen und weiteren Dampfleitungen im ND-Bereich während des Anfahrens.
- Absperrbare Saugleitungen von Verdichtern
  Vakuum tritt bei abgesperrter Einlassarmatur auf.
- Flüssigkeitsleitungen, die ohne Belüftung entleert werden.
  Implodieren von dünnwandigen großvolumigen Wasserleitungen, z.B. Brauch- oder Kühlwasserleitungen, falls keine automatisch wirkenden Sicherheitseinrichtungen vorhanden sind, z.B. automatische Ent- und Belüftungsventile. Gefährdet sind beidseitig absperrbare Rohrleitungen mit einem Wanddickenverhältnis $s_n / d_a \leq 0{,}01$ ($s_n$ - Bestellwanddicke; $d_a$ - Außendurchmesser).

*f) Witterungsbedingte tiefe Temperaturen*
Die in Deutschland herrschenden Witterungsbedingungen erfordern keine besonderen Maßnahmen. Bei Lieferungen in den skandinavischen, osteuropäischen oder fernöstlichen Raum (Zentralasien) müssen die witterungsbedingten tiefen Temperaturen bei kaltgehenden ungedämmten Gasleitungen und bei Rohrhalterungen in der Werkstoffwahl, Berechnung und Konstruktion berücksichtigt werden.

## 0.5 Definition der Konstruktionsparameter

*a) Konstruktionsdruck (design pressure) $p_d$*
Er ist der für die komplette Rohrleitung maßgebende Berechnungsdruck, der im Regelfall dem zulässigen Druck $p_s$ gemäß Abschnitt 0.3 entspricht.

*b) Konstruktionstemperatur (design temperature) $t_d$*

Sie ist die für die komplette Rohrleitung maßgebende Berechnungstemperatur. Sie ist im Regelfall mit der zulässigen Temperatur $t_s$ gemäß Abschnitt 0.3 identisch, kann aber für industrielle Rohrleitungen auch durch die tiefste Fluidtemperatur beeinflusst sein.

*c) Beispiele für Konstruktionsparameter*

– Rohrleitungen mit Sicherheitseinrichtungen
  Konstruktionsdruck: Ansprechdruck der Sicherheitseinrichtung, in der Regel der zulässige Druck $p_s$.

– Flüssigkeits- und Gasleitungen ohne Sicherheitseinrichtungen
  Konstruktionsdruck: maximaler Förderdruck der Pumpe oder des Verdichters beim Fahren gegen geschlossene Absperrarmatur (Nullförderdruck).

– Beidseitig absperrbare Rohrleitungsabschnitte ohne Sicherheitseinrichtung
  Konstruktionsdruck für das ungünstigste Betriebsregime:
  • entweder bei undichten Armaturen der erhöhte Druck durch anschließende Rohrleitungen,
  • oder bei dichten Armaturen in Flüssigkeitsleitungen der erhöhte Druck durch Aufheizen von eingeschlossenem Fluid.

– Abblaseleitungen (siehe Kapitel 14)
  • Konstruktionsdruck: Eigengegendruck nach Sicherheitsventil unter Berücksichtigung des Druckverlustes der Abblaseleitung.
  • Konstruktionstemperatur: zulässige Parameter vor Sicherheitsventil, entspannt bei konstanter Enthalpie (h = const.) bis zum Eigengegendruck.

– Ausblaseleitungen (siehe Kapitel 15)
  • Konstruktionsdruck: Eigengegendruck am Anfang der Ausblaseleitung bei maximaler Öffnung der Drosselarmatur.
  • Konstruktionstemperatur: zulässige Parameter vor Drosselarmatur, entspannt bei konstanter Enthalpie (h = const.) bis zum Eigengegendruck.

– Zu- und Abführungsleitungen von Umleitstationen
  Es gelten die Konstruktionsparameter der jeweiligen Hauptleitung, an die sie vor- bzw. gegendruckseitig angeschlossen sind.

– Ableitungen (Entwässerungen, Entleerungen, Belüftungen und dergl.)
  • bis einschließlich letzter Armatur in Flussrichtung: Konstruktionsparameter der Hauptleitung.
  • hinter der letzten Armatur in Flussrichtung: Konstruktionsparameter des Gegendrucknetzes.

## 0.6 Definition der Berechnungsparameter

*a) Berechnungsdruck (calculation pressure) $p_c$ oder kurz p*

Er ist der zur Festigkeitsberechnung eines Rohrleitungsbauteils maßgebende Differenzdruck zwischen Innen- und Außenwand. Er kann sich vom Konstruktionsdruck durch Zu- und Abschläge unterscheiden.

b) *Berechnungstemperatur (calculation temperature)* $t_c$

Sie ist die zur Festigkeitsberechnung eines Rohrleitungsbauteils maßgebende Temperatur. Sie kann sich von der Konstruktionstemperatur durch Zu- und Abschläge unterscheiden.

c) *Berechnungsparameter*

Das zur Berechnung eines Rohrleitungsbauteils maßgebende Wertepaar aus Berechnungsdruck und -temperatur.

Veraltete Bezeichnung: Auslegungsparameter.

d) *Häufig vorkommende Berechnungsparameter*

- Festigkeitsberechnung und Systemanalyse nach DIN EN 13480-3

  Die maßgebenden Berechnungsparameter sind meist mit den Konstruktionsparametern identisch, zuzüglich etwaiger Zuschläge. Genaue Festlegungen sind den jeweiligen Berechnungsvorschriften zu entnehmen.

  Existieren mehrere Arbeitsbereiche (siehe Abschnitt 0.4), müssen die Festigkeitsnachweise für jedes mögliche Arbeitsregime erfüllt sein. Es ist nicht sinnvoll, die Berechnungsparameter von unterschiedlichen Arbeitsbereichen zu kombinieren, z.B. hoher Druck im Normalbetrieb mit hoher Temperatur im Leerlaufzustand (Bild 0.1).

- Festigkeitsberechnung von Acetylenleitungen

  Festlegungen zur zerfallsicheren Dimensionierung enthalten die Bemessungsvorschriften nach TRAC 204.

- Rohrhalterungen

  Für Rohrhalterungen gelten die Berechnungstemperaturen nach DIN EN 13480-3 bzw. VGB-R 510 L.

- Dämmungen

  Zur Dimensionierung einer Wärmedämmung ist die normale Arbeitstemperatur $t_o$, einer Kältedämmung die niedrigste Arbeitstemperatur $t_{o\,min}$ maßgebend.

- Druckverlustberechnung

  Es sind die Arbeitsparameter $p_o$, $t_o$ des normalen Arbeitsbereichs anzusetzen.

- Wärmetechnische Berechnungen

  Im Regelfall gelten die Arbeitsparameter $p_o$, $t_o$, z.B. zur Ermittlung von Kondensatmengen (Einstellung spezieller Kondensatableiter) oder zur Dimensionierung von Warmhalteleitungen (Drosseldurchmesser von Warmhaltedrosseln).

  Ausnahmen bilden Abblaseleitungen von Sicherheitsventilen, für die die Konstruktionsparameter Berechnungsgrundlage sind (siehe Abschnitt 0.5).

## 0.7 Definition der Ratingparameter

a) *Ratingdruck (rating pressure)* $p_{rat}$

Er ist der höchstzulässige Innendruck für ein Bauteil oder eine komplette Rohrleitung, der auf Grund des Werkstoffs, der Berechnungsgrundlagen und weiterer Kriterien bei der zugeordneten Ratingtemperatur möglich ist.

b) *Ratingtemperatur (rating temperature)* $t_{rat}$

Sie ist die höchstzulässige Fluidtemperatur für ein Bauteil oder eine komplette Rohrleitung, die auf Grund des Werkstoffs, der Berechnungsgrundlagen und weiterer Kriterien beim jeweiligen Ratingdruck möglich ist.

c) *Ratingparameter*

Die Ratingparameter einer Rohrleitung ergeben sich als innere Hüllkurve aus den Ratingparametern der in ihr enthaltenen Bauteile (siehe Bild 0.2). Möglichkeiten zur Ermittlung der Ratingparameter einzelner Bauteile sind:

- Genormte Ratingparameter
  Beispiel: Flansche aus Stahl bis PN 100 nach DIN EN 1092-1.

- Herstellerangaben
  Beispiele: Prospekte oder Kataloge für Armaturen, Kompensatoren und andere komplette Bauteile.

- Einsatzbegrenzungen für Werkstoffe
  Beispiel: Begrenzung von Tempergussfittings nach DIN EN 10242 auf 25 bar bei -20 bis 120 °C bzw. 20 bar bei 300 °C.

- Berechnung
  Berechnung der zulässigen Drücke in Abhängigkeit von der Temperatur für Bauteile mit vorgegebenen Abmessungen (siehe Kapitel 4).

## 0.8 Definition der Prüfparameter

a) *Prüfdruck (test pressure)* $p_t$

Der für die Festigkeitsprüfung einer Rohrleitung maßgebende Druck. Seine Höhe ist in der Druckgeräterichtlinie bzw. DIN EN 13480-5, in anderen zutreffenden technischen Regeln oder in Spezifikationen des Auftraggebers festgelegt.

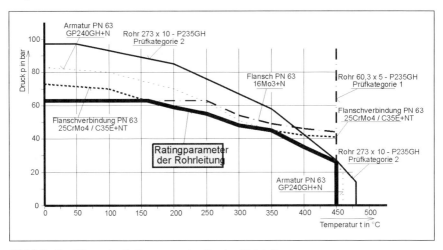

Bild 0.2: Ermittlung der Ratingparameter für eine Rohrleitung

Er kann oberhalb der Kurve der Ratingparameter liegen (Bild 0.1), da für den Prüfzustand ein verminderter Sicherheitsbeiwert gilt. Die Prüfdrücke der zugehörigen Bauteile werden nach anderen Kriterien festgelegt.

b) *Prüftemperatur (test temperature)* $t_t$

Im Regelfall bezieht sie sich auf Raumtemperatur. In Ausnahmefällen kann die Zuordnung einer Prüftemperatur erforderlich sein, z.B. für kälteempfindliche Stähle.

# 1 Strömungstechnische Berechnungen

## 1.1 Grundgleichungen für den Druckverlust

Um den Massen- oder Volumenstrom durch eine Rohrleitung sicherstellen zu können, muss der innere Rohrdurchmesser ermittelt werden (Formelzeichen siehe Tafel 1.1). Dieser ist in erster Linie abhängig von dem zur Verfügung stehenden Druckgefälle (Druckverlust), der Summe der widerstandsbildenden Faktoren, den stoffspezifischen Eigenschaften des zu transportierenden Mediums sowie der Einhaltung vorgegebener Strömungsgeschwindigkeiten. Ebenso sind wirtschaftliche Aspekte, welche sich aus den jeweiligen anlagenspezifischen Randbedingungen ableiten, bei der Wahl des Rohrdurchmessers zu berücksichtigen, um die Betriebskosten so gering wie möglich zu halten. So haben die Jahreskosten (Betriebskosten für die Überwindung des Druckverlustes, Abschreibung der Investitionskosten unter Berücksichtigung von Wärmedämmung und Anstrich, Instandhaltungskosten) beim wirtschaftlichen Durchmesser ein Minimum [1.1], [1.2].

Die in Tafel 1.2 für die unterschiedlichen Durchflussstoffe angegebenen Strömungsgeschwindigkeiten sind als Richtwerte anzusehen, wobei merkbare Überschreitungen negative Auswirkungen auf den Verschleiß und den Lärmpegel haben können.

Im folgenden sind die Berechnungsgleichungen, welche zur Ermittlung des Rohrinnendurchmessers und des Druckverlustes führen, zusammengestellt:

*Volumenstrom*

$$\dot{V} = \frac{\dot{m}}{\rho} = \frac{d_i^2 \cdot \pi}{4} \cdot u \qquad (1.1)$$

$\rho = 1/v$ – Dichte
$v$ – spezifisches Volumen, z.B. aus Wasser-Dampftafel
$u$ – Durchflussgeschwindigkeit, z.B. aus Tafel 1.2

*Massenstrom*

$$\dot{m} = \frac{d_i^2 \cdot \pi}{4} \cdot \rho \cdot u = \rho \cdot \dot{V} \qquad (1.2)$$

*Innendurchmesser*

$$d_i = 2\sqrt{\frac{\dot{V}}{\pi \cdot u}} = 2\sqrt{\frac{\dot{m}}{\pi \cdot \rho \cdot u}} \qquad (1.3)$$

*Durchflussgeschwindigkeit*

$$u = \frac{\dot{V}}{d_i^2 \cdot \pi/4} = \frac{\dot{m}}{\left(d_i^2 \cdot \pi/4\right) \cdot \rho} \qquad (1.4)$$

Tafel 1.1: Formelzeichen (Feststofftransport siehe Tafel 1.15)

| Formelzeichen | Einheit | Bezeichnung |
|---|---|---|
| $a$ | m/s | Schallgeschwindigkeit |
| $b$ | - | Exponent zur Umrechnung von Gasen (Tafel 1.11) |
| $c_p$ | J/(kg·K) | spezifische Wärme bei konstantem Druck |
| $\bar{c}_p$ | Ws/(kg·K) | spezifische Wärme bei konstantem Druck für ein Gasgemisch |
| $d_a$ | m | Rohraußendurchmesser |
| $d_{gl}$ | m | gleichwertiger Rohrdurchmesser |
| $d_i$ | m | Rohrinnendurchmesser |
| $d_{iA}$ | m | Innendurchmesser von Dampfabblaseleitungen |
| $d_D$ | m | Drosseldurchmesser |
| $d_v$ | - | Dichteverhältnis von Gasen im Normzustand (Tafel 1.11) |
| $d_0$ | m | Rohrinnendurchmesser an einem Ausfluss |
| $g = 9{,}81$ | m/s² | Erdbeschleunigung |
| $g_1, g_2, g_3, g_i$ | - | Massenanteile von Gasgemischen ($\Sigma\, g_i = 1$) |
| $h$ | m | geodätischer Höhenunterschied |
| $h_r$ | m | Druckverlusthöhe nach Gleichung (1.5h) |
| $h'$ | kJ/kg | spezifische Enthalpie von Sattwasser |
| $h''$ | kJ/kg | spezifische Enthalpie von Sattdampf |
| $k$ | m | absolute Rohrrauheit |
| $k_i$ | m | integrale Rohrrauheit |
| $k_v$ | m³/h | Durchflusskoeffizient |
| $k_{v1}, k_{v2}, k_{vi}$ | m³/h | Durchflusskoeffizient von Teilabschnitten |
| $l$ | m | Rohrleitungslänge, über Rohrleitungsteile durchgemessen |
| $l_a$ | m | äquivalente Rohrleitungslänge |
| $m$ | - | Öffnungsverhältnis von Blenden und Drosseln |
| $\dot{m}$ | kg/s | Massenstrom |
| $\dot{m}_D$ | kg/s | Massenstrom Sattdampf bei Satt- bzw. Heißwasserentspannung |
| $\dot{m}_{DW}$ | kg/s | Warmhaltemenge |
| $\dot{m}_W$ | kg/s | Massenstrom Sattwasser bei Satt- bzw. Heißwasserentspannung |
| $n_1, n_2, n_3, n_i$ | - | Volumenanteile von Gasgemischen ($\Sigma\, n_i = 1$) |
| $p_1$ | Pa | Druck am Anfang der Rohrleitung |
| $p_2$ | Pa | Druck am Ende der Rohrleitung |

# 1 Strömungstechnische Berechnungen 11

Tafel 1.1 (Fortsetzung 1): Formelzeichen (Feststofftransport siehe Tafel 1.15)

| Formelzeichen | Einheit | Bezeichnung |
|---|---|---|
| q | W/m | Wärmeverlust |
| s | m | Bestellwanddicke |
| u | m/s | Durchflussgeschwindigkeit |
| $u_0$ | m/s | Ausflussgeschwindigkeit |
| v | m³/kg | spezifisches Volumen am Anfang der Rohrleitung |
| $v_m$ | m³/kg | mittleres spezifisches Volumen |
| $v_1$ | m³/kg | spezifisches Volumen am Beginn der Rohrleitung (bei $p_1$ und $\vartheta_1$) |
| $v_2$ | m³/kg | spezifisches Volumen bei $p_2$ und $\vartheta_1$ |
| v' | m³/kg | spezifisches Volumen von Sattwasser |
| v" | m³/kg | spezifisches Volumen von Sattdampf |
| A | m² | Rohrquerschnitt |
| $A_A$ | m² | Mündungsquerschnitt einer Dampfabblaseleitung |
| $A_D$ | mm² | Drosselquerschnitt |
| $A_{DN}$ | mm² | auf die Nennweite bezogener Rohrquerschnitt |
| $A_0$ | m² | Sitzquerschnitt von Sicherheitsventilen |
| B | - | Kenngröße nach Bild 1.7 |
| C | - | Sutherland-Konstante von Gasen (Tafel 1.11) |
| E | - | Kenngröße zur Berechnung von Warmhaltemengen |
| H | m | Höhe über Meeresspiegel |
| J | m | bezogene Druckverlusthöhe (Gefälle) |
| K | - | Kompressibilitätszahl |
| $K_T$ | - | Korrekturfaktor für Rohrtoleranz |
| $K_\vartheta$ | - | Temperaturkorrekturfaktor |
| L | m | gestreckte Rohrleitungslänge |
| Ma | - | Machzahl |
| $M_m$ | kg/kmol | molare Masse von Gasen (Tafel 1.11) |
| $P_e$ | Pa | Eigengegendruck (absolut) von Sicherheitsventilen |
| $P_{ie}$ | Pa | Fremdgegendruck (absolut) von Sicherheitsventilen |
| $P_U$ | Pa | Umgebungsdruck (atmosphärischer Druck) |
| $P_1$ | Pa | Druck (absolut) am Anfang der Rohrleitung |
| $P_2$ | Pa | Druck (absolut) am Ende der Rohrleitung |
| $(P_2/P_1)_{krit}$ | - | kritisches Druckverhältnis |
| P' | Pa | Druck absolut an der Mündung einer Dampfabblaseleitung |

Tafel 1.1 (Fortsetzung 2): Formelzeichen (Feststofftransport siehe Tafel 1.15)

| Formelzeichen | Einheit | Bezeichnung |
|---|---|---|
| $R$ | J/(kg·K) | Gaskonstante (Tafel 1.11) |
| $\overline{R}$ | J/(kg·K) | Gaskonstante eines Gasgemisches |
| $R_B$ | m | Biegeradius |
| $R_e$ | - | Reynolds-Zahl |
| $R_{HD}$; $R_{ND}$ | Tafel 1.13 | R-Werte nach DVGW-Arbeitsblatt G 464 |
| $U$ | m | benetzter Umfang |
| $\dot{V}$ | m³/s | Volumenstrom |
| $\dot{V}_D$ | m³/s | Volumenstrom Sattdampf bei Satt- bzw. Heißwasserentspannung |
| $\dot{V}_N$ | Nm³/h | Volumenstrom eines Gases im Normzustand |
| $\dot{V}_W$ | m³/s | Volumenstrom Sattwasser bei Satt- bzw. Heißwasserentspannung |
| $Z$ | - | Substitutionsglied (Hilfsgröße) |
| $\alpha$ | - | Durchflusszahl |
| $\alpha_w$ | - | Ausflussziffer, z.B. eines Sicherheitsventils |
| $\zeta$ | - | Widerstandsbeiwert |
| $\Sigma\zeta$ | - | Summe der Widerstandsbeiwerte in einem Rohrleitungsabschnitt |
| $\eta$ | Pa·s | dynamische Viskosität |
| $\overline{\eta}$ | Pa·s | dynamische Viskosität eines Gasgemisches |
| $\vartheta$ | °C | Temperatur, allgemein |
| $\vartheta_i$ | °C | Dampftemperatur, je nach Stelle mit $\vartheta_{D,L}$ oder $\vartheta_{D,0}$ identisch |
| $\vartheta_{D,L}$ | °C | Dampftemperatur am Ende eines warmzuhaltenden Abschnitts |
| $\vartheta_{D,0}$ | °C | Dampftemperatur am Beginn eines warmzuhaltenden Abschnitts |
| $\vartheta_{R,0}$ | °C | Wandtemperatur am Beginn eines warmzuhaltenden Abschnitts |
| $\vartheta_{R,L}$ | °C | Wandtemperatur am Ende eines warmzuhaltenden Abschnitts |
| $\vartheta_S$ | °C | Sattdampftemperatur |
| $\vartheta_U = \vartheta_L$ | °C | Umgebungstemperatur (Lufttemperatur) |
| $\vartheta_1$ | °C | Temperatur am Beginn einer Rohrleitung |
| $\vartheta_2$ | °C | Temperatur am Ende einer Rohrleitung |
| $\kappa$ | - | Adiabatenexponent |
| $\lambda$ | - | Rohrreibungsbeiwert (Reibungszahl) |
| $\lambda_D$ | W/(m·K) | Wärmeleitzahl des Dampfes |
| $\nu$ | m²/s | kinematische Viskosität |
| $\rho$ | kg/m³ | Dichte |

# 1 Strömungstechnische Berechnungen

Tafel 1.1 (Fortsetzung 3): Formelzeichen (Feststofftransport siehe Tafel 1.15)

| Formelzeichen | Einheit | Bezeichnung |
|---|---|---|
| $\bar{\rho}$ | kg/m³ | Dichte eines Gasgemisches |
| $\rho_N$ | kg/m³ | Dichte eines Gases im Normzustand |
| $\Delta p$ | Pa | Druckverlust |
| $\Delta \vartheta$ | K, °C | Temperaturdifferenz, allgemein |
| $\Delta \vartheta_x$ | K, °C | Temperaturdifferenz Rohrwand- zu Sattdampftemperatur |
| $\Theta$ | K | Absoluttemperatur, allgemein |
| $\Theta_K$ | K | kritische Gastemperatur |
| $\Theta_M$ | K | mittlere Temperatur |
| $\Theta_1$ | K | Absoluttemperatur am Beginn einer Rohrleitung |
| $\Theta_2$ | K | Absoluttemperatur am Ende einer Rohrleitung |
| $\Psi$ | - | Ausflussfunktion |
| $\Psi_{max}$ | - | maximale Ausflussfunktion |

*Druckverlust bei konstantem Innendurchmesser für inkompressible Medien (Flüssigkeiten)*

$$\Delta p = \frac{\rho}{2} \cdot u^2 \cdot \left( \lambda \cdot \frac{l}{d_i} + \Sigma \zeta \right) \cdot K_T \tag{1.5a}$$

$$\Delta p = \frac{8 \cdot \dot{m}^2}{d_i^4 \cdot \pi^2 \cdot \rho} \cdot \left( \lambda \cdot \frac{l}{d_i} + \Sigma \zeta \right) \cdot K_T \tag{1.5b}$$

$$\Delta p = \frac{8 \cdot \dot{m}^2 \cdot \lambda}{d_i^5 \cdot \pi^2 \cdot \rho} \cdot \left( l + l_{\ddot{a}} \right) \cdot K_T \tag{1.5c}$$

*Druckverlust bei konstantem Innendurchmesser für kompressible Medien (Gase und Dämpfe)*

$$\Delta p = P_1 \cdot \left( 1 - \sqrt{1 - \frac{\rho_1}{P_1} \cdot u_1^2 \cdot \left( \Sigma \zeta + \lambda \cdot \frac{l}{d_i} \right) \cdot \frac{\Theta_M}{\Theta_1}} \right) \cdot K_T \tag{1.5d}$$

Tafel 1.2: Ausgewählte Richtwerte für Durchflussgeschwindigkeiten aus verschiedenen Quellen (hohe Werte für kurze Leitungen)

| Leitungssystem/ Durchflussstoff | | Mittlere Strömungsgeschwindigkeit u [m/s] | Anmerkungen |
|---|---|---|---|
| Dampfleitungen | - Nassdampf bis 1,5 bar<br>- überhitzter Dampf bis 1,5 bar<br>- Nassdampf 1,5 bis 10 bar<br>- überhitzter Dampf 1,5 bis 10 bar<br>- überhitzter Dampf 10 bis 40 bar<br>- überhitzter Dampf 40 bis 125 bar<br>- überhitzter Dampf 125 bis 200 bar<br>- überhitzter Dampf über 200 bar | 10 bis 20<br>< 70<br>10 bis 20<br>< 60<br>20 bis 40<br>30 bis 60<br>50 bis 70<br>40 bis 60 | Allgemein gilt:<br>- geräuscharm:<br>< 0,1 Ma<br>- geräuschmäßig vertretbar: 0,1 bis 0,2 Ma bei strömungsgünstiger Gestaltung |
| Speisewasserleitungen | - Speisewasserdruckleitungen<br>- Speisepumpenzulaufleitungen | 2 bis 6<br>0,5 bis 2,5 | in Abstimmung mit dem Pumpenhersteller |
| Kondensatleitungen | - Kondensatleitungen allgemein<br>- Kondensatzusatzwasserleitungen<br>- Kondensatleitungen unter Sättigungsdruck | 1 bis 3<br>2 bis 3<br>nach Abschnitt 1.2.4 | |
| Kühlwasserleitungen | - Kühlwasserpumpen-Druckleitungen<br>- Kühlwasserpumpen-Zulaufleitungen<br>- Kühlwasserpumpen-Saugleitungen | 1,5 bis 2,5<br>bis 1,0<br>bis 0,5 | |
| Wasserleitungen der Wasserversorgung | - Fernwasser- und Zubringerleitungen<br>- Hauptleitungen in Verteilungsnetzen<br>- Versorgungsleitungen | ≤ 2,0<br>1,0 bis 2,0<br>0,5 bis 0,8 | |
| Trinkwasserleitungen in Gebäuden und auf Grundstücken | - Anschlussleitungen<br>- Teilstrecken von Verbrauchsleitungen mit druckverlustarmen Durchgangsarmaturen ($\zeta < 2,5$)<br><br>- Teilstrecken mit Durchgangsarmaturen von höherem Verlustbeiwert | max. 2,0<br>max. 5,0<br><br>max. 2,0<br><br>max. 2,5<br><br>max. 2,0 | bei Fließdauer ≤ 15 min<br>bei Fließdauer > 15 min<br>bei Fließdauer ≤ 15 min<br>bei Fließdauer > 15 min |
| Druckluftleitungen | alle Leitungen | 10 bis 20 | |
| Erdgasversorgungsleitungen | - Niederdruck bis 5 kPa<br>- Mitteldruck 5 bis 100 kPa<br>- Hochdruck | 3 bis 8<br>5 bis 10<br>10 bis 25 | |
| sonstige Gasleitungen | - Niederdruck<br>- Hochdruck | 3 bis 20<br>20 bis 60 | |
| Ölleitungen | - Heizöl Sorte EL<br>- Heizöl Sorte S | 1 bis 2<br>0,5 bis 1,2 | |
| Feststoffleitungen | - Aschespülleitungen, druckseitig<br>- Aschespülleitungen, saugseitig<br>- Kohlebreileitungen | 1,7 bis 2,5<br>0,5 bis 1,0<br>1,0 bis 1,5 | Mindestgeschwindigkeit nach Abschnitt 1.6 |
| sonstige Flüssigkeitsleitungen | allgemein | 1,0 bis 3,0 | |

# 1 Strömungstechnische Berechnungen

$$\Delta p = P_1 \cdot \left(1 - \sqrt{1 - \frac{16 \cdot \dot{m}^2}{P_1 \cdot d_i^4 \cdot \pi^2 \cdot \rho_1} \cdot \left(\Sigma\zeta + \lambda \cdot \frac{l}{d_i}\right) \cdot \frac{\Theta_M}{\Theta_1}}\right) \cdot K_T \quad (1.5e)$$

$$\Delta p = P_1 \cdot \left(1 - \sqrt{1 - \frac{16 \cdot \dot{m}^2 \cdot \lambda}{P_1 \cdot d_i^5 \cdot \pi^2 \cdot \rho_1} \cdot \left(l + l_\ddot{a}\right) \cdot \frac{\Theta_M}{\Theta_1}}\right) \cdot K_T \quad (1.5f)$$

$\lambda = f\,(Re, d_i, k)$ – Rohrreibungsbeiwert nach Colebrook [1.3] entsprechend Bild 1.1
$k$ – absolute Rohrrauheit nach Tafel 1.3
$\Sigma\zeta$ – Summe aller Einzelwiderstände, z.B. nach Tafel 1.4a bis 1.4f
$l_\ddot{a} = d_i \cdot \Sigma\zeta / \lambda$ – äquivalente Rohrleitungslänge
$\Theta_M = \dfrac{\Theta_1 + \Theta_2}{2}$ – absolute mittlere Temperatur

Obwohl die Gl. (1.5a) bis (1.5c) nur für inkompressible Medien (Flüssigkeiten) gelten, lassen sie sich aber auch auf andere einphasige Fluide, also auf Gase und Dämpfe, bis zu einem Druckabfall von 10 % des Anfangsdruckes $P_1$ anwenden, weil die mittlere Volumenvergrößerung infolge Kompressibilitätseinfluss nur etwa 5 % beträgt. Bei größerem Druckabfall ist nach Gl. (1.5d) bis (1.5f) zu rechnen. Es kann aber auch bei einem Druckabfall > 10 % die Berechnung des Druckverlustes nach Gl. (1.5a) bis (1.5c) in mehreren Teilabschnitten vorgenommen werden. Sie sind so einzuteilen, dass die Veränderung des spezifischen Volumens im betrachteten Abschnitt vernachlässigbar ist. Die veränderlichen Größen sind auf die mittlere Temperatur $\Theta_M$ des jeweiligen Abschnittes zu beziehen.

*Reynolds-Zahl*

$$Re = \frac{u \cdot d_i}{\nu} = \frac{u \cdot d_i \cdot \rho}{\eta} = \frac{4 \cdot \dot{m}}{\pi \cdot d_i \cdot \nu \cdot \rho} = \frac{4 \cdot \dot{m}}{\pi \cdot d_i \cdot \eta} \quad (1.6)$$

$\nu$ – kinematische Viskosität, z.B. aus Tafel 1.6
$\eta = \nu \cdot \rho$ – dynamische Viskosität, z.B. aus Tafel 1.8

Die physikalischen Kennwerte beziehen sich auf den Anfangszustand $p_1$, $\vartheta_1$ (Absolutwerte $P_1$, $\Theta_1$).

Gl. (1.1) bis (1.5c) und (1.6) sind auch für unrunde Querschnitte und teilweise gefüllte Rohre (Freispiegelleitungen) anwendbar, wenn statt des Innendurchmessers $d_i$ der gleichwertige Durchmesser $d_{gl}$ eingesetzt wird, wobei es für technische Berechnungen bedeutungslos ist, dass $\lambda$ im Laminarbereich von der Querschnittsform abhängt:

$$d_{gl} = 4 \cdot A / U \quad (1.3a)$$

A – durchströmter Querschnitt
U – benetzter Umfang

# 1 Strömungstechnische Berechnungen

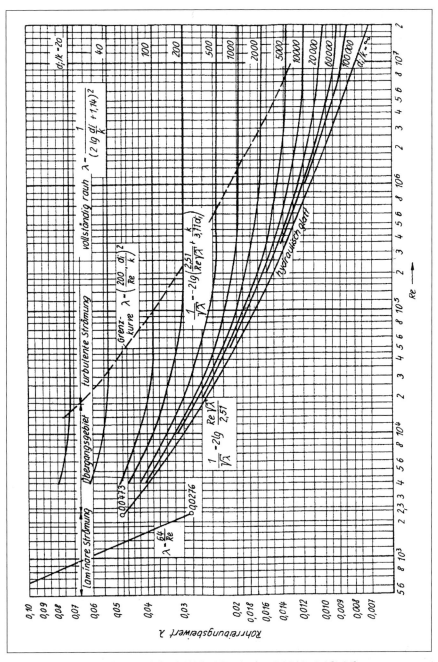

Bild 1.1: Rohrreibungsbeiwert $\lambda$ [1.3]; Wellschläuche $\lambda = 0{,}05$ bis $0{,}1$ [1.24]

# 1 Strömungstechnische Berechnungen

Tafel 1.3: Absolute Rohrrauheit (Zusammenfassung aus verschiedenen Quellen)

| Werkstoff/Verarbeitung | Zustand | Rohrrauheit k [$10^{-3}$ m] |
|---|---|---|
| Buntmetallrohre (auch als Metallüberzug) | neu, technisch glatt<br>gebraucht | 0,001 bis 0,002<br>0,03 |
| Glasrohre | neu<br>gebraucht | 0,001 bis 0,002<br>bis 0,03 |
| Stahlrohre, gummiert; Gummidruckschlauch | neu, technisch glatt | bis 0,0016 (hydraulisch glatt) |
| Kunststoffrohre | neu<br>gebraucht | bis 0,02<br>bis 0,03 |
| Stahlrohre nahtlos gewalzt<br><br><br>Stahlrohre, geschweißt<br>Stahlrohre mit Auskleidung | neu, handelübliche typische Walzhaut<br>ungebeizt<br>gebeizt<br>neu, typische Walzhaut<br>neu, handelsüblich verzinkt<br>mit Bitumen<br>mit Zementmörtelauskleidung | 0,02 bis 0,06<br>0,02 bis 0,06<br>0,03 bis 0,04<br>0,04 bis 0,10<br>0,10 bis 0,16<br>≈ 0,05<br>≈ 0,18 |
| Stahlrohre, gebraucht | bitumiert, Bitumen teilweise gelöst, Roststellen<br>leichte Verkrustungen, geringe Ablagerungen<br>starke Verkrustung<br>Ferngasleitungen, mehrjähriger Betrieb, im Mittel<br>Ferngasleitungen nach 20-jährigem Betrieb<br>Mittelwerte für Erdgasleitungen<br>Mittelwerte für Luftdruckleitungen<br>Mittelwerte für Kaltwasserleitungen<br>Kaltwasserleitungen, verkrustet, Rostwarzen<br>Wasser- oder Dampfleitungen, mehrjähriger Gebrauch, gereinigt<br>mit Rostnarben ohne Ablagerungen<br>mäßig korrodiert, geringe Ablagerungen<br>stark verkrustet, starke Ablagerungen<br>Heißdampf- und Heißwasserleitungen<br>Sattdampf- und Warmwasserleitungen<br>Druckluftleitungen nach Verdichtern<br>Kondensatleitungen, periodischer Betrieb, ohne Reinigung<br>Naphthalin- und Teerablagerungen nach 20 Jahren Betrieb | 0,10<br>1,5<br>2 bis 4<br>0,5<br>1,1<br>0,2 bis 0,4<br>0,2 bis 0,4<br>0,4 bis 1,2<br>1,5 bis 3,0<br>0,04<br><br>1 bis 0,6<br>0,4<br>3<br>0,2 bis 0,4<br>0,2<br>0,8<br>1,0<br><br>2,4 |
| Betonrohre | neu, handelsüblich Glattestrich<br>handelsüblich, mittelrau<br>handelsüblich, rau<br>Stahlbeton, sorgfältig geglättet<br>Schleuderbeton, ohne Verputz<br>Schleuderbeton, mit glattem Verputz<br>gebraucht, glatter Verputz, mehrjähriger Betrieb mit Wasser<br>gebraucht, Rohrstrecken ohne Stöße (Mittelwert)<br>gebraucht, Rohrstrecken mit Stößen (Mittelwert) | 0,3 bis 0,8<br>1,0 bis 2,0<br>2,0 bis 3,0<br>0,10 bis 0,15<br>0,2 bis 0,8<br>0,1 bis 0,15<br>0,2 bis 0,3<br>0,2<br>2,0 |

Tafel 1.3 (Fortsetzung): Absolute Rohrrauheit (Zusammenfassung aus verschiedenen Quellen)

| Werkstoff/Verarbeitung | Zustand | Rohrrauheit k [$10^{-3}$ m] |
|---|---|---|
| Faserzementrohre | DN 50<br>DN 100<br>DN 150<br>DN 200<br>DN 300<br>gebraucht | 0,016<br>0,015<br>0,013<br>0,010<br>0,030<br>niedriger als neu |
| Gusseiserne Rohre | neu, nicht bitumiert und bitumiert<br>gebraucht, angerostet, geringe Ablagerungen<br>gebraucht, nach 5- bis 10-jährigem Betrieb, stark korrodiert | 0,1 bis 0,15<br>1,0 bis 1,5<br>3,0 bis 4,5 |

Die Gl. (1.5a) bis (1.5c) berücksichtigen nur den reinen Druckverlust. Der Druck $p_2$ (Absolutwert $P_2$) am Ende der Rohrleitung ergibt sich aus der Bernoullischen Gleichung unter Berücksichtigung von geodätischen Höhenunterschieden zu

$$p_2 = p_1 - \Delta p - \frac{\rho}{2} \cdot \left( u_2^2 - u_1^2 \right) \pm h \cdot g \cdot \rho \qquad (1.7)$$

h bedeutet den geodätischen Höhenunterschied zwischen Anfang und Ende der Leitung.

Bei Gefälle (+) entsteht ein Druckgewinn, bei Anstieg (-) eine zusätzliche Druckminderung. Für Gase und Dämpfe ist der Term $h \cdot g \cdot \rho$ meistens vernachlässigbar. Die Rohrlänge l ist zur Berücksichtigung der Wandreibungsverluste über alle Widerstände durchzumessen. Tafel 1.4a bis 1.4f enthält nur den zusätzlichen Verlust durch Umlenkungen und Querschnittsänderungen.

Da für Armaturen, Blenden und ähnliche Bauteile anstelle des Widerstandsbeiwertes $\zeta$ vielfach der Durchflusskoeffizient $k_v$ angegeben ist, kann die Umrechnung wie folgt vorgenommen werden:

$$\zeta = \left( \frac{5{,}051 \cdot A_{DN}}{100 \cdot k_v} \right)^2 \quad \text{bzw.} \quad k_v = \frac{5{,}051 \cdot A_{DN}}{100 \sqrt{\zeta}} \qquad (1.8a)$$

Für genaue und spezielle Berechnungen empfiehlt es sich, die von dem Hersteller angegebenen $\zeta$- bzw. $k_v$-Werte zu verwenden, da die Tabellenwerte aufgrund der vielfältigen Bauarten und -formen nur Mittelwerte innerhalb eines breiten Spektrums darstellen können.

Für die Bestimmung der $\zeta$- und $k_v$-Werte von Drosseleinbauten in Abhängigkeit von der Durchflusszahl $\alpha$ gelten nach [1.23]:

# 1 Strömungstechnische Berechnungen

$$\zeta = \frac{1}{\alpha^2 \cdot m^2} \quad \text{bzw.} \quad \alpha = \frac{1}{m \cdot \sqrt{\zeta}} \tag{1.8b}$$

und

$$k_v = 0{,}05051 \cdot A_D \cdot \alpha \quad \text{bzw.} \quad \alpha = \frac{k_v}{0{,}05051 \cdot A_D} \tag{1.8c}$$

Tafel 1.4a: Richtwerte für Einzelwiderstände $\zeta$ von Rohrleitungsteilen (Zusammenfassung aus verschiedenen Quellen). Bei Berechnung ist die Länge der Einbauten in die Rohrlänge einzuschließen.

|  | Glattrohrbogen 90° bei $R_B/d_a$ | | | | | | | Segmentkrümmer | |
|---|---|---|---|---|---|---|---|---|---|
|  | 1 | 1,5 | 2 | 3 | 4 | 5 | 10 | 1 | 1,5 |
| Stahl | 0,35 | 0,30 | 0,25 | 0,20 | 0,17 | 0,16 | 0,11 | 0,46 | 0,35 |
| Messing, Plaste, | 0,28 | 0,22 | 0,18 | 0,15 | 0,13 | 0,12 | 0,11 | 0,34 | 0,26 |
| Guss | 0,54 | 0,45 | 0,40 | 0,31 | 0,25 | 0,20 | 0,20 | – | – |
| Bogen ≠ 90° in % von 90°-Bogen | 15° | 30° | 45° | 60° | 180° | auch für Krümmer | | Faltenrohrbogen =2 x Glattrohrbogen | |
|  | 25 | 45 | 65 | 80 | 120 | | | | |

| 90°-Bogen hintereinander geschaltet | | | |
|---|---|---|---|
| U-förmig | 1,4 x 90°-Bogen | Z-förmig (eben) | 1,8 x 90°-Bogen |
| Z-förmig (räumlich) | 1,6 x 90°-Bogen | U-Ausgleicher | 3,2 x 90°-Bogen |
| | | Lyra-Ausgleicher | 4 x 90°-Bogen |

| Metallschläuche nach Bild 1.1 | Dehnungsstopfbuchse, nicht entlastet | 0,20 |
|---|---|---|
| | Gleitrohrausgleicher, entlastet | 0,60 |

| LDA, WDA | 0,2 x Wellen- bzw. Linsenzahl | | | | | | |
|---|---|---|---|---|---|---|---|
| Axial-WDA, entlastet | DN | 150 | 200 | 250 | 300 | 350 | 400 | 500 | 600 |
|  | $\zeta$ | 0,82 | 0,51 | 0,30 | 0,24 | 0,46 | 0,29 | 0,24 | 0,28 |

| Trennung ($d_1 = d_3$) | Vereinigung ($d_1 = d_3$) |
|---|---|

| $\dot{m}_2/\dot{m}_3$ | $\zeta_2$ bei $(d_2/d_3)^2$ | | | $\zeta_1$ | $\zeta_2$ bei $(d_2/d_3)^2$ | | | $\zeta_1$ |
|---|---|---|---|---|---|---|---|---|
|  | 0,2 | 0,6 | 1,0 |  | 0,2 | 0,6 | 1,0 |  |
| 0,2 | 1,21 | 4,06 | 9,50 | 0,03 | 0,72 | -0,12 | -0,14 | 0,27 |
| 0,4 | 0,98 | 1,77 | 3,13 | 0,18 | 4,28 | 0,51 | 0,26 | 0,46 |
| 0,6 | 0,93 | 1,21 | 1,94 | 0,90 | 9,68 | 1,18 | 0,62 | 0,57 |
| 0,8 | 0,92 | 1,07 | 1.38 | 6,40 | 19,92 | 1,89 | 0,94 | 0,60 |
| 1,0 | 0,91 | 1,01 | 1,21 | – | 26,00 | 2,64 | 1,20 | – |

Tafel 1.4a (Fortsetzung 1): Richtwerte für Einzelwiderstände $\zeta$ von Rohrleitungsteilen

| Trennung ($d_1 = d_2$) | | | | Vereinigung ($d_1 = d_2$) | | | |
|---|---|---|---|---|---|---|---|
| $\dot{m}_1/\dot{m}_3$ oder $\dot{m}_2/\dot{m}_3$ | $\zeta_1$ bei $(d_3/d_1)^2$ oder $\zeta_2$ bei $(d_3/d_2)^2$ | | | | $\zeta_1$ bei $(d_3/d_1)^2$ oder $\zeta_2$ bei $(d_3/d_2)^2$ | | |
| | 0,2 | 0,6 | 1,0 | | 0,2 | 0,6 | 1,0 |
| 0,2 | 625,30 | 69,74 | 25,30 | | 1,02 | 1,19 | 1,52 |
| 0,4 | 156,55 | 17,66 | 6,55 | | 1,01 | 1,10 | 1,28 |
| 0,6 | 69,74 | 8,02 | 3,08 | | 1,01 | 1,10 | 1,28 |
| 0,8 | 39,36 | 4.64 | 1,86 | | 1,02 | 1,19 | 1,52 |
| 1,0 | 25,30 | 3,08 | 1,30 | | 1,04 | 1,36 | 2,00 |

Vorstehende Werte gelten für aufgesetzte Stutzen. Ausgehalste Stutzen sind mit 0,6, gegossene Formstücke mit 0,8 zu multiplizieren.

Hosenrohre

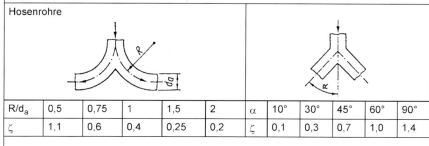

| $R/d_a$ | 0,5 | 0,75 | 1 | 1,5 | 2 | $\alpha$ | 10° | 30° | 45° | 60° | 90° |
|---|---|---|---|---|---|---|---|---|---|---|---|
| $\zeta$ | 1,1 | 0,6 | 0,4 | 0,25 | 0,2 | $\zeta$ | 0,1 | 0,3 | 0,7 | 1,0 | 1,4 |

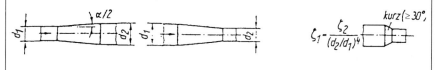

kurz ($\geq 30°$)
$\zeta_1 \approx \dfrac{\zeta_2}{(d_2/d_1)^4}$

| $d_2/d_1$ | Erweiterungen $\zeta_2$ bei $\alpha/2$ | | | | Einziehungen $\zeta_2$ bei $\alpha/2$ | | |
|---|---|---|---|---|---|---|---|
| | kurz | 4° | 8° | 12° | kurz | 4° | 20° |
| 1,2 | 0,19 | 0,03 | 0,08 | 0,15 | 0,05 | 0,03 | 0,01 |
| 1,4 | 0,92 | 0,10 | 0,30 | 0,55 | 0,22 | 0,03 | 0,01 |
| 1,6 | 2,44 | 0,35 | 0,72 | 1,40 | 0,29 | 0,03 | 0,01 |
| 1,8 | 5,02 | 0,74 | 1,50 | 2,85 | 0,34 | 0,03 | 0,01 |
| 2,0 | 9,00 | 1,30 | 2,63 | 5,00 | 0,37 | 0,03 | 0,01 |

# 1 Strömungstechnische Berechnungen

Tafel 1.4a (Fortsetzung 2): Richtwerte für Einzelwiderstände $\zeta$ von Rohrleitungsteilen

| Öffnungsverhältnis m | 0,10 | 0,12 | 0,20 | 0,25 | 0,30 | 0,40 | 0,50 | 0,60 |
|---|---|---|---|---|---|---|---|---|
| Messblende | 249 | 102 | 53 | 31 | 19 | 9 | 4 | 1,80 |
| Kurzventurirohr | 17 | – | 3 | – | 1 | 0,5 | 0,30 | – |

| Wasserzähler (Volumenmesser): $\approx 10$ ||||
|---|---|---|---|
| Wasserabscheider ohne Prallwand 6 bis 4, mit Prallwand 12 bis 7 ||||
| Gewindefittings | Knie 90°:      2 bis 1<br>Hosenstück:  1,5 || Bogen 90°:  1,5 bis 0,5<br>T-Stück:      3 bis 1 |
| Rundschweißungen 0,03; Flanschverbindungen 0,05; Muffenverbindungen 0,06 ||||

Beim Öffnungsverhältnis m = $A_D$ / A muss der Rohrquerschnitt A ebenso wie $A_D$ in mm² eingesetzt werden.

Werden Rohre nach dem Außendurchmesser $d_a$ bestellt, dies ist vorwiegend der Fall, kann der Innendurchmesser bis zu den zulässigen Wanddickentoleranzen vom Nennwert abweichen, so dass ein Korrekturfaktor $K_T$ erforderlich ist. Bei einer Wanddickenabweichung $\Delta s$ beträgt dieser näherungsweise

Tafel 1.4b: Richtwerte für Einzelwiderstände $\zeta$ von Absperrventilen

| Nennweite | | 15 | 20 | 25 | 32 | 40 | 50 | 65 | 80 | 100 | 125 | 150 | 200 | 250 |
|---|---|---|---|---|---|---|---|---|---|---|---|---|---|---|
| Ventile geschmiedet | von | – | – | 6,0 | – | – | – | – | – | – | – | – | – | – |
|  | bis | – | – | 6,8 | – | – | – | – | – | – | – | – | – | – |
| Ventile gegossen | von | 3,0 |||||||||||||
|  | bis | 6,0 |||||||||||||
| Eckventile | von | 2,0 |||||||||||||
|  | bis | 3,1 ||| 3,4 | 3,8 | 4,1 | 4,4 | 4,7 | 5,0 | 5,3 | 5,7 | 6,0 ||
| Schrägsitzventile | von | 1,5 |||||||||||||
|  | bis | 2,6 |||||||||||||
| Freiflussventile | von | 0,6 |||||||||||||
|  | bis | 1,6 |||||||||||||
| Membranventile | von | 0,8 ||||||||||| – ||
|  | bis | 2,2 ||||||||||| – ||
| Magnetventile, metalldichtend | von | 1,6 | 2,1 | 3,6 | 2,0 | 4,5 | 4,6 | 5,0 | 6,8 | 7,7 | – | – | – | – |
|  | bis | 3,2 | 3,1 | 4,3 | 5,1 | 5,9 | 6,8 | 7,3 | 7,9 | 10,0 | – | – | – | – |
| Magnetventile, membrandichtend | von | 5,2 | 2,2 | 3,6 | 1,8 | 3,8 | 4,8 | – | – | – | – | – | – | – |
|  | bis | | | | 5,1 | 8,3 | 10,2 | – | – | – | – | – | – | – |

Tafel 1.4c: Richtwerte für Einzelwiderstände $\zeta$ von Schiebern

| Nennweite | | 15 | 20 | 25 | 32 | 40 | 50 | 65 | 80 | 100 | 125 | 150 | 200 | 250 | 300 |
|---|---|---|---|---|---|---|---|---|---|---|---|---|---|---|---|
| Flachschieber ohne Einziehung | von | 0,65 | 0,6 | 0,55 | 0,5 | 0,5 | 0,45 | 0,4 | 0,35 | | | | | | |
| | bis | | | | | | | | | 0,1 | | | | | |
| Rundschieber ohne Einziehung | von | – | – | – | – | – | 0,25 | 0,24 | 0,23 | 0,22 | 0,21 | 0,19 | 0,18 | 0,17 | 0,16 |
| | bis | – | – | – | – | – | 0,32 | 0,31 | 0,30 | 0,28 | 0,26 | 0,25 | 0,23 | 0,22 | 0,20 |
| Ringkolbenschieber | | | | | | | | | | 0,3 | | | | | |
| Membranschieber | | 1,4 | 1,4 | 1,4 | 1,4 | 1,3 | 1,4 | 1,4 | 1,3 | 1,3 | 1,3 | 1,2 | 1,1 | 1,2 | 1,1 |
| | | | | | | | 1,4 bis 0,8 | | | | | | | | |

Bei eingezogenen Flach- und Rundschiebern sind die $\zeta$-Werte mit dem Term $(DN_{Durchgang} / DN_{Einziehung})^n$ zu multiplizieren, wobei $n = 5$ bis $6$ zu setzen ist.

Tafel 1.4d: Richtwerte für Einzelwiderstände $\zeta$ von Hähnen

| Nennweite | | 15 | 20 | 25 | 32 | 40 | 50 | 65 | 80 | 100 | 125 | 150 | 200 | 250 | 300 |
|---|---|---|---|---|---|---|---|---|---|---|---|---|---|---|---|
| Kugelhähne voller Durchgang | von | 0,1 | 0,1 | 0,09 | 0,09 | 0,08 | 0,08 | 0,07 | 0,07 | 0,06 | 0,05 | 0,05 | 0,04 | 0,03 | 0,03 |
| | bis | | | | | | | | 0,15 | | | | | | |
| Zylinderhähne voller Durchgang | | 0,5 | 0,47 | 0,46 | 0,45 | 0,42 | 0,44 | 0,43 | 0,41 | 0,40 | 0,39 | 0,37 | 0,34 | 0,31 | 0,28 |
| Zylinderhähne mit 1 DN reduziertem Durchgang | | – | – | 1,01 | 1,06 | 0,91 | 0,83 | 1,32 | 0,56 | 0,75 | 0,71 | 0,57 | 0,8 | 0,56 | 0,69[1] |

Bei eingezogenen Kugelhähnen erhöht sich der Widerstandsbeiwert auf $\zeta = 0,4$ bis $1,1$

[1] DN 300/225

# 1 Strömungstechnische Berechnungen

**Tafel 1.4e:** Richtwerte für Einzelwiderstände $\zeta$ von Absperrklappen PN 2,5 bis 40

| Nennweite |     | 40  | 50  | 65  | 80  | 100 | 150 | 200  | 250 | 300  | 400  | 500  | 600  | 800  | 1000 |
|-----------|-----|-----|-----|-----|-----|-----|-----|------|-----|------|------|------|------|------|------|
| Klappen   | von | 0,8 | 0,4 | 0,4 | 0,4 | 0,3 | 0,2 | 0,15 | 0,1 | 0,1  | 0,13 | 0,1  | 0,08 | 0,08 | 0,05 |
|           | bis | 2,5 | 2,0 | 2,4 | 2,0 | 1,5 | 1,5 | 1,2  | 1,0 | 0,92 | 0,83 | 0,76 | 0,71 | 0,67 | 0,63 |

**Tafel 1.4f:** Richtwerte für Einzelwiderstände $\zeta$ von Rückflussverhinderern

| Nennweite |     | 15  | 20  | 25  | 32  | 40  | 50  | 65  | 80  | 100 | 125  | 150 | 200 | 250 | 300 |
|-----------|-----|-----|-----|-----|-----|-----|-----|-----|-----|-----|------|-----|-----|-----|-----|
| Rückschlagventile Geradsitz | | 3,0 bis 6,0 ||||||||||||||
| Rückschlagventile axial | von | | | 3,2 ||||| | | | | | | |
|                         | bis | 3,4 | 3,4 | 3,5 | 3,6 | 3,8 | 4,2 | 3,7 | 5,0 | 7,3 | | | | | |
|                         |     |     |     |     |     |     |     | 5,0 | 6,4 | 8,2 | | | | | |
| Rückschlagventile axial, erweitert | | | | | | | | | | | | | 4,3 | | |
|                                    | | | | | | | | | | | | | 4,6 | | |
| Rückschlagventile Schrägsitz | von | 2,5 | 2,4 | 2,2 | 2,1 | 2,0 | 1,9 | 1,7 | 1,6 | | | | 1,5 | | |
|                              | bis |     |     |     |     |     |     |     | 3,0 | | | |     | | |
| Fußventile mit Saugkorb | | 2,5 bis 2,2 ||||||||||||||
| Hydro-Stop | w = 2 m/s | | | 5,0 | | | 6,0 | | | 6,0 | – | 8,0 | 7,5 | – | – |
|            | w = 3 m/s | | | 1,8 | | | 4,0 | | | 4,0 | – | 4,5 | 4,0 | – | – |
|            | w = 4 m/s | | | 0,9 | | | 3,0 | | | 3,0 | – | 3,0 | 2,5 | – | – |
|            | von |     |     | 0,5 |     |     |     |     |     |     | 0,4 |     |     |     |     |
| Rückschlagklappen allgemein, ohne Hebel und Gewicht | bis | 2,4 | 2,3 | 2,3 | 2,2 | 2,1 | 2,0 | 1,9 | 1,8 | 1,8 | 1,7 | 1,6 | 1,5 | 1,5 | 1,4 |
|             | DN  | 400 | 500 | 600 | 800 | 1000 | | | | | | | | | |
|             | von |     |     |     |     |     |     |     |     |     |     |     |     |     |     |
|             | bis | 1,3 | 1,2 | 1,1 | 1,0 |     |     |     |     |     |     |     |     |     |     |
| Doppelrückschlagklappen | von |     |     |     |     |     | 3,3 | 3,3 | 3,2 | 2,8 | 2,5 | 2,4 | 1,2 | – | 0,85 |
|                         | bis |     |     |     |     |     |     |     |     |     |     |     |     | – | 1,1  |
|                         | DN  | 350 | 400 | 450 | 500 | 600 | 700 | 800 | 900 | 1000 | 1200 | | | | |
|                         | von | 0,6 | 0,6 | | 0,5 | 0,45 | 0,45 | 0,45 | 0,4 | 0,4 | 0,35 | | | | |
|                         | bis | 0,9 | 0,85 | 0,9 | | | | 0,85 | | | | | | | |

$$K_T = \left[1 - \frac{\Delta s}{s} \cdot \left(\frac{d_a}{d_i} - 1\right)\right]^{-5}$$

Werte für $K_T$ sind in Tafel 1.5 enthalten. Der Korrekturfaktor $K_T$ enthält jedoch keine Druckverlusterhöhungen, die während des Betriebes durch Ablagerungen und Inkrustierungen entstehen. Diese sind bei der Wahl der Rohrrauheit nach Tafel 1.3 zu berücksichtigen.

Bei langen Rohrleitungen für Gase und Dämpfe muss neben dem Kompressibilitätseinfluss durch Anwendung der Gl. (1.5d) bis (1.5f) die Volumenverringerung durch den Temperaturabfall berücksichtigt werden. Dies kann sowohl über den Term $\Theta_M / \Theta_1$ in den genannten Gleichungen als auch über einen Temperaturkorrekturfaktor $K_\vartheta$ nach Abschnitt 1.4 erfolgen.

Soll der Druckverlust in einer gegebenen Rohrleitung von gleichbleibendem Innendurchmesser, aber für unterschiedliche Massenströme, ggf. auch für unterschiedliche Durchflussstoffe und Stoffzustände ermittelt werden, kann dies in vereinfachter Form mit Hilfe des Durchflusskoeffizienten $k_v$ erfolgen. Der $k_v$-Wert dient im allgemeinen als spezifische Größe bei der Bestimmung des Durchsatzvolumens und des Druckverlustes von Armaturen. Er kann aber ebenso zur Charakterisierung des Durchströmverhaltens einer Rohrleitung herangezogen werden.

Der Koeffizient $k_v$ gibt gemäß Definition das Durchflussvolumen in m³/h Wasser mit $\rho = 1000$ kg/m³ an, welches sich bei einem Differenzdruck von 1 bar durch eine Armatur oder eine Rohrleitung durchsetzen lässt. Mit Hilfe von Gl. (1.5) kann für einen beliebigen Massenstrom der Druckverlust bestimmt und mit diesem der spezifische $k_v$-Wert der betrachteten Rohrleitung berechnet werden:

$$k_v = \frac{\dot{V}}{100}\sqrt{\frac{\rho}{\Delta p}} = \frac{\dot{m}}{100\sqrt{\rho \cdot \Delta p}} \qquad \text{für Flüssigkeiten} \qquad (1.9a)$$

$$k_v = \frac{\dot{V}_N}{5140}\sqrt{\frac{\rho_N \cdot \Theta_1}{\Delta p \cdot P_2}} \qquad \text{für Gase} \qquad (1.9b)$$

$$k_v = \frac{\dot{m}}{100}\sqrt{\frac{v_2}{\Delta p}} \qquad \text{für Heißdampf} \qquad (1.9c)$$

$$k_v = \frac{\dot{m}}{224}\sqrt{\frac{1}{\Delta p \cdot P_2}} \qquad \text{für Sattdampf} \qquad (1.9d)$$

$\dot{V}$ – Volumenstrom der Flüssigkeit in m³/h  
$\dot{V}_n$ – Volumenstrom des Gases bezogen auf Normzustand in Nm³/h  
$\dot{m}$ – Massenstrom in kg/h  
$P_2$ – absoluter Druck am Ende der Leitung in MPa  
$\Delta p$ – Druckverlust in MPa

Tafel 1.5: Korrekturfaktor $K_T$ für Rohrtoleranzen

| Durchmesserverhältnis $d_a/d_i$ | Faktor $K_T$ in Abhängigkeit von der Wanddickentoleranz der Rohre[1] | | | | | | | |
|---|---|---|---|---|---|---|---|---|
| | + 8 % | + 9 % | + 10 % | + 12,5 % | + 15 % | + 17,5 % | + 20 % |
| 1 | 1 | 1 | 1 | 1 | 1 | 1 | 1 |
| 1,1 | 1,04 | 1,05 | 1,05 | 1,07 | 1,08 | 1,09 | 1,11 |
| 1,2 | 1,08 | 1,10 | 1,11 | 1,14 | 1,16 | 1,20 | 1,23 |
| 1,3 | 1,13 | 1,15 | 1,16 | 1,21 | 1,26 | 1,31 | 1,36 |
| 1,4 | 1,18 | 1,20 | 1,23 | 1,29 | 1,36 | 1,44 | 1,52 |
| 1,5 | 1,23 | 1,26 | 1,29 | 1,38 | 1,48 | 1,58 | 1,69 |

[1]) Die einzuplanende Plustoleranz ist den Maßnormen der Rohre zu entnehmen, z.B. DIN EN 10216-1 bis DIN EN 10216-5 (nahtlose Rohre) und DIN EN 10217-1 bis DIN EN 10217-7 (geschweißte Rohre).

Durch Umstellen von Gl. (1.9) nach $\Delta p$ oder $\dot{m}$ kann mit Hilfe des spezifischen $k_v$-Wertes für jede beliebige Größe der jeweilige Massenstrom oder Druckverlust ohne nochmalige Bestimmung des Rohrreibungsbeiwertes ermittelt werden.

Setzt sich die zu betrachtende Rohrleitung aus mehreren in Reihe geschalteten Abschnitten unterschiedlicher Durchmesser zusammen, so kann der $k_v$-Wert sowohl aus dem Gesamtdruckverlust als auch aus den Druckverlusten jedes Teilabschnittes gesondert ermittelt werden. Werden die $k_v$-Werte aus den Einzelabschnitten zusammengefasst (Index 1 bis n), so ergibt sich der Gesamtwert aus der Beziehung

$$k_v = \sqrt{\frac{1}{\frac{1}{k_{v1}^2} + \frac{1}{k_{v2}^2} + \ldots \frac{1}{k_{vn}^2}}} = \sqrt{\frac{1}{\Sigma \frac{1}{k_{vi}^2}}} \qquad (1.10a)$$

Bei Paralellschaltung gilt:

$$k_v = k_{v1} + k_{v2} + \ldots k_{vn} = \sum k_{vi} \qquad (1.10b)$$

Gl. (1.9a) ist für alle Druckverhältnisse anwendbar, außer für Drücke unterhalb des Verdampfungsdruckes. Gl. (1.9b) bis (1.9d) beschränkt sich hingegen bei Armaturen auf Druckgefälle von $\Delta p < p_1/2$ bzw. $p_2 > p_1/2$. Diese Einschränkung ist auch bei der Anwendung auf Rohrleitungen zu berücksichtigen, da bei zu großem Druckgefälle, insbesondere in kurzen Rohrabschnitten, die kritische Geschwindigkeit erreicht werden kann.

Auf die Berechnung vermaschter Netze wird hier nicht eingegangen, da die Drücke und Massenströme an den Knotenpunkten nur durch zeitaufwändige, schrittweise Näherungen zu ermitteln sind. Derartige Berechnungen werden zweckmäßigerweise über bestehende Programme auf Computern ausgeführt. Gleiches gilt für umfangreiche verzweigte Netze. Bei einfachen verzweigten Netzen wird zunächst die Nennweite mit den Durchflussgeschwindigkeiten nach Tafel 1.2 ermittelt. Mit diesen Werten wird der Druckverlust abschnittsweise nach Gl. (1.5) berechnet und die Ergebnisse mit den verfügbaren Druckgefällen verglichen. Durch Veränderung der Nennweite in den einzelnen Streckenabschnitten wird die Rechnung solange wiederholt, bis das verfügbare Druckgefälle nicht überschritten wird. Andererseits soll aber die Nennweite auf ein solches Maß vermindert werden, dass der vorhandene Druckverlust möglichst dieses Druckgefälle ausschöpft.

Soll die Verteilung in vorhandenen verzweigten oder vermaschten Netzen manuell überprüft werden, erweist sich eine Berechnung mit Hilfe des $k_v$-Wertes als vorteilhaft. Zunächst ermittelt man für einen beliebigen Massenstrom die Druckverluste in den einzelnen Abschnitten nach Gl. (1.5) und mit diesen die entsprechenden $k_v$-Werte nach Gl. (1.9). Der anteilige Massenstrom in den einzelnen Strängen lässt sich ohne iterative Rechenschritte mit diesen $k_v$-Werten präzise bestimmen (siehe Beispiel 2).

## 1.2 Wasserleitungen

### 1.2.1 Kaltwasserleitungen

Kaltwasserleitungen werden wie alle anderen Flüssigkeitsleitungen nach Gl. (1.5a) bis (1.5c) berechnet. Da die Stoffwerte von Wasser fast ausschließlich temperaturabhän-

# 1 Strömungstechnische Berechnungen

gig sind (der Einfluss des Druckes ist vernachlässigbar) und der Temperaturbereich für Kaltwasserleitungen sich in engen Grenzen bewegt, kann von einer gewissen Konstanz der ansonsten veränderlichen Stoffwerte ausgegangen werden.

Darauf aufbauend wurden eine Reihe von Diagrammen anlog Bild 1.2 entwickelt, mit denen sich der Druckverlust und die Durchflussgeschwindigkeit näherungsweise ermitteln lassen. Die Diagramme gelten nur für bestimmte Voraussetzungen, z.B. für konstante Rohrrauheit, und sind somit nur bestimmten Anwendungsfällen vorbehalten. Sobald sich diese Voraussetzungen ändern, sind wesentliche Abweichungen möglich. Beispielsweise verändert sich der Druckverlust bei einem Anstieg der Rohrrauheit von 0,1 mm auf 0,4 mm je nach Nennweite um 35 bis 50 %. Der Einfluss der Temperatur und damit der Dichte lässt sich hingegen mit den Werten nach Tafel 1.6 durch einen Proportionalitätsfaktor erfassen. Er beträgt 0,96 für Wasser von 20 °C.

Für die hydraulische Berechnung von Rohrleitungen und Rohrnetzen der Wasserversorgung gilt das DVGW-Arbeitsblatt W 302. Die Berechnung erfolgt nach den genannten Druckverlustgleichungen, wobei Einzelwiderstände nur in Ausnahmefällen berücksichtigt werden, z.B. bei Konzentration von Armaturen in kurzen Rohrsträngen oder bei Druckverhältnissen im Grenzbereich. Gl. (8.5a) vereinfacht sich zu:

$$\Delta p = \lambda \cdot \frac{l}{d_i} \cdot \frac{\rho}{2} \cdot u^2 \qquad (1.5g)$$

Die Druckverlusthöhe errechnet sich zu

$$h_r = \frac{\Delta p}{\rho \cdot g} = \lambda \cdot \frac{l}{d_i} \cdot \frac{u^2}{2g} \qquad (1.5h)$$

und die bezogene Druckverlusthöhe (Gefälle) zu

$$J = \frac{h_r}{l} = \frac{\lambda \cdot u^2}{2g \cdot d_i}$$

Anstelle der absoluten Wandrauheit wird eine integrale, scheinbare Rohrrauheit $k_i$ gemäß Tafel 1.7 angewendet. Diese kennzeichnet nicht die messbare Höhe der Rauheitserhebungen, sondern ist als Maß für das hydraulische Verhalten der gesamten Rohrleitung bzw. des jeweiligen Rohrnetzes oder Rohrabschnittes zu verstehen.

Die in Tafel 1.7 angeführten $k_i$-Werte gelten für neue Rohrleitungen. Für die Nachrechnung bestehender Rohrleitungen muss $k_i$ entweder durch Messungen bestimmt werden oder die Nachrechnung ist unter Berücksichtigung der Einzelwiderstände mit der absoluten Rohrrauheit vorzunehmen. Bei notwendigen Abschätzungen ist davon auszugehen, dass durch Belagbildung und Korrosion die $k_i$-Werte erheblich ansteigen können.

Trinkwasserleitungen in Gebäuden und auf Grundstücken werden auf der Grundlage der DIN 1988-3 bemessen. Die Berechnung des Druckverlustes erfolgt nach Gl. (1.5a) bis (1.5c) unter Verwendung der absoluten Rohrrauheit.

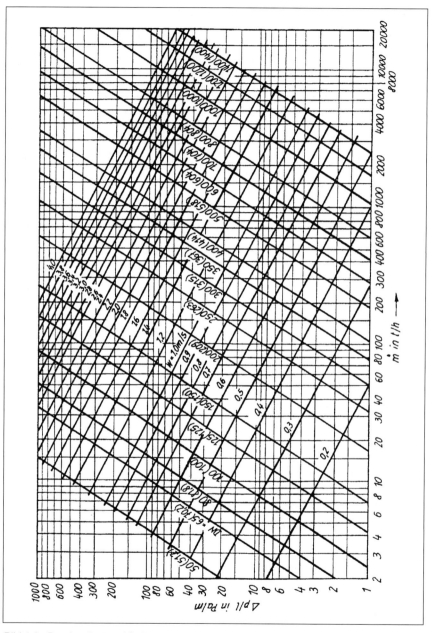

Bild 1.2: Druckverlust und Strömungsgeschwindigkeit von Wasserleitungen (absolute Rohrrauheit k = 0,15 mm, Temperatur 100 °C entsprechend ρ = 960 kg/m³); Klammerwerte sind Innendurchmesser

# 1 Strömungstechnische Berechnungen

Tafel 1.6: Dichte und kinematische Viskosität des Wassers

| Temperatur °C | Dichte $\rho$ in kg/m³ bei einem Absolutdruck in bar von | | | | Kinematische Viskosität $10^{-6}$ m²/s |
|---|---|---|---|---|---|
| | 1 | 5 | 20 | 50 | |
| 0 | 999,8 | 1000,0 | 1000,8 | 1002,3 | 1,781 |
| 10 | 999,8 | 1000,0 | 1000,7 | 1002,1 | 1,297 |
| 20 | 998,3 | 998,5 | 999,2 | 1000,5 | 1,002 |
| 30 | 995,7 | 995,9 | 996,6 | 997,9 | 0,800 |
| 40 | 992,3 | 992,5 | 993,1 | 994,4 | 0,658 |
| 50 | 988,0 | 988,2 | 988,9 | 990,2 | 0,554 |
| 60 | 983,2 | 983,4 | 984,1 | 985,3 | 0,476 |
| 80 | 971,6 | 971,8 | 972,6 | 973,9 | 0,368 |
| 100 | – | 958,3 | 959,0 | 960,4 | 0,297 |
| 150 | – | 916,8 | 917,7 | 919,4 | 0,200 |
| 200 | – | – | 865,1 | 867,3 | 0,155 |
| 250 | bei Sättigungsdruck von 40 bar: 799,2 | | | | 0,137 |
| 300 | 86 bar: 712,5 | | | | 0,130 |

Tafel 1.7: Integrale Rohrrauheiten in Leitungen der Wasserversorgung nach DVGW-Arbeitsblatt W 302

| Leitungsart / Zustand / Einschränkungen | integrale Rohrrauheit $k_i$ [mm] |
|---|---|
| Fernleitungen und Zubringerleitungen mit gestreckter Leitungsführung aus Stahl- oder Gussrohren mit ZM- oder Bitumenauskleidung sowie aus Spannbeton- oder Faserzementrohren | 0,1 |
| Hauptleitungen mit weitgehend gestreckter Leitungsführung aus denselben Rohren, aber auch aus Gussrohren ohne Auskleidung, sofern Wassergüte und Betriebsweise nicht zu Ablagerungen führen | 0,4 |
| Netze: durch den Übergang von $k_i$ = 0,4 mm auf $k_i$ = 1,0 mm wird der Einfluss starker Vermaschung näherungsweise berücksichtigt | 1,0 |

Für offene Gefälleleitungen (z.B. Trichterleitungen, Ausfluss aus einem drucklosen Behälter) vereinfacht sich Gl. (1.7) wegen $p_1 = p_2$ und $u_1 \approx 0$ zu:

$$h \cdot g \cdot \rho = \Delta p + \frac{\rho}{2} u_0^2$$

Die Ausflussgeschwindigkeit $u_0$ am Ende der Rohrleitung mit dem Durchmesser $d_0$ ergibt sich dann zu:

$$u_0 = \sqrt{\frac{2g \cdot h}{1 + \Sigma\lambda \cdot l \cdot d_0^4 / d_i^5}} \tag{1.11}$$

Hierin bezieht sich das Summenzeichen auf Strecken mit unterschiedlichem Durchmesser $d_i$. Bei reibungsfreier Strömung ($\lambda = 0$) entsteht die bekannte Formel

$$u_0 = \sqrt{2g \cdot h}$$

Damit die Strömung nicht abreißt, muss für atmosphärischen Druck (h = 10 m) die Bedingung

$$u_0 \leq \sqrt{2 \cdot 9{,}81 \cdot 10} = 14 \text{ m/s}$$

eingehalten sein. Bei Überschreitung des Grenzwertes ist am Ende der Rohrleitung ein zusätzliches Drosselorgan einzubauen. Die erforderliche Querschnittsverengung beträgt

$$(d_0 / d_i)^2 = \sqrt{P_1 / (h \cdot g \cdot \rho)}$$

Bei fehlender Drosselung kommt es zur Strahlablösung und dem Abfall des Druckes bis unter die Sättigungsgrenze. Das führt zur Dampfblasenbildung, die Kavitationserscheinungen zur Folge haben kann.

*Beispiel 1:*

Eine neue Industrieanlage soll über eine bereits vorhandene Rohrleitung, welche an einen 45 m hohen drucklosen Speicherbehälter angeschlossen ist, mit Wasser versorgt werden. Aus verfahrenstechnischen Gründen soll eine wahlweise Einspeisung in 2 verschiedene Netze erfolgen, welche mit unterschiedlichen Netzwasserdrücken betrieben werden.

Die vorhandene Stahlleitung (Hauptleitung) besteht aus 2 Teilabschnitten von 500 m in DN 150 und 1500 m in DN 200. Sie verläuft horizontal mit weitestgehend gestreckter Leitungsführung. Die Netzwasserdrücke und Einspeisevolumina für die einzelnen Netze betragen:

Netz 1 - 200 kPa (2,0 bar) und 80 m³/h

Netz 2 - 350 kPa (3,5 bar) und 60 m³/h

Die Wassertemperatur beträgt 15 °C, Wanddickentoleranzen werden nicht berücksichtigt. Es soll ermittelt werden, ob mit der vorhandenen Rohrleitung die Versorgung der einzelnen Netze entsprechend den vorgegebenen Einsatzkriterien gesichert werden kann.

*a) Nachrechnung des Druckverlustes mit der Einspeisemenge für das Netz 1*

– Dichte und kinematische Viskosität für 15 °C aus Tafel 1.6 interpoliert:

$\rho = 999$ kg/m³

$\nu = 1{,}15 \cdot 10^{-6}$ m²/s

1 Strömungstechnische Berechnungen 31

- Massenstrom nach Gl. (1.2):

$$\dot{m} = \dot{V} \cdot \rho = \frac{80}{3600} \cdot 999 = 22{,}2 \text{ kg/s}$$

- Geschwindigkeit im Leitungsabschnitt DN 150 nach Gl. (1.4):

$$u = \frac{\dot{m}}{\left(d_i^2 \cdot \pi/4\right) \cdot \rho} = \frac{22{,}2}{\left(0{,}15^2 \cdot \pi/4\right) \cdot 999} = 1{,}28 \text{ m/s}$$

- Reynolds-Zahl für DN 150 nach Gl. (1.6):

$$Re = \frac{u \cdot d_i}{\nu} = \frac{1{,}28 \cdot 0{,}15}{1{,}15 \cdot 10^{-6}} = 1{,}67 \cdot 10^5$$

- Integrale Rohrrauheit nach Tafel (1.7) für Hauptleitungen mit weitestgehend gestreckter Leitungsführung aus Stahl ohne Auskleidung: $k_i = 0{,}4$ mm
- Reibungsbeiwert für $d_i / k_i = 150 / 0{,}4 = 375$ (DN 150) aus Bild 1.1: $\lambda = 0{,}026$
- Druckverlust für DN 150 nach Gl. (1.5g):

$$\Delta p_{150} = \lambda \cdot \frac{l}{d_i} \cdot \frac{\rho}{2} \cdot u^2 = 0{,}026 \cdot \frac{500}{0{,}15} \cdot \frac{999}{2} \cdot 1{,}28^2 = 70\,926 \text{ Pa} = 70{,}9 \text{ Pa} = 0{,}71 \text{ bar}$$

- Geschwindigkeit im Leitungsabschnitt DN 200 nach Gl. (1.4):

$$u = \frac{\dot{m}}{\left(d_i^2 \cdot \pi/4\right) \cdot \rho} = \frac{22{,}2}{\left(0{,}2^2 \cdot \pi/4\right) \cdot 999} = 0{,}71 \text{ m/s}$$

- Reynolds-Zahl für DN 200 nach Gl. (1.6):

$$Re = \frac{u \cdot d_i}{\nu} = \frac{0{,}71 \cdot 0{,}2}{1{,}15 \cdot 10^{-6}} = 1{,}23 \cdot 10^5$$

- Reibungbeiwert für $d_i / k_i = 200 / 0{,}4 = 500$ (DN 200) aus Bild 1.1: $\lambda = 0{,}025$
- Druckverlust für DN 200 nach Gl. (1.5g):

$$\Delta p_{200} = \lambda \cdot \frac{l}{d_i} \cdot \frac{\rho}{2} \cdot u^2 = 0{,}025 \cdot \frac{1500}{0{,}2} \cdot \frac{999}{2} \cdot 0{,}71^2 = 47\,212 \text{ Pa} = 47{,}2 \text{ kPa} = 0{,}47 \text{ bar}$$

Damit ergibt sich für die Einspeisemenge des Netzes 1 ein Gesamtdruckverlust von

$$\Delta p_{ges\,1} = 70\,926 + 47\,212 = 118\,138 \text{ Pa} = 118{,}14 \text{ kPa} = 1{,}18 \text{ bar.}$$

Bei dem zur Verfügung stehenden Druckgefälle von

$$h \cdot g \cdot \rho = 45 \cdot 9{,}81 \cdot 999 = 441 \text{ kPa}$$

beträgt der Druck an der Einspeisestelle

$$p_1 = h \cdot g \cdot \rho - \Delta p_{ges} = 441 - 118{,}1 = 323 \text{ kPa} = 3{,}23 \text{ bar.}$$

Er liegt deutlich über dem geforderten Netzdruck von 200 kPa (2 bar).

b) *Rohrleitungsspezifischer Durchflusskoeffizient*
- Durchflusskoeffizient für Rohrabschnitt DN 150 nach Gl. (1.9a):

$$k_{v150} = \frac{\dot{V}}{100}\sqrt{\frac{\rho}{\Delta p_{150}}} = \frac{\dot{m}}{100\sqrt{\rho \cdot \Delta p_{150}}} = \frac{22{,}2 \cdot 3600}{100\sqrt{999 \cdot 0{,}071}} = 94{,}9 \text{ m}^3/\text{h}$$

- Durchflusskoeffizient für Rohrabschnitt DN 200 nach Gl. (1.9a):

$$k_{v200} = \frac{\dot{m}}{100\sqrt{\rho \cdot \Delta p_{200}}} = \frac{22{,}2 \cdot 3600}{100\sqrt{999 \cdot 0{,}047}} = 116{,}6 \text{ m}^3/\text{h}$$

- Durchflusskoeffizient gesamt nach Gl. (1.10a):

$$k_{v\,ges} = \sqrt{\frac{1}{\frac{1}{k_{v150}^2} + \frac{1}{k_{v200}^2}}} = \sqrt{\frac{1}{\frac{1}{94{,}9^2} + \frac{1}{116{,}6^2}}} = 73{,}6 \text{ m}^3/\text{h}$$

c) *Druckverlust für Einspeisemenge Netz 2*
- Massenstrom nach Gl. (1.2):

$$\dot{m} = \rho \cdot \dot{V} = 999 \cdot \frac{60}{3600} = 16{,}65 \text{ kg/s}$$

- Druckverlust nach Gl. (1.9a) durch Umstellung nach $\Delta p$:

$$\Delta p_{ges\,2} = \frac{\left(\dfrac{\dot{m}}{100 \cdot k_{v\,ges}}\right)^2}{\rho} = \frac{\left(\dfrac{16{,}65 \cdot 3600}{100 \cdot 73{,}6}\right)^2}{999} = 0{,}0664 \text{ MPa} = 66{,}4 \text{ kPa} = 0{,}66 \text{ bar.}$$

# 1 Strömungstechnische Berechnungen

Damit ergibt sich an der Einspeisestelle noch ein verfügbarer Druck von

$$p_2 = h \cdot g \cdot \rho - \Delta p_{ges} = 441 - 66{,}4 = 374{,}6 \text{ kPa} = 3{,}75 \text{ bar},$$

der geringfügig aber ausreichend über dem geforderten Netzwasserdruck von 350 kPa (3,5 bar) liegt.
Die Größe der Haupt- bzw. Zubringerleitung wird somit durch das Netz 2 bestimmt. Da die Zubringerleitung bezogen auf die Verhältnisse im Netz 1 überdimensioniert ist, soll die mögliche Einspeisemenge für das Netz 1 ermittelt werden.

– Ausflussgeschwindigkeit an der Übergabestelle nach Gl. (1.11):

$$u_0 = \sqrt{\frac{2 \cdot 9{,}81 \cdot 45 - 2 \cdot 200 \cdot 10^3 / 999}{1 + \left(\frac{0{,}2^4}{0{,}15^5} \cdot 0{,}026 \cdot 500 + \frac{0{,}2^4}{0{,}2^5} \cdot 0{,}025 \cdot 1500\right)}} = 1{,}01 \text{ m/s}$$

– Möglicher Massenstrom nach Gl. (1.2):

$$\dot{m} = \frac{0{,}200^2 \cdot \pi}{4} \cdot 999 \cdot 1{,}01 = 31{,}68 \text{ kg/s} = 114{,}1 \text{ t/h}$$

Gleiche Ergebnisse liefert auch die Berechnung über den $k_v$-Wert, indem nach Gl. (1.9a) mit dem zur Verfügung stehenden Druckgefälle

$$\Delta p_{vorh} = h \cdot g \cdot \rho - p_{Netz\,1} = 441 - 200 = 241 \text{ kPa} = 2{,}41 \text{ bar}$$

der mögliche Massenstrom bestimmt wird:

$$\dot{m} = k_v \cdot 100 \sqrt{\rho \cdot \Delta p_{vorh}} = 73{,}6 \cdot 100 \sqrt{999 \cdot 0{,}241} = 114\,200 \text{ kg/h} = 114{,}2 \text{ t/h}.$$

*Beispiel 2:*

Durch ein vorhandenes Rohrnetz (Bild 1.3) soll Wasser von 15 °C durchgesetzt werden. Am Einspeisepunkt A steht ein Netzwasserdruck von 5 bar(Ü) zur Verfügung. An den Auslaufpunkten herrscht Atmosphärendruck. Da die Leitung horizontal verläuft, sind keine geodätischen Höhenunterschiede zu überwinden.
Bekannt sind die $k_v$-Werte der einzelnen Rohrabschnitte mit:

$k_{vAB} = 100 \text{ m}^3/\text{h}$     $k_{vBC} = 50 \text{ m}^3/\text{h}$     $k_{vBD} = 60 \text{ m}^3/\text{h}$
$k_{vDE} = \phantom{0}30 \text{ m}^3/\text{h}$     $k_{vDF} = 20 \text{ m}^3/\text{h}$

Es sollen das durchsetzbare Gesamtvolumen und die Verteilung in den einzelnen Leitungssträngen ermittelt werden.

– Durchflusskoeffizient für die parallelen Massenströme DE und DF nach Gl. (1.10 b):

$$k_{vDEF} = k_{vDE} + k_{vDF} = 30 + 20 = 50 \text{ m}^3/\text{h}$$

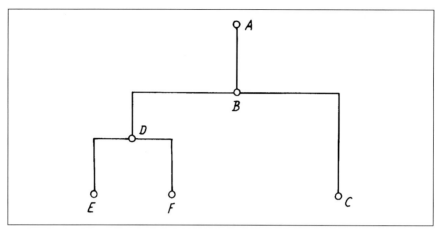

Bild 1.3: Schema eines Rohrnetzes (Beispiel 2)

- Durchflusskoeffizient für die aufeinander folgenden Massenströme BD und (DE+DF) nach Gleichung (1.10 a):

$$k_{vBEF} = \sqrt{\frac{1}{\frac{1}{k_{vDEF}^2} + \frac{1}{k_{vBD}^2}}} = \sqrt{\frac{1}{\frac{1}{50^2} + \frac{1}{60^2}}} = 38{,}41 \, m^3/h$$

- Durchflusskoeffizient für die paralellen Massenströme BD(E+F) und BC nach Gleichung (1.10 b):

$$k_{vBEFC} = k_{vBEF} + k_{vBC} = 38{,}41 + 50 = 88{,}41 \, m^3/h$$

- Durchflusskoeffizient für das gesamte Rohrnetz, d.h. die aufeinander folgenden Massenströme ABD(E+F) und ABC, nach Gleichung (1.10 a):

$$k_{vAEFC} = k_{v\,ges} = \sqrt{\frac{1}{\frac{1}{k_{vBEFC}^2} + \frac{1}{k_{vAB}^2}}} = \sqrt{\frac{1}{\frac{1}{88{,}41^2} + \frac{1}{100^2}}} = 66{,}24 \, m^3/h$$

- Durchflussvolumen gesamt nach Gleichung (1.9 a) durch Umstellung nach $\dot{V}$:

$$\dot{V}_{ges} = \frac{k_{v\,ges} \cdot 100}{\sqrt{\rho/\Delta p}} = \frac{66{,}24}{\sqrt{999/0{,}5}} = 148{,}19 \, m^3/h$$

1 Strömungstechnische Berechnungen    35

– Druckverlust im Abschnitt AB bei $\dot{V}_{ges.}$ nach Gl. (1.9 a) durch Umstellung nach $\Delta p$:

$$\Delta p_{AB} = \frac{\dot{V}_{ges}^2 \cdot \rho}{100^2 \cdot k_{vAB}^2} = \frac{148{,}19^2 \cdot 999}{100^2 \cdot 100^2} = 0{,}219 \, \text{MPa} = 2{,}19 \, \text{bar}$$

Damit ergibt sich ein verfügbares Druckgefälle in den Abschnitten BD(E+F) und BC:

$$\Delta p_{BEFC} = \Delta p_{ges} - \Delta p_{AB} = 5{,}0 - 2{,}19 = 2{,}81 \, \text{bar}.$$

– Durchflussvolumen im Abschnitt BC nach Gl. (1.9 a):

$$\dot{V}_{BC} = \frac{k_{vBC} \cdot 100}{\sqrt{\rho / \Delta p_{BEFC}}} = \frac{50 \cdot 100}{\sqrt{999 / 0{,}281}} = 83{,}86 \, \text{m}^3/\text{h}$$

– Durchflussvolumen im Abschnitt B(E+F) nach Gl. (1.9 a):

$$\dot{V}_{BEF} = \frac{k_{vBEF} \cdot 100}{\sqrt{\rho / \Delta p_{BEFC}}} = \frac{38{,}41 \cdot 100}{\sqrt{999 / 0{,}281}} = 64{,}4 \, \text{m}^3/\text{h}$$

– Druckverlust im Abschnitt BD nach Gl. (1.9 a):

$$\Delta p_{BD} = \frac{\dot{V}_{BEF}^2 \cdot \rho}{100^2 \cdot k_{vBD}^2} = \frac{64{,}4^2 \cdot 999}{100^2 \cdot 60^2} = 0{,}115 \, \text{MPa} = 1{,}15 \, \text{bar}$$

Somit ergibt sich ein verfügbares Druckgefälle für die Abschnitte DE und DF:

$$\Delta p_{DEF} = \Delta p_{ges} - \Delta p_{AB} - \Delta p_{BD} = 5{,}0 - 2{,}19 - 1{,}15 = 1{,}66 \, \text{bar}$$

– Durchflussvolumen im Abschnitt DE nach Gl. (1.9 a):

$$\dot{V}_{DE} = \frac{k_{vDE} \cdot 100}{\sqrt{\rho / \Delta p_{DEF}}} = \frac{30 \cdot 100}{\sqrt{999 / 0{,}166}} = 38{,}67 \, \text{m}^3/\text{h}$$

– Durchflussvolumen im Abschnitt DF nach Gl. (1.9 a):

$$\dot{V}_{DF} = \frac{k_{vDF} \cdot 100}{\sqrt{\rho / \Delta p_{DEF}}} = \frac{20 \cdot 100}{\sqrt{999 / 0{,}166}} = 25{,}78 \, \text{m}^3/\text{h}$$

– Proberechnung:

$$\dot{V}_{ges} = \dot{V}_{DE} + \dot{V}_{DF} + \dot{V}_{BC} = 38{,}67 + 25{,}78 + 83{,}86 = 148{,}31 \, \text{m}^3/\text{h}$$

Das oben errechnete Gesamtvolumen von 148,19 m³/h stimmt bis auf die Rundung mit der Summe der Einzelvolumina überein.

## 1.2.2 Feuerlöschwasserleitungen

Dient eine Trinkwasserleitung gleichzeitig zu Feuerlöschzwecken, so ist die Leistungsfähigkeit der Leitung oder des Netzes zu überprüfen. Grundlage hierfür bildet der erforderliche Löschwasserbedarf und der Trinkwasserverbrauch während der Spitzenzeit eines mittleren Verbrauchstages.

Ein Netz oder eine Leitung gilt gemäß DVGW-Merkblatt W 403 als ausreichend bemessen, wenn die erforderliche Löschwassermenge bei einem gleichzeitigen Trinkwasserverbrauch von 40 bis 50 % der Spitzenstunde noch zur Verfügung steht. Werden keine erhöhten Netzdrücke für außergewöhnliche Abnahmen gefordert, so ist durch die Berechnung nachzuweisen, dass der Netzwasserdruck an keiner Stelle den Wert von 1,5 bar unterschreitet.

Nicht immer ist es möglich, den vollen Löschwasserbedarf aus Trinkwasserversorgungsanlagen abzudecken. Das gilt vor allem dann, wenn der Löschwasserbedarf den Trinkwasserverbrauch erheblich übersteigt und die Bemessung der Trinkwasserversorgungsanlage für den vollen Löschwasserbedarf zu einer deutlichen Überdimensionierung führt, in deren Folge mit hohen Verweilzeiten des Trinkwassers und dessem Verkeimen gerechnet werden muss. In diesen Fällen muss auf andere Möglichkeiten der Löschwasserbereitstellung zurückgegriffen werden.

## 1.2.3 Warm- und Heißwasserleitungen

Bei Warm- und Heißwasserleitungen ist der Einfluss der Temperatur auf das Volumen zu berücksichtigen, da die Volumenvergrößerung für die Wahl des Rohrdurchmessers von Bedeutung sein kann. Insbesondere bei langen Fernwärmeleitungen kann ein zu knapp bemessener Rohrdurchmesser zu einer Einschränkung der Durchlassfähigkeit führen. Eine Volumenverringerung infolge Abkühlung ist nur in Sonderfällen (Laborversuche usw.) von Bedeutung, da Warm- und Heißwasserleitungen im allgemeinen eine Wärmedämmung besitzen. Ungedämmte Warmwasserleitungen dienen meist der Wärmeabgabe in Räumen und haben nur geringe Länge. Die vorgegebene Abkühlspanne liegt in der Größenordnung von 20 K.

Die Berechnung von Warm- und Heißwasserleitungen ist im Prinzip die gleiche wie für Kaltwasserleitungen. Im Gegensatz zur Berechnung von Rohrnetzen der Wasserversorgung, wo Einzelwiderstände durch einen Zuschlag zur Rohrrauheit berücksichtigt sind, werden die Einzelwiderstände bei Fernwärmenetzen durch einen Zuschlag zur Rohrlänge eingerechnet. Für Fernwärmeleitungen verwendet man folgende Gleichung zur Berechnung des Druckverlustes:

$$\Delta p = \frac{\lambda_{Rohr}}{d_{iRohr}} \left( l_{Rohr} + l_{Armatur} \right) \frac{\rho}{2} u^2 \qquad (1.5i)$$

Der prozentuale Zuschlag zur Rohrlänge kann nach [1.18] im Mittel zwischen 35 und 40 % angenommen werden.

Der erforderliche Rohrdurchmesser in Fernwärmeleitungen wird in den meisten Fällen unter Berücksichtigung der Pumpenarbeit festgelegt, da die Kosten für den Energiebedarf der Umwälzpumpen den größten Teil der Gesamtkosten verursachen. Nach [1.21] ist von spezifischen Druckverlustwerten zwischen 1 und 2 mbar/m auszugehen. Weiterhin ist zu beachten, dass Strömungsgeschwindigkeiten über 1 m/s in Verteiler-

# 1 Strömungstechnische Berechnungen

leitungen wegen der Geräuschbelästigung der Abnehmer zu vermeiden sind. Weitere Hinweise zur hydraulischen Auslegung und Dimensionierung von Fernwärmeleitungen sind in [1.21] enthalten.

*Beispiel 3*

Eine vorhandene Heiztrasse AB, welche einen Textilbetrieb mit Heizwasser von 150 / 130 °C versorgt, soll im Zuge planmäßiger Bauerweiterungen verlängert werden und einen weiteren Verbraucher mit einem Umformer erhalten. Die Heiztrasse besitzt vom Heizwerk bis zum Abzweig des Textilbetriebes eine gestreckte Länge von $l_{AB}$ = 2100 m. Die gestreckte Länge des neu zu verlegenden Abschnittes BC bis zum Verbraucher ist mit $l_{BC}$ = 1600 m veranschlagt.

Am Vor- und Rücklaufsammler im Heizwerk herrscht ein konstanter Druck von 20 bzw. 18 bar. Die Heizwassermenge für den Textilbetrieb beträgt 220 t/h (61,11 kg/s), für den neuen Verbraucher 180 t/h (50 kg/s). Für den Heizwasserdurchsatz im Textilbetrieb wird ein Druckgefälle von 75 kPa (0,75 bar) benötigt. Der primärseitige Druckverlust des neuen Umformers beträgt 10 kPa (0,1 bar) bei dem veranschlagten Massenstrom von 180 t/h.

Die vorhandene Trasse besteht aus geschweißtem Stahlrohr nach DIN 2458 in der Abmessung 323,9 x 7,1 und einer Rohrtoleranz von 10 %. Der neue Abschnitt soll ebenfalls mit geschweißtem Stahlrohr verlegt werden.

Es sind

– der Leitungsdurchmesser des neuen Rohrabschnittes,

– der Gesamtdruckverlust über der Trasse und

– das am Abzweig zum Textilbetrieb nach dem Umschluss zur Verfügung stehende Druckgefälle zu ermitteln. Einzelwiderstände werden im Rechengang angeführt.

*a) Druckverlust der Trasse AB*

– Dichte und kinematische Viskosität für 20 bar und 150 °C nach Tafel 1.6:

$\rho$ = 917,7 kg/m³; $\nu$ = 0,200 · 10⁻⁶ m²/s

– Geschwindigkeit nach Gl. (1.4):

$$u = \frac{\dot{m}}{\left(d_i^2 \cdot \pi/4\right) \cdot \rho} = \frac{61,11}{\left(0,310^2 \cdot \pi/4\right) \cdot 917,7} = 0,88 \text{ m/s}$$

– Reynolds-Zahl nach Gl. (1.6):

$$Re = \frac{u \cdot d_i}{\nu} = \frac{0,88 \cdot 0,310}{0,200 \cdot 10^{-6}} = 1,36 \cdot 10^6$$

– Rohrrauheit nach Tafel 1.3: k = 0,3 mm

– Rohrreibungsbeiwert für $d_i$ / k = 310/0,3 = 1033 aus Bild 1.1: $\lambda$ = 0,0195

- Einzelwiderstände nach Tafel 1.4:

  64 Krümmer 90° ($R_B / d_a = 1{,}5$) mit $\zeta = 0{,}3$: $64 \cdot 0{,}3 = 19{,}2$
  2 Absperrklappen mit $\zeta = 0{,}42$: $\phantom{000}2 \cdot 0{,}42 = \phantom{0}0{,}84$
  460 Rundschweißnähte mit $\zeta = 0{,}03$: $460 \cdot 0{,}03 = 13{,}8$
  $\phantom{000000000000000000000000000000000}\overline{\Sigma\zeta = 33{,}84}$

- Druckverlust nach Gl. (1.5a) mit $K_T = 1{,}05$ nach Tafel 1.5:

$$\Delta p_{AB} = \frac{\rho}{2} u^2 \left(\lambda \frac{l}{d_i} + \Sigma\zeta\right) K_T = \frac{917{,}7}{2} \cdot 0{,}88^2 \left(0{,}0195 \cdot \frac{2100}{0{,}310} + 33{,}84\right) 1{,}05$$
$$= 61910\,\text{Pa} = 62\,\text{kPa} = 0{,}62\,\text{bar}$$

*b) Überschlägliche Ermittlung des Druckverlustes der Trasse BC*

Da von einem annähernd gleichen Druckverlust im Vor- und Rücklauf ausgegangen werden kann, ergibt sich für den neuen Trassenabschnitt ein verfügbares Druckgefälle von

$$2\,\Delta p_{BC} = (p_{\text{Vorl.-Sammler}} - p_{\text{Rückl.-Sammler}}) - 2 \cdot \Delta p_{AB} - \Delta p_{\text{Umformer}}$$
$$= 200 - 2 \cdot 62 - 10 = 66\,\text{kPa} = 66\,000\,\text{Pa} = 0{,}66\,\text{bar}$$

Dem entspricht bei einer Trassenlänge von $2 \cdot 1600\,\text{m} = 3200\,\text{m}$ (Vor- und Rücklauf) ein möglicher spezifischer Druckverlust von 20,6 Pa/m. Aus Bild 1.2 ergibt sich bei = 180 t/h und $\Delta p / l = 20{,}6$ Pa/m ein vorläufiger Rohrdurchmesser zwischen DN 250 und DN 300. Gewählt wird DN 300 in der Abmessung 323,9 x 7,1. Hierfür wird u = 0,7 m/s und $\Delta p / l = 13$ Pa/m, so dass sich ohne Berücksichtigung von Einzelwiderständen ein vorläufiger Druckverlust von $13 \cdot 3200 = 41\,600$ Pa = 42 kPa = 0,42 bar ergibt.

*c) Genaue Nachrechnung des Druckverlustes der Trasse BC*
- Geschwindigkeit nach Gl. (1.4):

$$u = \frac{\dot{m}}{\left(d_i^2 \cdot \pi/4\right)\rho} = \frac{50}{\left(0{,}310^2 \cdot \pi/4\right) \cdot 917} = 0{,}72\,\text{m/s}$$

- Reynolds-Zahl nach Gl. (1.6):

$$Re = \frac{u \cdot d_i}{\nu} = \frac{0{,}72 \cdot 0{,}310}{0{,}200 \cdot 10^{-6}} = 1{,}12 \cdot 10^6$$

- Rohrreibungszahl für $d_i / k = 310 / 0{,}3 = 1033$ aus Bild 1.1: $\lambda = 0{,}0195$, das ist der gleiche Wert wie bei der Trasse AB, da die Kurve für $d_i / k$ horizontal verläuft.

## 1 Strömungstechnische Berechnungen

- Einzelwiderstände nach Tafel 1.4:

  | | | |
  |---|---|---|
  | 96 Krümmer 90° ($R_B / d_a = 1,5$) mit $\zeta = 0,3$: | $96 \cdot 0,3$ | $= 28,8$ |
  | 2 Absperrklappen mit $\zeta = 0,42$: | $2 \cdot 0,42$ | $= 0,84$ |
  | 1 Messblende (Öffnungsverhältnis m = 0,5) mit $\zeta =$ | 4,0 | $= 4,0$ |
  | 728 Rundschweißnähte mit $\zeta = 0,03$: | $728 \cdot 0,03$ | $= 21,84$ |
  | | $\Sigma\zeta$ | $= 55,48$ |

- Druckverlust nach Gl. (1.5a) mit $K_T = 1,05$ nach Tafel 1.5:

$$2\Delta p_{BC} = \frac{\rho}{2} u^2 \left(\lambda \frac{l}{d_i} + \Sigma\zeta\right) K_T = \frac{917,7}{2} \cdot 0,72^2 \left(0,0195 \cdot \frac{3200}{0,310} + 55,48\right) \cdot 1,05$$
$$= 64\,131\,Pa = 64\,kPa = 0,64\,bar.$$

Dieser Wert liegt, bedingt durch die höhere Rohrrauheit und die Berücksichtigung der Einzelwiderstände, über dem nach Bild 1.2 ermittelten Druckverlust, aber noch knapp unter dem verfügbaren Druckgefälle von 66 kPa. Der Gesamtdruckverlust beträgt:

$$\Delta p_{ges} = 2\,\Delta p_{AB} + 2\,\Delta p_{BC} + \Delta p_{Umformer} = 2 \cdot 62 + 64 + 10 = 198\,kPa = 1,98\,bar,$$

so dass noch eine Druckreserve von 200 − 198 = 2 kPa vorhanden ist. Das am Abzweig für den Textilbetrieb verfügbare Druckgefälle ergibt sich aus dem Druckverlust über der neuen Trasse zuzüglich des Druckverlustes über dem Umformer zu 64 + 10 = 74 kPa und ist zunächst kleiner als das erforderliche Druckgefälle von 75 kPa.

Da jedoch der Druck über der Trasse nicht vollständig aufgebraucht wird, lässt sich die noch fehlende Differenz von 1 kPa durch Abdrosseln des nicht beanspruchten Druckanteiles nach dem Umformer gewinnen, so dass dennoch ein Druckgefälle $\geq 75$ kPa am Abzweig für den Textilbetrieb vorhanden ist.

### 1.2.4 Leitungen für Sattwasser (Siedewasser)

Besondere Aufmerksamkeit verdienen Heißwasserleitungen, die unter Sättigungsdruck oder geringfügig über diesem betrieben werden. Bei einer Druckabsenkung, z.B. hinter einem Kondensatableiter oder einem Regelventil, wird der Sättigungsdruck unterschritten und durch die sich einstellende Teilverdampfung ein 2-Phasen-Gemisch gebildet. Diese Vorgänge treten vornehmlich an Heizdampfkondensatleitungen von Wärmetauschern, Kesselabflussleitungen, Schnellablässen, Dauerentwässerungen und dergl. auf. Sie haben einen erheblichen Einfluss auf das Durchströmverhalten und den Verschleiß, z.B. durch das Auftreten von Tropfenschlagerosion.

Zu technologisch bedingten Nachverdampfungen kommt es auch in Heißwasserleitungen mit Kondensatunterkühlung (z.B. in Heizdampfkondensatleitungen nach Kondensatkühlern), wenn der Druckabbau über dem Stellorgan genügend groß ist. Wird hingegen Sattwasser über ein Pumpenaggregat gefördert, wird durch den Druckanstieg die Nachverdampfung unterdrückt und das Wasser gewissermaßen unterkühlt.

Bei der Entspannung vom Sättigungsdruck $p_0$ auf $p_1$ entstehen folgende Masse- und Volumenströme für Heißwasser (Index W) und Sattdampf (Index D):

$$\dot{m}_W = \frac{h_1'' - h_0'}{h_1'' - h_1'} \dot{m}_0 \quad \dot{V}_W = \dot{m}_W \cdot v_1' \qquad (1.12a)$$

$$\dot{m}_D = \frac{h_0' - h_1'}{h_1'' - h_1'} \dot{m}_0 \quad \dot{V}_D = \dot{m}_D \cdot v_1'' \qquad (1.12b)$$

$$\dot{m}_0 = \dot{m}_W + \dot{m}_D \quad \dot{V} = \dot{V}_W + \dot{V}_D \qquad (1.12c)$$

Die Indizes 0 und 1 bedeuten die Zustände beim Druck $p_0$ bzw. $p_1$.

Wird anstelle von Sattwasser unterkühltes Kondensat entspannt, so ist statt $h_0'$ die Enthalpie der jeweiligen Kondensattemperatur einzusetzen.

Wie man sich leicht durch Rechnung überzeugen kann, beträgt z.B. bei einer Entspannung von 20 bar auf 10 bar der Masseanteil des Dampfes 7 %. Der Volumenanteil, der für die Durchflussgeschwindigkeit und den Druckverlust maßgebend ist, beträgt hingegen 93 %. Daraus folgt, dass die Bemessung wie für eine Sattdampfleitung vorzunehmen ist. Aus Bild 1.4 kann für Planungszwecke überschläglich die Nennweite ermittelt werden. Bei der Wahl der Strömungsgeschwindigkeit ist die strömungstechnische Gestaltung der Rohrleitung zu berücksichtigen. So können z.B.

- Bogen mit kleinem Biegeradius,
- mehrere kurz hintereinander geschaltete Bogen,
- rechtwinklige Abzweige oder
- Bogen nach Drosselorganen

Verschleiß durch Tropfenschlagerosion bereits bei Geschwindigkeiten unter 10 m/s bedingen.

Um den Einfluss der Sattwasserentspannung so gering wie möglich zu halten, empfiehlt es sich, das Drosselorgan unmittelbar vor dem Entspannungsgefäß oder in dessen Nähe anzuordnen, um damit den Verdampfungsprozess auf das Leitungsende zu verlegen.

Eine exakte Berechnung der Zweiphasenströmung ist wegen der unterschiedlichen Strömungsformen (Blasenströmung, Pfropfenströmung, Ringströmung) recht aufwändig [1.6]. Sie ist auch in den meisten Fällen nicht erforderlich, da der Druckverlust gegenüber dem Drosselverlust oft unbedeutend ist. In den meisten Fällen stellt sich durch das Erreichen der kritischen Massenstromdichte eine kritische Entspannung über dem Drosselorgan ein, so dass die Durchsatzmenge unabhängig vom Hinterdruck ist. Damit verfügt man zumeist über genügend hohe Reserven für den Druckabbau auf der Sekundärseite.

Werden nur geringe Differenzdrücke über dem Drosselorgan abgebaut und ist die Leitung nach diesem sehr lang, kann eine genauere Betrachtung erforderlich sein, da ein zu großer Druckverlust die Durchflussmenge begrenzen kann. Näherungsweise kann der Druckverlust mit dem Massenstrom berechnet werden, wenn das mittlere spezifische Volumen

$$v_{\dot{m}} = \dot{V} / \dot{m}_0 \qquad (1.13)$$

# 1 Strömungstechnische Berechnungen

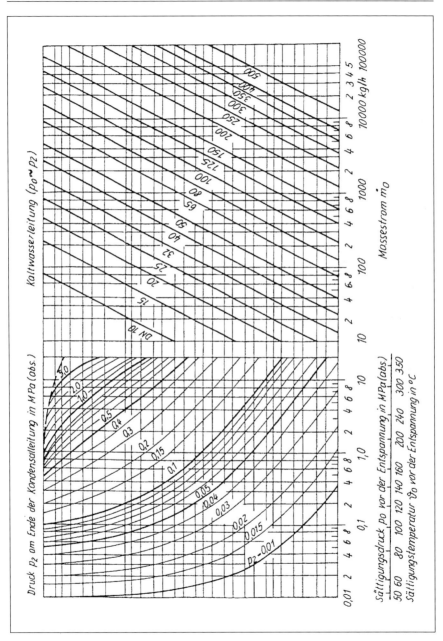

Bild 1.4: Nennweite von Kondensatleitungen unter Berücksichtigung der Entspannung hinter Regelventilen oder Kondensatableitern und Druckverlusten von 200 bis 300 Pa/m (Kaltwasser 100 Pa/m) nach [1.5]

eingesetzt wird. Für die Re-Zahl nach Gl. (1.6) ist die Viskosität des Sattwassers maßgebend. Für genaue Berechnungen muss auf die Spezialliteratur verwiesen werden [1.6], [1.7].

## 1.3 Ölleitungen und andere Flüssigkeitsleitungen

Die Viskosität von Flüssigkeiten, insbesondere von Öl, ist in hohem Maße temperaturabhängig. Je höher die Temperatur, desto dünnflüssiger werden die Flüssigkeiten. Manche Öle lassen sich nur beheizt durch die Rohre transportieren. Bei langen Leitungen muss gegebenenfalls der Temperaturverlust berücksichtigt werden, der ein Ansteigen der Viskosität zur Folge hat [1.8]. Bei Flüssigkeitsgemischen (z.B. Emulsionen, verdünnte Laugen und Säuren) hängt die Viskosität zusätzlich vom Verdünnungsgrad bzw. der Konzentration ab.

In Tafel 1.8 sind die Viskositäten einiger Flüssigkeiten zusammengestellt, die man vorläufigen Berechnungen zugrunde legen kann. Für genaue Ermittlungen müssen stets die für den Bedarfsfall gültigen Werte berücksichtigt werden. Der Berechnungsgang ist prinzipiell der gleiche wie bei Wasserleitungen, wobei von Strömungsgeschwindigkeiten zwischen 0,5 und 2 m/s auszugehen ist.

Für die Viskosität gelten folgende Umrechnungen, die bei Benutzung älterer Tabellen erforderlich sind:

– Engler-Grade (°E)

$10^6 \cdot \nu \; m^2/s = E \cdot 7{,}5^{(1-1/E^3)}$ [1.9, S. 764] oder nach Zahlentafeln, z.B. aus [1.4]

– Stokes (St) und Zentistokes (cST)

$1 \; St = 10^{-4} \; m^2/s = 1 \; cm^2/s \qquad 1 \; cSt = 10^{-6} \; m^2/s = 1 \; mm^2/s$

– Poise (P) und Zentipoise (cP)

$1 \; P = 10^{-1} \; Pa \cdot s \qquad 1 \; cP = 10^{-3} \; Pa \cdot s$

– kp · s/m²

$1 \; kp \cdot s/m^2 = 9{,}81 \; Pa \cdot s$

*Beispiel*

Durch eine 10 km lange nahtlose Stahlrohrleitung DN 200 (219,1 x 6) werden 150 m³/h Erdöl gefördert. Die Leitung hat 50 m Gefälle. Das Erdöl hat die in der Tafel 1.9 angegebenen Eigenschaften.

Der Druckverlust für die fünf genannten Temperaturen ist zu ermitteln. Einzelwiderstände sind zu vernachlässigen. Rechnungsgang:

– Durchflussgeschwindigkeit nach Gl. (1.4):

$$u = \frac{\dot{V}}{d_i^2 \cdot \pi/4} = \frac{150 \cdot 4}{3600 \cdot 0{,}207^2 \cdot \pi} = 1{,}24 \; m/s$$

Tafel 1.8: Dichte und dynamische Viskosität verschiedener Flüssigkeiten

| Bezeichnung | | Dichte $\rho$ bei 18 °C | Dynamische Viskosität $\eta$ in $10^{-3}$ Pa·s bei einer Temperatur in °C von | | | | | | |
|---|---|---|---|---|---|---|---|---|---|
| | | kg/m³ | 10 | 15 | 20 | 30 | 40 | 50 | 60 |
| Aceton | | 791 | 0,353 | – | 0,324 | 0,294 | 0,265 | 0,245 | – |
| Benzol | | 884 | 0,765 | 0,706 | 0,647 | 0,559 | 0,490 | 0,441 | 0,392 |
| Benzin | | 700 bis 740 | – | 0,559 | – | – | – | – | – |
| Dieselkraftstoff | | 857 | – | – | 3,541 | – | – | – | – |
| Erdöl | Romaschkino | 863 | 30,9 | – | 13,7 | – | – | 5,543 | – |
| | Iran | 890 | 563 | 178 | 70,6 | 22,5 | 13,1 | 10,4 | 9,025 |
| | Texas | 912 | 275 | 182 | 127 | 63,7 | 36,3 | 24,5 | 18,6 |
| | Trinidad | 948 | 858 | – | 378 | 198 | 111 | 64,7 | 46,1 |
| | BRD | 889 | – | 59,8 | 43,1 | – | – | – | 0,589 |
| Ethylalkohol | | 789 | 1,462 | 1,305 | 1,187 | 1,000 | 0,824 | 0,706 | – |
| Glyzerin | | 1255 | 3951 | – | 14,9 | 6,240 | – | – | – |
| Milch | | 1030 | – | 2,943 | – | – | – | – | – |
| Phenol | | 1070 | – | – | 11,6 | 7,004 | 4,768 | 3,434 | 2,560 |
| Pyridin | | 983 | 1,118 | – | 0,952 | 0,834 | 0,726 | – | 0,579 |
| Schwefelkohlenstoff | | 1263 | 0,392 | – | 0,363 | 0,343 | 0,324 | – | – |
| Tetrachlorkohlenstoff | | 1599 | 1,128 | – | 0,971 | 0,844 | 0,746 | 0,647 | 0,589 |
| Tetralin | | 975 | – | 2,296 | 2,020 | – | – | 1,305 | – |
| Toluol | | 870 | 0,667 | 0,628 | 0,589 | 0,520 | 0,471 | 0,422 | 0,383 |
| Xylol (Mittelwert) | | 871 | 0,795 | – | 0,687 | 0,608 | 0,540 | 0,491 | 0,441 |

Tafel 1.9: Berechnungsergebnisse zum Beispiel

| Temperatur $\vartheta$ | °C | 10 | 20 | 30 | 40 | 50 |
|---|---|---|---|---|---|---|
| Dichte $\rho$ | kg/m³ | 950 | 945 | 940 | 935 | 930 |
| dynamische Viskosität $\eta$ | $10^{-3}$ Pa·s | 855 | 387 | 196 | 122 | 66 |
| kinematische Viskosität $\nu$ | $10^{-6}$ m²/s | 900 | 409 | 209 | 131 | 71 |
| Re | – | 285 | 628 | 1228 | 1959 | 3620 |
| $\lambda$ | – | 0,225 | 0,102 | 0,0521 | 0,0327 | 0,042 |
| $\Delta p$ | bar | 83,36 | 37,59 | 19,09 | 11,92 | 15,23 |
| $p_1 - p_2$ | bar | 78,7 | 32,95 | 14,48 | 7,33 | 10,67 |

- Reynolds-Zahl nach Gl. (1.6):

$$Re = \frac{u \cdot d_i}{\nu} = \frac{1,24 \cdot 0,207}{\nu} = \frac{0,257}{\nu}$$

- Rohrreibungsbeiwert nach Bild 1.1:

  Die Strömung liegt bis 40 °C im laminaren Bereich, so dass die Rohrrauheit keinen Einfluss hat. Aus Bild 1.1 bzw. für niedrige Re-Zahlen aus $\lambda = 64/Re$ ergibt sich (50 °C als hydraulisch glatt angenommen) $\lambda$ nach Tafel 1.9.
- Druckverlust nach Gl. (1.5a) mit $\Sigma\zeta = 0$ und $K_T = 1,05$ nach Tafel 1.5 für Durchmesserverhältnis 1,1 und 10% Wanddickentoleranz:

$$\Delta p = \frac{\rho}{2} u^2 \cdot \lambda \frac{l}{d_i} K_T = \frac{\rho}{2} 1,24^2 \cdot \lambda \frac{1000}{0,207} \cdot 1,05 = 38\,997 \cdot \lambda \cdot \rho$$

- Unter Berücksichtigung des Gefälles wird nach Gl. (1.8) mit $u_1 \approx u_2$:

$$p_1 - p_2 = \Delta p - h \cdot g \cdot \rho = \Delta p - 50 \cdot 9,81 \cdot \rho = \Delta p - 490,5 \cdot \rho$$

Aus Tafel 1.9 mit den Berechnungsergebnissen ist ersichtlich, dass der geringste Druckverlust bei einer Fördertemperatur von 40 °C eintritt. Bei weiterer Erwärmung sinkt die Viskosität und die Re-Zahl wächst. Dies bedeutet aber zunächst eine merkbare Erhöhung der Rohrreibungszahl (s. Bild 1.1) und damit des Druckverlustes, weil oberhalb der kritischen Re-Zahl 2300 der Umschlag in Turbulenz erfolgt. Erst eine Steigerung auf Re-Zahlen über 10 000 ergibt annähernd so günstige Werte wie für 40 °C.

## 1.4 Dampfleitungen

Der Druckverlust wird bei Dampfleitungen zusätzlich durch die Kompressibilität und den Temperaturabfall infolge Abkühlung beeinflusst. Während sich beim Transport von Flüssigkeiten das spezifische Volumen kaum ändert, erfolgt bei kompressiblen Medien, so auch bei Wasserdampf, mit zunehmender Leitungslänge eine fortlaufende Volumenvergrößerung sowie ein Anstieg der Geschwindigkeit und des spezifischen Druckverlustes. Kühlt sich der Dampf während des Transports durch die Leitung ab, verrin-

# 1 Strömungstechnische Berechnungen

gert sich sein Volumen. Der aus beiden Faktoren resultierende Einfluss auf den Druckverlust ist jedoch nur bei großen Leitungslängen von Bedeutung. Durchflussgeschwindigkeiten in der Größenordnung von Tafel 1.2 und übliche Wärmedämmung sind dabei vorausgesetzt.

Für die Druckverlustberechnung gelten Gl. (1.5a) bis (1.5f) unter Beachtung der dort genannten Anwendungsgrenzen, wobei Gl. (1.5d) bis (1.5f) die Kompressibilität berücksichtigen. Der Einfluss des Temperaturgefälles infolge der Abkühlung lässt sich neben dem Term $\Theta_M/\Theta_1$ in Gl. (1.5d) bis (1.5f) ebenso mit dem Temperaturkorrekturfaktor

$$K_\vartheta = 1 - \frac{0{,}5 \cdot q \cdot l}{\Theta_1 \cdot c_p \cdot \dot{m}} \tag{1.14}$$

erfassen.

Der Wärmeverlust q kann z.B. nach Abschnitt 2, die spezifische Wärmekapazität $c_p$ nach Tafel 10a ermittelt werden.

Der Druckverlust $\Delta p$ nach Gl. (1.5a) bis (1.5c) ist mit dem Temperaturkorrekturfaktor zu multiplizieren. In Gl. (1.5d) bis (1.5f) ist hingegen $K_\vartheta$ anstelle von $\Theta_M/\Theta_1$ einzusetzen.

Tafel 10a: Spezifische Wärmekapazität $c_p$ von Wasserdampf

| Temperatur | $c_p$ in J / (kg · K) bei einem Druck in bar von | | | | | |
| --- | --- | --- | --- | --- | --- | --- |
| °C | 1 | 10 | 20 | 30 | 40 | 50 |
| 100 | 2038 | – | – | – | – | – |
| 120 | 2007 | – | – | – | – | – |
| 140 | 1984 | – | – | – | – | – |
| 160 | 1977 | – | – | – | – | – |
| 180 | 1974 | 2613 | – | – | – | – |
| 200 | 1975 | 2433 | – | – | – | – |
| 220 | 1979 | 2316 | 2939 | – | – | – |
| 240 | 1985 | 2242 | 2674 | 3336 | – | – |
| 260 | 1993 | 2194 | 2505 | 2944 | 3582 | – |
| 280 | 2001 | 2163 | 2395 | 2704 | 3116 | 3683 |
| 300 | 2010 | 2141 | 2321 | 2548 | 2834 | 3199 |
| 320 | 2021 | 2126 | 2268 | 2440 | 2649 | 2903 |
| 340 | 2032 | 2122 | 2239 | 2375 | 2536 | 2723 |
| 360 | 2044 | 2127 | 2231 | 2346 | 2478 | 2625 |
| 380 | 2056 | 2127 | 2212 | 2307 | 2412 | 2528 |
| 400 | 2068 | 2126 | 2197 | 2273 | 2358 | 2451 |

*Beispiel 1*

Ein Dampfkessel versorgt über eine Dampfleitung DN 250 (Innendurchmesser 252 mm) die Sammelschiene eines Industriebetriebes mit Heißdampf von $p_1 = 114$ bar und $\vartheta_1 = 545$ °C.

Auf der Strecke $L_{AB} = 65$ m ist ein Massenstrom von 250 t/h, auf der Strecke $L_{BC} = 85$ m von 220 t/h vorhanden, d.h. am Pkt. B werden 30 t/h Dampf für andere Verwendungszwecke abgezweigt. Die Sammelschiene ist mit einem Sicherheitsventil ausgerüstet, das bei 108 bar anspricht. Es sind zu ermitteln:

– der Druckverlust vom Dampfkessel zur Sammelschiene,

– der Temperaturabfall des Dampfes infolge adiabter Abkühlung und

– die Abblaseleistung des Sicherheitsventils, wenn am Punkt B keine Abnahme erfolgt und kein Dampf aus der Sammelschiene entnommen wird.

Die vorhandenen Einzelwiderstände sind im Rechnungsgang angegeben.

*a) Rechnungsgang für Strecke AB*

– Spezifisches Volumen, entnommen aus Wasserdampftafeln für $P_1 = 115$ bar (absolut) und 545 °C:

$$v = 0{,}03 \text{ m}^3/\text{kg bzw. } \rho = \frac{1}{v} = 33{,}33 \text{ kg}/\text{m}^3$$

– Dynamische Viskosität, aus Tafel 1.10b interpoliert:

$$\eta = 31{,}65 \cdot 10^{-6} \text{ Pa} \cdot \text{s}$$

Tafel 1.10b: Dynamische Viskosität $\eta$ in $10^{-6}$ Pa · s von Wasserdampf (Kursivdruck: Wasser)

| Temperatur °C | Absolutdruck in bar | | | | | | | |
|---|---|---|---|---|---|---|---|---|
| | 1 | 20 | 40 | 80 | 100 | 150 | 200 | 250 |
| 200 | 15,9 | *138,3* | *138,3* | *140,3* | *140,3* | *142,2* | *143,2* | *145,2* |
| 250 | 17,8 | 18,1 | 18,3 | *110,9* | *111,8* | *112,8* | *113,8* | *114,8* |
| 300 | 19,7 | 19,9 | 20,2 | 20,9 | *92,2* | *93,2* | *94,2* | *95,2* |
| 350 | 21,6 | 21,8 | 22,1 | 22,7 | 23,1 | 24,6 | *74,6* | *76,5* |
| 400 | 23,5 | 23,7 | 24,0 | 24,6 | 24,9 | 25,9 | 27,4 | 30,3 |
| 450 | 25,6 | 25,8 | 26,1 | 26,6 | 26,9 | 27,8 | 28,8 | 30,2 |
| 500 | 27,9 | 28,1 | 28,4 | 28,8 | 29,1 | 29,9 | 30,8 | 32,0 |
| 550 | 30,3 | 30,6 | 30,8s | 31,4 | 31,7 | 32,4 | 33,2 | 34,1 |
| 600 | 32,9 | 33,1 | 33,4 | 33,9 | 34,2 | 34,9 | 35,8 | 36,7 |

1 Strömungstechnische Berechnungen 47

- Massenstrom, Umrechnung auf kg/s:

$$\dot{m} = \frac{250 \cdot 10^3}{3600} = 69,44 \text{ kg/s}$$

- Geschwindigkeit nach Gl. (1.4):

$$u = \frac{\dot{m}}{\left(d_i^2 \cdot \pi/4\right)\rho} = \frac{69,44}{\left(0,252^2 \cdot \pi/4\right)33,33} = 41,8 \text{ m/s}$$

- Reynolds-Zahl nach Gl. (1.6):

$$Re = \frac{u \cdot d_i \cdot \rho}{\eta} = \frac{41,8 \cdot 0,252 \cdot 33,33}{31,65 \cdot 10^{-6}} = 11 \cdot 10^6$$

- Rohrrauheit nach Tafel 1.3 für gebrauchte Heißdampfleitungen: $k = 0,2$ mm
- Rohrreibungsbeiwert für $d_i/k = 252/0,2 = 1260$ aus Bild 1.1: $\lambda = 0,0185$
- Einzelwiderstände nach Tafel 1.4:

  11 Bogen 90° ($R_B / d_a = 4$) mit $\zeta = 0,17$:    $11 \cdot 0,17$ = 1,87
  1 Schieber ohne Einziehung mit $\zeta = 0,2$                   = 0,2
  1 Messblende (Öffnungsverhältnis m = 0,5) mit $\zeta =$   4,0  = 4,0
  25 Rundschweißnähte mit $\zeta = 0,03$:              $25 \cdot 0,03$ = 0,75
                                                       $\Sigma\zeta$ = 6,82

- Druckverlust nach Gl. (1.5a) mit $K_T = 1,2$ aus Tafel 1.5 für $d_a / d_i = 1,29$ bei 12,5 % Plustoleranz:

$$\Delta p_{AB} = \frac{\rho}{2} u^2 \left(\lambda \frac{l}{d_i} + \Sigma\zeta\right) K_T = \frac{33,33}{2} 41,8^2 \left(0,0185 \frac{65}{0,252} + 6,82\right) \cdot 1,2$$
$$= 405\,033 \text{ Pa} = 4,1 \text{ bar}$$

Da $\Delta p_{AB} / P_1 = 0,035$, also < 10 % von $P_1$ ist, durfte Gl. (1.5a) angewendet werden.

- Temperaturabfall infolge adiabater Abkühlung entsprechend h-s-Diagramm: $\vartheta_B = 542$ °C
- Am Punkt B herrschen somit die Parameter $P_B = 115 - 4,1 = 110,9$ bar (abs.) und $\vartheta_B = 542$ °C. Hierfür ergibt sich aus den Wasserdampftafeln ein spezifisches Volumen von $v = 0,0315$ m³/kg, d.h. $\rho = 31,75$ kg/m³.

  Die Viskosität braucht nicht bestimmt zu werden, da der Rohrreibungsbeiwert wegen der großen Reynolds-Zahl nur von $d_i/k$ abhängt.

*b) Rechnungsgang für Strecke BC*

- Geschwindigkeit nach Gl. (1.4):

Mit dem Massenstrom $\dot{m} = \dfrac{220 \cdot 10^3}{3600} = 61{,}11\,\text{kg/s}$ wird

$$u = \dfrac{\dot{m}}{\left(d_i^2 \cdot \pi/4\right)\rho} = \dfrac{61{,}11}{\left(0{,}252^2 \cdot \pi/4\right)31{,}75} = 38{,}6\,\text{m/s}$$

- Einzelwiderstände nach Tafel 1.4:

  | | | |
  |---|---:|---:|
  | 15 Bogen 90° ($R_B / d_a = 4$) mit $\zeta = 0{,}17$: | $15 \cdot 0{,}17$ | $= 2{,}55$ |
  | 1 Schieber ohne Einziehung mit $\zeta = 0{,}2$: | | $= 0{,}2$ |
  | 1 Messblende (Öffnungsverhältnis m = 0,5) mit $\zeta = 4{,}0$ | | $= 4{,}0$ |
  | 1 T-Stück von $\dot{m}_2/\dot{m}_3 = 30/250 = 0{,}12$ mit $\zeta_1 = 0{,}02$ | | $= 0{,}02$ |
  | 32 Rundschweißnähte mit $\zeta = 0{,}03$: | $32 \cdot 0{,}03$ | $= 0{,}96$ |
  | | $\Sigma\zeta$ | $= 7{,}73$ |

- Druckverlust nach Gl. (1.5a) mit $K_T = 1{,}2$ und $\lambda = 0{,}0185$ ($d_i / k = 1260$)

$$\Delta p_{BC} = \dfrac{\rho}{2}u^2\left(\lambda\dfrac{l}{d_i} + \Sigma\zeta\right)K_T = \dfrac{31{,}75}{2}38{,}6^2\left(0{,}0185\dfrac{85}{0{,}252} + 7{,}73\right)1{,}2$$
$$= 396\,148\,\text{Pa} = 4{,}0\,\text{bar}$$

- Temperaturabfall infolge adiabater Abkühlung entsprechend h-s-Diagramm: $\vartheta_C = 540\,°C$
- Gesamtdruckverlust:

$$\Delta p_{ges} = \Delta p_{AB} + \Delta p_{BC} = 4{,}1 + 4{,}0 = 8{,}1\,\text{bar}$$

Druck am Ende der Leitung:

$p_2 = p_1 - \Delta p_{ges} = 114 - 8{,}1 = 105{,}9\,\text{bar}$ bzw. $P_2 = 106{,}9\,\text{bar}$

*c) Berechnung der Abblaseleistung des Sicherheitsventils*

Die Abblaseleistung ergibt sich aus dem Druckgefälle zwischen Kesselaustritt und Ansprechdruck des Sicherheitsventils:

$$\Delta p = p_1 - p_{Anspr} = 114 - 108 = 6\,\text{bar}.$$

Zur Vereinfachung der Rechnung wird der spezifische $k_v$-Wert für die Dampfleitung ermittelt. Da der Druckverlust in den einzelnen Abschnitten mit unterschiedlichen Durchsatzmengen berechnet wurde, muss der spezifische $k_v$-Wert für jeden Abschnitt gesondert berechnet werden.

1 Strömungstechnische Berechnungen

- Durchflusskoeffizient für Abschnitt AB nach Gl. (1.9c):

$$k_{vAB} = \frac{\dot{m}}{100}\sqrt{\frac{v_2}{\Delta p}} = \frac{250 \cdot 10^3}{100}\sqrt{\frac{0{,}0315}{0{,}41}} = 694{,}1 \, m^3/h$$

- Durchflusskoeffizient für Abschnitt BC nach Gl. (1.9c):

$$k_{vBC} = \frac{\dot{m}}{100}\sqrt{\frac{v_2}{\Delta p}} = \frac{220 \cdot 10^3}{100}\sqrt{\frac{0{,}0327}{0{,}4}} = 629{,}0 \, m^3/h$$

- Durchflusskoeffizient für Abschnitt AC nach Gl. (1.10a):

$$k_{vAC} = \sqrt{\frac{1}{\frac{1}{k_{vAB}^2} + \frac{1}{k_{vBC}^2}}} = \sqrt{\frac{1}{\frac{1}{694{,}1^2} + \frac{1}{629{,}0^2}}} = 466{,}1 \, m^3/h$$

- Mögliche Abblasemenge $\dot{m}_{Abbl.}$ bei $\Delta p = 6$ bar (0,6 MPa) nach Gl. (1.9c), umgestellt nach $\dot{m}_{Abbl.}$:

$$\dot{m}_{Abbl.} = \frac{k_{vAC} \cdot 100}{\sqrt{\frac{v_2}{\Delta p}}} = \frac{454{,}19 \cdot 100}{\sqrt{\frac{0{,}0322}{0{,}6}}} = 201{,}2 \cdot 10^3 \, kg/h = 201{,}2 \, t/h$$

Das Volumen $v_2$ des abzublasenden Dampfes ermittelt man aus dem h-s-Diagramm für 109 bar (abs.) und 545 °C.

*Beispiel 2*

Es ist die Nennweite einer Dampfleitung zu bestimmen, wobei der Druckverlust unter Berücksichtigung des Temperaturabfalls 5 bar nicht überschreiten soll. Die Dampfparameter betragen 14 bar und 340 °C bei einem Massenstrom von 25 kg/s (90 t/h). Die Leitung hat eine Länge von 6250 m, enthält zwei Absperrarmaturen sowie 140 Umlenkungen zu 90°. Auf je 10 m ist mit einer Rundschweißnaht zu rechnen. Der Wärmeverlust der Dämmung soll $q = 350$ W/m betragen.

- Spezifisches Volumen, entnommen aus den Wasserdampftafeln für $P_1 = 15$ bar (abs.) und 340 °C:

   $v = 0{,}183$ m³/kg bzw. $\rho = 5{,}464$ kg/m³

- Überschlägliche Ermittlung des Innendurchmessers nach Gl. (1.3) für $u = 30$ m/s (gewählt aus Tafel 1.2):

$$d_i = 2\sqrt{\frac{\dot{m}}{\pi \cdot \rho \cdot u}} = 2\sqrt{\frac{25}{\pi \cdot 5{,}464 \cdot 30}} = 0{,}44 \, m$$

- Nachrechnung der Durchflussgeschwindigkeit für DN 500 nach Gl. (1.4):

$$u = \frac{\dot{m}}{\left(d_i^2 \cdot \pi/4\right)\rho} = \frac{25}{\left(0,5^2 \cdot \pi/4\right)5,464} = 23,30 \text{ m/s}$$

- Dynamische Viskosität, aus Tafel 1.10b interpoliert: $\eta = 1,4 \cdot 10^{-6}$ Pa · s
- Reynolds-Zahl nach Gl. (1.6):

$$Re = \frac{u \cdot d_i \cdot \rho}{\eta} = \frac{23,30 \cdot 0,5 \cdot 5,464}{21,4 \cdot 10^{-6}} = 2,97 \cdot 10^6$$

- Rohrrauheit nach Tafel 1.3 für geschweißtes Stahlrohr (Dampfleitungen nach mehrjährigem Betrieb): k = 0,3 mm
- Rohrreibungsbeiwert für $d_i$ / k = 500 / 0,3 = 1667 aus Bild 1.1: $\lambda$ = 0,0174
- Einzelwiderstände nach Tafel 1.4:

140 Segmentkrümmer 90° ($R_B$ / $d_a$ = 1,5) mit $\zeta$ = 0,35: 140 · 0,17 = 49,0
2 Keilschieber ohne Einziehung mit $\zeta$ = 0,2: 2 · 0,2 = 0,4
625 Rundschweißnähte mit $\zeta$ = 0,03: 625 · 0,03 = 18,8
$\Sigma\zeta$ = 68,2

- Der Druckverlust wird nach Gl. (1.5d) berechnet, da der Druckabfall voraussichtlich über 10 % von $P_1$ sein wird, mit $K_T$ = 1,01 nach Gl. (1.8) und $c_p$ = 2180,5 J/(kg K) aus Tafel 10.a:

$$\Delta p = P_1\left(1 - \sqrt{1 - \frac{\rho_1}{P_1}u_1^2\left(\lambda\frac{l}{d_i} + \Sigma\zeta\right)K_\vartheta}\right)K_T$$

$$\Delta p = P_1\left(1 - \sqrt{1 - \frac{\rho_1}{P_1}u_1^2\left(\lambda\frac{l}{d_i} + \Sigma\zeta\right)\left(1 - \frac{0,5 \cdot q \cdot l}{\Theta_1 \cdot c_p \cdot \dot{m}}\right)}\right)K_T$$

$$\Delta p = 1,5 \cdot 10^6 \left(1 - \sqrt{1 - \frac{5,464}{1,5 \cdot 10^6}23,30^2\left(0,0174\frac{6250}{0,5} + 68,2\right)}\right.$$

$$\left. \cdot \left(1 - \frac{0,5 \cdot 350 \cdot 6250}{(340+273)\, 2180,5 \cdot 25}\right)\right) 1,01 = 494\,739\, \text{Pa} = 4,95\, \text{bar}$$

Obwohl der errechnete Druckverlust den zulässigen Wert von 5 bar geringfügig unterschreitet, wird geprüft, welchen Einfluss die bisher außer acht gelassene adiabate Abkühlung auf den Druckverlust hat.

1 Strömungstechnische Berechnungen                                                51

- Temperaturabfall infolge adiabater Abkühlung entsprechend h-s-Diagramm: 333 °C.
- Mittlere Temperatur:

$$\Theta_M = \frac{\Theta_1 + \Theta_2}{2} = \frac{613 + 606}{2} = 609{,}5 \text{ K}$$

- Korrigierter Druckverlust, ermittelt nach Gl. (1.5d) durch Einfügen des Terms $\Theta_M / \Theta_1 = 609{,}5 / 613$:

$$\Delta p_{korr} = P_1 \left(1 - \sqrt{1 - \frac{\rho_1}{P_1} u_1^2 \left(\lambda \frac{l}{d_i} + \Sigma \zeta\right) \frac{\Theta_M}{\Theta_1} K_\vartheta}\right) K_T = 491\,230 \text{ Pa} = 4{,}9 \text{ bar}$$

Der korrigierte Wert zeigt, dass die adiabate Abkühlung im vorliegenden Fall so gut wie keinen Einfluss auf das Ergebnis hat und somit vernachlässigt werden kann.

## 1.5 Luft- und Gasleitungen

Die für die Rechnung benötigten physikalischen Kennwerte (Tafel 1.11) liegen meistens nur für den Normzustand (1,013 bar = 760 Torr / 0 °C) vor. Die Umrechnung vom Normzustand (Index N) auf den Berechnungszustand (ohne Index) erfolgt nach den Gesetzmäßigkeiten für vollkommene Gase. Die Abweichung von den wirklichen Gasen ist bei Druckverlustberechnungen vernachlässigbar.

- Spezifisches Volumen

$$v = v_N \frac{0{,}1013 \cdot 10^6 \cdot \Theta}{273 P} = 371 \, v_N \frac{\Theta}{P} = \frac{371}{\rho_0} \frac{\Theta}{P} = R \frac{\Theta}{P} \text{ in m}^3/\text{kg} \qquad (1.15)$$

R – Gaskonstante in J / (kg · K) nach Tafel 1.11

- Dichte

$$\rho = \frac{1}{v} = \frac{\rho_N}{371} \frac{P}{\Theta} = \frac{P}{R \cdot \Theta} = \frac{d_v}{289} \frac{P}{\Theta} \text{ in kg/m}^3 \qquad (1.16)$$

$d_v$ – Dichteverhältnis, bezogen auf Luft nach Tafel 1.11 ($\rho_N = 1{,}293 \, d_v$)

- Dynamische Viskosität

$$\eta = \eta_N \sqrt{\frac{\Theta}{273} \frac{1 + (C/273)}{1 + (C/\Theta)}} = \eta_N \left(\frac{\Theta}{273}\right)^b \text{ in Pa} \cdot \text{s} \qquad (1.17)$$

Der zweite Term in Gl. (1.17) ist nach [1.9, S. 765] gültig für den Bereich -20 °C < $\vartheta$ < 500 °C. Er weicht nur unwesentlich vom ersten Term ab.

Tafel 1.11: Physikalische Kennwerte von Gasen (Zusammenfassung aus verschiedenen Quellen)

| Bezeichnung | chemische Formel | Gaskonstante $R$ J/(kg·K) | Molare Masse $M_m$ kg/kmol | Dichte im Normzustand $\bar{\rho}$ kg/m³ | Dichteverhältnis im Normzustand $d_v$ | Sutherland-Konstante $C$ | Dynamische Viskosität $\eta$ in $10^{-6}$ Pa·s bei 1,013 bar Absolutdruck und Temperatur in °C | | | | | | | $\sqrt{M_m} \cdot \Theta_K$ (kg·K/kmol)$^{0,5}$ | Exponent $b$ | Spezifische Wärmekapazität $c_p$ J/(kg·K) |
|---|---|---|---|---|---|---|---|---|---|---|---|---|---|---|---|---|
| | | | | | | | −10 | 0 | 20 | 40 | 60 | 80 | 100 | | | |
| Luft | — | 287,1 | 28,98 | 1,293 | 1 | 111 | 16,7 | 17,1 | 18,1 | 19,0 | 19,9 | 20,9 | 21,9 | 62 | 0,760 | 1001 |
| Sauerstoff | $O_2$ | 260,0 | 32,00 | 1,429 | 1,105 | 125 | 18,4 | 19,1 | 20,2 | 21,3 | 22,4 | 23,3 | 24,3 | 70 | 0,702 | 913 |
| Stickstoff | $N_2$ | 296,9 | 28,00 | 1,251 | 0,967 | 104 | 16,2 | 16,6 | 17,5 | 18,3 | 19,2 | 19,9 | 20,8 | 59 | 0,694 | 1043 |
| Kohlenmonoxid | $CO$ | 297,1 | 28,00 | 1,250 | 0,967 | 100 | 16,2 | 16,8 | 17,7 | 18,5 | 19,4 | 20,2 | 21,0 | 62 | — | 1051 |
| Kohlendioxid | $CO_2$ | 189,0 | 44,00 | 1,977 | 1,529 | 254 | 13,4 | 13,7 | 14,6 | 15,7 | 16,7 | 17,6 | 18,4 | 116 | 0,866 | 825 |
| Wasserstoff | $H_2$ | 4126 | 2,01 | 0,0899 | 0,0695 | 71 | 8,0 | 8,3 | 8,7 | 9,1 | 9,5 | 9,9 | 10,3 | 8 | 0,670 | 14 235 |
| Methan | $CH_4$ | 518,9 | 16,01 | 0,717 | 0,555 | 164 | 10,0 | 10,1 | 10,8 | 11,5 | 12,1 | 12,7 | 13,2 | 55 | — | 2177 |
| Ethylen | $C_2H_4$ | 296,8 | 28,01 | 1,261 | 0,975 | 225 | 9,0 | 9,4 | 10,0 | 10,7 | 11,2 | 11,8 | 12,4 | 90 | — | 1465 |
| Propylen | $C_3H_6$ | 197,8 | 42,05 | 1,915 | 1,481 | 487 | 7,5 | 7,7 | 8,3 | 8,8 | 9,5 | 10,0 | 10,7 | 125 | — | — |
| Propan | $C_3H_8$ | 188,7 | 44,06 | 2,019 | 1,562 | 278 | — | 7,5 | 7,9 | 8,5 | 9,0 | 9,5 | 10,0 | 128 | — | — |
| Benzoldampf | $C_6H_6$ | 106,7 | 78,00 | 3,470 | 2,690 | 448 | — | 6,8 | 7,4 | 7,8 | 8,3 | 8,9 | 9,4 | 209 | — | — |
| Ammoniak | $NH_3$ | 488,4 | 17,01 | 0,771 | 0,597 | 503 | — | 9,3 | 10,0 | 10,7 | 11,4 | 12,1 | 12,8 | 83 | 1,050 | 2060 |
| Acetylen | $C_2H_2$ | 319,7 | 26,01 | 1,171 | 0,906 | 215 | — | 9,6 | 10,2 | 10,8 | 11,4 | 12,0 | 12,6 | — | — | 1641 |
| Schwefelwasserstoff | $H_2S$ | 245,0 | 33,96 | 1,539 | 1,191 | 331 | — | 11,6 | 12,4 | 13,4 | 14,2 | 15,0 | 15,9 | 113 | — | 1105 |
| Kokereigas, Koksofengas | — | — | — | 0,500 | 0,387 | ≈120 | 12,1 | 12,5 | 13,1 | 13,8 | 14,5 | 15,2 | 15,8 | — | — | — |
| Generatorgas | — | — | — | 1,150 | 0,889 | ≈120 | 15,8 | 16,2 | 17,2 | 18,1 | 18,9 | 19,8 | 20,6 | — | — | — |
| Hochofengas (Gichtgas) | — | — | — | 1,270 | 0,982 | ≈120 | 16,0 | 16,5 | 17,5 | 18,3 | 19,3 | 20,1 | 21,0 | — | — | — |
| Wassergas | — | — | — | 0,690 | 0,534 | ≈120 | 14,6 | 15,0 | 15,9 | 16,8 | 17,6 | 18,3 | 19,1 | — | — | — |
| Erdgas mit 90 % Metan | — | — | — | 0,780 | 0,603 | 165 | 10,1 | 10,4 | 11,1 | 11,7 | 12,4 | 12,9 | 13,5 | — | — | — |

# 1 Strömungstechnische Berechnungen

Besteht ein Gasgemisch aus den Massenanteilen $g_1$, $g_2$, $g_3$,... bzw. aus den Volumenanteilen $n_1$, $n_2$, $n_3$,..., so gelten die Beziehungen

$$g_1 + g_2 + g_3 + \ldots = \Sigma g_i = 1 \qquad (1.18a)$$

$$n_1 + n_2 + n_3 + \ldots = \Sigma n_i = 1 \qquad (1.18b)$$

Damit ergeben sich die folgenden physikalischen Kenngrößen, wobei die Werte für das Gasgemisch mit $\bar{\rho}$, $\bar{R}$ bzw. $\bar{\eta}$ bezeichnet werden:

- Dichte

$$\bar{\rho} = \Sigma\left(n_i \cdot \rho_i\right) = \frac{1}{\Sigma\left(g_i / \rho_i\right)} \qquad (1.19)$$

- Gaskonstante

$$\bar{R} = \Sigma\left(g_i \cdot R_i\right) = \frac{1}{\Sigma\left(n_i / R_i\right)} \qquad (1.20)$$

- Dynamische Viskosität

$$\bar{\eta} = \frac{\Sigma\left(n_i \cdot \eta_i \sqrt{M_{mi} \cdot \Theta_{Ki}}\right)}{\Sigma\left(n_i \sqrt{M_{mi} \cdot \Theta_{Ki}}\right)} \qquad (1.21)$$

$M_{mi}$ — molare Masse, z.B. nach [1.9, S. 434] oder Tafel 1.11

$\Theta_{Ki}$ — kritische Gastemperatur, z.B. nach [1.9, S. 434]

Zur Rechenerleichterung enthält Tafel 1.11 den Ausdruck $\sqrt{M_m \cdot \Theta_K}$

Der Druckverlust wird mit den Grundgleichungen nach Abschnitt 1.1 berechnet, wobei geodätische Höhenunterschiede bei den meisten praktischen Rechnungen vernachlässigbar sind. Ausnahmen bilden solche Gasleitungen, bei denen der Druckverlust in der gleichen Größenordnung wie das Druckgefälle infolge geodätischen Höhenunterschiedes liegt (bis etwa $\Delta p_{zul} \approx 1000$ Pa). Bei heißen Gasen kann der Temperaturabfall infolge Wärmeverlust und adiabater Entspannung durch den Korrekturfaktor nach Abschnitt 1.1 bzw. durch den Term $\Theta_M/\Theta_1$ in Gleichung (1.5d) bis (1.5f) berücksichtigt werden. Die spezifische Wärmekapazität $c_p$ ist in Tafel 1.11 enthalten, wobei für Gasgemische gilt:

$$\bar{c}_p = \Sigma\left(g_i \cdot c_{pi}\right) \qquad (1.22)$$

Liegen nur die Volumenanteile vor, kann umgerechnet werden mit

$$g_i = n_i \left( \rho_i / \overline{\rho} \right) \tag{1.23}$$

Der zulässige Druckabfall ist meistens durch den Gasdruck im Netz und den Mindestdruck an der Verbraucherstelle vorgeschrieben. Für technische Gase wie Sauerstoff, Acetylen, Kohlendioxid und Wasserstoff wird in [1.10] der zulässige Druckverlust für die Verteilungsleitungen mit 10 % des Betriebsdruckes $P_1$ angegeben, für Druckluft mit 200 Pa/m, jedoch maximal 10 kPa zwischen Druckkessel und Entnahmestelle [1.11].

Zur Berechnung der Druckverluste bei der Gasverteilung gilt in der BRD das DVGW-Arbeitsblatt G 464. Es setzt die abgeschlossene Umstellung der Gasversorgung von Stadtgas auf Erdgas voraus und ermöglicht durch eine Reihe zusammengefasster Berechnungsgrößen ein für den Anwender vereinfachtes Berechnungsverfahren mit hinreichender Genauigkeit. Anstelle der absoluten Rohrrauheit wird eine integrale Rauheit verwendet, welche das gesamte hydraulische Verhalten einer Rohrleitung mit allen widerstandsbildenden Faktoren beinhaltet. Tafel 1.12 enthält Richtwerte für die integrale Rohrrauheit von Gasleitungen. Sie können unter besonderen Bedingungen erheblich von der Realität abweichen, so dass dann eine Berechnung nach Abschnitt 1.1 unumgänglich ist.

Weiterhin wird ein sog. R-Wert eingeführt, der für ein mittleres Erdgas alle konstanten Größen und notwendigen Basiswerte zusammenfasst. Entsprechend DVGW-Arbeitsblatt G 464 ergeben sich aus den Grundgleichungen für die isotherme raumveränderliche Rohrströmung nachstehende vereinfachte Gleichungen für die Berechnung des Druckverlustes:

– Druckverlust in Hochdruckgasleitungen

$$p_1^2 - p_2^2 = R_{HD} \cdot L \cdot \dot{V}_N^2 \tag{1.24}$$

Tafel 1.12: Richtwerte für die integrale Rohrrauheit in Gasleitungen nach DVGW-Arbeitsblatt G 464

| Leitungsart / Einschränkungen | integrale Rohrrauheit $k_i$ [mm] |
|---|---|
| Stahl-, Guss- und Kunststoffrohre ohne Ablagerungen, mit gestreckter Leitungsführung, wenigen Einbauten und geringer Vermaschung, z.B. Hochdruck-Transportleitungen | 0,1 |
| Stahl-, Guss- und Kunststoffrohre ohne Ablagerungen, mit Einbauten und starker Vermaschung | 0,5 |
| Stahl- und Gussrohre mit geringen Ablagerungen, mit Einbauten bei stark vermaschtem Netz, z.B. Niederdruck-Verteilleitungen | 1,0 |
| Stahl- und Gussrohre mit Leitungseinbauten bei stark vermaschtem Netz und starken Ablagerungen | 3,0 |
| gleiche Leitungen, aber mit sehr starken Ablagerungen im Rohr (insbesondere alte Stadtgasleitungen in Werksnähe) | > 3,0 |

1 Strömungstechnische Berechnungen

– Druckverlust in Niederdruckgasleitungen

$$p_1 - p_2 = R_{ND} \cdot l \cdot \dot{V}_N^2 \tag{1.25}$$

$\dot{V}_N$ – Volumenstrom, bezogen auf den Normzustand
$p_1$ – Druck an der Einspeisestelle
$p_2$ – Druck an der Verbraucherstelle
$R_{HD}$ – R-Wert für Hochdruck nach Tafel 1.13
$R_{ND}$ – R-Wert für Niederdruck nach Tafel 1.13
L – Leitungslänge Hochdruck-Rohrleitung
l – Leitungslänge Niederdruck-Rohrleitung

Den R-Werten in Tafel 1.13 liegen folgende Basiswerte zugrunde:

$\rho_N = 0{,}84$ kg/m³ – Dichte im Normzustand
$\nu = 14{,}2 \cdot 10^{-6}$ m²/s – kinematische Viskosität
$\Theta_1 = 283$ K – absolute Temperatur an der Einspeisestelle
$d_i = DN$ – Nennweite
$p_{ü} = 50$ mbar – Überdruck an der Einspeisestelle (ND-Rohrleitung)
$H = 0$ m (über NN) – Höhe über Meeresspiegel (ND-Rohrleitung)
$u = 3$ m/s – mittlere Gasgeschwindigkeit (ND-Rohrleitung)
$u = 10$ m/s – mittlere Gasgeschwindigkeit (HD-Rohrleitung)
$K = 1$ – Kompressibilitätszahl (HD-Rohrleitung)

Tafel 1.13: R-Werte für Erdgas nach Angaben aus DVGW-Arbeitsblatt G 464

| Nennweite DN | Niederdruck $R_{ND}$ in [$10^{-8} \cdot$ mbar $\cdot$ h²/(m $\cdot$ m⁶)] | | | | Hochdruck $R_{HD}$ in [$10^{-8} \cdot$ bar² $\cdot$ h²/(km $\cdot$ m⁶)] | | |
|---|---|---|---|---|---|---|---|
| | $k_i = 0{,}1$ mm | $k_i = 0{,}5$ mm | $k_i = 1{,}0$ mm | $k_i = 3{,}0$ mm | $k_i = 0{,}1$ mm | $k_i = 0{,}5$ mm | $k_i = 1{,}0$ mm |
| 25 | 225 936 | 305 348 | 387 585 | 670 880 | 327 870 | 551 493 | 731 497 |
| 32 | 60 836 | 80 690 | 100 760 | 166 452 | 88 851 | 146 333 | 191 449 |
| 40 | 18 499 | 23 798 | 29 771 | 47 519 | 27 408 | 44 294 | 57 290 |
| 50 | 5616 | 7228 | 8808 | 13 659 | 8453 | 13 438 | 17 200 |
| 65 | 1404 | 1780 | 2144 | 3230 | 2124 | 3317 | 4199 |
| 80 | 467 | 586 | 700 | 1034 | 713 | 1099 | 1380 |
| 100 | 144 | 179 | 212 | 307 | 221 | 336 | 419 |
| 125 | 44,5 | 54,7 | 64,3 | 91,6 | 69 | 103 | 127 |
| 150 | 17,1 | 20,8 | 24,4 | 34,2 | 26,45 | 39,31 | 48,30 |
| 200 | 3,77 | 4,55 | 5,28 | 7,28 | 5,88 | 8,61 | 10,49 |
| 250 | 1,17 | 1,40 | 1,62 | 2,20 | 1,8328 | 2,6559 | 3,2152 |
| 300 | 0,451 | 0,537 | 0,616 | 0,831 | 0,7080 | 1,0175 | 1,2258 |
| 400 | 0,100 | 0,118 | 0,135 | 0,179 | 0,1581 | 0,2244 | 0,2684 |
| 500 | 0,0312 | 0,0366 | 0,0416 | 0,0547 | 0,0495 | 0,0696 | 0,0828 |
| 600 | 0,0121 | 0,0141 | 0,0159 | 0,0208 | 0,0192 | 0,0268 | 0,0317 |

Erfolgt die Druckverlustberechnung mit anderen Basiswerten, sind diese mit den in Tafel 1.14 angegebenen Anpassungsgleichungen zu korrigieren. Werden mehrere Basiswerte verändert, sind die einzelnen Korrekturfaktoren miteinander zu multiplizieren. Bei Gasdrücken über $p_{ü}$ = 100 mbar ist der Druckverlust nach Gl. (1.24) zu ermitteln, da Gl. (1.25) dann keine genauen Werte mehr liefert.

*Beispiel 1*

Ein Dampferzeuger wird mit 20 000 m³/h Gichtgas von 20 °C beheizt, das im Normzustand folgende Zusammensetzung hat (in Vol-%):

4 % $H_2$, 28 % CO, 8 % $CO_2$, 60 % $N_2$.

Der Druck hinter der Gasreinigung beträgt 3200 Pa. Die Rohrleitung DN 1200 ist einschließlich der äquivalenten Länge für Einzelwiderstände ($l + l_{ä}$) = 450 m lang. Der Druckverlust ist zu ermitteln, mögliche Wanddickentoleranzen werden vernachlässigt.

– Dichte im Normzustand nach Gl. (1.19):

$$\bar{\rho}_N = \Sigma(n_i \cdot \rho_{Ni}) = 0{,}04 \cdot 0{,}0899 + 0{,}28 \cdot 1{,}250 + 0{,}08 \cdot 1{,}977 + 0{,}6 \cdot 1{,}251$$
$$= 1{,}262 \text{ kg/m}^3$$

mit $\rho_{Ni}$ aus Tafel 1.11.

– Dichte bei 20 °C nach Gl. (1.16):

$$\bar{\rho} = \frac{\bar{\rho}_N}{371} \cdot \frac{P_1}{\Theta_1} = \frac{1{,}262 \cdot \left(3200 + 0{,}013 \cdot 10^6\right)}{371 \cdot (273 + 20)} = 1{,}213 \text{ kg/m}^3$$

– Dynamische Viskosität nach Gl. (1.21) für 20 °C:

$$\bar{\eta} = \frac{0{,}04 \cdot 8{,}7 \cdot 8 + 0{,}28 \cdot 17{,}7 \cdot 62 + 0{,}08 \cdot 14{,}6 \cdot 116 + 0{,}6 \cdot 17{,}5 \cdot 59}{0{,}04 \cdot 8 + 0{,}28 \cdot 62 + 0{,}08 \cdot 116 + 0{,}6 \cdot 59} \cdot 10^{-6}$$
$$= 17{,}08 \cdot 10^{-6} \text{Pa} \cdot \text{s}$$

mit $\eta_i$ und $\sqrt{M_{mi} \cdot \Theta_{Ki}}$ aus Tafel 1.11.

– Volumenstrom:

$$\dot{V} = 20\,000 / 3600 = 5{,}56 \text{ m}^3/\text{s}$$

– Durchflussgeschwindigkeit nach Gl. (1.4):

$$u = \frac{5{,}56}{1{,}2^2 \cdot \pi / 4} = 4{,}916 \text{ m/s}$$

# 1 Strömungstechnische Berechnungen

Tafel 1.14: Korrekturgleichungen für R-Werte nach Angaben aus DVGW-Arbeitsblatt G 464

| Basisdaten von Tafel 1.13 | Gasdichte | Gastemperatur | Rohrinnendurchmesser | Geodätische Höhe | Einspeiseüberdruck | Kompressibilitätszahl |
|---|---|---|---|---|---|---|
| | $\rho_N$ | $\Theta_1$ | $d_i$ | $H$ | $p_1$ | $K$ |
| eingesetzter Zahlenwert | $\rho_N = 0{,}84$ kg/m³ | $\Theta_1 = 283$ K | $d_i = DN$ | $H = 0$ m über NN | $p_ü = 50$ mbar | $K = 1$ |
| Anpassungsgleichung | $R_{\rho x} = R_{Tab} \cdot (\rho_x / \rho_N)$ | $R_{\Theta x} = R_{Tab} \cdot (\Theta_x/\Theta_1)$ | $R_{dx} = R_{Tab} \cdot (d_i / d_x)^5$ | $R_{Hx} = R_{Tab} \cdot 1013/$ $(1013 - 0{,}113 \cdot H_x)$ | $R_{px} = R_{Tab} \cdot 1063/$ $(1013 + p_x)$ | $R_{Kx} = R_{Tab} \cdot$ $(1 - p_x / 450)$ |
| Bemerkungen | – | – | vereinfacht linear interpoliert | nur für $R_{ND}$ | nur für $R_{ND}$ | nur für $R_{HD}$ |
| $R_{Tab}$: R-Wert nach Tafel 1.13 | | | | | | |

- Reynolds-Zahl nach Gl. (1.6):

$$Re = \frac{u \cdot d_i \cdot \bar{\rho}}{\bar{\eta}} = \frac{4{,}916 \cdot 1{,}2 \cdot 1{,}213}{17{,}08 \cdot 10^{-6}} = 4{,}19 \cdot 10^5$$

- Rohrrauheit nach Tafel 1.2: es wird k = 0,5 mm gewählt (Ferngasleitung nach mehrjährigem Gebrauch).
- Rohrreibungswert nach Bild 1.1: mit $d_i / k = 1200 / 0{,}5 = 2400$ ergibt sich $\lambda = 0{,}017$.
- Vorhandener Druckverlust nach Gl. (1.5a) mit $\Sigma\zeta = 0$:

$$\Delta p = \frac{1{,}213}{2} \cdot 4{,}916^2 \cdot 0{,}017 \frac{450}{1{,}2} = 93\,Pa$$

Da der errechnete Druckverlust unter 10 % des Eingangsdruckes liegt, durfte die Gl. (1.5a) angewendet werden.

*Beispiel 2*

Ein 800 m über NN gelegener Wohnblock soll an ein 550 m entferntes Erdgasnetz angeschlossen werden. Der Gasverbrauch beträgt 180 Nm³/h. Die Zuführungsleitung soll stetig um 15 m ansteigen und als Stahlrohrleitung ausgeführt werden. Zur Verfügung steht ein mittleres Erdgas mit $\rho_N = 0{,}88$ kg/m³ und einer Temperatur von 15 °C. Welcher Rohrdurchmesser ist zu wählen, wenn im Netz ein Mindestdruck von 10 mbar und an der Verbraucherstelle von 5 mbar herrschen soll?

Wegen $p_{ü} \leq 100$ mbar erfolgt die Berechnung nach Gl. (1.25).

- Erforderlicher R-Wert für Niederdruck nach Gl. (1.25):

$$R_{NDerf} = \frac{p_1 - p_2}{l \cdot \dot{V}_N^2} = \frac{10 - 5}{550 \cdot 180^2} = 28{,}06 \cdot 10^{-8}\ mbar \cdot h^2 / (m \cdot m^6)$$

- Korrigierter R-Wert nach den in Tafel 1.14 angegebenen Gleichungen:

$$R_{NDkorr} = R_{NDerf} \frac{\rho_x}{\rho_N} \cdot \frac{\Theta_x}{\Theta_1} \cdot \frac{1013}{1013 - 0{,}113 \cdot H_x} \cdot \frac{1063}{1013 + p_x}$$

$$R_{NDkorr} = 28{,}06 \cdot 10^{-8} \cdot \frac{0{,}88}{0{,}84} \cdot \frac{288}{283} \cdot \frac{1013}{1013 - 0{,}113 \cdot 800} \cdot \frac{1063}{1013 + 10}$$

$$= 34{,}13 \cdot 10^{-8}\ mbar \cdot h^2 / (m \cdot m^6)$$

- Integrale Rohrrauheit nach Tafel 1.12: $k_i = 1$

# 1 Strömungstechnische Berechnungen 59

- Erforderliche Nennweite nach Tafel 1.13 für $k_i = 1$: DN 150
  Der Tabellenwert hierfür beträgt:

  $R_{ND} = 24 \cdot 10^{-8}$ mbar $\cdot$ h² /(m $\cdot$ m⁶)

- Druck an der Verbraucherstelle bei Leitungsdurchmesser DN 150 gemäß Gl. (1.25):

$$p_2 = p_1 - R_{ND} \cdot l \cdot \dot{V}_N^2 = 10 - 24{,}4 \cdot 10^{-8} \cdot 550 \cdot 180^2 = 5{,}65 \text{ mbar}$$

Der vorhandene Druck ist höher als der geforderte Mindestdruck von 5 mbar. Da die Gasleitung im Niederdruckbereich betrieben wird, ist der Einfluss des geodätischen Höhenunterschiedes auf den Druck an der Verbraucherstelle zu ermitteln. Auf Grund des Leitungsanstieges bedeutet dieser einen Auftrieb, um dessen Betrag der Druckverlust reduziert und der Druck am Verbraucher erhöht wird. Zur Vereinfachung der Berechnung wird angenommen, dass Luft- und Gasdichte jeweils im Normzustand vorliegen:

$$\left(\rho_{N\,Luft} - \rho_{N\,Gas}\right) g \cdot \Delta H = \left(1{,}293 - 0{,}84\right) \cdot 9{,}81 \cdot 15 = 66{,}66 \frac{kg \cdot m}{s^2 m^2} = 0{,}67 \text{ mbar.}$$

Somit steht an der Verbraucherstelle ein Druck von

$$p_{2korr} = 5{,}65 + 0{,}67 = 6{,}32 \text{ mbar}$$

zur Verfügung.

## 1.6 Feststoffleitungen

### 1.6.1 Einteilung, Kenngrößen

Von der Art des Trägerstoffes ist zu unterscheiden in

- hydraulischen Transport mit flüssigem Trägerstoff, vorwiegend Wasser,
- pneumatischen Transport mit gasförmigem Trägerstoff, vorwiegend Luft, und
- hydropneumatischen Transport mit einem Wasser-Luft-Gemisch (Lufthebeverfahren).

Bei der Berechnung muss diese Einteilung berücksichtigt werden. Hinsichtlich der Berechnung des hydropneumatischen Transportes wird auf die Literatur verwiesen [1.12]. Die wichtigsten Kenngrößen und Definitionen sind in Tafel 1.15 zusammengestellt.

*a) Sinkgeschwindigkeit $w_F$*

Die Sinkgeschwindigkeit der Feststoffteile im Trägerstoff ist maßgebend für die gesamte Auslegung von Feststoffleitungen. Bei vertikaler Förderung muss

$$u_T < w_F$$

erfüllt sein, d.h. die Geschwindigkeit des Trägerstoffes $u_T$ muss wesentlich größer sein als die Sinkgeschwindigkeit des Feststoffes. Diese ist nach [1.21] definiert zu

Tafel 1.15: Kenngrößen beim Feststofftransport (F – Feststoff; T – Trägermedium; G – Gemisch)

| Bezeichnung | | Formel-zeichen | Einheit | Gleichung |
|---|---|---|---|---|
| Mischungsverhältnis (Beladung) | | $\varepsilon$ | – | $\dfrac{\dot{m}_F}{\dot{m}_T} = \dfrac{\dot{m}_F/\dot{m}_G}{1-(\dot{m}_F/\dot{m}_G)} = \dfrac{1-E}{E} \cdot \dfrac{\rho_F \cdot u_F}{\rho_T \cdot u_T} = \dfrac{C_T(\rho_F/\rho_T)}{1-C_T}$ |
| Transportkonzentration | | $C_T$ | – | $\dfrac{\dot{V}_F}{\dot{V}_G} = C_V \dfrac{u_F}{u_G} = \dfrac{\varepsilon}{\varepsilon + (\rho_F/\rho_T)}$ |
| Raumkonzentration (Volumenkonzentration) | | $C_V$ | – | $\dfrac{\dot{V}_F}{\dot{V}_G} = C_T \dfrac{u_G}{u_F} = 1 - E = \dfrac{\dot{V}_F}{u_F \cdot A}$ |
| Widerstandsbeiwert von Feststoffkugeln | | $c_W$ | – | Gleichung (1.27) |
| Zwischenraumvolumen (Porosität) | | $E$ | – | $\dfrac{V_T}{V_F + V_T} = 1 - C_V$ |
| Kenngröße für den Feststoffanteil | | $f$ | – | siehe Erläuterungen zu Gleichung (1.34) |
| Massestrom | Feststoff | $\dot{m}_F$ | kg/s | $\dot{V}_F \cdot \rho_F = (1-E)\rho_F \cdot u_F \cdot A$ |
| | Trägermedium | $\dot{m}_T$ | kg/s | $\dot{V}_T \cdot \rho_T = E \cdot \rho_T \cdot u_T \cdot A$ |
| | Gemisch | $\dot{m}_G$ | kg/s | $\dot{V}_G \cdot \rho_G = \dot{m}_F + \dot{m}_T$ |
| Volumenstrom | Feststoff | $\dot{V}_F$ | m³/s | $C_V \cdot u_F \cdot A = \dot{m}_F/\rho_F$ |
| | Trägermedium | $\dot{V}_T$ | m³/s | $\dot{m}_T/\rho_T$ |
| | Gemisch | $\dot{V}_G$ | m³/s | $u_G \cdot A = \dot{m}_G/\rho_G = \dot{V}_F + \dot{V}_T = \dot{V}_F/C_T$ |
| Volumen je Längeneinheit | Feststoff | $V_F$ | m³/m | $\dot{V}_F/u_F$ |
| | Trägermedium | $V_T$ | m³/m | $\dot{V}_T/u_T$ |
| | Gemisch | $V_G$ | m³/m | $\dot{V}_G/u_G = V_F + V_T$ |

# 1 Strömungstechnische Berechnungen

Tafel 1.15 (Fortsetzung): Kenngrößen beim Feststofftransport (F – Feststoff; T – Trägermedium; G – Gemisch)

| Bezeichnung | | Formel-zeichen | Einheit | Gleichung |
|---|---|---|---|---|
| Dichte | Feststoff (ohne Porenraum) | $\rho_F$ | kg/m³ | nicht identisch mit Schüttdichte |
| | Trägermedium | $\rho_T$ | kg/m³ | $\rho_{TF}$: Dichte des um den Feinanteil angereicherten Trägerstoffes |
| | Gemisch | $\rho_G$ | kg/m³ | $c_V \cdot \rho_F + (1-c_V)\rho_T = \dot{m}_G / \dot{V}_G$ |
| Geschwindigkeit | Feststoff | $u_F$ | m/s | – |
| | Trägermedium | $u_T$ | m/s | – |
| | Gemisch | $u_G$ | m/s | $\dot{V}_G / A = (\dot{V}_F + \dot{V}_T)/A = c_V \cdot u_F + (1-c_V)u_T$ |
| Korrekturfaktor für Konzentration | | $K_C$ | - | siehe Bild 1.4 |
| für kritische Geschwindigkeit | | $K_O$ | - | siehe Tafel 1.17 und Tafel 1.18 |
| für Abweichung von der Kugelform | | $K_\Psi$ | - | siehe Bild 1.4 |
| kritische Sinkgeschwindigkeit | | $w_K$ | m/s | siehe Erläuterungen zu Gleichung (1.29) |
| Sinkgeschwindigkeit der Feststoffe | | $w_F$ | m/s | siehe Erläuterungen zu Gleichung (1.26) |
| Rohrquerschnitt | | $A$ | m² | $d_i^2 \cdot \pi / 4$ |
| Korndurchmesser für volumengleiches Feststoffteil | | $d_F$ | m | $\sqrt[3]{6V/\pi}$ (V – Volumen des unregelmäßigen Feststoffanteiles) |
| Sphärizität (Abweichung des Feststoffteiles von der Kugelform) | | $\Psi_K$ | - | $\pi \cdot d_F^2 / O$ (O – Oberfläche des unregelmäßigen Feststoffanteiles) |
| Rohrreibungsbeiwert (Druckverlustbeiwert) | | $\lambda_F$ | - | Gleichung (1.38) |
| kinematische Viskosität des Trägerstoffes | | $\nu_T$ | m²/s | |
| Reynolds-Zahl des Feststoffes | | $Re_F$ | - | Gleichung (1.28) |
| Reynolds-Zahl des Gemisches | | $Re_G$ | - | $u_G \cdot d_i / \nu_T$ |

$$w_F = K_\psi \cdot K_C \sqrt{\frac{4 d_F \cdot g(\rho_F - \rho_T)}{3 c_w \cdot \rho_T}} = K_\psi \cdot K_C \cdot w_{F0} \qquad (1.26)$$

$K_\psi$ – Korrekturfaktor zur Berücksichtigung der Abweichung von der Kugelform (Sphärizität) nach Bild 1.5, von Körnerkollektiven z.B. nach Tafel 1.16

$K_C$ – Korrekturfaktor zur Berücksichtigung der Konzentration nach Bild 1.5

Die Beziehung für den Widerstandsbeiwert einer Feststoffkugel

$$c_w = \frac{24}{Re_F} + \frac{4}{\sqrt{Re_F}} + 0{,}4 \qquad (1.27)$$

stimmt bis $Re_F \leq 10^5$ recht gut mit den Versuchsergebnissen nach [1.4] überein. Bis $Re_F < 0{,}5$ gilt auch die Gleichung $c_w = 24 / Re_F$.

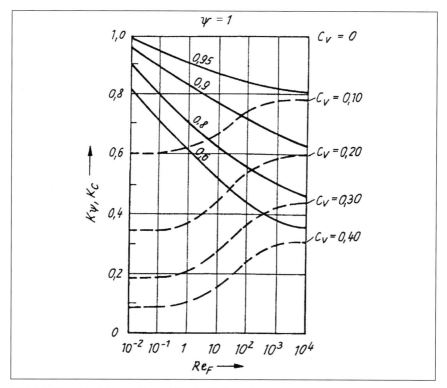

Bild 1.5: Korrekturfaktoren $K_\psi$ und $K_C$ für Sinkgeschwindigkeit (unter Verwendung von Angaben aus [1.21])

# 1 Strömungstechnische Berechnungen

Tafel 1.16: Sphärizität von Körnerkollektiven nach [1.19]

| Stoff bzw. Kornform | Sphärizität $\Psi_K$ |
|---|---|
| Kugel | 1 |
| Würfel | 0,806 |
| Tetraeder | 0,670 |
| Zylinder (h = d) | 0,874 |
| Zylinder (h = 2d) | 0,832 |
| Sand (rundlich) | 0,70 |
| Zement | 0,57 |
| Flugstaub (rundlich) | 0,82 |
| Kohlenstaub | 0,61 |
| Kali | 0,70 |

Die Reynolds-Zahl für den Feststoff ist definiert zu

$$Re_F = \frac{w_F \cdot d_F}{v_T} = K_\psi \cdot K_c \frac{d_F}{v_T} \sqrt{\frac{4 d_F \cdot g (\rho_F - \rho_T)}{3 c_w \cdot \rho_T}} \qquad (1.28)$$

$d_F$ – Durchmesser des volumengleichen Feststoffteiles nach Tafel 1.15. Liegen unterschiedliche Korngrößen vor, ist der Wert bei 50 % Siebdurchgang ($d_{F,50}$) maßgebend.

Die Sinkgeschwindigkeit $w_F$ ist aus Gl. (1.26) bis (1.28) durch schrittweise Näherung zu ermitteln. Anhaltswerte enthält Bild 1.6. Sie sind für viele Bedarfsfälle ausreichend, ohne dass genauere Rechnungen erforderlich sind.

## b) Kritische Geschwindigkeit $w_K$

Die kritische Geschwindigkeit ist so definiert, dass bei ihrer Unterschreitung sich erste Ablagerungen bilden, d.h. für horizontale Rohrleitungen muss $u_T > w_K$ gelten. Sicherheitshalber sollte $u_T$ etwa 20 % größer als $w_K$ sein, um Verstopfungen zu vermeiden. Die Sicherheit von 20 % braucht nicht in voller Höhe in Anspruch genommen werden, wenn $w_K$ durch konkrete Versuche ermittelt wurde. Die kritische Geschwindigkeit ist nach [1.21] folgendermaßen zu berechnen:

- hydraulischer Transport

$$w_K = K_0 \sqrt{2g \cdot d_i \frac{\rho_F - \rho_T}{\rho_T} (d_F / d_i)^{1/6}} \qquad (1.29a)$$

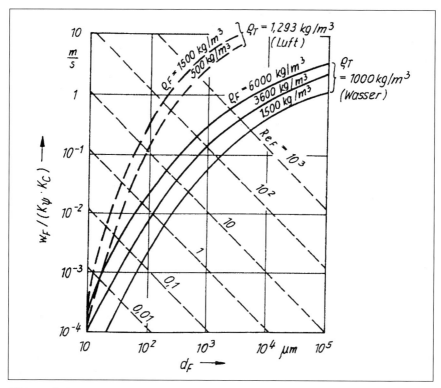

Bild 1.6: Sinkgeschwindigkeit $w_F$ für Luft und Wasser bei $\psi = 1$ (unter Verwendung von Angaben aus [1.21])

– pneumatischer Transport

$$w_K = K_0 \cdot \varepsilon^{0,25} \sqrt{g \cdot d_i} \left(d_F / d_i\right)^{0,1} \tag{1.29b}$$

$K_0$ – Koeffizient nach Tafel 1.17 bzw. Tafel 1.18
$\varepsilon$ – Mischungsverhältnis, definiert in Tafel 1.15

Das in anderen Quellen [1.13], [1.14] angegebene Maximum und Minimum von $w_K$ in Abhängigkeit von der Transportkonzentration geht aus Gl. (1.29) allerdings nicht hervor.

Tafel 1.17: Korrekturfaktor $K_0 = 2,9 \cdot C_T^{0,18}$ für kritische Geschwindigkeit beim hydraulischen Transport (unter Verwendung von Angaben aus [1.21])

| $C_T$ | 0,05 | 0,10 | 0,20 | 0,30 | 0,40 |
|---|---|---|---|---|---|
| $K_0$ | 1,69 | 1,92 | 2,17 | 2,33 | 2,46 |

1 Strömungstechnische Berechnungen 65

Tafel 1.18: Korrekturfaktor $K_0$ für kritische Geschwindigkeiten beim pneumatischen Transport (unter Verwendung von Angaben aus [1.21])

| $w_F$ in m/s | 0 | 1 | 2 | 3 | $\geq 4$ |
|---|---|---|---|---|---|
| $K_0$ | 7 | 10 | 13 | 14,5 | 15 |

### 1.6.2 Homogene und pseudohomogene hydraulische Förderung

Unter homogener Strömung versteht man feinstverteilte Feststoffteilchen geringer Größe, die im Trägerstoff in Schwebe gehalten werden (Suspensionen). Als Grenze für diesen Bereich hat sich eine Feststoffgröße von 30 µm eingebürgert, obwohl $Re_F \leq 0{,}1$ nach Bild 1.6 den Sachverhalt besser erfasst. Pseudohomogene Strömung liegt bei $0{,}1 < Re_F < 2$ vor. In diesem Bereich ist eine merkbare Sinkgeschwindigkeit vorhanden. Durch die Geschwindigkeit des Trägerstoffes werden jedoch die Feststoffteilchen so gleichmäßig verteilt, dass das Gemisch sich wie eine homogene Strömung verhält. Für den abgegrenzten Bereich gilt:

$$u_T \approx u_F \approx u_G > w_F \text{ und } C_T = C_V.$$

Der Rohrdurchmesser und der Druckverlust können nach Abschnitt 1.1 ermittelt werden, wobei in den betreffenden Gleichungen die Kenngrößen für das Gemisch (Index G) nach Tafel 1.15 einzusetzen sind. Höhensprünge sind nach Gl. (1.7) zu berücksichtigen. Für horizontale Abschnitte ist mit dem festgelegten Innendurchmesser $d_i$ zu prüfen, ob die Bedingung $u_T \geq 1{,}2\,w_K$ eingehalten ist.

Bei scharfkantigen Feststoffteilchen, z.B. Sand, kann der Rohrreibungsbeiwert aus Bild 1.1 für das hydraulisch glatte Rohr entnommen werden, da Korrosionsprodukte und Unebenheiten sich im Laufe des Betriebes abschleifen. Transportkonzentrationen $C_T \geq 0{,}35$ sind nach den Gleichungen für die heterogene hydraulische Förderung zu berechnen.

### 1.6.3 Heterogene hydraulische Förderung

Bei der heterogenen Förderung mit $Re_F \geq 2$ sind vertikale und horizontale Abschnitte getrennt zu berechnen. Enthält eine Rohrleitung gleichzeitig vertikale und horizontale Abschnitte, müssen beide Förderkriterien erfüllt sein.

*a) Vertikale Förderung*

Die Geschwindigkeitsunterschiede betragen

$$u_F = u_T - w_F.$$

Mit der Transportkonzentration $C_T$, der Gemischgeschwindigkeit

$$u_G = C_V \cdot u_F + (1 - C_V)\,u_T$$

und der Raumkonzentration

$$C_V = C_T\,(u_G / u_F).$$

ergibt sich eine quadratische Gleichung für die Trägerstoffgeschwindigkeit mit der Lösung

$$u_T = \frac{u_G + w_F}{2} + \sqrt{\left(\frac{u_G + w_F}{2}\right)^2 - \left(1 - C_T\right) u_G \cdot w_F} \qquad (1.30)$$

Aus der Gleichung für $u_G$ errechnet sich die Raumkonzentration zu

$$C_V = (u_T - u_G) / w_F \qquad (1.31)$$

und schließlich entsprechend Tafel 1.15 die Gemischdichte zu

$$\rho_G = C_V \cdot \rho_F + (1 - C_V) \rho_T.$$

Mit $\rho_G$ und $u_G$ wird der Druckverlust nach Gl. (1.5a) bis (1.5c) und der geodätische Höhenunterschied nach Gl. (1.7) ermittelt. Die Re-Zahl ist nach Tafel 1.15 zu bestimmen. Für $\lambda$ gilt das gleiche wie für die homogene Förderung.

*b) Horizontale Förderung*

Die Geschwindigkeit des Trägerstoffes muss $u_T \geq 1{,}2\ w_K$ sein. Weiterhin gilt $u_G \approx u_F \approx u_T$. Hiermit können der Innendurchmesser $d_i$ und alle weiteren erforderlichen Größen entsprechend Tafel 1.15 gebildet werden.

Der Druckverlust ergibt sich aus der Formel von Durand [1.15]. Sie setzt sich aus den Druckverlustanteilen für den Trägerstoff und den Feststoff zusammen und soll mit der Praxis am besten übereinstimmen [1.16]:

$$\Delta p_G = \frac{\rho_T \cdot u_G^2 \cdot \lambda \left(I + I_\ddot{a}\right) K_T}{2 d_i} \left[1 + 83^{\frac{1}{n}} \left(\frac{g \cdot d_i}{u_G^2} \cdot \frac{\rho_F - \rho_{TS}}{\rho_{TS} \sqrt{c_w}}\right)^{\frac{1}{n^3}} C_T (1 - f)\right] \qquad (1.32)$$

Bei gleichmäßiger Größe der Feststoffteile ist $n = 1$. Liegt jedoch ein unterschiedliches Korn vor, gilt gemäß [1.21]:

$$n = 2 - (d_{F,90} / d_{F,10})^{-0{,}04} \qquad (1.33)$$

$d_{F,90}$ – Korngröße bei 90 % Siebdurchgang,
$d_{F,10}$ – Korngröße bei 10 % Siebdurchgang.

Durch die Größen f und $\rho_{TS}$ wird der Einfluss der erhöhten Tragfähigkeit des Trägermediums durch die Anreicherung des Feststoffanteils in diesem berücksichtigt. $\rho_{TS}$ stellt die Dichte des um den Feinanteil angereicherten Trägermediums dar. Sie ergibt sich nach [1.21] aus der Beziehung

$$\rho_{TS} = f \cdot C_T \cdot \rho_F + (1 - f \cdot C_T) \rho_T \qquad (1.34)$$

# 1 Strömungstechnische Berechnungen

Die Größe f beschreibt den Masseanteil des Feststoffs, dessen Korngröße und Dichte einer Reynolds-Zahl des Feststoffes < 2 entspricht (homogener und pseudohomogener Anteil). Dabei gilt f = 1 für homogene und pseudohomogene Gemische, f = 0 für heterogene Gemische und 0 < f < 1 für heterogene Gemische mit Feinstoffeffekt. Ein ähnliches Verfahren zur Ermittlung des Druckverlustes als Summe der beiden Einzelanteile ist in [1.17] für $Re_F \leq 200$ beschrieben.

*c) Druckverlust in Einbauteilen*

Die üblichen Einzelwiderstände sind durch die äquivalente Rohrlänge berücksichtigt. Daneben sind in Gl. (1.7) die Staudrücke

$$\frac{\rho}{2}u_1^2 = 0 \quad \text{und} \quad \frac{\rho}{2}u_2^2 = \frac{\rho_G}{2}u_G^2 \tag{1.35}$$

einzurechnen. In Rohrbogen tritt ein zusätzlicher Druckverlust durch das Abbremsen der Feststoffteile infolge der Fliehkraft und deren erneute Beschleunigung auf. Er liegt in der Größenordnung von

$$\Delta p_B = 0{,}6 \cdot \frac{\rho_F}{2}u_F^2 \tag{1.36}$$

Genauere Berechnungen sind mit Hilfe der Gleichungen und Diagramme nach [1.21] und [1.19] möglich.

## 1.6.4 Pneumatische Förderung

Bei der pneumatischen Förderung ist zu unterscheiden in

- Flugförderung ($\varepsilon \leq 30$),
- Strähnen-, Ballen- oder Dünenförderung ($\varepsilon > 30$),
- Pfropfen-, Schub- oder Fließförderung ($\varepsilon > 30$).

Durch den geringen Einfluss der Luftdichte lassen sich Förderzustände bis nahe der kritischen Geschwindigkeit einheitlich erfassen.

*a) Vertikale Förderung*

Analog zur hydraulischen Förderung ist zunächst die Sinkgeschwindigkeit $w_F$ zu bestimmen. Die Geschwindigkeit des Trägerstoffes $u_T$ ergibt sich aus Gl. (1.30), die Raumkonzentration $C_V$ aus Gl. (1.31). Hiernach kann der Druckverlust ermittelt werden:

$$\Delta p_G = \frac{\rho_T \cdot u_T^2 \left(\lambda_T + \varepsilon \cdot \lambda_F\right)\left(l + l_\ddot{a}\right)}{2 d_i} K_T \tag{1.37}$$

$$\lambda_F = \left(\frac{1}{1200} + \frac{2}{Fr_T}\right)\frac{u_T}{u_F} \tag{1.38a}$$

$Fr_T = u_T / \sqrt{g \cdot d_i}$ ist die Froude-Zahl für den Trägerstoff, die manchmal auch mit $Fr_T = u_T^2 /(g \cdot d_i)$ angegeben wird.

Für $u_T \leq 10$ m/s beträgt die Feststoffgeschwindigkeit $u_F = u_T - w_F$. Für $u_T > 10$ m/s ist auf Grund des Einflusses der Stoßreibung die daraus resultierende verminderte Feststoffgeschwindigkeit nach der Beziehung

$$u_F = u_T + B \pm \sqrt{2B \cdot u_T + B^2} \qquad (1.39a)$$

$$B = \frac{\pi \cdot d_i^2}{8} \cdot \frac{w_F^2}{g \cdot \dot{m}_F} \cdot \frac{\Delta p_F}{l} \qquad (1.39b)$$

$$\frac{\Delta p_F}{l} = \frac{\Delta p_G}{l} - \frac{\Delta p_T}{l} \qquad (1.39c)$$

zu berechnen. Gleichung (1.39a) ergibt mit $w_F$ nur dann genaue Werte, wenn der Feststoff gleichmäßig über den Strömungsquerschnitt verteilt ist. Bei starker Entmischung muss die Sinkgeschwindigkeit entsprechend hoch angesetzt werden.

$w_F$ ist nach Gl. (1.26) zu ermitteln. Da $u_F$ in Gl. (1.38a) implizit enthalten ist, kann $\Delta p_F$ bzw. B nur durch schrittweise Näherung bestimmt werden.

*b) Horizontale Förderung*

Wie bei der hydraulischen Förderung soll $u_T \geq 1{,}2\, w_K$ sein, d.h. aus Sicherheitsgründen soll die Geschwindigkeit des Trägerstoffes etwa 20 % über der kritischen Geschwindigkeit liegen. Damit können die erforderlichen Größen nach Tafel 1.15 gebildet werden. Die Geschwindigkeit des Feststoffes errechnet sich aus Gl. (1.39a), der Druckverlust des Feststoffanteiles aus Gl. (1.37). Der Druckverlustbeiwert $\lambda_F$ ist als Mittelwert für feinkörnige Feststoffe ($d_F \leq 120$ μm) zu berechnen aus:

$$\lambda_F = 2{,}1 \frac{Fr_F^{0{,}25}}{Fr_T \cdot \varepsilon^{0{,}3} (d_F / d_i)^{0{,}1}} \qquad (1.38b)$$

Der Gesamtdruckverlust besteht aus dem Anteil für den Feststoff nach Gl. (1.37) in Verbindung mit Gl. (1.38b) und dem Anteil des Trägerstoffes nach Gl. (1.5a).

*c) Druckverlust in Einbauteilen*

Es gilt sinngemäß das gleiche wie bei der hydraulischen Förderung.

*d) Kompressibilitätseinfluss bei pneumatischer Förderung*

Der spezifische Druckverlust steigt bei starker Expansion an. Entsprechend Abschnitt 1.1 kann dem Rechnung getragen werden, wenn der Druckverlust schrittweise berechnet wird. Dabei kann von einer nahezu isothermen Strömung ausgegangen werden.

### 1.6.5 Praktische Berechnung

Bei der Planung einer Feststoffleitung besteht die Aufgabe meistens darin, die optimale Transportkonzentration (Mischungsverhältnis) und die erforderliche Nennweite zu bestimmen. Das ist aber nur lösbar, wenn ein Optimumkriterium oder eine andere Randbedingung vorgegeben wird. Im allgemeinen geht man von der minimalen Transportarbeit aus, d.h. $\Delta p_G \cdot \dot{V}_G$ = min. Weitere Kriterien können die maximale Druckhöhe des Förderaggregates (Pumpe, Verdichter), die zulässige Transportkonzentration der Fördereinrichtung oder minimale Investitionskosten sein.

*Beispiel*

Mörtelsand mit den Kennwerten $\rho_F$ = 1800 kg/m³ und $d_{F,50}$ = 1 mm = 1000 µm soll auf einer horizontalen Strecke hydraulisch gefördert werden. Der Feststoff-Massenstrom beträgt 13,3 t/h (3,7 kg/s).

– Volumenstrom nach Tafel 1.15:

$$\dot{V}_F = \dot{m}_F / \rho_F = 3{,}7/1800 = 2{,}05 \cdot 10^{-3} \text{ m}^3/\text{s}$$

– Reynoldszahl nach Bild 1.6:

$Re_F$ = 100 nach Bild 1.6. Demzufolge liegt eine heterogene Förderung vor. Bei horizontalem Transport gilt außerdem $u_G \approx u_F \approx u_T$ und damit entsprechend Tafel 1.15: $C_V \approx C_T$.

Die Gemischgeschwindigkeit $u_G$ soll mindestens 1,2 $w_K$ betragen. In Gl. (1.29a), die für die kritische Geschwindigkeit $w_K$ gilt, ist implizit der gesuchte Innendurchmesser $d_i$ und über den Faktor $K_0$ die ebenfalls unbekannte Transportkonzentration $C_T$ enthalten. Zunächst wird

$$u_G = \dot{V}_G / A \quad (A = d_i^2 \cdot \pi / 4)$$

nach Tafel 1.15 mit $u_G \geq 1{,}2\, w_K$ gleichgesetzt, woraus man

$$(d_i)^{7/3} \leq \frac{\dot{V}_G}{0{,}3\pi \cdot K_0 \sqrt{2g \frac{\rho_F - \rho_T}{\rho_T}(d_F)^{1/6}}} \tag{1.40}$$

erhält. Diese Gleichung ist nur noch von $C_T$ abhängig. Die Auswertung erfolgt in Tabellenform mit variablem $C_T$. Als zusätzliches Kriterium für $C_T$ werden die minimale Transportarbeit $\Delta p_G \cdot \dot{V}_G$ sowie eine Begrenzung durch die Pumpe mit $C_T \leq 0{,}4$ vorgegeben. Der weitere Rechengang geht aus Tafel 1.19 hervor.

Man erkennt, dass die Transportkonzentration von $C_T$ = 0,20 den geringsten Leistungsbedarf erfordert. Geht man nunmehr von den gewählten Rohrabmessungen

Tafel 1.19: Berechnungsbeispiel für Feststofftransport

| $C_T$ gewählt | $K_0$ nach Tafel 1.17 | $\dot{V}_G = \dot{V}_F / C_T$ | $d_i$ nach Gl. (1.40) | $d_a \times s$ gewählt | $d_i$ aus Rohr-abmessung | $u_g = \dot{V}_G / A$ | $Re_G$ bei $\nu_T = 1 \cdot 10^{-6}$ m²/s | $\lambda_G$ nach Bild 1.1 (hydr. glatt) | $\Delta p_G/(l + l_a)$ nach Gl. (1.32) | $\dfrac{\Delta p_G \cdot \dot{V}_G}{l + l_a}$ |
|---|---|---|---|---|---|---|---|---|---|---|
| – | – | m³/s | mm | mm | mm | m/s | – | – | Pa/m | W/m |
| 0,10 | 1,9 | $20,5 \cdot 10^{-3}$ | 133,8 | 146 × 8 | 130 | 1,55 | $2,0 \cdot 10^5$ | 0,0150 | 679 | 13,9 |
| 0,20 | 2,2 | $10,6 \cdot 10^{-3}$ | 93,3 | 108 × 8 | 92 | 1,60 | $1,5 \cdot 10^5$ | 0,0155 | 1319 | 13,5 |
| 0,30 | 2,4 | $6,84 \cdot 10^{-3}$ | 75,7 | 88,9 × 8 | 72,9 | 1,64 | $1,2 \cdot 10^5$ | 0,0160 | 2011 | 13,8 |
| 0,40 | 2,5 | $5,14 \cdot 10^{-3}$ | 65,7 | 76,1 × 7,1 | 61,9 | 1,70 | $1,05 \cdot 10^5$ | 0,0165 | 2741 | 14,1 |

aus und errechnet mit $u_G = 1{,}2 \, w_K$ rückwärts $C_T$, so ergibt sich für das Beispiel ein Optimalwert von $C_T = 0{,}326$ bei der Abmessung 88,9 x 8, was einem Leistungsbedarf von 13,3 W/m entspricht (die Abmessung 76,1 x 7,1 ergibt $C_T > 0{,}40$).
In Gl. (1.32) wurden n = 1 und f = 0 sowie $c_w = 1{,}04$ entsprechend Gl. (1.27) eingesetzt. Aus Tafel 1.5 ergab sich $K_T = 1{,}1$. Die Wanddicke wurde wegen des zu erwartenden Abriebs verstärkt.

## 1.7 Warmhalteleitungen

### 1.7.1 Allgemeines

Dampfleitungen, welche nur in Ausnahmesituationen beströmt werden und sich in ständiger Betriebsbereitschaft befinden, müssen während der Bereitschaftsphase warmgehalten werden, damit sie schnell und risikolos in Betrieb genommen werden können. Hierzu gehören vor allem Rohrleitungen vor Reduzierstationen (Überström- bzw. Umleitstationen), Zuführungsleitungen von Sicherheitsventilen und Anfahrleitungen.

Das Warmhalten erfolgt durch Heißdampf, im Regelfall mit den Betriebsparametern des eigenen Systems. Er wird am Anfang der warmzuhaltenden Rohrleitung zugeführt und am Ende des Rohrabschnittes (z.B. vor einem SiV) auf ein Leitungssystem von niedrigerer Druckstufe oder auf ein Entspannungsgefäß über eine Warmhaltedrossel oder ein Drosselventil abgeleitet. In besonderen Fällen kann auch eine Rückführung ohne Drosselorgan in das eigene vorgeschaltete System unter Nutzung des Druckverlustes erfolgen.

Da die zur Warmhaltung erforderliche Dampfmenge im Vergleich zur Betriebsdampfmenge relativ klein ist, sinkt infolge niedriger innerer Wärmekoeffizienten $\alpha_i$ die Rohrwandtemperatur schneller als die Dampftemperatur. Mit zunehmender Leitungslänge wird die Differenz zwischen diesen beiden Temperaturen immer größer. Dies kann insbesondere bei sehr großen Leitungsquerschnitten dazu führen, dass die Rohrwandtemperatur bereits vor Erreichen des Leitungsendes trotz scheinbar ausreichender Fluidtemperatur bis unter die Sättigungsgrenze abfällt und eine Kondensatbildung bewirkt, die langzeitig zu irreversiblen Schädigungen in Form von Thermoschockrissen führen kann.

Um eine Kondensatbildung am Ende der warmzuhaltenden Leitung mit Sicherheit zu vermeiden, muss die Warmhaltemenge so bemessen sein, dass sich im Bereich der Ableitung eine Rohrwandtemperatur einstellt, welche noch geringfügig über der Sättigungstemperatur des jeweiligen Dampfdruckes liegt. Die Höhe dieser Temperatur ist u.a. von den Einsatzbedingungen des jeweiligen Leitungssystems abhängig. Sie ergibt sich aus der Berechnung der Thermoschockspannung beim plötzlichen Öffnen einer Reduzierstation.

Auf Grund der nicht immer kalkulierbaren Einflüsse infolge von Wärmebrücken, Abflachungen und Beschädigungen der Wärmedämmung auf den Temperaturverlust wird empfohlen, bei der Auslegung die Rohrwandtemperatur mit mindestens $\Delta\vartheta_x = 30$ K über der Sättigungstemperatur anzusetzen. Wird die Warmhaltemenge über eine Drosselstelle abgeführt, so ist bei deren Auslegung zu beachten, dass bei Erreichen des kritischen Druckgefälles

$$\left(\frac{p_2}{p_1}\right)_{krit} = f(\kappa)$$

der Massenstrom ausschließlich durch die Dampfparameter vor der Drossel bestimmt wird. Eine kritische Entspannung liegt in fast allen Einsatzfällen vor. Druckverlustberechnungen sind nicht erforderlich, da der Druckverlust gegenüber dem Drosselverlust vernachlässigbar ist.

### 1.7.2 Berechnung

Die Berechnung erfolgt nach [1.20] in Verbindung mit den zutreffenden Gleichungen für den Wärmedurchgang im Abschnitt 2. Im folgenden sind die Berechnungsgleichungen zusammengefasst, welche zur Ermittlung der Warmhaltemenge und des Drosseldurchmessers erforderlich sind.

– Dimensionslose Kenngröße E

$$E = \left(\frac{d_i}{L}\right)^{0,78} \cdot \left(\frac{k_R/\pi}{\lambda_D}\right)^{0,22}$$ (1.41a)

– Zulässiger Rohrwandtemperaturabfall

$$\Delta\vartheta_{R\,zul} = \vartheta_{R,0} - (\vartheta_S + \Delta\vartheta_x)$$ (1.42)

– Temperaturqotient Rohrwand

Verhältnis der Differenzen zwischen Rohrwandtemperatur am Ende der warmzuhaltenden Rohrleitung und der Umgebungstemperatur sowie der Rohrwandtemperatur am Anfang der Rohrleitung und der Umgebungstemperatur:

$$\frac{\Delta\vartheta_{R,L}}{\Delta\vartheta_{R,0}} = 1 - \frac{\Delta\vartheta_{Rzul}}{\vartheta_{R,0} - \vartheta_U}$$ (1.43)

– Wärmedurchgangszahl für das gedämmte Rohr nach VDI 2055 bzw. Gl. (2.2)

$$k_R = \dot{Q}_R / (\vartheta_i - \vartheta_L) = \frac{\pi}{\frac{1}{2 \cdot \lambda_B} \cdot \ln\frac{D_a}{D_i} + \frac{1}{\alpha_a \cdot D_a}}$$ (1.41b)

Die Bedeutung der Formelzeichen ist Tafel 1.1 für die strömungstechnischen Größen und Tafel 2.1 für die wärmetechnischen Größen zu entnehmen. Davon abweichend musste der Außen- bzw. Innendurchmesser der Dämmung mit $D_a$ bzw. $D_i$ bezeichnet werden.

$\vartheta_i$ ist die Dampftemperatur, die entsprechend der jeweiligen Stelle mit $\vartheta_{D,O}$ oder $\vartheta_{D,L}$ identisch ist. Mit $\Delta\vartheta_x$ wird derjenige Temperaturbetrag bezeichnet, um den die Rohrwandtemperatur über der Sättigungstemperatur am Ende der Rohrleitung liegen soll.

– Warmhaltedampfmenge

$$\dot{m}_{DW} = \frac{k_R \cdot L}{B \cdot c_p}$$ (1.44)

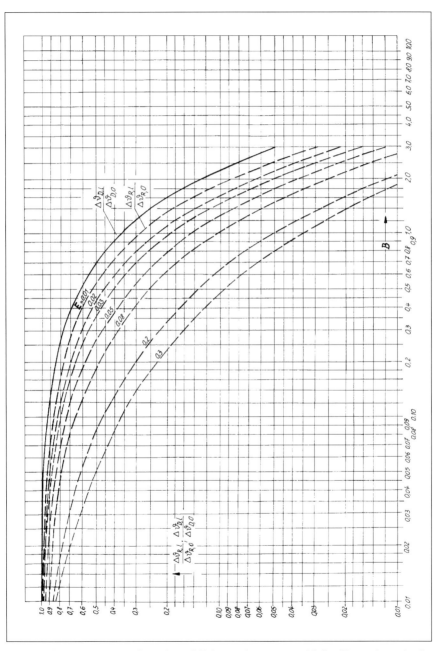

Bild 1.7: Bestimmung des Dampf- und Rohrwandtemperaturabfalles längs eines durchströmten Rohres nach [1.20]

- Dampftemperatur am Ende des warmzuhaltenden Rohrabschnittes

$$\vartheta_{D,L} = \vartheta_{D,0} \left( \frac{\Delta\vartheta_{D,L}}{\Delta\vartheta_{D,0}} \right) + \vartheta_U \left( 1 - \frac{\Delta\vartheta_{D,L}}{\Delta\vartheta_{D,0}} \right) \tag{1.45a}$$

- Temperaturqotient Dampf

Verhältnis der Differenzen zwischen Dampftemperatur am Ende der warmzuhaltenden Rohrleitung und der Umgebungstemperatur sowie der Dampftemperatur am Anfang der Rohrleitung und der Umgebungstemperatur:

$$\frac{\Delta\vartheta_{D,L}}{\Delta\vartheta_{D,0}} = \frac{\vartheta_{D,L} - \vartheta_U}{\vartheta_{D,0} - \vartheta_U} \tag{1.45b}$$

Der Temperaturqotient Dampf kann aus Bild 1.7 entnommen werden.

- Druckverhältnis der Drosseleinrichtung

$$\Delta p = \frac{P_2}{P_1} \tag{1.46}$$

$P_1$ bzw. $P_2$ bedeuten den absoluten Druck vor bzw. nach der Drosseleinrichtung.

- Durchmesser der Warmhaltedrossel

$$d_D = \sqrt{\frac{0{,}7908 \cdot \dot{m}_{DW}}{\psi \cdot \alpha_W \cdot \sqrt{P_1/v_1}}} \tag{1.47}$$

Die Ausflussfunktion $\psi$ ist aus Tafel 1.20 zu entnehmen. Die Ausflussziffer ist bei nur einer Drosselbohrung mit $\alpha_W = 0{,}7$, bei mehreren parallel angeordneten Bohrungen mit $\alpha_W = 0{,}6$ einzusetzen.

Bei unterkritischer Entspannung kann der Durchmesser der Warmhaltedrossel über den nach Gl. (1.9 c) zu ermittelnden $k_v$-Wert mit hinreichender Genauigkeit bestimmt werden.

Tafel 1.20: Ausflussfunktion $\psi$ für Heißdampf ($\kappa = 1{,}3$) in Abhängigkeit vom Druckverhältnis $P_2/P_1$

| $P_2/P_1$ | 1 | 0,99 | 0,98 | 0,97 | 0,96 | 0,95 | 0,94 | 0,93 | 0,92 | 0,91 | 0,90 |
|---|---|---|---|---|---|---|---|---|---|---|---|
| $\psi$ | 0 | 0,099 | 0,140 | 0,170 | 0,195 | 0,217 | 0,236 | 0,254 | 0,270 | 0,284 | 0,298 |
| $P_2/P_1$ | 0,89 | 0,88 | 0,87 | 0,86 | 0,85 | 0,84 | 0,83 | 0,82 | 0,80 | 0,78 | 0,76 |
| $\psi$ | 0,310 | 0,322 | 0,333 | 0,343 | 0,352 | 0,362 | 0,370 | 0,378 | 0,393 | 0,406 | 0,418 |
| $P_2/P_1$ | 0,74 | 0,72 | 0,70 | 0,68 | 0,66 | 0,64 | 0,62 | 0,60 | 0,58 | 0,56 | ≤0,54 |
| $\psi$ | 0,428 | 0,437 | 0,445 | 0,452 | 0,457 | 0,462 | 0,466 | 0,469 | 0,471 | 0,472 | 0,472 |

# 1 Strömungstechnische Berechnungen

$$d_D = \sqrt{\frac{120 \cdot k_v}{\pi}} \text{ in mm}$$

## 1.7.3 Beispiel

Die Zuführungsleitungen zu den 4 Frischdampf-Sicherheitsventilen eines Kraftwerksblockes sollen warmgehalten werden. Am Ende der Rohrleitungen soll die Rohrwandtemperatur mindestens $\Delta\vartheta_x = 70$ K über der Sättigungstemperatur liegen. Die Warmhaltung soll aus dem Frischdampfsystem mit den Dampfparametern von 139 bar und 550 °C erfolgen.

Der Warmhaltedampf wird am Ende der Rohrleitung über eine Warmhaltedrossel auf den Turbinen-Hochdruck-Entwässerungsentspanner abgeleitet. Die gestreckte Länge der Rohrleitung mit den Abmessungen 219,1 x 25 beträgt 40 m. Die Wärmedämmung hat einen Außendurchmesser von $D_a = 509$ mm und eine Betriebswärmeleitfähigkeit $\lambda_B$ von 0,09 W/(m · K). Die Oberflächentemperatur soll 40 °C nicht übersteigen, als Umgebungstemperatur sind 20 °C anzunehmen (Innenrohrleitungen). Die Ummantelung hat einen Farbanstrich, wobei Verschmutzungen auf der Oberfläche nicht auszuschließen sind. Es sind

- die Warmhaltedampfmenge $\dot{m}_{DW}$,
- die sich am Ende der Leitung einstellende Dampftemperatur $\vartheta_{D,L}$ und
- der Durchmesser der Warmhaltedrossel

zu ermitteln. Bei der Berechnung ist davon auszugehen, dass alle 4 SiV-Leitungsstränge baugleich ausgeführt sind und die Warmhaltung aller 4 Stränge über eine gemeinsame Warmhaltedrossel erfolgt.

- Temperaturdifferenz zwischen Dämmoberfläche und Umgebung:

$$\Delta\vartheta = \vartheta_O - \vartheta_U = 40 - 20 = 20 \text{ K}$$

- Wärmeübergangskoeffizient durch Konvektion nach Gl. (2.7):

$$D_a^3 \cdot \Delta\vartheta = 0{,}509^3 \cdot 20 = 2{,}64 \text{ m}^3\text{K} > 1 \text{ m}^3\text{K}$$

$$\alpha_k = 1{,}21 \cdot \sqrt[3]{\Delta\vartheta} = 1{,}21 \cdot \sqrt[3]{20} = 3{,}28 \ \frac{W}{m^2 K}$$

- Strahlungszahl $C_{12}$:

Da die Ummantelung mit einem Anstrich versehen ist und verschmutzt sein kann, wird die Strahlungszahl aus Tafel 2.3 mit dem ungünstigsten Wert $C_{12} = 5{,}1$ W/(m²K⁴) ermittelt.

- Wärmeübergangskoeffizient durch Strahlung nach Gl. (2.11):

$$\alpha_s = C_{12} \frac{\left(\frac{T_O}{100}\right)^4 - \left(\frac{T_U}{100}\right)^4}{\vartheta_O - \vartheta_U} = 5{,}1 \frac{\left(\frac{313}{100}\right)^4 - \left(\frac{293}{100}\right)^4}{40 - 20} = 5{,}68 \ \frac{W}{m^2 K}$$

- Äußerer Gesamtwärmekoeffizient nach Gl. (2.5):

$$\alpha_a = \alpha_k + \alpha_s = 3{,}28 + 5{,}68 = 8{,}96 \frac{W}{m^2 K}$$

- Wärmedurchgangszahl k nach Gl. (1.41b):

$$k_R = \frac{\pi}{\frac{1}{2\lambda_B} \cdot \ln\frac{D_a}{D_i} + \frac{1}{\alpha_a \cdot D_a}} = \frac{\pi}{\frac{1}{2 \cdot 0{,}09} \cdot \ln\frac{509}{219} + \frac{1}{8{,}96 \cdot 0{,}509}} = 0{,}641 \frac{W}{mK}$$

- Wärmeleitzahl des Dampfes bei 140 bar (abs.) und 550 °C, entnommen aus Wasserdampftafel:

$$\lambda_D = 0{,}085 \frac{W}{mK}$$

- Dimensionslose Kenngröße E nach Gl. (1.41a):

$$E = \left(\frac{d_i}{L}\right)^{0{,}78} \cdot \left(\frac{k_R / \pi}{\lambda_D}\right)^{0{,}22} = \left(\frac{0{,}169}{40}\right)^{0{,}78} \cdot \left(\frac{0{,}641/\pi}{0{,}085}\right)^{0{,}22} = 0{,}017$$

- Sättigungstemperatur bei 140 bar (abs.), entnommen aus Wasserdampftafel:

$$\vartheta_S = 335 \text{ °C}$$

- Zulässiger Rohrwandtemperaturabfall nach Gl. (1.42) mit $\vartheta_{R,0} \approx \vartheta_{D,0}$:

$$\Delta\vartheta_{R\,zul} \leq \vartheta_{R,0} - (\vartheta_S + \Delta\vartheta_x) = 550 - (335 + 70) = 145 \text{ K}$$

- Temperaturqotient Rohrwand nach Gl. (1.43):

$$\frac{\Delta\vartheta_{R,L}}{\Delta\vartheta_{R,0}} = 1 - \frac{\Delta\vartheta_{R\,zul}}{\vartheta_{R,0} - \vartheta_U} = 1 - \frac{145}{550 - 20} = 0{,}726$$

- Dimensionslose Kenngröße B nach Bild 1.7:

  Vom Ordinatenpunkt $\frac{\Delta\vartheta_{R,L}}{\Delta\vartheta_{R,0}} = 0{,}726$ wird über die Kurve E = 0,017 die Abzisse B = 0,175 abgelesen.

- Spezifische Wärme des Dampfes, z.B. aus Tafel 1.10a bzw. dem VDI-Wärmeatlas:

$$c_p = 2660 \text{ J/(kgK)} = 0{,}74 \text{ Wh/(kgK)}.$$

# 1 Strömungstechnische Berechnungen

- Warmhaltemenge nach Gl. (1.44):

$$\dot{m}_{DW} = \frac{k_R \cdot L}{B \cdot c_p} = \frac{0{,}641 \cdot 40}{0{,}175 \cdot 0{,}74} = 198 \text{ kg/h}$$

Da alle 4 SiV-Leitungen über eine gemeinsame Drossel warmgehalten werden, ist die errechnete Menge mit 4 zu multiplizieren, d.h. sie beträgt 792 kg/h.

- Temperaturquotient Dampf nach Bild 1.7:

Vom Abszissenpunkt B = 0,175 wird über die Kurve $\dfrac{\Delta\vartheta_{D,L}}{\Delta\vartheta_{D,0}}$ die Ordinate $\dfrac{\Delta\vartheta_{D,L}}{\Delta\vartheta_{D,0}}$ = 0,84 abgelesen.

- Dampftemperatur am Ende der Leitung nach Gl. (1.45a):

$$\vartheta_{D,L} = \vartheta_{D,0} \left( \frac{\Delta\vartheta_{D,L}}{\Delta\vartheta_{D,0}} \right) + \vartheta_U \left( 1 - \frac{\Delta\vartheta_{D,L}}{\Delta\vartheta_{D,0}} \right) = 550 \cdot 0{,}84 + 20(1 - 0{,}84) = 465 \text{ °C}$$

Das gleiche Ergebnis erhält man aus Gl. (1.45b).

- Verhältnis der Drücke nach und vor Warmhaltedrossel:

Da der Warmhaltedampf auf den Turbinenentwässerungsentspanner geführt wird, der im Vakuumbereich arbeitet, wird $P_2 = 1$ bar (abs.) gesetzt. Das Druckverhältnis

$$\frac{P_2}{P_1} = \frac{1}{140} = 0{,}00714$$

ist kleiner als das kritische Druckverhältnis

$$\left( \frac{P_2}{P_1} \right)_{krit} = f(\kappa) = 0{,}55,$$

d.h. es liegt kritische Entspannung vor.

- Ausflussfunktion aus Tafel 1.20:

$$\Psi = 0{,}472$$

- spezifisches Dampfvolumen bei 140 bar und 465 °C, entnommen aus Wasserdampftafel:

$$v_1 = 0{,}02134 \text{ m}^3/\text{kg}$$

- Ausflussziffer

$$\alpha_W = 0{,}7, \text{ da nur eine Bohrung.}$$

- Durchmesser der Warmhaltedrossel nach Gl. (1.47)

$$d_i = \sqrt{\frac{0{,}7908 \cdot \dot{m}_{DW}}{\psi \cdot \alpha_w \cdot \sqrt{P_1/v_1}}} = \sqrt{\frac{0{,}7908 \cdot 792}{0{,}472 \cdot 0{,}7 \sqrt{140/0{,}02134}}} = 4{,}84 \text{ mm}$$

$d_{i\text{ gerundet}}$: 5 mm

## 1.8 Berechnung von Dampfabblaseleitungen

Ist ein Sicherheitsventil an eine Abblaseleitung angeschlossen, baut sich beim Abblasen in Abhängigkeit von den Rohrreibungsverlusten ein Gegendruck am Ventilaustrittsstutzen auf. Er wird gemäß DIN 3320-1 als Eigengegendruck bezeichnet und wirkt prinzipiell in Schließrichtung des Sicherheitsventils. Wird die Abblaseleitung auf ein nachgeschaltetes Drucksystem geführt, so wird am Ventilanschlussstutzen zusätzlich ein Fremdgegendruck wirksam, der in Abhängigkeit von der Arbeitsweise des Drucksystems konstant oder veränderlich sein kann.

Für die Bemessung einer Abblaseleitung ist maßgebend, dass der am Austrittsstutzen des Sicherheitsventils bei maximaler Abblaseleistung vorhandene Eigengegendruck den zugelassenen Gegendruck des Sicherheitsventils oder der Sicherheitseinrichtung nicht überschreitet. Ist diese Voraussetzung nicht erfüllt, kann dies zu einer Verminderung der Abblaseleistung und zum Flattern des Sicherheitsventils führen.

Um den Eigengegendruck ermitteln zu können, muss zunächst der Mündungsdruck an der Abblaseleitung berechnet werden. Während sich beim Abblasen von Flüssigkeiten auf ein druckloses System oder ins Freie an der Mündung der Abblaseleitung der Atmosphärendruck einstellt, muss bei Gasen und Dämpfen und genügend starker Expansion des Mediums hinter dem Ventilaustritt davon ausgegangen werden, dass sich am Leitungsende ein weiterer kritischer Strömungszustand mit einem kritischen Mündungsdruck einstellen kann, der größer als der Umgebungsdruck ist. Ein solcher Zustand sollte allerdings aus Lärmschutzgründen durch eine entsprechende Dimensionierung ausgeschlossen werden.

Ein kritischer Strömungszustand liegt vor, wenn die Machzahl

$$Ma = \frac{u}{a} = 1$$

ist, d.h. die Strömungsgeschwindigkeit u ist an der Mündung gleich der Schallgeschwindigkeit a. Diese beträgt:

- für Heißdampf: $a = 333 \sqrt{P \cdot v}$

- für Sattdampf: $a = 323 \sqrt{P \cdot v}$

Ein solcher Zustand kann bedingen, dass die Abblaseleistung (erforderlicher Massenstrom) des Sicherheitsventils am Mündungsquerschnitt wegen der dort herrschenden Dichte unter dem Umgebungsdruck $P_U$ = 1 bar und bei der dort maximal möglichen Geschwindigkeit, nämlich der Schallgeschwindigkeit a, nicht erreicht wird.

Der sich einstellende Mündungsdruck $P^* > P_U$ errechnet sich nach [1.22] aus der Gleichung:

# 1 Strömungstechnische Berechnungen

$$\frac{P^*}{P_1} = \left(\frac{2}{\kappa+1}\right)^{\frac{\kappa}{\kappa-1}} \cdot \frac{1{,}1 \cdot \alpha_w \cdot A_0}{A_A} \tag{1.48}$$

$P_1$ – Ansprechdruck des Sicherheitsventils (Absolutdruck)
$A_A$ – Mündungsquerschnitt der Abblaseleitung, der größer oder gleich dem Ventilaustrittsquerschnitt sein kann

Ist der errechnete Wert von $P^* \leq P_U = 1$ bar, liegt keine kritische Entspannung vor, so dass mit einem Druck von $P_U = 1$ bar zu rechnen ist. Mündet die Abblaseleitung in ein Gegendrucksystem, so ist als Mündungsdruck der Druck des nachgeschalteten Systems einzusetzen. Bei Anschluss eines Schalldämpfers sollte stets mit dem maximal zulässigen Schalldämpferdruck gerechnet werden.

Der Eigengegendruck lässt sich gemäß [1.22] nach den folgenden Gleichungen ermitteln.

*a) Kritische Geschwindigkeit an der Mündung*

Ist $P^* > P_U$ errechnet sich der Eigengegendruck zu

$$P_e = P_1 \cdot Z \sqrt{\left(\lambda \frac{\Sigma L_A}{d_i} + \Sigma \zeta\right) \kappa + 1} \tag{1.49}$$

mit dem Substitutionsglied

$$Z = \alpha_w \cdot \psi \frac{A_0}{A_A} \sqrt{\frac{2}{\kappa}} \tag{1.50}$$

und der Ausflussfunktion für kompressible Strömung bei überkritischer Entspannung

$$\psi = \psi_{max} = \sqrt{\frac{\kappa}{\kappa+1} \left(\frac{2}{\kappa+1}\right)^{\frac{1}{\kappa-1}}} \tag{1.51}$$

$\Sigma L_A$ bedeutet die Summe aller geraden Rohrlängen.

Die Rohrreibungszahl $\lambda$ bezieht sich ebenso wie das spezifische Volumen des Dampfes auf die Mündung der Abblaseleitung, wobei der Temperaturabfall beim Drosseln zu berücksichtigen ist.

Ist der zulässige Eigengegendruck bekannt, so kann man die mögliche Gesamtlänge der geraden Rohrabschnitte einer Abblaseleitung durch Umstellen von Gl. (1.49) zu

$$\Sigma L_A = \frac{d_i}{\lambda} \left(\frac{1}{\kappa \cdot Z^2} \left[\left(\frac{P_e}{P_1}\right)^2 - Z^2\right] - \Sigma \zeta\right) \tag{1.52}$$

ermitteln.

*b) Unterkritische Geschwindigkeit an der Mündung*

Ist $P^* \leq P_U = 1$ bar errechnet sich der Eigengegendruck zu

$$P_e = P_1 \sqrt{\left(\lambda \frac{\Sigma L_A}{d_i} + \Sigma \zeta\right) \kappa \cdot Z^2 + \left(\frac{P_{ie}}{P_1}\right)^2} \tag{1.53}$$

$P_{ie}$ bedeutet den Fremdgegendruck. Bei Abblaseleitungen, die ins Freie münden, entspricht dem der Atmosphärendruck.

Die mögliche Gesamtlänge der geraden Rohrabschnitte ergibt sich durch Umstellen von Gl. (1.53) zu:

$$\Sigma L_A = \frac{d_i}{\lambda} \left( \frac{1}{\kappa \cdot Z^2} \left[ \left(\frac{P_e}{P_1}\right)^2 - \left(\frac{P_{ie}}{P_1}\right)^2 \right] - \Sigma \zeta \right) \tag{1.54}$$

Die Ermittlung des Eigengegendruckes und des zulässigen Widerstandsbeiwertes kann auch mit Hilfe von Diagrammen erfolgen, die von verschiedenen Sicherheitsventil-Herstellern auf der Grundlage von Versuchen aufgestellt wurden. Sie sind für Planungszwecke meist hinreichend genau und ersparen aufwändige Berechnungen.

Hat eine Abblaseleitung unterschiedliche Querschnitte (Bild 1.8), sind die Eigengegendrücke ($P_{e1}$ bis $P_{e4}$) abschnittsweise zu ermitteln, beginnend an der Abblasemündung rückwärts bis zum Austritt Sicherheitsventil. So lassen sich z.B. bei einem Mündungsdruck $P_U$ die Eigengegendrücke nach Bild 1.8 bei sinngemäßer Anwendung der Gl. (1.53) mit folgenden Einzelgleichungen berechnen:

$$P_{e1} = P_1 \sqrt{\left(\lambda \frac{\Sigma L_{A1}}{d_{i1}} + \Sigma \zeta_1\right) \kappa \cdot Z^2 + \left(\frac{P_{ie}}{P_1}\right)^2} \tag{1.55a}$$

$$P_{e2} = P_1 \sqrt{\left(\lambda \frac{\Sigma L_{A2}}{d_{i2}} + \Sigma \zeta_2\right) \kappa \cdot Z^2 + \left(\frac{P_{e1}}{P_1}\right)^2} \text{ bis} \tag{1.55b}$$

$$P_{e4} = P_1 \sqrt{\left(\lambda \frac{\Sigma L_{A4}}{d_{i4}} + \Sigma \zeta_4\right) \kappa \cdot Z^2 + \left(\frac{P_{e3}}{P_1}\right)^2} \tag{1.55c}$$

$P_{e4}$ stellt den Eigengegendruck am Ventilaustritt dar.

*c) Beispiel*

Der Zwischenüberhitzer eines Kraftwerksblockes soll mit neuen Sicherheitsventilen ausgerüstet werden, die eine größere Abblaseleistung als bisher besitzen und an die vorhandenen Abblaseleitungen anzuschließen sind.

# 1 Strömungstechnische Berechnungen

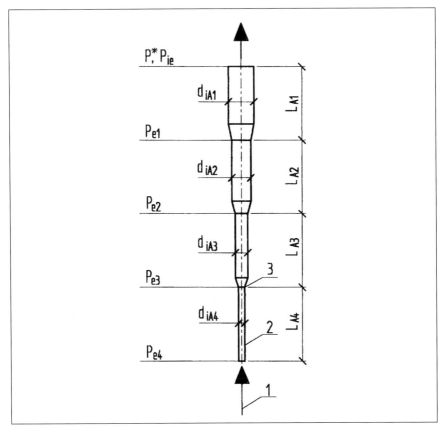

Bild 1.8: Druckverlauf in einer Einzelabblaseleitung mit Rohrstrecken unterschiedlichen Durchmessers (1 – Sicherheitsventil; 2 – Abblaseleitung; 3 – Erweiterung)

Die Abblaseleitungen bestehen aus jeweils 2 Rohrabschnitten mit unterschiedlichem Innendurchmesser von 700 und 800 mm. Der in DN 700 ausgeführte Abschnitt ist 30 m lang, besitzt 3 Segmentkrümmer und 12 Rundschweißnähte als Einzelwiderstände. Der Abschnitt DN 800 ist 20 m lang. Als Einzelwiderstände sind 6 Rundschweißungen zu berücksichtigen.

Weiterhin sind gegeben:

- Dampftemperatur                              540 °C
- Abblasemenge                                 220 t/h
- Sitzdurchmesser des Sicherheitsventils       140 mm
- Ausflussziffer des Sicherheitsventils        0,81
- Ansprechdruck                                45 bar
- zulässiger Eigengegendruck am Ventilaustrittstutzen 9 bar

Es ist zu ermitteln, ob der zulässige Eigengegendruck bei der maximalen Abblasemenge eingehalten ist.

- Adiabatenexponent gemäß VDI-Wärmeatlas:

  $\kappa = 1{,}3$

- Mündungsdruck nach Gl. (1.48):

Um das Auftreten von Schallgeschwindigkeit im engsten Rohrleitungsquerschnitt der Abblaseleitung auszuschließen, wird der Berechnung die Nennweite 700 (gleichzeitig Rohrinnendurchmesser) zugrunde gelegt.

$$\frac{P^*}{P_1} = \left(\frac{2}{\kappa+1}\right)^{\frac{\kappa}{\kappa-1}} \cdot \frac{1{,}1 \cdot \alpha_w \cdot A_0}{A_A} = \left(\frac{2}{1{,}3+1}\right)^{\frac{1{,}3}{1{,}3-1}} \cdot \frac{1{,}1 \cdot 0{,}81 \cdot 140^2}{700^2} = 0{,}0196$$

$P^* = P_1 \cdot 0{,}0196 = 46 \cdot 0{,}0196 = 0{,}9$ bar (abs.)

Da $P^* < P_U$ ist, liegt die Austrittsgeschwindigkeit unter der Schallgeschwindigkeit. Als Mündungsdruck ist der Atmosphärendruck $P_U$ anzusetzen. Da die Abblaseleitung aus Abschnitten von unterschiedlichen Innendurchmessern besteht, muss zunächst der Eigengegendruck am Anfang des letzten Rohrabschnitts berechnet werden.

- Temperatur an der Mündung der Abblaseleitung:

Sie ergibt sich unter Berücksichtigung der vorliegenden adiabaten Abkühlung aus dem h-s-Diagramm zu 520 °C.

- Spezifisches Volumen an der Abblasemündung bei $P_U = 1$ bar und 520 °C entsprechend Wasserdampftafel: $v = 3{,}658$ m³/kg

- Dichte an der Abblasemündung:

  $\rho = 1 / v = 1 / 3{,}658 = 0{,}2734$ kg/m³

- Volumenstrom nach Gl. (1.1):

  $\dot{V} = \dot{m} \cdot v = 220 \cdot 10^3 \cdot 3{,}658 = 804\,760$ m³/h

- Geschwindigkeit nach Gl. (1.4):

$$u_{800} = \frac{\dot{V}}{d_{i1}^2 \cdot \pi/4} = \frac{804\,760}{3600 \cdot 0{,}8^2 \cdot \pi/4} = 444{,}9 \text{ m/s}$$

- Dynamische Viskosität aus Tafel 1.10b, interpoliert für 1 bar und 520 °C:

  $\eta = 28{,}9 \cdot 10^{-6}$ Pa · s

# 1 Strömungstechnische Berechnungen

- Reynolds-Zahl nach Gl. (1.6):

$$Re_{800} = \frac{u_{800} \cdot d_{i1} \cdot \rho}{\eta} = \frac{444{,}9 \cdot 0{,}8 \cdot 0{,}2734}{28{,}9 \cdot 10^{-6}} = 3{,}37 \cdot 10^6$$

- Rohrreibungsbeiwert für $d_{i1} / k = 800 / 0{,}2 = 4000$ aus Bild 1.1: $\lambda = 0{,}0145$
- Einzelwiderstände nach Tafel 1.4 für:

  6 Rundschweißungen mit $\zeta = 0{,}03$: $\quad \Sigma\zeta = 6 \cdot 0{,}03 = 0{,}18$

- Ausflussfunktion für kompressible Strömung bei kritischer Entspannung nach Gl. (1.51):

$$\psi = \psi_{max} = \sqrt{\frac{\kappa}{\kappa+1}\left(\frac{2}{\kappa+1}\right)^{\frac{1}{\kappa-1}}} = \sqrt{\frac{1{,}3}{1{,}3+1}\left(\frac{2}{1{,}3+1}\right)^{\frac{1}{1{,}3-1}}} = 0{,}4718$$

- Substitutionsglied für $d_{i1} = 800$ mm nach Gl. (1.50):

$$Z = \alpha_w \cdot \psi \frac{A_0}{A_A}\sqrt{\frac{2}{\kappa}} = 0{,}81 \cdot 0{,}4718 \frac{140^2}{800^2}\sqrt{\frac{2}{1{,}3}} = 0{,}014516$$

- Eigengegendruck am Anfang des ersten Rohrabschnitts nach Gl. (1.55):

$$P_{e1} = P_1 \sqrt{\left(\lambda \frac{\Sigma L_{A1}}{d_{i1}} + \Sigma\zeta_1\right)\kappa \cdot Z^2 + \left(\frac{P_{ie}}{P_1}\right)^2}$$

$$P_{e1} = 46\sqrt{\left(0{,}0145\frac{20}{0{,}8} + 0{,}18\right)1{,}3 \cdot 0{,}014516^2 + \left(\frac{1}{46}\right)^2} = 1{,}2 \text{ bar}$$

In gleicher Weise wird der Eigengegendruck am Anfang des 2. Rohrabschnitts ermittelt, wobei die Volumenänderung infolge der Druckerhöhung nach dem ersten Rohrabschnitt vernachlässigt wird.
- Geschwindigkeit nach Gl. (1.4):

$$u_{700} = \frac{\dot{V}}{d_{i2}^2 \cdot \pi/4} = \frac{804\,760}{3600 \cdot 0{,}7^2 \cdot \pi/4} = 580{,}1 \,\text{m/s}$$

- Reynolds-Zahl nach Gl. (1.6):

$$Re_{700} = \frac{u_{700} \cdot d_{i2} \cdot \rho}{\eta} = \frac{580{,}1 \cdot 0{,}7 \cdot 0{,}2734}{28{,}9 \cdot 10^{-6}} = 3{,}84 \cdot 10^6$$

- Rohrreibungsbeiwert für $d_{i2} / k = 700 / 0{,}2 = 3500$ aus Bild 1.1: $\lambda = 0{,}015$
- Einzelwiderstände nach Tafel 1.4 für:

  12 Rundschweißungen mit $\zeta = 0{,}03$:    $12 \cdot 0{,}03 = 0{,}36$
  
  3 Segmentkrümmer mit $\zeta = 0{,}35$:    $\underline{3 \cdot 0{,}35 = 1{,}05}$
  
  $\Sigma\zeta_2 = 1{,}41$

- Substitutionsglied für $d_{i2} = 700$ mm nach Gl. (1.50):

$$Z = \alpha_w \cdot \psi \frac{A_0}{A_A} \sqrt{\frac{2}{\kappa}} = 0{,}81 \cdot 0{,}4718 \frac{140^2}{700^2} \sqrt{\frac{2}{1{,}3}} = 0{,}01896$$

- Eigengegendruck am Anfang des zweiten Rohrabschnittes nach Gl. (1.55):

$$P_{e2} = P_1 \sqrt{\left(\lambda \frac{\Sigma L_{A2}}{d_{i2}} + \Sigma\zeta_2\right) \kappa \cdot Z^2 + \left(\frac{P_{e1}}{P_1}\right)^2}$$

$$P_{e2} = 46 \sqrt{\left(0{,}015 \frac{30}{0{,}7} + 1{,}41\right) 1{,}3 \cdot 0{,}01896^2 + \left(\frac{1{,}2}{46}\right)^2} = 1{,}9 \text{ bar}$$

Der ermittelte Eigengegendruck des Sicherheitsventils liegt deutlich unter dem zulässigen Eigengegendruck von 9 bar.

# 2 Berechnung der Wärme- und Temperaturverluste

Wärmeverluste entstehen durch Wärmeleitung, Konvektion und Wärmestrahlung. Meist treten zwei oder alle drei Arten gemeinsam auf, sie unterliegen jedoch verschiedenen Gesetzmäßigkeiten. Als Wärmedurchgang wird die Wärmeübertragung zwischen Flüssigkeiten oder Gasen durch einen Körper bezeichnet.

Hinsichtlich der physikalischen Zusammenhänge, Berechnungen sowie Gewährleistungen wird auf die VDI-Richtlinie 2055 verwiesen. Die hierin enthaltenen allgemeingültigen Festlegungen sind in den folgenden Abschnitten berücksichtigt. Die verwendeten Formelzeichen gehen aus Tafel 2.1 hervor.

## 2.1 Wärmeverluste nichtgedämmter Rohrleitungen

Die Berechnung der Wärmeverluste nichtgedämmter Rohre ist wegen der nur näherungsweise bestimmbaren Oberflächentemperatur schwierig, da diese vom inneren Wärmeübergang beeinflusst wird. Bei einem inneren Wärmeübergangskoeffizienten $\alpha_i \geq 1200$ W/(m²K) rechnet man mit $\vartheta_M = \vartheta_O$. Das trifft z.B. für Wasser und Sattdampf zu. Für überhitzten Wasserdampf beträgt die Oberflächentemperatur in Abhängigkeit von Dampfdruck, Dampftemperatur und Dampfgeschwindigkeit 80 bis 99 % von $\vartheta_M$. Bei Luft- und Rauchgasleitungen ist zu untersuchen, ob eine Taupunktunterschreitung auftritt. Hiernach richtet sich dann der innere Wärmeübergang im Einzelfall.

Der Wärmestrom je m Rohrlänge und damit der Wärmeverlust beträgt

$$\dot{Q}_R = \pi \cdot d_{aR} \cdot \alpha_a \cdot (\vartheta_O - \vartheta_L). \tag{2.1}$$

## 2.2 Wärmeverluste gedämmter Rohrleitungen

Der Wärmeverlust gedämmter Rohrleitungen je m Rohrlänge errechnet sich nach folgender Grundformel für einen Hohlzylinder mit n Schichten:

$$\dot{Q} = \frac{\pi \cdot (\vartheta_i - \vartheta_a)}{\dfrac{1}{\alpha_i \cdot d_i} + \dfrac{1}{2 \cdot \lambda_{B1}} \cdot \ln \dfrac{d_1}{d_i} + \dfrac{1}{2 \cdot \lambda_{B2}} \cdot \ln \dfrac{d_2}{d_1} + \ldots + \dfrac{1}{2 \cdot \lambda_{Bn}} \cdot \ln \dfrac{d_a}{d_{n-1}} + \dfrac{1}{\alpha_a \cdot d_a}}$$

In der Praxis besteht die Dämmschicht fast immer nur aus einem Stoff. Des weiteren kann der innere Wärmeübergangswiderstand in den meisten Fällen vernachlässigt werden. Das gilt in Zweifelsfällen stets dann, wenn $\alpha_i \geq 100$ W/(m²K) ist. Unbedeutend ist auch der Wärmeleitwiderstand einer metallischen Rohrwand sowie der Ummantelung. Man berechnet deshalb den Verlustwärmestrom gedämmter Rohrleitung nach der vereinfachten Formel

$$\dot{Q}_R = \frac{\pi \cdot (\vartheta_i - \vartheta_a)}{\dfrac{1}{2 \cdot \lambda_B} \cdot \ln \dfrac{d_a}{d_i} + \dfrac{1}{\alpha_a \cdot d_a}} \tag{2.2}$$

Tafel 2.1: Formelzeichen zur Berechnung der Wärme- und Temperaturverluste

| Zeichen | Bedeutung | Einheit |
|---|---|---|
| $c_p$ | spezifische Wärmekapazität des Fluids | J/(kgK) |
| $C_{12}$ | Strahlungskoeffizient | W/(m²K⁴) |
| d | Durchmesser | m |
| $d_a$ (auch $D_a$) | Außendurchmesser der Dämmung, entspricht dem Ummantelungsdurchmesser | m |
| $d_i$ (auch $D_i$) | Innendurchmesser der Dämmung, entspricht dem Außendurchmesser des Rohrs $d_{aR}$ | m |
| $d_{aR}, d_{iR}$ | Außen- bzw. Innendurchmesser der Rohrleitung | m |
| l | Länge der Rohrleitung | m |
| $\Delta l$ | äquivalente Rohrlänge | m |
| m | auf 1 m Rohrleitung bezogene Fluidmasse | kg/m |
| $\dot{m}$ | Massenstrom | kg/s |
| n $Q_{RG}$ | Anzahl der Schichten bei der Wärmeleitung; Anzahl gleichartiger Einbauteile | – |
| $\dot{Q}$ | Wärmestrom | W = J/s |
| $\dot{Q}_R$ | Wärmestrom je m Rohrlänge | W/m |
| | Wärmestrom je m Rohrlänge, einschließlich anlagenbedingter Wärmebrücken | W/m |
| s | Dämmschichtdicke | m |
| t | Auskühlzeit einer Rohrleitung | h |
| $T_O$ | absolute Temperatur einer Oberfläche | K |
| $T_L$ | absolute Temperatur der Umgebungsluft | K |
| $w_L$ | Luftgeschwindigkeit | m/s |
| z | Zuschlagswert für unregelmäßig vorkommende dämmtechnisch bedingte Wärmebrücken | – |
| z* | Zuschlagswert für anlagenbedingte Wärmebrücken | – |
| $\alpha_a$ | Wärmeübergangskoeffizient bei Konvektion und Strahlung (äußerer Wärmeübergangskoeffizient) | W/(m²K) |
| $\alpha_i$ | innerer Wärmeübergangskoeffizient | W/(m²K) |
| $\alpha_k$ | Wärmeübergangskoeffizient bei Konvektion | W/(m²K) |
| $\alpha_S$ | Wärmeübergangskoeffizient bei Strahlung | W/(m²K) |
| $\vartheta_i$ | Innentemperatur | °C |
| $\vartheta_a$ | Außentemperatur | °C |

## 2 Berechnung der Wärme- und Temperaturverluste

Tafel 2.1 (Fortsetzung): Formelzeichen zur Berechnung der Wärme- und Temperaturverluste

| Zeichen | Bedeutung | Einheit |
|---|---|---|
| $\vartheta_L$ | Lufttemperatur | °C |
| $\vartheta_m$ | mittlere Temperatur | °C |
| $\vartheta_M$ | Mediumtemperatur (Fluidtemperatur) | °C |
| $\vartheta_{M0}$ | Temperatur des Mediums am Gefrierpunkt | °C |
| $\vartheta_{M.A}$ | Fluidtemperatur am Anfang einer Rohrleitung | °C |
| $\vartheta_{M.E}$ | Fluidtemperatur am Ende einer Rohrleitung | °C |
| $\vartheta_O$ | Oberflächentemperatur | °C |
| $\Delta\vartheta = \vartheta_O - \vartheta_L$ | Temperaturdifferenz Dämmoberfläche und Luft | °C |
| $\varepsilon$ | Emissionsgrad | – |
| $\lambda_B$ | Betriebswärmeleitfähigkeit | W/(mK) |
| $\lambda_{Pr}$ | praktische Wärmeleitfähigkeit (siehe VDI 2055, Tafel 11 und 12) | W/(mK) |
| $\Delta\lambda$ | Zuschlag zur Berücksichtigung von Trag- und Stützkonstruktionen (siehe VDI 2055, Tafel 9) | W/(mK) |
| $\rho_M$ | Dichte des Fluids | kg/m³ |

Die Wärmeleitfähigkeit $\lambda_B$ ist eine von der Temperatur abhängige Materialkonstante. Sie ist deshalb entsprechend der Mitteltemperatur

$$\vartheta_m = \frac{\vartheta_i + \vartheta_O}{2} \qquad (2.3)$$

zu bestimmen. Es ist zu beachten, dass mit der Betriebswärmeleitfähigkeit $\lambda_B = \lambda_{Pr} + \Delta\lambda$ (siehe auch Band I Abschnitt 6) gerechnet werden muss. Sie darf nicht mit der Laborwärmeleitfähigkeit verwechselt werden, die oft in Katalogen, Prospekten, Zeitschriften und dergl. angegeben ist. Tafel 2.2 enthält Werte der praktischen Wärmeleitfähigkeit $\lambda_{Pr}$ einiger häufig vorkommender Dämmstoffe. Der Zuschlag $\Delta\lambda$ zur Berücksichtigung des Einflusses üblicher Trag- und Stützkonstruktionen aus Stahl liegt in der Größenordnung von $\Delta\lambda = 0{,}007$ bis $0{,}013$ W/(mK) bei loser Befestigung an der Rohrleitung, bei angeschweißten Stegen steigt $\Delta\lambda$ auf das 2,5fache. Bei Ausführungen aus austenitischem Stahl können die Werte mit dem Faktor 0,6 multipliziert werden. Genauere Werte sind VDI 2055 zu entnehmen.

Da die Oberflächentemperatur zunächst nur geschätzt werden kann, muss der nach Gl. (2.2) ermittelte Verlustwärmestrom in Gl. (2.1) eingesetzt und nach $\vartheta_O$ aufgelöst werden:

$$\vartheta_O = \frac{\dot{Q}_R}{\pi \cdot d_a \cdot \alpha_a} + \vartheta_L \qquad (2.4)$$

Tafel 2.2: Praktische Wärmeleitfähigkeit $\lambda_{Pr}$ ausgewählter Dämmstoffe in Anlehnung an VDI 2055

| Dämmstoff | Wärmleitfähigkeit $\lambda_{Pr}$ bei Temperatur $\vartheta_m$ in °C | | | | |
|---|---|---|---|---|---|
| | 0 | 50 | 100 | 200 | 300 |
| Mineralwolle-Schalen | 0,035 | 0,04 | 0,05 | – | – |
| Mineralwolle-Matten auf Drahtgeflecht gesteppt, Rohdichte 100 kg/m³ | 0,04 | 0,045 | 0,05 | 0,075 | 0,1 |
| Mineralwolle-Lamellenmatten, geklebt | 0,04 | 0,05 | 0,06 | – | – |
| Mineralwolle, lose, Stopfdichte ≥ 100 kg/m³ | 0,045 | 0,055 | 0,065 | 0,085 | 0,12 |
| Schaumglas, Druckfestigkeit ≥ 0,7 N/mm² | 0,045 | 0,055 | 0,065 | 0,09 | 0,12 |
| Polystyrol-Hartschaum, Rohdichte ≥ 20 kg/m³ | 0,035 | 0,04 | – | – | – |
| Polyurethan-Ortschaum, FCKW-frei, Rohdichte 52 bis 60 kg/m³ | 0,032 | 0,037 | – | – | – |

Das Ergebnis ist mit dem Schätzwert zu vergleichen und durch schrittweise Näherung zu korrigieren. Als ersten Schätzwert für $\vartheta_O$ kann man $(\vartheta_L + \Delta\vartheta) \approx (\vartheta_L + 20$ bis $25$ K) für eine gedämmte Rohrleitung ansetzen.

Der äußere Gesamtwärmeübergangskoeffizient setzt sich zusammen aus

$$\alpha_a = \alpha_k + \alpha_s \qquad (2.5)$$

a) *Wärmeübergangskoeffizient durch Konvektion $\alpha_k$*

Er ist abhängig vom Außendurchmesser der Dämmung $d_a$ und von der Temperaturdifferenz $\Delta\vartheta$ zwischen Oberfläche und Umgebung. Nach VDI 2055 werden für den Temperaturbereich -20 bis +60 °C folgende Gleichungen empfohlen:

*Freie Konvektion*

– Waagerechtes Rohr in Innenräumen und im Freien bei Windstille, d.h. laminare Luftströmung mit $d_a^3 \cdot \Delta\vartheta \leq 1\,m^3 K$ :

$$\alpha_k = 1{,}22 \cdot \sqrt[4]{\frac{\Delta\vartheta}{d_a}} \qquad (2.6)$$

– desgleichen bei turbulenter Luftströmung mit $d_a^3 \cdot \Delta\vartheta > 1\,m^3 K$ :

$$\alpha_k = 1{,}21 \cdot \sqrt[3]{\Delta\vartheta} \qquad (2.7)$$

– Senkrechtes Rohr oder senkrechte Wand:

$$\alpha_k = 1{,}74 \cdot \sqrt[3]{\Delta\vartheta} \qquad (2.8)$$

## 2 Berechnung der Wärme- und Temperaturverluste

*Erzwungene Konvektion*
- Quer angeströmtes Rohr bei laminarer Luftströmung mit $d_a \cdot w_L \leq 8{,}55 \cdot 10^{-3}$ m²/s:

$$\alpha_k = \frac{8{,}1 \cdot 10^{-3}}{d_a} + 3{,}14 \sqrt{w_L / d_a} \qquad (2.9)$$

- desgleichen bei turbulenter Luftströmung mit $d_a \cdot w_L > 8{,}55 \cdot 10^{-3}$ m²/s:

$$\alpha_k = 2 \cdot w_L + 3 \sqrt{w_L / d_a} \qquad (2.10)$$

*b) Wärmeübergangskoeffizient durch Strahlung $\alpha_S$*

Für den Strahlungsaustausch zwischen der Oberflächentemperatur der Dämmung und der Umgebungsluft gilt gemäß VDI 2055:

$$\alpha_S = C_{12} \cdot \frac{(T_O / 100)^4 - (T_L / 100)^4}{\vartheta_O - \vartheta_L}. \qquad (2.11)$$

$C_{12}$ ist aus Tafel 2.3 zu entnehmen.

*Beispiel 1*
Für eine gebäudeverlegte Heißwasserleitung DN 200 (Außendurchmeser gerundet 219 mm), Wassertemperatur $\vartheta_i = 145$ °C, Lufttemperatur $\vartheta_a = \vartheta_L = 25$ °C, Dicke der Mineralwolledämmschale s = 40 mm, Umhüllung mit verzinktem Feinblech, ist der Wärmestrom $\dot{Q}_R$ zu ermitteln.

$\Delta\vartheta$ wird mit 25 K geschätzt, so dass die Oberflächentemperatur mit

$$\vartheta_O = \vartheta_L + \Delta\vartheta = 25 + 25 = 50 \text{ °C}$$

angenommen werden kann. Damit ergibt sich nach Gl. (2.3)

$$\vartheta_m = \frac{145 + 50}{2} = 97{,}5 \text{ °C, gerundet 100 °C.}$$

Hierfür wird aus Tafel 2.2 durch Interpolation eine praktische Wärmeleitfähigkeit von $\lambda_{Pr}$ = 0,05 W/(mK) ermittelt. Da keine Trag- und Stützkonstruktionen erforderlich sind (d.h. $\Delta\lambda = 0$), beträgt $\lambda_B \approx \lambda_{Pr}$.
Nach Gl. (2.6) ist

$$\alpha_k = 1{,}22 \cdot \sqrt[4]{\frac{25}{0{,}219 + 2 \cdot 0{,}04}} = 3{,}69 \text{ W}/(\text{m}^2\text{K})$$

Mit $C_{12} = 1{,}47$ W/(m²K⁴) nach Tafel 2.3 errechnet sich gemäß Gl. (2.11)

$$\alpha_S = 1{,}47 \cdot \frac{(323/100)^4 - (298/100)^4}{50 - 25} = 1{,}76 \text{ W}/(\text{m}^2\text{K})$$

und schließlich nach Gl. (2.5)

$$\alpha_a = \alpha_k + \alpha_S = 3{,}69 + 1{,}76 = 5{,}45 \text{ W}/(\text{m}^2\text{K}).$$

Der Verlustwärmestrom beträgt nach Gl. (2.2):

$$\dot{Q}_R = \frac{\pi \cdot (145 - 25)}{\dfrac{1}{2 \cdot 0{,}05} \cdot \ln\dfrac{0{,}299}{0{,}219} + \dfrac{1}{5{,}45 \cdot 0{,}299}} = 101{,}14 \text{ W/m}.$$

Hiernach wird die Oberflächentemperatur entsprechend Gl. (2.4) kontrolliert:

$$\vartheta_O = \frac{101{,}14}{\pi \cdot 0{,}299 \cdot 5{,}45} + 25 = 44{,}8 \text{ °C}.$$

Da sie annähernd dem Schätzwert von 50 °C entspricht, erübrigt sich eine weitere Näherungsrechnung.

Tafel 2.3: Strahlungskoeffizienten $C_{12}$ verschiedener Oberflächen von Dämmsystemen bei Temperaturen zwischen 0 und 200 °C

| Oberfläche | Strahlungskoeffizient $C_{12}$ in W/(m² K⁴) |
|---|---|
| Aluminiumfolie, blank | 0,28 |
| Aluminium, walzblank | |
| Aluminium, oxidiert | 0,74 |
| Stahl, verzinkt, blank | 1,47 |
| Stahl, verzinkt, verstaubt | 2,49 |
| nichtrostender austenitischer Stahl | 0,85 |
| Alu-Zink, glatt poliert | 0,91 |
| Alu-Zink, glatt poliert, leicht oxidiert | 1,02 |
| farbbeschichtetes Blech | 5,10 |
| Schaumglas | |
| synthetischer Kautschuk | |
| Elastomerschaumstoff | |
| Kunststoffummantelung | |

2 Berechnung der Wärme- und Temperaturverluste 91

Als Hilfsmittel für die Praxis können die Werte für den Verlustwärmestrom nach Tafel 2.4 verwendet werden. Dabei ist zu beachten, dass diese für ruhende Luft gelten. Bei Windanfall sind die Wärmeverluste gegenüber den Tafelwerten höher, während die Oberflächentemperatur sinkt.

*c) Gesamtwärmestrom*

Gl. (2.2) enthält nur die Wärmeverluste des gedämmten Rohres. Bei der Ermittlung des Gesamtwärmeverlustes eines Rohrnetzes oder des Temperaturabfalls eines Wärmeträgers sind weitere anlagenbedingte zusätzliche Verluste für Einbauten, wie Armaturen, Flanschverbindungen, Rohrhalterungen, einzurechnen. Armaturen und Flanschverbindungen werden durch äquivalente Rohrlängen $\Delta l$, Rohrhalterungen durch prozentuale Zuschläge $z^*$ zum Wärmeverlust berücksichtigt. Die in Tafel 2.5 und 2.6 enthaltenen Richtwerte sind als überschlägige Mittelwerte zu betrachten, die aber nicht als Garantiewerte gelten.

Der Gesamtwärmestrom einer Rohrleitung wird näherungsweise berechnet zu

$$\dot{Q} = \dot{Q}_R \cdot \left(1 + \sum_{i=1}^{m} z_i + \sum_{i=1}^{n} z_i^*\right) \cdot l \tag{2.12}$$

mit

$$z_i = \frac{\Delta l}{l} \cdot n. \tag{2.13}$$

*Beispiel 2*

Für die Wasserleitung DN 200 nach Beispiel 1 ist der Gesamtwärmeverlust bei 200 m Rohrlänge, 2 Schiebern und 20 Flanschverbindungen zu ermitteln.

Unter Beachtung der Werte aus Tafel 2.5 und 2.6 ergibt sich entsprechend Gl. (2.13):

$$z_1 = z_{Schieber} = \frac{7}{200} \cdot 2 = 0{,}07; \quad z_2 = z_{Flanschverb.} = \frac{1}{200} \cdot 20 = 0{,}10; \quad z^* = 0{,}15.$$

Damit errechnet sich nach Gl. (2.12):

$$\dot{Q} = 101{,}14 \cdot \left(1 + \sum (0{,}07 + 0{,}10) + \sum 0{,}15\right) \cdot 200 = 26\,700 \text{ W}$$

und auf die Rohrlänge bezogen

$$\dot{Q}_{RG} = \dot{Q}/l = 26\,700 / 200 \approx 133{,}5 \text{ W/m}.$$

Gegenüber dem Beispiel 1 liegt damit der Verlustwärmestrom um rund 30 % höher.

Tafel 2.4: Wärmeverluste $\dot{Q}_R$ gedämmter Rohrleitungen in W/m und ebener Wände in W/m² bei Innenräumen ($w_L = 0$ m/s) und Lufttemperatur $\vartheta_L = 20$ °C

| Nennweite DN | Betriebswärmeleitfähigkeit $\lambda_B$ [W/(mK)] | Temperatur des Durchflussstoffes $\vartheta_M$ [°C] ||||||||| 
|---|---|---|---|---|---|---|---|---|---|---|
| | | 100 ||||| 200 ||||
| | | Dämmdicke s [mm] |||||||||
| | | 30 | 40 | 50 | 60 | 100 | 40 | 60 | 80 | 100 | 140 |
| 50 | 0,05 | 29 | 24 | 22 | 20 | 15 | 56 | 44 | 38 | 35 | - |
| | 0,07 | 41 | 35 | 31 | 28 | 22 | 79 | 65 | 56 | 50 | 44 |
| | 0,09 | 52 | 44 | 41 | 37 | 29 | 102 | 84 | 73 | 66 | 58 |
| | 0,12 | 62 | 53 | 49 | 45 | 36 | 123 | 102 | 90 | 81 | 72 |
| 100 | 0,05 | 45 | 37 | 32 | 29 | 21 | 86 | 65 | 55 | 48 | 40 |
| | 0,07 | 64 | 53 | 46 | 42 | 31 | 123 | 95 | 80 | 71 | 59 |
| | 0,09 | 80 | 69 | 60 | 55 | 41 | 158 | 124 | 106 | 93 | 78 |
| | 0,12 | 95 | 83 | 73 | 66 | 51 | 191 | 152 | 129 | 114 | 97 |
| 150 | 0,05 | 62 | 51 | 43 | 38 | 27 | 116 | 86 | 71 | 62 | 50 |
| | 0,07 | 87 | 73 | 63 | 56 | 41 | 166 | 127 | 105 | 91 | 74 |
| | 0,09 | 110 | 93 | 81 | 72 | 52 | 213 | 164 | 136 | 120 | 98 |
| | 0,12 | 130 | 110 | 98 | 87 | 64 | 257 | 200 | 167 | 147 | 120 |
| 200 | 0,05 | 81 | 65 | 56 | 49 | 34 | 150 | 110 | 90 | 77 | 62 |
| | 0,07 | 114 | 93 | 80 | 71 | 50 | 216 | 161 | 132 | 114 | 91 |
| | 0,09 | 142 | 120 | 102 | 91 | 65 | 275 | 209 | 171 | 149 | 119 |
| | 0,12 | 169 | 144 | 123 | 110 | 80 | 331 | 254 | 211 | 183 | 147 |
| 300 | 0,05 | 114 | 92 | 78 | 67 | 45 | 208 | 151 | 121 | 102 | 79 |
| | 0,07 | 160 | 130 | 112 | 98 | 67 | 299 | 221 | 178 | 151 | 119 |
| | 0,09 | 202 | 167 | 143 | 126 | 89 | 383 | 286 | 233 | 198 | 157 |
| | 0,12 | 239 | 202 | 173 | 153 | 109 | 461 | 349 | 284 | 243 | 193 |
| 400 | 0,05 | 146 | 117 | 99 | 85 | 57 | 266 | 192 | 152 | 128 | 99 |
| | 0,07 | 207 | 169 | 142 | 124 | 84 | 383 | 280 | 225 | 190 | 148 |
| | 0,09 | 260 | 214 | 182 | 158 | 108 | 488 | 364 | 293 | 249 | 195 |
| | 0,12 | 305 | 256 | 218 | 192 | 134 | 588 | 441 | 357 | 304 | 241 |
| 500 | 0,05 | 178 | 142 | 130 | 118 | 67 | 321 | 231 | 182 | 154 | 117 |
| | 0,07 | 254 | 206 | 174 | 150 | 101 | 463 | 337 | 270 | 227 | 176 |
| | 0,09 | 318 | 261 | 221 | 192 | 131 | 590 | 440 | 352 | 299 | 231 |
| | 0,12 | 373 | 312 | 264 | 234 | 161 | 711 | 529 | 428 | 364 | 286 |
| ebene Wand | 0,05 | 96 | 77 | 63 | 53 | 34 | 179 | 123 | 95 | 78 | 57 |
| | 0,07 | 134 | 107 | 91 | 78 | 51 | 254 | 179 | 139 | 113 | 83 |
| | 0,09 | 163 | 134 | 113 | 98 | 64 | 321 | 229 | 179 | 147 | 108 |
| | 0,12 | 190 | 156 | 134 | 117 | 78 | 382 | 277 | 217 | 179 | 132 |

## 2.3 Temperaturveränderung längs einer Rohrleitung

Für Flüssigkeiten und ideale Gase ermittelt man die Temperatur am Ende einer Rohrleitung infolge von Wärmeverlusten zu:

$$\vartheta_{ME} = (\vartheta_{MA} - \vartheta_L) \cdot e^{-\varepsilon} + \vartheta_L \tag{2.14}$$

## 2 Berechnung der Wärme- und Temperaturverluste

Tafel 2.4 (Fortsetzung): Wärmeverluste $\dot{Q}_R$ gedämmter Rohrleitungen in W/m und ebener Wände in W/m² bei Innenräumen ($w_L = 0$ m/s) und Lufttemperatur $\vartheta_L = 20$ °C

| Temperatur des Durchflussstoffes $\vartheta_M$ [°C] ||||||||||||
|---|---|---|---|---|---|---|---|---|---|---|---|
| 300 ||||| 400 |||| 500 ||||
| Dämmdicke s [mm] ||||||||||||
| 50 | 80 | 100 | 120 | 160 | 60 | 100 | 140 | 180 | 200 | 80 | 120 | 160 | 180 | 200 |

| 50 | 80 | 100 | 120 | 160 | 60 | 100 | 140 | 180 | 200 | 80 | 120 | 160 | 180 | 200 |
|---|---|---|---|---|---|---|---|---|---|---|---|---|---|---|
| - | - | - | - | - | - | - | - | - | - | - | - | - | - | - |
| 112 | 87 | 79 | 72 | 65 | - | - | - | - | - | - | - | - | - | - |
| 143 | 114 | 105 | 97 | 86 | 179 | 140 | 123 | - | - | 197 | 165 | 150 | - | - |
| 176 | 141 | 128 | 121 | 107 | 218 | 173 | 154 | - | - | 241 | 206 | 184 | - | - |
| - | - | - | - | - | - | - | - | - | - | - | - | - | - | - |
| 167 | 126 | 109 | 100 | 86 | - | - | - | - | - | - | - | - | - | - |
| 217 | 165 | 145 | 131 | 114 | 266 | 198 | 165 | 147 | - | 285 | 226 | 195 | 185 | 176 |
| 264 | 202 | 179 | 164 | 141 | 326 | 244 | 205 | 183 | - | 351 | 280 | 242 | 228 | 215 |
| - | - | - | - | - | - | - | - | - | - | - | - | - | - | - |
| 223 | 164 | 141 | 127 | 107 | - | - | - | - | - | - | - | - | - | - |
| 290 | 214 | 186 | 166 | 141 | 351 | 252 | 206 | 180 | - | 369 | 286 | 242 | 230 | 216 |
| 351 | 262 | 229 | 206 | 176 | 429 | 312 | 256 | 223 | - | 454 | 354 | 301 | 288 | 270 |
| - | - | - | - | - | - | - | - | - | - | - | - | - | - | - |
| 287 | 207 | 178 | 158 | 131 | - | - | - | - | - | - | - | - | - | - |
| 371 | 270 | 233 | 207 | 173 | 447 | 316 | 254 | 218 | 205 | 464 | 354 | 294 | 277 | 260 |
| 450 | 329 | 286 | 255 | 214 | 546 | 388 | 314 | 269 | 254 | 569 | 438 | 368 | 344 | 322 |
| - | - | - | - | - | - | - | - | - | - | - | - | - | - | - |
| 398 | 279 | 235 | 208 | 170 | - | - | - | - | - | - | - | - | - | - |
| 513 | 364 | 310 | 273 | 223 | 615 | 421 | 332 | 282 | 264 | 627 | 469 | 385 | 357 | 334 |
| 621 | 444 | 379 | 336 | 277 | 748 | 519 | 411 | 348 | 327 | 769 | 579 | 476 | 442 | 413 |
| - | - | - | - | - | - | - | - | - | - | - | - | - | - | - |
| 506 | 351 | 297 | 258 | 207 | - | - | - | - | - | - | - | - | - | - |
| 652 | 457 | 386 | 340 | 276 | 778 | 527 | 413 | 344 | 320 | 792 | 583 | 471 | 435 | 403 |
| 793 | 561 | 476 | 418 | 341 | 949 | 645 | 508 | 425 | 396 | 972 | 718 | 580 | 537 | 499 |
| - | - | - | - | - | - | - | - | - | - | - | - | - | - | - |
| 611 | 423 | 357 | 306 | 244 | - | - | - | - | - | - | - | - | - | - |
| 789 | 551 | 464 | 404 | 327 | 936 | 624 | 491 | 404 | 375 | 955 | 694 | 555 | 511 | 471 |
| 959 | 676 | 570 | 495 | 404 | 1143 | 771 | 604 | 499 | 461 | 1176 | 852 | 685 | 632 | 583 |
| - | - | - | - | - | - | - | - | - | - | - | - | - | - | - |
| 338 | 221 | 181 | 152 | 117 | - | - | - | - | - | - | - | - | - | - |
| 433 | 286 | 234 | 199 | 151 | 511 | 322 | 236 | 186 | 167 | 506 | 344 | 265 | 236 | 214 |
| 522 | 350 | 286 | 244 | 186 | 623 | 395 | 290 | 229 | 207 | 619 | 426 | 324 | 291 | 265 |

mit

$$\varepsilon = \frac{\dot{Q}_{RG} \cdot l}{\dot{m} \cdot c_p \cdot \left(\vartheta_{MA} - \vartheta_L\right)}. \tag{2.15}$$

Tafel 2.5: Äquivalente Rohrlängen Δl [m] nach VDI 2055 zur Berechnung der Wärmeverluste an Flanschverbindungen bis PN 100 (über PN 100 ist mit etwas höheren Werten zu rechnen)

| Nennweite DN | äquivalente Rohrlängen Δl [m] für Temperaturbereich | | |
|---|---|---|---|
| | 50 bis 100 °C | 150 bis 300 °C | 400 bis 500 °C |
| ungedämmt in Gebäuden bei $\vartheta_L$ = 20 °C | | | |
| 50 | 3 bis 5 | 5 bis 11 | 9 bis 15 |
| 100 | 4 bis 7 | 7 bis 16 | 13 bis 16 |
| 150 | 4 bis 9 | 7 bis 17 | 17 bis 30 |
| 200 | 5 bis 11 | 10 bis 26 | 20 bis 37 |
| 300 | 6 bis 16 | 12 bis 37 | 25 bis 57 |
| 400 | 9 bis 16 | 15 bis 36 | 33 bis 56 |
| 500 | 10 bis 16 | 17 bis 36 | 37 bis 57 |
| ungedämmt im Freien bei $\vartheta_L$ = 0 °C | | | |
| 50 | 7 bis 11 | 9 bis 16 | 12 bis 19 |
| 100 | 9 bis 14 | 13 bis 23 | 18 bis 28 |
| 150 | 11 bis 18 | 14 bis 29 | 22 bis 37 |
| 200 | 13 bis 24 | 18 bis 38 | 27 bis 46 |
| 300 | 16 bis 32 | 21 bis 54 | 32 bis 69 |
| 400 | 22 bis 31 | 28 bis 53 | 44 bis 68 |
| 500 | 25 bis 32 | 31 bis 52 | 48 bis 69 |
| gedämmt in Gebäuden bei $\vartheta_L$ = 20 °C und im Freien bei $\vartheta_L$ = 0 °C | | | |
| 50 | 0,7 bis 1,0 | 0,7 bis 1,0 | 1,0 bis 1,1 |
| 100 | 0,7 bis 1,0 | 0,8 bis 1,2 | 1,1 bis 1,4 |
| 150 | 0,8 bis 1,1 | 0,8 bis 1,3 | 1,3 bis 1,6 |
| 200 | 0,8 bis 1,3 | 0,9 bis 1,4 | 1,3 bis 1,7 |
| 300 | 0,8 bis 1,4 | 1,0 bis 1,6 | 1,4 bis 1,9 |
| 400 | 1,0 bis 1,4 | 1,1 bis 1,6 | 1,6 bis 1,9 |
| 500 | 1,1 bis 1,3 | 1,1 bis 1,6 | 1,6 bis 1,8 |

Der Temperaturabfall eines Fluids in Rohrleitungen mit geringen Leitungslängen kann nach folgender Formel berechnet werden, wenn die Temperaturdifferenz ($\vartheta_{MA} - \vartheta_{ME}$) kleiner als 6 % der Anfangstemperatur $\vartheta_{MA}$ ist:

$$\vartheta_{MA} - \vartheta_{ME} = \frac{\dot{Q}_{RG} \cdot l}{\dot{m} \cdot c_p}. \tag{2.16}$$

*Beispiel 3*

Für die Heißwasserleitung DN 200 des Beispiels 1 und 2 beträgt der Massenstrom $\dot{m}$ = 3 kg/s, die spezifische Wärmekapazität $c_p$ = 4190 J/kgK (zu entnehmen aus einschlägigen Tabellenwerken).
Aus Gl. (2.15) berechnet man

$$\varepsilon = \frac{133,5 \cdot 200}{3 \cdot 4190 \cdot (145 - 25)} = 0,017.$$

## 2 Berechnung der Wärme- und Temperaturverluste

Tafel 2.6: Äquivalente Rohrlängen $\Delta l$ [m] für Armaturen bis PN 100 (über PN 100 ist mit etwas höheren Werten zu rechnen) und Zuschläge für dämmtechnisch bedingte Wärmebrücken infolge von Rohrhalterungen zur Berechnung der Wärmeverluste (nach VDI 2055)

| Nennweite DN | äquivalente Rohrlängen $\Delta l$ [m] für Temperaturbereich | | |
|---|---|---|---|
| | 50 bis 100 °C | 150 bis 300 °C | 400 bis 500 °C |
| Armaturen ungedämmt in Gebäuden bei $\vartheta_L$ = 20 °C | | | |
| 50 | 9 bis 15 | 16 bis 29 | 27 bis 39 |
| 100 | 15 bis 21 | 24 bis 46 | 42 bis 63 |
| 150 | 16 bis 28 | 26 bis 63 | 58 bis 90 |
| 200 | 21 bis 35 | 37 bis 82 | 73 bis 108 |
| 300 | 29 bis 51 | 50 bis 116 | 106 bis 177 |
| 400 | 36 bis 60 | 59 bis 136 | 126 bis 206 |
| 500 | 46 bis 76 | 75 bis 170 | 158 bis 267 |
| Armaturen ungedämmt im Freien bei $\vartheta_L$ = 0 °C (nur bis PN 25) | | | |
| 50 | 22 bis 24 | 27 bis 34 | 35 bis 39 |
| 100 | 33 bis 36 | 42 bis 52 | 56 bis 61 |
| 150 | 39 bis 42 | 50 bis 68 | 77 bis 83 |
| 200 | 51 bis 56 | 68 bis 87 | 98 bis 101 |
| 300 | 59 bis 75 | 90 bis 125 | 140 bis 160 |
| 400 | 84 bis 88 | 106 bis 147 | 165 bis 190 |
| 500 | 108 bis 114 | 134 bis 182 | 205 bis 238 |
| Armaturen gedämmt in Gebäuden bei $\vartheta_L$ = 20 °C und im Freien bei $\vartheta_L$ = 0 °C | | | |
| 50 | 4 bis 5 | 5 bis 6 | 6 bis 7 |
| 100 | 4 bis 5 | 5 bis 7 | 6 bis 7 |
| 150 | 4 bis 6 | 5 bis 8 | 6 bis 9 |
| 200 | 5 bis 7 | 5 bis 9 | 7 bis 10 |
| 300 | 5 bis 9 | 6 bis 12 | 7 bis 13 |
| 400 | 6 bis 9 | 7 bis 12 | 8 bis 15 |
| 500 | 7 bis 11 | 8 bis 15 | 9 bis 19 |
| Zuschlagswert z* für Rohrhalterungen | | | |
| | in Gebäuden | | im Freien |
| | 0,15 | | 0,25 |

Damit beträgt die Temperatur am Ende der Rohrleitung gemäß Gl. (2.14):

$$\vartheta_{ME} = (145 - 25) \cdot e^{-0,017} + 25 = 143 \text{ °C}.$$

Die näherungsweise Berechnung nach Gl. (2.16) ergibt einen Temperaturabfall von 2,2 K, so dass die Temperatur am Ende der Rohrleitung mit $\vartheta_{ME}$ = 145 – 2,2 = 142,8 °C fast die gleiche Höhe wie bei der exakten Berechnung hat.

### 2.4 Oberflächentemperatur

Die Oberflächentemperatur einer gedämmten Rohrleitung wird nach Gl. (2.4) bestimmt, so dass sich weitere Ausführungen erübrigen.

## 2.5 Bestimmung der Dämmschichtdicke zur Vermeidung von Tauwasserbildung

Zur Vermeidung von Tauwasser bei niedrigen Fluidtemperaturen $\vartheta_M$ muss die Dämmdicke so bemessen sein, dass die vorhandene Oberflächentemperatur $\vartheta_{O,vorh}$ bei gegebener Umgebungstemperatur $\vartheta_L$ und relativer Luftfeuchte $\varphi_L$ die Taupunkttemperatur nicht unterschreitet. Die Berechnung der vorhandenen Oberflächentemperatur erfolgt bei einer gegebenen Dämmdicke nach Gleichung (2.4). Die zulässige Untertemperatur $\Delta\vartheta_{Tau}$ ist aus Tafel 2.7 zu entnehmen. Bei freiverlegten Rohrleitungen muss sowohl der Sommer-, als auch der Winterbetrieb berücksichtigt sein. Die Dämmdicke ist ausreichend bemessen, wenn

$$\vartheta_L - \vartheta_{O.vorh} \leq \vartheta_{Tau} \qquad (2.17)$$

bei allen klimatischen Verhältnissen erfüllt ist.

## 2.6 Auskühlzeiten abgesperrter Wasserleitungen

Stillstehende Wasserleitungen können bei Lufttemperaturen unter -0 °C einfrieren. Durch eine optimal bemessene Dämmschicht kann das Einfrieren zwar nicht verhindert, aber der Abkühlvorgang zeitlich verzögert werden.

Tafel 2.7: Zulässige Untertemperatur $\Delta\vartheta_{Tau}$ zur Vermeidung von Tauwasserbildung

| Lufttemperatur $\vartheta_L$ in °C | zulässige Untertemperatur $\Delta\vartheta_{Tau}$ in K zur Vermeidung von Tauwasserbildung bei einer relativen Luftfeuchtigkeit in % | | | | | | | | | | | | |
|---|---|---|---|---|---|---|---|---|---|---|---|---|---|
| | 30 | 35 | 40 | 45 | 50 | 55 | 60 | 65 | 70 | 75 | 80 | 85 | 90 | 95 |
| -30 | 11,1 | 9,8 | 8,6 | 7,5 | 6,6 | 5,7 | 4,9 | 4,2 | 3,5 | 2,8 | 2,2 | 1,6 | 1,1 | 0,6 |
| -25 | 11,5 | 10,1 | 8,9 | 7,8 | 6,8 | 5,9 | 5,1 | 4,3 | 3,6 | 2,9 | 2,3 | 1,7 | 1,1 | 0,6 |
| -20 | 12,0 | 10,4 | 9,1 | 8,0 | 7,0 | 6,0 | 5,2 | 4,5 | 3,7 | 2,9 | 2,3 | 1,7 | 1,1 | 0,6 |
| -15 | 12,3 | 10,8 | 9,6 | 8,3 | 7,3 | 6,4 | 5,4 | 4,6 | 3,8 | 3,1 | 2,5 | 1,8 | 1,2 | 0,6 |
| -10 | 12,9 | 11,3 | 9,9 | 8,7 | 7,6 | 6,6 | 5,7 | 4,8 | 3,9 | 3,2 | 2,5 | 1,8 | 1,2 | 0,6 |
| -5 | 13,4 | 11,7 | 10,3 | 9,0 | 7,9 | 6,8 | 5,8 | 5,0 | 4,1 | 3,3 | 2,6 | 1,9 | 1,2 | 0,6 |
| 0 | 13,9 | 12,2 | 10,7 | 9,3 | 8,1 | 7,1 | 6,0 | 5,1 | 4,2 | 3,5 | 2,7 | 1,9 | 1,3 | 0,7 |
| 2 | 14,3 | 12,6 | 11,0 | 9,7 | 8,5 | 7,4 | 6,4 | 5,4 | 4,6 | 3,8 | 3,0 | 2,2 | 1,5 | 0,7 |
| 4 | 14,7 | 13,0 | 11,4 | 10,1 | 8,9 | 7,7 | 6,7 | 5,8 | 4,9 | 4,0 | 3,1 | 2,3 | 1,5 | 0,7 |
| 6 | 15,1 | 13,4 | 11,8 | 10,4 | 9,2 | 8,1 | 7,0 | 6,1 | 5,1 | 4,1 | 3,2 | 2,3 | 1,5 | 0,7 |
| 8 | 15,6 | 13,8 | 12,2 | 10,8 | 9,6 | 8,4 | 7,3 | 6,2 | 5,1 | 4,2 | 3,2 | 2,3 | 1,5 | 0,8 |
| 10 | 16,0 | 14,2 | 12,6 | 11,2 | 10,0 | 8,6 | 7,4 | 6,3 | 5,2 | 4,2 | 3,3 | 2,4 | 1,6 | 0,8 |
| 12 | 16,5 | 14,6 | 13,0 | 11,6 | 10,1 | 8,8 | 7,5 | 6,3 | 5,3 | 4,3 | 3,3 | 2,4 | 1,6 | 0,8 |
| 14 | 16,9 | 15,1 | 13,4 | 11,7 | 10,3 | 8,9 | 7,6 | 6,5 | 5,4 | 4,3 | 3,4 | 2,5 | 1,6 | 0,8 |
| 16 | 17,4 | 15,5 | 13,6 | 11,9 | 10,4 | 9,0 | 7,8 | 6,6 | 5,5 | 4,4 | 3,5 | 2,5 | 1,7 | 0,8 |
| 18 | 17,8 | 15,7 | 13,8 | 12,1 | 10,6 | 9,2 | 7,9 | 6,7 | 5,6 | 4,5 | 3,5 | 2,6 | 1,7 | 0,8 |
| 20 | 18,1 | 15,9 | 14,0 | 12,3 | 10,7 | 9,3 | 8,0 | 6,8 | 5,6 | 4,6 | 3,6 | 2,6 | 1,7 | 0,8 |
| 22 | 18,4 | 16,1 | 14,2 | 12,5 | 10,9 | 9,5 | 8,1 | 6,9 | 5,7 | 4,7 | 3,6 | 2,6 | 1,7 | 0,8 |
| 24 | 18,6 | 16,4 | 14,4 | 12,6 | 11,1 | 9,6 | 8,2 | 7,0 | 5,8 | 4,7 | 3,7 | 2,7 | 1,8 | 0,8 |
| 26 | 18,9 | 16,6 | 14,7 | 12,8 | 11,2 | 9,7 | 8,4 | 7,1 | 5,9 | 4,8 | 3,7 | 2,7 | 1,8 | 0,9 |
| 28 | 19,2 | 16,9 | 14,9 | 13,0 | 11,4 | 9,9 | 8,5 | 7,2 | 6,0 | 4,9 | 3,8 | 2,8 | 1,8 | 0,9 |
| 30 | 19,5 | 17,1 | 15,1 | 13,2 | 11,6 | 10,1 | 8,6 | 7,3 | 6,1 | 5,0 | 3,8 | 2,8 | 1,8 | 0,9 |
| 35 | 20,2 | 17,7 | 15,7 | 13,7 | 12,0 | 10,4 | 9,0 | 7,6 | 6,3 | 5,1 | 4,0 | 2,9 | 1,9 | 0,9 |
| 40 | 20,9 | 18,4 | 16,1 | 14,2 | 12,4 | 10,8 | 9,3 | 7,9 | 6,5 | 5,3 | 4,1 | 3,0 | 2,0 | 0,9 |
| 45 | 21,6 | 19,0 | 16,7 | 14,7 | 12,8 | 11,2 | 9,6 | 8,1 | 6,8 | 5,5 | 4,3 | 3,1 | 2,1 | 0,9 |
| 50 | 22,3 | 19,7 | 17,3 | 15,2 | 13,3 | 11,6 | 9,9 | 8,4 | 7,0 | 5,7 | 4,4 | 3,2 | 2,1 | 0,9 |

# 2 Berechnung der Wärme- und Temperaturverluste

Die Auskühlzeit t kann in Anlehnung an VDI 2055 nach folgender vereinfachter Gleichung berechnet werden:

$$t = \frac{m \cdot c_p \cdot (\vartheta_M - \vartheta_{MO})}{3600 \cdot \dot{Q}_R}. \qquad (2.18)$$

Der Wärmestrom $\dot{Q}_R$ ergibt sich aus Gl. (2.2). Dabei ist als Innentemperatur $\vartheta_i$ das arithmetische Mittel zwischen den Temperaturen zu Beginn ($\vartheta_M$ oder $\vartheta_{ME}$) und am Ende des Auskühlvorgangs (Temperatur am Gefrierpunkt $\vartheta_{MO}$) einzusetzen. Die Gleichung liegt auf der sicheren Seite, da die Speicherwärme des Rohres und der Dämmung vernachlässigt wurde, so dass Ungenauigkeiten durch Wärmebrücken und andere Inhomogenitäten ausgeglichen sind.

Liegt die Auskühlzeit trotz optimaler Dämmschichtdicke zu niedrig, sind andere Maßnahmen erforderlich, z.B. Beheizen der Rohrleitung (auch durch gemeinsame Dämmung mit einer anderen ständig betriebenen Rohrleitung), Verlegen der Leitung in frostfreie Tiefen, Entleeren der Rohrleitung beim Stillstand oder Sicherung eines ständigen geringen Wasserdurchflusses (sog. Frostschutzlauf).

*Beispiel 4*

Für eine freiverlegte Kaltwasserleitung DN 200 (Außendurchmesser $d_{aR}$ gerundet 219 mm, $d_{iR} \approx 0{,}200$ m), Wassertemperatur $\vartheta = 8$ °C, Lufttemperatur $\vartheta_a = \vartheta_L = -15$ °C (Windgeschwindigkeit $w_L = 1$ m/s) wurde zum Vermeiden einer Beheizung des Fluids und zur Verhinderung der Taupunktunterschreitung eine Dicke der Mineralwolledämmschicht von s = 100 mm festgelegt. Als Umhüllung dient Alublech.

Für die Berechnung der Auskühlzeit bei einem eventuellen Stillstand wurde der Wärmestrom nach Gl. (2.2) mit $\dot{Q}_R = 8{,}7$ W/m ermittelt, wobei die Innentemperatur mit

$$\vartheta_i = \frac{\vartheta_M - \vartheta_{MO}}{2} = \frac{8-0}{2} = 4\ °C$$

eingesetzt wurde. Die für Gl. (2.18) erforderliche Fluidmasse beträgt

$$m = \frac{d_{iR}^2 \cdot \pi}{4} \cdot \rho_M = \frac{0{,}200^2 \cdot \pi}{4} \cdot 1000 = 31{,}4\ kg/m.$$

Die Auskühlzeit errechnet sich nach Gl. (2.18) zu

$$t = \frac{31{,}4 \cdot 4190 \cdot (8-0)}{3600 \cdot 8{,}7} = 33{,}6\ h.$$

## 2.7 Wirtschaftliche Dämmschichtdicke

Zum überwiegenden Teil werden die Dämmschichtdicken nach betriebstechnischen Gesichtspunkten ermittelt. Es besteht jedoch auch die Möglichkeit, diese nach wirtschaftlichen Gesichtspunkten zu berechnen.

Mit zunehmender Dämmdicke sinken die Wärmeverluste und somit die aufzuwendenden Energiekosten. Es steigen jedoch andererseits die Investitionskosten sowie die Betriebskosten für Instandhaltung, Kreditierung (Zinsen und Tilgung) und Abschreibung. Diejenige Dämmdicke, bei der die Summe der jährlichen Aufwendungen ein Minimum ergibt, wird als wirtschaftliche Dämmschichtdicke bezeichnet (Bild 2.1). Man

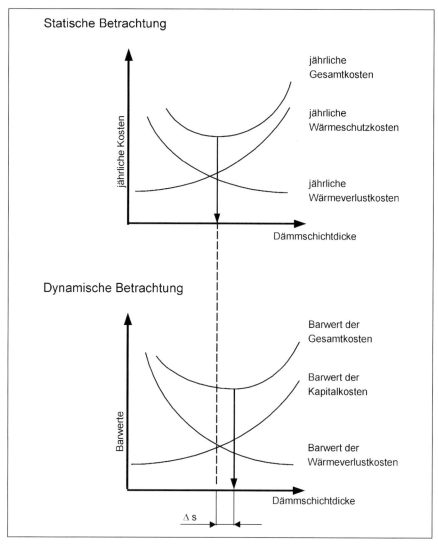

Bild 2.1: Ermittlung der wirtschaftlichen Dämmschichtdicke nach statischen und dynamischen Kostengesichtspunkten gemäß VDI 2055 (als Barwert ist die Summe der abgezinsten Kosten während der Lebensdauer der Dämmung zu verstehen)

unterscheidet zwischen einem statischen und einem dynamischen Kostenminimum. Das statische Kostenminimum geht von konstanten Kostenverhältnissen während der Nutzungsdauer aus. Beim dynamischen Kostenminimum werden hingegen Energiepreissteigerungen berücksichtigt, die aus erhöhten Kosten für Verknappung, Verarbeitung, Transport und Umweltschutz resultieren, sowie zu erwartende Inflationsraten bei Kosten für Instandhaltung und Abschreibung (Wiederbeschaffung). Das dynamische Kostenminimum führt bei jährlich steigenden Wärmeverlustkosten zu größeren Dämmschichtdicken als das statische Kostenminimum (Bild 2.1).

Zur Berechnung sind eine Vielzahl von Annahmen erforderlich, die mehr oder weniger stark das Ergebnis beeinflussen. Zu Details der recht aufwändigen Berechnungen muss auf VDI 2055 verwiesen werden.

# 3 Zulässige Spannungen und Bruchhypothesen für Festigkeitsberechnungen

## 3.1 Werkstoffkennwerte

Analog zu den verfahrenstechnischen Kenngrößen einer technischen Anlage sind die Werkstoffkennwerte des zum Einsatz kommenden Werkstoffes die wichtigsten Eckdaten für die Auslegung eines Rohrleitungssystems. Die Auswahl des geeigneten Werkstoffes ist abhängig von den

- Vorgaben der Verfahrenstechnik,
- Sicherheitsaspekten der zu betreibenden Anlage bzw. des Rohrleitungssystems und
- wirtschaftlichen Gesichtspunkten.

Stahl in seinen vielfältigen Erscheinungsformen ist auch heute noch der bevorzugte Werkstoff. Daneben gewinnen die glasfaserverstärkten Kunststoffe an Bedeutung, obwohl es hierfür noch keine einheitlichen Richtlinien gibt. Im folgenden wird auf die verschiedenen Werkstoffe nur in Hinsicht auf die für die Festigkeitsberechnung maßgebenden Eigenschaften eingegangen. Diese spielen eine wesentliche Rolle bei der Auswahl der Sicherheitsbeiwerte und der anzuwendenden Festigkeitshypothesen, die im technischen Regelwerk detailliert festgelegt sind. Die Werkstoffeigenschaften müssen darüber hinaus sichern, dass Spannungskonzentrationen und schlagartige Belastungen während des Betriebes von der Rohrleitung aufgenommen werden können.

### 3.1.1 Stahl

Am wichtigsten ist die Auslegung nach der Streckgrenze oder einer Ersatzstreckgrenze, im allgemeinen die 0,2 %-Dehngrenze. Eine ausgeprägte Streckgrenze tritt bei allgemeinen Baustählen gemäß DIN EN 10025 sowie den Rohrstählen nach DIN EN 10216-1, DIN EN 10216-2, DIN EN 10217-1 und DIN EN 10217-2 (DIN 1626 bis DIN 1630) auf.

Bei Feinkornbaustählen sowie den legierten Baustählen geht hingegen der Spannungs-Dehnungsverlauf vom elastischen stetig in den plastischen Bereich über. Austenitische Stähle haben einen besonders ausgeprägten plastischen Bereich (Kurve im Bild 3.1), so dass für sehr große Bruchdehnungen als Festigkeitskennwert die 1,0 %-Dehngrenze anstelle der 0,2 %-Dehngrenze verwendet wird.

Des weiteren darf die Auslegung gegen die Bruchgrenze eines Werkstoffes nicht unberücksichtigt bleiben, insbesondere in Hinblick auf den aktuellen Trend zum Anheben des Streckgrenzenverhältnisses $R_{p\,0,2} / R_m$ (Begriffe siehe Band I Abschnitt 2.1) für bestimmte Feinkornbaustähle. Dabei kann auch die Bruchdehnung von Bedeutung sein, obwohl sie nicht unmittelbar in die Auslegung eingeht. Sie kann aber bedingen, dass die auftretenden Belastungen, insbesondere von außen einwirkende Kräfte, sehr genau erfasst und innerhalb der zulässigen Spannungen abgedeckt werden müssen.

Nach DIN EN 13480-2 müssen Stähle bei Raumtemperatur eine Bruchdehnung in Längsrichtung von mindestens 14 %, in Querrichtung von 16 % aufweisen. Des weiteren müssen die eingesetzten Stähle eine genügend große Zähigkeit aufweisen, die

# 3 Zulässige Spannungen und Bruchhypothesen für Festigkeitsberechnungen

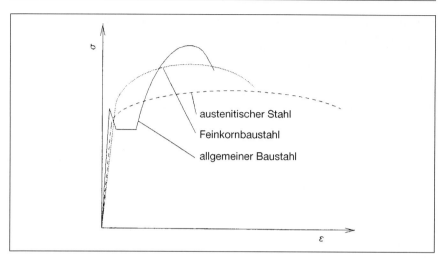

Bild 3.1: Spannungs-Dehnungs-Schaubild metallischer Werkstoffe

über die Kerbschlagarbeit nachgewiesen wird. Auch sie geht nicht unmittelbar in die Festigkeitsberechnung ein.

Unlegierte Stähle, bei denen die Werkstoffnormen keine Warmfestigkeitskennwerte enthalten, dürfen gemäß DIN EN 13480-3 bis 150 °C verwendet werden, wenn die Warmstreckgrenze nach der Gleichung

$$R_{p0,2/\vartheta} = R_m \cdot \frac{720 - t_s}{1400} \tag{3.0}$$

ermittelt wird. Unter $t_s$ ist die zulässige Temperatur (siehe Abschnitt 0.3) in den Grenzen von 20 bis 150 °C zu verstehen.

Beim Betrieb von Rohrleitungen im Bereich tiefer Temperaturen ist der Zähigkeitsabfall der meisten Stähle so stark, dass sie für einen sicheren Betrieb nicht geeignet sind. Die zulässigen Werkstoffe nach AD 2000-Merkblatt W 10 sind durch eine vergleichsweise hohe Zähigkeit bei niedrigen Temperaturen gekennzeichnet, z.B. kaltzähe Stähle, kaltzähe Feinkornbaustähle und austenitische Stähle. Entsprechend AD 2000-Merkblatt W 10 ist ein zusätzlicher Sicherheitsbeiwert gegenüber der Streckgrenze zu berücksichtigen, je nachdem bei welcher niedrigsten Temperatur die Kerbschlagarbeit ermittelt wurde (siehe Band I, Abschnitt 1.3.8).

Demgegenüber verhalten sich in der Regel alle Stahlsorten bei hohen und sehr hohen Temperaturen mit Blick auf das Verformungsvermögen günstiger als bei Raumtemperatur. Aber mit steigender Temperatur gewinnt auch zunehmend der Faktor Zeit eine dominierende Rolle, weil der Werkstoff unter einer konstant anstehenden äußeren Last zu fließen beginnt. In diesem als Zeitstandfestigkeit bezeichneten Bereich sind für die Auslegung eines Rohrleitungssystems nicht allein die im Zugversuch ermittelten zeitunabhängigen, sondern vorwiegend die zeitabhängigen Festigkeitskennwerte ent-

## 3 Zulässige Spannungen und Bruchhypothesen für Festigkeitsberechnungen

scheidend. Das Verhalten des Werkstoffes ist dann auch nicht mehr in den klassisch elastischen und plastischen Bereich zu unterteilen. Es muss vielmehr davon ausgegangen werden, dass ein stetiges zeitabhängiges plastisches Verformen bis zum Bruch auftritt. Physikalisch ist dies ein fließender Übergangsbereich, der zu beachten ist, wenn der Beanspruchungszustand und der Zeitraum in einer Größenordnung liegen, die für den vorgesehenen Betriebszeitraum begrenzend wirken.

Die zeitabhängigen Festigkeitskennwerte sind in den Werkstoffnormen in der Regel als mittlere Bruchzeiten zu verstehen. Neben den 1 %-Zeitdehngrenzen werden im mitteleuropäischen Raum vor allem die $2 \cdot 10^5$ h-Zeitstandwerte als Auslegungsbasis angegeben. Andere Staaten verwenden $1,5 \cdot 10^5$ h- bzw. $10^5$ h-Werte. Bei der Entwicklung neuer Stähle liegen naturgemäß zuerst die $10^5$ h-Werte vor, weil laufende Zeitstandversuche erfahrungsgemäß nur bis zu einem Faktor 3 mit Bezug auf die Zeitachse extrapoliert werden sollten. Eine sichere und damit auch wirtschaftliche Festlegung des $10^5$ h-Wertes kann demzufolge erst nach einer Versuchsdauer von etwa $3 \cdot 10^4$ bis $5,5 \cdot 10^4$ h erfolgen. Dabei muss eine Vielzahl von Versuchsergebnissen in die Auswertung eingehen, möglichst aus unterschiedlichen Chargen und Schmelzöfen, ggf. auch mit unterschiedlicher Wärmebehandlung nach einer möglichen Werkstoffumformung oder -bearbeitung.

Im Zeitstandversuch bildet sich für alle Stähle eine Kriechkurve entsprechend Bild 3.2 aus. Der Kriechvorgang kann in drei Phasen aufgeteilt werden:

– Primäres Kriechen

Dieses Kriechverhalten tritt bei jedem Stahl auf, der erstmalig nach seiner Formgebung, z.B. durch Schmieden, oder nach einer Wärmebehandlung unter hohen Temperaturen belastet wird. Das primäre Kriechen erstreckt sich über einen relativ kurzen Zeitraum, gemessen an der geplanten Lebensdauer des Rohrleitungssystems.

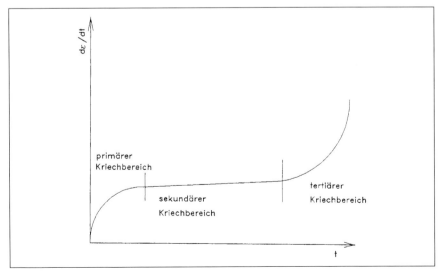

Bild 3.2: Kriechbereiche beim Zeitstandversuch

Je nach Beanspruchung und Betriebstemperatur ist dieser Bereich in wenigen hundert bis zu mehreren tausend Stunden durchlaufen. Danach beginnt das für die Auslegung maßgebliche

– Sekundäre Kriechen

Dieser Bereich ist dadurch gekennzeichnet, dass eine überwiegend konstante Kriechgeschwindigkeit bei gleichbleibender Beanspruchung vorliegt. Am Ende dieser Phase ist eine merkliche Schädigung des Gefüges in Form von Porenketten und Mikrorissen vorhanden, die eindeutig als Zeitstandschädigung zu erkennen ist. Daran schließt sich

– Tertiäres Kriechen

Es führt zu einer Beschleunigung der Kriechgeschwindigkeit, die letztendlich in relativ kurzer Zeit zum Versagen des Bauteiles führt.

In der Praxis soll der tertiäre Bereich nicht erreicht werden, weil damit ein erhöhtes Risiko in Bezug auf Sicherheit und Verfügbarkeit des Rohrleitungssystems besteht.

Für die Auslegung werden in der BRD die $2 \cdot 10^5$ h-Zeitstandwerte mit einem Sicherheitsbeiwert von 1,0 zugrunde gelegt. Die Werte beziehen sich auf die untere Streubandgrenze, wobei im allgemeinen eine Streubandbreite von 20 % vorliegt. Das bedeutet aber nicht, dass die Lebensdauer der Rohrleitung auf diesen Zeitraum beschränkt ist. Vielmehr kann davon ausgegangen werden, dass die untere Streubandgrenze nur im Extremfall bei wenigen Bauteilen auftritt. Da in der Regel ebenfalls

– die rechnerische Mindestwanddicke für ein konkretes Bauteil unterhalb der Bestellwanddicke liegt,
– der Berechnungsdruck nicht über den gesamten Zeitraum gefahren wird und
– die Berechnungstemperatur ebenfalls nicht durchgängig anliegt,

verlängert sich in der Praxis die Lebensdauer der Rohrleitung merkbar gegenüber dem rechnerischen Wert. Das schließt nicht aus, dass einzelne Bauteile durchaus eine größere Schädigung gegenüber den meisten anderen Bauteilen erfahren können.

Schweißnähte stellen im Zeitstandbereich kritische Bereiche in einem Rohrleitungssystem dar. Das ist auf die inhomogenen und keineswegs isotropen Werkstoffeigenschaften einer Schweißnaht in Querrichtung und über der Wanddicke zurückzuführen. Durch die schnelle Erstarrung des aufgeschmolzenen Schweißgutes und der unmittelbar benachbarten Bereiche des Grundwerkstoffes, der Wärmeeinflusszone (WEZ), entsteht ein relativ ungeordneter „Gusszustand" mit erheblichen Schweißeigenspannungen sowie einer Vielzahl unterschiedlicher Schichten und Lagen von Kristalliten. Sie führen in der Summe dazu, dass diese Werkstoffzonen als inhomogene Bereiche betrachtet werden müssen. Durch eine anschließende Wärmebehandlung werden die Werkstoffeigenschaften der Schweißnaht sowie der WEZ denen des Grundwerkstoffes zwar weitgehend angeglichen, was aber naturbedingt nicht vollständig gelingt. Negativ machen sich diese Unterschiede insbesondere für die ferritisch-martensitischen Stähle bei Betriebstemperaturen ab 560 bis 600 °C bemerkbar.

Für die Auslegung ist deshalb die Kenntnis des einzusetzenden Schweißzusatzwerkstoffes bzw. dessen Festigkeitseigenschaften im verschweißten und wärmebehandelten Zustand notwendig. Die für die Berechnung erforderlichen Festigkeitskennwerte sind den Datenblättern (Normen und Regeln) der Schweißzusatzwerkstoffe zu entneh-

# 3 Zulässige Spannungen und Bruchhypothesen für Festigkeitsberechnungen

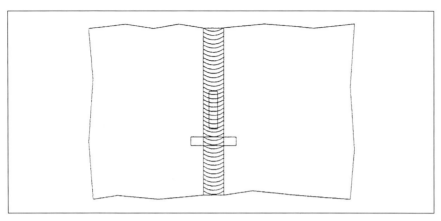

Bild 3.3: Lage von Schweißnahtproben für den Zugversuch

men. Sie können durchaus niedriger als beim Grundwerkstoff liegen. Die Werte beziehen sich im allgemeinen sowohl auf das Schweißgut selbst, als auch auf die gesamte Schweißverbindung, bestehend aus dem beidseitig angrenzenden Grundwerkstoff und den Wärmeeinflusszonen, sowie dem Schweißgut. Die Prüfung erfolgt mit Zugproben, die längs und quer zur Schweißnaht liegen (Bild 3.3) [3.1]. Zum Zeitpunkt der Berechnung kann deshalb die Kenntnis des unter Sicherheits- und Wirtschaftlichkeitsgesichtspunkten optimalen Schweißzusatzwerkstoffes durchaus von Bedeutung sein.

Bei den Schweißverbindungen verengt sich das Streuband der Zeitstandwerte mit steigender Temperatur, insbesondere bei Schweißzusatzwerkstoffen für ferritisch-martensitische Grundwerkstoffe. Dies ist u.a. ein sicherheitstechnischer und wirtschaftlicher Gesichtspunkt für die aktuell in der Entwicklung befindlichen Werkstoffe im Temperaturbereich um 600 °C. Austenitische Werkstoffe haben bei Temperaturen ab 600 °C eine höhere Zeitstandfestigkeit als ferritisch-martensitische Stähle. Grundsätzlich können aber deren Schweißverbindungen ebenfalls niedrigere Zeitstandwerte aufweisen als der Grundwerkstoff.

Im klassischen Zeitstandversuch wird das plastische Fließen des Werkstoffes mit Kriechen bezeichnet. Bei dieser Versuchsdurchführung wirkt über die gesamte Versuchsdauer eine konstante Kraft auf den Prüfkörper ein. Dieser einachsig wirkenden Kraft entsprechen am realen Bauteil die äußeren Kräfte wie innerer Überdruck, Eigengewicht des Bauteils, Windbelastung und dergl., also Belastungen, die unabhängig von der Verformung des Bauteiles über die Zeit wirken.

Im Gegensatz dazu spricht man von Relaxation, gemeint ist aber der gleiche physikalische Vorgang innerhalb der kristallinen Werkstoffstruktur, wenn der Versuch statt mit konstant wirkender Kraft mit zeitlich konstanter Dehnung erfolgt. Dieser Versuch führt nicht zum Versagen der Probe. Es ist aber möglich, Aussagen zum Entspannungsverhalten des Werkstoffes zu treffen und diese bei der Gestaltung und Werkstoffauswahl zu berücksichtigen. Offenkundig wird die Relaxation bei der Auslegung von Schraubenverbindungen im Zeitstandbereich, z.B. bei Flanschverbindungen. Spannungen von gleichem Charakter sind die behinderte Wärmedehnung im Rohrleitungssystem oder diejenigen Spannungen, die sich im Hinblick auf die Kontinuitätsbedingungen z.B.

an der Einbindung eines Abzweiges in ein Grundrohr ausbilden. Hierauf wird bei der Festlegung der zulässigen Spannungen noch eingegangen.

Die für die Langzeitbeanspruchung maßgebenden Zeitstandwerte haben bei kurzzeitig auftretenden Belastungen nur geringe Bedeutung, z.b. bei Windbelastungen oder bei Druckwellen im Rohrleitungssystem infolge schnellschließender Armaturen oder durch Pumpenausfall. Da diese Belastungen dynamischer Natur sind, auch der Wind wirkt nicht statisch sondern durch die Ausbildung von Wirbelstraßen hochdynamisch, muss bei diesen hohen Temperaturen das klassische elastische und plastische Verhalten des Werkstoffes als Kriterium zugrunde gelegt werden. Da die Festigkeitskennwerte $R_{p\,0.2/\vartheta}$ und $R_{m/\vartheta}$ unter Berücksichtigung der Sicherheitsbeiwerte meist über den Zeitstandwerten liegen, sind sie für die Festigkeitsberechnung häufig nicht maßgebend. Sie sind jedoch von Bedeutung, wenn durch eine kurzzeitige Belastung im Zeitstandbetrieb Plastifizieren auftritt und dieser plastifizierte Zustand durch Relaxation abgebaut wird. Es ist einleuchtend, dass die solcherart hervorgerufene Schädigung des Werkstoffes größer als bei einer Auslegung lediglich auf konstante Betriebslast ist. Diese Vorgänge sind festigkeitsmäßig allerdings nur mit erheblichen Aufwand zu erfassen. Sie werden im allgemeinen durch konstruktive oder verfahrenstechnische Maßnahmen bzw. durch restriktives Festlegen der zulässigen Spannungen vermieden.

### 3.1.2 Stahlguss

Rohre oder ganze Rohrleitungssysteme aus Stahlguss treten im industriellen Anwendungsbereich nicht auf, wohl aber Pumpen und Armaturen als Bestandteile der Rohrleitungssysteme. Hierfür werden ähnliche Werte für die Bruchdehnung gefordert wie für Stahl. Im AD 2000-Merkblatt W 5 werden Mindestwerte von 15 % zugrunde gelegt. Die Festigkeitskennwerte, d.h. Streckgrenze oder 0,2 %-Dehngrenze für ferritischen bzw. 1,0 %-Dehngrenze für austenitischen Stahlguss, sowie ggf. Zeitstandwerte, sind z.B. in DIN EN 10213-2 bis 10213-4 angegeben.

### 3.1.3 Gusseisen

Lamellares (GJL) und globulares Gusseisen (GJS) haben ein prinzipiell abweichendes Festigkeitsverhalten gegenüber Stahl und Stahlguss:

– Der Druckbereich im einachsigen Zug-/Druckversuch ist weitaus größer gegenüber dem Zugbereich.

– Es gibt nahezu keinen oder nur einen sehr geringen plastischen Verformungsbereich oberhalb der Streckgrenze. Dies wirkt sich bei der Definition und Festlegung der zulässigen Spannungen aus, weil nennenswerte Fließvorgänge innerhalb des Bauteiles nicht möglich sind. Die zulässige Spannung wird deshalb so weit abgesenkt, dass selbst örtlich wirkende Spannungsspitzen die Streckgrenze nicht signifikant überschreiten.

– Der Elastizitätsmodul speziell von GJL weicht sehr stark von dem für Stahl und Stahlguss ab. Er variiert von rund 70 000 N/mm² bis 140 000 N/mm². Das betrifft insbesondere den Ursprungsmodul, d.h. die Steigung der $\sigma/\varepsilon$-Kurve in der Nähe des Nullpunktes (Bild 3.1). Für alle Beanspruchungen, bei denen die Verformung von Bedeutung ist (Zug-, Biege- und Torsionssteifigkeit), muss der real vorhandene Elastizitätsmodul möglichst genau vorliegen. Erforderlichenfalls ist dieser im einachsigen Zug-/Druckversuch zu bestimmen, da durch die Variationsbreite Ergebnisabweichungen bis zum Faktor 2 auftreten können.

Weitere Einzelheiten enthält Abschnitt 2.3 im Band I.

# 3 Zulässige Spannungen und Bruchhypothesen für Festigkeitsberechnungen

## 3.1.4 Kupfer und Aluminium

Die für Festigkeitsberechnungen wesentlichen Eigenschaften sind:

- Der Elastizitätsmodul variiert für Kupfer und Kupferknetlegierungen bei Raumtemperatur von 106 kN/mm$^2$ bis 130 kN/mm$^2$. Für Aluminium und Al-Legierungen liegt er bei etwa 70 kN/mm$^2$ und schwankt nur wenig.
- Die Festigkeitskennwerte hängen von den Legierungselementen ab. Zeitstandfestigkeiten sind ab 100 bis 150 °C für die Auslegung maßgebend.
- Kupfer lässt sich wegen der sehr guten Wärmeleitfähigkeit zwar schlecht, aber dennoch verschweißen. Dabei wird die Kaltverfestigung im Bereich der Schweißnähte aufgehoben, was beim Festigkeitskennwert zu berücksichtigen ist. Letzteres gilt gleichermaßen für Aluminium und Al-Legierungen. Der Einflussbereich der Schweißnähte ist gegenüber Stahl erheblich größer.
- Durch bestimmte Legierungselemente kann die ansonsten sehr gute Verformungsfähigkeit beider Werkstoffe drastisch reduziert werden, was bei der Festlegung des Sicherheitsbeiwertes zu beachten ist. Einige Al-Gusssorten weisen Bruchdehnungen unter 1 % auf.
- Für Ermüdungsanalysen sind die Grenzwerte für die Dauerschwingbelastung beim Hersteller zu erfragen, insbesondere bei niederzyklischer Ermüdung (low cycle fatigue).

## 3.1.5 Thermoplastische Kunststoffe

Für die Festigkeitsberechnung ist in der Regel die Zeitstandfestigkeit maßgebend, da thermoplastische Kunststoffe schon bei geringer Belastung unter Raumtemperatur erheblich kriechen. Der physikalische Ablauf des Kriechens ist gegenüber den Metallen grundsätzlich anderer Natur. Er wird aber aus praktischen Gründen in gleicher Weise für die Berechnung gehandhabt.

Für die wichtigsten thermoplastischen Kunststoffe enthalten die technischen Lieferbedingungen Diagramme für die Zeitstandfestigkeit in Abhängigkeit von der Temperatur. Sie entsprechen der bei Stahl üblichen Tabellenform. Des weiteren existieren isochrone Spannungs-Dehnungs-Diagramme für 20 °C. Für erhöhte Temperaturen sind sie beim Hersteller zu erfragen oder sie sind gemäß DVS 2205-1 zu ermitteln.

Bei der Auslegung auf der Grundlage von Dehnungen muss die Steifigkeit des Bauteiles bzw. der Rohrleitung ermittelt werden. Für Metalle dient hierzu der Elastizitätsmodul. Da Thermoplaste aber schon bei Raumtemperatur nennenswert kriechen, wird dieses Verhalten durch den Kriechmodul $E_c$ berücksichtigt. Er wird bei Anwendung des Hookeschen Gesetzes an Stelle des Elastizitätsmoduls eingesetzt, obwohl er die bleibenden Verformungen durch Kriechen zum Ausdruck bringt. Für die verschiedenen Thermoplaste gibt es gemäß DVS 2205-1 Dehngrenzwerte, die für PP 2 %, für PE-HD 3 % und für PVC-U 0,8 % betragen. Wird die dem Dehngrenzwert äquivalente Spannung überschritten, ist mit einem Versagen des Bauteils zu rechnen.

Bei der Auslegung nach unterschiedlichen Spannungszuständen bzw. für unterschiedliche Betriebstemperaturen kann wie bei den Metallen die Minersche Regel angewendet werden. Weitere Einzelheiten siehe [3.2].

Für geschweißte Rohrleitungen sind die Schweißnahtwertigkeiten bei der Berechnung zu berücksichtigen. Sie sind vom Schweißverfahren und vom Werkstoff abhängig. Es kann auch eine Zeitabhängigkeit bestehen. DVS 2205-1 enthält Richtwerte für Kurzzeit- und Langzeitbeanspruchung.

Zu weiteren physikalischen Eigenschaften und Festigkeitseigenschaften wird auf Abschnitt 2.5 im Band I, zu Zeitstandfestigkeits-Diagrammen, isochronen Spannungs-Dehnungs-Diagrammen und Kriechmodul-Diagrammen auf DVS 2205-1 verwiesen. Glasfaserverstärkte Thermoplaste, bisweilen für Rohre, meist für Spritzgussteile verwendet, sind nicht genormt. Die Festigkeitseigenschaften sind beim Hersteller zu erfragen.

### 3.1.6 Duroplastische Kunststoffe

Duroplaste besitzen gegenüber den Thermoplasten eine erhöhte Temperaturbeständigkeit. Sie werden vorzugsweise als Verbundwerkstoff in Form von glasfaserverstärkten Kunststoffen (GFK) angewendet. Die Innenseite kann auch mit einem Thermoplast ausgekleidet sein. Hinsichtlich der Festigkeitseigenschaften sind GFK-Erzeugnisse (Rohre und Formstücke) als inhomogene Werkstoffe mit anisotropen Eigenschaften anzusehen. Erschwerend für die Festigkeitsbetrachtungen sind die beiden unterschiedlichen Komponenten des GFK-Erzeugnisses, das Harz als Trägerbasis und die Glasfasern als kraftaufnehmende Bestandteile. Weiterhin ist der Trägeraufbau über der Rohrwanddicke sowie das Herstellverfahren des Erzeugnisses für die ertragbare Festigkeit ausschlaggebend. Bei hohen mechanischen und thermischen Belastungen, d.h. Innendruck und Biegebeanspruchung durch Eigengewicht und behinderte Wärmedehnung, sind Bauteile nach dem Kreuzwickelverfahren zu empfehlen. Es hat den Vorteil des Überlappens bei der Ausrichtung der Glasfasern (Bild 3.4). Der Wickelwinkel der Glasfaser kann optimal an die Beanspruchung angepasst werden. Für reine Innendruckbelastung errechnet er sich zu 63°, weil beim geraden Rohr das Verhältnis von Umfangsspannung zu Längsspannung näherungsweise 2:1 beträgt. Bei zusätzlicher Biegebeanspruchung kann der Winkel sogar noch etwas reduziert werden.

Der Wärmeausdehnungskoeffizient von GFK liegt höher als bei Stahl, was bei der Planung der Rohrhalterungen zu berücksichtigen ist. Bei großen Rohrdurchmessern ist die

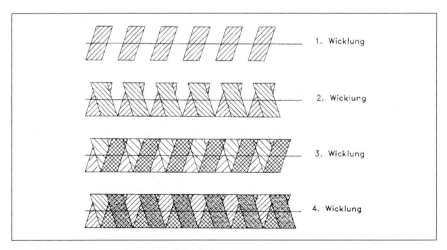

Bild 3.4: Kreuzwickelverfahren für GFK-Rohre, dargestellt sind 4 Wicklungen

# 3 Zulässige Spannungen und Bruchhypothesen für Festigkeitsberechnungen

unterschiedliche Wärmeausdehnung über den Umfang bei der Konstruktion der Lastableitung aus dem Rohrsystem von Bedeutung. Hinweise hierfür enthält [3.3].

Der Glasfaserverbund wird an den Verbindungsstellen zwangsläufig unterbrochen. Er wird in der Regel auf der Baustelle durch Laminieren oder Kleben überbrückt. Die Verbindungen müssen so beschaffen sein, dass sie die Längskräfte und Biegemomente übertragen können. In Umfangsrichtung wirken die Stoßstellen wegen ihrer Verstärkung unterstützend, so dass in dieser Richtung keine nennenswerten Zusatzspannungen zu erwarten sind. Muffenverbindungen sind demgegenüber näherungsweise wie Gelenke aufzufassen. Bestimmte Bauarten sind zugfest und können Längskräfte z.B. aus dem Innendruck übertragen. GFK-Rohre haben wegen des niedrigen Elastizitätsmoduls sowohl eine niedrige Druck-/Zug- als auch Biegesteifigkeit, so dass relativ große Verformungen möglich sind.

Der Festigkeitskennwert eines kreuzgewickelten GFK-Rohres liegt bei etwa 300 N/mm$^2$. Er stellt keine Streck- oder Bruchgrenze wie bei metallischen Werkstoffen dar, sondern ist ein Wert für die Reißfestigkeit des Materials. Ab diesem Wert ist mit Brechen oder Reißen der ersten Fasern zu rechnen, was sich in kleinen Leckagen in Form von Flüssigkeitsperlen äußert, der Werkstoff beginnt zu „schwitzen" (weeping). Danach benötigt der gesamte GFK-Verbund je nach Art der Glasfasern nur noch eine Reißdehnung von 1.5 % bis maximal 2.2 % bis zum völligen Versagen.

Der genannte Festigkeitskennwert von 300 N/mm$^2$ bleibt bis zu einer Temperatur von 70 °C nahezu konstant, über 90 °C sinkt er merkbar. In Langzeit-Eignungstests wurde eine weitere Abnahme des Festigkeitskennwerts festgestellt, die auf einen Zeitraum von 20 Jahren extrapoliert wurde. Zur Berücksichtigung des Einflusses von Lebensdauer, Temperatur, Inhomogenität und durchströmendem Fluid auf die entsprechenden Sicherheitsbeiwerte bzw. Abminderungsfaktoren enthält Abschnitt 3.3 weitere Einzelheiten.

Physikalische Eigenschaften und Festigkeitseigenschaften sind Abschnitt 2.6 im Band I zu entnehmen.

## 3.2 Festigkeitshypothesen

Die im einachsigen Zugversuch ermittelten Festigkeitseigenschaften sind nicht direkt auf Beanspruchungszustände des realen Bauteils zu übertragen, weil dort normalerweise ein zwei- oder dreiachsiger Spannungszustand herrscht. Für den mehrachsigen Spannungszustand ist deshalb eine Vergleichsspannung zu bilden, die mit guter Näherung dem Verhalten im Zugversuch entspricht [3.1], [3.4].

Von den verschiedenen Spannungshypothesen sind für den Rohrleitungsbau drei von Bedeutung, weil sie mit den realen Verhältnissen befriedigend übereinstimmen. In den technischen Regelwerken werden sie in Abhängigkeit vom Werkstoff und von der Art des Versagens, hier sind in erster Linie Metalle gemeint, unterschiedlich angewandt.

*a) Gestaltänderungs-Energie-Hypothese (GEH)*

Die GEH zeigt für das Verhalten gegen plastisches Verformen und Dauerbruch die beste Übereinstimmung zwischen einachsigem Zugversuch und mehrachsigem Spannungszustand im realen Bauteil. Sie ist definiert zu:

$$\sigma_{V/GEH} = \frac{1}{\sqrt{2}} \sqrt{(\sigma_1 - \sigma_2)^2 + (\sigma_2 - \sigma_3)^2 + (\sigma_3 - \sigma_1)^2} \qquad (3.1)$$

$\sigma_1 > \sigma_2 > \sigma_3$ bedeuten die drei Hauptspannungen. Der Beanspruchungszustand im Bauteil wird genauer als bei der Schubspannungs-Hypothese erfasst.

*b) Schubspannungs-Hypothese (SSH)*

Die SSH ist zweckmäßig, wenn plastisches Verformen und Gleitbruch zu erwarten sind. Die Vergleichsspannung wird aus der Differenz der größten und kleinsten Hauptspannung gebildet. Sie beträgt das 2-fache der größten ertragbaren Schubspannung (Anstrengungsverhältnis $\Phi = 2$):

$$\sigma_{v/SSH} = \sigma_1 - \sigma_3 \tag{3.2}$$

Bei der Festlegung von $\sigma_1 > \sigma_2 > \sigma_3$ hat demzufolge die mittlere Hauptspannung keinen Einfluss auf die Vergleichsspannung.

Im Bild 3.5 sind die Spannungshypothesen als relative Spannungen dargestellt, z.B. bezogen auf die Streckgrenze $\sigma_F$. Die Vergleichsspannungen nach Gl. (3.1) bis (3.3) wurden hierbei $\sigma_v / \sigma_F = 1$ gesetzt.

Aus dem Bild geht hervor, dass die SSH etwas konservativer als die GEH ist. Die größte Abweichung für den 2-achsigen Spannungszustand tritt bei der relativen Spannung $\sigma_2 / \sigma_F = 0,5$ mit $\sigma_1 / \sigma_F \approx 1,15$ auf, d.h. mit rund 15 % zugunsten der GEH. Das lässt sich auch aus Gl. (3.1) für $\sigma_{v/GEH} / \sigma_F = 1$ errechnen, während aus Gl. (3.2) $\sigma_1 / \sigma_F = 1$ resultiert, wenn auch dort $\sigma_{v/SSH} / \sigma_F = 1$ gesetzt wird.

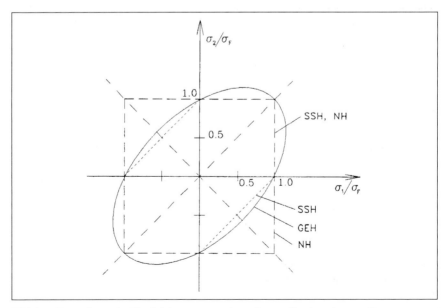

Bild 3.5: Darstellung der Vergleichsspannungshypothesen für den ebenen Spannungszustand, d.h. $\sigma_3 = 0$ ($\sigma_F$ entspricht der Streckgrenze $R_e$)

Durch die SSH wird demzufolge für verformungsfähige Werkstoffe der im Bauteil herrschende Beanspruchungszustand um 15 % zu hoch bewertet bzw. der Fließbeginn zu früh bestimmt. Diese maximale Abweichung tritt natürlich beim Vertauschen der Spannungen, nämlich bei $\sigma_1 / \sigma_F = 0{,}5$ mit $\sigma_2 / \sigma_F \approx 1{,}15$, nochmals auf.

Die SSH wird vorzugsweise in den technischen Regelwerken für Anlagen im Dampf- und Druckbereich angewendet, einerseits wegen ihres einfachen Aufbaus und andererseits wegen des inhärenten Konservatismus.

c) *Normalspannungs-Hypothese (NH)*

Die beiden zuvor genannten Hypothesen liefern zum Trennungsbruch keine Aussage. Dieser wird am besten durch die Normalspannungs-Hypothese erfasst:

$$\sigma_{V/NH} = \sigma_1 \qquad (3.3)$$

mit $\sigma_1 > \sigma_2 > \sigma_3$. Es ist zu beachten, dass das Versagen nicht wie im einachsigen Zugversuch bei $R_m$ eintritt ($R_m$ ist die Zugfestigkeit, bezogen auf den Ausgangsquerschnitt), sondern je nach Brucheinschnürung entsprechend höher liegt.

Bei wenig oder gar nicht verformungsfähigen Werkstoffen, z.B. Grauguss, kommt die NH zum Tragen. Auch bei gut verformungsfähigen Werkstoffen führt ein dreiachsiger Zugspannungszustand zu einer drastischen Abnahme der Verformungsfähigkeit. Das kann z.B. im Kerbgrund von Anrissen oder scharfen geometrischen Übergängen eintreten.

Für Kunststoffe kommen sowohl die Normalspannungs-Hypothese als auch die Schubspannungs-Hypothese in Betracht. Es wird jedoch nicht ausschließlich gegen eine zulässige Spannung abgesichert, sondern häufig auch gegen einen Dehngrenzwert, der bei thermoplastischen Kunststoffen ein weiteres Kriterium für die Funktionsfähigkeit des Bauteils darstellt. Dehngrenzwerte für die wichtigsten thermoplastischen Kunststoffe sind im Abschnitt 3.1.5 angegeben.

### 3.3 Zulässige Spannungen

Der mit Hilfe eines mathematischen Modells ermittelte Beanspruchungszustand wird mit einer der o.g. Festigkeitshypothesen auf einen äquivalenten eindimensionalen Spannungszustand reduziert, der unterhalb einer zulässigen Spannung liegen muss. Die zulässige Spannung ist je nach Werkstoff, Belastungsart und Spannungsermittlung unterschiedlich definiert.

Im allgemeinen werden Berechnungsmethoden angewendet, die ein linear-elastisches Materialverhalten voraussetzen, um den Berechnungsaufwand in Grenzen zu halten. Hieran ändert sich auch nichts, wenn beim Spannungsnachweis die Streckgrenze bzw. 0,2 %- oder 1,0 %-Dehngrenze überschritten wird. Allerdings gelten dann zusätzliche Randbedingungen, die ein Versagen des Bauteiles verhindern.

Als Basis für die zulässige Spannung bei den unterschiedlichen Belastungsarten dienen charakteristische Festigkeitskennwerte, die im Zugversuch ermittelt und in den technischen Lieferbedingungen festgelegt sind. Das sind meist garantierte Mindestwerte, aber auch mittlere oder untere Richtwerte.

Die Sicherheitsbeiwerte sind je nach Festigkeitskennwert unterschiedlich hoch in den technischen Regelwerken festgelegt. Sie haben die Aufgabe, einen Sicherheitsabstand zwischen der rechnerisch wahrscheinlichen Spannung und der real gerade noch ertragbaren Spannung zu halten. Dadurch werden Unsicherheiten durch nicht planbare Abweichungen in jeglicher Hinsicht abgedeckt und dem Grundbedürfnis nach Sicherheit der Anlage und der Unversehrtheit der in der Nähe befindlichen Personen nachgekommen. Diese Zielstellung ist in seiner Auswirkung identisch mit der aus ökonomischen Gründen bestehenden Forderung nach hoher Anlagenverfügbarkeit. Der Sicherheitsbeiwert soll folgende Unwägbarkeiten erfassen:

- Ungenauigkeiten in der mathematischen Erfassung des Bauteiles durch notwendige Abstraktionen auf berechnungsfähige Geometrien sowie durch Vereinfachungen im Rechengang selbst.

- Unsicherheiten in den real vorhandenen Werkstoffeigenschaften, hervorgerufen durch eine endliche Anzahl von Werkstoffprüfungen, durch Umformvorgänge, durch Schweißen und anschließende ein- oder mehrmalige Wärmebehandlung.

- Unsicherheiten durch unvollständige Kenntnisse der auf das Bauteil einwirkenden Belastungen mechanischer und thermischer Art. Chemische Einwirkungen sollten durch die Wahl des Werkstoffes oder durch Korrosionszuschläge möglichst vollständig ausgeschlossen sein, zumindest wenn diese zu Änderungen in den Werkstoffeigenschaften führen können und damit durch die Spannungsanalysen nicht erfassbar sind.

- Unsicherheiten durch Form- und Maßabweichungen bei der Herstellung des Halbzeugs, der Fertigung und Montage des Bauteils, sowie durch nicht vorhersehbare Formabweichungen während des Betriebs der Rohrleitung.

In den Tafeln 3.1 und 3.2 sind die Sicherheitsbeiwerte verschiedener technischer Regelwerke für häufig vorkommende Werkstoffe zusammengefasst. Die hieraus gebildeten zulässigen Spannungen dienen einerseits zum Berechnen der erforderlichen Wanddicke bei Beanspruchung durch inneren oder äußeren Überdruck (Dimensionierung) und andererseits als Basiswert für die unterschiedlichen Spannungsarten innerhalb eines belasteten Bauteils sowie als Grenzwert für den Prüfzustand. Die zulässigen Spannungen nach FDBR-Richtlinie „Berechnung von Kraftwerksrohrleitungen" sind mit denen nach DIN EN 13480-3 identisch.

In den amerikanischen Regelwerken, z.B. ANSI/ASME B31.1 für Kraftwerksrohrleitungen und B31.3 für verfahrenstechnische und petrochemische Rohrleitungen, sind die zulässigen Spannungen explizit und temperaturabhängig für eine Reihe von amerikanischen Stählen angegeben.

*a) Festigkeitskennwerte für Metalle*

Folgende Festigkeitskennwerte werden für Metalle zugrunde gelegt (Definitionen siehe Abschnitt 2.1.3 im Band I):

- Mindestzugfestigkeit bei Raumtemperatur $R_m$.
- Mindestwert der oberen Streckgrenze $R_{eH}$ bei Raumtemperatur.
- Mindestwert der 0,2 %- bzw. 1,0 %-Dehngrenze bei Raumtemperatur $R_{p\,0,2}$ bzw. $R_{p\,1,0}$ oder bei Berechnungstemperatur $R_{p\,0,2/\vartheta}$ bzw. $R_{p\,1,0/\vartheta}$.

Im Zeitstandbereich sind entsprechend dem deutschen Regelwerk maßgebend:

# 3 Zulässige Spannungen und Bruchhypothesen für Festigkeitsberechnungen

- Mindest- oder Mittelwert der Zeitstandfestigkeit des Grundwerkstoffs bei Berechnungstemperatur $R_{m/t/\vartheta}$ für $2 \cdot 10^5$ oder $10^5$ h.
- Mindest- oder Mittelwert der Zeitstandfestigkeit der Schweißverbindung bei Berechnungstemperatur $R_{m/t/\vartheta}$ für $2 \cdot 10^5$ oder $10^5$ h, falls merkbare Abweichungen zum Grundwerkstoff bestehen.
- Zeitdehngrenze $R_{p\varepsilon/t/\vartheta}$ für $10^5$ h bei speziellen Berechnungen.

Im Gegensatz zu den technischen Regelwerken für Druckgeräte, wo die genannten Unwägbarkeiten gemeinsam in einem Sicherheitsbeiwert zusammengefasst sind, werden im Stahlbau entsprechend DIN 18800-1 Teilsicherheitsbeiwerte verwendet. Sie dienen zur Veranschaulichung des Einflusses einzelner Unsicherheiten und zum Abbau konservativer Annahmen. Damit wird eine ökonomische Herstellung gefördert ohne an Sicherheit einzubüßen.

*b) Festigkeitskennwerte für Kunststoffe*

Für Kunststoffe gelten je nach Belastung folgende Festigkeitskennwerte:

- Zeitstandfestigkeit des Halbzeuges.
- Zeitstandfestigkeit der gefügten Verbindung (Kurzzeit- und Langzeit-Schweißfaktoren für Thermoplaste, Fügefaktoren für Klebeverbindungen bei Thermo- und Duroplasten sowie Laminatverbindungen bei Duroplasten).
- Dehngrenzwerte.

Da für den gesamten Anwendungsbereich der thermoplastischen Kunststoffe die Werkstoffeinflüsse nicht mit dem Sicherheitsbeiwert allein ökonomisch und zuverlässig erfasst werden können, wurden zusätzlich Abminderungsfaktoren eingeführt. Sie bedeuten entsprechend DVS 2205-1:

- $A_1$ - Streuung im Zeitstandverhalten

    Dieser Faktor variiert zwischen 1,25 und 2,0 und ist in die Zeitstandkurven bereits eingearbeitet.

- $A_2$ - Einfluss des Fluids (reziproker Resistenzfaktor)

    Der Faktor ist von der Konzentration und der chemischen Zusammensetzung des Fluids, dessen Temperatur und dem eingesetzten Kunststoff abhängig. DVS 2205-1 enthält hierfür eine umfangreiche Tabelle.

- $A_3$ - Einfluss der Temperatur auf das Zeitstandverhalten

    Der Faktor ist in die Zeitstandkurven bereits eingearbeitet.

- $A_4$ - Einfluss der Zähigkeit des Kunststoffs von der Temperatur

    Der Faktor ist umso höher, je niedriger die Berechnungstemperatur liegt. Er schwankt zwischen 1 und 1,9. DVS 2205-1 enthält eine diesbezügliche Tabelle.

## 3.4 Primärspannungen, Sekundärspannungen und Spannungsspitzen

Bei der Anwendung der zulässigen Spannungen muss unterschieden werden in Primärspannungen, die den von außen einwirkenden Belastungen das Gleichgewicht halten, und Sekundärspannungen, die über die Dehnung zu begrenzen sind. Schließlich können lokale Spannungsspitzen bei häufigem Auftreten zur Ermüdung des Werkstoffes führen.

Tafel 3.1: Zulässige Spannungen unter Auslegungsbedingungen

| Werkstoff | Zusatzbedingung | Regelwerk | |
|---|---|---|---|
| | | DIN EN 13480-3 | AD 2000 B 0 |
| | | zulässige Spannung f für zeitunabhängige Belastung [1]) [2]) [3]) | |
| nichtaustenitische Walzstähle | mit spezifischer Prüfung | min $\{R_m / 2{,}4; R_{p\,0{,}2/\vartheta} / 1{,}5\}$ | $R_{p\,0{,}2/\vartheta} / 1{,}5$ |
| | ohne spezifische Prüfung | Rohrleitungen: min $\{R_m / 2{,}88; R_{p\,0{,}2/\vartheta} / 1{,}8\}$<br>Halterungen: min $\{R_m / 3; R_{p\,0{,}2/\vartheta} / 1{,}9\}$ | – |
| austenitische Walzstähle | A < 35 % | min $\{R_m / 2{,}4; R_{p\,1{,}0/\vartheta} / 1{,}5\}$<br>Für A < 30 % gelten die zulässigen Spannungen wie für nichtaustenitische Stähle. | – |
| | A ≥ 35 % | $R_{p\,1{,}0/\vartheta} / 1{,}5$<br>Enthalten die Werkstoffnormen Werte für $R_{m/\vartheta}$: gilt min $\{R_{m/\vartheta} / 3; R_{p\,1{,}0/\vartheta} / 1{,}2\}$. | $R_{p\,1{,}0/\vartheta} / 1{,}5$ |
| Stahlguss | | min $\{R_m / 3; R_{p\,0{,}2/\vartheta} / 1{,}9\}$ | $R_{p\,0{,}2/\vartheta} / 2$<br>$R_m / 3{,}5$ |
| Kupfer und Kupferlegierungen, nahtlos oder geschweißt | | – | Zulässige Spannungen für $10^4$ und $10^5$ h siehe AD 2000 W 6/2. |
| Aluminium und Aluminiumlegierungen | | – | $R_{p\,0{,}2/\vartheta} / 1{,}5$ |
| | | zulässige Spannung $f_{CR}$ für zeitabhängige Belastung | |
| nichtaustenitische und austenitische Walzstähle | | $R_{m/200\,000/\vartheta} / 1{,}25$<br>Fehlen Werte für $R_{m/200\,000/\vartheta}$ gilt<br>$R_{m/150\,000/\vartheta} / 1{,}35$ oder $R_{m/100\,000/\vartheta} / 1{,}5$ [4]) | $R_{m/100\,000/\vartheta} / 1{,}5$ |
| nichtaustenitischer Stahlguss | | $R_{m/100\,000/\vartheta} / 1{,}9$ | Nach DIN EN 12516-2 | $R_{m/100\,000/\vartheta} / 2$ |
| austenitischer Stahlguss mit A ≥ 30 % | | $R_{m/100\,000/\vartheta} / 1{,}5$ | | $R_{m/100\,000/\vartheta} / 2$ |
| Kupfer und Kupferlegierungen, nahtlos oder geschweißt | | – | Zulässige Spannungen für $10^4$ und $10^5$ h siehe AD 2000 W 6/2. |
| Aluminium und Aluminiumlegierungen | | – | $R_{m/100\,000/\vartheta} / 1{,}5$<br>$R_{m/100\,000/\vartheta}$-Werte siehe AD 2000 W 6/1. |

[1]) Gemäß DIN EN 13480-3 sind Nickel- und/oder Chrom-Legierungen für A < 30 % den nichtaustenitischen, für A ≥ 30 % den austenitischen Stählen zuzuordnen.
[2]) Bis 50 °C kann sowohl $R_{p\,0{,}2}$ als auch $R_{eH}$ in Betracht kommen.
[3]) Für HD-Gasleitungen gilt zusätzlich DIN 2470-2.
[4]) Für Lebensdauern unter 200 000 h siehe DIN EN 13480-3.

## 3 Zulässige Spannungen und Bruchhypothesen für Festigkeitsberechnungen

Tafel 3.2: Zulässige Spannungen unter Prüfbedingungen

| Werkstoff | Zusatzbedingung | Regelwerk[1] | |
|---|---|---|---|
| | | DIN EN 13480-3 | AD 2000 B 0 |
| nichtaustenitische Walzstähle | mit spezifischer Prüfung | $0{,}95 \cdot R_{p\,0{,}2}$ | $R_{p\,0{,}2} / 1{,}05$ |
| | ohne spezifische Prüfung | $0{,}95 \cdot R_{p\,0{,}2}$ | - |
| austenitische Walzstähle | $A \geq 25\,\%$ | $0{,}95 \cdot R_{p\,1{,}0}{}^{2)\,3)}$ $0{,}45 \cdot R_m{}^{2)\,3)}$ | $R_{p\,0{,}2} / 1{,}05$ |
| Stahlguss | | $R_{p\,0{,}2} / 1{,}4$ | $R_{p\,0{,}2} / 1{,}4$ |
| Kupfer und Kupferlegierungen, nahtlos oder geschweißt | | - | $R_m / 2{,}5$ |
| Aluminium und Aluminiumlegierungen | | - | $R_{p\,0{,}2} / 1{,}05$ |

[1]) Es kann sowohl $R_{p\,0{,}2}$ als auch $R_{eH}$ in Betracht kommen.
[2]) Gilt auch für Nickel-Chrom-Legierungen.
[3]) Für A < 25 % gelten die zulässigen Spannungen wie für nichtaustenitische Stähle.

*a) Primärspannungen $P_m$, $P_b$ und $P_L$*

Hierunter sind solche linear verteilten Spannungen bzw. Spannungsanteile zu verstehen, die im betrachteten Querschnitt das Gleichgewicht mit den äußeren Lasten herstellen. Diese Belastungsarten sind der Größe nach nicht abhängig von der Verformung des Rohrleitungssystems oder eines Bauteils im Rohrleitungssystem. Sie bleiben auch erhalten, wenn der Werkstoff plastifiziert. Die wichtigsten äußeren Lasten sind:

- Eigengewicht der Rohrleitung einschließlich aller Einbauten wie Armaturen und Formstücke, Gewicht des Fluids und der Dämmung,
- innerer und äußerer Überdruck,
- Erdauflast und Verkehrslast bei eingeerdeten Rohren,
- Schnee- und Windlasten für Rohrleitungen im Freien und
- seismische Lasten für Rohrleitungen in erdbebengefährdeten Gebieten.

Die Primärspannungen werden unterteilt in allgemeine oder über einen größeren Bereich wirkende Spannungen $P_m$ und Biegespannungen $P_b$ sowie in lokale Primärspannungen $P_L$, die dem Charakter nach den Kriterien der Sekundärspannungen unterliegen.

*b) Sekundärspannungen Q*

Sekundärspannungen sind linear verteilte Spannungen bzw. Spannungsanteile, die über den betrachteten Querschnitt

- durch geometrische Unstetigkeiten zur Herstellung der Kompatibilitätsbedingungen zweier geometrisch unterschiedlicher Bauteile,
- durch behinderte Wärmedehnung innerhalb eines Bauteils oder
- durch Zwängungsbedingungen infolge von Rohrhalterungen

auftreten. Die Sekundärspannungen können sich nach dem Überschreiten der Streckbzw. 0,2 %- oder 1,0 %-Dehngrenze durch plastisches Verformen abbauen. Sie führen entsprechend ihrem Charakter bei einmaliger und überwiegend ruhender Beanspruchung nicht zum plötzlichen Versagen des Bauteils. Einige Beispiele dieser Belastungsarten sind:

- unterschiedliches Dehnverhalten lokaler Steifigkeiten an geometrischen Übergangsstellen wie unterschiedliche Wanddicken benachbarter Rohrschüsse, Übergänge vom Zylinder auf Kegel, Kugel, Torus oder ebenen Boden, Abzweige auf Kugel oder Zylinder;

- unterschiedliches Dehnverhalten infolge verschiedener Wärmeausdehnungskoeffizienten zweier verschweißter Stähle;

- ungleichmäßige Temperaturverteilung über den Durchmesser des Rohres oder/und lokal über die Wanddicke durch Temperaturtransienten;

- behinderte Wärmedehnung der Rohrleitung durch Zwängungen infolge von Rohrhalterungen;

- Lagerungszwängungen;

- Setzen von Gebäuden oder Gebäudewänden, wenn die Rohrleitung über die Gebäudegrenzen hinweg verläuft;

- Verschiebungen von Rohrleitungshalterungen durch betrieblich bedingte Wärmeausdehnung von Anschlagpunkten am Stahl- oder Massivbau;

- Unrundheit von Rohren bei innerem Überdruck.

*c) Spannungsspitzen F*

Als Spannungsspitzen oder tertiäre Spannungen werden diejenigen Spannungsanteile einer Gesamtspannung bezeichnet, die abzüglich der Primär- und Sekundärspannungen noch vorhanden sind. Sie sind im klassischen Sinne die begrenzt örtlich wirkenden Spannungen, die wesentlich zur Ermüdung eines Bauteiles beitragen, aber keinen wesentlichen Einfluss auf die Gesamtverformung des Bauteiles haben. Zu den Spannungsspitzen gehören:

- Kerbspannungen;

- Lochrandspannungen;

- nicht lineare Anteile von Temperaturspannungen an geometrischen Unstetigkeiten, z.B. an Wanddickenübergängen;

- nicht lineare Anteile von transienten Temperaturspannungen, z.B. Thermoschock.

*d) Begrenzung der Spannungen*

Primäre, allgemein wirkende Spannungen werden auf

$$\sigma \leq f \quad (3.4)$$

begrenzt. Dieser Wert liegt auch der Wanddickenbestimmung zugrunde (siehe Tafel 3.1).

Lokal wirkende Primärspannungen werden häufig auf

$$\sigma \leq 1{,}5\,f \quad (3.5)$$

3 Zulässige Spannungen und Bruchhypothesen für Festigkeitsberechnungen 117

begrenzt. Je nach technischem Regelwerk kann der Faktor in Gl. (3.5) auch reduziert sein.

Die Sekundärspannungen, einschließlich aller primären Spannungen, dürfen unter Beibehaltung des Hookeschen Gesetzes die Streckgrenze überschreiten und maximal den 2-fachen Wert von Gl. (3.5) annehmen:

$$\sigma \leq 3\,f \qquad (3.6)$$

Auch hier kann in Abhängigkeit vom technischen Regelwerk die Spannungsgrenze reduziert sein, z.B. auf 2,7 nach DIN EN 13480-3 (Tafel 3.3).

Die Spannungsspitzen einschließlich aller primären und sekundären Spannungen, also die Gesamtspannung, werden im niederzyklischen Bereich (low cycle fatigue) durch die Wöhlerkurven begrenzt. Je nach Regelwerk ist noch ein zusätzlicher Sicherheitsfaktor zwischen 1,0 und 2,0 auf die Zyklenanzahl zu berücksichtigen. Für Stahl enthalten die Wöhlerkurven bereits einen Zyklenfaktor und damit einen Spannungsfaktor von mindestens 2,0. Für Kupfer- und Aluminiumlegierungen sind ebenfalls Wöhlerkurven vorhanden. Es empfiehlt sich aber, bei den Herstellern den Sicherheitsfaktor zu erfragen und ob dieser bereits in den Kurven implizit enthalten ist.

Im Zeitstandbereich sind zusätzliche Werkstoffeigenschaften zu beachten, die über den Rahmen dieser Betrachtungen hinausgehen. Aus diesem Grund sollten auch Spannungen in Kunststoffen nicht in obiger Art untergliedert werden, weil Kunststoffe schon bei Raumtemperatur kriechen.

Tafel 3.3: Zulässige Spannungen für Spannungsnachweise an lokalen Stellen nach DIN EN 13480-3

| Spannungsart | zulässige Spannung[1]) | Lastfall |
|---|---|---|
| $P_m + P_b + P_L$ | 1,5 f | ständig wirkende äußere Lasten |
| $P_m + P_b + P_L$ | 1,8 f | ständig und gelegentlich wirkende äußere Lasten |
| $P_m + P_b + P_L$ | 2,7 f | Lasten aus Not- und Schadensfällen, die nicht planmäßig und äußerst selten auftreten |
| Q | $f_a$ | Lasten aus der behinderten Wärmedehnung des Rohrleitungssystems |
| $P_m + P_b + P_L + Q$ | $f_a + f$ | Überlagerung von äußeren ständig wirkenden Lasten, sowie Lasten aus behinderter Wärmedehnung (Spannungsschwingbreite) |
| $\sigma_{eq}$ | 1,5 f | reiner Schub als Mittelwert über den betrachteten Querschnitt ($\sigma_{eq}$ nach der SSH oder GEH) |

[1]) $f_a = k_N \, (1{,}25\, f_{20} + 0{,}25\, f_\vartheta) \cdot E_\vartheta / E_{20}$
f nach Tafel 3.1: mit Index 20 - Raumtemperatur; Index $\vartheta$ - Berechnungstemperatur

| Lastwechselzahl N | $\leq 7.000$ | 14.000 | 22.000 | 45.000 | 100.000 | $\geq 100.000$ |
|---|---|---|---|---|---|---|
| Lastwechselfaktor $k_N$ | 1 | 0,9 | 0,8 | 0,7 | 0,6 | 0,5 |

## 3.5 Bruchmechanik – Ziele, Grundlagen, Konzepte, Methoden

### 3.5.1 Aufgaben der Bruchmechanik

Die Bruchmechanik nimmt trotz intensiver Forschung und Entwicklung gegenwärtig nicht den Stand ein wie die klassische Festigkeitslehre. Das hängt u.a. damit zusammen, dass die veröffentlichten Arbeiten, Lösungsansätze, Methoden und dergl. vorzugsweise Teilaspekte der Bruchmechanik behandeln, aber für den in der Praxis stehenden Ingenieur allgemein anwendbare Kriterien fehlen.

Die Werkstoffmechanik und das spezifische Werkstoffverhalten unter Belastung jeglicher Art ist der wesentliche Aspekt der Bruchmechanik. Sie verkörpert in diesem Sinne das Zusammenwirken zweier Disziplinen, nämlich der Werkstoff- und der Festigkeitslehre. Die nachfolgenden Ausführungen können das Thema nicht erschöpfend behandeln. Sie haben das Ziel, einige einführende Erläuterungen in das Gebiet der Bruchmechanik für kristalline Werkstoffe zu geben, insbesondere für Stähle.

Es bestehen zwei wesentliche Aufgaben für die Anwendung der Bruchmechanik.

*a) Auslegung von Komponenten*

Um die Sicherheit von Rohrleitungen und anderen Komponenten festigkeitsmäßig abzusichern, sind in der Auslegungsphase vorausschauende Analysen notwendig. Dabei werden Werkstofffehler unterstellt, zumeist in Form von Rissen, um deren Auswirkungen zu quantifizieren.

Solche Analysen wurden in den letzten Jahrzehnten insbesondere für kerntechnische Anlagen erstellt, bei denen die Sicherheit Priorität gegenüber kommerziellen Interessen hat. Das dementsprechende Expertenwissen ist deshalb in der BRD bei solchen Unternehmen und Institutionen angesiedelt, die sich intensiv mit den Aufgaben der Kerntechnik beschäftigt hatten.

Zunehmend gewinnt aber die Anwendung der Bruchmechanik auch für die Auslegung solcher industrieller Anlagen an Bedeutung, bei denen ein erhebliches Gefährdungspotenzial für Mensch und Umwelt besteht.

*b) Bewertung in Betrieb befindlicher Anlagen*

Im englischsprachigen Raum sind einige Regeln und Standards entwickelt worden, die als probates Mittel die Methoden und Kriterien der Bruchmechanik verwenden. Diese sind hinsichtlich ausreichender Sicherheit und Verfügbarkeit nur anwend- und einhaltbar, wenn sowohl Informationen auf der Belastungs- und Werkstoffseite zur Verfügung stehen, als auch bezüglich Auswertungs- und Bewertungsdauer.

Für den Betreiber einer Anlage ist es von wesentlicher wirtschaftlicher Bedeutung, aus festigkeitsmäßiger Sicht eine Aussage über die uneingeschränkte Verfügbarkeit einer Rohrleitung oder Komponente für einen vorausschauenden Zeitraum zu erhalten. Deshalb dürften betriebswirtschaftliche Argumente die erfolgreiche Anwendung der Bruchmechanik auf bestehende Anlagen fördern, so dass diese künftig auch in die deutschen Regelwerke Eingang finden könnte.

### 3.5.2 Grundlagen

*a) Werkstoffmechanik*

In der klassischen Festigkeitslehre metallischer Werkstoffe wird vorausgesetzt, dass isotrope und homogene Werkstoffe und Werkstoffeigenschaften vorliegen. Diese mehr

## 3 Zulässige Spannungen und Bruchhypothesen für Festigkeitsberechnungen 119

oder weniger stillschweigende Annahme ist nur bedingt richtig, wie der in der Praxis stehende Ingenieur immer wieder leidvoll erfahren muss.

Die Bruchmechanik geht im Gegensatz zu diesem Postulat davon aus, dass in technischen Strukturen grundsätzlich Fehler oder Fehlstellen enthalten sind. Sie definiert diese Ungänzen als Risse, weil diese Art der Ungänzen für das zu betrachtende Bauteil das größtmögliche Gefährdungspotenzial darstellt, so dass die Gefahr einer Unterbewertung vermieden wird. Detaillierte Analysen sind natürlich möglich, bedürfen aber eines erhöhten Aufwandes.

Risse einschließlich Mikrorisse können während des Herstellungs- und/oder Verarbeitungsprozesses entstehen oder durch mechanische, thermische und chemische Einwirkung während des Betriebes. Beispiele für solche Ungänzen im Gefüge sind:

- Herstellung

Walz- und Schmiedefehler durch zu niedrige Umformtemperaturen und zu hohe Verformung, nicht werkstoffgerechtes Abkühlen, Verunreinigungen bis hin zum Wasserstoffeinschluss und dadurch bedingte Aufhärtungen und lokale Versprödungen.

- Verarbeitung

Ungeeignete Schweißzusatzwerkstoffe, Abweichungen von vorgeschriebenen Schweißparametern, Einbrandkerben, Bindefehler, konvexe Kehlnahtformen, scharfe Wanddickensprünge, unsachgemäße Wärmenachbehandlung, hohe Eigenspannungen durch Kaltverformen, ungeeignetes Abkühlen nach dem Schweißen oder der Warmumformung.

- Betrieb

Zyklische mechanische und/oder thermische Belastungen, Änderung der Werkstoffeigenschaften durch radioaktive Bestrahlung und Versprödung, durch Kriechen im Zeitstandbereich, durch chemische Einwirkungen (z.B. interkristalline Korrosion durch Wasserstoffversprödung) oder durch fehlende bzw. gerissene Magnetitschichten, aggressive Medien und damit einhergehende Wanddickenabnahme (großflächig oder lokal in Form von Grübchenbildung) und infolge dessen ein erhöhter Beanspruchungszustand während weitgehend gleichbleibender statischer und dynamischer Belastung.

Ursachen sowie Auswirkungen solcher Fehler werden in der Fachliteratur ausführlich beschrieben, z.B. im Handbuch Teil I, Abschnitt 7.8.

Das wirkungsvollste Mittel zum Verhindern von Makrorissen und zum Ertragen von anderen im Bauteil befindlichen Ungänzen besteht darin, dass der Werkstoff eine entsprechende Zähigkeit besitzt und dadurch Risse auffängt.

In den technischen Regeln (DIN EN 13480-2, AD 2000-Merkblätter Reihe W) werden deshalb Kerbschlagprüfungen gefordert, die durch entsprechende Prüfbescheinigungen zu belegen sind. Die Mindestwerte für die von der Probe aufzunehmende Kerbschlagarbeit ist werkstoff- und temperaturabhängig darin festgelegt.

International wird im wesentlichen die in DIN EN 10045-1 genormte Kerbschlagprobe mit V-Kerb angewendet. Sie ist mit den gleichen Abmessungen unter dem Begriff Charpy-V-Notch-Test auch im ASTM E 23 enthalten.

Für Stähle jeglicher Art bilden sich temperaturabhängig S–förmige Kurven für die Kerbschlagarbeit aus. Die jeweilige Einsatztemperatur soll in der sog. Hochphase liegen,

# 120  3 Zulässige Spannungen und Bruchhypothesen für Festigkeitsberechnungen

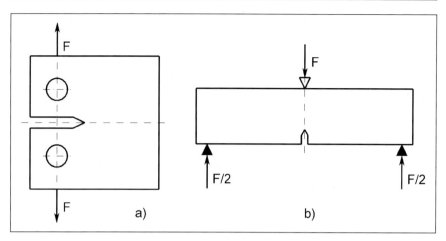

Bild 3.6: Probenformen zur Ermittlung des Risswiderstandes
a) Kompaktprobe; b) Dreipunktbiegeprobe

weil die Höhe der Kerbschlagarbeit, also das Zähigkeitsverhalten, ein qualitatives Maß für die Fähigkeit des Werkstoffes darstellt, Inhomogenitäten und Fehlstellen im Material aufzufangen.

Die Bruchmechanik hat zur Bestimmung des Risswiderstands zwei weitere Probenformen entwickelt:

– Kompaktprobe oder CT-Probe (CT: compact tension) nach Bild 3.6a,
– Dreipunktbiegeprobe oder SEN-B-Probe (Single T Notch Bend specimen) nach Bild 3.6b.

Mit Hilfe dieser Proben lässt sich die Risswiderstandskurve $F = f(v)$ in einem Rissaufweitungsdiagramm im Versuch bestimmen, wobei v die Rissöffnung bedeutet. Über einen festgelegten Algorithmus kann ein werkstoffspezifischer Spannungsintensitätsfaktor $K_{IC}$, bei dem Versagen auftritt, für die betreffende Probe (CT-Probe oder SEN-B-Probe) bestimmt werden [3.5].

Der so gefundene $K_{IC}$-Wert gilt exakt nur für die untersuchte Probe. Mit der notwendigen Sorgfalt ist er auch auf die gesamte Charge übertragbar. Dabei ist zu beachten, dass sowohl vorangegangene merkbare Plastifizierungen als auch Wärmebehandlungen die Werkstoffeigenschaften verändern können. Die Ergebnisse des Versuches sind deshalb nicht ohne weiteres auf andere Verhältnisse übertragbar, z.B. auf Schweißverbindungen. Sinngemäß das Gleiche gilt für Werkstoffveränderungen während des Betriebes in Form von zunehmender Versprödung oder durch chemischen Angriff. Für normale Betriebsbedingungen ist hingegen eine Anwendung mit den o.g. Einschränkungen möglich. Einige Anwendungsfälle werden noch beschrieben.

Die CT- oder SEN-B-Proben sind keine Standard–Werkstoffproben, so dass diesbezügliche Werkstoffkennwerte fehlen. Es müssen demzufolge spezielle Werkstoffprüfungen durchgeführt werden, die eine bruchmechanische Beurteilung zulassen.

Für die Bedürfnisse der Bruchmechanik gibt es lediglich für die Kerbschlagprobe mit V–Kerb bzw. dem Charpy-V-Notch-Test, allgemein akzeptierte und in Regeln festge-

# 3 Zulässige Spannungen und Bruchhypothesen für Festigkeitsberechnungen 121

legte Korrelationen ([3.6], [3.7] und ASME Section XI, Anhang C und H), die als Bewertungsmaßstab herangezogen werden können. Diese Beziehungen liegen naturbedingt auf der konservativen Seite, so dass die Beurteilung mittels bruchmechanischer Methoden einen Sicherheitsfaktor erfordert. Im deutschen Regelwerk sind leider noch keine diesbezüglichen Bewertungsmaßstäbe festgelegt.

Für Kerbschlagproben mit U–Kerb, einschließlich der früheren DVM-Probe nach DIN 50115, gibt es bedingt durch die Probenform keine entsprechenden Korrelationen.

*b) Werkstoffverhalten unter Belastung*

Die Bruchmechanik unterscheidet zwischen drei unterschiedlichen Belastungsarten an der Rissspitze (Bild 3.7), die an einer Probenform, z.B. der Kompaktprobe, möglich sind. Demzufolge werden auch drei unterschiedliche Spannungsintensitätsfaktoren K ermittelt, die mit $K_I$, $K_{II}$, und $K_{III}$ bezeichnet werden.

Die wichtigste Belastungsart liegt beim Auseinanderklaffen von Rissen vor ($K_I$), bei der die Hauptbelastungsrichtung senkrecht zum Rissverlauf liegt. Sie ist definiert zu

$$K_I = k \cdot \sigma \sqrt{\pi \cdot a} \left[ \frac{N}{mm^2} \sqrt{mm} \right] \tag{3.7}$$

Es bedeuten:

k   – rissformabhängige Konstante,
σ   – anliegende Spannung senkrecht zur Rissebene in N/mm², 
a   – Risstiefe in mm.

$K_{IC}$ ist derjenige werkstoffspezifische Spannungsintensitätsfaktor, bei dem Versagen auftritt.

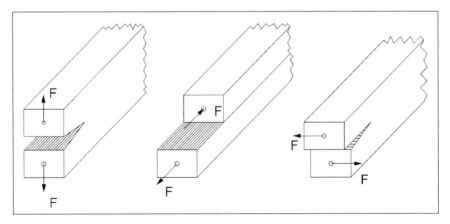

Bild 3.7: Belastungsarten an der Rissspitze
         links: senkrecht zur Rissebene; Mitte: lateral in Rissebene; rechts: angular in Rissebene

Bei einem Riss innerhalb des Werkstoffes wird eine Ellipse mit den Hauptachsen 2a (Risstiefe) und 2c (Risslänge) zu Grunde gelegt. Geht der Riss von der Werkstoffoberfläche aus, gilt die Risstiefe a.

Im geraden Rohrabschnitt eines Rohrleitungssystems kann die anliegende Spannung durch das örtlich wirkende Spannungsniveau (siehe Kapitel 4)

in Umfangsrichtung $\quad \sigma_t = \dfrac{p \cdot d}{2s}$ (3.8a)

in Längsrichtung $\quad \sigma_l = \dfrac{p \cdot d}{4s} + \dfrac{M}{W}$ (3.8b)

betragen. Je nach betrachteter Spannungskomponente kann damit ein Riss in Längs- bzw. Umfangsrichtung analysiert werden.

In der Praxis ist der örtlich wirkende Spannungszustand allerdings nicht so einfach zu bestimmen, weil die interessierenden Rissbereiche sich selten auf das ungestörte gerade Rohr erstrecken. Schon eine Rundnaht kann bei der Bestimmung der vorhandenen Spannung Schwierigkeiten bereiten, weil der tatsächliche Beanspruchungszustand erfasst werden muss, d.h. auch die durch den Schweißprozess eingebrachten Eigenspannungen sind zu quantifizieren. Durch eine Wärmebehandlung nach dem Schweißen werden diese Eigenspannungen zwar wesentlich abgebaut, doch bleibt auch bei fachgerechter Ausführung eine Restspannung erhalten, die von der Glühtemperatur und dem Werkstoff abhängig ist.

Weitere Eigenspannungen werden durch Umformprozesse eingebracht. Je niedriger die Umformtemperatur war, umso höher wird der Eigenspannungszustand sein. Bei Umformvorgängen sind die Eigenspannungen gerichtet, während sie durch den Schweißvorgang über der Wanddicke keine bevorzugte Richtung aufweisen müssen. Sie klingen aber mit wachsender Entfernung von der Schweißnaht ab, wodurch sie geometrisch relativ gut festzulegen sind.

Die lokalen Werkstoffeigenschaften im Bereich einer Schweißnaht unterscheiden sich jedoch vom Grundmaterial, so dass folgende 3 Bereiche zu untersuchen sind:

- Schweißnaht,
- Wärmeeinflusszone (WEZ),
- Grundmaterial.

### 3.5.3 Bruchmechanische Konzepte

Im wesentlichen werden 3 unterschiedliche Konzepte angewandt:

- Linear elastische Bruchmechanik
    LEFM - linear elastic fracture mechanics
- Elastisch plastische Bruchmechanik
    EPFM - elastic plastic fracture mechanics
- Limit load

Vollplastischer Spannungszustand über den gesamten betrachteten Querschnitt, auch als plastischer Kollaps bezeichnet, etwa vergleichbar mit dem Begriff der Traglast.

Die LEFM wurde als erstes Konzept mit den entsprechenden Methoden und Algorithmen entwickelt. Sie ist gültig für alle metallischen Werkstoffe, die ein sprödes und nur wenig plastisches Verformungsvermögen aufweisen. Für mehrere hundert unterschiedliche Geometrien wurden die rissformabhängigen Konstanten k ermittelt und in Handbüchern, Formelsammlungen und den nachfolgenden Codes zusammengestellt.

Die verschiedenen bruchmechanischen Konzepte können nicht nach Prioritäten gestaffelt werden. Jedes Konzept hat seinen eigenen Anwendungsbereich, der vom Kenntnisgrad der vorhandenen Belastungen sowie vom Werkstoffverhalten abhängig ist.

### 3.5.4 Berechnungsmethoden

Folgende, überwiegend im angelsächsischen Raum entwickelte Methoden, einschließlich der zugehörigen Korrelationen und Algorithmen werden angewendet:

CTOD: crack tip opening displacement

J–Integral: energy release rate (Rissöffnungsenergie)

FAD: failure assessment diagram

CDF: crack driving force

EPRI/GE J-solution: Electric Power Research Institution der General Electric

Sie sind in folgenden Codes enthalten:

- ASME Section XI, Anhang C und H
- ASME Section III, Code Case N 494-3
- API 579 [3.6]
- PD 6493 und R6-Methode [3.7]
- ETM 97 [3.8]
- A 16 [3.9]
- SINTAP, Final Draft 1999 [3.10]

Eine umfassende Analyse der o.g. Methoden bzw. Codes erfolgte 1998 im WRC 430 [3.11], außer der SINTAP-Methode, die erst im Jahre 1999 veröffentlicht wurde, mit folgendem Ergebnis:

- In einigen Codes sind überhaupt keine Geltungsbereiche angegeben.
- Bei einigen Geltungsbereichen wird auf die Auslegungscodes verwiesen, so dass unklar ist, wo die Anwendungsgrenzen liegen. Der Benutzer muss also den zugehörigen Code sorgfältig lesen, um Fehler zu vermeiden.
- Die nicht immer eindeutige Abgrenzung des Geltungsbereiches kann zu optimistische Ergebnisse bewirken, d.h. vorhandene oder angenommene Risse werden zu gut beurteilt, so dass Gefährdungen die Folge sein können.
- Angegebene Geltungsbereiche sind korrekt einzuhalten. Bei Abweichungen besteht die Gefahr einer zu optimistischen Bewertung.

- Die Ergebnisse der verschiedenen Codes weichen voneinander teilweise sehr stark ab.

Das SINTAP-Projekt wurde von der Europäischen Union gefördert und vereinte europäische Forschungsinstitutionen sowie Experten der Industrie. Die entwickelten Methoden basieren im wesentlichen auf den britischen Verfahren PD 6493 und der R6-Methode [3.7] sowie der am GKSS Geesthacht entwickelten ETM-Richtlinie [3.8]. Die Unterlage könnte zukünftig durchaus den Rang einer europäischen Richtlinie einnehmen.

Fachlicherseits wurden im Entwurf die beiden unterschiedlichen Untersuchungsmethoden FAD und CDF so aufeinander abgestimmt, dass gleiche Ergebnisse erzielt werden. Des weiteren beinhalten die SINTAP-Methoden einen abgestuften Konservatismus, der sowohl die Belastungsgrößen und die Geometrie als auch die zur Verfügung stehenden Werkstoffeigenschaften bis hin zu chargenspezifischen Spannungs-Dehnungskurven berücksichtigen [3.12].

Die SINTAP-Methoden sind allgemeingültig und auf alle technischen Komponenten anwendbar. Sie müssen jedoch für die zu betrachtende Komponente und deren spezifische Belange zugeschnitten werden. In der Veröffentlichung [3.13] wird z.B. ein Weg zur Beurteilung von Rissen in Rohrleitungen angegeben.

In der Arbeit [3.14] wird ein repräsentativer Überblick über die unterschiedlichen Berechnungs- und Bewertungsstufen der SINTAP-Methoden gegeben. Des weiteren erfolgt ein Vergleich zwischen berechneten und experimentell ermittelten Versagenslasten und deren Bewertung für die jeweiligen Analysestufen.

### 3.5.5 Anforderungen an die Prüftechnik zur Feststellung von Ungänzen

Zur möglichst genauen Positionierung und Vermaßung von Ungänzen einschließlich Rissen ist von den heutigen Prüfmöglichkeiten am besten die Ultraschalltechnik geeignet. Bei entsprechend erfahrenem US-Prüfpersonal kann die genaue Lage im Bauteil relativ zu geometrischen Bezugsmaßen, z.B. der Rohrlängsachse, recht präzise bestimmt werden. Des weiteren können mit dieser fortgeschrittenen Prüftechnik nicht nur kleine Ungänzen aufgefunden werden, sondern vor allem die wahrscheinlichen Abmessungen der Risse, d.h. die Toleranzbreite bei der Bestimmung von flächigen Rissen und deren Lage zur Rohrachse reduziert sich.

### 3.5.6 Anwendungsbeispiele

Bruchmechanische Untersuchungen sind aufwändig. Sie werden im Rohrleitungsbau in der Regel nicht an den üblichen un- oder niedriglegierten Stählen durchgeführt. Das hängt damit zusammen, dass diese Stähle

- ein sehr duktiles Verhalten aufweisen und somit hinsichtlich Rissbildung und Risswachstum unempfindlich sind.
- häufig für solche Fluide eingesetzt werden, die nur als wenig oder nicht gefährlich einzustufen sind, und dass bei deren plötzlichem Versagen mit begrenzten Schäden und Folgeschäden zu rechnen ist.
- bei ihrem Versagen relativ preisgünstig wiederbeschaffbar und unproblematisch zu bearbeiten sind.

Bruchmechanische Analysen haben jedoch dann einen betriebswirtschaftlichen Nutzen, wenn der Ausfall eines Rohrleitungssystems zum Stillstand einer ganzen Produktionsanlage führen kann oder wenn das plötzliche Versagen katastrophale Auswirkungen für Mensch und Umwelt hat.

*Bewertung von Rissen in einem Hochdruckgassystem*

In der Arbeit [3.15] wird ein Bewertungsprogramm auf der Basis der britischen R6-Methode (nahezu identisch mit der SINTAP-Methode) vorgestellt, das Fehler in der Rohrwand bruchmechanisch bewertet und Aussagen zur Sicherheit des Rohres bei vorhandenen und vermessenen Rissen trifft. Das Programm setzt voraus, dass die Ungänzen möglichst genau bzw. mit großzügigen Toleranzen ermittelt werden. Das Bewertungsprogramm ist so aufgebaut, dass der Prüfingenieur auch ohne bruchmechanische Vorkenntnisse eine Bewertung der von ihm festgestellten Ungänzen hinsichtlich Weiterbetrieb oder Sanierung erhält.

Wesentliche Voraussetzung für das Bewertungsprogramm war die Bestimmung der für die Bruchmechanik notwendigen Materialkennwerte von Grundwerkstoff, Schweißgut und Wärmeeinflusszone für die bei Gasleitungen üblichen Stähle. Liegen solche nicht vor, müssen sie aus Restmaterial des Montageablaufs oder aus herausgeschnittenen Proben bestimmt werden. Das birgt allerdings ein Risiko, da nicht zwangsläufig die Charge mit den niedrigsten Materialkennwerten des gesamten zu bewertenden Rohrleitungssystems erfasst wird.

Als Alternative werden im Bewertungsprogramm für den Werkstoff deshalb auch die Normwerte verwendet, was eine stark konservative Bewertung der Ungänzen bedingt.

*Aufdachungen bei längsnahtgeschweißten Rohren*

Örtliche Spannungserhöhungen treten in längsnahtgeschweißten Rohren mit hoher Aufdachung auf. Für solche Rohre DN 500 wurden Anrisse während des Stresstests festgestellt. Deren Bewertung erfolgte sowohl mit der klassischen Festigkeitslehre auf der Grundlage von Wöhlerkurven und der Berechnung der Spitzenspannungen (Kerbgrundkonzept), als auch mit den Methoden der Bruchmechanik zur Berechnung der Restlebensdauer [3.16].

Wesentlicher Bestandteil der Untersuchungen bildete die Bestimmung der bruchmechanischen Werkstoffkennwerte für den Grundwerkstoff, das Schweißgut und die Wärmeeinflusszone sowie des Nahtformfaktors der Längsnaht.

Die in der Arbeit beschriebene Vorgehensweise ist auf ähnlich gelagerte Fälle übertragbar, wenn die bruchmechanischen Kennwerte für den jeweiligen Werkstoff und die Nahtgeometrie vorhanden sind.

*Wechselbeziehungen zwischen Kerbschlagarbeit und Bruchzähigkeit*

Für hochfeste Baustähle sind in [3.17] Korrelationen zwischen Kerbschlagarbeit in Hochlage und Bruchzähigkeit angegeben. Dies ist insofern von Bedeutung, weil in den technischen Regelwerken grundsätzlich die Zähigkeit eines Werkstoffes allein mit den chargenabhängigen Kerbschlagproben bewertet wird.

Mit den gefundenen Korrelationen können aus der Höhe der Kerbschlagarbeit die bruchmechanischen Kennwerte aus Diagrammen abgelesen bzw. aus Formeln errechnet werden. Das ermöglicht für diese hochfesten Stähle einerseits bruchmechanische Analysen, andererseits können bruchmechanische Untersuchungen bereits in der Auslegungsphase erfolgen. Sie können die richtige Werkstoffauswahl für den spezifischen Anwendungsfall beeinflussen und Forderungen an eine Mindestkerbschlagarbeit bedingen.

# 4 Festigkeitsberechnung von Rohren und Rohrleitungsbauteilen

## 4.1 Grundlegende Betrachtungen zum geraden Rohr unter Innendruckbelastung

### 4.1.1 Grundgleichungen

Unter Anwendung der Theorie für rotationssymmetrische Schalen, ohne Störstellen aber beliebiger Wanddicke, erhält man für die Innendruckbelastung zylindrischer Bauteile folgende Gleichungen zur Bestimmung der Spannungen (Formelzeichen siehe Tafel 4.1):

$$\sigma_r = -p \frac{r_i^2}{r_a^2 - r_i^2} \left( \frac{r_a^2}{r^2} - 1 \right) \tag{4.1}$$

$$\sigma_t = p \frac{r_i^2}{r_a^2 - r_i^2} \left( \frac{r_a^2}{r^2} + 1 \right) \tag{4.2}$$

Die Indizes r und t bezeichnen die Radial- bzw. Tangential- oder Umfangsrichtung. Da technische Bauteile auch in der Längsrichtung eine endliche Ausdehnung haben und mit einem Boden versehen sein können bzw. durch einen Rohrbogen dem Rohrsystem eine andere Richtung geben, tritt infolge dieser „Deckelkraft" eine Längsspannung in der Größe von

$$\sigma_l = p \frac{r_i^2}{r_a^2 - r_i^2} \tag{4.3}$$

auf. Mit dem Ausdruck

$$u = \frac{r_a}{r_i} = \frac{d_a}{d_i} \tag{4.4}$$

ergeben sich die bekannten Gleichungen

$$\sigma_r = -p \frac{1}{u^2 - 1} \left( \frac{r_a^2}{r^2} - 1 \right) \tag{4.5}$$

$$\sigma_t = p \frac{1}{u^2 - 1} \left( \frac{r_a^2}{r^2} + 1 \right) \tag{4.6}$$

$$\sigma_l = p \frac{1}{u^2 - 1} \tag{4.7}$$

## 4 Festigkeitsberechnung von Rohren und Rohrleitungsbauteilen

Tafel 4.1: Häufig verwendete Formelzeichen

| Formelzeichen | Erläuterung |
|---|---|
| A | Querschnittsfläche, allgemein |
| $A_f$ | tragende Querschnittsfläche |
| $A_p$ | druckbelastete Querschnittsfläche |
| $B_i$, $B_a$ | Berechnungsfaktor für Bögen |
| C, $C_1$ | Berechnungsfaktor für ebene Böden |
| E | Elastizitätsmodul, temperaturabhängig |
| $F_U$ | Faktor für Unrundheit |
| I | Trägheitsmoment |
| $I_c$ | Flächenträgheitsmoment eines versteiften Rohres |
| $I_S$ | Flächenträgheitsmoment einer Versteifung |
| K | Festigkeitskennwert |
| L | Länge zwischen 2 Versteifungen |
| $L_c$ | Länge eines versteiften Rohres |
| $M_b$ | Biegemoment |
| $M_t$ | Torsionsmoment |
| $N_i$ | zulässige Anzahl von Druck- und Temperaturzyklen |
| R | Biege- oder Krümmerradius |
| $R_{eH}$ | Streckgrenze |
| $R_K$ | Kugelradius bei Böden |
| S | Sicherheitsbeiwert |
| $S_D$ | Sicherheitsbeiwert gegen Undichtwerden |
| $S_K$ | Sicherheitsbeiwert gegen Einbeulen |
| $T_i$ | Lebensdauer für ein Druck- und Temperatur-Lastkollektiv |
| U | Unrundheit nach Gl. (4.13) |
| W | Widerstandsmoment, allgemein |
| $X_C$ | Hilfsgröße nach Gl. (4.72b) |
| Z | Rechengröße nach Gl. (4.66b) |

| Formelzeichen | Erläuterung |
|---|---|
| a | Faltenabstand bei Biegungen |
| b | Dicke einer Flachstahl-Ringversteifung |
| $c_1$ | Zuschlag für Walztoleranz |
| $c_2$ | Zuschlag für Korrosion und Erosion |
| $c_F$ | Zuschlag für Fertigungstoleranz |
| d | Rohrdurchmesser, allgemein |
| $d_1$ | Durchmesser bei ebenen Böden |
| $d_D$ | Dichtungsdurchmesser |
| $d_t$ | Teilkreisdurchmesser |
| $e_A$ | mittragende Länge am Abzweig |
| $e_G$ | mittragende Länge am Grundrohr |
| $e_W$ | Erschöpfungsgrad aus Wechselbelastung |
| $e_Z$ | Erschöpfungsgrad aus Zeitstandbelastung |
| f = K/S | zulässige Spannung |
| h | Höhe von Aufdachungen und Abflachungen |
| h | Höhe einer Ringversteifung (Bild 4.31) |
| $h_m$ | mittlere Faltenhöhe bei Biegungen |
| i | Spannungsfaktor (Spannungserhöhungsfaktor) |
| k | v.Kármán-Faktor |
| $k_1$ | Dichtungskennwert |
| $k_N$ | Lastwechselfaktor |
| $k_S$ | Faktor für Fertigungsverfahren |
| $n \geq 2$ | Anzahl Beulwellen |
| $n_i$ | Anzahl Druck- und Temperaturzyklen |
| r | Rohrradius, allgemein |
| p | Berechnungsdruck (Abschnitt 0.6) |
| $p_a$ | Außendruck (negativer innerer Überdruck) |

# 4 Festigkeitsberechnung von Rohren und Rohrleitungsbauteilen

Tafel 4.1 (Fortsetzung): Häufig verwendete Formelzeichen

| Formelzeichen | Erläuterung |
|---|---|
| $p_n$ | Beuldruck eines versteiften Rohres |
| $p_{ys}$ | Grenzdruck eines versteiften Rohres |
| s | Wanddicke einschließlich Zuschläge |
| $s_n$ | Bestellwanddicke, Nennwanddicke |
| $s_R$ | Wanddicke, maßgebend für Ratingparameter |
| $s_v$ | rechnerische Mindestwanddicke ohne Zuschläge |
| $t_i$ | Betriebszeit für ein Druck- und Temperatur-Lastkollektiv |
| $u = d_i/d_a$ | Durchmesserverhältnis |
| $v_N$ | Schweißnahtfaktor |
| $w_\vartheta$ | Temperaturänderungsgeschwindigkeit |
| $\Delta p$ | Druckschwankung, Druckdifferenz |
| $\Delta\vartheta$ | Temperaturdifferenz |
| $\Psi_A$ | Neigungswinkel Schrägstutzen |
| $\Theta$ | Segmentwinkel |
| $\alpha$ | Reduzierwinkel |
| $\alpha$ | Wärmeausdehnungskoeffizient |
| $\alpha_b, \alpha_m, \alpha_{m0}$ | Spannungserhöhungsfaktoren |
| $\beta$ | Berechnungsbeiwert für Böden |
| $\delta$ | Rechenwert nach Gl. (4.48b) |

| Formelzeichen | Erläuterung |
|---|---|
| $\delta_s$ | Rechenwert nach Gl. (4.72a) |
| $\varepsilon$ | Dehnung |
| $\varepsilon_s$ | Aufrundung zur Bestellwanddicke |
| $\varphi$ | Winkel nach Bild 4.9 |
| $\nu$ | Querkontraktionszahl, für Stahl 0,3 |
| $\vartheta$ | Temperatur |
| $\sigma$ | berechnete Spannung |
| $\sigma_N$ | Nennspannung nach KTA 3211.2 |
| $\sigma_b$ | Biegespannung |
| $\sigma_v$ | Vergleichsspannung |
| $\tau$ | berechnete Schubspannung |
| Index | |
| A | Ausschnitt, Abzweig |
| G | Grundrohr |
| P | Rohr (pipe) |
| R | Rating (zulässig) |
| S | Versteifungsring (stiffener) |
| k | kritisch, instabil (Abschnitt 4.8) |
| pl | plastisch |
| Indizesgruppen | |
| a, i, m | außen, innen, mittlere |
| l, r, t | längs, radial, tangential |
| max, min | maximal, minimal |
| x, y, z | koordinatenbezogene Richtungen |

Sowohl die Radial- als auch die Umfangsspannung sind nicht über der Wanddicke konstant. Die Radialspannung nimmt an der Außenseite den Wert null an.

Die Vergleichsspannungen nach der SSH sowie der GEH (siehe Abschnitt 3.2) bestimmen sich unter Anwendung der obigen Gleichungen an der Innenoberfläche zu:

$$\sigma_{v/SSH} = \sigma_{ti} - \sigma_{ri} = 2p\frac{u^2}{u^2-1} \tag{4.8}$$

$$\sigma_{v/GEH} = \frac{\sqrt{3}}{2}(\sigma_{ti} - \sigma_{ri}) = \sqrt{3} \cdot p\frac{u^2}{u^2-1} \tag{4.9}$$

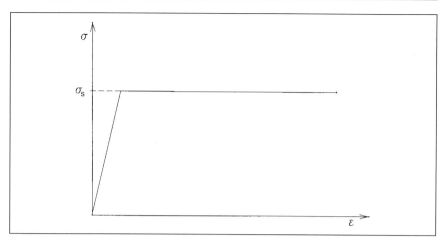

Bild 4.1: Spannungs-Dehnungs-Schaubild für ideales elastisch-plastisches Materialverhalten

Daraus ist zu erkennen, dass zur Einhaltung einer zulässigen Spannung für verformungsfähige Werkstoffe die Schubspannungs-Hypothese einen inhärenten Konservatismus beinhaltet. Für spröde und nicht duktile Werkstoffe wird diese aufgehoben, sobald die Vergleichsspannung nach der SSH über den elastischen Bereich hinausgeht (Abschnitt 3.2).

Wird die Innendruckbelastung über den elastischen Bereich hinaus gesteigert, tritt zuerst an der Innenfaser Fließen (Plastifizieren) ein. Wird ein ideales elastisch-plastisches Werkstoffverhalten entsprechend Bild 4.1 vorausgesetzt, steigt die Spannung an der Innenfaser zwar nicht weiter an, es werden aber die nach außen hin benachbarten Wandbereiche verstärkt zum Tragen herangezogen, bis auch sie ihre Tragfähigkeit erreicht haben. In der Endstufe dieser Lastumlagerungen entsteht der vollplastische Zustand, der die Gesamttragfähigkeit des Rohres begrenzt. Dieser Grenzzustand kann in der Praxis nicht aufrechterhalten werden und ist natürlich zu vermeiden. Er wird beschrieben mit

$$\sigma_{v/GEH} = p \frac{1}{\ln u} \tag{4.10}$$

Da bis zu diesem Grenzzustand der Werkstoff bei nicht allzu kleinen Wanddicken plastifizieren muss, wird der Spannungszustand mit der GEH am genauesten beschrieben, wobei eine Materialverfestigung ausgeschlossen wird (Bild 4.1). Viele übliche Stähle zeigen jedoch im Versuch eine Verfestigung, so dass noch Werkstoffreserven vorhanden sind. Sie lassen sich nicht ohne weiteres quantifizieren, zudem sie für die einzelnen Werkstoffe auch noch unterschiedlich hoch sind. Im Bild 4.2 sind die einzelnen Grenzkurven dargestellt.

Für die praktischen Berechnungen sind bei der Auslegung innendruckbeaufschlagter Bauteile die genauen Gleichungen für die Wanddickenbestimmung nicht erforderlich.

4 Festigkeitsberechnung von Rohren und Rohrleitungsbauteilen

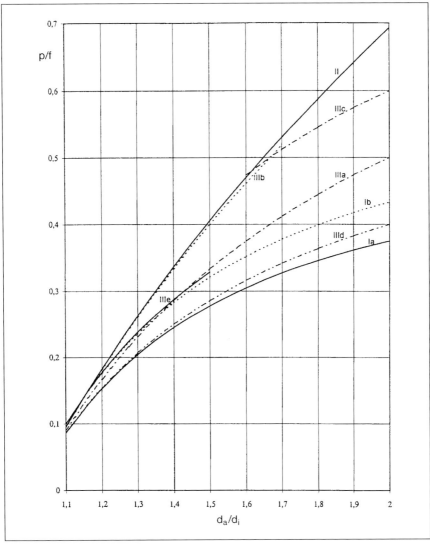

Bild 4.2: Auslegung des geraden Rohres nach verschiedenen Gleichungen
Ia – Grenze des rein elastischen Zustandes nach der Schubspannungs-Hypothese (SSH); Ib – Grenze des rein elastischen Zustandes nach der Gestaltänderungs-Energie-Hypothese (GEH); II – Grenze für den vollplastischen Zustand nach der GEH; IIIa – Berechnung nach DIN 2413-1, Geltungsbereich I; IIIb – Berechnung nach DIN 2413-1, Geltungsbereich II für u ≤ 1,67, bzw. DIN EN 13480-3 mit u ≤ 1,7 und AD 2000-Merkblatt B 1 mit u ≤ 1,2; IIIc – Berechnung nach DIN 2413-1, Geltungsbereich II für 1,67 < u ≤ 2; IIId – Berechnung nach DIN 2413-1, Geltungsbereich III; IIIe – Berechnung nach AD 2000-Merkblatt B 10 mit 1,2 < u ≤ 1,5

Einerseits treten unabhängig von der mathematischen Erfassung des Beanspruchungszustandes weitere Ungenauigkeiten bei der Dimensionierung auf, andererseits hat der weitaus größte Teil aller innendruckbelasteten Bauteile ein Durchmesserverhältnis $d_a/d_i$ bzw. eine relative Wanddicke $s/d_i$, $s/d_m$ oder $s/d_a$, die die Anwendung der Theorie dickwandiger Schalen nicht erfordert. Je dünner die Rohrwand ist, um so mehr nähert sich die Umfangsspannung einer reinen Membranspannung. Die Anwendung der Theorie dünnwandiger Schalen beinhaltet dann einen immer kleiner werdenden Fehler, wodurch sich die Dimensionierung innendruckbelasteter Bauteile vereinfacht. Die Radialspannung kann in diesem Zusammenhang näherungsweise als linear veränderlich über die Wanddicke angesehen werden. Sie hat an der Innenfaser den Wert -p, in Wandmitte -p/2 und an der Außenfaser 0.

Wie die Kurven Ia bzw. Ib und II im Bild 4.2 zeigen, liegt zwischen dem Erreichen der Streckgrenze an der Innenfaser und dem völligen Plastifizieren der gesamten Wanddicke ein großer Bereich. Da entsprechend Abschnitt 3.3 ein zusätzlicher Sicherheitsbeiwert zu berücksichtigen ist, wird der Werkstoff nur zum geringen Teil ausgenutzt. Die Praxis zeigt, dass eine solche konservative Auslegung auf Innendruck nicht notwendig wäre, weil u.a. durch Druckbegrenzungsventile der Druck sehr gut regelbar ist und deshalb zusätzliche Sicherheitsreserven eigentlich nicht erforderlich sind. Aus der verfügbaren Spannweite ist auch erklärbar, dass es in den verschiedenen technischen Regeln und Normen, die historisch gewachsen sind, für die Gleichungen zur Wanddickenbestimmung und für die geometrischen Randbedingungen bei den einzelnen Betriebsverhältnissen unterschiedliche Forderungen gibt.

Im Bild 4.2 sind zur Verdeutlichung noch die Auslegungsgleichungen einschließlich der Sicherheitsbeiwerte nach DIN EN 13480-3, DIN 2413-1 und den AD 2000-Merkblättern B 1 bzw. B 10 eingetragen.

Als Grundlage zur Bemessung von zylindrischen Formstücken dient das Flächenvergleichsverfahren. Es stellt ein Kräftegleichgewicht zwischen der Aktionskraft $p \cdot A_p$ und der innerhalb des Bauteiles herrschenden Reaktionskraft $\sigma \cdot A_\sigma$ her. Dieses Verfahren ist allgemeingültig und kann auch auf das gerade Rohr angewandt werden, wie Bild 4.3 zeigt. Mit dem Verhältnis $A_p / A_\sigma$ sowie der Radialspannung von $(-p/2)$ in der Mitte der Wand ergibt sich

$$\sigma = p \left( \frac{A_p}{A_f} + \frac{1}{2} \right) \leq 1 \qquad (4.11)$$

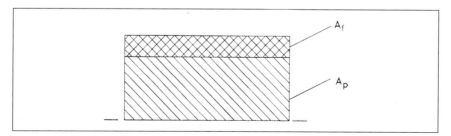

Bild 4.3: Anwendung des Flächenvergleichsverfahrens auf gerades Rohr

# 4 Festigkeitsberechnung von Rohren und Rohrleitungsbauteilen

als Vergleichsspannung nach der Schubspannungs-Hypothese. Sie führt zu der annähernd gleichen Wanddicke, wie sie mit Gl. (4.8) für das gerade Rohr errechnet wird.

## 4.1.2 Schweißnahtfaktor

Für die Festigkeitsberechnung ist es wesentlich, ob ein nahtloses oder geschweißtes Rohr betrachtet wird. Bei Rohren mit Längs- oder Spiralnaht (Wendelnaht) muss die Güte der Schweißnaht, die Schweißnahtwertigkeit, entsprechend den technischen Lieferbedingungen (siehe Abschnitt 3.1.2 im Band I) berücksichtigt werden. Die Schweißnahtwertigkeit liegt bei genormten Rohren im allgemeinen bei 1,0 oder 0,9, kann aber bei individueller Fertigung auch niedriger vereinbart werden. Bei 1,0 kann die Schweißnaht als dem Grundwerkstoff gleichwertig angesehen werden, d.h. der für die Wanddickenbestimmung erforderliche Schweißnahtfaktor beträgt $v_N = 1$. Liegt die Schweißnahtwertigkeit unter 1,0, ist sie bei Längsnähten in gleicher Höhe als Schweißnahtfaktor $v_N$ der drucktragenden Wand einzurechnen.

Für spiralgeschweißte Rohre ist die exakte Umrechnung der Schweißnahtwertigkeit in einen Schweißnahtfaktor $v_N$ hingegen aufwändiger. Für Schweißnahtwertigkeiten $\geq 0{,}8$ kann mit $v_N = 1$ gerechnet werden, wenn die Wendelnaht einschließlich Bandverbindungsnaht zu 100 % geprüft ist. Liegt der Prüfumfang unter 100 %, sollte gemäß DIN EN 13480-3 der Schweißnahtfaktor $v_N = 0{,}85$ betragen, bei ungeprüften Nähten, d.h. lediglich Sichtprüfung, hingegen $v_N = 0{,}7$.

Im allgemeinen ist nur die Umfangsspannung vom Schweißnahtfaktor beeinflusst. Für die Radialspannung und die Längsspannung ist eine Abminderung nicht notwendig. In einigen Regelwerken wird dennoch bei der Vergleichsspannung ein Schweißnahtfaktor eingerechnet.

Der Schweißnahtfaktor $v_N$ berücksichtigt nicht einen möglichen Abfall der Festigkeitskennwerte der Schweißnaht gegenüber denen des Grundwerkstoffs, insbesondere nicht im Zeitstandbereich (siehe Abschnitt 3.1.1). In der Regel ist dieser Gesichtspunkt bei geeigneter Wahl der Schweißzusatzwerkstoffe ohne Bedeutung. Falls doch, z.B. beim Verschweißen von Aluminium, ist er bei der Festlegung des Festigkeitskennwerts zu berücksichtigen.

## 4.1.3 Bestellwanddicke $s_n$

Die rechnerisch ermittelte Mindestwanddicke $s_v$ ist noch mit Zuschlägen zu versehen. Beim Einsatz ferritischer Stähle ist im allgemeinen ein Zuschlag von $c_{2i} = 1$ mm wegen möglicher Korrosionen an der Innenoberfläche zu berücksichtigen. Er ist nicht erforderlich, wenn keine Korrosionsgefahr besteht, z.B. durch geregelte Zugabe und Überwachung von Inhibitoren zur Bindung freien Sauerstoffs oder bei nicht korrodierenden Fluiden wie Öl. Andererseits kann bei stark korrodierenden Fluiden auch ein wesentlich höherer Zuschlag erforderlich sein, z.B. bei abtragender Korrosion unter Druckwasserstoff. Die Außenoberfläche eines Rohres ist im allgemeinen durch einen Korrosionsschutzanstrich als geschützt vorauszusetzen, ansonsten kann ein Zuschlag $c_{2a}$ notwendig sein, insbesondere für Außenanlagen.

Für austenitische Stähle und Nichteisenmetalle ist kein Korrosionszuschlag $c_{2i}$ erforderlich, falls nicht Erosion oder Abrasion zu erwarten sind. Lokale Wanddickenminderungen, z.B. an Schweißnähten von integralen Halterungsanschlüssen oder an bearbeiteten Schmiedeteilen, sind je nach Größe im Einzelfall zu bewerten.

Prinzipiell ist aber die untere Wanddickentoleranz $c_1$ aus der Werkstoffnorm zu berücksichtigen, unabhängig davon, ob sich die Rohrabmessungen nach dem Außen- oder Innendurchmesser richten. Zusätzlich können noch weitere Wanddickenminderungen $c_F$ während der anschließenden Fertigung auftreten. Beide sind auf die rechnerische Wanddicke $s_v$ einschließlich Korrosionszuschlag $c_2 = c_{2i} + c_{2a}$ aufzuschlagen.

Die Aufrundung um den Betrag $\varepsilon_s$ zur genormten Nennwanddicke wird als Bestellwanddicke $s_n$ bezeichnet, d.h.

$$s_n = s + \varepsilon_s = s_v + c_1 + c_2 + c_F + \varepsilon_s \qquad (4.12a)$$

Im Bild 4.4 sind die Zusammenhänge zwischen den einzelnen Zuschlägen und den Wanddickenbezeichnungen dargestellt.

Die rechnerische Wanddicke ohne Zuschläge beträgt für $u \leq 1{,}7$:

$$s_v = \frac{p \cdot d_a}{2 \cdot f \cdot v_N + p} \qquad (4.12b)$$

$$s_v = \frac{p \cdot d_i}{2 \cdot f \cdot v_N - p} \qquad (4.12c)$$

und für $u > 1{,}7$:

$$s_v = \frac{d_a}{2}\left(1 - \sqrt{\frac{f \cdot v_N - p}{f \cdot v_N + p}}\right) \qquad (4.12d)$$

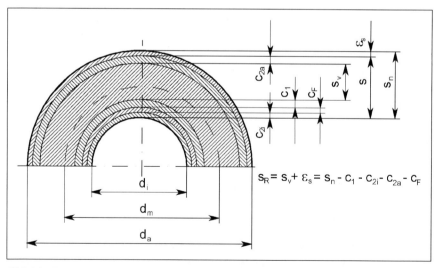

Bild 4.4: Bezeichnungen für Wanddicken und Zuschläge

4 Festigkeitsberechnung von Rohren und Rohrleitungsbauteilen

$$s_v = \frac{d_i}{2}\left(\sqrt{\frac{f \cdot v_N + p}{f \cdot v_N - p}} - 1\right) \qquad (4.12e)$$

Die Gleichungen (4.12a) bis (4.12e) sind mit DIN EN 13480-3 identisch, lediglich die Formelzeichen sind anders bezeichnet.

### 4.1.4 Unrundheit

Die Auslegung eines Rohres wie auch aller anderen Rohrleitungsbauteile geht vom kreisrunden Rohr aus. Bei der Herstellung lässt sich dieser Idealzustand aber nicht verwirklichen, so dass neben der über den Umfang ungleichmäßigen Wanddicke auch noch eine über die Länge des Rohrschusses veränderliche Unrundheit U vorliegt. Diese liegt für das gerade Rohr entsprechend der jeweiligen Liefernorm in den Grenzabmaßen des Nenndurchmessers von ± 0,5 bis 1 %. Da die Unrundheit mit

$$U = \frac{2(d_{a\,max} - d_{a\,min})}{d_{a\,max} + d_{a\,min}} \approx \frac{d_{a\,max} - d_{a\,min}}{d_a} \qquad (4.13)$$

definiert ist, liegt sie damit bei U = 0,01 bis 0,02.

Durch die Unrundheit treten unter Innendruckbelastung zusätzliche Biegespannungen in Umfangsrichtung auf, die den Umfangsspannungen des kreisrunden Rohres additiv zu überlagern sind. Wegen der Querkontraktion müssten auch noch Spannungen in Längsrichtung berücksichtigt werden, die aber nicht festigkeitsbestimmend sind. Die Höhe der Biegespannungen nimmt bei gleichbleibender Unrundheit mit erhöhter Wanddicke zu.

Entsprechend Definition sind die durch Unrundheit hervorgerufenen Biegespannungen sekundären Charakters. Sie sind durch Verformungen bedingt und gehen gegen null, wenn die unrunden Bauteile unter Innendruck sich in eine kreisrunde Form rückverformen. Die Bestimmung dieser Spannungen ist stark abhängig von dem gewählten statisch-mathematischen Modell. In der Arbeit [4.1] werden unter Anwendung von Fourierreihen die Formabweichungen beschrieben und einer genauen Spannungsanalyse unterzogen. Schwaigerer [3.4] legt hingegen ein Ringmodell zugrunde, wofür in Anlehnung an TRD 301, Anlage 1 die zusätzlichen Biegespannungen (Umfangsspannungen) mit

$$\sigma_{t,b} = \pm \frac{1{,}5 \cdot U \cdot (d_m / s_R)}{1 + 0{,}455 \cdot (p/E) \cdot (d_m / s_R)^3} \cdot p \qquad (4.14)$$

errechnet werden. Der mittlere Durchmesser beträgt $d_m = d_i + s_n = d_a - s_n$, mit $s_n$ als Nennwanddicke.

Bei der Überprüfung vorhandener unrunder Bauteile ist in Gl. (4.13) die Unrundheit nach den gemessenen maximalen und minimalen Außendurchmessern zu bestimmen. In Gl. (4.14) ist dann an Stelle von $s_R$ die ermittelte Istwanddicke einzusetzen.

Beispielrechnungen zeigen, dass die zusätzlichen Biegespannungen für die o.g. Unrundheiten bei geradem Rohr innerhalb einer tolerierbaren Größenordnung liegen.

## 4.1.5 Aufdachungen und Abflachungen (Einbeulungen)

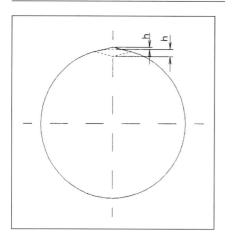

Bild 4.5: Aufdachung und Einbeulung an einem längsgeschweißten Rohr

Insbesondere bei längsnahtgeschweißten Rohren treten Formabweichungen beiderseits der Längsnaht auf, die zumeist aus der fehlenden Krümmung am Anfang und Ende des einzurollenden Bleches beim Herstellungsprozess resultieren. Sie äußern sich als Aufdachungen, bzw. als Folge von Schweißeigenspannungen als Abflachungen (Einbeulungen), insbesondere bei austenitischen Werkstoffen. Die Formabweichungen bilden einen mehr oder weniger stark ausgeprägten winkligen Bereich entsprechend Bild 4.5. Durch den inneren Überdruck treten hierin lokale Biegespannungen in Umfangsrichtung entlang der Schweißnaht auf. Sie sind wie bei der Unrundheit von sekundärem Charakter und somit entsprechend Gl. (3.6) abzusichern. Nur in Grenzfällen besteht ein Einfluss auf die Dimensionierung des Rohres unter statischen Belastungsverhältnissen, wie sich aus

$$\sigma_{t,b} = 6 \frac{p d_m}{2 s_v} \cdot \frac{h}{s_n} \tag{4.15}$$

näherungsweise bestimmen lässt. h bedeutet die Höhe der Aufdachung bzw. Abflachung gemäß Bild 4.5. Die Biegespannung nach Gl. (4.15) ist der Umfangsspannung aus dem Innendruck additiv zu überlagern.

Bezüglich des zyklischen Ermüdungsverhaltens sowie der Zeitstanderschöpfung sind sowohl die Unrundheit als auch die Aufdachungen und Einbeulungen weitergehenden Betrachtungen zu unterziehen [3.16].

## 4.2 Berechnung von Rohrbogen und -biegungen sowie Segmentkrümmern auf Innendruck

Rohrbogen und -biegungen werden mit denselben Berechnungsmethoden bemessen. Dazu werden in der Praxis zwei Methoden entsprechend Abschnitt 4.2.1 und 4.2.2 angewandt.

### 4.2.1 Wanddickenbestimmung unter Anwendung des Kräftegleichgewichts (Flächenvergleichsmethode)

Bei der in Mitteleuropa in den Regelwerken verankerten Methode wird für jede Hälfte der Biegung bzw. des Bogens, also beiderseits der Mittellinie, getrennt der Flächenvergleich mit der Beziehung

$$f = p \frac{A_p}{A_f} \tag{4.16}$$

## 4 Festigkeitsberechnung von Rohren und Rohrleitungsbauteilen

geführt. Hieraus ergibt sich, dass auf der Innenseite der Biegung (Intrados) eine größere Wanddicke erforderlich ist, als auf der Außenseite (Extrados). Gegenüber dem geraden Rohr darf die Mindestwanddicke am Extrados kleiner sein (siehe Bild 4.6).

„Hamburger Bogen" und Schalenbogen haben aus fertigungstechnischen Gründen eine gleichmäßige Wanddicke über dem gesamten Biegequerschnitt, also am Intrados und am Extrados. Bei ihnen muss die Bemessung nach der Innenseite erfolgen. Zusätzlich muss beim Schalenbogen ein Schweißnahtfaktor $v_N$ berücksichtigt werden. Beim üblichen Kalt- und Warmbiegen und insbesondere beim Induktivbiegen ergibt sich bedingt durch das Fertigungsverfahren eine Wanddickenverschwächung am Extrados und eine Wanddickenzunahme am Intrados, beiderseits in etwa gleicher Höhe.

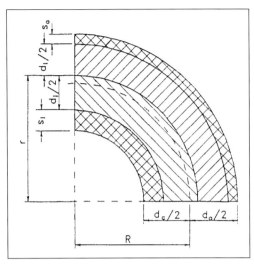

Bild 4.6: Bezeichnungen für Rohrbiegungen

Für die Festigkeitsberechnung sind unter Beachtung der Schubspannungs-Hypothese folgende Beziehungen für die Vergleichsspannung maßgebend:

– Intrados (Innenseite der Biegung)

$$f_{vi} = p\left(\frac{A_{pi}}{A_{fi}} + \frac{1}{2}\right) \qquad (4.17)$$

– Extrados (Außenseite der Biegung)

$$f_{va} = p\left(\frac{A_{pa}}{A_{fa}} + \frac{1}{2}\right) \qquad (4.18)$$

Damit der Flächenvergleich nicht für jeden Bogen neu durchgeführt werden muss, sind unter Bezugnahme auf das gerade Rohr Faktoren $B_i$ und $B_a$ definiert worden, die die Ermittlung der Wanddicke eines Bogens oder einer Biegung vereinfachen:

$$s_{vi} = s_v B_i \qquad (4.19a)$$

$$s_{va} = s_v B_a \qquad (4.19b)$$

$s_{vi}$ und $s_{va}$ gehen aus Bild 4.6 hervor, $s_v$ stellt die rechnerisch erforderliche Wanddicke des geraden Rohres dar. $B_i$ und $B_a$ können aus Bild 4.7a (Basis Außendurchmesser) und Bild 4.7b (Basis Innendurchmesser) abgelesen werden. Sie sind mit den Bildern

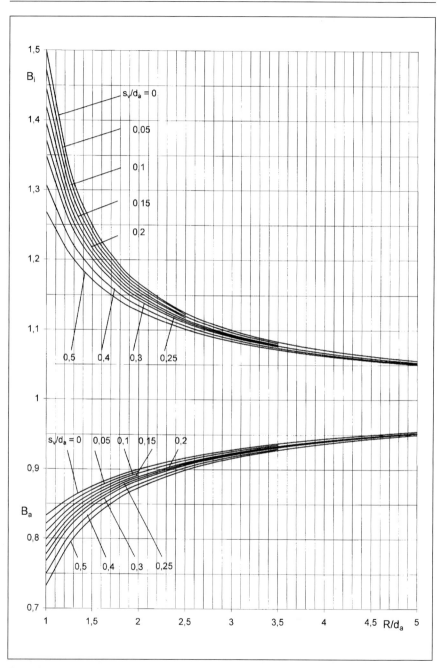

Bild 4.7a: Berechnungsbeiwerte $B_i$ und $B_a$ auf der Basis Außendurchmesser

4 Festigkeitsberechnung von Rohren und Rohrleitungsbauteilen 139

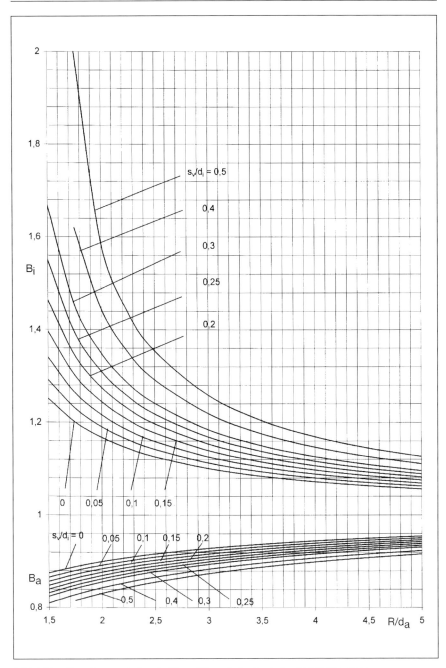

Bild 4.7b: Berechnungsbeiwerte $B_i$ und $B_a$ auf der Basis Innendurchmesser

gemäß Anhang B zur DIN EN 13480-3 und TRD 301 Anlage 2 identisch. Mit ausreichender Genauigkeit können die Mindestwanddicken auch wie folgt ermittelt werden:

$$s_{vi} = s_v \frac{\left(R/d_a\right) - 0,25}{\left(R/d_a\right) - 0,5} \tag{4.20}$$

$$s_{va} = s_v \frac{\left(R/d_a\right) + 0,25}{\left(R/d_a\right) + 0,5} \tag{4.21}$$

mit dem Biegeradius R nach Bild 4.6.

Rohrbogen mit genormten Abmessungen nach DIN 2605-1 (verminderter Ausnutzungsgrad) und DIN 2605-2 (voller Ausnutzungsgrad) erleichtern die Dimensionierung. Ihre festigkeitsmäßige Auslegung basiert auf der oben erläuterten Berechnungsvorschrift.

Ähnlich wie im amerikanischen Regelwerk ist zunächst für das gerade Rohr die rechnerisch erforderliche Mindestwanddicke $s_v$ (z.B. 2,4 mm) zu ermitteln. Mit der Wanddickenminderung durch Walztoleranzen $c_1$ (z.B. 0,6 mm entsprechend 12,5 % für nahtloses Rohr) und dem Korrosionszuschlag $c_2$ (z.B. 1 mm für ferritische Stähle) erhält man die erforderliche Wanddicke s (z.B. 4,0 mm) und schließlich die Bestellwanddicke $s_n$ gemäß vorgegebenen Wanddickenreihen nach DIN 2605-1 (z.B. auf 4,5 mm bei 219,1 mm Außendurchmesser, d.h. eine Aufrundung um $\varepsilon_s$ = 0,5 mm). Nunmehr muss man ausgehend von $s_n$ unter Abzug von $c_1$ und $c_2$ die festigkeitsmäßig verfügbare Mindestwanddicke

$$s_R = s_n - c_1 - c_2 = s_v + \varepsilon_s$$

(im Beispiel 2,9 mm) errechnen.

Der zulässige Ausnutzungsgrad gemäß DIN 2605-1, der von der Abmessung und vom Biegeradius abhängig ist, muss größer oder gleich dem vorhandenen Ausnutzungsgrad ($s_v$ / $s_R$) sein, der sich im Beispiel zu 2,4 / 2,9 = 0,83 errechnet. Hierfür ergibt sich ein minimaler Biegeradius von 2,5 · $d_a$ (Bauart 5) mit einem zulässigen Ausnutzungsgrad von 0,87.

Ist der mögliche Biegeradius zu groß, muss entweder die Wanddicke erhöht oder ein Bogen mit vollem Ausnutzungsgrad nach DIN 2605-2 gewählt werden. Wird für den Bogen eine größere Wanddicke als für das gerade Rohr gewählt, ist der Wanddickenübergang entsprechend den schweiß- und prüftechnischen Forderungen auszuführen. Das ist aber an Bogen nach DIN 2605-1 und DIN 2605-2 nur begrenzt ausführbar, weil diese keine geraden Schenkel haben. Es sind daher nur einseitige US-Prüfungen an den Schweißnähten möglich. Zulässige Wanddicken in Abhängigkeit von der Prüfklasse siehe DIN EN 1714 (Tafel 4.5 im Handbuch Teil I).

# 4 Festigkeitsberechnung von Rohren und Rohrleitungsbauteilen 141

Für Bogen nach DIN EN 10253-2 besteht eine ähnliche Rechenvorschrift. Bogen nach DIN 10253-1 müssen hingegen hinsichtlich zulässigem Druck im Einzelfall berechnet werden.

## 4.2.2 Wanddickenbestimmung nach der rechnerischen Mindestwanddicke des geraden Rohres

In den angelsächsischen technischen Regelwerken ist die Festigkeitsbedingung so formuliert, dass nach dem Herstellungsvorgang an keiner Stelle des Bogens oder der Biegung die rechnerische Mindestwanddicke des geraden Rohres einschließlich aller Zuschläge unterschritten werden darf. Dabei gelten folgende zusätzliche Forderungen:

- Wird die zulässige Spannung nicht durch zeitabhängige Festigkeitskennwerte bestimmt, ist für Biegeradien unter $1,5 d_i$ am Intrados eine Mindestwanddicke von

$$s_{vi} = \frac{s_v}{1,25} \cdot \frac{2R - r_m}{2R - 2r_m} \quad (4.22)$$

einzuhalten, mit $r_m = d_m / 2$.

- Wird die zulässige Spannung durch zeitabhängige Festigkeitskennwerte bestimmt, ist für Biegeradien unter $3 d_i$ am Intrados eine Mindestwanddicke von

$$s_{vi} = s_v \cdot \frac{2R - r_m}{2R - 2r_m} \quad (4.23)$$

einzuhalten.

Im Regelfall sind diese Forderungen erfüllbar, wenn für das Ausgangsrohr der Biegungen die in Tafel 4.2 angegebenen Wanddicken verwendet werden.

## 4.2.3 Formabweichungen durch Unrundheit

Aufgrund des Herstellverfahrens treten insbesondere bei Biegungen Formabweichungen von der idealen Kreisform durch Unrundheiten und Wellen am Intrados auf, die zusätzliche Spannungen zur Folge haben.

Die Unrundheit bei „Hamburger Bogen" und bei Schalenbogen liegt entsprechend technischen Lieferbedingungen in der Größenordnung der zugehörigen geraden Rohre und kann im allgemeinen vernachlässigt werden. Unrundheiten sind jedoch bei Kalt- und Warmbiegungen (insbesondere für kleine Durchmesser und Wanddicken) sowie bei Induktivbiegungen von Bedeutung. In der Arbeit [4.2] wird festgestellt, dass Induktivbiegungen relativ häufig und in Abhängigkeit vom Biegeradius die größten Abweichungen von der Idealform aufweisen.

Tafel 4.2: Anhaltswerte für Ausgangswanddicken zum Biegen von Rohren bei Auslegung nach angelsächsischem Regelwerk

| Biegeradius | $3 d_a$ | $4 d_a$ | $5 d_a$ | $6 d_a$ |
|---|---|---|---|---|
| Mindestwanddicke | $1,25 s_v$ | $1,14 s_v$ | $1,08 s_v$ | $1,06 s_v$ |

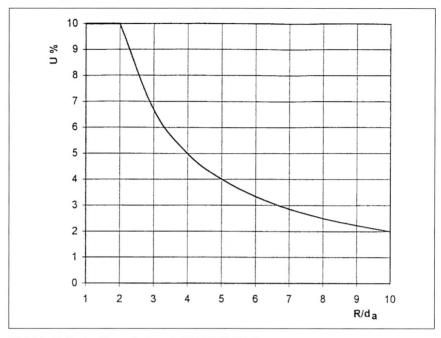

Bild 4.8: Zulässige Unrundheit nach DIN EN 13480-4

Die Grenzwerte für die zulässigen Unrundheiten nach DIN EN 13480-4 (Bild 4.8) sind im Regelfall einhaltbar. Die VGB-R 508 L schränkt sie für Kraftwerksrohrleitungen jedoch noch weiter ein:

- Frischdampfleitungen $\leq 2\,\%$
- Heiße Zwischenüberhitzungsleitungen $\leq 3\,\%$
- Speisewasserdruckleitungen $\leq 3\,\%$
- Übrige Rohrleitungen des Wasser-/Dampf-Kreislaufes $\leq 4\,\%$

Diese pauschal vorgenommene Reduzierung der zulässigen Unrundheit ist auf dem sog. DDA-Rohrbogenversuch unter Langzeitbedingungen an der MPA Stuttgart zurückzuführen [4.15]. Er brachte insbesondere die Erkenntnis, dass große Unrundheiten im Zeitstandbereich zu einer merklich verkürzten Lebensdauer führen.

Die physikalischen Zusammenhänge sind komplexer Natur und mathematisch kaum zu beschreiben. Nur mit der Methode der finiten Elemente kann z.Z. die Lebensdauer von zeitstandbetriebenen Biegungen mit akzeptabler Genauigkeit bestimmt werden. Weitere Entwicklungsprogramme sind angelaufen.

Eine überschlägige Bestimmung der durch Ovalität auftretenden zusätzlichen Biegespannungen kann mit Gl. (4.14) erfolgen. Die Gesamtspannungen ergeben sich dann für den Extrados zu

4 Festigkeitsberechnung von Rohren und Rohrleitungsbauteilen

$$\sigma_t = \frac{pd_m}{2s_v}\left(B_a + \frac{1{,}5U\cdot(d_m/s_v)}{1+0{,}455(p/E)\cdot(d_m/s_v)^3}\right) \qquad (4.24)$$

und für den Intrados

$$\sigma_t = \frac{pd_m}{2s_v}\left(B_i + \frac{1{,}5U\cdot(d_m/s_v)}{1+0{,}455(p/E)\cdot(d_m/s_v)^3}\right). \qquad (4.25)$$

In der Arbeit [4.3] erfolgten Vergleichsrechnungen, wie stark sich die Unrundheit in Abhängigkeit von $d_m / s_n$ in Form von zusätzlichen Biegespannungen auswirkt. Sie sollten bei hochbelasteten dünnwandigen Bogen nicht vernachlässigt werden.

Weitere Berechnungsmöglichkeiten für die zu erwartetenden Spannungen sind im amerikanischen ASME-Code (Section III, NB 3685.1) sowie in den KTA 3201.2 und KTA 3211.2 angegeben. Die Spannungsermittlung nach KTA 3211.2 erfolgt nach folgenden Gleichungen (Bild 4.9):

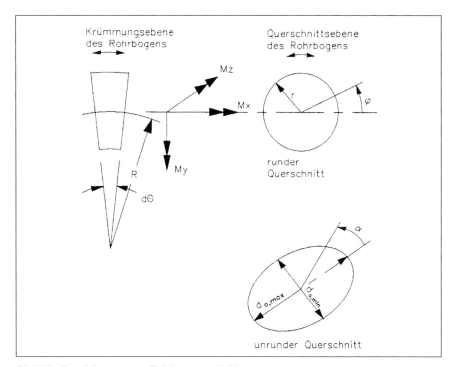

Bild 4.9: Bezeichnungen an Rohrbogen und -biegungen

$\sigma = i\sigma_{Ni}$ $\qquad\qquad \tau = i\tau_N$ (4.26)

Die Nennspannungen ergeben sich zu

$$\sigma_N(p) = pd_i / (2s_n); \qquad \sigma_N(M_b) = M_b / W; \qquad \tau_N(M_t) = M_t / 2W \qquad (4.27)$$

Der Spannungsbeiwert i wird nach Tafel 4.3 ermittelt und setzt sich aus den Teilfaktoren $i_1$ bis $i_4$ für die Innendruckbelastung zusammen. Diese Teilfaktoren errechnen sich mit der Querkontraktionszahl $\nu$ und den Winkeln $\alpha$ und $\varphi$ nach Bild 4.9 aus:

$$i_1 = \frac{R + 0{,}25 d_i \cdot \sin\varphi}{R + 0{,}5 d_m \cdot \sin\varphi} \qquad (4.28)$$

$$i_2 = 0{,}5 d_i / d_m \qquad (4.29)$$

$$i_3 = \frac{d_{a\,max} - d_{a\,min}}{s_n} \cdot \frac{1{,}5}{1 + 0{,}5 \cdot (1 - \nu^2) \cdot (d_m / s_n)^3 p/E} \cdot \cos 2\alpha \qquad (4.30)$$

$$i_4 = 2(s_n / d_i) \qquad (4.31)$$

Tafel 4.3: Spannungsbeiwerte für Rohrbogen unter Innendruckbelastung

| Umfangsort | Rohrwandort | Spannungsrichtung | Spannungsbeiwert |
|---|---|---|---|
| runder Querschnitt | | | |
| Winkel $\varphi$ | außen<br>mitte<br>innen | $\sigma_t$ | $i_1 - 0{,}5\,i_4$<br>$i_1$<br>$i_1 + 0{,}5\,i_4$ |
| jeder | außen<br>mitte<br>innen | $\sigma_l$ | $i_2$ |
| unrunder Querschnitt | | | |
| Winkel $\varphi$ | außen<br>mitte<br>innen | $\sigma_t$ | $i_1 - i_3 - 0{,}5\,i_4$<br>$i_1$<br>$i_1 + i_3 + 0{,}5\,i_4$ |
| | außen<br>mitte<br>innen | $\sigma_l$ | $i_2 - 0{,}3\,i_3$<br>$i_2$<br>$i_2 + 0{,}3\,i_3$ |
| runder und unrunder Querschnitt | | | |
| jeder | außen<br>mitte<br>innen | $\sigma_r$ | $0$<br>$-0{,}5\,i_4$<br>$-i_4$ |

# 4 Festigkeitsberechnung von Rohren und Rohrleitungsbauteilen

Bei Momentenbelastung gelten folgende Spannungsbeiwerte:
- für Biegemomente $M_y$

$$i_{amy} = \cos\varphi + [(1{,}5x_2 - 18{,}75) \cdot \cos 3\varphi + 11{,}25 \cdot \cos 5\varphi]/x_4 \qquad (4.32)$$

$$i_{tby} = -\lambda\,(9x_2 \cdot \sin 2\varphi + 225 \cdot \sin 4\varphi)/x_4 \qquad (4.33)$$

- für Biegemomente $M_z$

$$i_{amz} = \sin\varphi + [(1{,}5x_2 - 18{,}75) \cdot \sin 3\varphi + 11{,}25 \cdot \sin 5\varphi]/x_4 \qquad (4.34)$$

$$i_{tbz} = \lambda(9x_2 \cdot \cos 2\varphi + 225 \cdot \cos 4\varphi)/x_4 \qquad (4.35)$$

$$i_{tmz} = -0{,}5 \cdot (d_m/R) \cdot \cos\varphi \cdot \{\cos\varphi + [(0{,}5x_2 - 6{,}25) \cdot \cos 3\varphi + 2{,}25 \cos 5\varphi]/x_4\} \qquad (4.36)$$

- mit den Größen

$$\lambda = \frac{4r_m \cdot s_n}{d_m^2 \sqrt{1-\nu^2}} \qquad (4.37)$$

$$x_1 = 5 + 6\lambda^2 + 24\psi \qquad (4.38)$$

$$x_2 = 17 + 600\lambda^2 + 480\psi \qquad (4.39)$$

$$x_3 = x_1 \cdot x_2 - 6{,}25 \qquad (4.40)$$

$$x_4 = (1-\nu^2) \cdot (x_3 - 4{,}5x_2) \qquad (4.41)$$

$$\psi = \frac{2p \cdot r_m^2}{E \cdot d_m \cdot s_n} \qquad (4.42)$$

Die Gleichungen (4.26) bis (4.42) gelten nur für $\lambda \leq 0{,}2$. Geometrien für $\lambda > 0{,}2$ können nur mittels FEM-Analyse genauer beurteilt werden. Aus den Gleichungen ist zu ersehen, dass grundsätzlich von dünnwandigen Rohren ausgegangen wird. Bei dickwandigen Rohren sind die Ergebnisse nur als Näherung zu betrachten.

## 4.2.4 Wellenbildung am Intrados in Längsrichtung der Biegung

Bei dünnwandigen Rohrbiegungen mit großem Verhältnis $d_a/s_n$ und relativ kleinem Biegeradius kann am Intrados Wellenbildung auftreten, was früher zur Herstellung von Faltenrohrbogen ausgenutzt wurde. Bei Glattrohrbogen wird versucht, Falten oder Wellen weitgehend zu vermeiden. In DIN EN 13480-4 und KTA 3201.2 wird die zulässige Faltenhöhe (Bild 4.10) mit

$$h_m = \frac{d_{a2} + d_{a4}}{2} - d_{a3} \leq 0{,}03 d_m \qquad (4.43)$$

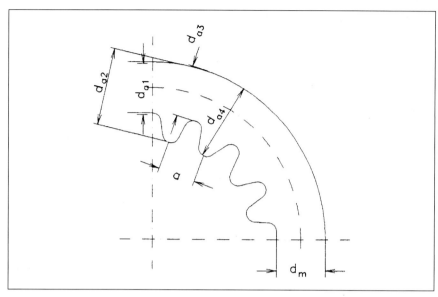

Bild 4.10: Faltenbildung an einer Rohrbiegung

bei einem Faltenabstand von $a / h_m > 12$ begrenzt. Bei Einhaltung dieser Werte sind die Zusatzspannungen vernachlässigbar.

### 4.2.5 Berücksichtigung von Biegemomenten aus dem Rohrleitungssystem

Eine zusätzliche Unrundheit wird durch die Biegemomente aus dem Rohrleitungssystem erzeugt. Bei der Elastizitätsberechnung mittels der üblichen Berechnungsprogramme wird näherungsweise mit dem v.Kármán-Faktor (Flexibilitätsfaktor)

$$k_B = 1{,}65 \cdot \frac{d_m^2}{4R \cdot s_n} \qquad (4.44)$$

die Flexibilität berücksichtigt. In den Programmen ist aber das Rohr als Balken modelliert, für das eine ideale kreisrunde Form vorausgesetzt wird. Zur Berechnung der Kräfte und Momente ist dies völlig ausreichend. Die Methode gestattet jedoch auch unter Beachtung eines Spannungsfaktors (im allgemeinen mit i bezeichnet) keine detaillierte Spannungsbetrachtung an der realen Rohrbiegung mit unterschiedlichen Wanddicken über den Umfang und in Längsrichtung sowie der durch Fertigungsprozesse hervorgerufenen Unrundheit.

Näherungsweise können diese Spannungen unter Anwendung der Gleichungen für dünnwandige Schalen (4.32) bis (4.42) und der Tafel 4.4 erfasst werden.

### 4.2.6 Berechnung von Segmentkrümmern auf Innendruck

Segmentkrümmer sind im allgemeinen auf MD- und ND-Rohrleitungen mit großen Verhältnissen $d_a / s_n$ beschränkt. Als noch keine Induktivbiegungen verfügbar waren, wur-

# 4 Festigkeitsberechnung von Rohren und Rohrleitungsbauteilen

Tafel 4.4: Spannungsbeiwerte für Rohrbogen unter Momentenbelastung

| Umfangsort | Rohrwandort | Spannungsrichtung | Spannungsbeiwert |
|---|---|---|---|
| | für Torsionsmomente $M_x$ | | |
| jeder | außen<br>mitte<br>innen | $\tau_{at}$ | 1 |
| | für Biegemomente $M_y$ | | |
| Winkel φ | außen<br>mitte<br>innen | $\sigma_t$ | $i_{tby}$<br>0<br>$-i_{tby}$ |
| Winkel φ | außen<br>mitte<br>innen | $\sigma_l$ | $i_{amy} + v i_{tby}$<br>$i_{amy}$<br>$i_{amy} - v i_{tby}$ |
| | für Biegemomente $M_z$ | | |
| Winkel φ | außen<br>mitte<br>innen | $\sigma_t$ | $i_{tmz} + i_{tbz}$<br>$i_{tmz}$<br>$i_{tmz} - i_{tbz}$ |
| Winkel φ | außen<br>mitte<br>innen | $\sigma_l$ | $i_{amz} + v i_{tbz}$<br>$i_{amz}$<br>$i_{amz} - v i_{tbz}$ |

den sie auch schon in HD-Rohrleitungen (Zwischenüberhitzungsleitungen, Speisewasserdruckleitungen) eingesetzt.

Gemäß DIN EN 13480-3 gelten folgende Einsatzbeschränkungen für Segmentkrümmer:

- Der maximal zulässige Druck beträgt 20 bar, im Zeitstandbereich 4 bar.
- Segmentwinkel > 22,5° sollen für Belastungszyklen >7000 nicht verwendet werden. Im Zeitstandbereich sind sie auf 100 Zyklen begrenzt.

Darüber hinaus dürfen Segmentkrümmer nur dann im Zeitstandbereich eingesetzt werden, wenn das Rohrleitungssystem so flexibel ist, dass keine nennenswerten Lasten aus der Verspannung des Systems auf den Segmentkrümmer wirken können. Des weiteren sind Temperaturzyklen im zeitabhängigen Bereich zu beachten.

Für die Abklinglänge M ist der Größtwert aus

$$M = \max\left[2{,}5 \sqrt{0{,}5\, d_a \cdot s_n}\, ;\, (R - d_m/2) \cdot \tan\Theta\right]$$

maßgebend.

Gehrungsschnitte $\Theta \leq 3°$ gelten nicht als Segmentkrümmer.

Die Auslegungsgleichungen sind für einen Segmentwinkel von maximal $2\Theta = 22{,}5°$ (Bild 4.11) gültig. Es ist zu unterscheiden in:

– Segmentkrümmer mit mehreren Gehrungswinkeln

$$p \le \frac{2f \cdot s_R \cdot v_N}{d_m} \left( \frac{s_R}{s_R + 0{,}643 \cdot \tan \Theta \sqrt{0{,}5 \, d_m \cdot s_R}} \right) \quad (4.45a)$$

$$p \le \frac{2f \cdot s_R \cdot v_N}{d_m} \left( \frac{R - 0{,}5 d_m}{R - 0{,}25 d_m} \right) \quad (4.45b)$$

Der sich aus den Gleichungen (4.45a) und (4.45b) ergebende kleinere Druck ist maßgebend für den berechneten Krümmer.

– Einzelne Gehrungsschnitte

$$p \le \frac{2f \cdot s_R \cdot v_N}{d_m} \left( \frac{s_R}{s_R + 1{,}25 \cdot \tan \Theta \sqrt{0{,}5 \, d_m \cdot s_R}} \right) \quad (4.46)$$

mit

$$R = \frac{A}{\tan \Theta} + \frac{d_a}{2}.$$

A ist Tafel 4.5 zu entnehmen, R ist der Krümmerradius entsprechend Bild 4.11. Der Schweißnahtfaktor $v_N$ bezieht sich auf das eingesetzte geschweißte Rohr, nicht auf die Segmentnaht.

## 4.3 Reduzierungen (Erweiterungen)

Die Wanddicke von Reduzierungen, oder bei umgekehrter Durchflussrichtung Erweiterungen, ist wie folgt zu bestimmen:

$$s_v = \frac{p \cdot d_a}{2 \cdot f \cdot v_N + p} \cdot \frac{1}{\cos \alpha} \quad (4.47)$$

Bei Einziehungswinkeln bis etwa $\alpha = 15°$ sind sie näherungsweise ausreichend dimensioniert, wenn die Wanddicke des Kegelmantels derjenigen des anschließenden Rohres am erweiterten Durchmesser entspricht. Verminderte Wanddicken in Richtung des

Tafel 4.5: Beiwert A zur Berechnung von Segmentkrümmern

| Wanddicke s in mm[1]) | ≤ 13 | 13 < s < 22 | ≥ 22 |
|---|---|---|---|
| Beiwert A[1]) | 25 mm | 2s | $(2/3) \cdot s + 30$ mm |

[1]) s ist die für die Berechnung maßgebende Wanddicke, in der Regel die Nennwanddicke $s_n$ abzüglich Minustoleranz und Korrosionszuschlag.

4 Festigkeitsberechnung von Rohren und Rohrleitungsbauteilen

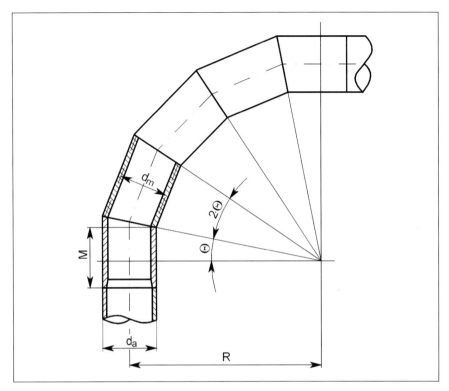

Bild 4.11: Bezeichnungen am Segmentkrümmer

eingezogenen Durchmessers sind möglich, wenn sie entsprechend dem Flächenvergleichsverfahren an jeder Stelle des Kegelmantels den Forderungen gemäß Gl. (4.47) entsprechen. Der Durchmesser $d_a$ bezieht sich dabei auf einen beliebigen Schnitt senkrecht zum Kegelmantel.

Für exzentrische Reduzierungen muss die Bemessung nach dem Maximalwert des Winkels $\alpha$ (Bild 4.12) erfolgen.

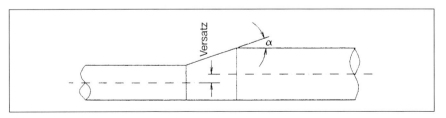

Bild 4.12: Exzentrische Reduzierung

Weitergehende Festlegungen, insbesondere für den Übergang zwischen Kegel und Krempe enthält DIN EN 13480-3. Spezielle Reduzierungen mit und ohne Ausschnitt können nach AD 2000-Merkblatt B 2 berechnet werden.

Genormte exzentrische Reduzierstücke sind in DIN 2616-1, zentrische in DIN 2616-2 enthalten. Ihre Wanddicke wird in ähnlicher Weise wie bei den Rohrbogen nach Abschnitt 4.2.1 bestimmt. Für Reduzierstücke nach DIN EN 10253-1 und DIN EN 10253-2 gelten sinngemäß die gleichen Aussagen wie im Abschnitt 4.2.1.

Genormte Reduzierstücke sind im Zeitstandbereich zu vermeiden. Einerseits haben sie häufig einen recht steilen Winkel, der sowohl strömungstechnisch, als auch festigkeitsmäßig ungünstig ist. Andererseits sollte versucht werden, die Reduzierungen an Abzweigstücke (T-Stücke, Sammler) oder zumindest an Rohrstücke anzuarbeiten, damit gesonderte Schweißnähte vermieden werden. Reduzierungen sind häufig an Abzweigen 1:1 erforderlich, weil gemäß DIN EN 13480-3 Durchmesserverhältnisse von $d_{iA} / d_{iG} \geq 0.8$ im Zeitstandbereich nicht zulässig sind. Das Grundrohr muss deshalb vergrößert und die beidseitigen Anschlüsse durch Reduzierungen überbrückt werden.

Bild 4.13 zeigt eine für den Zeitstandbereich geeignete Reduzierung mit strömungsgünstigem Winkel. Die Formgebung solcher Ausführungen basiert auf umfangreichen detaillierten Spannungsuntersuchungen, einschließlich Analysen nach der Methode der finiten Elemente. Durch große Übergangsradien wird ein günstiger Spannungsverlauf erzielt. Durch Beibehalten der großen Wanddicke über eine möglichst große Länge der Reduzierung liegen die aus den Rohrleitungsschnittkräften und -momenten rührenden Zusatzspannungen auf einem relativ niedrigen Spannungsniveau. Der niedrige Spannungserhöhungsfaktor ist deshalb nicht maßgebend für die Bemessung des reduzierten Bereiches an einem Formstück. Die Reduzierung braucht im Regelfall bei der Systemanalyse nicht gesondert erfasst werden.

## 4.4 Ebene Böden

### 4.4.1 Geflanschte Böden

Geflanschte Böden stellen Kreisplatten dar, die mit der aus dem Innendruck resultierenden Flächenlast beaufschlagt sind. Zusätzlich kommt im Normalfall ein gleichsinnig wirkendes Randmoment durch die Verspannung mit dem Gegenflansch hinzu.

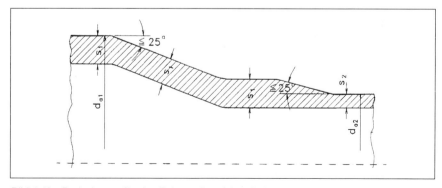

Bild 4.13: Reduzierung für den Zeitstandbereich, z.B. in geschmiedeter Ausführung

4 Festigkeitsberechnung von Rohren und Rohrleitungsbauteilen

Die innendruckbelastete Kreisplatte mit ihrer Auflage auf der Dichtung kann als gelenkig gelagert angesehen werden. Die Verspannung durch die Schraubenbolzen bewirkt das Zusatzmoment. Die Höhe dieses Zusatzmomentes ist vor allem abhängig von der gewählten Dichtung. Im AD 2000-Merkblatt B 5 ist für diese Fälle eine Gleichung zur Bemessung des ebenen Bodens nach Bild 4.14 angegeben:

$$s_v = C_1 \cdot d_D \sqrt{\frac{p}{f}} \qquad (4.48a)$$

mit $C_1$ entsprechend Bild 4.16 und

$$\delta = 1 + 4 \frac{k_1 \cdot S_D}{d_D}. \qquad (4.48b)$$

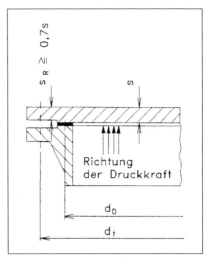

Bild 4.14: Blindflansch mit zusätzlichem gleichsinnigem Randmoment

$S_D$ ist ein Sicherheitsbeiwert gegen Undichtwerden, der mit $S_D = 1{,}2$ angesetzt werden kann, $k_1$ ein Dichtungskennwert, der den Herstellerangaben oder AD 2000-Merkblatt B 7 zu entnehmen ist.

Reicht die Dichtung über den Teilkreisdurchmesser der Schrauben hinaus (Bild 4.15), kann das Randmoment null gesetzt werden. Strenggenommen gilt das nur bei Verwendung von Weichstoffdichtungen, näherungsweise kann das aber auch für andere Dichtungen angenommen werden. In diesem Fall lautet die Gleichung zur Bestimmung der minimalen Wanddicke für den ebenen Boden

$$s_v = C \cdot d_t \sqrt{\frac{p}{f}}, \qquad (4.48c)$$

mit $C = 0{,}35$ und $d_t$ als Teilkreisdurchmesser der Schrauben.

Die Bemessung der verschraubten Böden wird wesentlich von der notwendigen Vorverformungskraft der verwendeten Dichtung bestimmt. Bei den Bemessungsgleichungen in DIN EN 13480-3 wurde diese gegenüber AD 2000 B 5 höher angesetzt. Daraus resultiert eine erhöhte Wanddicke, die durchaus bis zu 25 % betragen kann [4.5].

Beim Einsatz von genormten Blindflanschen nach DIN EN 1092-1 (bisher DIN 2527) entfällt eine Nachrechnung. DIN EN

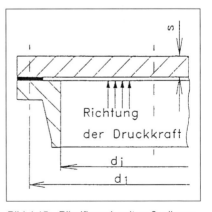

Bild 4.15: Blindflansch mit außenliegender Dichtung ohne Randmoment

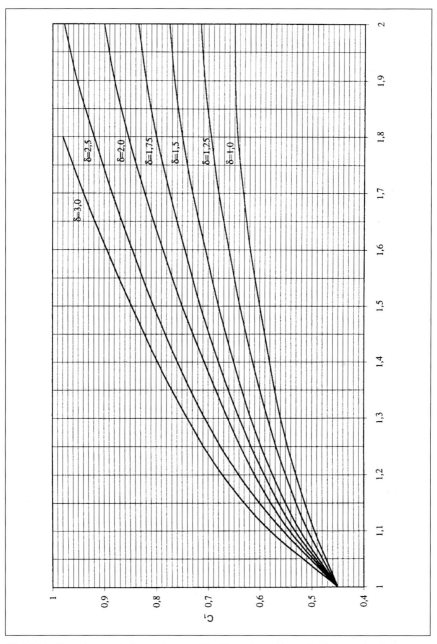

Bild 4.16: Berechnungsbeiwert $C_1$ von Blindflanschen mit zusätzlichem gleichsinnigem Randmoment (Abszisse: $d_t/d_D$)

4 Festigkeitsberechnung von Rohren und Rohrleitungsbauteilen 153

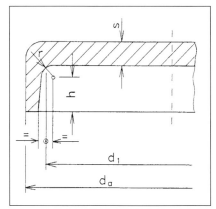

Bild 4.17: Geschmiedeter oder gepresster ebener Boden

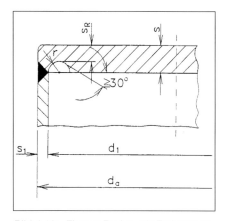

Bild 4.18: Ebener Boden mit Entlastungsnut (Vorschweißblinddeckel)

1092-1 enthält Ratingdrücke für Flanschverbindungen bis PN 100 für eine Vielzahl von Werkstoffen und Flanschverbindungskombinationen.

### 4.4.2 Verschweißte Böden (Vorschweißblinddeckel)

Geschweißte ebene Böden werden im Rohrleitungsbau in verschiedenen Ausführungsformen nach Bild 4.17 bis 4.21 verwendet. Beidseitig auf- bzw. eingeschweißte Böden bedingen Zugänglichkeit von innen bei Abmessungen > DN 600. Die Ausführung nach Bild 4.21 erfordert ab einer bestimmten Bodendicke eine Gegenlage von innen. Bei den Ausführungen nach Bild 4.18 und 4.20 muss Blech oder Schmiedestahl mit verbesserten Verformungseigenschaften senkrecht zur Erzeugnisoberfläche verwendet werden (siehe Band I Abschnitt 2.1.1), ansonsten besteht die Gefahr des Terrassenbruchs. Der geschmiedete ebene Boden entsprechend Bild 4.17 ist beanspruchungsgerecht, da die Faserrichtung weitgehend dem Spannungsverlauf entspricht.

Wegen einiger schwerer Schadensfälle in den vergangenen Jahren ist der Einsatz von ebenen Böden mit Entlastungsnut im Zeitstandbereich auf Grund einer Entscheidung des Deutschen Dampfkesselausschusses (DDA) aus dem Jahre 1999 nicht mehr erlaubt. Schadensursache in diesem höchstbeanspruchten Be-

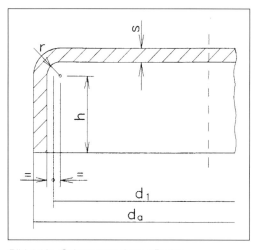

Bild 4.19: Gekrempter ebener Boden

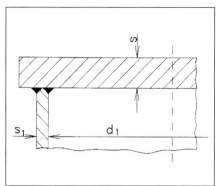 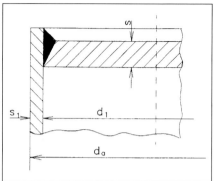

Bild 4.20: Beidseitig angeschweißter Deckel     Bild 4.21: Einseitig eingeschweißter Deckel

reich des ebenen Bodens waren niedrigere Zeitstandwerte der Schweißnaht gegenüber dem Grundwerkstoff. Die vorzeitig auftretenden Zeitstandschädigungen im Schweißnahtbereich einschließlich der Wärmeeinflusszone wurden nicht erkannt, weil wiederkehrende Prüfungen auf Grund der konstruktivenn Gegebenheiten nur unter sehr großem Aufwand möglich sind.

Die VGB-Richtlinie 508 L lässt darüber hinaus ebene Böden für HD-Rohrleitungen nur mit ausdrücklichem Einverständnis des Auftraggebers und unter Einhaltung bestimmter Auflagen (Zugversuch in Dickenrichtung, 100 % US-Prüfung) zu.

Die Ermittlung der Wanddicke von angeschweißten Böden erfolgt nach Gl. (4.48c). Der Beiwert C ist aus Tafel 4.6 zu entnehmen. Die Bemessungsgleichungen in DIN EN 13480-3 ergeben etwa vergleichbare Wanddicken.

Die in Bild 4.18 und 4.20 dargestellten Schweißnahtformen sind ungünstig, weil das Material des Blinddeckels (Blech oder Schmiederonden) im Bereich der Schweißnaht in Dickenrichtung belastet wird. Falls keine andere Deckelform möglich ist, z.B. nach Bild 4.21, muss zumindest Vormaterial mit garantierten Festigkeitseigenschaften in Dickenrichtung gemäß DIN EN 10164 eingesetzt werden.

Tafel 4.6:   Beiwert C zur Bestimmung der Wanddicke von ebenen Böden

| C | Zusatzbedingungen | Bild |
|---|---|---|
| 0,35 | Krempenradius $r \geq s / 3$, jedoch mindestens 8 mm | 4.17 |
| 0,40 | $r \geq 0{,}2\,s$, jedoch mindestens 5 mm und $s_R \geq 1{,}3 \cdot p \cdot (d_1 / 2 - r) / f$, aber mindestens 5 mm | 4.18 |
| 0,30 | $d_a \leq 500$ mm mit $r \geq 30$ mm<br>500 mm $< d_a \leq 1400$ m mit $r \geq 35$ mm | 4.19 |
| 0,40 | $s \leq 3\,s_1$ | 4.20 |
| 0,45 | $s > 3\,s_1$ | |
| 0,45 | $s \leq 3\,s_1$ | 4.21 |
| 0,50 | $s > 3\,s_1$ | |

## 4.5 Gewölbte Böden

Folgende 3 Bauarten sind üblich und werden entsprechend ihrem Verhältnis $R_K / d_a$ wie folgt unterschieden ($R_K$ - Kugelradius):

Halbkugelböden    $R_K / d_a = 0,5$

Korbbogenböden    $R_K / d_a = 0,8$

Klöpperböden      $R_K / d_a = 1,0$

Klöpper- und Korbbogenböden sind Varianten der gewölbten Böden, die überwiegend im deutschsprachigen Raum üblich sind. In anderen europäischen Ländern und in den USA werden hingegen vorwiegend elliptische Böden eingesetzt. DIN EN 13480-3 enthält deshalb zusätzlich Bemessungsgleichungen für elliptische Böden.

Halbkugelböden benötigen die niedrigste Wanddicke. Ihre Berechnung erfolgt gemäß DIN EN 13480-3 wie für zylindrische Bauteile nach Gl. (4.12b), jedoch mit der Konstanten 4 statt 2:

$$s_V = \frac{p \cdot d_a}{4 \cdot f \cdot v_N + p} \tag{4.49}$$

Gegenüber dem geraden Rohr wird nur die halbe Wanddicke benötigt. Aus schweißtechnischen Gründen wählt man meist die gleiche Wanddicke wie vom Rohr, so dass eine detaillierte Berechnung des Kugelbodens nur bei Ausschnitten erforderlich ist.

Die geometrische Form der Kappen nach DIN 2617 entspricht weitgehend der Korbbogenform. Sie halten bei gleichem Werkstoff dem selben Innendruck stand wie das anschließende gerade Rohr von gleicher Wanddicke. Ihre Auslegung entspricht dem AD 2000-Merkblatt B 3. Die beiden toroidalen Bauformen nach DIN 28011 und DIN 28013 werden verwendet, wenn Kappen entsprechend DIN 2617 hinsichtlich Abmessung und Werkstoff nicht ausreichen.

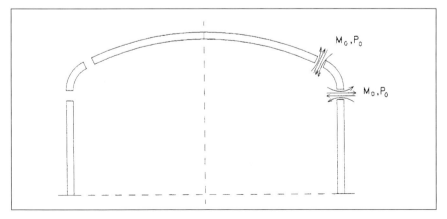

Bild 4.22: Berechnungsmodell eines gewölbten Bodens

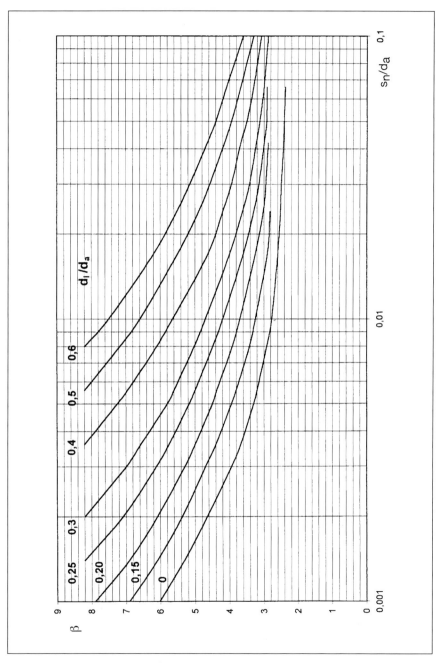

Bild 4.23a: Berechnungsbeiwert β für Klöpperböden

# 4 Festigkeitsberechnung von Rohren und Rohrleitungsbauteilen

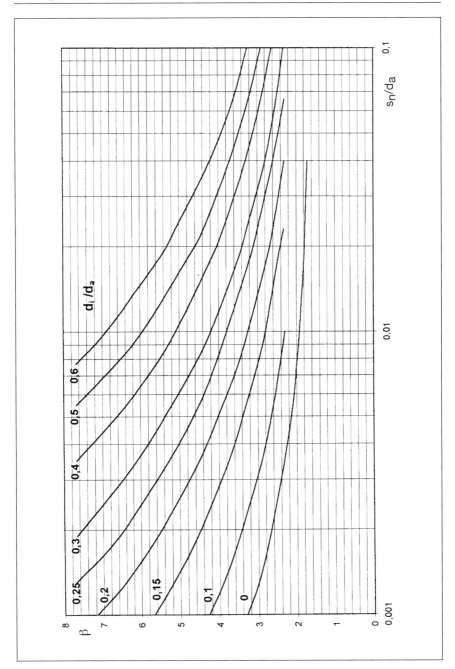

Bild 4.23b: Berechnungsbeiwert β für Korbbogenböden

## 4 Festigkeitsberechnung von Rohren und Rohrleitungsbauteilen

Bei der festigkeitsmäßigen Auslegung torodialer Böden sind 3 geometrisch unterschiedliche Bereiche entsprechend Bild 4.22 zu berücksichtigen:
- Kugelform im mittleren Bereich,
- Torus im Krempenbereich,
- Zylinder im Auslaufbereich.

Gemäß Bild 4.22 kann der gewölbte Boden als Stufenkörper modelliert werden. Zur Erfüllung der Verträglichkeitsbedingungen müssen wegen des unterschiedlichen Dehnungsverhaltens an den jeweiligen Rändern Schnittkräfte und -momente auftreten. Von den o.g. drei Bauformen weist der Klöpperboden die höchsten Schnittlasten auf Grund der größten Differenz im Dehnungsverhalten zwischen den drei Stufenkörpern auf. Er besitzt bei gleichem Innendruck das höchste Spannungsniveau, so dass er bei gleicher Wanddicke die niedrigste Innendruckbelastung erträgt. Desweiteren wird bei einer hohen Innendruckbelastung der Klöpperboden infolge Einbeulens eher versagen als der Korbbogenboden. Zurückzuführen ist dieses Verhalten auf die zusätzlichen Druckspannungen in Umfangsrichtung (bezogen auf die Rohrachse) über den gesamten Krempenbereich und auf die Schnittlasten am Stufenkörper. Aus diesem Grunde ist zusätzlich eine Überprüfung auf elastisches Einbeulen mit der festgelegten Wanddicke notwendig. Eine ausführliche Erläuterung enthält Anhang 1 zum AD 2000-Merkblatt B 3.

Für den Krempen- und den Kugelbereich bestimmt man die Mindestwanddicke zu:

$$s_V = \frac{d_a \cdot p \cdot \beta}{4 \cdot f \cdot v_N} \tag{4.50}$$

Der Beiwert $\beta$ ist für Klöpperböden aus Bild 4.23a, für Korbbogenböden aus Bild 4.23b zu entnehmen. Die für das Diagramm erforderliche relative Wanddicke $s_V / d_a$ ist zunächst nicht bekannt, so daß iteratives Vorgehen notwendig ist.

Die Nachrechnung auf Einbeulen erfolgt mit der Wanddicke $s_R$ (siehe Bild 4.4):

$$p \leq 3{,}66 \cdot \frac{E}{S_K} \cdot \left(\frac{s_R}{R_K}\right)^2 \tag{4.51}$$

mit

$$S_K = 3 + \frac{0{,}002 \cdot R_K}{s_R} \tag{4.52}$$

Die Berechnung nach DIN EN 13480-3 weicht etwas von derjenigen nach AD 2000-Merkblatt B 3 ab. Sie ergibt aber im Prinzip die gleichen Wanddicken.

### 4.6 Abzweige und Ausschnitte

#### 4.6.1 Allgemeines

Abzweige in Rohrleitungssystemen treten wegen der unterschiedlichsten Kombinationen von Durchmesserverhältnissen, Werkstoffen, Herstellverfahren und Bauarten in einer Vielfalt von Konstruktionsformen auf, so dass es in den technischen Regelwerken gegenüber anderen Rohrleitungsformstücken erheblich mehr Festlegungen gibt.

# 4 Festigkeitsberechnung von Rohren und Rohrleitungsbauteilen

Ein Hohlzylinder mit Bohrung und unverstärktem Ausschnittsrand unter Innendruckbelastung, also ohne abgehenden Stutzen, weist gegenüber dem unverschwächten Rohr am Lochrand einen Spannungsanstieg auf. Dieser liegt jedoch höher als in einer unendlich ausgedehnten Scheibe mit einem Loch, die durch 2 zueinander senkrecht stehende Zugspannungen von $\sigma_0$ und $\sigma_0/2$ beansprucht ist (Bild 4.24). Deren Spitzenspannung kann unabhängig vom Lochdurchmesser mit $\sigma_{max} = 2{,}5\,\sigma_0$ bestimmt werden [4.4]. Messungen an Lochrändern in Rohren unter Innendruck ergaben hingegen einen Spitzenwert von $3{,}6\,\sigma_0$ [3.4], wobei die Deckelkraft als Linienlast am Lochumfang wirkte. Die Messungen erfolgten an einem Ausschnitt mit dem Verhältnis $d_{Ai} / d_i = 0{,}5$.

Da bei Innendruckbeanspruchung die Umfangsspannung im Rohr doppelt so hoch ist wie die Längsspannung, sind diese Werte direkt übertragbar. Die Überhöhung des Spitzenwertes von $2{,}5\,\sigma_0$ auf $3{,}6\,\sigma_0$ ist auf den zusätzlich als Deckelkraft wirkenden Innendruck mit

$$F = p \cdot d_{Ai}^2 \cdot \pi / 4$$

zurückzuführen. Die Deckelkraft F ist abhängig vom Durchmesser des Ausschnitts, also vom Innendurchmesser des Abzweiges $d_{Ai}$. Somit ist vorstellbar, dass der bei $d_{Ai} / d_i = 0{,}5$ gemessene Wert nicht konstant über alle Durchmesserverhältnisse $d_{Ai} / d_i$ ist. Hieraus ist auch ableitbar, dass für einen wenig verformungsfähigen Werkstoff ein größerer Sicherheitsfaktor gegen die Streckgrenze bzw. Bruchgrenze zu wählen ist, als bei einem fließfähigen Werkstoff, bei dem Lastumlagerungen stattfinden, sobald die Fließgrenze überschritten wird.

Zur sicheren Auslegung von Abzweigen muss der verschwächte Bereich des Grundrohres zusätzlich verstärkt werden. Zur Bemessung der Abzweige sind 2 gleichermaßen bewährte Berechnungsmethoden verbreitet:
- Flächenvergleichsverfahren,
- Flächenersatzverfahren, das im amerikanischen Raum üblich ist.

Das Flächenvergleichsverfahren wurde bereits beim geraden Rohr und bei den Biegungen behandelt. Das Flächenersatzverfahren geht von dem Grundsatz aus, dass diejenigen Werkstoffflächen, die durch den Ausschnitt im Grundrohr entfernt wurden, durch zusätzliches Material in den unmittelbar angrenzenden Bereichen zu ersetzen sind.

Für mittlere und hohe Drücke führen beide Methoden zu etwa gleichen Ergebnissen. Für niedrige Innendrücke und damit relativ dünnwandigen Rohren weichen aufgrund der Definition der mittragenden Längen beide Verfahren voneinander ab, wobei das Flächenersatzverfahren mit der Biegetheorie der dünnwandigen Schalen nicht im Einklang steht.

Das in Deutschland angewandte Flächenvergleichsverfahren ist dem Grunde nach ein Traglastverfahren. Es nimmt über die definierte Werkstoffquerschnittsfläche eine mittlere Spannung an, die real zwar nicht messbar ist, mit der aber das Gleichgewicht zum Innendruck hergestellt wird. Dadurch wird zugelassen, dass in bestimmten Bereichen die Fließ- oder Streckgrenze überschritten wird und es lokal zu Lastumlagerungen kommt. In DIN EN 13480-3 wird grundsätzlich ebenfalls das Flächenvergleichsverfahren angewendet.

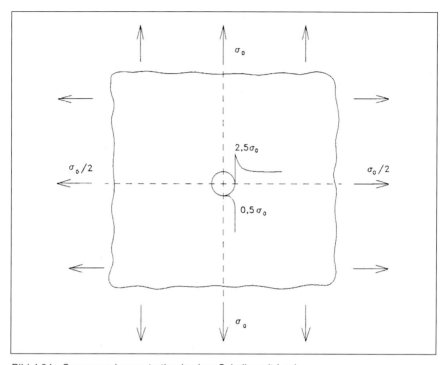

Bild 4.24: Spannungskonzentration in einer Scheibe mit Loch

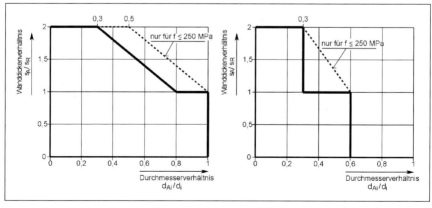

Bild 4.25: Zulässige Wanddickenverhältnisse und maximale Ausschnittgröße nach DIN EN 13480-3
links: Abzweige; rechts: Böden und Kugeln

## 4.6.2 Bauformen

Aus den Bildern 4.26 bis 4.28 sind die grundsätzlichen Verstärkungsmöglichkeiten zu erkennen. Zum einen wird unterschieden zwischen
- aufgesetzten Stutzen (Bild 4.26),
- eingesetzten Stutzen (Bild 4.27 links) und
- durchgesteckten Stutzen (Bild 4.27 rechts)

sowie andererseits in der Art der Verstärkung:
- Verstärkung des Grundrohrs durch Wandverdickung,
- Verstärkung des Abzweigs durch Wandverdickung,
- Verwendung von Verstärkungsblechen (meist Scheiben) vornehmlich auf dem Grundrohr sowie
- einer Kombination der Möglichkeiten.

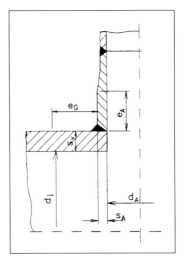

Bild 4.26: Aufgesetzter Stutzen

Gemäß DIN EN 13480-3 und anderen Regeln sind eine Reihe von Einsatzbedingungen zu beachten (Zeichenerklärung entsprechend Bild 4.26 und 4.27).

*a) Durchmesser- oder Ausschnittverhältnis*

Im Zeitstandbereich ist das Durchmesserverhältnis von Abzweig zu Grundrohr mit $d_{Ai} / d_i \leq 0{,}8$ begrenzt. Größere Durchmesserverhältnisse bis zu $d_{Ai} / d_i = 1$ sind für den zeitunabhängigen Bereich nach DIN EN 13480-3 und TRD 301 zugelassen.

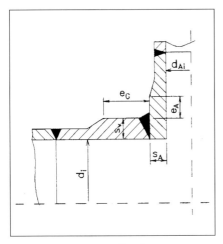 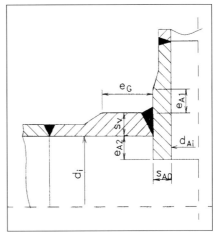

Bild 4.27: Eingeschweißte Stutzen
links: eingesetzt; rechts: durchgesteckt

Für ovale und elliptische Ausschnitte bezieht sich $d_i$ auf die große Achse. Zusätzlich darf das Verhältnis von großer zu kleiner Achse gemäß DIN EN 13480-3 einen Wert von 2 nicht überschreiten.

*b) Wanddickenverhältnis*

Das maximale Wanddickenverhältnis von Abzweig zu Grundrohr $s_A / s_R$ ist in Abhängigkeit vom Durchmesserverhältnis $d_{Ai} / d_i$ aus Bild 4.25 links zu entnehmen. Aus schweißtechnischen Gründen sollen sich die Wanddicken von Grundrohr und Abzweig nicht zu stark unterscheiden, ebenso wenn nennenswerte Temperaturänderungen und Temperaturdifferenzen zu erwarten sind. Dies trifft ganz besonders für den Zeitstandbereich zu.

*c) Ausschnitte in Reduzierungen*

Ausschnitte in Reduzierungen sind nach DIN EN 13480-3 zwar zulässig, sind aber möglichst zu vermeiden. Falls notwendig, gelten die unter Buchstabe b angegebenen Wanddickenbegrenzungen gleichermaßen.

*d) Mittragende Längen und Mindestabstand zu geometrischen Unstetigkeiten*

Innerhalb des Maßes $e_G$ nach Gl. (4.54) bzw. $e_A$ für den Geltungsbereich der TRD 301 nach Gl. (4.55) dürfen sich weder geometrische Unstetigkeiten in Form von angearbeiteten Reduzierungen oder Biegungen befinden, noch Schweißnähte von Böden, Flanschen, Kompensatoren und anderen Bauteilen. Stumpfnähte (Wendelnähte, Bandverbindungsnähte, Längs- und Rundnähte), die den Einflussbereich von $e_G$ bzw. $e_A$ durchdringen, sollen eine Schweißnahtwertigkeit 1 besitzen und zu 100 % zerstörungsfrei geprüft sein.

*e) Schrägstutzen*

Schräge Stutzen sollen gemäß DIN EN 13480-3 einen Winkel von 60° gegenüber der Grundrohrachse nicht überschreiten. Mit Rücksicht auf die schweißtechnischen Belange ist ein Maximalwert von 45° anzustreben.

*f) Scheibenförmige Verstärkungen*

Scheibenförmige Verstärkungen dürfen sowohl nach DIN EN 13480-3 als auch nach TRD 301 unabhängig von der ausgeführten Blechdicke nur mit maximal $s_R$ des Grundrohres in der Berechnung berücksichtigt werden. Ihre Anwendung ist gemäß DIN EN 13480-3 auf $d_{Ai} / d_i \leq 0{,}8$ und die zulässigen Parameter

- 70 bar bei 20 °C
- 20 bar bei 300 °C
- (73,57 bar – 0,179 bar/°C) bei Temperaturen zwischen 20 °C und 300 °C

begrenzt. Gemäß TRD 301 liegt die Obergrenze für scheibenförmige Verstärkungen bei 250 °C. Die Verstärkungsfläche $A_f$ soll mit einem Bewertungsfaktor von 0,7 (bei durchgestecktem Stutzen 0,8) abgewertet werden.

*g) Aushalsungen*

Aushalsungen sind nach DIN EN 13480-3 und TRD 301 bis zu folgenden Durchmesserverhältnissen von Abzweig zu Grundrohr zulässig:

nichtaustenitische Stähle im zeitunabhängigen Bereich   $d_{Ai} / d_i \leq 0{,}8$
austenitische Stähle im zeitunabhängigen Bereich   $d_{Ai} / d_i \leq 1$
(DIN EN 13480-3)
alle Stähle im Zeitstandbereich   $d_{Ai} / d_i \leq 0{,}7$

Bei Verwendung im Zeitstandbereich ist die zulässige Spannung f auf 90 % zu reduzieren.

*h) Werkstoffkombinationen*

Falls für das Grundrohr und den Abweig unterschiedliche Werkstoffe verwendet werden, müssen diese gemäß DIN EN 13480-3 und TRD 301 wegen möglicher Temperaturspannungen etwa gleiche Wärmeausdehnungskoeffizienten und Bruchdehnungen besitzen. Hat die Verstärkung gegenüber dem Rohr einen niedrigeren Festigkeitskennwert, ist das bei der Berechnung zu berücksichtigen. Liegt er höher, bleibt er unberücksichtigt.

Gleiches gilt sinngemäß auch für Scheiben, Rippen, Ringe und andere zusätzliche Verstärkungsmaßnahmen.

*i) Eingeschraubte Abzweige*

Eingeschraubte Abzweige sind nach DIN EN 13480-3 zulässig. Es empfiehlt sich, dass der Hersteller von einschraubbaren Abzweigen eine Baumusterprüfung oder einen anderen vergleichbaren Unbedenklichkeitsnachweis vorlegen kann. Festigkeitsmäßig sind sie gemäß DIN EN 13480-3 auf maximal DN 50 bei 40 bar und 400 °C beschränkt. Dichtschweißungen sind für den Bereich oberhalb 200 °C und/oder 16 bar erforderlich.

*j) Gegossene Abzweige*

Abzweige aus zugelassenen Stahlgusssorten sind unter Beachtung der diesbezüglichen zulässigen Spannungen ohne Einschränkung verwendbar.

Abzweige aus lamelliertem oder globularem Grauguss sind im Geltungsbereich der Druckgeräterichtlinie für Rohrleitungen zwar zugelassen, DIN EN 13480-2 bzw. DIN EN 13480-3 gehen auf diese Werkstoffe aber nicht besonders ein. Ersatzweise können andere Regeln angewendet werden, z.B. DIN EN 13445-7 oder AD 2000-Merkblatt W 3/1 und W 3/2. Die Forderung auf ausreichende Duktilität der Werkstoffe ist jedoch zu beachten.

*k) Ausschnitte in Bögen*

Ausschnitte in Bögen oder Biegungen sind im Zeitstandbereich nicht erlaubt. Außerhalb des Zeitstandbereiches sind sie begrenzt zulässig. Einzelheiten der Einsatzbedingungen siehe DIN EN 13480-3.

Es gelten die unter Buchstabe b angegebenen Wanddickenbegrenzungen gleichermaßen. Die Hauptachse des abgewickelten Ellipsenausschnittes darf den Rohraußendurchmesser $d_a$ nicht überschreiten. Verstärkungen müssen durch Wanddickenerhöhungen des Bogens und/oder des Abzweigs erfolgen.

### 4.6.3 Berechnung

Grundsätzlich ist in Einzelabzweige und benachbarte Abzweige zu unterscheiden. Maßgebend für die Unterscheidung ist der Abstand 2 $e_G$ zwischen zwei nebeneinander liegenden Abzweigen, gemessen an der Außenoberfläche des Grundrohres. Die Festigkeitsbedingung für alle Arten von Abzweigen lautet:

$$f = p \cdot \left( \frac{A_p}{A_f} + \frac{1}{2} \right) \qquad (4.53)$$

Bei der Bestimmung der Flächen dürfen die Wanddicken $s_R$ verwendet werden.
Die mittragenden Längen errechnen sich für das Grundrohr zu

$$e_G = \sqrt{(d_i + s_R) \cdot s_R} \qquad (4.54a)$$

$$e_G = \sqrt{(d_a - s_R) \cdot s_R} \qquad (4.54b)$$

Für den Abzweig gelten die gleichen Bedingungen, jedoch sind die Maße des Abzweiges einzusetzen. Zusätzlich gilt nach TRD 301:

$$e_A = \left( 1 + 0{,}25 \cdot \frac{\psi_A}{90} \right) \sqrt{(d_{Ai} + s_{RA}) \cdot s_{RA}} \qquad (4.55)$$

Für $\psi_A \leq 60°$ ist bei schrägen Abzweigen der Neigungswinkel zur Rohrachse des Grundrohres maßgebend, einzusetzen in Grad. Für senkrechte Abzweige gilt demzufolge $\psi_A = 0°$. Schräge Abzweige sind getrennt für den stumpfwinkligen und den spitzwinkligen Bereich nachzuweisen, wobei im Normalfall letzterer für die Wanddicke maßgebend ist.

Bei durchgesteckten Stutzen gemäß Bild 4.27 rechts darf nur eine bestimmte tragende Länge zur Bestimmung von $A_f$ herangezogen werden. Nach TRD 301 beträgt sie $e_{A2,max} = 0{,}5\, e_{A1}$. Durchgesteckte Stutzen sind strömungstechnisch ungünstig und bei Gegenschweißung auf große Nennweiten beschränkt.

Verstärkungen sind nach DIN EN 13480-3 für kleine Stutzen nicht erforderlich, wenn der Ausschnitt (Bohrung) folgender Bedingung genügt:

$$d_{Ai} \leq 0{,}14 \cdot \sqrt{d_m \cdot s_R} \qquad (4.56)$$

## 4.7 Kugelformstücke, Ausschnitte in Böden und zylindrische Y-Formstücke

Die Kugelformstücke und zylindrischen Y-Formstücke sind Konstruktionsformen, die vorwiegend für HD-Rohrleitungen in Kraftwerken verwendet werden. Das Kugelformstück (Bild 4.28) hat gegenüber dem Y-Formstück den Vorteil, dass vier Rohrleitungen an einem Punkt zusammengeführt werden können.

Bei der Konstruktion ist zu beachten, dass zwischen den abzweigenden Rohrstutzen genügend Abstand am kugeligen Grundkörper vorhanden ist, was einen bestimmten Mindestdurchmesser der Kugel erfordert. Der Übergang zum Anschlussrohr kann mit

# 4 Festigkeitsberechnung von Rohren und Rohrleitungsbauteilen

- zylindrischem Auslauf,
- konischem Auslauf oder
- mit unmittelbarem Übergang von der Kugel

erfolgen.

Zylindrische Y-Formstücke werden nicht nur im Hochdruckbereich (Bild 4.29 links), sondern auch bei MD- und ND-Rohrleitungen eingesetzt. Sie haben Vorteile hinsichtlich geringer Strömungsverluste gegenüber rechtwinkligen Abzweigen und sind insbesondere bei großen Wasserleitungen anzutreffen (Bild 4.29 rechts). Im ND-Bereich erhalten sie im Zwickel rippenförmige Verstärkungen mit volltragenden Schweißnähten. Die an- oder eingeschweißte Rippe sollte mindestens so dick wie die Rohrwand sein, den doppelten Wert aber nicht überschreiten.

Zentrische Ausschnitte in Böden werden bisweilen anstelle von Reduzierungen oder als Besichtigungsstutzen verwendet. In Ausnahmefällen dienen sie mit 2 Ausschnitten auch als Y-Formstücke.

Für alle Ausschnitte und Ausschnittsverstärkungen gelten sinngemäß die gleichen Einsatzbedingungen wie für zylindrische Grundkörper (Abschnitt 4.6.2). Das Durchmesserverhältnis des Ausschnittes zum Boden- bzw. Kugeldurchmesser ist allerdings mit $d_{Ai} / d_i \leq 0{,}6$ begrenzt. Das maximale Wanddickenverhältnis von Abzweig zu Boden bzw. Kugel $s_A / s_R$ ist in Abhängigkeit vom Durchmesserverhältnis $d_{Ai} / d_i$ aus Bild 4.25 rechts zu entnehmen.

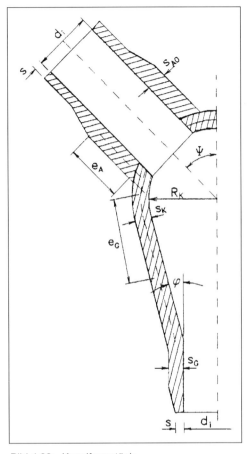

Bild 4.28: Kugelformstück

Für alle Ausschnitte und Formstücke wird das Flächenvergleichsverfahren entsprechend Gl. (4.53) angewendet:

$$f = p \cdot \left( \frac{A_p}{A_f} + \frac{1}{2} \right)$$

Bei mehreren Ausschnitten sind die im Bild 4.29 gekennzeichneten zwei Teilbereiche zu untersuchen, wobei im Normalfall der Bereich I für die Wanddicke maßgebend ist. Bei der Bestimmung der Flächen dürfen die Wanddicken $s_R$ eingesetzt werden.

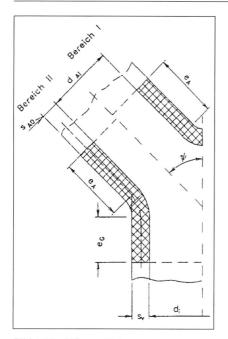 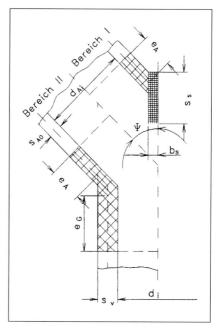

Bild 4.29: Y-Formstücke
links: Kugelform; rechts: Hosenrohr mit Rippe im Zwickel

Die mittragenden Längen entsprechen Gl. (4.54) und (4.55). Bei durchgesteckten Stutzen beträgt die tragende Länge zur Bestimmung von $A_f$ gemäß TRD 301 $e_{A2,max} = 0{,}5\ e_{A1}$. Bezeichnungen siehe Bild 4.27 rechts.
Ausschnitte (Bohrungen) für kleine Stutzen brauchen nicht verstärkt werden, wenn Gl. (4.56) eingehalten ist.

### 4.8 Rohre unter äußerem Überdruck

*a) Grundregeln*

Entsprechend Abschnitt 4.1.1 ergeben sich für den mit äußerem Überdruck $p_a$ (oder mit negativem innerem Überdruck) beaufschlagten kreisrunden Zylinder beliebiger Wanddicke die folgenden Beziehungen:

$$\sigma_r = -p_a \frac{u^2}{u^2-1} \cdot \left(1 - \frac{r_i^2}{r^2}\right) \qquad (4.57)$$

$$\sigma_l = -p_a \frac{u^2}{u^2-1} \qquad (4.58)$$

# 4 Festigkeitsberechnung von Rohren und Rohrleitungsbauteilen

$$\sigma_t = -p_a \frac{u^2}{u^2-1} \cdot \left(1 + \frac{r_i^2}{r^2}\right) \tag{4.59}$$

Für die Randspannungen an der Innenseite des Zylinders gelten die Gleichungen:

$$\sigma_r = 0 \tag{4.60}$$

$$\sigma_t = -2p_a \frac{u^2}{u^2-1} \tag{4.61}$$

Gleichung 4.61 ist gleichzeitig dem Betrag nach identisch mit der Vergleichsspannung nach der Schubspannungs-Hypothese. Nach der Gestaltänderungs-Energie-Hypothese ergibt sich

$$\sigma_{v/GEH} = \sqrt{3} \cdot p_a \frac{u^2}{u^2-1} \tag{4.62}$$

d.h. sie hat für den höchstbeanspruchten Punkt die gleiche Höhe wie bei der Innendruckbelastung.

*b) Kritischer Druck*

Beim äußeren Überdruck ist zusätzlich noch die Stabilität des Zylinders zu überprüfen. Für dünnwandige Schalen errechnet sich für einen Zylinder mit L / d >> 1 ein kritischer äußerer Überdruck $p_k$, bei dem das Rohr instabil wird:

$$p_k = \frac{24 E \cdot I}{\left(1-v^2\right) \cdot d_a^3} \tag{4.63}$$

Mit dem Trägheitsmoment in Rohrachse $I = s_n^3/12$, bezogen auf eine Längeneinheit des Rohres von der Wanddicke $s_n$, wird die zugehörige Spannung

$$\sigma_k = \frac{E \cdot s_n^2}{\left(1-v^2\right) \cdot d_a^2} \tag{4.64}$$

bzw. der kritische Druck

$$p_k = \frac{2 E \cdot s_n^3}{\left(1-v^2\right) \cdot d_a^3} \tag{4.65}$$

Normalwandige Stahlrohre im industriellen Bereich haben Wanddickenverhältnisse von $s_n / d_a \approx 0{,}01$. Hierfür errechnet sich mit $v = 0{,}3$ und $E = 200$ kN/mm² ein kritischer äußerer Überdruck von

$p_k = 0,439$ N/mm² (4,39 bar)

Unter Berücksichtigung eines Sicherheitsfaktors von $S_K = 3,0$ für elastisches Einbeulen wird damit

$p_R = 0,146$ N/mm² (1,46 bar)

solange das Rohr kreisförmig und mit einer Unrundheit von maximal 1 % behaftet ist.

Da für Rohrleitungen im allgemeinen ein maximaler äußerer Überdruck von 1 bar auftreten kann, also absolutes Vakuum, ist gemäß DIN EN 13480-3 keine Nachrechnung auf Einbeulen erforderlich, wenn:

– ein Wanddickenverhältnis $s_n / d_a \geq 0,01$ vorhanden ist,
– Abflachungen nicht die Nennwanddicke $s_n$ überschreiten,
– bei nichtaustenitischen Stählen die zulässige Temperatur 150 °C nicht übersteigt,
– bei austenitischen Stählen die zulässige Temperatur maximal 50 °C beträgt.

Größere äußere Überdrücke können demgegenüber auftreten bei:

– Mantelrohrsystemen mit höherem äußeren Überdruck als im innenliegenden Rohr, wobei für innen ein Druck p = 0 (leer) oder p = -1 bar (Vakuum) einkalkuliert werden muss,
– Rohrleitungen in tiefen Gewässern (Offshore-Rohrleitungen),
– Schellen an Halterungen mit relativ großer Unrundheit, die durch die Schraubenkräfte das Rohr verzwängen.

*c) Elastisches Einbeulen nach AD 2000-Merkblatt B 6*

Bei dünnwandigen Rohrleitungen mit Versteifungen errechnet sich für das elastische Einbeulen der zulässige Druck zu:

$$p_R = 2\frac{E}{S_K}\left\{\frac{s_R/d_a}{\left(n^2-1\right)\cdot\left[1+\left(n/Z\right)^2\right]^2} + \frac{\left(s_R/d_a\right)^3}{3\cdot\left(1-v^2\right)}\left[n^2-1+\frac{2n^2-1-v}{1+\left(n/Z\right)^2}\right]\right\} \quad (4.66)$$

L bedeutet die Länge zwischen zwei wirksamen Versteifungen (Bild 4.30 und 4.31), n die ganzzahlige Anzahl der dazwischen liegenden Beulwellen, die nach der Beziehung

$$n \approx 1,6 \cdot \sqrt[4]{\frac{d_a^3}{L^2 \cdot s_R}} \geq 2 > Z = \frac{\pi \cdot d_a}{2L} \quad (4.67)$$

näherungsweise errechnet werden kann.

# 4 Festigkeitsberechnung von Rohren und Rohrleitungsbauteilen

Wirksame Versteifungen in Rohrleitungen können sein:

- Ringversteifungen in Form von umschließenden Rohrhalterungen, die aus konstruktiven Gründen häufig schon eine ausreichende Eigensteifigkeit aufweisen;

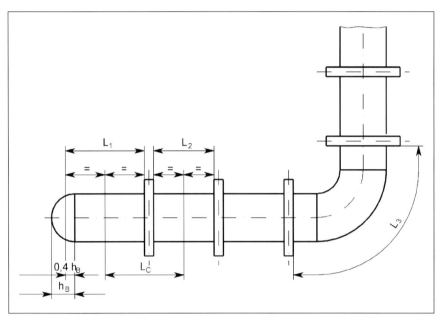

Bild 4.30: Definition der Längen L und $L_C$ zwischen 2 wirksamen Versteifungen

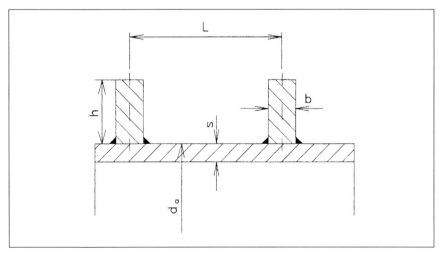

Bild 4.31: Ringversteifung aus Flachstahl für außendruckbeanspruchtes Rohr

- zusätzlich aufgeschweißte Ringversteifungen;
- Endkappen;
- Flansche;
- ebene Böden;
- Verstärkungen an Abzweigen.

Rohrbogen und -biegungen sowie Segmentkrümmer sind nicht als Versteifungen anzusehen.

Die Versteifungsringe müssen gleichmäßig verteilt ein Drittel über den gesamten Umfang mit dem Rohr verschweißt sein. Die aufgeschweißten Ringversteifungen müssen so dimensioniert sein, dass sie selbst nicht knickgefährdet sind. Sie können unterschiedliche Geometrien haben (Bild 4.32). Einfache glatte Ringe aus Flachstahl oder Blech sollen ein Verhältnis aus Höhe h und Breite b von $h/b \leq 8$ nicht überschreiten (siehe Bild 4.31).

Das notwendige Flächenträgheitsmoment des Versteifungsringes beträgt

$$I_S \geq \frac{0{,}0413\, S_K \cdot p_R \cdot d_a^3 \sqrt{d_a \cdot s_R}}{E} \qquad (4.68)$$

sowie dessen Querschnittsfläche

$$A_S \geq \frac{p_R \cdot d_a \sqrt{d_a \cdot s_R}}{2\, f_S \cdot E} \qquad (4.69)$$

Die Maße L, $s_R$ und/oder das Profil des Versteifungsringes mit $I_S$ und $A_S$ sind so lange zu variieren, bis Gl. (4.66) bis (4.69) erfüllt sind.

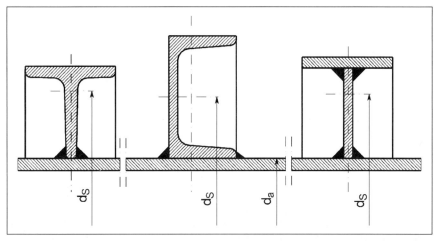

Bild 4.32: Versteifungen mit Profilstahl ($d_S$ – Schwerpunktdurchmesser Versteifungsring)

# 4 Festigkeitsberechnung von Rohren und Rohrleitungsbauteilen

*d) Plastisches Einbeulen nach AD 2000-Merkblatt B 6*

Es ist zusätzlich plastisches Einbeulen zu überprüfen (f nach Tafel 3.1):
- Kleine Ringabstände mit $d_a / L > 5$

$$p_{pl1} = \frac{2 f \cdot s_R}{d_a} \leq p_R \qquad (4.70)$$

oder

$$p_{pl2} = 3 f \left(\frac{s_R}{L}\right)^2 \geq p_R. \qquad (4.71)$$

Der größere der beiden Werte $p_{pl1}$ oder $p_{pl2}$ ist für den zulässigen Außenüberdruck maßgebend.
- Große Ringabstände mit $d_a / L \leq 5$

$$p_{pl} = 2 f \cdot \frac{s_R}{d_a} \cdot \frac{1}{1 + 0{,}015 \, u \cdot \left(1 - 0{,}2 \frac{d_a}{L}\right) \cdot \left(\frac{d_a}{s_R}\right)} \geq p_R. \qquad (4.72)$$

*e) Berechnung nach DIN EN 13480-3*

Die DIN EN 13480-3 hat ebenso wie DIN EN 13445-3 (unbefeuerte Druckbehälter) den Rechenalgorithmus aus dem britischen Standard BS 5500 übernommen, jedoch um rohrleitungsspezifische Belange ergänzt.

Die Auslegung hiernach führt für den Bereich $s_n / d_a \approx 0{,}01$ und für nichtaustenitische Werkstoffe zu annähernd gleichen Wanddicken wie nach AD 2000-Merkblatt B 6. Die Herstellung wird aber aufwändiger, schon allein auf Grund der Forderung nach einer Rundumverschweißung der Versteifungen.

Der Algorithmismus enthält für dünnwandige Rohre einen ansteigenden Sicherheitsbeiwert. Gleiches gilt für erforderliche Versteifungen.

Für austenitische Werkstoffe ist ein zusätzlicher Sicherheitsbeiwert von 1,25 zu berücksichtigen, weil der reine Elastizitätsbereich um einiges niedriger liegt als bei ferritischen Werkstoffen.

## 4.9 Nocken und Knaggen als integrale Halterungsanschlüsse

### 4.9.1 Grundlagen

Aus dem Halterungskonzept geht hervor, an welchen Punkten Lasten aus dem Rohrleitungssystem in den Stahl- bzw. Betonbau abgetragen werden müssen. Diese Lasten resultieren aus unterschiedlichen Belastungsfällen, die durch eine Rohrsystemanalyse quantitativ bestimmt werden (siehe Abschnitt 6). Die so ermittelten Kräfte und Momente sind maßgebend für die Festigkeitsberechnung der integralen Halterungsanschlüsse, einschließlich des Rohrabschnittes, an dem sie angebracht sind. Das können sowohl das auf Innendruck bemessene gerade Rohr, aber auch ein wandverstärktes Rohrstück oder ein geschmiedetes Formstück sein.

Für HD-Rohrleitungen und andere warm- und heißgehende Rohrleitungssysteme ist der Lastabtrag allein durch Reibungskräfte nicht zu empfehlen, weil diese Reibkräfte fortwährend über alle Belastungszustände zuverlässig wirken müssen, sowohl bei transienter Druck- und Temperaturbelastung, als auch während schlagartiger Beanspruchung.

Die integralen Halterungsanschlüsse werden zunächst konstruktiv festgelegt. Die damit vorliegende Geometrie wird anschließend mit bestimmten Nachweismethoden auf Zulässigkeit der auftretenden Primär- und Sekundärspannungen überprüft. Durch schrittweise Näherung muss die optimale Konstruktion ermittelt werden. Aus wirtschaftlichen Gründen soll die Berechnungsmethode auf der sicheren Seite liegen und möglichst schnell zu befriedigenden Ergebnissen führen, auch wenn damit vielleicht nicht die letzte Genauigkeit erreicht wird.

Eine rationale Methode bietet DIN EN 13480-3. Sie geht davon aus, dass bei den üblichen Konstruktionen die höchsten Spannungen im drucktragenden Bauteil (Rohr oder Schmiedestück) auftreten und infolgedessen auch nur hierfür die Spannungen nachzuweisen sind. Die Nocken und Knaggen (Rechtecknocken) sind als Kragarme anzusehen, die nach den üblichen Regeln der Statik nachzuweisen sind. Die Beanspruchungen infolge der Lasteinleitung können allerdings bei hohlen Rundnocken Aussteifungen in Form von eingesetzten oder aufgeschweißten Scheiben erfordern, insbesondere bei dünnwandigen Nocken mit einem Verhältnis $d_T / s_T \geq 10$ ($d_T$ und $s_T$ sind Außendurchmesser und Wanddicke des Nockens).

### 4.9.2 Allgemeine Randbedingungen und zulässige Spannungen

– Die Nocken und Knaggen sollen auf das gerade, unverschwächte Rohr geschweißt werden. Störstellen einschließlich Schweißnähte sollen mindestens

$$2{,}5 \cdot \sqrt{(d_a / 2) \cdot s_n}$$

vom Außenrand des Nockens entfernt sein.

– Die Werkstoffe von Grundrohr und Nocken bzw. Knaggen sollten etwa gleiche Festigkeitseigenschaften und Wärmeausdehnungskoeffizienten aufweisen.

– Bei HD-Rohrleitungen, insbesondere im Zeitstandbereich, müssen die integralen Halterungsanschlüsse mit durchgeschweißten und damit volltragenden Schweißnähten am Rohr angebracht sein.

– Bei kurzen Nocken oder Knaggen und einem Verhältnis von $d_a / s_n < 10$ im Grundrohr ist die Auslegung allein auf Scherspannung in der Schweißnaht ausreichend.

Grundlage für die zulässigen Spannungen bilden die Festlegungen im Abschnitt 3.4. Die Definitionen der primären, sekundären und tertiären Spannungen (Spannungsspitzen) sind zu beachten. Als zulässige Spannungen können die Werte entsprechend Tafel 3.3 zugrunde gelegt werden.

### 4.9.3 Definitionen und spezielle Randbedingungen

*a) Allgemeine Definitionen (siehe Bild 4.33)*

$A_W$ – Querschnittsfläche der Schweißnaht

$Z_{WC}$ – Widerstandsmoment für Biegung in Umfangsrichtung des Grundrohres im Schweißnahtquerschnitt

## 4 Festigkeitsberechnung von Rohren und Rohrleitungsbauteilen

$Z_{WL}$ – Widerstandsmoment für Biegung in Längsrichtung des Grundrohres im Schweißnahtquerschnitt

$Z_{WT}$ – Widerstandsmoment für Torsion im Schweißnahtquerschnitt

$M_L$ – Moment mit Vektor senkrecht zur Ebene, die durch Grundrohr und Nocken aufgespannt wird

$M_C$ – Moment mit Vektor in Achse des Grundrohrs, senkrecht zum Nocken

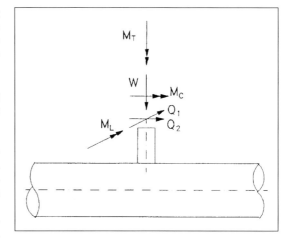

Bild 4.33: Kräfte und Momente an einem Nocken

$M_T$ – Moment mit Vektor senkrecht zum Grundrohr in Nockenachse
$Q_1$ – Querkraft senkrecht zur Ebene, die durch Grundrohr und Nocken aufgespannt wird
$Q_2$ – Querkraft in Längsrichtung des Grundrohres, senkrecht zum Nocken
$W$ – Kraft senkrecht zum Grundrohr in Nockenachse

Die Kräfte sowie das Torsionsmoment $M_T$ sind der Rohrstatik zu entnehmen. Die Momente $M_L$ und $M_C$ erhält man aus den Kräften $Q_1$ und $Q_2$, multipliziert mit dem Hebelarm des Abstandes Lastangriffspunkt zur äußeren Oberfläche des Rohres. Die Belastungen wirken an der äußeren Oberfläche des Grundrohres. Greift der Belastungspunkt an einer anderen Stelle an, ist der zusätzliche Hebelarm zu beachten. Die mit ** versehenen Belastungen bzw. Spannungen gehen mit dem Absolutwert der maximalen Lasten und als gleichzeitig wirkend in die Spannungsanalyse ein.

*b) Weitere Definitionen für hohle Rundnocken*

$d_{aT}$ – Außendurchmesser des Rundnockens
$d_{iT}$ – Innendurchmesser des Rundnockens
$s_T$ – Wanddicke des Nockens
$r_m = 0{,}5\, d_m$ – mittlerer Radius des Grundrohres
$A_T = \pi/4\, (d_{aT}^2 - d_{iT}^2)$ – Querschnittsfläche des Nockens
$Z_T = 2 \cdot I_T/d_{aT}$ – Widerstandsmoment des Nockens
$I_T = \pi/4\, [(d_{aT}/2)^4 - (d_{iT}/2)^4]$ – Trägheitsmoment des Nockens
$A_m = A_T/2$ – halbe Querschnittsfläche des Nockens
$\gamma = d_a / (2 s_n)$
$\tau = s_T / s_n$
$\beta = d_{aT} / d_a$

$$C_i = A_0 \cdot (2\gamma)^{n_1} \cdot \beta^{n_2} \cdot \tau^{n_3} \geq 1 \tag{4.73}$$

4 Festigkeitsberechnung von Rohren und Rohrleitungsbauteilen

Tafel 4.7: Beiwerte für runde Nocken

| Beiwert | Bauteil | Anwendungs-bereich für $\beta$ | Faktor $A_0$ | Exponent | | |
|---|---|---|---|---|---|---|
| | | | | $n_1$ | $n_2$ | $n_3$ |
| $C_W$ | Rohr<br>Nocken | 0,3 bis 1,0 | 1,40<br>4,00 | 0,81<br>0,55 | 1)<br>2) | 1,33<br>1,00 |
| $C_L$ | Rohr<br>Nocken | | 0,46<br>1,10 | 0,60<br>0,23 | -0,04<br>-0,38 | 0,86<br>0,38 |
| $C_N$ | Rohr<br>Nocken | 0,3 bis 0,55 | 0,51<br>0,84 | 1,01<br>0,85 | 0,79<br>0,80 | 0,89<br>0,54 |
| | Rohr<br>Nocken | 0,55 bis 1,0 | 0,23<br>0,44 | 1,01<br>0,85 | -0,62<br>-0,28 | 0,89<br>0,54 |
| 1) $\beta^{n_2}$ wird durch $e^{-1,2\beta}$ ersetzt<br>2) $\beta^{n_2}$ wird durch $e^{-1,35\beta}$ ersetzt | | | | | | |

Die Gl. (4.73) dient zur Bestimmung der Beiwerte $C_W$, $C_L$ und $C_N$. Die Konstante und die Exponenten sind Tafel 4.7 zu entnehmen. Die Beiwerte sind jeweils für das Rohr und den Rundnocken zu berechnen. Der größere von beiden Werten ist maßgebend.

Beiwert $C_T$: $C_T = 1,0$ für $\beta \leq 0,55$

$C_T = C_N$ für $\beta = 1,0$

$C_T \leq 1,0$ wird für Zwischenwerte linear interpoliert zwischen $0,55 < \beta < 1,0$

Weitere Beiwerte: $B_W = 0,5 \, C_W \geq 1,0$

$B_L = 0,5 \, C_L \geq 1,0$

$B_N = 0,5 \, C_N \geq 1,0$

$B_T = 0,5 \, C_T \geq 1,0$

$K_T = 2,0$ für Kehlnähte

$K_T = 1,8$ für voll durchgeschweißte Nähte

c) *Randbedingungen für hohle Rundnocken*

- volltragende HV-Naht oder Kehlnaht
- der Rundnocken steht senkrecht auf der Außenoberfläche des Grundrohrs
- $8,33 \leq \gamma \leq 50$
- $0,2 \leq \tau \leq 1,0$
- $0,3 \leq \beta \leq 1,0$

d) *Weitere Definitionen für Knaggen (Rechtecknocken)*

$\gamma = d_a / (2s_n)$ wie bei Rundnocken

$\beta_1 = L_1 / r_m$ $L_1$ ist die halbe Länge des Nockens in Umfangsrichtung des Rohres

$\beta_2 = L_2 / r_m$ $L_2$ ist die halbe Länge des Nockens in Längsrichtung des Rohres

4 Festigkeitsberechnung von Rohren und Rohrleitungsbauteilen

Hebelarme:
$L_a = \min(L_2 ; s_n)$
$L_b = \min(L_1 ; s_n)$
$L_c = \min(L_1 ; L_2)$
$L_d = \max(L_1 ; L_2)$

Beiwerte:
$C_T = 3{,}82 \cdot \gamma^{1{,}64} \cdot \beta_1 \cdot \beta_2 \cdot \eta^{1{,}54} \geq 1{,}0$
$C_L = 0{,}26 \cdot \gamma^{1{,}74} \cdot \beta_1 \cdot \beta_2 \cdot \eta^{4{,}74} \geq 1{,}0$
$C_N = 0{,}38 \cdot \gamma^{1{,}9} \cdot \beta_1^2 \cdot \beta_2 \cdot \eta^{3{,}40} \geq 1{,}0$

$$\eta = -\left(X_1 \cos\Theta + Y_1 \sin\Theta\right) - \frac{1}{A_o \left(X_1 \sin\Theta - Y_1 \cos\Theta\right)^2}$$

$X_1 = X_0 + \lg \beta_1; \qquad Y_1 = Y_0 + \lg \beta_2$

Die Faktoren und der Winkel $\Theta$ sind der Tafel 4.8 zu entnehmen.

Weitere Beiwerte:
$B_T = 2/3 \, C_T$
$B_L = 2/3 \, C_L$
$B_N = 2/3 \, C_N$
$A_T = 4 L_1 L_2$
$Z_{tL} = (4/3) L_1 L_2^2$
$Z_{tN} = (4/3) L_1^2 L_2$
$K_T = 2{,}0$ für rundumgeschweißte Nähte und Kehlnähte
$K_T = 3{,}6$ für Kehlnähte und Nähte, die nur auf zwei oder drei Seiten geschweißt sind.

$$M_{TT} = \max\left\{ \frac{M_T}{L_c \cdot L_d \cdot s_n \left[1 + (L_c / L_d)\right]} ; \frac{M_T}{\left[0{,}8 + 0{,}05 (L_d / L_c)\right] L_c^2 \cdot L_d} \right\} \qquad (4.74)$$

*e) Randbedingungen für Knaggen (Rechtecknocken)*
– volltragende Schweißnähte
– Kehlnähte müssen entweder an drei Seiten oder an den beiden langen Seiten vorhanden sein, wobei eine lange Seite mindestens die 3-fache Länge einer kurzen Seite haben muss

Tafel 4.8: Beiwerte für Knaggen (Rechtecknocken)

| Beiwert | $A_0$ | $\Theta$ | $X_0$ | $Y_0$ |
|---|---|---|---|---|
| $C_T$ | 2,2 | 40° | 0 | 0,05 |
| $C_L$ | 2,0 | 50° | -0,45 | -0,55 |
| $C_N$ | 1,8 | 40° | -0,75 | -0,60 |

- $\beta_1 \leq 0{,}5$
- $\beta_2 \leq 0{,}5$
- $\beta_1 \cdot \beta_2 \leq 0{,}075$
- $d_a/s_n \leq 100$

### 4.9.4 Bestimmung der lokalen Spannungen

Mit den folgenden Gleichungen werden die lokalen Spannungen σ im Grundrohr ermittelt, die durch die Lasteinwirkung auf die Nocken entstehen. Diese müssen den Spannungen im Grundrohr überlagert werden, die aus der Rohrsystemanalyse stammen. Es dürfen nur diejenigen Spannungen addiert werden, die zu den gleichen Lastfällen gehören.

*a) Rundnocken, die mit volltragender Naht mit dem Grundrohr verschweißt sind*

$$\sigma_{MT} = \frac{B_W W}{A_T} + \frac{B_N M_C}{Z_T} + \frac{B_L M_L}{Z_T} + \frac{Q_1}{A_m} + \frac{Q_2}{A_m} + \frac{B_T M_T}{Z_T} \qquad (4.75)$$

$$\sigma_{NT} = \frac{C_W W}{A_T} + \frac{C_N M_C}{Z_T} + \frac{C_L M_L}{Z_T} + \frac{Q_1}{A_m} + \frac{Q_2}{A_m} + \frac{C_T M_T}{Z_T} \qquad (4.76)$$

$$\sigma_{PT} = K_T \sigma_{NT} \qquad (4.77a)$$

$$\sigma_{NT}^{**} = \frac{C_W W^{**}}{A_T} + \frac{C_N M_C^{**}}{Z_T} + \frac{C_L M_L^{**}}{Z_T} + \frac{Q_1^{**}}{A_m} + \frac{Q_2^{**}}{A_m} + \frac{C_T M_T^{**}}{Z_T} \qquad (4.77b)$$

*b) Knaggen, die mit volltragender Naht mit dem Grundrohr verschweißt sind*

$$\sigma_{MT} = \frac{B_T W}{A_T} + \frac{B_L M_L}{Z_{tL}} + \frac{B_N M_C}{Z_{tN}} + \frac{Q_1}{2L_1 L_a} + \frac{Q_2}{2L_2 L_b} + M_{TT} \qquad (4.78)$$

$$\sigma_{NT} = \frac{C_T W}{A_T} + \frac{C_L M_L}{Z_{tL}} + \frac{C_N M_C}{Z_{tN}} + \frac{Q_1}{2L_1 L_a} + \frac{Q_2}{2L_2 L_b} + M_{TT} \qquad (4.79)$$

$$\sigma_{PT} = K_T \sigma_{NT} \qquad (4.80)$$

$$\sigma_{NT}^{**} = \frac{C_T W^{**}}{A_T} + \frac{C_L M_L^{**}}{Z_{tL}} + \frac{C_N M_C^{**}}{Z_{tN}} + \frac{Q_1^{**}}{2L_1 L_a} + \frac{Q_2^{**}}{2L_2 L_b} + M_{TT}^{**} \qquad (4.81)$$

4 Festigkeitsberechnung von Rohren und Rohrleitungsbauteilen 177

c) *Zusatzbedingungen für Rundnocken, die mit einer Kehlnaht mit dem Grundrohr verbunden sind*

$$\frac{W^{**}}{A_W} + \frac{M_L^{**}}{Z_{WL}} + \frac{M_C^{**}}{Z_{WC}} + \frac{\sqrt{Q_1^{**2} + Q_2^{**2}}}{A_W} + \frac{M_T^{**}}{Z_{WT}} \leq 2 \cdot R_{eH} \quad (4.82)$$

$$\sqrt{\left(\frac{W^{**}}{A_W}\right)^2 + 4\left[\left(\frac{Q_1^{**2} + Q_2^{**2}}{A_W}\right) + \frac{M_T^{**}}{Z_{WT}}\right]^2} \leq R_{eH} \quad (4.83)$$

d) *Zusatzbedingungen für Knaggen, die mit Kehlnähten mit dem Grundrohr verbunden sind*

$$\frac{W^{**}}{A_W} + \frac{M_L^{**}}{Z_{WL}} + \frac{M_C^{**}}{Z_{WC}} + \frac{2 \cdot \left(Q_1^{**} + Q_2^{**}\right)}{A_W} + \frac{M_T^{**}}{Z_{WT}} \leq 2 \cdot R_{eH} \quad (4.84)$$

$$\sqrt{\left(\frac{W^{**}}{A_W}\right)^2 + 4 \cdot \left(\frac{Q_1^{**} + Q_2^{**}}{A_W} + \frac{M_T^{**}}{Z_{WT}}\right)^2} \leq R_{eH} \quad (4.85)$$

### 4.9.5 Spannungsanalyse für das Grundrohr unter Einbeziehung der lokalen Spannungen

Unter Beachtung von Gl. (4.75) bis (4.81) werden die aus der Rohrsystemanalyse bekannten Gleichungen gemäß DIN EN 13480-3 wie folgt modifiziert:

– ständig wirkende Lasten

$$\sigma_{SL} = \frac{p \cdot d_a}{4 s_R} + \frac{M_a}{W_P} + \sigma_{MT} \leq 1{,}5 \cdot f \quad (4.86)$$

– ständig wirkende und gelegentliche Lasten

$$\sigma_{SL} = \frac{p \cdot d_a}{4 s_R} + \frac{M_a + M_b}{W_P} + \sigma_{MT} \leq 1{,}8 \cdot f \quad (4.87)$$

– außergewöhnliche Lasten (Störfälle)

$$\sigma_{SL} = \frac{p \cdot d_a}{4 s_R} + \frac{M_a + M_b}{W_P} + \sigma_{MT} \leq 2{,}7 \cdot f \quad (4.88)$$

– Lasten durch behinderte Wärmedehnung

$$\sigma_E = \frac{i \cdot M_C}{W_P} + \frac{\sigma_{PT}}{2} \leq f_a \qquad (4.89)$$

– Kombination aus Eigengewicht, ständigen und durch behinderte Wärmedehnung wirkenden Lasten

$$\sigma_{TE} = \frac{p \cdot d_a}{2s_R} + 0{,}75 \cdot i \cdot \frac{M_A}{W_P} + i \cdot \frac{M_C}{W_P} + \sigma_{MT} + \frac{\sigma_{PT}}{2} \leq f + f_a \qquad (4.90)$$

Zusätzlich sind noch einzuhalten

$$\sigma_{NT}^{**} \leq 2 \cdot R_{eH} \qquad (4.91)$$

sowie bei Rundnocken

$$\frac{Q_1^{**}}{2L_1 \cdot L_a} + \frac{Q_2^{**}}{2L_2 \cdot L_b} + M_{TT}^{**} \leq R_{eH} \qquad (4.92a)$$

und bei Rechtecknocken

$$\frac{Q_1^{**} + Q_2^{**}}{A_W} + \frac{M_{TT}^{**}}{Z_{WT}} \leq R_{eH} \qquad (4.92b)$$

Die zulässigen Spannungen f und $f_A$ sind den Tafeln 3.1 und 3.3, der Spannungsfaktor i der Tafel 6.3 zu entnehmen.

Falls die Ergebnisse aus der vorstehenden Spannungsanalyse nicht zufriedenstellend ausfallen bzw. die Nocken- und Knaggenabmessungen außerhalb der o.g. Grenzen liegen, dürfen alternative Berechnungsmethoden angewandt werden, z.B. nach [4.6], [4.7] oder dem British Standard BS 5500.

## 4.10 Ermüdung

### 4.10.1 Grundlagen

Reine statische Belastungszustände in Rohrleitungssystemen sind fast eine Ausnahme, vielmehr unterliegen die Rohrleitungen durch die unterschiedlichen Fahrweisen der Gesamtanlage wechselnden und/oder schwellenden Beanspruchungen. Diese sollten in der Auslegungsphase eines Rohrsystems als Auslegungseckdaten bekannt sein, damit sowohl die Berechnung als auch die Konstruktion der einzelnen Rohrleitungsbauteile darauf abgestimmt werden können. Grundsätzlich sind für ein Rohrleitungssystem drei verschiedene Belastungsquellen zu unterscheiden:

4 Festigkeitsberechnung von Rohren und Rohrleitungsbauteilen

a) Innendruckbelastung durch
- An- und Abfahren des Rohrleitungssystems,
- Lastschwankungen, bedingt durch die Fahrweise der Anlage,
- Druckstöße, bedingt durch An- und Abfahren oder Umschalten von Pumpen, schnelles Öffnen oder Schließen von Armaturen (Klappen, Ventile, Sicherheitseinrichtungen).

b) Temperaturbelastung durch
- An- und Abfahren,
- Lastschwankungen in Form von transienten Belastungen, die in einem kurzen Zeitraum ablaufen.

c) Belastung des Rohrleitungssystems durch Kräfte und Momente, resultierend aus
- Wind, Schnee, Eis,
- Druckstoß,
- seismische Lasten, Setzungen,
- betrieblich bedingte Vibrationen (Schwingungen),
- Erdlasten, Verkehrslasten.

Es ist zu untersuchen, ob diese unterschiedlichen und variablen Lasten zeitgleich auftreten oder ob eine zeitliche Trennung vorgenommen werden kann. Hiernach richtet sich die Überlagerung der jeweiligen Spannungsanteile. Da Ermüdungsbetrachtungen recht aufwändig sind, sollte zuvor geprüft werden, inwieweit eine solche erforderlich ist. Wenn die beiden folgenden Randbedingungen vollständig eingehalten sind, braucht keine Ermüdungsanalyse vorgenommen werden.

1) Einfluss der Lastschwankungen auf die Materialermüdung
- Die Mindestzugfestigkeit entsprechend den technischen Lieferbedingungen darf bei Raumtemperatur 550 N/mm$^2$ nicht überschreiten.
- Die Summe der Zyklen der nachfolgenden Wechselbelastungen darf 1000 nicht übersteigen:
  - Volle Druckschwankungsbreiten einschließlich An- und Abfahren.
  - Druckschwankungen mit einer Druckdifferenz von ≤ 0,2 p, wobei p der Berechnungsdruck ist.
  - Temperaturzyklen $\Delta\vartheta$ für Schweißnähte an Werkstoffen mit unterschiedlichen Wärmeausdehnungskoeffizienten, deren Produkt $\Delta\vartheta(\alpha_1 - \alpha_2) > 0{,}00034$ ist. Als $\Delta\vartheta$ kann an der betrachteten Stelle näherungsweise die Schwankung der Betriebstemperatur angenommen werden.
  - Gewichtete Temperaturzyklen zweier benachbarter Punkte.
    Grundlage bildet die größte Temperaturschwingbreite zwischen zwei Punkten für einen betrachteten Temperaturtransienten. Die Gewichtung der vorgegebenen bzw. zu erwartenden Temperaturzyklen erfolgt mit den Faktoren der Tafel 4.9.

180    4 Festigkeitsberechnung von Rohren und Rohrleitungsbauteilen

Tafel 4.9: Gewichtungsfaktoren für Temperaturzyklen

| Temperaturschwingbreite $\Delta\vartheta$ in K | über | - | 30 | 60 | 80 | 140 | 190 | 250 |
|---|---|---|---|---|---|---|---|---|
| | bis | 30 | 60 | 80 | 140 | 190 | 250 | - |
| Gewichtungsfaktor | | 0 | 1 | 2 | 4 | 8 | 12 | 20 |

Als „benachbarte Punkte" gelten 2 gegenüberliegende Orte auf der Innen- und Außenoberfläche des Bauteils, die nicht weiter als $2 \cdot (d_a \cdot s_n/2)^{0,5}$ voneinander entfernt sind. Die Entfernungsbegrenzung gilt in Längs- und Umfangsrichtung.

Tritt als signifikante Schwankungsgröße nur der Innendruck auf, weil die zeitlichen Temperaturänderungen keine nennenswerten Spannungen zur Folge haben, kann zur Abgrenzung zwischen überwiegend statischer Beanspruchung und Ermüdungsbeanspruchung das AD 2000-Merkblatt S 1 dienen.

2) Einfluss der Formgebung des Rohrleitungsbauteils

Das Bauteil muss so konstruiert sein, dass keine Spannungsspitzen infolge Kerbwirkung vorhanden sind. Hinweise für optimale Konstruktionen finden sich im AD 2000-Merkblatt S 1.

Ermüdungsanalysen können bei vereinfachenden Annahmen und Randbedingungen auch mit angemessenem Aufwand durchgeführt werden. In speziellen Fällen kann allerdings eine detaillierte Analyse erforderlich sein.

### 4.10.2 Spitzenspannungen durch Innendruck

Als ermüdungsgefährdete Rohrleitungsbauteile gelten:

*a) Abzweige*

Besonders gefährdet sind Abzweige, die mittels Kehlnähten mit dem Grundrohr verschweißt sind, sowie Sattelstutzen und Abzweige mit scharfem Übergang zum Grundrohr. Die Spannungsspitzen sind bei dünnwandigen Bauteilen ausgeprägter als bei dickwandigen. Der Spannungserhöhungsfaktor wird mit $\alpha_m$ bezeichnet und wie folgt bestimmt:

$$\alpha_m = \alpha_{m0} + f_u \cdot \alpha_b \qquad (4.93)$$

mit $\alpha_{m0}$ und $\alpha_b$ nach Tafel 4.10 sowie dem Faktor $F_u$ zur Berücksichtigung der Unrundheit des Grundrohres

$$F_U = \frac{1,5 \cdot U \cdot (d_m/s_n)}{1 + 0,455 \cdot (\Delta p/E) \cdot (d_m/s_n)^3} \qquad (4.94)$$

Bei Nachrechnungen ist statt $s_n$ die ausgeführte Wanddicke abzüglich Korrosionszuschlag einzusetzen. Die Unrundheit U ist dann ebenfalls ein gemessener Wert.

Bei diesen Berechnungen wird die Nennwanddicke $s_n$ oder die gemessene Wand zu Grunde gelegt.

# 4 Festigkeitsberechnung von Rohren und Rohrleitungsbauteilen

Tafel 4.10: Spannungserhöhungsfaktoren $\alpha_{m0}$ und $\alpha_b$ zur Bestimmung der Spitzenspannung

| $\alpha_{m0}$ | konstruktive Ausführung |
|---|---|
| 2,6 | durchgesteckte und durchgeschweißte sowie im Gesenk geschmiedete Abzweige |
| 2,9 | aufgeschweißte Abzweige, Wurzel ausgebohrt, ohne Restspalt |
| 3,2 | ausgehalste Grundkörper mit angeschweißten Abzweig, Wurzel ausgebohrt, ohne Restspalt |
| 3,5 | Walzverbindungen |
| 5,0 | Walzverbindungen oder Kehlnahtverbindungen mit einem wurzelseitigen Restspalt > 1,5 mm |
| $\alpha_b = 2$ | falls nicht durch Rechnung oder Messung genauer belegt |

Die für die Ermüdung maßgebliche Spannung bestimmt sich zu

$$\sigma_{ip} = \alpha_m \cdot \frac{p \cdot d_m}{2s_n} \tag{4.95}$$

Für schräge Abzweige sowie für Y-Formstücke, Hosenrohre und Gabeln wird

$$\alpha_{mo} = 2,5 + \frac{(90 - \psi_A)^2}{1000} \tag{4.96}$$

wobei $\psi_A$ der Neigungswinkel zur Mantellinie des Grundrohrs bedeutet. Bei nicht nachgearbeiteter Schweißnahtwurzel ist $\alpha_m$ zusätzlich mit 1,2 zu multiplizieren.

*b) Reduzierungen*

mit großem Öffnungswinkel und scharfem Übergang vom Konus auf den zylindrischen Teil sind ermüdungsgefährdet, insbesondere wenn die Reduzierung keinen zylindrischen Übergang hat und unmittelbar an der Schräge mit dem anschließenden Rohr verschweißt ist. Die hierbei auftretenden lokalen Biege- und Membranspannungen, resultierend aus den Kompatibilitätsbedingungen, können aus einem Stufenkörpermodell erfasst werden [4.8]. Zur Bestimmung der Spannungsspitzen müssen die Membran- und Biegespannungen mit einem Spannungserhöhungsfaktor belegt werden [4.9], [4.10]. Gleiches gilt, wenn zur Spannungsermittlung statt des Stufenkörpermodells die FEM-Analyse eingesetzt und dabei Schalenelemente verwendet werden.

*c) Ebene Böden*

gelten als ermüdungsgefährdet, wenn sie mit einer Kehlnaht oder Doppelkehlnaht mit dem Rohr verbunden sind.

*d) Bogen und Biegungen*

Durch Versuche wurde festgestellt [4.11], dass nennenswerte Unrundheiten aus dem Umformprozess zu solchen zusätzlichen Spannungen in Umfangsrichtung führen, dass im Verhältnis zu einem kreisrundem Rohr eine erhebliche Ermüdungsbeeinträchtigung besteht, obschon im klassischen Sinne keine Spannungsspitze auftritt.

Unrundheiten bis zu 3 % haben bei Rohrbögen oder Rohrbiegungen keinen nennenswerten oder messbaren Einfluss auf die Lebensdauer. Unrundheiten über 3 bis zu 6 % bedingen einen Rückgang der ertragbaren Lastwechsel bis zum Bruch auf etwa 30 %. Bei Unrundheiten von 10 % sinken die Werte auf 10 % der ertragbaren Lastwechsel kreisrunder Rohre. Diese Messergebnisse sind zwar nicht auf alle Werkstoffe und $(d_a / s_n)$-Verhältnisse übertragbar, zeigen jedoch die Tendenz, dass die konstruktionsbedingt vorgegebenen maximalen Unrundheiten in der Fertigung nicht überschritten werden dürfen. Zur Sicherheit sollten die Bogen ausgemessen und die Ergebnisse protokolliert werden.

Die Zusatzspannungen durch Unrundheiten bei Belastung durch Innendruck bzw. durch eine Druckdifferenz zwischen wechselnden Betriebszuständen können nach Gl. (4.26) bis (4.42) bestimmt werden. Zu beachten ist die Wirkungsrichtung des Biegemomentes aus der Rohrstatik, ob es auf- oder zubiegend ist. Ein zubiegendes Moment verstärkt die zusätzlichen Biegespannungen in Umfangsrichtung (in der 3 Uhr- und 9 Uhr-Position), ein aufbiegendes Moment wirkt der vorhandenen Unrundheit entgegen und ist damit als abschwächend anzusehen.

### 4.10.3 Spitzenspannungen durch Temperaturbelastung

Die Bestimmung von Temperaturspannungen ist aufwändiger als die Spannungsermittlung aus Innendruck bzw. aus wechselnden Drücken. Es sind drei unterschiedliche Wirkungsweisen des Temperatureinflusses zu unterscheiden:

1) Spannungen im Rohrleitungssystem durch behinderte Wärmedehnung

   Die hierdurch bedingten Spannungen werden in der Systemanalyse erfasst (siehe Abschnitt 6).

2) Spannungen durch ungleichmäßige Temperaturverteilung über den Rohrquerschnitt

   Stationär vorhandene Temperaturunterschiede können z.B. durch Kondensatpfützen in Heißdampfleitungen bedingt sein. Die Auswirkungen der Krümmung des Rohres auf die benachbarten Rohrleitungsabschnitte können mit Hilfe der Elastizitätsanalyse erfasst werden. Die Ermittlung der Spannungen am Entstehungsort kann allerdings nicht mit dieser Methode erfolgen, weil die Abbildung als Balken hierfür ungeeignet ist.

3) Örtlich bezogene instationäre oder transiente Temperaturänderungen

   Bei diesen Temperaturfeldern handelt es sich um einen über die Wanddicke und mit der Zeit veränderlichen Temperaturverlauf. Bekannte Beispiele sind das An- und Abfahren der Rohrleitung sowie Thermoschocks, hervorgerufen durch plötzliches Öffnen von Armaturen oder Einspritzungen zur Dampfkühlung.

Möglicherweise müssen bei den Ermüdungsanalysen alle 3 Arten von Temperaturbelastungen beachtet werden, im ungünstigen Fall sind die entsprechenden Spannungskomponenten zu addieren. Für relativ starre Rohrleitungssysteme können die beiden erstgenannten Spannungen beträchtliche Werte annehmen.

### 4.10.4 Lineare Temperaturänderungen

Die Aufwärmung einer Rohrleitung erfolgt häufig in der Weise, dass das Fluid eine nahezu lineare Temperaturänderung aufweist. Besonders ausgeprägt ist das bei heißge-

# 4 Festigkeitsberechnung von Rohren und Rohrleitungsbauteilen

henden Kraftwerksrohrleitungen. Die mathematische Beschreibung dieses physikalischen Vorganges erlaubt mit hinreichender Genauigkeit die Bestimmung der über die Rohrwanddicke auftretenden Temperaturdifferenzen und der daraus resultierenden Temperaturspannungen. Folgende vereinfachende Randbedingungen sind vorauszusetzen:

- Das Rohr ist ideal wärmegedämmt, so dass ein adiabates System besteht. Dieser Zustand ist bei geringen Temperaturdifferenzen zwischen Außenoberfläche des Rohres und Umgebungstemperatur nahezu verwirklicht. Bei großen Temperaturdifferenzen ergeben sich leichte Abweichungen. Nach dem Gesetz von der Erhaltung der Energie muss der Wärmeverlust über die Dämmung (siehe Abschnitt 2) an die Umgebung durch Energieaufnahme aus dem Fluid über die Rohrwand beim Aufheizen ausgeglichen werden. Da die Dämmung möglichst geringe Wärmeverluste haben soll, tritt durch deren Vernachlässigung keine nennenswerte Verfälschung des Ergebnisses auf. Erst zum Ende des Aufheizvorganges, wenn nur noch eine geringe Wärmespeicherkapazität der Rohrwand vorhanden ist, tritt eine Abweichung zu den physikalischen Gegebenheiten ein. Dieser Abschnitt des Aufheizens ist zur Bestimmung der größten Spannungsschwingbreite nicht mehr relevant.

- Der Wärmeübergangskoeffizient an der Innenoberfläche des Rohres wird als unendlich groß angenommen, was den Realitäten bei kondensierendem Dampf und Sattdampf sehr nahe kommt (siehe Abschnitt 2).

- Es wird zu Beginn des An- oder Abfahrens von einer konstanten Temperaturverteilung über die Rohrwanddicke ausgegangen, d.h. $\vartheta_i = \vartheta_a$ entsprechend Bild 4.34 für den Zeitpunkt $Z = 0$.

Im Bild 4.34 ist das Temperaturfeld über die Rohrwanddicke qualitativ bei konstant steigender Fluidtemperatur $\vartheta_i$ dargestellt. Mit zeitlicher Verzögerung zur Erhöhung der Fluidtemperatur folgt zunächst ein zögernder Temperaturanstieg an der Rohraußenoberfläche ($Z_1$ im Bild 4.34). Bei weiterer Steigerung der Fluidtemperatur ergibt sich ei-

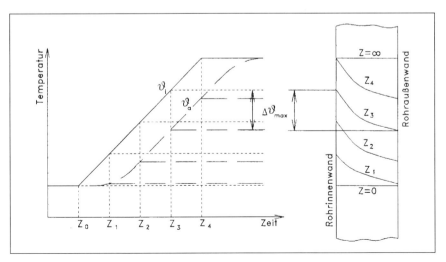

Bild 4.34: Temperaturverteilung in der Rohrwand während des Anfahrens

ne verstärkte Temperaturänderung an der Rohraußenoberfläche $\vartheta_a$. Dieser Vorgang kann jedoch nicht beliebig gesteigert werden, weil nur eine begrenzte Energiemenge auf das Rohr übertragen und durch Wärmleitung weiter transportiert werden kann ($Z_2$ bis $Z_4$ im Bild 4.34). Diese Zustandsänderungen sind die maximal möglichen und variieren in Abhängigkeit von den geometrischen Größen ($d_a$, $s_n$) des Rohres und vom Werkstoff. Die größte Temperaturänderungsgeschwindigkeit wird als quasistationärer Temperaturzustand bezeichnet, der bei den Ermüdungsuntersuchungen nach TRD 301 Anlage 1 bzw. TRD 303 Anlage 1 für zylindrische und sphärische Bauteile zu berücksichtigen ist. In TRD 301 und TRD 303 wird darauf hingewiesen, dass damit auch der Temperaturschock erfasst ist. Der quasistationäre Temperaturzustand wird in der Praxis nicht immer erreicht, und wenn, dann nicht gleich zu Beginn des Aufheizvorganges.

Einzelheiten zur Berechnung sind den genannten TRD zu entnehmen. Bei hohen Dampfparametern und großen Wanddicken können instationäre Temperaturanalysen erforderlich sein. Die Ermüdungsuntersuchungen sind im Regelfall nur an Abzweigen mit den größten Wanddicken im System erforderlich, weil an diesen Stellen die höchsten instationären Temperaturspannungen auftreten.

### 4.10.5 Kombination von Druck- und Temperaturschwankungen; Erschöpfungsgrad

Beim An- und Abfahren einer Rohrleitung treten sowohl die Druck- als auch die transienten Temperaturschwankungen nahezu zeitgleich auf. Nach Anlage 1 der TRD 301 bzw. Anlage 1 zur TRD 303 können sowohl zulässige Temperaturdifferenzen $\Delta\vartheta$ bei vorgegebener Lastwechselzahl als auch zulässige Temperaturänderungsgeschwindigkeiten $w_\vartheta$ ermittelt werden, bzw. bei gegebenen Größen die zulässige Lastwechselzahl. Randbedingung ist hierbei die sofortige Ausbildung eines quasistationären Temperaturfeldes, das bis zum Ende des An- bzw. Abfahrprozesses erhalten bleibt. Da in den genannten TRD nur Kaltstarts berücksichtigt werden, die alle anderen Betriebsänderungen abdecken sollen, wird ein Ausnutzungsfaktor von $e_w \leq 0{,}2$ zugrunde gelegt.

Werden unterschiedliche Belastungszyklen mit diesem Verfahren untersucht, z.B. Warm- und Heißstarts mit unterschiedlicher Häufigkeit, wird unter Anwendung der Regel von Palmgren und Miner [4.12], [4.13] ein Gesamterschöpfungsgrad oder Ausnutzungsfaktor von maximal $e_w \leq 0{,}5$ zugestanden. Dieser wird ermittelt aus

$$e_w = \frac{n_1}{N_1} + \frac{n_2}{N_2} + \ldots \leq 0{,}5 \tag{4.97}$$

mit

$n_{1\ldots i}$ – Anzahl der in der Berechnung analysierten Druck- und Temperaturzyklen,

$N_{1\ldots i}$ – ertragbare Anzahl dieser Belastungszyklen bis zum Anriss.

Die Grenzwerte für die Spannungsschwingbreite sind aus den Wöhlerkurven zu entnehmen. TRD 301 Anlage 1 enthält temperaturabhängige Wöhlerkurven für ferritische und ferritisch-martensitische Stähle. Für andere Werkstoffe sind sie beim Hersteller zu erfragen oder der Spezialliteratur zu entnehmen. DIN EN 13480-3 enthält ebenfalls Angaben zur zulässigen Spannungsschwingbreite, wobei die unterschiedliche Definition der Kenngrößen zu beachten ist.

# 4 Festigkeitsberechnung von Rohren und Rohrleitungsbauteilen

In TRD 301 Anlage 1 sind 2 zusätzliche Grenzwerte bezüglich der Unversehrtheit einer vorhandenen Magnetitschutzschicht angegeben, die sich an benetzten Oberflächen (Speisewasserleitungen, Nassdampfleitungen, Kondensatpfützen in Heißdampfleitungen) ab etwa 120 °C ausbilden kann:
- eine zulässige Druckspannung von 600 N/mm² und
- eine zulässige Zugspannung von 200 N/mm².

Diese Spitzenspannungen können an der Innenoberfläche der Kanten von Abzweigen sowie an unrunden Biegungen oder Bogen auftreten, insbesondere wenn hochfeste Stähle verwendet werden (z.B. WB 36). Die Werte geben die maximalen Stauchungen bzw. Dehnungen an, die die Magnetitschutzschicht ertragen kann, ehe sie aufreißt und sich neu bilden muss. Die Magnetitschutzschicht entsteht im Betriebszustand bei hohen Temperaturen, führt jedoch bei mehrmaliger Wiederholung (Wechselbeanspruchung) zur Schädigung des Grundwerkstoffes einschließlich Rissbildung. Dieser Vorgang ist nicht durch die Wasserqualität beeinflussbar.

## 4.11 Kriechen und Relaxieren

Im Abschnitt 3.1.1 wurde bereits auf das physikalische Verhalten von Stahl im Zeitstandbereich eingegangen. Zwischen Kriechen und Relaxieren ist je nach den Randbedingungen
- Lastaufgabe bzw. -verhalten und
- Einspannbedingungen

zu unterscheiden, wobei beides im Zusammenhang steht.

Bei konstant wirkender Kraft bzw. bei konstant über der Zeit anliegender Spannung stellt sich ein Dehnverhalten ein, wie es als Kriechkurve im Bild 3.2 angegeben ist. Die Kurve stellt die Dehngeschwindigkeit $d\varepsilon/dt$ dar und gilt für eine konstante Spannung $\sigma$ bei einer bestimmten Temperatur $\vartheta$.

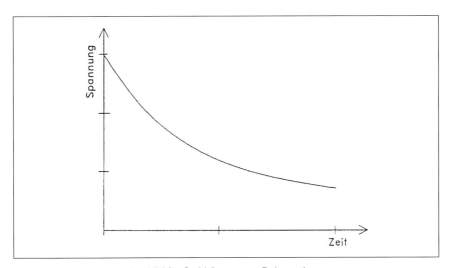

Bild 4.35: Relaxationsschaubild für Stahl (konstante Dehnung)

Im Gegensatz dazu wirkt sich die Relaxation als irreversible zunehmende plastische Verformung in einer Form aus, wie sie Bild 4.35 zeigt. Beim Versuch wird die Dehnung $\varepsilon$ für eine bestimmte Temperatur $\vartheta$ konstant gehalten, so dass die Spannung kontinuierlich mit der Zeit abfällt. Dieses Verhalten ist insbesondere für warmfeste Schraubenbolzen von Interesse und erklärt, warum im Zeitstandbereich die Schrauben von Flanschverbindungen nachgezogen werden müssen. DIN EN 10269, die technischen Lieferbedingungen für Schrauben- und Bolzenwerkstoffe, enthält Angaben zum Relaxationswiderstand. Sie dienen als Grundlage zur Ermittlung der Betriebszeit, nach der die Schraubenbolzen nachzuziehen sind, um Undichtwerden der Flanschverbindung zu vermeiden, bzw. wann sie auszuwechseln oder einer regenerierenden Wärmebehandlung zu unterziehen sind. Weitere Einzelheiten enthält VGB-R 505 M.

Rohrleitungen, die im Zeitstandbereich betrieben werden, unterliegen einem ständigen Kriechen. Aus Instandhaltungsgründen muss der Betreiber wissen, wann das Rohrleitungssystem als Ganzes bzw. die einzelnen Bauteile voraussichtlich erschöpft sind. Grundlage bildet hierfür DIN EN 12952-4, die im allgemeinen auch für Rohrleitungen angewendet wird. Während der Realisierung sind die Istmaße der Bauteilgeometrie (Wanddicken, Unrundheiten, Wandverschwächungen und -verdickungen an Bogen) als Nullzustand festzustellen und hieraus deren voraussichtliche Lebensdauer zu errechnen. Je nach Toleranzlage können dabei mehr oder weniger starke Abweichungen zum Nennzustand auftreten. Vom Betreiber wird gefordert, dass er den Erschöpfungsgrad der Rohrleitungsbauteile in bestimmten Zeitabständen ermittelt und verfolgt. Dazu muss er die Arbeitsparameter (Druck und Temperatur) über die Zeit verfolgen und hieraus die Anzahl der Lastzyklen (Belastungskollektive) feststellen sowie die Wandtemperaturdifferenzen und die Aufweitung (bleibende Dehnung) an ausgewählten Stellen messen. Diese Daten gehen in die Lebenslaufakte der Rohrleitung ein. Der Erschöpfungsgrad, bzw. die Ermüdung durch Lastwechselzyklen kann nur so genau sein, wie die Betriebsdaten erfasst werden.

In DIN EN 12952-4 wird der Erschöpfungsgrad allein auf der Grundlage von Druck und Temperatur bestimmt, was für Kesselbauteile im allgemeinen ausreichend ist. Für Rohrleitungen müssten eigentlich noch die zusätzlichen Spannungen aus der Systemanalyse berücksichtigt werden, die je nach den vorhandenen Schnittkräften und -momenten unterschiedlichen Einfluss auf das einzelne Bauteil ausüben können. Insoweit sollte zu gegebener Zeit ein Rechenschema für Rohrleitungen erarbeitet werden. Voraussetzung hierfür ist das Vorliegen abgestimmter Berechnungsmethoden, die diese Einflüsse berücksichtigen. Herstellerseitig laufen z.Z. diesbezügliche Initiativen, die aber im Detail noch nicht als allseitig abgestimmt anzusehen sind. Folgende Grundsätze sollten aber bei einer Revision unter den obigen Gesichtspunkten berücksichtigt werden:

– Die Spannungen aus dem inneren Überdruck sollten wie bisher ermittelt werden, d.h. nach DIN EN 13480-3 und weiteren Berechnungsmethoden für spezielle Bauteile und Inhomogenitäten, z.B. Unrundheiten.

– Grundlage für die Vergleichsspannung im Zeitstandbereich sollte nicht die Schubspannungs-Hypothese sondern die Gestaltänderungs-Energie-Hypothese sein, die im Zeitstandbereich das Werkstoffverhalten genauer wiedergibt.

– Die Spannungen aus den Schnittkräften und -momenten liegen über dem Wert der Längsspannung aus dem inneren Überdruck, andernfalls tragen sie nur unwesentlich zur Erschöpfung bei.

## 4 Festigkeitsberechnung von Rohren und Rohrleitungsbauteilen

Im Abschnitt 3.1.1 wurde bereits erwähnt, dass eine relativ große Schwankungsbreite (Streuband) für die Zeitstandwerte der Metalle besteht. Sie ist abhängig von der jeweiligen Charge, aus der das Rohrleitungsbauteil hergestellt ist. Aus Sicherheitsgründen muss bei der Dimensionierung eine Lage an der unteren Streubandkurve unterstellt werden. Bei der Bestimmung der Zeitstanderschöpfung wird fast zwangsläufig ein hinreichend früher Zeitpunkt hierfür ermittelt, so dass eine Schädigung unmittelbar am Bauteil mit geeigneten Verfahren von den Werkstofffachleuten zeitig genug erkennbar ist. Dabei sind funktionierende Rohrhalterungen über die gesamte Betriebszeit vorauszusetzen, was durch vorbeugende Instandhaltung zu sichern ist.

Als Basis der Zeitstand- und Ermüdungsbetrachtungen dienen die Akkumulationsregeln von Palmgren [4.12], Miner [4.13] und Robinson [4.14]:

$$e_{ges} = e_w + e_z \leq 1{,}0 \tag{4.98}$$

mit $\quad e_w = \sum_{i=1}^{n} \dfrac{n_i}{N_i} \leq 0{,}5\ $ entsprechend Gl. (4.97) und

$$e_z = \sum_{i=1}^{n} \dfrac{t_i}{T_i} \leq 1{,}0. \tag{4.99}$$

Dabei bedeutet $t_i$ die Betriebszeit bei einem bestimmten Lastkollektiv i, bestehend aus Druck und Temperatur, und $T_i$ die rechnerische Lebensdauer für dieses Lastkollektiv i.

Für metallische Werkstoffe hat sich die Vorgehensweise zur Bestimmung der Gesamterschöpfung durch reine Addition der Erschöpfung aus Lastwechselermüdung $e_w$ und Zeitstandschädigung $e_z$ eingebürgert. Dies ist weniger auf Grundlage wissenschaftlicher Untersuchungen erfolgt, als vielmehr aus pragmatischer Notwendigkeit entstanden, um eine einigermaßen zuverlässige und überschaubare Beurteilung zu ermöglichen. Die mittlerweile gesammelten positiven Erfahrungen unterstützen diesen Weg, auch hinsichtlich der Addition der einzelnen Teilerschöpfungsgrade durch Zeitstandschädigung nach Gl. (4.99).

Die Zeitstanderschöpfung $e_z$ entsprechend Gl. (4.99) wird in folgender Weise ermittelt:
– Festlegung der Lastkollektive i hinsichtlich zugeordneter Druck- und Temperaturbereiche.
– Bestimmung des Zeitraumes $t_i$ für die jeweiligen Lastkollektive entsprechend den Aufzeichnungen der Betriebsführung.
– Bestimmung der vorhandenen Spannungen und hieraus der Lebensdauern $T_i$ für die maßgebenden Parameter der jeweiligen Lastkollektive unter Berücksichtigung der Istabmessungen. Grundlage bildet hierfür die Belastung aus dem Innnendruck, alternativ wäre die Einrechnung der Zusatzspannungen aus den Schnittkräften und -momenten des Rohrsystems möglich.
– Berechnung der Teilerschöpfungsgrade $t_i / T_i$ und Summierung zum Gesamterschöpfungsgrad $e_z$.

Diese Berechnungen müssen gemäß DIN EN 12952-4 für die Rohrleitungsbauteile mit der geringsten Lebensdauererwartung durchgeführt werden. Grundlage dafür bilden die o.g. Untersuchungen auf der Basis der Istabmessungen.

# 5 Berechnung von Flanschverbindungen

## 5.1 Allgemeines

Bei Flanschverbindungen ist neben dem Festigkeitsnachweis für die Einzelteile der Flanschverbindung (Flansch, Schrauben, Muttern und Dichtung) auch der Dichtheitsnachweis von besonderer Bedeutung, um ein Austreten des Durchflussstoffes zu verhindern. Der Nachweis kann nur an der kompletten Flanschverbindung geführt werden, d.h. es ist beidseitig der Flansch einzubeziehen.

An einem Flansch (Bild 5.1) wirken folgende Belastungen:

- die Kräfte aus dem inneren Überdruck $F_Q$,
- die Dichtungskraft $F_G$,
- die aus dem anschließenden Rohrleitungssystem angreifende axiale Zusatzkraft $F_A$,
- das Biegemoment $M_A$, sowie
- die Schraubenkraft $F_B$.

Zur Festigkeitsberechnung von Flanschverbindungen werden verschiedene Methoden benutzt:

- TAYLOR-FORGE-Methode

  Sie wird insbesondere im anglo-amerikanischen Einflussbereich angewendet und ist Bestandteil des ASME-Code. Eine ausführliche Darstellung findet sich im Anhang N von DIN EN 13480-3. In DIN EN 13480-3 wird in einer Anmerkung darauf hingewiesen, dass bei Anwendung dieser Berechnungsmethode die Dichtigkeit nicht unbedingt gesichert ist.

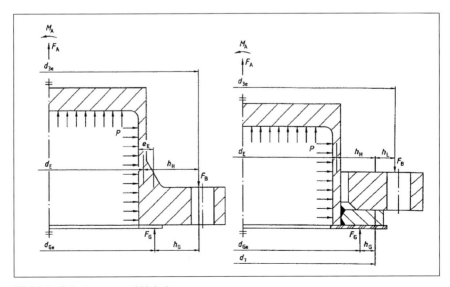

Bild 5.1: Belastungen und Hebelarme

- Stufenkörper-Methode
  Sie war Grundlage von DIN 2505. Ihre Anwendung entspricht nicht mehr dem Stand der Technik.
- WÖLFEL-Methode
  Sie war als TGL 32903-13 genormt und bildet Grundlage von DIN EN 1591-1. Das umfangreiche Gleichungssystem ist nur sinnvoll mit Computer-Rechenprogrammen anwendbar. Softwarehinweise siehe Abschnitt 16.
  Da diese Methode die wesentlichen Einflussgrößen beim Nachweis einer Flanschverbindung erfasst, dient sie als Grundlage für die weiteren Betrachtungen.

## 5.2 Berechnungsgrundlagen

*a) Berechnungsumfang und -voraussetzungen*

Bei der Berechnung der Flanschverbindung ist der

- Festigkeitsnachweis und der
- Dichtigkeitsnachweis

zu erbringen. Es sind der

- Montagezustand (Index 0)
  Einbauzustand nach dem Anziehen der Schrauben sowie verschiedene
- Folgezustände (Index I)
  Prüfzustand, Betriebszustand für verschiedene Belastungen

zu berücksichtigen.

Der Montagezustand wird bei der Berechnung im Hinblick auf das Vorverformen der Dichtung betrachtet, bei dem sich die Dichtung den Unebenheiten der Auflageflächen anpassen muss. Als Folgezustand wird jeder dem Montagezustand folgende und möglicherweise kritische Belastungszustand bezeichnet.

Belastungen der Flanschverbindung sind:

- der innere bzw. äußere Überdruck $p_I$
- die Axialkraft infolge des inneren bzw. äußeren Überdruckes $p_I$

$$F_{QI} = (\pi/4) \cdot d_{Ge}^2 \cdot p_I \tag{5.1}$$

- Axialkräfte $F_{AI}$ aus der anschließenden Rohrleitung und äußere Biegemomente $M_{AI}$, die in Kräfte umzurechnen sind, zur Zusatzkraft

$$F_{RI} = F_{AI} \pm (4/d_{3e}) \cdot M_{AI} \tag{5.2}$$

$F_{AI}$ und $M_{AI}$ sind die äußeren Kräfte und Momente für den Rechnungszustand I, wobei beide Vorzeichen überprüft werden müssen, um die ungünstigste Kombination zu finden.

- Kräfte aus Temperaturänderungen und -unterschieden innerhalb der Flanschverbindung.

## 5 Berechnung von Flanschverbindungen

*b) Berechnungsmethode*

Zentrales Konzept der Methode ist die Betrachtung der Schraubenkraft. Es gilt:

$$F_{Berf} < F_{Bmin} < F_{Bnom} < F_{Bmax} < F_{Bzul} \tag{5.3}$$

$F_{Berf}$ – mindestens erforderlich für die Dichtheit in allen Belastungszuständen
$F_{Bmin}$ – kleinster erwarteter Wert beim Anziehen der Schrauben mit $M_{tnom}$
$F_{Bnom}$ – Nominalwert zur Berechnung des Schraubenanzugsmomentes $M_{tnom}$
$F_{Bmax}$ – größter erwarteter Wert beim Anziehen der Schrauben mit $M_{tnom}$
$F_{Bzul}$ – zulässige Schraubenkraft

Die erforderliche Montagekraft ist für alle Folgezustände zu berechnen. Dies erfolgt mit Hilfe der Elastizitätstheorie und sichert, dass für jeden Folgezustand mindestens die erforderliche Kraft vorhanden und damit die Dichtigkeit der Verbindung gesichert ist. Die tatsächlich erforderliche Montagekraft ist der Größtwert aus allen berechneten Belastungszuständen.

Für die Folgezustände werden einmalige plastische Verformungen zugelassen. Nach einem Zyklus über mehrere Belastungszustände kann danach die dann real vorhandene Kraft kleiner als die ursprünglich vorhandene Montagekraft sein, sie ist aber immer noch so groß wie erforderlich. Damit bei der Ausnutzung plastischer Verformungen keine gefährliche Plastifizierung entsteht, sind für den häufigen Ein- und Ausbau von Schrauben die Kräfte zu korrigieren.

Die Beachtung der Streuung der Schraubenkraft in Abhängigkeit von der Schraubenanzugsmethode bewirkt, dass der Nachweis der Dichtigkeit mit dem kleinstmöglichen Wert der Schraubenkraft, der Nachweis der Festigkeit der Bauteile aber mit dem größtmöglichen Wert geführt wird.

*c) Zusatzkäfte*

Die axialen Zusatzkräfte und Biegemomente, die an einer konkreten Flanschverbindung wirken, sind im Rahmen der Rohrsystemanalyse zu ermitteln. In der Praxis wird aber im Rohrleitungsbau die Flanschverbindung meist als Teil einer Rohrklasse ausgelegt bzw. nachgewiesen. Hierfür kann die Annahme einer Zusatzkraft entsprechend Nennweite und Druckstufe hilfreich sein.

Als Richtwert zur Berücksichtigung der axialen Zusatzkraft $F_{RI}$ nach Gleichung (5.2) kann die Innendruckkraft $F_Q$ zu Grunde gelegt werden, multipliziert mit einem Faktor $Z_Q$ nach Bild 5.2:

$$F_{RI} = Z_Q \cdot F_{QI} \tag{5.4}$$

Es bedeuten:

$F_{RI}$ – Zusatzkraft im Rechnungszustand
$F_{QI}$ – Innendruckkraft im Rechnungszustand nach Gleichung (5.1)
$Z_Q$ – Zusatzkraftfaktor nach Bild 5.2

Für Deckel (Blindflansche) ist $F_{RI} = 0$ zu setzen.

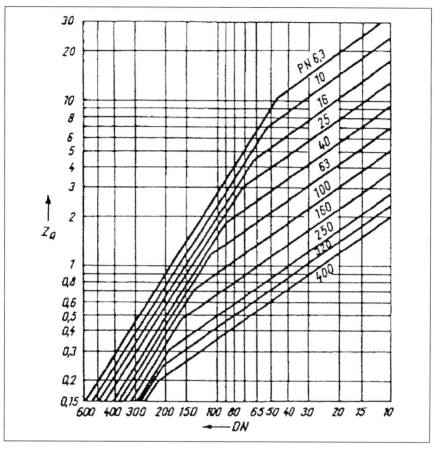

Bild 5.2: Faktor $Z_Q$ für Zusatzkraft

*d) Berechnungstemperaturen*

Bei der Festigkeitsberechnung der Flanschverbindungen können Temperaturunterschiede zwischen den einzelnen Teilen der Flanschverbindung berücksichtigt werden. Wenn die stationären Temperaturverhältnisse nicht genau bekannt sind, können folgende Berechnungstemperaturen T in Abhängigkeit von der Temperatur $\vartheta$ des Durchflussstoffes angenommen werden:

- feste Flansche und Flanschbunde T = 0,96 $\vartheta$
- lose Flansche T = 0,90 $\vartheta$
- Schrauben und Muttern für die Kombinationen
  - fester Flansch - fester Flansch T = 0,95 $\vartheta$
  - fester Flansch - loser Flansch T = 0,92 $\vartheta$
  - loser Flansch - loser Flansch T = 0,90 $\vartheta$

# 5 Berechnung von Flanschverbindungen

*e) Dichtungskennwerte*

Die folgenden Dichtungskennwerte sind in DIN EN 1591-2 definiert und für häufig vorkommende Dichtungswerkstoffe in Tabellenform angegeben (siehe Tafel 5.2):

$Q_{min}$ – Mindestdruckspannung der Dichtung im Montagezustand in Mpa
$Q_{max}$ – maximal zulässige Druckspannung der Dichtung in Mpa
$E_G$ – Elastizitätsmodul der Dichtung in Mpa, gebildet aus $E_G = E_0 + K_1 \cdot Q_G$
$Q_G$ – vorhandene Druckspannung in der Dichtung in Mpa
$E_0$ – konstanter Anteil des Elastizitätsmoduls in Mpa
$K_1$ – Änderungsrate für die Druckspannung
$Q_l/p$ – Quotient aus erforderlicher effektiver Dichtungspressung im Belastungszustand zum Druck p (der Quotient wurde früher mit „m" bezeichnet)
$g_c$ – Kriechfaktor

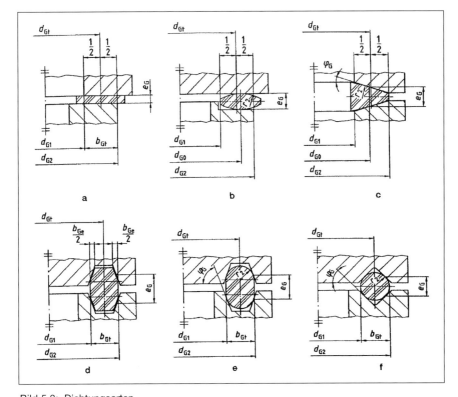

Bild 5.3: Dichtungsarten
a) Flachdichtung; b) Ovaldichtung; c) Linsendichtung; d) Ring-Joint-Dichtung, achteckig; e) Ring-Joint-Dichtung, oval; f) Runddichtung

In DIN EN 1591-1 wird aus den elastischen und plastischen Verformungen der Flanschverbindung im Montagezustand eine effektive Dichtungsbreite $b_{Ge}$ berechnet. Sie ist in der Regel kleiner als die theoretische bzw. vorhandene Dichtungsbreite $b_{Gt}$ (Bild 5.3). Für diese effektive Dichtungsbreite gelten die angegebenen maximalen und minimalen Dichtungskennwerte.

### 5.3 Nachweis der Tragfähigkeit und der Dichtheit der Flanschverbindung

*a) Dichtheitsbedingung*

Als Dichtheitsbedingung gilt

$$F_{vorh} \geq F_{erf}$$

mit der Mindestdichtungskraft für

- den Montagezustand $\quad F_{G0min} = A_{Ge} \cdot Q_{min}$
- und die Folgezustände $\quad F_{GImin} = \max \{A_{Ge} \cdot Q_I \, ; \, -(F_{QI} + F_{RI})\}$

$A_{Ge}$ – Dichtungsfläche mit dem Dichtungsdurchmesser $d_{Ge}$ (Bild 5.1) und der effektiven Dichtungsbreite $b_{Ge}$

$Q_I$ – aus Quotient $Q_I / p$ nach Tafel 5.1

Um sicherzustellen, dass die Dichtungskraft in den Folgezuständen nicht unterschritten wird, muss die erforderliche Dichtungskraft im Montagezustand $F_{G0req}$ größer als ein Mindestwert $F_{G\Delta}$ sein, der aus dem Vergleich der axialen Verschiebungen infolge der beteiligten Kräfte und Temperaturunterschiede folgt, d.h.:

$$F_{G0req} = \max \{F_{G0min} \, ; \, F_{GD}\} \tag{5.5}$$

Die Bestimmung dieser Mindestdichtungskraft $F_{G0req}$ ist nur iterativ möglich, da in die Berechnung Verschiebungen aus angenommenen Kräften eingehen, die in der Folge wieder korrigiert werden müssen.

Der Zusammenhang mit der erforderlichen Schraubenkraft $F_{B0req}$ ergibt sich aus

$$F_{B0req} = F_{G0req} + F_{R0} \tag{5.6}$$

Beim Anziehen der Schrauben treten nicht zu vermeidende Unkorrektheiten auf. Um die Einhaltung von $F_{B0req}$ zu sichern, muss dem Monteur ein nominelles Schraubenanzugsmoment vorgegeben werden, das um die im negativen Bereich vorhandene Schwankungsbreite vergrößert wird.

Beim Festigkeitsnachweis ist ebenfalls der ungünstigste Fall einzuplanen, d.h. es ist mit der um die positive Schwankungsbreite vergrößerten Schraubenkraft zu rechnen.

*b) Festigkeitsbedingung*

Die Festigkeitsbedingung

$$F_{vorh} \leq F_{zul}$$

hat in DIN EN 1591-1 die Form einer Überprüfung des Auslastungsgrades $\Phi \leq 1,0$

5 Berechnung von Flanschverbindungen

Tafel 5.1: Dichtungskennwerte nach DIN EN 1591-2 (Auswahl)

| Werkstoff | T °C | $Q_{min}$ MPa | $Q_{max}$ MPa | $E_0$ MPa | $K_1$ | $Q_I/p$ | $g_c$ |
|---|---|---|---|---|---|---|---|
| Nichtmetallische Flachdichtungen und Flachdichtungen mit Metalleinlage | | | | | | | |
| Gummi | bis 60 | 0,5 | 28 | | 10 | 0,9 | 0,9 |
| | 100 | | 18 | 200 | | | |
| | 150 | | 12 | | | | |
| PTFE | bis 20 | 10 | 50 | 600 | 20 | 1,3 | 0,9 |
| | 100 | | 35 | 500 | | | 0,7 |
| | 200 | | 20 | 400 | | | 0,5 |
| expandiertes PTFE | bis 20 | 12 | 150 | 500 | 40 | 1,3 | 1 |
| | 100 | | | 1500 | 35 | | 0,9 |
| | 200 | | | 2500 | 30 | | 0,8 |
| expandierter Grafit ohne Metalleinlage | bis 20 | 10 | 100 | 1 | 26 | 1,3 | 1 |
| | 100 | | 100 | | | | |
| | 200 | | 95 | | | | |
| | 300 | | 90 | | | | |
| expandierter Grafit mit perforierter Metalleinlage | bis 20 | 15 | 150 | 1 | 31 | 1,3 | 1 |
| | 100 | | 145 | | | | |
| | 200 | | 140 | | | | |
| | 300 | | 135 | | | | |
| Faserstoff mit Bindemittel Dichtungsdicke $e_G$ < 1mm | bis 20 | 40 | 100 | 500 | 20 | 1,6 | - |
| | 100 | | 90 | | | | |
| | 200 | | 70 | | | | |
| Faserstoff mit Bindemittel Dichtungsdicke $e_G$ ≥ 1mm | bis 20 | 35 | 80 | 500 | 20 | 1,6 | - |
| | 100 | | 70 | | | | |
| | 200 | | 60 | | | | |

Tafel 5.1 (Fortsetzung 1): Dichtungskennwerte nach DIN EN 1591-2 (Auswahl)

| Werkstoff | T °C | $Q_{min}$ Mpa | $Q_{max}$ Mpa | $E_0$ Mpa | $K_1$ | $Q_I/p$ | $g_c$ |
|---|---|---|---|---|---|---|---|
| Kammprofilierte Stahldichtungen, beidseitig mit weichen Auflagen ||||||||
| PTFE-Auflagen auf Weichstahl | bis 20 | 10 | 350 | 16 000 | - | 1,3 | 0,9 |
| | 100 | | 330 | | | | 0,8 |
| | 200 | | 290 | | | | 0,7 |
| | 300 | | 250 | | | | 0,6 |
| Grafit-Auflagen auf niedriglegiertem warmfesten Stahl | bis 20 | 15 | 400 | 16 000 | - | 1,3 | 1 |
| | 100 | | 390 | | | | |
| | 200 | | 360 | | | | |
| | 300 | | 320 | | | | |
| Spiraldichtung mit weichem Füllstoff ||||||||
| Grafit-Füllstoff, mit innerem und äußerem Stützring | bis 20 | 50 | 300 | 10 000 | - | 1,6 | 1 |
| | 100 | | 280 | | | | |
| | 200 | | 250 | | | | |
| | 300 | | 220 | | | | |
| Dichtungen mit Metallmantel und Auflage ||||||||
| Ummantelung aus Weicheisen oder Stahl mit Grafitfüllung und Auflage | bis 400 (500) | 20 | 300 | 1 | 48 | 1,3 | 1 |

## 5 Berechnung von Flanschverbindungen

Tafel 5.1 (Fortsetzung 2): Dichtungskennwerte nach DIN EN 1591-2 (Auswahl)

| Werkstoff | T °C | $Q_{min}$ Mpa | $Q_{max}$ Mpa | $E_0$ Mpa | $K_1$ | $Q_r/p$ | $g_c$ |
|---|---|---|---|---|---|---|---|
| Metalldichtungen ||||||||
| Aluminium (weich) | bis 20 | 50 | 100 | 70 000 | 0 | 2 | 1,0 |
| | 100 | | 85 | 65 000 | | | 0,9 |
| | 200 | | 60 | 60 000 | | | 0,8 |
| | (300) | | 20 | 50 000 | | | 0,7 |
| Kupfer, Messing | bis 20 | 100 | 210 | 115 000 | 0 | 2 | 1,0 |
| | 100 | | 190 | 110 000 | | | 1,0 |
| | 200 | | 155 | 105 000 | | | 1,0 |
| | 300 | | 110 | 95 000 | | | 0,9 |
| | (400) | | 50 | 85 000 | | | 0,7 |
| Stahl, niedriglegiert, warmfest | bis 20 | 225 | 495 | 210 000 | 0 | 2 | 1,0 |
| | 100 | | 490 | 205 000 | | | 1,0 |
| | 200 | | 460 | 195 000 | | | 1,0 |
| | 300 | | 420 | 185 000 | | | 1,0 |
| | 400 | | 370 | 175 000 | | | 1,0 |
| | 500 | | 310 | 165 000 | | | 0,9 |

- der Schrauben,
- der Dichtung,
- des Flansches, bzw. Flanschbundes oder Bördels bei Losflanschverbindungen,
- des Losflansches bei Losflanschverbindungen und
- eines kritischen Schnittes X im Blindflansch.

Bei der Überprüfung der Auslastungsgrade sind stets beide Seiten der Flanschverbindung einzubeziehen.

## 5.4 Zulässige Innendrücke für Flanschverbindungen

Flanschverbindungen, bestehend aus genormten Flanschen und zugehörigen Schrauben bedürfen keiner besonderen Überprüfung der Tragfähigkeit, wenn die Abmessungen entsprechend DIN EN 1092-1 bis DIN EN 1092-3 (bis PN 100) bzw. den in DIN 2401 angegebenen weiteren Normen ausgewählt wurden.

Für Flanschverbindungen $\leq$ DN 600 gilt im allgemeinen, dass die zulässigen Innendrücke $p_{zul}$ bei Umgebungstemperaturen dem Nenndruck PN in bar entsprechen. Für darüber liegende Temperaturen ist eine Abminderung des zulässigen Innendruckes, meist proportional zum Festigkeitskennwert der Flansche bzw. Schrauben, ausreichend.

Für Flanschverbindungen > DN 600 trifft diese Vereinfachung nicht zu. Die zulässigen Innendrücke erreichen nicht mehr den Nenndruck PN in bar, wenn die Dichtheit gesichert werden soll. Für den jeweiligen Anwendungsfall sind Nachrechnungen erforderlich, wobei für diese Abmessungen im allgemeinen auf die Berücksichtigung der Zusatzkräfte verzichtet werden kann. Die zulässigen 0,15-fachen Innendruckkräfte (siehe Bild 5.2) werden meist nicht überschritten und haben in dieser Größenordnung wenig Einfluss auf den Festigkeitsnachweis.

Die Tafeln 5.2 und 5.3 enthalten Richtwerte für zulässige Innendrücke (Ratingdrücke) von häufig verwendeten Flanschverbindungen. In DIN EN 1092-1 bis DIN EN 1092-3 sind weitere Ratingdrücke angegeben.

Genormte Flansche sind nicht optimal konstruiert und gestuft, d.h. es bestehen sehr unterschiedliche Reserven, die bei kleinen Nennweiten bis zu 400 % betragen können. Trotzdem ist der Fortbestand genormter Flansche gesichert, da sie sich über Jahrzehnte bewährt haben und bei ihrer großen Anwendungsbreite die Lagerhaltung eines überschaubaren Sortimentes eine wesentliche Rolle spielt. Für sie bleiben im Rahmen der Anwendung von Rohrklassen die Ratingdrücke nach wie vor sinnvoll.

Vereinzelt bestehen ungünstige Verhältnisse bei bestimmten Nennweiten-/Nenndruck-Kombinationen, so dass die zulässigen Innendrücke $p_{zul}$ bei Umgebungstemperaturen in Höhe des Nenndruckes in bar nicht erreicht werden. Beispiele solcher Ratingdrücke finden sich in DIN EN 1092-1. Da der Berechnungsaufwand bei Anwendung eines Berechnungsprogrammes minimal ist, sollten Einzelanwendungen und Sonderfälle von genormten Flanschen separat nachgewiesen werden.

Auch für hochwertige Werkstoffe ist eine gesonderte Nachrechnung empfehlenswert, da eine Umrechnung auf andere Temperaturen lediglich mit dem Festigkeitskennwert des Schrauben- und Flanschwerkstoffes die bestehenden Reserven weiter unnötig vergrößern kann.

# 5 Berechnung von Flanschverbindungen

Tafel 5.2: Zulässige Drücke (Ratingdrücke) von Flanschverbindungen mit Flanschen aus unlegiertem Stahl

| Werkstoff für | | Nenn-druck PN | zulässiger Druck in bar bei Berechnungstemperatur | | | | | | zulässiger Prüfdruck |
|---|---|---|---|---|---|---|---|---|---|
| Flansch | Schraube/Mutter | | bis 50°C | 100°C | 150°C | 200°C | 250°C | 300°C | |
| S235JRG2 | 5.6/5 | 6 | 6 | 6 | 5,4 | 4,8 | 4,4 | 4 | 11 |
| | | 10 | 10 | 10 | 9 | 8 | 7,3 | 6,5 | 15 |
| | | 16 | 16 | 16 | 14 | 12 | 11 | 10 | 21 |
| | | 25 | 25 | 25 | 22 | 20 | 18 | 16 | 33 |
| | | 40 | 40 | 40 | 36 | 32 | 29 | 26 | 52 |
| P245GH+N | C35E+NT/C35E+NT | 63 | 63 | 63 | 62 | 58 | 54 | 50 | 80 |
| | | 100 | 100 | 100 | 96 | 91 | 84 | 78 | 125 |
| | | 160 | 160 | 144 | 134 | 124 | 114 | 106 | 200 |
| | | 250 | 250 | 224 | 208 | 193 | 178 | 165 | 320 |
| | | 320 | 320 | 287 | 267 | 247 | 228 | 211 | 400 |
| | | 400 | 400 | 358 | 334 | 309 | 286 | 264 | 500 |

Tafel 5.3: Zulässige Drücke (Ratingdrücke) von Flanschverbindungen aus warmfestem Stahl

| Werkstoff für | | Nenn-druck PN | zulässiger Druck in bar bei Berechnungstemperatur | | | | | | | zulässiger Prüfdruck |
|---|---|---|---|---|---|---|---|---|---|---|
| Flansch | Schraube/Mutter | | bis 50°C | 400°C | 450°C | 480°C | 500°C | 520°C | | |
| 16Mo3 | 21CrMoV5-7/ 21CrMoV5-7 | 25 | 25 | 21 | 17 | 15 | 11 | - | | 33 |
| | | 40 | 40 | 34 | 28 | 24 | 18 | | | 52 |
| | | 63 | 63 | 60 | 50 | 43 | 31 | | | 80 |
| | | 100 | 100 | 94 | 77 | 67 | 49 | | | 125 |
| | | 160 | 160 | 151 | 124 | 107 | 79 | | | 200 |
| | | 250 | 250 | 235 | 194 | 167 | 123 | | | 320 |
| | | 320 | 320 | 301 | 248 | 213 | 157 | | | 400 |
| | | 400 | 400 | 376 | 310 | 267 | 197 | | | 500 |
| 13CrMo4-5 oder 11CrMo9-10+NT | 21CrMoV5-7/ 21CrMoV5-7 | 25 | 25 | 25 | 20 | 17 | 15 | 12 | | 33 |
| | | 40 | 40 | 40 | 32 | 27 | 24 | 18 | | 52 |
| | | 63 | 63 | 63 | 59 | 49 | 43 | 34 | | 80 |
| | | 100 | 100 | 100 | 92 | 77 | 67 | 53 | | 125 |
| | | 160 | 160 | 160 | 147 | 123 | 108 | 85 | | 200 |
| | | 250 | 250 | 250 | 229 | 192 | 168 | 133 | | 320 |
| | | 320 | 320 | 320 | 293 | 246 | 215 | 171 | | 400 |
| | | 400 | 400 | 400 | 367 | 307 | 269 | 213 | | 500 |

# 5 Berechnung von Flanschverbindungen

Die Dichtung begrenzt im allgemeinen nicht den zulässigen Druck. Sie muss aber selbstverständlich für den jeweiligen Verwendungszweck geeignet sein, insbesondere hinsichtlich Medium, Druck, Temperatur und Anzahl der Montagevorgänge.

## 5.5 Erforderliches Schraubenanzugsmoment zur Sicherung der Dichtheit

Durch das Schraubenanzugsmoment $M_{tnom}$ soll sichergestellt sein, dass die erforderliche Schraubenkraft im Montagezustand $F_{B0nom}$ erreicht wird. Dieser Wert sichert die Dichtheit der Verbindung in allen Belastungszuständen.

Das nominelle Schraubenanzugsmoment $M_{tnom}$ wird im Rahmen von DIN EN 1591-1 ebenfalls berechnet. Es ist je nach Schraubenanzugsmethode mit unterschiedlichen Streubereichen behaftet. Eine einfache Näherung stellt die folgende Gleichung dar:

$$M_{tnom} = 1{,}2 \cdot d_{B0} \cdot \mu_B \cdot F_{B0nom} / n_B \qquad (5.7)$$

Es bedeuten :

$d_{B0}$ – Nenndurchmesser der Schraube nach Bild 5.4

$n_B$ – Schraubenanzahl

$\mu_B$ – Reibungsbeiwert in folgender Höhe:

$\mu_B$ = 0,10 bis 0,15 für glatte, geschmierte Oberflächen,

$\mu_B$ = 0,15 bis 0,25 für durchschnittliche, normale Zustände,

$\mu_B$ = 0,20 bis 0,35 für raue, trockene Oberflächen.

Nach DIN EN 1591-1 wird eine Mindestschraubenkraft von 30% der zulässigen Schraubenbelastung gefordert, da eine zu geringe Auslastung der Schrauben sich nicht bewährt hat.

Tafel 5.4 enthält Schraubenanzugsmomente, bei denen die Dichtheit der Flanschverbindung im Allgemeinen gesichert ist. Die Werte gelten für Flanschverbindungen mit

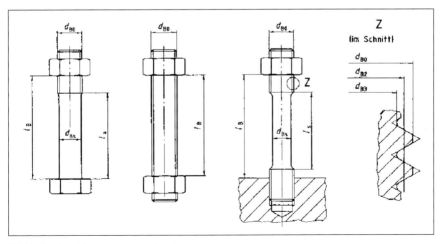

Bild 5.4: Bezeichnungen an Schrauben

genormten Bauteilen und sind unabhängig von den Dichtungseigenschaften, weil der zulässige Bereich für die Schraubenanzugskraft relativ groß ist.

Bei speziellen Dichtungen oder bei Abweichungen von den genormten Verhältnissen ist eine Berechnung nach DIN EN 1591-1 durchzuführen. Sie liefert ein Schraubenanzugsmoment, bei dem für die speziellen Bedingungen der Nachweis der Festigkeit und Dichtheit gegeben ist.

Da die Streuwerte beim Schraubenanzug gemäß DIN EN 1591-1 recht hoch sind und somit in Tafel 5.4 nur näherungsweise erfasst werden konnten, empfiehlt sich für hochwertige Flanschverbindungen ab PN 63 eine genaue Berechnung. Dabei kann sich ergeben, dass für bestimmte Anforderungen der Streubereich bei den konventionellen Schraubenanzugsverfahren zu groß ist und somit die Dichtheit und Festigkeit der Flanschverbindung nicht für alle gewünschten Belastungszustände gesichert werden kann.

Für solche Flanschverbindungen bieten sich ab der Bolzengröße M 20 spezielle Muttern (auch als Dehnmuttern bezeichnet) an, mit denen die gewünschte Vorspannkraft in Verbindung mit hydraulisch betriebenen Drehmomentschraubern mit einer Toleranz von ± 3 % aufgebracht werden kann.

Tafel 5.4: Schraubenanzugsmomente in Nm

| Nennweite DN | Schraubenanzugsmomente in Nm bei PN | | | | | | | | | | |
|---|---|---|---|---|---|---|---|---|---|---|---|
| | 6 | 10 | 16 | 25 | 40 | 63 | 100 | 160 | 250 | 320 | 400 |
| 25 | 14 | – | 28 | – | 40 | – | – | 180 | 250 | 270 | 400 |
| 32 | 28 | – | 80 | – | 90 | – | – | – | – | – | – |
| 40 | 28 | – | 80 | – | 90 | – | – | 400 | – | – | 600 |
| 50 | 28 | – | 80 | – | 90 | 340 | 350 | 440 | 400 | 400 | 600 |
| 65 | 28 | – | 80 | – | 90 | 250 | 350 | – | 400 | – | – |
| 80 | 80 | – | 80 | – | 90 | 250 | 350 | 440 | 600 | 640 | 800 |
| 100 | 80 | – | 80 | – | 150 | 440 | 500 | 560 | 800 | 1000 | 1500 |
| 125 | 80 | – | 80 | – | 260 | 550 | 650 | 800 | 800 | 1100 | 1500 |
| 150 | 80 | – | 160 | – | 260 | 800 | 650 | 800 | 1000 | 1200 | 1800 |
| 200 | 80 | 130 | 160 | 300 | 400 | 1000 | 1000 | 1200 | 1800 | 1800 | 2600 |
| 250 | 80 | 130 | 280 | 400 | 600 | 1200 | 1400 | 2000 | 2600 | 3000 | – |
| 300 | 160 | 160 | 280 | 400 | 600 | 1200 | 1600 | 2000 | – | – | – |
| 350 | 160 | 160 | 280 | 500 | 900 | 1600 | 2600 | – | – | – | – |
| 400 | 160 | 280 | 400 | 800 | 1400 | 2200 | – | – | – | – | – |
| 500 | 190 | 350 | 500 | 920 | 1600 | – | – | – | – | – | – |

# 6 Statische Rohrsystemanalyse

## 6.1 Allgemeines

Die statische Rohrsystemanalyse soll insbesondere bei warmgehenden Leitungssystemen Auskunft darüber geben, ob die Beanspruchung des Rohrleitungssystems mit seinen einzelnen Bauteilen innerhalb zulässiger Grenzen liegt, und ob die Belastungen an Anschlusskomponenten, wie z.b. Kesselsammler oder Turbine, sich im zulässigen Bereich befinden.

Weiterhin sind die durch Eigengewicht, Wind-, Schnee- oder sonstige Lasten und insbesondere die durch behinderte Wärmedehnung hervorgerufenen Beanspruchungen auf die starren Unterstützungen zu ermitteln. Für Konstant- und Federhänger sind mit Hilfe der statischen Rohrsystemanalyse die erforderlichen Einstellwerte zu bestimmen.

Die statische Rohrsystemanalyse wird nach DIN EN 13480-3 durchgeführt, die im Grundsatz mit der FDBR-Richtlinie „Berechnung von Kraftwerksrohrleitungen" übereinstimmt.

Maßgebend für die auftretenden Spannungen, Kräfte und Momente ist neben den Rohrabmessungen die Rohrleitungsführung. Für die Rohrsystemanalyse ist das Rohrleitungssystem in einzelne Rohrleitungsabschnitte zu unterteilen. Diese Abschnitte sollen durch Festpunkte oder Anschlüsse an Behältern, Pumpen oder sonstigen Komponenten begrenzt sein. Muss aus berechnungstechnischen Gründen ein Abschnitt noch weiter untergliedert werden, kann das abgetrennte System durch eine Flexibilitätsmatrix ersetzt werden.

Bei den zu berechnenden Rohrleitungen handelt es sich in der Regel um hochgradig statisch unbestimmte Stabtragwerke. Die Ermittlung der Schnittgrößen und Verformungen erfolgt auch bei kleinen Systemen fast ausschließlich mit Hilfe elektronischer Berechnungsprogramme, da eine manuelle Lösung einen zu hohen Zeitaufwand erfordern würde.

Die gängigen Berechnungsprogramme sind mit speziellen, auf den Rohrleitungsbau zugeschnittenen Erweiterungsmodulen ausgestattet, die z.B. unterschiedliche Regelwerke berücksichtigen oder in denen Kataloge verschiedener Bauteil- und Komponentenhersteller hinterlegt sind.

Vereinfachte Handrechnungsverfahren, wie das nach v. Jürgensonn [6.1], sollten nur in Ausnahmefällen auf bestimmte vereinfachte Systeme angewandt werden. Die Anwendbarkeit ist an bestimmte Bedingungen geknüpft und somit stark eingeschränkt.

Für U-, L- und Z-Ausgleicher gibt es vereinfachte Berechnungsformeln. Mittels aufbereiteter Diagramme kann man die zulässige Dehnungsaufnahme und die Belastungen an den Festpunkten infolge behinderter Wärmedehnung ermitteln.

Für eine erste Festlegung der Stützweiten und eine Abschätzung der Elastizitätskontrolle von einfachen Rohrleitungssystemen kann AD 2000-Merkblatt HP 100 R herangezogen werden. Hierbei wird für die Stützweitenermittlung eine zulässige Durchbiegung $\Delta f_{zul}$ von

- $\Delta f_{zul}$ = 3 mm für ≤ DN 50
- $\Delta f_{zul}$ = 5 mm für > DN 50

zu Grunde gelegt.

Für alle ausgedehnten, verzweigten oder vermaschten Systeme sollte hingegen eine genaue Rohrsystemanalyse mit Hilfe eines elektronischen Berechnungsprogramms durchgeführt werden. Die hierfür zur Verfügung stehenden Programme sind recht benutzerfreundlich, so dass sie selbst für einfache Systeme der zeitraubenden und fehleranfälligen manuellen Berechnung vorzuziehen sind.

## 6.2 Elastizität des Rohrleitungssystems

Die Elastizität einer Rohrleitung ist ausschlaggebend für die Beanspruchung des Systems und seiner Bauteile sowie der Belastung der Anschlusskomponenten. Bei einer warmgehenden Rohrleitung, die sich ausdehnen möchte, aber an ihren Endpunkten durch die anschließenden Ausrüstungen daran gehindert wird, liegt die Beanspruchung um so niedriger, je elastischer die Rohrleitung verlegt ist. Der Elastizitätsberechnung kommt daher innerhalb der statischen Rohrsystemanalyse eine besondere Bedeutung zu.

Um die durch behinderte Wärmedehnung hervorgerufenen Spannungen und Kräfte im Rohrleitungssystem zu begrenzen, muss eine ausreichende Verformungsmöglichkeit des Systems vorhanden sein. Das Verformungsverhalten wird im wesentlichen von den elastischen Rohrleitungselementen bestimmt, z.B. Rohrbogen, L-, U- und Z-Dehnungsausgleicher sowie sonstige Kompensatoren. Dabei wird das vom geraden Rohr abweichende Verformungsverhalten der Rohrleitungsteile durch einen Flexibilitätsfaktor $k_B$ (auch als Elastizitätsbeiwert oder Elastizitätsfaktor bezeichnet) berücksichtigt, der das Verhältnis der Biegesteifigkeit des geraden Rohres zu der eines Rohrleitungsteiles gleicher Abmessung darstellt (nicht erläuterte Formelzeichen entsprechen Tafel 4.1):

$$k_B = \frac{(E \cdot I)_{Rohr}}{(E \cdot I)_{Bauteil}} \geq 1 \qquad (6.1)$$

Die Flexibilitätsfaktoren sind für die verschiedenen Rohrleitungsteile in DIN EN 13480-3 enthalten. Sie stimmen mit der FDBR-Richtlinie „Berechnung von Kraftwerksrohrleitungen" und den Angaben in ASME B31.1 überein.

– Rohrbogen

Bei Rohrbogen ist infolge der Ovalisierung des Rohrquerschnitts die Biegesteifigkeit stets kleiner als bei dem entsprechenden geraden Rohr. Der Formfaktor h (auch als Flexibilitätscharakteristik bezeichnet) wird auf den mittleren Durchmesser bezogen:

$$h = \frac{4 \, s_n \cdot R}{d_m^2} \leq 1{,}65. \qquad (6.2)$$

Tafel 6.1: Flexiblitätsfaktoren von Rohrbogen ($\Theta \geq 90°$)

| Bogenart | Flexibilitätsfaktor $k_B \geq 1$ | | |
|---|---|---|---|
| | ohne Versteifung | beidseitig versteift | einseitig versteift |
| Glattrohrbogen | 1,65 / h | 1,40 / $h^{2/3}$ | 1,52 / $h^{5/6}$ |
| Segmentkrümmer | 1,52 / $h^{5/6}$ | 1,28 / $h^{1/2}$ | 1,40 / $h^{2/3}$ |

Der Flexibilitätsfaktor $k_B$ ist abhängig vom Formfaktor h und kann Tafel 6.1 entnommen werden. Die Werte $k_B$ gelten für Umlenkwinkel $\Theta \geq 90°$. Für $\Theta < 90°$ ist zwischen dem aus Tafel 6.1 entnommenen Wert und $k_B = 1$ (Umlenkwinkel $\Theta = 0°$ bzw. gerades Rohr) linear zu interpolieren.

Als Versteifungen zählen Flansche, Armaturen und ähnliche dickwandige Teile, die unmittelbar am Bogenende angebracht sind. Schweißnähte gelten nicht als Versteifung.

Aus Gl. (6.1) und (6.2) ist ersichtlich, dass mit wachsendem Biegeradius R der Formfaktor h steigt, hingegen der Flexibilitätsfaktor $k_B$ sinkt und damit die Elastizität des Rohrleitungssystems abnimmt. Dadurch ergeben sich bei großen Biegeradien R zwar hohe Reaktionen (Kräfte und Momente), aber niedrige Biegespannungen.

Dem Wunsch nach kleinen Biegeradien zur Erreichung einer hohen Elastizität im Gesamtsystem steht jedoch die Forderung nach geringen Druckverlusten entgegen, die große Biegeradien bedingt.

- Abzweige, T-Stücke

Abzweige werden meist als biegesteife Ecken berechnet, d.h. $k_B = 1$.

- Armaturen

Armaturen und andere Einbauteile wie Flansche erhöhen die Steifigkeit des Systems. Ihr Einfluss wird durch die Annahme erhöhter Wanddicken erfasst.

- Kompensatoren (Dehnungsausgleicher)

Für Kompensatoren gelten Federkennwerte entsprechend den Angaben des jeweiligen Herstellers. Sie werden bei Berechnungen mittels Rechenprogrammen berücksichtigt. Werden Systeme mit Kompensatoren manuell berechnet, bleibt auf Grund der hohen Beweglichkeit der Kompensatoren die Elastizität des Rohrleitungssystems meist unberücksichtigt.

Die Auslegung von Systemen mit Kompensatoren sowie die Berechnung der Reaktionskräfte sind im Regelfall in den Herstellerunterlagen angegeben (siehe auch Abschnitt 8).

- Rohrhalterungen

Alle im Rohrleitungssystem vorgesehenen Rohrhalterungen sind bei der statischen Berechnung entsprechend ihrer Wirkung zu berücksichtigen. Das betrifft z.B. Federkonstanten und -vorspannung bei federnden Rohrhalterungen, Nullsetzen der Verschiebung bei starren Zwischenlagern, Lasteinleitung in Richtung freier Verschiebung an Konstanthängern. Die Vorspannung der Federlager bzw. die Lastaufnahme der Konstanthänger ist so festzulegen, dass im Einbauzustand die Eigenlasten aufgenommen werden.

Die Elastizität eines Rohrleitungssystems ist weiterhin abhängig vom Unterstützungskonzept.

Wind- oder Erdbebenbelastungen bedingen, das System durch starre Halterungen zu stabilisieren. Dies führt zwangsläufig zur Behinderung infolge Wärmedehnung und somit zu einer verminderten Elastizität des Systems. In diesem Fall muss dann zwischen dem Wunsch nach ausreichender Verformungsmöglichkeit und der Forderung nach stabilen Halterungen ein akzeptabler Kompromiss gefunden werden.

Der geringe vorhandene Platz bei Kraftwerksneubauten ist ein weiteres Problem, um eine Rohrleitung mit ausreichender natürlicher Kompensation verlegen zu können. Die Einhaltung der vorgegebenen zulässigen Anschlussbelastungen an den Ausrüstungen kann dann außerordentlich schwierig sein.

Die Einschätzung ausreichender Elastizität ist durch die Elastizitätsberechnung innerhalb der Rohrsystemanalyse feststellbar. Auf sie kann gemäß DIN EN 13480-3 verzichtet werden, wenn

– ein zur Zufriedenheit betriebenes System ohne bedeutende Veränderung dupliziert oder ersetzt wird.

– ein System durch Vergleich mit anderen berechneten Systemen ausreichend beurteilt werden kann.

– ein System aus
  - lediglich einer Abmessung besteht,
  - nicht mehr als zwei Festpunkten ohne zwischenliegende Halterungen besitzt,
  - für einen Betrieb von maximal 7000 vollen Lastwechseln (1000 für Brenngasleitungen) ausgelegt ist und
  - folgende empirische Gleichung erfüllt ist:

$$d_a \cdot \Delta_\vartheta / (L_S - L_F)^2 \leq 208{,}3 \tag{6.3}$$

mit

$d_a$ – Außendurchmesser der Rohrleitung in mm

$L_S$ – gestreckte Länge der Rohrleitung zwischen zwei Festpunkten in m

$L_F$ – räumlicher Festpunktabstand in m

$\Delta_\vartheta$ – resultierende Wärmedehnung für den Festpunktabstand $L_F$ in mm, z.B. nach Gl. (8.1)

## 6.3 Belastungen des Rohrleitungssystems

Die einzelnen Bauteile eines Rohrleitungssystems müssen gegen die Beanspruchung aus Innendruck gemäß DIN EN 13480-3, AD 2000-Regelwerk oder anderen Regeln und Normen nachgewiesen werden. Darüber hinaus muss das gesamte Rohrleitungssystem so ausgelegt sein, dass es den Beanspruchungen aus Eigenlasten einschließlich Fluidgewicht standhält. Die Auswirkungen aus behinderter Wärmedehnung oder ähnlichen Beanspruchungen (z.B. Setzungen) müssen untersucht sein. Bei unverspannten Kompensatoren ist der Einfluss des Innendrucks zu berücksichtigen.

Entsprechend DIN EN 13480-3 bzw. FDBR-Richtlinie „Berechnung von Kraftwerksrohrleitungen" kann ein Rohrleitungssystem (für Rohrhalterungen gelten andere Zuordnungen) im Laufe seiner Betriebszeit folgenden Belastungen oder Belastungskombinationen unterworfen sein:

a) *Ständig wirkende Belastungen (Hauptprimärlasten)*

– Druckkräfte durch inneren und/oder äußeren Überdruck

  Hierzu zählen nicht entlastete Kompensatoren, kraftschlüssige Muffen oder ähnlich wirkende Bauteile.

# 6 Statische Rohrsystemanalyse

- Gewichtsbelastung

  Eigengewicht der Rohrleitung einschließlich Formstücke (Fittings) und Armaturen, das Gewicht der Dämmung und die Fluidmasse im Betrieb und/oder bei der Druckprobe.

b) *Gelegentlich wirkende oder außergewöhnliche Belastungen (Zusatzprimärlasten)*
- Wind- und Schneebelastungen für exponierte Rohrleitungen in Freianlagen.
- Fluiddynamische Belastungen durch Abbremsen des Fluids bei schnell wirkenden Schaltvorgängen, z.b. beim Turbinenschnellschluss oder Pumpenausfall (siehe Abschnitt 9).
- Schwingungsbelastungen, z.b. durch Anregung von angeschlossenen Ausrüstungen.
- Erdbebenbelastungen in seismisch gefährdeten Gebieten.

c) *Sekundärlasten*
- Wärmedehnung der Rohrleitung einschließlich Verschiebungen an den Anschlusspunkten der Ausrüstungen, z.b. infolge ihrer eigenen Wärmedehnung.

  Die Wärmedehnung der Rohrleitung wird gemäß Abschnitt 8.2.1 durch den linearen Wärmeausdehnungskoeffizienten $\alpha_\vartheta$ und die Temperaturdifferenz $\Delta\vartheta$ aus der Differenz zwischen Montagetemperatur (im Allgemeinen 20 °C) und maximaler Berechnungstemperatur erfasst.
- Bewegungen an Bauwerksanschlüssen

  z.b. infolge von Gebäudesetzungen, Bergschäden.
- Vorspannung.
- Reibungskräfte an Gleitlagern.

Für die Einstellung von Feder- und Konstanthängern und damit für das Tragverhalten des Systems sowie die Anschlussbelastungen an Ausrüstungen sind die Gewichtsbelastungen möglichst genau zu erfassen.

Bei dickwandigen Rohren, die nach dem Innendurchmesser und der rechnerischen Mindestwanddicke bestellt werden, können die Wanddickentoleranzen durchaus zwischen 0 und +25 % liegen. Eine Berechnung mit den Ist-Wanddicken scheidet in der Regel aus, da zu diesem Zeitpunkt häufig noch keine Bestellung erfolgt ist, geschweige denn Messwerte vorliegen. Aus diesem Grund ist die rechnerische Mindestwanddicke, die Grundlage für das Rohrgewicht ist, mit einem Zuschlag in Höhe der halben Toleranzbreite (z.B. 12,5 % bei einer Toleranzbreite von 0 bis +25 %) zu versehen.

Das Dämmgewicht kann insbesondere bei heißgehenden dünnwandigen Rohrleitungen merkbaren Einfluss auf das Gesamtgewicht haben. Die genaue Kenntnis von Dämmdicke und spezifischem Gewicht ist deshalb von Bedeutung.

Die Berücksichtigung der Fluidmasse während der Druckprüfung einer Gas- oder Dampfleitung ist zur Ermittlung der Lagerbelastungen auch dann erforderlich, wenn die Feder- und Konstanthänger selbst nicht hierfür ausgelegt sein brauchen, sondern während der Prüfung blockiert werden können.

## 6.4 Beanspruchung des Rohrleitungssystems

### 6.4.1 Allgemeines

Um den funktionsgerechten Betrieb eines Rohrleitungssystems zu sichern, werden für die einzelnen Bauteile die vorhandenen Spannungen ermittelt und gegen zulässige Spannungen abgesichert. Die Spannungsberechnungen erfolgen mit der Nennwanddicke. Wanddickentoleranzen und andere Zuschläge gegenüber der rechnerischen Mindestwanddicke (Bild 4.4) sind durch die Spannungsgrenzen abgedeckt.

*a) Spannungserhöhungsfaktoren*

Durch Spannungserhöhungsfaktoren $i \geq 1$ werden erhöhte Spannungen von Formstücken (Bogen, Reduzierungen, Abzweige) und Schweißnähten gegenüber dem ungestörten geraden Rohr berücksichtigt. Für detaillierte Untersuchungen an Bauteilen, die gegenüber der Rohrachse asymmetrisch sind (Bogen, Abzweige), dienen Spannungserhöhungsfaktoren $i_i \geq 1$ und $i_o \geq 1$. Sie berücksichtigen den unterschiedlichen Einfluss von Biegemomenten, die auf die Formstücke in (in-plane-Momente) und quer zur Betrachterebene (out-plane-Momente) wirken. Eine ausführliche Auflistung aller genannten Spannungsbeiwerte findet sich im Anhang F zu DIN EN 13480-3.

Bei der Ermittlung der Spannungen gemäß Gl. (6.5) bis (6.10) gilt zusätzlich $0{,}75 \cdot i \geq 1$ und gleichermaßen auch $0{,}75 \cdot i_i \geq 1$ sowie $0{,}75 \cdot i_o \geq 1$.

*b) Resultierendes Gesamtmoment und Vergleichsspannung*

Für n gleichzeitig wirkende Momente $M_{xk}$, $M_{yk}$ und $M_{zk}$ (k = 1, 2, ... n) in Bezug auf ein rechtwinkliges x-, y-, z-Koordinatensystem ergibt sich das resultierende Gesamtmoment zu

$$M = \sqrt{M_x^2 + M_y^2 + M_z^2}$$

mit

$$M_x = \sum_1^n M_{xk}, \quad M_y = \sum_1^n M_{yk}, \quad M_z = \sum_1^n M_{zk}$$

Bei den hieraus errechneten Spannungen $\sigma = M / W$ handelt es sich bereits um Vergleichsspannungen nach der Schubspannungs-Hypothese.

Die Vergleichsspannung nach der Schubspannungs-Hypothese beträgt nämlich

$$\sigma_{V/SSH} = \sqrt{\sigma^2 + 4 \cdot \tau^2} = \sqrt{\left(\frac{M_b}{W}\right)^2 + 4 \cdot \left(\frac{M_z}{W_T}\right)^2}$$

wenn man mit

$$M_b = \sqrt{M_x^2 + M_y^2}$$

# 6 Statische Rohrsystemanalyse

das resultierende Biegemoment bezeichnet, so dass $M_z$ zum Torsionsmoment wird. Mit dem Torsionswiderstandsmoment $W_T = 2\,W$ für den Kreisringquerschnitt erhält man:

$$\sigma_{V/SSH} = \sqrt{\left(\frac{M_b}{W}\right)^2 + 4 \cdot \left(\frac{M_z}{2W}\right)^2} = \sqrt{\frac{M_b^2}{W^2} + 4 \cdot \frac{M_z^2}{4W^2}} = \sqrt{\frac{M_b^2 + M_z^2}{W^2}}$$

und mit $M_b^2 = M_x^2 + M_y^2$ schließlich:

$$\sigma_{V/SSH} = \sqrt{\frac{M_b^2 + M_z^2}{W^2}} = \frac{\sqrt{M_x^2 + M_y^2 + M_z^2}}{W} = \frac{M}{W} \quad (6.4)$$

Der Term $M/W$ in Gl. (6.4) entspricht somit der Vergleichsspannung nach der Schubspannungs-Hypothese.

Die Lastbestandteile der in die Spannungsnachweise eingehenden resultierenden Momente sind in den Abschnitten 6.4.2 bis 6.4.6 angegeben und im Abschnitt 6.3 erläutert.

### 6.4.2 Spannungen auf Grund ständig wirkender Belastungen

Die Summe der Primärspannungen $\sigma_1$ aus dem Berechnungsdruck p und dem resultierenden Moment $M_A$ muss folgende Bedingung erfüllen:

$$\sigma_1 = \frac{p \cdot d_a}{4 \cdot s_n} + \frac{0{,}75 \cdot i \cdot M_A}{W} \leq f \quad (6.5)$$

Das resultierende Moment $M_A$ ergibt sich aus folgenden Hauptprimärlasten:
- Gewichtsbelastung (Gewicht der Rohrleitung, der Dämmung und des Fluids im Betrieb und/oder bei der Druckprobe).
- Innendruckkräfte von nicht entlasteten Kompensatoren und dergl.

### 6.4.3 Spannungen auf Grund ständig und gelegentlich wirkender Belastungen

Die Summe der Primärspannungen $\sigma_2$ aus dem Berechnungsdruck p, dem resultierenden Moment $M_A$ der ständig wirkenden Lasten und dem resultierenden Moment $M_B$ der gelegentlich wirkenden Lasten muss folgende Bedingung erfüllen:

$$\sigma_2 = \frac{p \cdot d_a}{4 \cdot s_n} + \frac{0{,}75 \cdot i \cdot M_A}{W} + \frac{0{,}75 \cdot i \cdot M_B}{W} = \sigma_1 + \frac{0{,}75 \cdot i \cdot M_B}{W} \leq k \cdot f \quad (6.6)$$

Bestandteile des resultierenden Momentes $M_A$ siehe Abschnitt 6.4.2. Das resultierende Moment $M_B$ enthält folgende gelegentlich wirkende Zusatzprimärlasten:
- Windbelastungen mit einer Wirkungszeit von $t_i \leq 0{,}1 \cdot T_B$ ($T_B$ - vorgesehene Lebens- oder Betriebsdauer).

- Schneebelastungen für exponierte Rohrleitungen in Freianlagen, die nicht gleichzeitig mit der Windbelastung zu wirken brauchen.
- Fluiddynamische Belastungen mit einer Wirkungszeit von $t_i \leq 0{,}01 \cdot T_B$.
- Erdbebenbelastungen mit einer Wirkungszeit von $t_i \leq 0{,}01 \cdot T_B$, wobei die Auswirkungen von Lagerstellenverschiebungen infolge von Erdbeben in Gleichung (6.7) berücksichtigt werden sollen.

Bei der Festlegung von $M_B$ ist vorauszusetzen, dass die fluiddynamischen Belastungen nicht gleichzeitig mit den Erdbebenbelastungen auftreten.

Für den Faktor k gilt:

k = 1    wenn die Wind- oder Schneebelastung über einen Zeitraum von mehr als 10 % während einer Betriebsperiode von 24 Stunden zu erwarten ist, d.h. normale Schnee- und Windbelastung.

k = 1,15 wenn die Wind- oder Schneebelastung über einen Zeitraum von weniger als 10 % während einer Betriebsperiode von 24 Stunden zu erwarten ist.

k = 1,2  wenn die gelegentlich wirkende Last über einen Zeitraum von weniger als 1 % während einer Betriebsperiode von 24 Stunden zu erwarten ist. Hierunter fallen z.B. übliche Öffnungs- und Schließvorgänge von Armaturen sowie Auslegungserdbeben.

k = 1,3  für außergewöhnliche Lasten mit sehr geringer Wahrscheinlichkeit, z.B. schwerer Schneesturm mit dem 1,75-fachen der üblichen Stärke.

k = 1,8  für Sicherheitserdbeben.

## 6.4.4 Spannungen infolge von Wärmedehnung und Wechselbeanspruchung

Die Spannungsschwingbreite $\sigma_3$ aus dem resultierenden Moment $M_C$ infolge von Wärmedehnung und Wechselbeanspruchung muss folgende Bedingung erfüllen:

$$\sigma_3 = \frac{i \cdot M_C}{W} \leq f_a \qquad (6.7)$$

Ist Gl. (6.7) nicht einhaltbar, muss die Summe der Spannungen $\sigma_4$ aus dem Berechnungsdruck p, dem resultierenden Moment $M_A$ der ständig wirkenden Lasten und dem resultierenden Moment $M_C$ infolge von Wärmedehnung und Wechselbeanspruchung folgender Bedingung genügen:

$$\sigma_4 = \frac{p \cdot d_a}{4 \cdot s_n} + \frac{0{,}75 \cdot i \cdot M_A}{W} + \frac{i \cdot M_C}{W} = \sigma_1 + \frac{i \cdot M_C}{W} \leq f + f_a \qquad (6.8)$$

Bestandteile des resultierenden Momentes $M_A$ siehe Abschnitt 6.4.2. Das resultierende Moment $M_C$ ist die Schwankungsbreite, d.h. die größte Differenz der Momente aus thermischer Dehnung und Wechselbeanspruchung. Sie ist mit dem E-Modul bei der jeweiligen Temperatur zu bestimmen, wobei der Betriebsstillstand als Betriebsfall bei der niedrigsten Temperatur anzusehen ist.

Bei der Momentendifferenz aus thermischer Dehnung und Wechselbeanspruchung ist zu berücksichtigen:

# 6 Statische Rohrsystemanalyse

- Längsdehnung der Rohrleitung, einschließlich der Eigenbewegungen an den Anschlusspunkten infolge von Wärmedehnung und Innendruck.
- Bewegungen von Anschlusspunkten und Lagerstellen infolge von Erdbeben.
- Bewegungen von Anschlusspunkten infolge von Windeinwirkungen.
- Reibungskräfte.

Die Rohrleitung ist nicht nur für den Anfahrzustand, sondern auch für die Außerbetriebnahme (Abfahren) zu berechnen. Vorspannungen bleiben unberücksichtigt, d.h. es ist unabhängig von den tatsächlichen Gegebenheiten prinzipiell ohne Vorspannung zu rechnen.

### 6.4.5 Zusätzlicher Nachweis für den Zeitstandbereich

Für Rohrleitungen die im Zeitstandbereich betrieben werden, müssen die Spannungen $\sigma_5$ aus dem Berechnungsdruck p, dem resultierenden Moment $M_A$ der ständig wirkenden Lasten (Abschnitt 6.4.2) und dem resultierenden Moment $M_C$ infolge von Wärmedehnung und Wechselbeanspruchung (Abschnitt 6.4.4) folgender Bedingung entsprechen:

$$\sigma_5 = \frac{p \cdot d_a}{4 \cdot s_n} + \frac{0{,}75 \cdot i \cdot M_A}{W} + \frac{0{,}75 \cdot i \cdot M_C}{3\,W} = \sigma_1 + \frac{0{,}75 \cdot i \cdot M_C}{3\,W} = \sigma_1 + 0{,}25\,\sigma_3 \leq f \quad (6.9)$$

Gl. (6.9) geht davon aus, dass im Hinblick auf das Materialverhalten im Zeitstandbereich noch ein Drittel der Spannungen aus dem resultierenden Moment $M_C$ als Primärspannung verbleibt, d.h. 2/3 der Beanspruchung wird durch Relaxation abgebaut.

### 6.4.6 Spannungen infolge einmaliger Lagerstellenverschiebung

Die Spannungen $\sigma_6$ aus dem resultierenden Moment $M_D$ aus einer einmaligen Lagerstellenverschiebung, z.B. aus der Bewegung des Anschlusspunktes infolge Gebäudesetzung, muss folgende Bedingung erfüllen:

$$\sigma_6 = \frac{i \cdot M_D}{W} \leq \min\left[3\,f;\, 2\,R_{p0{,}2/\vartheta}\right] \quad (6.10)$$

### 6.4.7 Nachweis der Anschlussbelastungen

Dieser Nachweis ist zu führen, wenn die Anschlussbelastungen auf Bauwerke und Ausrüstungen bestimmte vorgegebene Grenzwerte nicht überschreiten dürfen. Diese Nachweise sind auf der Grundlage der Belastungen nach Abschnitt 6.4.3 und Abschnitt 6.4.4 zu bestimmen. Die Anschlussbelastungen dürfen sowohl im kalten, als auch im warmen Zustand die zulässigen Werte nicht überschreiten.

Die Vorspannung des Rohrleitungssystems darf in die Berechnung nach Abschnitt 6.4.3 einbezogen werden, wenn

- die Rohrleitung im zeitunabhängigen Bereich betrieben wird und
- die Trasse einschließlich Halterungskonzept eine wirksame Einbringung einer maximal zweiachsigen Vorspannung gestattet.

Diese Voraussetzungen liegen in der Regel nur bei ebenen und einfachen räumlichen Systemen vor. Verzweigte und komplizierte räumliche Systeme sind hierfür im Allgemeinen nicht geeignet.

Die Höhe der Vorspannung richtet sich nach der zulässigen Temperatur. Bei Temperaturen über 100 °C wird meist ein Wert von 50 % gewählt, um

– die Kräfte auf einem annähernd gleichem Niveau im kalten und warmen Zustand zu halten und

– die Dehnungsaufnahme von Kompensatoren sinnvoll auszunutzen.

Zeitstandbeanspruchte Rohrleitungen sollen nicht vorgespannt werden, da durch das Kriechen des Rohrwerkstoffes eine Selbstvorspannung auftritt, deren zeitlicher Ablauf nicht vorausgesagt werden kann.

## 6.5 Beanspruchbarkeit eines Rohrleitungssystems

Die Beanspruchbarkeit ist beschränkt durch

– zulässige Belastungen an Ausrüstungs- oder Bauwerkanschlüssen gemäß Abschnitt 6.4.7 und

– Begrenzung der in Abschnitt 6.4.2 bis 6.4.6 ermittelten Spannungen $\sigma_1$ bis $\sigma_6$.

Die für die Spannungsbegrenzung nach DIN EN13480-3 erforderlichen zulässigen Spannungen f für den zeitunabhängigen und $f_{CR}$ für den zeitabhängigen Bereich sind Tafel 3.1 zu entnehmen.

Die zulässige Spannungsschwingbreite $f_a$ ergibt sich zu:

$$f_a = k_N (1{,}25\, f_{20} + 0{,}25\, f_\vartheta) \cdot E_\vartheta / E_{20} \qquad (6.11a)$$

Der Faktor $k_N$ berücksichtigt die Anzahl der zu erwartenden Lastwechsel N und kann Tafel 3.3 entnommen werden.

Die zulässige Spannung $f_{20}$ bei kalter Leitung beträgt:

$$f_{20} = \min \{R_m / 3;\, f\}, \qquad (6.11b)$$

wobei f bei Raumtemperatur zu ermitteln ist. In der FDBR-Richtlinie „Berechnung von Kraftwerksrohrleitungen" war der erste Term in Gl. (6.11b) mit $R_m / 4$ angegeben. Dieser Wert ist künftig nicht mehr anzuwenden.

Die zulässige Spannung $f_\vartheta$ bei warmer Leitung ist aus

$$f_\vartheta = \min \{f_{20};\, f;\, f_{CR}\}, \qquad (6.11c)$$

zu berechnen, wobei sich in diesem Fall f auf die maximale zulässige Temperatur bezieht.

## 6.6 Wärmespannungen

Die zusätzlichen Wärmespannungen, die aus Thermoschock und dem An- und Abfahren der Rohrleitung resultieren, werden getrennt nachgewiesen, z.B. nach TRD 301 Anlage 1. Maßgebend sind hierbei nur die hochbeanspruchten Rohrleitungsbauteile und

# 6 Statische Rohrsystemanalyse

Armaturen, die infolge der hohen Wärmespannungen die zulässigen An- und Abfahrgeschwindigkeiten begrenzen (siehe Abschnitt 4.10.3).

Besteht zwischen Rohrinnen- und Rohraußenseite ein Temperaturunterschied $\Delta\vartheta$, entstehen auf der warmen Seite Druck-, auf der weniger warmen Zugspannungen. Bei linearer Temperaturverteilung errechnen sich bei einer ebenen Wand die stationären Wärmespannungen auf der Innen- bzw. Außenseite zu:

$$\sigma_\vartheta = E_\vartheta \cdot \varepsilon = E_\vartheta \cdot \frac{\Delta d}{d} \qquad (6.12a)$$

Die relative Längenänderung $\Delta d / d$ bezieht sich auf eine beliebige Ausdehnungsrichtung in der Wandebene. Unter Bezug auf eine mittlere Wandtemperatur ergibt sich entsprechend Abschnitt 8.2.1:

$$\Delta d = \pm d \cdot \alpha_\vartheta \cdot \frac{\Delta\vartheta}{2}$$

Dabei bedeutet $\alpha_\vartheta$ den Wärmeausdehnungskoeffizienten bei der Temperatur $\vartheta$. Eingesetzt in Gl. (6.12a) erhält man als Druck- und Zugspannung:

$$\sigma_\vartheta = \pm E_\vartheta \cdot \alpha_\vartheta \cdot \frac{\Delta\vartheta}{2}. \qquad (6.12b)$$

Unter Berücksichtigung der Querkontraktionszahl $\nu$ entsteht die Basisgleichung für die stationäre Wärmespannung am ebenen Bauteil:

$$\sigma_\vartheta = \pm \frac{E_\vartheta}{1-\nu} \cdot \alpha_\vartheta \frac{\Delta\vartheta}{2}. \qquad (6.13)$$

Dieselbe Gleichung läßt sich für das dünnwandige Rohr mit $u = d_a / d_i \leq 1{,}2$ herleiten, wenn man $d_a \approx d_m \approx d_i$ setzt.

Für dickwandige Rohre erhält man unter Berücksichtigung des unterschiedlichen Umfanges am Innen- und Außendurchmesser für die Innenfaser:

$$\sigma_{\vartheta i} = \pm \frac{E_\vartheta}{1-\nu} \cdot \alpha_\vartheta \cdot \frac{\Delta\vartheta}{2} \cdot \left( \frac{2u^2}{u^2-1} - \frac{1}{\ln u} \right) \qquad (6.14a)$$

und für die Außenfaser:

$$\sigma_{\vartheta a} = \pm \frac{E_\vartheta}{1-\nu} \cdot \alpha_\vartheta \cdot \frac{\Delta\vartheta}{2} \cdot \left( \frac{2}{u^2-1} - \frac{1}{\ln u} \right) \qquad (6.14b)$$

Für ein warmgehendes Rohr treten an der Innenfaser Druckspannungen (positives Vorzeichen), an der Außenfaser Zugspannungen (negatives Vorzeichen) auf. Bei Kälteleitungen kehren sich die Verhältnisse um.

Die Gleichung (6.13) ist in TRD 301 Anlage 1 als ideal-elastische Lochrand-Wärmespannung an der Innenwand eines Zylinders in der Form

$$\sigma_{\vartheta i} = +2 \cdot \frac{E_\vartheta}{1-\nu} \cdot \alpha_\vartheta \cdot (\vartheta_m - \vartheta_i) \quad (6.15)$$

angegeben. Dabei bedeutet $\vartheta_i$ die Fluidtemperatur und $\vartheta_m$ die mittlere Wandtemperatur. Die Formzahl für die Zylinderschale mit Ausschnitt wurde entsprechend den Angaben in TRD 301 Anlage 1 mit dem Faktor 2 berücksichtigt.

### 6.7 Vereinfachte Berechnung von ebenen Systemen

Das Verfahren nach v. Jürgensonn [6.1] beruht auf einer vereinfachten Berechnung der geometrischen Systemgrößen (elastische Längen, statische Momente, Zentrifugal- und Trägheitsmomente), die nach einer Formelsystematik bestimmt werden können (siehe z.B. [6.2]). Der Flexibilitätsfaktor $k_B$ für die Rohrbogen ergibt sich nach Tafel 6.1.

Zur Berechnung des Rohrleitungssystems ist ein Koordinatensystem festzulegen. Als zweckmäßig hat sich erwiesen, den Ausgangspunkt (Festpunkt, Anschluss) an die x- oder die y-Koordinate zu legen, da sich dann die in der Formelsystematik zusammengefassten Gleichungen im Hinblick auf das Vorzeichen leichter berechnen lassen. Die Reaktionen ergeben sich nach dem Lehrsatz von CASTIGLIANO.

*a) Kräfte*

$$F_x = E_\vartheta \cdot I_R \cdot \frac{\Delta x \cdot I_{ys} + \Delta y \cdot I_{xys}}{I_{xs} \cdot I_{ys} - I_{xys}^2} \quad (6.16)$$

$$F_y = E_\vartheta \cdot I_R \cdot \frac{\Delta y \cdot I_{xs} + \Delta x \cdot I_{xys}}{I_{xs} \cdot I_{ys} - I_{xys}^2} \quad (6.17)$$

$I_R$ – Trägheitsmoment des Rohrquerschnitts
$I_{xs}, I_{ys}$ – reduzierte Trägheitsmomente
$I_{xys}$ – reduziertes Zentrifugalmoment

$$\Delta x = \alpha_\vartheta \cdot \Delta\vartheta \cdot B_x + v_x \quad (6.18)$$

$$\Delta y = \alpha_\vartheta \cdot \Delta\vartheta \cdot B_y + v_y \quad (6.19)$$

$B_x$ – Festpunktabstand in x-Richtung
$B_y$ – Festpunktabstand in y-Richtung
$v_x$ – Fremddehnung in x-Richtung
$v_y$ – Fremddehnung in y-Richtung

# 6 Statische Rohrsystemanalyse

Bei vorgespannten Rohrleitungssystemen ergeben sich mit dem Vorspannfaktor V die Kräfte im kalten und warmen Zustand zu

$$F_{x,k} = -V \cdot F_x \cdot (E_0/E_\vartheta); \quad F_{x,w} = (1-V) \cdot F_x \quad (6.20)$$

$$F_{y,k} = -V \cdot F_y \cdot (E_0/E_\vartheta); \quad F_{y,w} = (1-V) F_y \quad (6.21)$$

*b) Momente*

Die Momente sind bei ebenen Systemen zweckmäßigerweise zeichnerisch zu ermitteln.

Zunächst werden die Kraftkomponenten $F_x$ und $F_y$ maßstäblich als Vektoren dargestellt und in das Kräfteparallelogramm die resultierende Kraft $F_{res}$ nach Größe und Richtung eingetragen. Dessen Vektor wird als Wirkungslinie durch den Schwerpunkt über das gesamte System verlängert. Das Produkt aus der resultierenden Kraft

$$F_{res} = \sqrt{F_x^2 + F_y^2}$$

und dem senkrechten Abstand $a_w$ der Systempunkte von der Wirkungslinie ergibt das jeweilige Moment:

$$M_B = F_{res} \cdot a_w \quad (6.22)$$

*c) Spannungen und Nachweise*

In ihrer Gesamtheit sind die Hauptspannungen und die resultierende Vergleichsspannung nur mit Hilfe von Rechenprogrammen exakt ermittelbar. Für manuell berechnete Systeme ist es zweckmäßig, die Vergleichsspannung auf die wesentlichsten und erfassbaren Anteile zu reduzieren und nur auf die Rohraußenwand zu beziehen. Bei Vernachlässigung der Schubspannung ($\tau_a = 0$) und Bezug auf die Außenfaser ($\sigma_{r,a} = 0$) vereinfacht sich die Vergleichsspannung nach Gl. (3.1) zu

$$\sigma_{V/GEH} = \sqrt{\sigma_t^2 + \sigma_l^2 - \sigma_t \cdot \sigma_l}. \quad (6.23)$$

Hierin ist für die Umfangsspannung

$$\sigma_{t,a} = 2p/(u^2 - 1) \quad (6.24)$$

und für die Längsspannung

$$\sigma_{l,a} = p/(u^2 - 1) \quad (6.25)$$

einzusetzen.

Die Nachweise sind nach Abschnitt 6.4 zu führen. Weitere vereinfachte Nachweise siehe auch [6.2]. Eine ausführliche Beschreibung des Verfahrens einschließlich Berechnungsbeispiel findet sich unter [6.3], Abschnitt 8.6.

## 6.8 Vereinfachte Berechnung von U-, Z- und L-Ausgleichern

Für U-, Z- und L-Ausgleicher läßt sich die Elastizität des Systems durch einfache Näherungsberechnungen abschätzen, indem gemäß TGL 22160/07 (siehe Abschnitt 17) die vorhandene Dehnung $\Delta l$ mit der zulässigen Dehnung $\Delta l_{zul}$ verglichen wird.

### a) Dehnungen

Die Berechnung erfolgt für die Richtung x anhand der folgenden Gleichung:

$$\Delta l_x = \alpha_\vartheta \cdot \Delta \vartheta \cdot B_x \leq \Delta l_{zul} = \frac{4 \cdot C \cdot f}{E_{20} + E_\vartheta} \cdot \frac{H^2}{d_a} \cdot f_\Delta. \qquad (6.26)$$

Für die Richtung y (Z- und L-Ausgleicher) ist $\Delta l_y$ analog zu berechnen. Die Ausladung H des U-, Z- bzw. L-Ausgleichers sowie die Maße $B_x$ und $B_y$ gehen aus Bild 6.1 bis 6.3 hervor. Weiterhin bedeuten:

| | |
|---|---|
| $d_a$ | – Außendurchmesser der Rohrleitung |
| $f_\Delta = f(R/H; 1/h)$ | – Beiwert nach Bild 6.1 bis 6.3 |
| f | – zulässige Spannung nach Tafel 3.1 |
| h | – Formfaktor nach Gl. (6.3) |
| C | – Beiwert, bezogen auf die Ausgleicherart mit |
| | C = 2,4 für U-Ausgleicher |
| | C = 2,2 für Z-Ausgleicher |
| | C = 2,0 für L-Ausgleicher |

### b) Kräfte

Reaktionskräfte infolge Wärmedehnung:

$$F_x = E_\vartheta \cdot I_R \cdot \Delta l_x \cdot f_x / H^3 \qquad (6.27)$$

$$F_y = E_\vartheta \cdot I_R \cdot \Delta l_y \cdot f_y / H^3 \qquad (6.28)$$

Die Beiwerte $f_x$ und $f_y$ sind den Bildern 6.4 bis 6.6 zu entnehmen. Dabei ist zu berücksichtigen, dass für U-Ausgleicher in y-Richtung keine Dehnungsaufnahme auftritt und für Z-Ausgleicher $f_y = 0,5 \cdot f_x$ einzusetzen ist.

Die Reaktionskräfte im kalten und warmen Zustand unter Berücksichtigung der Vorspannung sind entsprechend Gl. (6.20) und (6.21) zu berechnen.

## 6.9 Ermittlung der Lasten für Bauangaben

### 6.9.1 Übersicht der Lastfälle

Die Berechnung der Lasten für die Stützkonstruktionen zur Planung der bautechnischen Angaben erfolgt im Rahmen einer Systemanalyse der Rohrleitungen. Als Berechnungsgrundlage dient in der Regel die FDBR-Richtlinie „Berechnung von Kraftwerksrohrleitungen" bzw. DIN EN 13480-3. Die Kräfte und Momente an den Auflagerpunkten werden für die einzelnen Lastfälle in einer Liste zusammengefasst. Für einfache Rohrsysteme, die keiner Systemanalyse unterzogen werden, können Näherungsverfahren angewendet werden.

# 6 Statische Rohrsystemanalyse

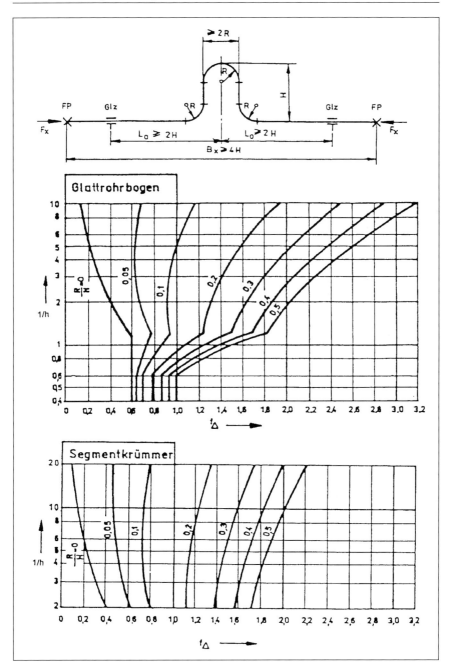

Bild 6.1: Beiwerte $f_\Delta$ für U-Ausgleicher

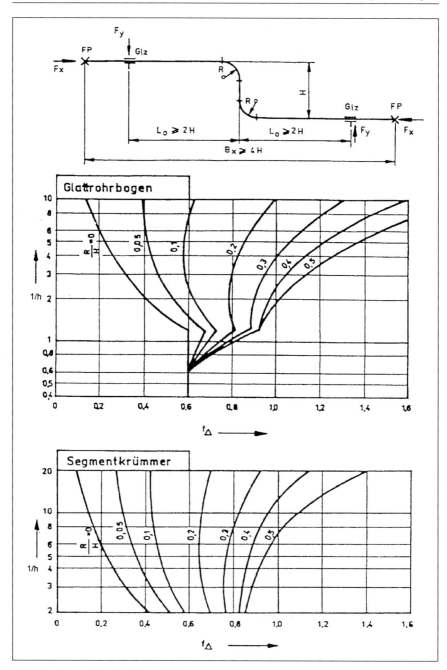

Bild 6.2: Beiwerte $f_\Delta$ für Z-Ausgleicher

# 6 Statische Rohrsystemanalyse

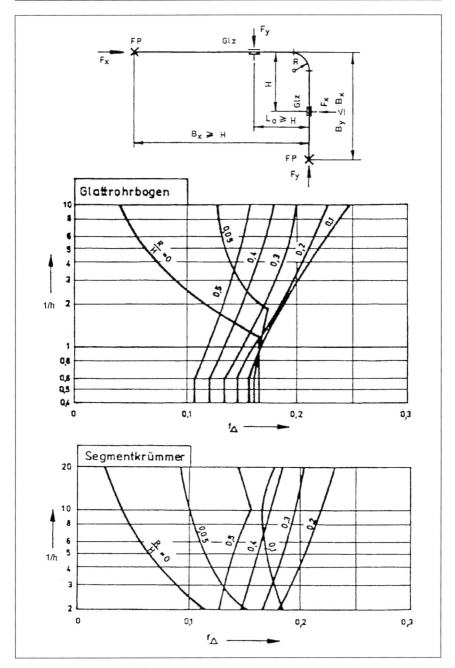

Bild 6.3: Beiwerte $f_\Delta$ für L-Ausgleicher

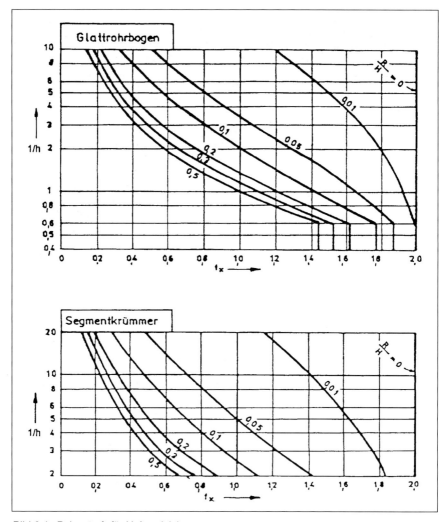

Bild 6.4: Beiwerte $f_x$ für U-Ausgleicher

Bei der Ermittlung der Lagerbelastungen sind folgende Lasten zu berücksichtigen (siehe auch Abschnitt 7.2):
- Hauptlasten H
- Zusatzlasten Z
- Sonderlasten S

Einzelheiten siehe Abschnitt 7.7.1.

# 6 Statische Rohrsystemanalyse

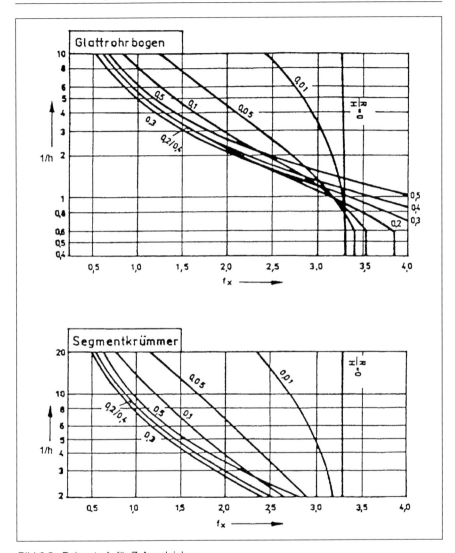

Bild 6.5: Beiwerte $f_x$ für Z-Ausgleicher

## 6.9.2 Bezeichnung der Lasten für Bauangaben

Die folgenden Lagerbelastungen sind zweckmäßigerweise tabellarisch in allen Koordinatenrichtungen aufzulisten:

$F_G$ — Kraft infolge Eigengewicht
$F_D$ — Kraft aus behinderter Wärmedehnung
$F_R$ — Kraft infolge Reibung am Einzellager

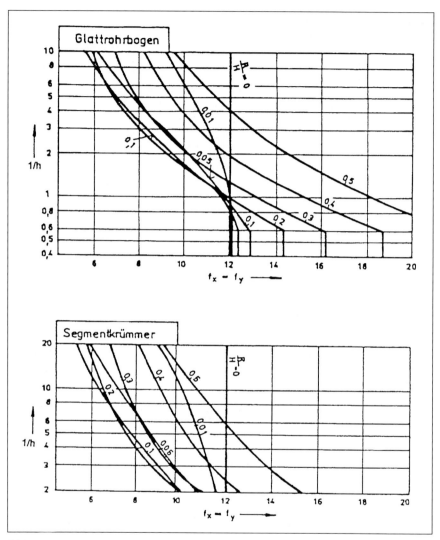

Bild 6.6: Beiwerte $f_x$ und $f_y$ für L-Ausgleicher

$F_{R,res}$ – resultierende Reibungskraft
$F_I$ – Kraft infolge Innendruck
$F_Z$ – Kraft infolge Zusatzbelastungen
$F_{R,T}$ – Reibungskräfte an Traversen von Rohrbrücken, Stützen und Schwellen (Sockeln). Bei der Angabe dieser Belastungen sind für die Reibungskräfte bei mehreren Einzellagern Gleichzeitigkeitsfaktoren $f_g$ zu berücksichtigen.

Die Gesamtbelastung einer Rohrleitung an einer Lagerstelle bzw. auf einer Traverse ist horizontal in x- und y-Richtung anzugeben:

$$F_{ges} = \Sigma F_D + \Sigma F_I + \Sigma F_Z + F_{R,T} \qquad (6.29)$$

In vertikaler Richtung (z-Richtung) ist zusätzlich $\Sigma F_G$ zu addieren.

Zur Abdeckung von Reserven für zusätzliche Kleinleitungen ($\leq$ 60,3 mm Außendurchmesser) wird ein Zuschlag von 10 bis 20 % empfohlen. Sämtliche Belastungen sind getrennt für den Haupt- und Zusatzlastfall zu ermitteln.

### 6.9.3 Lastfall „Eigengewicht"

Die Lagerbelastung aus der Streckenlast ergibt sich aus dem Produkt der Streckenlast q mit der Einflusslänge L des Lagers:

$$F_Q = q \cdot L \qquad (6.30)$$

Als Einflusslänge L bezeichnet man diejenige Rohrleitungslänge, deren Eigengewicht durch das entsprechende Lager aufgenommen wird. Überschläglich rechnet man mit der jeweils halben Masse beiderseits der Rohrhalterung bis zur nächsten Lagerstelle. Die Streckenlast q umfasst im Hauptlastfall H die Lasten infolge Rohrgewicht, Fluidgewicht, Wärmedämmung und ggf. Schneelast.

Das Gewicht der Rohrhalterungen kann durch einen pauschalen Zuschlag von 5 bis 10 % zur Rohrlast berücksichtigt werden. Die Eigenmasse von dampf- und gasförmigen Fluiden ist vernachlässigbar. Windlasten sind nur beim Zusatzlastfall Z zu erfassen.

Die Berechnung der maximalen Biegemomente infolge von Streckenlasten kann mit folgenden Gleichungen erfolgen:

$$M_Q = q \cdot L^2 /12 = F_Q \cdot L/12 \qquad \text{für Systeme ohne Gleitlager} \qquad (6.31a)$$

$$M_Q = q \cdot L^2 /8 = F_Q \cdot L/8 \qquad \text{für Systeme mit Gleitlagern} \qquad (6.31b)$$

$$M_Q = q \cdot L^2 /2 = F_Q \cdot L/2 \qquad \text{für Systeme als Kragträger} \qquad (6.31c)$$

Formeln für andere Lagerungen und Belastungsfälle sind einschlägigen Tabellenwerken zu entnehmen.

Kräfte $F_E$ und Momente $M_E$ aus Einzellasten (z.B. Armaturen) sind anteilig auf die angrenzenden Lager aufzuteilen:

$$F_G = F_Q + \Sigma F_E; \qquad M_G = M_Q + \Sigma M_E \qquad (6.32)$$

### 6.9.4 Lastfall „Behinderte Wärmedehnung"

Für U-, Z- und L-Ausgleicher lassen sich die Kräfte aus der behinderten Wärmedehnung näherungsweise nach Abschnitt 6.8 berechnen. Dabei ist auf die Einhaltung der Randbedingungen für die Systemgeometrie zu achten. Die an den Festpunkten angreifenden Reaktionskräfte der beidseitig anschließenden Rohrleitungsabschnitte sind unter Beachtung des Vorzeichens für alle Koordinatenrichtungen zu summieren.

Für komplizierte warmgehende Rohrleitungssysteme sind rohrstatische Berechnungen nach Abschnitt 6.11 erforderlich.

### 6.9.5 Lastfall „Reibung"

*a) Reibungskräfte an beweglichen Lagern (Geitlager, Zwangsführungen)*

Die Reibungskraft am einzelnen Lager tritt immer entgegen der Bewegungsrichtung der Rohrleitung auf und ist stets mit beiden Vorzeichen (±) anzugeben, da sich die Kraftwirkungsrichtung bei der Rückwärtsbewegung umkehrt. Die Lagerbelastung durch Reibung an einem Gleitlager ergibt sich aus dem Produkt der Belastung durch Eigengewicht $F_G$ mit dem Reibungskoeffizienten µ:

$$F_{R.G} = \pm \mu \cdot F_G. \tag{6.33}$$

Bei Zwangsführungen ist zusätzlich die Reibungskraft infolge der seitlichen Führungskräfte zu addieren. Bei reibungsarmen Gleitlagern ist zu berücksichtigen, dass auch die Zwangsführungen möglichst reibungsarm sein sollen, weil ansonsten der gewünschte Zweck nur unvollkommen erfüllt wird.

*b) Kräfte infolge Reibung an Festpunkten und Teilfestpunkten (auch als Haltepunkte bezeichnet)*

Die Festpunktbelastung durch Reibung an den Gleitlagern ergibt sich als Summe der Reibungskräfte aller Gleitlager und Zwangsführungen bis zum Ruhepunkt des Rohrleitungssystems:

$$F_R = \Sigma F_{R,L} \tag{6.34}$$

Für U-, Z- und L-Ausgleicher kann $F_R$ auch näherungsweise mit der Streckenlast q und der maßgebenden Reiblänge $L_R$ des jeweiligen Festpunktes berechnet werden:

$$F_R = \mu \cdot (q \cdot L_R + \Sigma F_E) \tag{6.35}$$

Für Festpunkte ergibt sich die resultierende Reibungskraft aus den beiderseits anschließenden Rohrleitungsabschnitten bei einseitiger Temperaturbelastung (z.B. Absperrung durch eine Armatur oder Steckscheibe) zu

$$F_{R,res} = \max |F_R| \tag{6.36}$$

und bei beidseitig gleicher Temperaturbelastung (ohne Absperrungen) zu

$$F_{R,res} = \max |F_R| - r \cdot \min |F_R| \tag{6.37}$$

Die Richtung der resultierenden Reibungskraft $F_{R,res}$ wird durch die Richtung der maximalen Reibungskraft $\max |F_R|$ bestimmt. Der Koeffizient r beträgt:

r = 0,8 für Festpunkte zwischen gleichartigen Rohrhalterungen

r = 0,5 für Festpunkte zwischen Rohrhalterungen mit unterschiedlichem elastischem Verhalten der Systeme beiderseits vom Festpunkt.

6 Statische Rohrsystemanalyse

Bei Anwendung von Rechenprogrammen, bei denen die Reibungskräfte berücksichtigt sind, kann in o.g. Gleichungen statt $|F_R|$ der Wert $|F_R + F_D|$ eingesetzt werden, sofern die Belastungen $F_R$ und $F_D$ nicht einzeln ausgewiesen sind.

*c) Reibungskoeffizienten*

Der Reibungskoeffizient µ ist abhängig von der Werkstoffpaarung an der Rohrhalterung:

| | |
|---|---|
| Gleitlager Stahl / Stahl in Freianlagen | µ = 0,5 |
| Gleitlager Stahl / Stahl in Innenanlagen | µ = 0,3 |
| reibungsarme Gleitlager rostfreier Stahl / PTFE | µ = 0,1 |
| selbstschmierende Gleitelemente / Stahl | µ = 0,05 bis 0,1 |
| Rollenlager / Stahl in Laufrichtung des Rollenlagers | µ = 0,1 |
| Kugellager / Stahl in beiden Richtungen | µ = 0,1 |

Für Sockel- und Stütztrassen mit hohen Belastungen durch das Eigengewicht der Rohrleitung, insbesondere bei Einzelleitungen großer Nennweite für Flüssigkeiten, sind Haftreibungsbeiwerte in der Größenordnung von µ ≈ 0,5 durch den Bauplaner bei der Dimensionierung der Sockel und Stützen zu berücksichtigen. Da durch die Anwendung reibungsarmer oder selbstschmierender Gleitlager ebenso wie durch Rollen- oder Kugellager bauseitig oft wesentliche Kosten eingespart werden können, ist bei Sockel- und Stütztrassen sowie bei Rohrbrückenleitungen in Abstimmung mit dem Auftraggeber der Einsatz solcher Lager zu bevorzugen.

*d) Gleichzeitigkeitsfaktoren für Reibungskräfte an Traversen*

Werden mehrere Rohrleitungen auf einer Traverse gelagert, so entstehen die maßgebenden Belastungen durch die Summe der Lasten aus den einzelnen Systemen. Das gilt sowohl für Außentrassen, als auch für Traversen in Gebäuden und Kanälen. Bei der Überlagerung der Belastungen kann die zeitlich unterschiedliche Bewegung der einzelnen Rohrleitungen durch einen Gleichzeitigkeitsfaktor $f_g$ für die Reibungskräfte $F_{R,res}$ berücksichtigt werden. Dieser ist von der Anzahl i der auf der Traverse liegenden Rohrleitungen (Lagerstellen) abhängig:

i = 2      $f_g$ = 0,8
i = 3 und 4      $f_g$ = 0,7
i > 4      $f_g$ = 0,5

Die Gesamtbelastung durch Reibung an einer Traverse ergibt sich wie folgt:

$$F_{R,T} = f_g \cdot \Sigma F_{R,res}. \tag{6.38}$$

Bei der Festlegung von i wurde von Rohrleitungen mit etwa gleicher Nennweite ausgegangen. Bei stark unterschiedlichen Nennweiten ist der Einfluss der jeweils größeren Nennweite zu berücksichtigen. Die Summe der beiden größten Einzelbelastungen $F_{R,res}$ an der Traverse ist für die Auslegung maßgebend, wenn sie größer als das Produkt $f_g \Sigma F_{R,res}$ ist. Ist eine Einzelbelastung $F_{R,res}$ kleiner als 25 % der maximalen an der Traverse angreifenden Einzelbelastung max $|F_R|$, braucht diese Lagerstelle nicht eingerechnet werden.

## 6.9.6 Lastfall „Innendruck"

Lagerbelastungen durch Innendruck entstehen bei Dehnungsstopfbuchsen und nichtentlasteten Kompensatoren in Rohrlängsrichtung. Maßgebend ist der für den Innendruck wirksame Durchmesser $d_w$:

$$F_I = p \cdot d_w^2 \cdot \pi/4 \qquad (6.39)$$

Weitere Einzelheiten siehe Abschnitt 8.

## 6.9.7 Spezielle Belastungen

- Windlast

  Die Berechnung erfolgt nach DIN 1055-4. Windlast wird als Zusatzlast berücksichtigt.

- Schneelast

  Die Berechnung erfolgt nach DIN 1055-5. Sie gehört zu den Hauptlasten.

- Belastungen durch Verstellkräfte von Kompensatoren

  Sie sind den Herstellerangaben zu entnehmen und gehören zu den Hauptlasten.

- Sonderlasten

  Hierzu zählen z.b. zusätzliche Einzellasten oder Einzelmomente infolge kinetischer Energie aus fluiddynamischen Vorgängen (z.B. Druckstöße, Druckwellen). Einzelheiten enthält Abschnitt 9.

## 6.10 Berücksichtigung von Erdbebenbelastungen

### 6.10.1 Allgemeine Vorgehensweise

Zur Ermittlung der Beanspruchungen aus Erdbebenbelastungen wird im allgemeinen wie folgt vorgegangen:

- Die Beschleunigungen in x-, y- und z-Richtung werden dem vorliegenden Antwortspektrum des Bemessungserdbebens entnommen.
- Die Beanspruchungen infolge dieser Beschleunigungen auf die Eigenmassen des Rohrleitungssystems werden mittels rohrstatischer Verfahren berechnet.
- Die Beanspruchungen infolge der Beschleunigungen in positiver und negativer x-, y- und z-Richtung werden vektoriell mittels der Quadratwurzelmethode (SRSS) überlagert.
- Die Bewertung der Gesamtbeanspruchung erfolgt in der Regel als Primärzusatzlast nach den zutreffenden Regelwerken, z.B. nach DIN EN 13480-3 oder den KTA-Regeln.
- Die zusätzlichen Lasten infolge Erdbebenbelastungen sind bei der Auswahl der Rohrhalterungen zu berücksichtigen.
- Bei Überschreitung der zulässigen Beanspruchungen im Rohrleitungssystem können Dämpfer, Stoßbremsen, Ausschlagsicherungen und verformbare Halterungen erforderlich sein.

### 6.10.2 Berechnung auf der Grundlage von DIN EN 13480-3

Die Erdbebenbelastungen gehören zu den Zusatzprimärlasten. Randpunktbewegungen aus Erdbebenbelastungen sind als Sekundärlasten zu betrachten. Daraus resultie-

# 6 Statische Rohrsystemanalyse

rende Halterungslasten werden als Zusatzlast Z eingestuft. Die Beanspruchungen im Rohrleitungssystem werden nach Gl. (6.6) begrenzt, wobei entsprechend Abschnitt 6.4.3 der Faktor k =1,8 einzusetzen ist. Die Beanspruchungen aus Randpunktbewegungen sind nach Gl. (6.10) zu berücksichtigen.

## 6.10.3 Berechnung nach KTA-Regelwerk

Maßgebend für die Auslegung von Kernkraftwerken gegen seismische Einwirkungen sind die KTA-Regeln 2201.1 und KTA 2201.4 in Verbindung mit der KTA 3201.2 für Komponenten des Primärkreislaufes bzw. der KTA 3211.2 für äußere Systeme.

Nach KTA 2201.1 ist das Bemessungserdbeben für die Berechnung zugrunde zu legen. Das Bemessungserdbeben ist dasjenige Erdbeben, mit der für den Standort (bis etwa 200 km Entfernung) maßgebenden größten Intensität. Aus dem Etagen-Antwort-Spektrum werden die Beschleunigungen in x-, y- und z-Richtung entnommen. Für Rohrleitungen kann dabei ein Dämpfungswert D = 4 verwendet werden.

Nach KTA 2201.4 hat die Überlagerung stets mit dem Betriebszustand zu erfolgen. Die Bewertung muss nach der Beanspruchungsstufe D gemäß KTA 3201.2 bzw. KTA 3211.2 erfolgen. Sie besagt, dass zur Bewertung von Schadensfällen (SF) und Notfällen (NF) nur Primärspannungen zu berücksichtigen sind, wobei größere plastische Verformungen mit nachfolgender Reparatur oder Austausch in Kauf genommen werden. Folgende Spannungsbegrenzungen sind einzuhalten:

$$P_m \leq 0{,}7 \cdot R_m \qquad (6.40a)$$

$$P_m + P_b \leq R_m \qquad (6.40b)$$

Die Bedeutung der Spannungsarten $P_m$ und $P_b$ ist in Tafel 3.3 und Abschnitt 3.4 erläutert.

## 6.11 Rechenprogramme für rohrstatische Berechnungen

Rohrstatische Berechnungen werden fast ausschließlich nur noch mit Hilfe von Rechenprogrammen durchgeführt. Bekannte Rechenprogramme sind ROHR2, EASYPIPE, AUTOPIPE, P10, CAESAR II und KWUROHR (siehe Abschnitt 16).

Die Programme liefern für gleiche Belastungs- und Geometriebedingungen annähernd gleiche Ergebnisse. Sie basieren im allgemeinen auf Berechnungsverfahren der Stabstatik (Kraftgrößenverfahren, Reduktionsverfahren). Wegen der Schnelligkeit der Rechenprogramme sind Variantenrechnungen möglich, so dass auf konstruktive Änderungen schnell reagiert werden kann. Die Berechnungsergebnisse sind im Rahmen der Berechnungsmethode und der getroffenen Annahmen als fehlerfrei zu betrachten.

Die Spannungsbewertung kann nach folgenden Vorschriften erfolgen:
- DIN EN 13480-3 (entspricht FDBR-Richtlinie „Berechnung von Kraftwerksrohrleitungen" )
- ASME B31.1 Kraftwerksrohrleitungen
- ASME B31.3 Chemierohrleitungen
- ASME B31.8 Gasrohrleitungen
- ASME Boiler and Pressure Vessel Code, Sect. III Class 1 bis 3
- AGFW-Richtlinie für Fernwärme-Rohrleitungen (siehe Abschnitt 10.1).

# 7 Berechnung von Rohrhalterungen

## 7.1 Allgemeines

Entsprechend Definition kann zwischen Rohrhalterungen sowie Hilfs- und Stützkonstruktionen unterschieden werden. Für die Rohrhalterungen gelten ähnliche Vorschriften, Normen und technische Regeln wie im Stahlbau. Weitere Anforderungen werden in den Richtlinien verschiedener Verbände vorgegeben. Im Rahmen der Harmonisierung der Europäischen Normen werden bestehende DIN schrittweise durch DIN EN ersetzt.

Die wichtigste Vorschrift im Stahlbau ist DIN 18800-1 bis DIN 18800-4 bzw. der Entwurf des Eurocodes 3 als DIN V ENV 1993-1-1. Es ist zu beachten, dass bis zur Verbindlichkeit der genannten DIN EN ergänzend auch noch DIN 18800-1 mit der Ausgabe 03.81 angewendet wird.

Für die Rohrhalterungen sind in Übereinstimmung mit der Druckgeräterichtlinie Grundsätze zur Konstruktion und Berechnung in DIN EN 13480-3 festgelegt. Für Rohrhalterungen in Wärmekraftwerken gelten in Deutschland darüber hinaus die FDBR-Richtlinie „Berechnung von Kraftwerksrohrleitungen" und die VGB-Richtlinie R 510 L. Die VGB-R 510 L basiert auf KTA 3205.1 bis KTA 3205.3, in der die Funktionsanforderungen und Auslegungskriterien von Rohrhalterungen für kerntechnische Anlagen festgelegt sind.

International ist die Anwendung amerikanischer Regelwerke üblich. Die wichtigsten für konventionelle Kraftwerke und chemische Anlagen sind ASME B31.1, ASME B31.3 sowie MSS SP-58 und MSS SP-69. Für kerntechnische Anlagen wird ebenfalls die Einhaltung des ASME Boiler and Pressure Vessel Codes verlangt.

## 7.2 Belastungsannahmen

Die von der Rohrleitung auf die Rohrhalterungen ausgeübten Kräfte werden in Hauptprimärlasten, Zusatzprimärlasten und Sekundärlasten unterteilt. Sie sind nur teilweise für die Auslegung der Rohrhalterungen maßgebend. Sonderlasten, die z.B. aus Erdbeben resultieren, sind ggf. mit dem Betreiber zu vereinbaren. Die nachfolgende Zuordnung der Lasten zu den Auflagerbelastungen gemäß DIN 18801 ist durch die Klammerzusätze (H), (Z) und (S) gekennzeichnet.

*Hauptprimärlasten*

sind langfristig wirkende Lasten. Sie sind dadurch gekennzeichnet, dass ihre Größe auch nach plastischer Verformung voll erhalten bleiben würde. Zu diesen Lasten zählen:
- das Rohrleitungsgewicht (H),
- das Füllgewicht der Rohrleitung und das Gewicht der Dämmung (H),
- Schneelasten, z.B. bei Rohrbrücken und im Freien verlegten Rohrleitungen (H).

*Zusatzprimärlasten*

sind kurzzeitig wirkende Lasten. Ihre Größe würde auch nach plastischer Deformation voll erhalten bleiben:

- dynamische Lasten aus Schaltvorgängen, z.B. Strömungskräfte beim Öffnen und Schließen von Armaturen (Z),
- Windlasten (Z),
- Erdbebenlasten (Z, S).

*Sekundärlasten*

sind dadurch gekennzeichnet, dass die im Bauteil hervorgerufenen Spannungen und Dehnungen aufgrund physikalischer oder geometrischer Bedingungen einen Grenzwert aufweisen. Demnach gelten als Sekundärlasten aufgezwungene oder behinderte Verformungen infolge von:

- Systemlängsdehnungen einschließlich Randpunktbewegungen durch Wärmedehnung und Innendruck (H),
- Vorspannung der Rohrleitung (H),
- Verspannungen, z.B. durch schräg stehende Aufhängungen (H),
- Randpunktbewegungen durch Wind (Z),
- Randpunktbewegungen durch Erdbeben (Z, S),
- Randpunktbewegungen durch Setzung und Bergschäden (S),
- Reibung in Lagerstellen (H).

## 7.3 Belastungsfälle

Die ungünstigsten Kombinationen der zuvor beschriebenen Belastungen ergeben:

- Lastfall H

   alle Hauptlasten, d.h. alle planmäßig auftretenden äußeren Lasten und Einwirkungen, die nicht nur kurzzeitig vorkommen.

- Lastfall HZ

   alle Haupt- und Zusatzlasten, d.h. neben den Hauptlasten alle übrigen bei planmäßiger Nutzung auftretenden Lasten und Einwirkungen.

- Lastfall HS

   alle Hauptlasten mit nur einer Sonderlast und ggf. weiteren Zusatz- und Sonderlasten.

Der Lastfall HS wird häufig auch als Schadenslastfall bezeichnet. Dabei kann örtlich die Fließgrenze des Materials erreicht bzw. überschritten werden. Bei Erreichen der HS-Last ist eine Inspektion der Rohrhalterungen notwendig, ggf. müssen einzelne Komponenten ausgetauscht werden.

Für Rohrhalterungen von Rohrleitungen, die der Druckgeräterichtlinie unterliegen, gelten gemäß DIN EN 13480-3 die folgenden Definitionen für ständig und gelegentlich wirkende Belastungen (Erläuterungen siehe Abschnitt 6.3):

a) *Ständig wirkende Belastungen (Hauptlasten H nach DIN 18801 bzw. ständige Einwirkungen G nach DIN 18800-1)*

- Druckkräfte durch inneren und/oder äußeren Überdruck
- Gewichtsbelastung

# 7 Berechnung von Rohrhalterungen

- Wärmedehnung der Rohrleitung
- Vorspannung
- Reibungskräfte an Gleitlagern

b) *Gelegentlich wirkende oder außergewöhnliche Belastungen (Zusatzlasten Z nach DIN 18801 bzw. veränderliche Einwirkungen Q nach DIN 18800-1)*
- Wind- und Schneebelastungen
- Fluiddynamische Belastungen
- Schwingungsbelastungen
- Erdbebenbelastungen (Auslegungs- oder Bemessungserdbeben)
- Bewegungen an Bauwerksanschlüssen

c) *Sonderlasten S nach DIN 18801 bzw. außergewöhnliche Einwirkungen $F_A$ nach DIN 18800-1*
- Bleibende Verschiebungen nach Erdbeben oder plötzlichen Setzungen, z.b. durch Bergschäden
- Sonstige äußere Einwirkungen, z.B. Flugzeugabsturz bei kerntechnischen Anlagen

Im internationalen Gebrauch gemäß ASME Boiler and Pressure Vessel Code werden als Service Limits die Level A, B, C und D unterschieden. Dabei entspricht Level A dem Lastfall H, Level D dem Lastfall HS.

## 7.4 Bauangaben aus den Belastungen der Unterstützungskonstruktion

Die Auflagerreaktionen der Rohrhalterungen sind als Resultat der Rohrleitungsberechnung (siehe Abschnitt 6.9) als Bauangaben in Belastungsplänen, Tabellen oder Zeichnungen anzugeben. Dabei sind die Lastfälle H, HZ und HS zu berücksichtigen. Zur Beschreibung sollte ein eindeutig und klar definiertes Koordinatensystem verwendet werden. Durch den Einsatz von Rohrberechnungsprogrammen wird manchmal ein globales Koordinatensystem vorgegeben. In der Praxis sind verschiedene Koordinatensysteme üblich. Häufig wird ein System verwendet, bei dem die +z-Achse nach oben zeigt. Bei einem anderen gebräuchlichen Koordinatensystem zeigt hingegen die +y-Achse nach oben, während die +x-Achse nach Norden gerichtet ist. Eindeutige Vor- oder Nachteile hat keines der Systeme. Wichtig ist jedoch, dass für die Planung der Rohrleitungen einschließlich der Rohrhalterungen eine eindeutige Definition des verwendeten Koordinatensystems erfolgt, und dass dieses deutlich auf allen Zeichnungen, Tabellen und dergl. angegeben ist. Ansonsten können Kraft- bzw. Verschiebungskomponenten falsch interpretiert werden.

Für jede Rohrhalterung existieren:
- Kräfte in 3 Richtungen ($F_u$, $F_v$, $F_w$)
- Momente um die 3 Achsen ($M_u$, $M_v$, $M_w$)
- Verschiebungen in 3 Richtungen ($\Delta u$, $\Delta v$, $\Delta w$)
- Verdrehungen um die 3 Achsen ($\varphi_u$, $\varphi_v$, $\varphi_w$)

Die Koordinaten u, v, w sollen die ausgeprägten Richtungen der Rohrhalterung kennzeichen. Sie müssen nicht notwendigerweise mit dem globalen Koordinatensystem x, y, z übereinstimmen. Je nach Rohrhalterungstyp werden eine bis sechs der möglichen Bewegungen (Freiheitsgrade) behindert. Durch diese Behinderung der Verschiebung bzw. Drehung entstehen Kräfte und Momente, die von der Rohrhalterung aufgenommen und in den Baukörper eingeleitet werden müssen.

## 7.5 Auflagerarten und Belastungen

Zur Beschreibung der Kräfte und Verschiebungen wird im folgenden ein Koordinatensystem verwendet, bei dem die +z-Achse nach oben zeigt.

*Hängungen*

Gemäß VGB-R 510 L sind Hängungen so zu montieren, dass die Zugstangen im kalten Zustand (Montagezustand) lotrecht sind. Infolge thermischer Bewegungen ergibt sich im warmen Zustand der Rohrleitungen (Betriebszustand) eine Schrägstellung der Zugstangen. In anderen Ländern werden hingegen für den warmen Zustand lotrechte Zugstangen gefordert. Die Schrägstellung ist im allgemeinen auf maximal 4° begrenzt. Bei der Auslegung der Anschlussteile wie Rohrschellen und Anschlüsse an den Baukörper sind die durch die Schrägstellung der Zugstangen entstehenden Horizontalkräfte in der Auslegung zu berücksichtigen. Eine Schrägstellung von $\alpha \leq 4°$ bewirkt eine resultierende Horizontalkraft von maximal 7 % der vertikalen Abhängekraft:

$$F_H = \sqrt{F_x^2 + F_y^2} \leq F_z \cdot \tan \alpha \approx 0{,}07 \, F_z \tag{7.1}$$

Für die Auslegung der Bauanschlussteile und deren Anschlussschweißnähte, z.B. bei Anschweißösen oder Anschweißbügeln, ist die Beachtung des maximalen Schrägzugs von Bedeutung.

*Federnde Aufhängungen (Vertikalkraft $F_z$)*

Die Federkraft im warmen Zustand der Rohrleitung errechnet sich aus der Kaltlast $F_k$, der Federkonstanten k und der Längenänderung $\Delta l_F$ der Feder:

$$F_W = F_k + k \cdot \Delta l_F \tag{7.2}$$

Die Längenänderung der Feder ergibt sich aus den 3 Verschiebungen der Rohrleitung an der Lagerstelle und der Pendellänge $l_0$ der federnden Aufhängung:

$$\Delta l_F = \sqrt{\Delta x^2 + \Delta y^2 + (l_0 - \Delta z)^2} - l_0 \tag{7.3}$$

Es ist dabei zu berücksichtigen, dass eine positive Verschiebung $\Delta z$ die Pendellänge verkürzt.

Gemäß VGB-R 510 L dürfen nur vorrelaxierte Schraubendruckfedern eingesetzt werden. Für die quasistatisch belasteten Rohrhalterungen genügt eine statische Auslegung gemäß DIN 2089-1. In der Rohrleitungsberechung sind Federhänger als elastische Auflager zu betrachten.

*Konstanthänger (Vertikalkraft $F_z$ = const.)*

Für konstante Aufhängungen gelten sinngemäß die gleichen Überlegungen zur Berechnung des effektiven Weges wie beim Federhänger. Für die Rohrleitungsberech-

# 7 Berechnung von Rohrhalterungen

nung ist eine konstante Abhängung kein Auflager sondern eine konstante äußere Belastung.

*Festpunkte, Teilfestpunkte*

Diese Rohrhalterungen sind entsprechend der jeweiligen Konstruktionsform zu betrachten. Häufig handelt es sich um mehrfach statisch überbestimmte Systeme, die entsprechenden Aufwand bei der Berechnung der inneren Spannungen verlangen.

*Gleitlager*

Zur Berechnung der Gleitlagerkonstruktion und der Rohrleitung ist die resultierende maximale Reibkraft $F_R$ zu berücksichtigen. Sie ist abhängig von der Normalbelastung $F_N$ und dem Reibungskoeffizienten $\mu$:

$$F_R = \mu \cdot F_N \tag{7.4}$$

Der Reibungskoeffizient ist von der verwendeten Materialpaarung, der spezifischen Belastung sowie von der Temperatur abhängig. Bei der häufig verwendeten Kombination rostfreier Stahl / PTFE ergibt sich ein Reibwert von $\mu \leq 0{,}1$. Weitere Angaben sind den Unterlagen der Hersteller der Gleitlagerwerkstoffe (PTFE, selbstschmierende Gleitelemente) bzw. Abschnitt 6.9.5 zu entnehmen. Es muss konstruktiv sichergestellt sein, dass sich der Reibungskoeffizient im Laufe der Zeit nicht durch äußere Einflüsse verändert, z.B. durch Verschmutzungen oder Korrosionen. Die Reibungseinflüsse sind für die Lastfälle H und HZ nachzuweisen. Bei ferritischen Stählen kann bei der Materialpaarung Stahl / Stahl je nach Beschaffenheit der Oberfläche ein Haftreibungsbeiwert von $\mu = 0{,}30$ bis $0{,}45$ gemäß o.g. KTA-Regeln auftreten. Bei der Bestimmung der Lagesicherung einer Konstruktion (Zwangsführung) wird dagegen häufig mit einem wesentlich kleineren Reibwert von etwa $\mu = 0{,}15$ gerechnet, obwohl das sachlich nicht gerechtfertigt ist.

*Rollenlager*

Bei der Auslegung von Rollenlagern sind die maximale Querbelastung und der Rollwiderstand der Laufrollen zu beachten, auch bei Querbelastung. Die ungünstigste Kombination ergibt die maximale Beanspruchung des Rollenlagers. Für den Anwender von Standardrollenlagern sind die maximale Belastung, die maximale Querbelastung sowie der Rollwiderstand gemäß Herstellerangaben zu berücksichtigen. Bei üblichen Rollenlagern liegt der Rollwiderstand, je nach Ausführung und Lagerung der Rollen, im Bereich von 2 bis 4 % der Auflagerlast.

*Rohrumschließende Bauteile*

Für die Auslegung von Rohrschellen oder Rohrlagern ist die Bestimmung der Temperatur im gesamten Bauteil von entscheidender Bedeutung. Mit Festlegung des Temperaturprofils in der Schelle werden die Festigkeitskennwerte und damit auch die Dimensionierung der Schelle beeinflusst. Bis zu einer Betriebstemperatur des Fluids von $\leq 350$ °C sind die in Bild 7.1 dargestellten maximalen Temperaturabwertungen zulässig. Bei Betriebstemperaturen > 350 °C sollen alle innerhalb der Dämmung liegenden Teile mit Betriebstemperatur $T_M$ (auch mit $\vartheta_M$ bezeichnet) ausgelegt werden, sofern kein Nachweis über die Temperaturverteilung geführt werden kann. Durchgeführte Temperaturmessungen an Rohrschellen unter realen Bedingungen bestätigen diese Verfahrensweise [7.1].

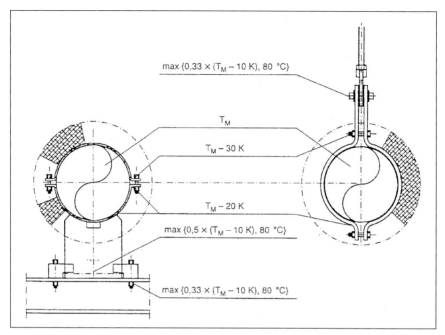

Bild 7.1: Berechnungstemperaturen an rohrumschließenden Bauteilen

Bei der Berechnung der Belastung innerhalb der Rohrschellen und Rohrlager muss der Schrägzug infolge der Auslenkung von Hängungen mit berücksichtigt werden.

## 7.6 Stützweitenberechnung

Die Stützweitenberechnung komplexer, mehrfach in alle Raumrichtungen abgewinkelter warmgehender Rohrleitungen erfolgt im Rahmen der rohrstatischen Berechnungen (siehe Abschnitt 6). Für einfache Systeme bzw. im Rahmen der Vorplanung ist eine manuelle Berechnung auf der Grundlage des AD 2000-Merkblattes HP 100 R sinnvoll. Hierbei können folgende Kriterien maßgebend sein:

- Begrenzung der zulässigen Spannungen

  Durch den Stützweitenabstand ergeben sich Biegespannungen, die den Längsspannungen infolge des Innendrucks zu überlagern sind. Sie werden durch die zulässigen Spannungen des jeweiligen Werkstoffs begrenzt. Für allgemeine Baustähle der Gruppe S235 und voller Ausnutzung der Wanddicke durch den Innendruck wurde im AD 2000-Merkblatt HP 100 R z.B. die ausnutzbare Biegespannung bei Raumtemperatur mit $f_{zul} \leq 40$ N/mm² festgelegt. Wird eine Rohrleitung durch den Innendruck nicht voll belastet, steht eine höhere Spannung zur Verfügung.

- Begrenzung der maximalen Durchbiegung

  Durch Beschränkung der maximalen Durchbiegung werden z.B. bei Dampfleitungen Kondensatansammlungen in Form von Pfützen vermieden. Das AD 2000-Merkblatt

# 7 Berechnung von Rohrhalterungen

HP 100 R nennt hierfür folgende Richtwerte:

$\leq$ DN 50:    $w_{zul} = 3$ mm
$>$ DN 50:    $w_{zul} = 5$ mm

Rohrleitungen für gasförmige Durchflussstoffe dürfen einen höheren Durchhang aufweisen, wenn eine Kondensatbildung ausgeschlossen ist.

Die Rohrleitung wird zur Bestimmung der Stützweite je nach Lagerung als Träger auf zwei Stützen, als Kragträger oder als Durchlaufträger betrachtet. Die Beziehungen für den Träger auf zwei Stützen werden auch für die Randfelder des Durchlaufträgers verwendet. Aus den Gleichungen der Biegelinie ergeben sich die entsprechenden Formeln für die Stützweite. Maßgebende Belastungen sind das Eigengewicht der Rohrleitung, das Gewicht der Dämmung und das Füllgewicht der Rohrleitung als verteilte Streckenlast q. Einzelmassen, z.B. Armaturen, werden mit ihrer Gewichtskraft F in die Berechnung einbezogen. Die mögliche Spannungserhöhung infolge von Rohrbögen oder T-Stücken kann durch einen Spannungserhöhungsfaktor i nach Anhang F zu DIN EN 13480-3 berücksichtigt werden.

Bei gleichzeitiger Belastung durch Streckenlast und Einzelkraft können die Gleichungen auf der Grundlage der maximalen Durchbiegung nicht nach der Stützweite aufgelöst werden, so dass diese iterativ bestimmt werden muss.

In den Gleichungen für die Stützweite haben die Formelzeichen folgende Bedeutung:

E   – Elastizitätsmodul bei Berechnungstemperatur [N/mm$^2$]
$f_{zul}$   – zulässige Biegespannung [N/mm$^2$]
F   – Zusatzlast, z.B. durch eine Zusatzmasse [N]
$i \geq 1$   – Spannungserhöhungsfaktor nach Anhang F zu DIN EN 13480-3
$I_R$   – Trägheitsmoment (Flächenträgheitsmoment 2. Grades) des Rohres [mm$^4$]
L   – Stützweite, Kraglänge [mm]
$L^*$   – äquivalente Länge nach Gl. (7.11) [mm]
q   – Streckenlast [N/mm]
w   – Durchbiegung [mm]
W   – Widerstandsmoment des Rohres [mm$^3$]

Indizes:

A, B, C, D, E    Kennzeichnung des Belastungsfalls (siehe Tafel 7.1)

F, S    Kennzeichnung des begrenzenden Kriteriums Durchbiegung oder Spannung

– *Fall A: Träger auf zwei Stützen*

$$w_A = \frac{L_{AF}^3}{384 \, E \cdot I_R} \left(8 \, F + 5 \, q \cdot L_{AF}\right) \tag{7.5}$$

$$L_{AS} = -\frac{F}{q} + \sqrt{\left(\frac{F}{q}\right)^2 + \frac{8 \, W \cdot f_{zul}}{q \cdot i}} \tag{7.6}$$

- *Fall B: Kragträger*

$$w_B = \frac{L_{BF}^3}{24\,E \cdot I_R}\bigl(8\,F + 3\,q \cdot L_{BF}\bigr) \tag{7.7}$$

$$L_{BS} = -\frac{F}{q} + \sqrt{\left(\frac{F}{q}\right)^2 + \frac{2\,W \cdot f_{zul}}{q \cdot i}} \tag{7.8}$$

- *Fall C: Durchlaufträger (Einzellast in allen Feldern)*

$$w_C = \frac{L_{CF}^3}{384\,E \cdot I_R}\bigl(2\,F + q \cdot L_{CF}\bigr) \tag{7.9}$$

$$L_{CS} = -\frac{3\,F}{4\,q} + \sqrt{\left(\frac{3\,F}{4\,q}\right)^2 + \frac{12\,W \cdot f_{zul}}{q \cdot i}} \tag{7.10}$$

- *Fall D: Durchlaufträger (Einzellast nur im jeweiligem Feld, F/q ≤ 0,38 L\*)*

$$L^* = \sqrt{\frac{12\,W \cdot f_{zul}}{q \cdot i}} \tag{7.11}$$

$$w_D = \frac{L_{DF}^3}{384\,E \cdot I_R}\bigl(6{,}1\,F + q \cdot L_{DF}\bigr) \tag{7.12}$$

$$L_{DS} = -\frac{126\,F}{265\,q} + \sqrt{\left(\frac{126\,F}{265\,q}\right)^2 + \frac{12\,W \cdot f_{zul}}{q \cdot i}} \tag{7.13}$$

- *Fall E: Durchlaufträger (Einzellast nur im jeweiligem Feld, F/q > 0,38 L\*)*

$$w_E = \frac{L_{EF}^3}{384\,E \cdot I_R}\bigl(6{,}1\,F + q \cdot L_{EF}\bigr) \tag{7.14}$$

$$L_{ES} = -\frac{543\,F}{265\,q} + \sqrt{\left(\frac{543\,F}{265\,q}\right)^2 + \frac{24\,W \cdot f_{zul}}{q \cdot i}} \tag{7.15}$$

# 7 Berechnung von Rohrhalterungen

AD 2000-Merkblatt HP 100 R und andere Werke [6.3] enthalten Tabellen mit zulässigen Stützweiten für die in Tafel 7.1 beschriebenen Biegefälle. Sie wurden für gängige Nennweiten, Wanddicken, Werkstoffe und verschiedene Dämmdicken aufgestellt. Des weiteren finden sich dort auch Umrechnungsformeln für andere Belastungsfälle, Betriebstemperaturen und Werkstoffe, d.h. für andere zulässige Spannungen. Die Ergebnisse sind identisch mit Gl. (7.5) bis (7.15).

Wenn bei gefälleverlegten Rohrleitungen eine restlose Entleerung gefordert wird, muss ein drittes Kriterium zur Bestimmung der Stützweite beachtet werden, nämlich die Neigung der Biegelinie muss kleiner sein als das vorgesehene Gefälle der Rohrleitung, so dass kein unzulässiger Durchhang Gegengefälle erzeugen kann. Für den Träger auf zwei Stützen und den Durchlaufträger mit Streckenlast kann die maximale Neigung der Biegelinie analytisch bestimmt werden.

Tafel 7.1: Stützweitenberechnung gemäß AD 2000-Merkblatt HP 100 R

| Fall | Belastungsschema | Belastungen | Gleichungs-Nr. bei Begrenzung infolge | |
|---|---|---|---|---|
| | | | Durchbiegung | Spannung |
| A | | Träger auf 2 Stützen mit Streckenlast q und Einzellast F | $L_{AF}$ Gl. (7.5) | $L_{AS}$ Gl. (7.6) |
| B | | Kragträger mit Streckenlast q und Einzellast F | $L_{BF}$ Gl. (7.7) | $L_{BS}$ Gl. (7.8) |
| C | | Durchlaufträger mit Streckenlast q und Einzellast F in allen Feldern | $L_{CF}$ Gl. (7.9) | $L_{CS}$ Gl. (7.10) |
| D | | Durchlaufträger mit Streckenlast q und Einzellast F nur im jeweiligen Feld bei $F/q \leq 0{,}38\ L^*$ | $L_{DF}$ Gl. (7.12) | $L_{DS}$ Gl. (7.13) |
| E | | Durchlaufträger mit Streckenlast q und Einzellast F nur im jeweiligen Feld bei $F/q > 0{,}38\ L^*$ | $L_{EF}$ Gl. (7.14) | $L_{ES}$ Gl. (7.15) |

– Fall A: Träger auf zwei Stützen (Belastung q)

$$\tan \alpha_{max} = \frac{q \cdot L^3}{24 E \cdot I_R} = \frac{n_R}{S_\alpha}; \quad L_{A\alpha} = \sqrt[3]{\frac{24 E \cdot I_R \cdot n_R}{q \cdot S_\alpha}} \tag{7.16}$$

– Fall C: Durchlaufträger (Belastung q)

$$\tan \alpha_{max} = \frac{\sqrt{3} \cdot q \cdot L^3}{216 E \cdot I_R} = \frac{n_R}{S_\alpha}; \quad L_{C\alpha} = \sqrt[3]{\frac{216 E \cdot I_R \cdot n_R}{\sqrt{3} \cdot q \cdot S_\alpha}} \tag{7.17}$$

Die Formelzeichen bedeuten:

$\alpha$ – Neigung der Biegelinie
$n_R$ – Rohrleitungsgefälle
$S_\alpha$ – Sicherheit gegen Montagetoleranzen. Häufig wird $S_\alpha$ mit 1,3 bis 1,5 gewählt, so dass die maximale Stützweite nur zu etwa 90 % ausgenutzt wird.

DIN EN 13480-3 enthält lediglich die Festlegung, dass die Abstände der Lagerstellen auf der Grundlage einer Elastizitätsanalyse oder durch Abschätzung der Auflagerlasten ermittelt werden sollen.

Die in Tafel 7.2 angegebenen Richtwerte von maximalen Stützweiten wurden für horizontale Rohrleitungen ohne Lastkonzentrationen (z.B. durch Armaturen) und Temperaturen bis 400 °C ermittelt. Sie basieren auf Lastfall AF gemäß Tafel 7.1 mit einer kombinierten Biege- und Schubspannung von 10 N/mm², resultierend aus dem Eigengewicht der Rohrleitung einschließlich Dämmung und Fluidmasse.

In ASME B31.1 sind Stützweiten für Rohrleitungen mit Standardwanddicken, die nicht mit den Normalwanddicken nach DIN 2448 oder DIN 2458 identisch sind, und für erhöhte Wanddicken bis zu einer maximalen Fluidtemperatur von 400°C angegeben. Sie liegen bei gleicher Nenngröße NPS bzw. Nennweite DN allgemein etwas niedriger gegenüber denen nach AD 2000-Merkblatt HP 100 R (Tafel 7.2), weil folgende einschränkende Bedingungen gefordert sind:

– Biegespannung $\quad f_{zul} \leq 16$ N/mm²
– maximale Durchbiegung $w_{zul} \leq 2,5$ mm

## 7.7 Berechnungsgrundlagen für Rohrhalterungen

Der wichtigste Nachweis bei der Berechnung von Rohrhalterungen ist der allgemeine Spannungsnachweis. Besteht die Gefahr, dass große elastische Verformungen zum Versagen führen können, ist ein zusätzlicher Formänderungsnachweis (Knicken, Kippen, Beulen) und der Nachweis der Sicherheit gegen Abheben oder Umkippen erforderlich. Bei Rohrhalterungen, die durch Schrägzug oder Schrägdruck beansprucht werden, sind die zusätzlichen seitlichen Kraftkomponenten rechtwinklig zur Hauptlastrichtung in der Berechnung zu berücksichtigen.

### 7.7.1 Spannungsnachweise

Die errechneten Spannungen sind den zulässigen Werten gegenüberzustellen. Die zulässigen Spannungen für die verschiedenen Beanspruchungen sind in Abhängigkeit

# 7 Berechnung von Rohrhalterungen

Tafel 7.2: Anhaltswerte für Stützweiten in Anlehnung an AD 2000 HP 100 R und ASME B31.1

| Nenn-weite DN | Nominal Pipe Size NPS in inch | Außendurch-messer $d_a$ | Stützweiten in m | | | |
|---|---|---|---|---|---|---|
| | | | dampf- und gasförmige Fluide | | flüssige Fluide | |
| | | | AD 2000 HP 100 R | ASME B31.1 | AD 2000 HP 100 R | ASME B31.1 |
| 25 | 1 | 33.7 | 3.2 | 2.7 | 2.2 | 2.1 |
| 50 | 2 | 60.3 | 4.5 | 4 | 3 | 3 |
| 80 | 3 | 88.9 | 5.5 | 4.6 | 3.5 | 3.7 |
| 100 | 4 | 114.3 | 6.5 | 5.2 | 4 | 4.3 |
| 150 | 6 | 168.3 | 8 | 6.4 | 5 | 5.2 |
| 200 | 8 | 219.1 | 9.5 | 7.3 | 5.5 | 5.8 |
| 300 | 12 | 323.9 | 11.5 | 9.1 | 6.5 | 7 |
| 400 | 16 | 406.4 | 12.5 | 10.7 | 7.5 | 8.2 |
| 500 | 20 | 508 | 13.5 | 11.9 | 8.5 | 9.1 |

von der Bemessungsspannung $S_m$ für die einzelnen Lastfälle in VGB-R 510 L bzw. KTA 3205.1 und KTA 3205.2 angegeben.

Für Rohrhalterungen von Rohrleitungen, die der Druckgeräterichtlinie unterliegen, gelten gemäß DIN EN 13480-3 die in Tafel 7.3 angegebenen zulässigen Spannungen.

Die Regelwerke verwenden verschiedene Formelzeichen. Im weiteren werden die Definitionen nach DIN EN 13480-3 verwendet. In Klammern gesetzte Bezeichnungen entsprechen VGB-R 510 L, wobei die Temperatur auch mit $\vartheta$ bezeichnet wird.

$R_{eH}$ ($\bar{R}_{eH}$)      – Mindestwert für die Streckgrenze

$R_m$ ($\bar{R}_m$)      – Mindestwert für die Zugfestigkeit

$R_{p0,2/t}$ ($\bar{R}_{p0,2}$) – Mindestwert der 0,2 %-Dehngrenze

($\tilde{R}_{p1,0}$)      – Mindestwert der 1,0 %-Dehngrenze

$S_{RTt}$ ($\bar{R}_{m/t/T}$) – Mittelwert der Zeitstandfestigkeit für T h bei Temperatur t

($\tilde{R}_{m/t/T}$)      – Mindestwert der Zeitstandfestigkeit für T h bei Temperatur t

($\tilde{R}_{p1,0/t/T}$)      – Mindestwert der 1 %-Zeitdehngrenze für T h bei Temperatur t

Der Spannungsvergleichswert gemäß VGB-R 510 L ist definiert als

$$S_m = \min\left(\frac{R_{eHt}}{1{,}5}; \frac{R_m}{2{,}4}; \frac{S_{R\,200\,000\,t}}{1{,}25}\right) \quad (7.18)$$

Bei Werkstoffen mit ausgeprägter Streckgrenze wird $R_{p\,0{,}2/t}$ anstelle von $R_{eHt}$ eingesetzt. Der Spannungsvergleichswert entspricht der zulässigen Spannung f nach Tafel 3.1.

Im Temperaturbereich bis 350 °C darf gemäß VGB-R 510 L bei den Stahlgruppen S235 (St 37) und S355 (St 52) die Warmstreckgrenze mit dem Reduktionsfaktor K aus Bild 7.2 ermittelt werden:

$$R_{eHt} = K \cdot R_{eH} \quad (7.18a)$$

Zwischenwerte sind linear zu interpolieren.

Die zulässigen Spannungen in Bauteilen sind in Tafel 7.3 für einige häufig angewandte Regelwerke zusammengestellt. Bei einigen Regelwerken ist die zu verwendende Vergleichsspannungs-Hypothese vorgegeben. Zumeist handelt es sich um die Gestaltänderungsenergie-Hypothese (GEH), z.B. in KTA 3205.1, und die Schubspannungs-Hypothese (SSH), z.B. in DIN EN 13480-3. Für den ebenen Spannungszustand bei einachsiger Zug- bzw. Biegespannung ergeben sich diese zu:

GEH: $\quad \sigma_v = \sqrt{\left(\sigma_a + \sigma_b\right)^2 + 3\,\sigma_s^2} \quad (7.19a)$

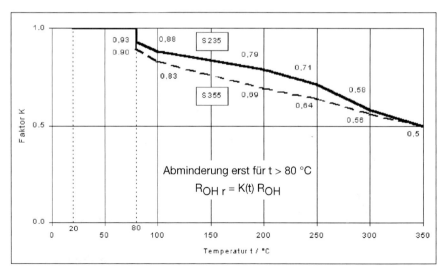

Bild 7.2: Reduktionsfaktor K zur Ermittlung der Warmstreckgrenze von Stählen der Gruppe S235 (St 37) und der Gruppe S355 (St 52) gemäß VGB-R 510 L

## 7 Berechnung von Rohrhalterungen

Tafel 7.3: Zulässige Spannungen in Rohrhalterungen

| Beanspruchungsart | Formel-zeichen | Form des Bauteils | Zulässige Spannung nach | | | | |
|---|---|---|---|---|---|---|---|
| | | | DIN EN 13480-3 | | VGB-R 510 L | | |
| | | | normale | gelegent-liche | Belastungsart (Kurzzeichen) | | |
| | | | Betriebsbedingungen | | H | HZ | HS |
| Axial- oder Membranspannung | $\sigma_a$ | linear | f | 1,33 f | f | 1,15 f | 1,5 f[1]) |
| | | flächig | | 1,2 f | | | |
| Biegespannung[2]) | $\sigma_b$ | linear | f | 1,33 f | f | 1,15 f | 1,5 f[3]) |
| | | flächig | 1,5 f | 1,8 f | | | |
| Schubspannung | $\sigma_s$ | linear | 0,5 f | 0,66 f | 0,55 f | 0,65 f | 0,85 f |
| | | flächig | | | | | |
| Vergleichsspannung | $\sigma_v$ | linear | f | 1,33 f | 1,15 f | 1,2 f | 1,5 f |
| | | flächig | 1,5 f | 1,8 f | | | |

[1]) Gültig für Zugspannungen. Bei Druckspannungen gilt 1,2 f.
[2]) Bei austenitischen Werkstoffen ist Zulassungsbescheid [7.2] für H und HZ zusätzlich zu beachten. Für HS gilt 1,2 f.
[3]) Bei Biegedruckspannungen mit Stabilitätsnachweis gilt 1,2 f.

$$\text{SSH:} \quad \sigma_v = \sqrt{(\sigma_a + \sigma_b)^2 + 4\,\sigma_s^2} \tag{7.19b}$$

Einige internationale Regelwerke, z.B. in den USA, benutzen keine Vergleichsspannung.

Die maximal zulässigen Spannungen für verschiedene Schweißnahtformen und Nahtgüten enthält Tafel 7.4.

Bei der Spannungsermittlung von Schrauben ist zu beachten, dass beim Spannungsnachweis infolge Scherbeanspruchung der Querschnitt im Abscherbereich (Schaft- oder Kernquerschnitt) maßgebend ist. Beim Spannungsnachweis unter Normalbeanspruchung ist für Schrauben mit metrischem ISO-Gewinde gemäß DIN 13-1 die Berechnung mit dem Schaftquerschnitt zulässig, für andere Gewinde ist der Kernquerschnitt zu verwenden. In international häufig angewandten Regeln ASME B31.1, ASME B31.3, MSS SP-58 und MSS SP-69 wird die Berechnung der Spannungen mit dem Kernquerschnitt gefordert. Die Bemessungsspannung für Schrauben ist gemäß VGB-R 510 L wie folgt definiert:

$$f = \min\left[\frac{R_{eH}}{2,5}; \frac{R_{p0,2}}{2,5}; \frac{R_{p0,2/\vartheta}}{2,5}; \frac{R_{m/200\,000/\vartheta}}{1,4}\right] \tag{7.20}$$

Tafel 7.4: Zulässige Spannungen für Schweißnähte gemäß VGB-R 510 L

| Nahtart | Nahtgüte | Beanspruchungsart | Lastfall | | |
|---|---|---|---|---|---|
| | | | H | HS | HZ |
| | | | Faktor für zulässige Spannung f | | |
| Stumpfnaht | alle Nahtgüten | Druck und Biegedruck | 1,00 | 1,15 | 1,50 |
| D(oppel)HV-Naht (K-Naht) | nachgewiesen | Zug und Biegezug, Vergleichsspannung | | | |
| HV-Naht mit Kapplage gegengeschweißt oder Wurzel durchgeschweißt | nicht nachgewiesen | | 0,70 | 0,80 | 0,95 |
| D(oppel)HY-Naht mit Kehlnaht (K-Stegnaht) | alle | Druck und Biegedruck | 1,00 | 1,15 | 1,50 |
| D(oppel)HY-Naht mit Doppelkehlnaht | | Zug und Biegezug, Vergleichsspannung | 0,70 | 0,80 | 0,95 |
| Kehlnaht[1]) | alle | Zug und Biegezug, Druck und Biegedruck, Vergleichsspannung | 0,70 | 0,80 | 0,95 |
| Doppelkehlnaht | | | | | |
| Kehlnaht mit tiefem Einbrand[1]) | | | | | |
| alle Nähte bei Stahlgruppe S235 (St 37) | alle | Schub | 0,85 | 0,95 | 1,25 |
| alle Nähte bei Stahlgruppe S355 (St 52) | | | 0,70 | 0,80 | 1,05 |
| alle Nähte bei übrigen Stählen | | | 0,55 | 0,65 | 0,75 |

[1]) Beidseitig geschweißte Nähte sind einseitig geschweißten Nähten vorzuziehen. Die aufgeführten Schweißnahtformen dürfen nur bei Flankenkehlnähten und Anschlüssen von geschlossenen Teilen angewendet werden. Für Schweißlagendicken a ≤ 6 mm sind einlagige Schweißnähte zulässig.

Die zulässigen Zug- und Schubspannungen ergeben sich durch Multiplikation der Bemessungsspannung f mit den Faktoren nach Tafel 7.5. Die Festigkeitskennwerte bei Raumtemperatur für Verbindungsmittel der Festigkeitsklassen 4.6, 5.6, 8.8 und 10.9 bzw. 5, 8 und 10 dürfen gemäß VGB-R 510 L bis 80 °C verwendet werden. Bei Temperaturen über 80 °C bis 350 °C gelten für

– Festigkeitsklasse 4.6 die Abminderungsfaktoren der Stahlgruppe S235 nach Bild 7.2,
– für die Festigkeitsklassen 5.6, 8.8 und 10.9 bzw. 5, 8 und 10 die Warmfestigkeitskennwerte nach DIN EN 20898-1.

Die Festigkeitskennwerte austenitischer Schrauben sind AD 2000-Merkblatt W 2 zu entnehmen. Die Bemessungsspannung richtet sich nach Gl. (7.20).

7 Berechnung von Rohrhalterungen

Tafel 7.5: Zulässige Spannungen in Schraubenverbindungen gemäß VGB-R 510 L

| Spannungsart | Lastfall | | |
|---|---|---|---|
| | H | HZ | HS |
| | Faktor für Bemessungsspannung f | | |
| Schraubenverbindungen für $R_{eH} \leq 450$ N/mm² | | | |
| Zug | 1,175 | 1,3 | 1,6 |
| Schub (Abscheren quer zur Schraubenachse) | | | |
| hochfeste Schraubenverbindungen für $R_{eH} > 450$ N/mm² sowie alle Schraubenverbindungen im Zeitstandbereich | | | |
| Zug | 1,0 | 1,125 | 1,35 |
| Schub (Abscheren quer zur Schraubenachse) | 0,66 | 0,75 | 0,90 |

### 7.7.2 Bemessungsspannung dynamisch beanspruchter Bauteile

Die zulässige Spannung f von Stoßbremsen, Gelenkstreben, Schwingungsdämpfern sowie deren Anschlussteile und Schellen ist gemäß Tafel 3.1 und Gl. (7.20) zu ermitteln. Für Stoßbremsen und Gelenkstreben wird darüber hinaus die Einhaltung eines Lastwechselkollektivs nach Tafel 7.6 gefordert, das im Rahmen einer Eignungs- bzw. einer Typprüfung auch experimentell nachzuweisen ist.

Bei Schellen, die zusammen mit Stoßbremsen oder Gelenkstreben den Lastwechselkollektiven nach Tafel 7.6 standhalten müssen, darf bei der Ermittlung von f nach Tafel 3.1 der Mindestwert der Zeitstandfestigkeit für 200 000 h ($R_{m/200\,000/\vartheta}$) durch die 1 %-Zeitdehngrenze für 10 000 h ($R_{p\,1,0/10\,000/\vartheta}$) ersetzt werden. Für dynamisch belastete Schellen und Anschlussbauteile, z.B. Anschweißböcke, ist der maximale Schwenkwinkel bzw. die daraus resultierende Querbelastung der Bauteile zu beachten. Es wird ein Schwenkwinkel von mindestens 5° verlangt.

### 7.7.3 Stabilitätsnachweise

Für die auf Druck belasteten Rohrhalterungen, z.B. Gelenkstreben, sind die notwendigen Stabilitätsnachweise (Knicken, Kippen, Beulen) zu führen. Sie können gemäß DIN 18800-2 bis DIN 18800-4, DIN V ENV 1993-1-1, Anhang I zu DIN EN 13480-3 oder nach anderen geeigneten numerischen Berechnungsverfahren erstellt werden.

Tafel 7.6: Lastwechselkollektive für Stoßbremsen und Gelenkstreben

| Last[1]) | Anzahl Lastspiele | | |
|---|---|---|---|
| | Stoßbremsen | | Gelenkstreben |
| | bei 80 °C | bei 150 °C | bei 80 °C |
| $1,5 \times F_N$ | 25 | 25 | 25 |
| $1,0 \times F_N$ | 3 300 | 1 800 | 3 300 |
| $0,5 \times F_N$ | 47 000 | 18 000 | 47 000 |
| $0,1 \times F_N$ | $1,8 \times 10^6$ | 72 000 | 330 000 |

[1]) $F_N$ ist die Nennlast für Lastfall H

## 7.7.4 Vergleich verschiedener Regelwerke

Ein direkter Vergleich von DIN EN 13480-3, VGB-R 510 L und KTA 3205.2 mit den amerikanischen Regeln ASME B 31.1 oder MSS SP-58 ist kaum möglich. Die europäischen und deutschen Regelwerke verlangen die Berücksichtigung des Schrägzugs, da die Rohrhalterungen im kalten Zustand lotrecht montiert werden sollen. Andere Regelwerke fordern dagegen eine annähernd lotrechte Position im warmen Zustand, so dass die Berechnung des Schrägzugs nicht vorgesehen ist.

Unterschiede bestehen auch in der Behandlung des aus Längsbelastung und einachsiger Biegebeanspruchung resultierenden Spannungszustandes. Nach den deutschen Regelwerken wird die maximale Randfaserspannung mit einer zulässigen Spannung verglichen. In den amerikanischen Regeln findet sich hingegen folgende Beziehung für die Axialspannung $\sigma_z$ und einachsige Biegespannung $\sigma_b$:

$$\frac{\sigma_z}{f_z} + \frac{\sigma_b}{f_b} \leq 1 \tag{7.21}$$

Mit f ist die zulässige Spannung für die jeweilige Beanspruchungsart gekennzeichnet. In Tafel 7.7 sind die zulässigen Spannungen für Zug und Druck nach verschiedenen Regeln gegenübergestellt. Da die Höhe der geforderten Sicherheiten für Zug und Druck variieren, ist ein direkter allgemeiner Vergleich nicht möglich.

Die deutschen Vorschriften erlauben bei der Auslegung im Streckgrenzenbereich für die Eckspannungen infolge zweiachsiger Biegung (lokale Spannungserhöhung) 10% höhere zulässige Spannungen, wenn die Spannungsausnutzung der einzelnen Biegezugkomponenten unter 80% der zulässigen Biegespannung liegt:

$$|\sigma_z| + |\sigma_{b1}| + |\sigma_{b2}| \leq 1{,}1\, f \tag{7.22}$$

wenn

$$|\sigma_z| + |\sigma_{b1}| \leq 0{,}8\, f \tag{7.23a}$$

$$|\sigma_z| + |\sigma_{b2}| \leq 0{,}8\, f \tag{7.23b}$$

Die amerikanischen Regeln ASME B31.1 und MSS SP-58 unterscheiden nicht zwischen ein- und zweiachsiger Biegung. Statt dessen wird hingegen verlangt:

$$\frac{\sigma_z}{f_{zl}} + \frac{\sigma_{b1}}{f_{b1}} + \frac{\sigma_{b2}}{f_{b2}} \leq 1{,}0 \tag{7.24}$$

Die Indizes 1 und 2 kennzeichnen die starke und die schwache (weak) Biegeachse. Die geforderten Sicherheiten sind in Tafel 7.7 aufgeführt. Auch für diesen Belastungsfall ist ein allgemeiner Vergleich der Regelwerke nicht möglich.

Besonders gravierend ist der Unterschied der Sicherheitsanforderungen an Zugstangen in den Regelwerken DIN EN 13480-3, VGB-R 510 L und KTA 3205.2 einerseits, sowie ASME B31.1 und MSS SP-58 andererseits. Die amerikanischen Regelwerke verlangen eine 25 %-ige Reduzierung der zulässigen Zugspannungen (siehe Tafel 7.7). Das bedingt im Vergleich zu den deutschen Regelwerken eine um den Faktor 2,2 höhere Sicherheit gegen die Zugfestigkeit und damit im allgemeinen stärkere Zugstangen.

Tafel 7.7: Vergleich der zulässigen Spannungen für den Lastfall H bei verschiedenen Regelwerken

| Regelwerk | | | |
|---|---|---|---|
| DIN EN 13480-3 | VGB-R 510 L; KTA 3205.2 | ASME III NF | ASME B31.1; MSS SP-58 |
| zulässige Zugspannung | | | |
| min $\{0{,}667 R_{eHt};\ 0{,}417 R_m\}$ | | $0{,}6\ R_{eHt}$ | min $\{0{,}625\ R_{eHt};\ 0{,}25\ R_m\}$[1] |
| zulässige Biegespannung | | | |
| min $\{0{,}667 R_{eHt};\ 0{,}417 R_m\}$ | | $0{,}66\ R_{eHt}$ | min $\{0{,}625\ R_{eHt};\ 0{,}25\ R_m\}$[1] |
| zulässige Normalspannung (aus Längskraft und einachsiger Biegung) | | | |
| min $\{0{,}667 R_{eHt};\ 0{,}417 R_m\}$ | | Gl. (7.21) | |
| zulässige Normalspannung (aus Längskraft und zweiachsiger Biegung) | | | |
| min $\{0{,}667 R_{eHt};\ 0{,}417 R_m\}$ | min $\{0{,}667 R_{eHt};\ 0{,}417 R_m\}$ oder Gl. (7.22) | Gl. (7.24) mit $f_{b1} = 0{,}66\ R_{eHt}$ - starke Achse $f_{b2} = 0{,}75\ R_{eHt}$ - schwache Achse | wie Zug und einachsige Biegung |
| zulässige Schubspannung | | | |
| min $\{0{,}333\ R_{eHt};\ 0{,}208\ R_m\}$ | min $\{0{,}367\ R_{eHt};\ 0{,}229\ R_m\}$ | $0{,}4\ R_{eHt}$ | min $\{0{,}5\ R_{eHt};\ 0{,}2\ R_m\}$ |
| [1] Im Neuentwurf von MSS SP-58 wurde die Sicherheit gegen die Bruchgrenze mit dem Faktor 0,286 gegenüber bisher 0,25 neu festgelegt. | | | |

## 7.7.5 Experimentelle Auslegung und Überprüfung von Standardrohrhalterungen

Im Rahmen von Typ- bzw. Eignungsprüfungen wird eine experimentelle Überprüfung der Rohrhalterungen verlangt, wenn die Struktur der Bauteile nur näherungsweise mathematisch abgebildet werden kann. Diese Anforderung trifft u.a. für Gelenkstreben, Gewindeösen, Gewindebügel, Spannschlösser, Schellen und Rohrlager zu. Dabei sind für ausgewählte Baugrößen, die den gesamten Anwendungsbereich abdecken, experimentelle Prüfungen durchzuführen. Die dabei ermittelten Fließlasten $P_F$, Traglasten $P_T$ oder Knicklasten $P_K$ müssen die in Tafel 7.8 geforderten Sicherheiten für den Lastfall H erfüllen.

Für die einzelnen Teile einer starren Rohrhalterung ist die Fließlast $P_F$ mit dem Erreichen von 0,2 % bleibender Dehnung, bei Schellen mit 1 % bleibender Dehnung der Anfangsmesslänge festgelegt. Der in der Tafel 7.8 angegebene Faktor $K_2$ ist das Verhältnis der Zugfestigkeit aus der Werkstoffnorm zu der Zugfestigkeit des eingesetzten Werkstoffs:

$$K_2 = \frac{R_{m\,Zugversuch}}{R_{m\,Werkstoffnorm}} \qquad (7.25)$$

Analog gibt $K_3$ das Verhältnis der Streckgrenzen für ferritische bzw. das Verhältnis der 0,2 %-Dehngrenzen für austenitische Werkstoffe an:

$$K_3 = \frac{R_{eH\,Zugversuch}}{R_{eH\,Werkstoffnorm}} \qquad (7.26a)$$

$$K_3 = \frac{R_{p0,2\,Zugversuch}}{R_{p0,2\,Werkstoffnorm}} \qquad (7.26b)$$

## 7.8 Berechnung von Stützkonstruktionen

Für Hilfs- und Stützkonstruktionen gelten die Vorschriften des Stahlbaus. Zur Berechnung sind DIN 18800-1 bis DIN 18800-4 und DIN 18800-7 sowie DIN 18801 anzuwenden. Bei wechselnden oder dynamischen Beanspruchungen sind Ermüdungsfestigkeitsnachweise erforderlich. In Ermangelung allgemeiner Normen sind hierfür die Vorschriften für Kranbahnen gemäß DIN 4132 und DIN 15018-1 zu benutzen.

Tafel 7.8: Bemessungsfaktoren zur Bestimmung der zulässigen Last $F_{N,zul}$ (Lastfall H) aus experimentell ermittelten Lasten gemäß KTA 3205.3

| Bauteil | Traglast[1]) $P_T / F_{N,zul}$ | Fließlast $P_F / F_{N,zul}$ | Knicklast $P_K / F_{N,zul}$ |
|---|---|---|---|
| Starre Standardhalterungen | | $1,6\,K_3$ | - |
| Hängerschellen[2]) | | | |
| Gelenkstreben und Stoßbremsen | $4,0$ oder $2,4\,K_2$ | - | $2,5$ |
| Dämpfer | | | |
| Hänger | | | - |

[1]) Die für $P_T$ angegebenen Werte können gleichwertig gegenüber der Fließ- oder Knicklast verwendet werden. Sie beziehen sich mit Ausnahme der Fließlast für Rohrlager auf Zugbelastungen.
[2]) Der Kleinstwert aus Traglast und Fließlast ist maßgebend.

# 8 Berechnung von Kompensatoren

## 8.1 Allgemeines

### 8.1.1 Auslegungsvorschriften

Die sachgerechte Dimensionierung der Kompensatoren ist Angelegenheit des Herstellers. Sie muss entsprechend dem Stand der Technik erfolgen, unter Einhaltung der nationalen und/oder internationalen Vorschriften. Da eine Vielzahl von drucktragenden Rohrleitungen unter die Druckgeräterichtlinie [8.1] fallen, gelten die zugehörigen Kompensatoren als druckhaltende Ausrüstungsteile im Sinne der Druckgeräterichtlinie, die eine CE-Kennzeichnung tragen müssen. Kompensatoren außerhalb der Druckgeräterichtlinie werden in der Regel nach den gleichen Bedingungen gefertigt.

Zur Dimensionierung von Wellbälgen aus Metall sind in Deutschand DIN EN 13445-3 bzw. das AD 2000-Merkblatt B 13 maßgebend. Sie berücksichtigen allerdings nicht alle Belange der Rohrleitungskompensatoren, z.B. Verankerungen. Die Hersteller bemessen demzufolge nach internen Verfahren, die von Sachverständigen des TÜV oder anderer unabhängiger Prüfstellen anerkannt sind. Voraussetzung ist eine Verifizierung, d.h. die Zuverlässigkeit des Berechnungsverfahrens muss z.B. durch Versuche nachgewiesen sein. Die meisten herstellereigenen Verfahren basieren auf den Standards der amerikanischen Kompensator-Hersteller (EJMA) [8.2], die auch überwiegend den nationalen Rechenvorschriften anderer Staaten zugrunde gelegt sind. Auch DIN EN 13445-3 lehnt sich an den EJMA-Standard an.

Für andere Kompensator-Bauarten existieren keine allgemein verbindlichen Vorschriften zur Dimensionierung. Lediglich Gummi-Kompensatoren für Heizungsanlagen müssen nach DIN 4809-1 und DIN 4809-2 baumustergeprüft, für Gasanlagen nach DIN 30681 typgeprüft sein. Qualitätsanforderungen werden jedoch für die verschiedenen Bauarten kunden- und branchenspezifisch vereinbart, z.B. durch RAL-GZ 719 (siehe Abschnitt 17). Sie sind erforderlichenfalls durch Zulassungen unabhängiger Abnahmeorganisationen wie TÜV, Germanischer Lloyd, Büro Veritas u.a. nachzuweisen.

Zum Einbau und zur Berechnung kompletter Kompensatoren in Rohrleitungssystemen dient ein Anhang in DIN EN 13480-3.

### 8.1.2 Standard-Baureihen

Die Hersteller bieten überwiegend standardisierte Baureihen an, die meist nach Druckstufen oder Nenndrücken PN bei 20 °C gestaffelt sind. Das gilt für nahezu alle Kompensator-Bauarten mit Ausnahme von Weichstoff-Kompensatoren (Gewebe-Kompensatoren), die nur für geringe Drücke von maximal 350 mbar geeignet sind.

Die Auslegung berücksichtigt sowohl die zulässige spannungsmäßige Auslastung der Kompensatoren als auch relevante Stabilitätskriterien, z.B. bei Metall- und PTFE-Kompensatoren. Je nach Werkstoff und Auslegungskonzept lassen sich aus den Druckstufen die zulässigen Betriebsdrücke über temperaturabhängige Korrekturfaktoren bestimmen (siehe Abschnitt 8.4). Bei extremen Betriebsverhältnissen werden Metall-Kompensatoren häufig vom Hersteller individuell auf diese Bedingungen zugeschnitten, um optimale Leistungsdaten zu erhalten.

Neben der Tragfähigkeit bezüglich des Druckes spielt die zulässige Bewegungsaufnahme der Kompensatoren eine entscheidende Rolle. Diese bezieht sich bei Metall-

Kompensatoren auf eine vorausgesetzte Lastspielzahl, meist 1000 Lastspiele. Werden mehr oder weniger Lastspiele gefordert, müssen die Bewegungsgrößen korrigiert werden.

Bei anderen Kompensator-Bauarten wird die zulässige Bewegungsaufnahme vorwiegend durch die Abmessungen bestimmt, selten durch Materialermüdung. Die Lebensdauer von Schiebe- und Drehkompensatoren wird hingegen hauptsächlich durch die Standfestigkeit der Dichtungen begrenzt.

Die Hersteller sind im allgemeinen darauf eingestellt, den Planer bei der Auswahl der geeigneten Kompensatoren zu unterstützen. Teilweise stellen sie hierfür auch Software für übliche PC zur Verfügung. Die nachstehenden vereinfachten Berechnungsvorschriften ermöglichen dem Rohrleitungsplaner ausreichend genaue Ergebnisse zur Auswahl des für seinen Bedarfsfall erforderlichen Kompensators.

## 8.2 Ermittlung der Bewegungsgrößen

Von Kompensatoren können folgende Relativbewegungen aufgenommen werden:
- Wärmedehnungen,
- Druckdehnungen,
- Schwingungen,
- Ausgleich von Montagetoleranzen und Bauabweichungen,
- Fundamentsenkungen und
- Montage- und Demontagehilfen (Ausbauwege).

### 8.2.1 Wärmedehnungen

Die lineare Wärmedehnung $\Delta_\vartheta$ metallischer Rohrleitungen lässt sich über den werkstoff- und temperaturabhängigen Wärmeausdehnungskoeffizienten $\alpha_\vartheta$ ermitteln:

$$\Delta_\vartheta = L \cdot \alpha_\vartheta \cdot \Delta\vartheta \qquad (8.1)$$

Es bedeuten:

L – Systemlänge, z.B. die Rohrstrecke zwischen zwei Festpunkten
$\alpha_\vartheta$ – mittlerer Wärmeausdehnungskoeffizient gemäß Tafel 8.1, bezogen auf $\Delta\vartheta$
$\Delta\vartheta$ – Temperaturdifferenz zwischen Betriebstemperatur und Montagetemperatur $\vartheta_0$

Tafel 8.1: Mittlerer Wärmeausdehnungskoeffizient $\alpha_\vartheta$ in mm/m·K

| Werkstoff | Temperaturbereich von 20 °C bis | | | | |
|---|---|---|---|---|---|
| | 100 °C | 200 °C | 300 °C | 400 °C | 500 °C |
| Ferritischer Stahl (SEW 310) | 0,0125 | 0,013 | 0,0136 | 0,0141 | 0,0145 |
| Austenitischer Stahl (DIN EN 10088-1) | 0,016 | 0,0165 | 0,017 | 0,0175 | 0,018 |
| Kupfer | 0,0155 | 0,016 | 0,0165 | 0,017 | 0,0175 |
| Aluminiumlegierung AlMg 3 | 0,0237 | 0,0245 | 0,0253 | 0,0263 | 0,0272 |

# 8 Berechnung von Kompensatoren

Wärmedehnungen $\Delta_\vartheta$, bezogen auf 1 Meter Rohrleitung, sind für verschiedene Werkstoffe aus Bild 8.1 direkt abzulesen.

Es ist zu beachten, dass zur Bestimmung der Lebensdauer der Kompensatoren die aus der Betriebstemperatur ermittelten Dehnungswerte anzusetzen sind. Falls die Temperatur unter außergewöhnlichen Betriebsverhältnissen extreme Werte annehmen kann, z.b. hohe Temperatur bei niedrigem Druck im Leerlaufzustand einer Dampfturbine, muss zusätzlich überprüft werden, ob der Kompensator oder das Gelenksystem die höheren Dehnungswerte erträgt und ob diese Dehnung nicht durch Anschläge oder Blockierungen behindert wird.

Zur Ermittlung der Temperaturdifferenz $\Delta\vartheta$ kann normalerweise eine Montagetemperatur von $\vartheta_o$ = 15 bis 20 °C angenommen werden. Bei Betriebstemperaturen ≤ 100 °C muss man jedoch genauer vorgehen und eine mittlere Stillstandstemperatur für die

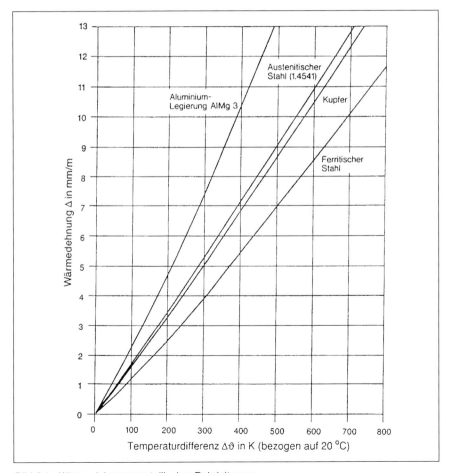

Bild 8.1: Wärmedehnung metallischer Rohrleitungen

Dehnungsberechnung ansetzen. Darüber hinaus ist zu überprüfen, ob sich die Leitung bei der tiefstmöglichen Stillstandstemperatur noch genügend zusammenziehen kann, ohne dass die Kompensatoren zu stark gestreckt, oder dass dem Gelenksystem geometrisch unverträgliche Bewegungen aufgezwungen werden.

Besonders bei kaltgehenden Rohrleitungen, die sich nur aufgrund der jeweils herrschenden Außentemperatur dehnen oder zusammenziehen, ist auf die möglichen Extremstellungen des Kompensators oder des Kompensationssystems bei höchster und tiefster Außentemperatur zu achten und die richtige positive oder negative Vorspannung bei der herrschenden Montagetemperatur zu bestimmen.

### 8.2.2 Druckdehnungen

Druckdehnungen treten an Behältern und in Rohrleitungen unter Druckbeanspruchung auf. Sie nehmen aber erst bei großen Abmessungen Werte an, die bei der Kompensation von Einfluss sind. Zur Abschätzung ihrer Größe ist zu berücksichtigen, dass in einem unter Druck stehenden geschlossenen Zylinder die Längsspannungen halb so groß wie die Umfangsspannungen sind. Geht man von einer vollen Druckauslastung aus, d.h. von einer maximal zulässigen Umfangsspannung, so ergibt sich für allgemeinen Baustahl mit $R_{eH}$ = 235 N/mm² unter Berücksichtigung eines Sicherheitsfaktors von 1,5 sowie der Querkontraktion eine relative Dehnung aus der Druckbelastung von $\Delta_p \approx 0,1$ mm/m. Dieser Wert ist im allgemeinen vernachlässigbar, außer bei sehr hohen Kolonnen oder langen Behältern wie Winderhitzern von Hochofenanlagen, deren axiale Druckdehnung zur lateralen Beanspruchung der Kompensatoren in den Anschlussleitungen führt.

Rohrleitungen mit Axial-Kompensatoren erfahren wegen der fehlenden Längskraft keine Druckdehnung.

### 8.2.3 Schwingungen

Schwingungen kommen hauptsächlich an Maschinen mit bewegten Massen vor, z.B. Turbomaschinen, Kolbenmaschinen und Zentrifugen. Die Schwingungen sind durch Frequenz und Amplitude definiert. Die Frequenzen entsprechen der Drehzahl. Darüber hinaus treten Oberschwingungen mit einem Vielfachen der Drehzahl auf, die aber nur geringe Amplituden aufweisen.

Die Amplituden der Grundschwingungen liegen üblicherweise bei gut ausgewuchteten Maschinen unter 1 mm. Sie nehmen nur beim Anfahren und Durchfahren von kritischen Drehzahlen kurzzeitig größere Werte an. Angeschlossene Rohrleitungen werden dadurch ebenfalls zum Schwingen angeregt, was zur Materialermüdung und zum Schaden führen kann. Anschlussleitungen sind insbesondere gefährdet, wenn deren Eigenschwingungszahl in Resonanz steht. Hochfrequente Schwingungen machen sich außerdem als Schall unangenehm bemerkbar, niederfrequente Schwingungen können über die Fundamente und das Erdreich weitergeleitet werden und auch an benachbarten Bauwerken Schädigungen verursachen.

Um Schwingungsschäden und Schallausbreitung zu vermeiden, sollten Maschinen elastisch gelagert sein und deren Anschlussleitungen durch flexible Bauteile wie Schläuche oder Kompensatoren geschützt sein.

Werden Rohrleitungen durch Druckstöße zum Schwingen angeregt, wie sie von Kolbenkompressoren oder Hydraulik-Aggregaten ausgehen können, sind Kompensatoren

# 8 Berechnung von Kompensatoren

nur sehr bedingt einsetzbar. Eine sorgfältige Halterung der Rohrleitung sowie das Nachschalten von Ausgleichsbehältern sind demgegenüber geeignetere Maßnahmen.

Bei allen Maschinen treten die größten Amplituden quer zur Wellenachse auf. Je nach Lage der Stutzenanschlüsse können sich daraus für die Kompensatoren ganz unterschiedliche Bewegungsanforderungen ergeben, die bei der Auswahl zu beachten sind. Neben den Schwingungswerten im normalen Betriebszustand, die auf Dauerfestigkeit ausgelegte Kompensatoren erfordern, sind häufig bis zu 5-mal größere Bewegungsamplituden beim Anfahren zu erwarten, insbesondere wenn die Maschine eine kritische Drehzahl durchfahren muss. Diese großen Bewegungsausschläge können im allgemeinen bei der Auslegung der Kompensatoren unberücksichtigt bleiben, da sie im Interesse einer schonenden Fahrweise der Maschine meist nur sehr kurzzeitig auftreten dürfen. Die ersten Eigenfrequenzen der Kompensatorbälge sollten deshalb weit genug oberhalb der Erregerfrequenzen der Maschine liegen.

Zur Körperschalldämmung müssen hingegen Kompensatoren verwendet werden, deren Eigenfrequenzen unterhalb der Schallfrequenz liegen, was im allgemeinen von selbst gegeben ist. Gute schalldämmende Wirkungen haben Gummi-Kompensatoren, PTFE-Kompensatoren, Weichstoff-Kompensatoren und vielwandige Metall-Kompensatoren. Sie können den Körperschall bis zu 20 dB und mehr dämmen, was mit einwandigen Metall-Kompensatoren nicht möglich ist. Bei verankerten Kompensatoren müssen auch die Anker schalldämmend gelagert sein. Der über das Fluid, z.B. Wasser, weitergeleitete Schall wird vom Kompensator hingegen nur unwesentlich gedämpft.

## 8.2.4 Sonstige Bewegungen

*a) Ausgleich von Montagetoleranzen und Bauabweichungen*

Kompensatoren können zum Ausgleich von Toleranzen der Rohrleitungmontage und anderer Gewerke (Bauabweichungen) dienen, wenn diese hierfür ausgelegt sind. Da es sich um eine einmalige Bewegung handelt, kann sie theoretisch vom Metall-Kompensator ohne Einbuße an Lebensdauer ertragen werden. Praktisch wird dadurch aber bei fast allen Kompensator-Bauarten ein Teil der geometrisch gegebenen Bewegungsfähigkeit aufgebraucht, wodurch die bestimmungsgemäße Bewegungsaufnahme reduziert wird und der Kompensator frühzeitig versagen kann. Diese Gefahr ist besonders hoch, wenn ein relativ kurzer Kompensator zum Ausgleich von seitlichem Montageversatz benutzt wird.

*b) Fundamentsenkungen*

Fundament- und Bodensenkungen sind analog dem Ausgleich von Montagetoleranzen einmalige Bewegungen und dürfen daher für einen Kompensator größer sein als die Werte, die für 1000 Lastspiele gelten. Wenn die Fundamentsenkung als einzige Bewegung auf den Kompensator einwirkt, kann unter Umständen sogar eine übermäßige Verformung der Bälge akzeptiert werden.

Absenkungen von Tanks, die beim Füllen auftreten und beim Entleeren wieder zurückgehen, sind wie übliche lastspielabhängige Kompensationsbewegungen zu behandeln.

*c) Montage- und Demontagehilfen (Ausbauwege)*

Ausrüstungen mit lösbaren Verbindungen, die häufig oder rasch ausgebaut werden müssen, sind manchmal über Kompensatoren mit den Anschlussrohrleitungen verbunden. Als Lastwechselzahl ist die zu erwartende Anzahl von De- und Remontagen anzusetzen.

### 8.2.5 Reale Gesamtbewegungen

Aus den verschiedenen möglichen Relativbewegungen, von denen die Wärmedehnung meist den größten Anteil liefert, lässt sich die reale Bewegung der einzelnen Rohrleitungsabschnitte oder Ausrüstungen ermitteln. Werden Axial-, Universal- oder Lateral-Kompensatoren zu ihrer Kompensation eingesetzt, entsprechen diese Bewegungswerte den erforderlichen Kompensatorwegen. Erfolgt die Kompensation über Gelenksysteme, sind die Bewegungswerte in Winkelbewegungen umzurechnen.

### 8.3 Gelenksysteme

Die Umrechnung der Bewegungswerte $\Delta$ in Winkelbewegungen kann für gebräuchliche Systeme mit ausreichender Näherung anhand von Bild 8.2 erfolgen [8.7]. Dabei bedeuten:

A – Hauptabstand, als Abstand der Gelenke im und am Leitungsversprung bei U- und Z-Systemen bzw. im gleichen Schenkel beim L-System

B – Nebenabstand bei Drei-Gelenken, als Abstand zum Ausgleichsgelenk bei L- und Z-Systemen bzw. zum Scheitelgelenk beim U-System

C – Eckabstand bei Drei-Gelenken, als Eck-Abstand zwischen den Gelenken bei L- und Z-Systemen

$K_1$ – Außengelenk an der Strecke A

$K_2$ – Zweitgelenk an der Strecke A in L- und Z-Systemen bzw. 2. Außengelenk im U-System

$K_3$ – 2. Außengelenk (Ausgleichsgelenk) bei Drei-Gelenken in L- und Z-Systemen bzw. Scheitelgelenk im U-System

$\Delta_1$ – 1. Hauptbewegung, K1 zugeordnet

$\Delta_2$ – 2. Hauptbewegung, K2 bzw. K3 zugeordnet

$\Delta_3$ – Nebenbewegung im Leitungsversprung beim Z-System

Die Werte sind exakt, wenn es sich um einfache Zwei-Gelenk-Systeme mit senkrecht übereinander liegenden Gelenken handelt. Bei anderen Systemen sind die Winkel als Näherung zu betrachten, wobei die Abweichungen von der Anordnung der Gelenke und der Größe der aufzunehmenden Bewegung abhängen und meist sehr gering sind. Für eine genaue Nachrechnung, die im Grenzfall erforderlich sein kann, sind in [8.7] exakte Beziehungen angegeben.

Je nach Gelenksystem wird zunächst die relevante Bewegungsgröße $\Delta$ nach Bild 8.2 bestimmt. Zusammen mit dem zugeordneten Gelenkabstand A oder B kann dann der Kompensatorwinkel $\alpha$ aus Bild 8.3 abgelesen werden. Die Gelenkabstände A und B sind im Rahmen der baulichen Gegebenheiten so groß wie möglich zu wählen, um kleine Biegewinkel der Kompensatoren und vor allem, um möglichst geringe Kräfte und Momente im Rohrleitungssystem zu erhalten. Der Abstand C ist möglichst klein zu halten.

# 8 Berechnung von Kompensatoren

| Nr. | Gelenksystem | Ersatzsystem | Biegewinkel in Grad bei 50% Vorspannung |
|---|---|---|---|
| 1 | Zwei-Gelenk 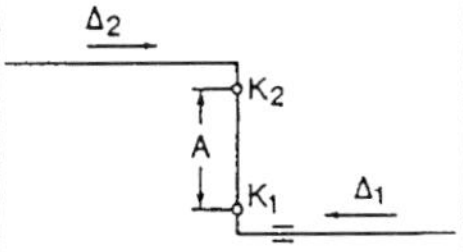 | 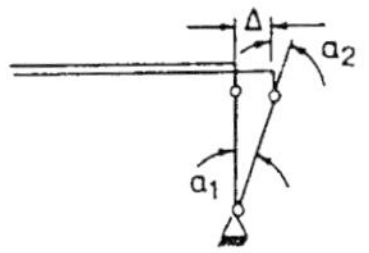 | $\Delta = \frac{1}{2}(\Delta_1 + \Delta_2)$ <br> $\alpha_1\,(\Delta, A)$ aus Bild 8.3 <br> $\alpha_2 = \alpha_1$ |
| 2 | Zwei-Gelenk in Z-Anordnung 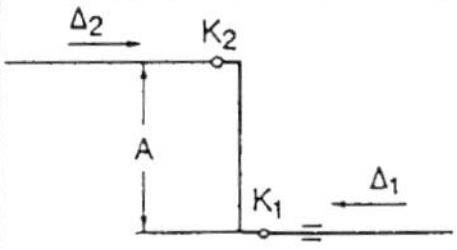 | 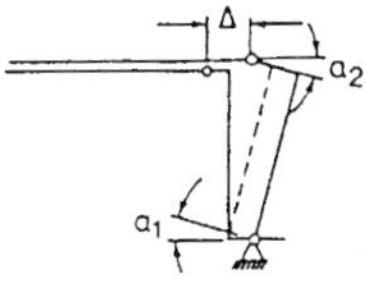 | $\Delta = \frac{1}{2}(\Delta_1 + \Delta_2)$ <br> $\alpha_1\,(\Delta, A)$ aus Bild 8.3 <br> $\alpha_2 = \alpha_1$ |
| 3 | Zwei-Gelenk, räumlich 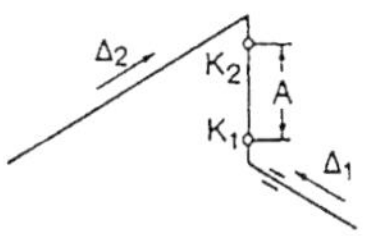 | 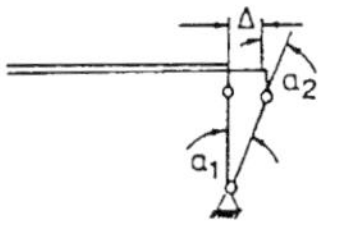 | $\Delta = \frac{1}{2}\sqrt{\Delta_1^2 + \Delta_2^2}$ <br> $\alpha_1\,(\Delta, A)$ aus Bild 8.3 <br> $\alpha_2 = \alpha_1$ |
| 4 | Drei-Gelenk in U-Anordnung 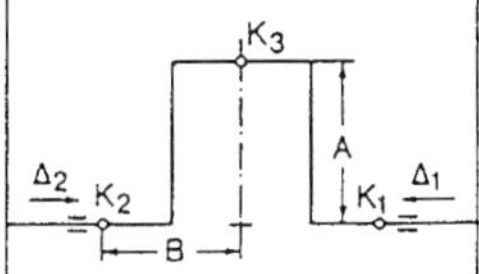 | 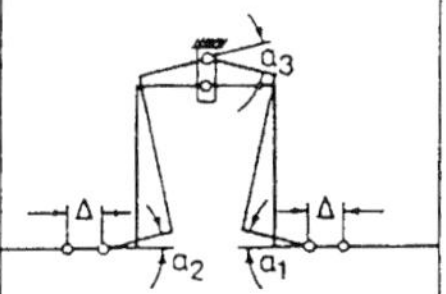 | $\Delta = \frac{1}{4}(\Delta_1 + \Delta_2)$ <br> $\alpha_1\,(\Delta, A)$ aus Bild 8.3 <br> $\alpha_2 = \alpha_1$ <br> $\alpha_3 = 2 \cdot \alpha_1$ |
| 5 | Drei-Gelenk in L-Anordnung 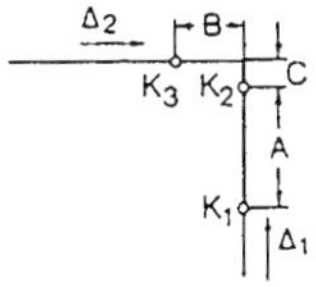 | 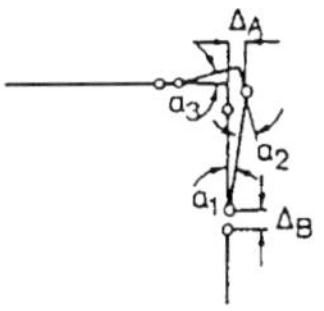 | $\Delta_A = \frac{1}{2}(\Delta_2 + \Delta_1 \frac{C}{B})$ <br> $\Delta_B = \frac{1}{2}\Delta_1$ <br> $\alpha_1\,(\Delta_A, A)$ <br> $\alpha_3\,(\Delta_B, B)$ aus Bild 8.3 <br> $\alpha_2 = \alpha_1 + \alpha_3$ |

Bild 8.2: Berechnungsgleichungen für Biegewinkel in Gelenksystemen

Die ermittelten Biegewinkel sind reale Winkel des warmen Systems bei 50 % Vorspannung und gelten auch für das vorgespannte kalte System. Wenn ohne Vorspannung gearbeitet werden soll, ergeben sich etwa doppelt so große Winkel, die meist Kompensatoren mit erhöhter Dehnungsaufnahme erfordern.

## 8.4 Regeln für die Kompensator-Auswahl

Die nachstehenden Hinweise und einfachen Rechenregeln dienen
- zur Ermittlung der erforderlichen Leistungsdaten für Anfragen an die Hersteller,
- zur Auswahl von Kompensatoren aus Standardprogrammen und

| Nr. | Gelenksystem | Ersatzsystem | Biegewinkel in Grad bei 50% Vorspannung |
|---|---|---|---|
| 6 | Drei-Gelenk in $Z_1$-Anordnung 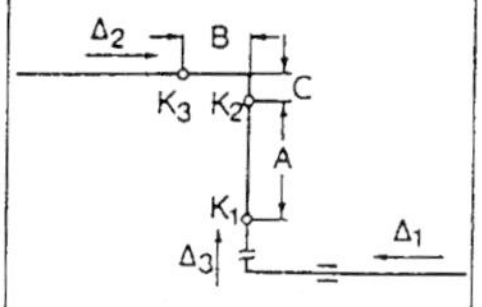 | 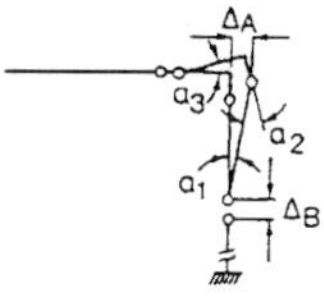 | $\Delta_A = \frac{1}{2}(\Delta_1 + \Delta_2 + \Delta_3 \frac{C}{B})$ <br> $\Delta_B = \frac{1}{2}\Delta_3$ <br> $\alpha_1(\Delta_A, A)$ <br> $\alpha_3(\Delta_B, B)$ aus Bild 8.3 <br> $\alpha_2 = \alpha_1 + \alpha_3$ |
| 7 | Drei-Gelenk in $Z_2$-Anordnung 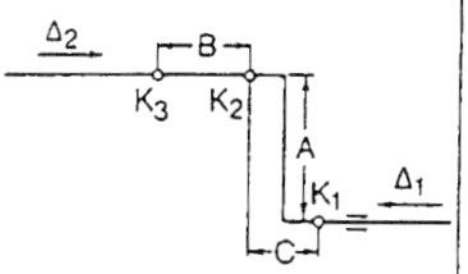 | 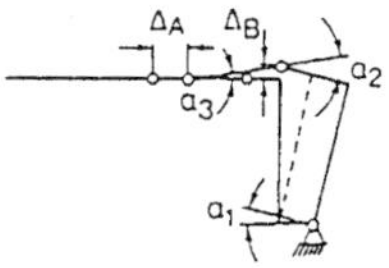 | $\Delta_A = \frac{1}{2}(\Delta_1 + \Delta_2)$ <br> $\Delta_B = \Delta_A \frac{C}{A}$ <br> $\alpha_1(\Delta_A, A)$ <br> $\alpha_3(\Delta_B, B)$ aus Bild 8.3 <br> $\alpha_2 = \alpha_1 + \alpha_3$ |
| 8 | Drei-Gelenk, räumlich 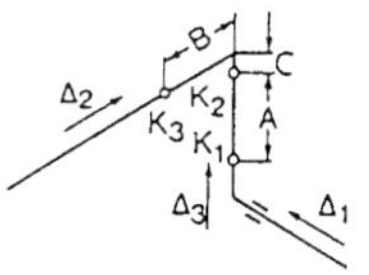 | 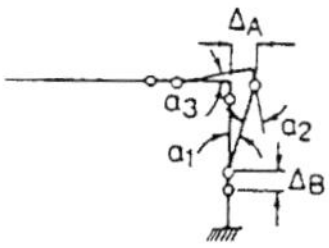 | $\Delta_A = \frac{1}{2}(\sqrt{\Delta_1^2 + \Delta_2^2} + \Delta_3 \frac{C}{B})$ <br> $\Delta_B = \frac{1}{2}\Delta_3$ <br> $\alpha_1(\Delta_A, A)$ <br> $\alpha_3(\Delta_B, B)$ aus Bild 8.3 <br> $\alpha_2 = \alpha_1 + \alpha_3$ |

Bild 8.2 (Fortsetzung): Berechnungsgleichungen für Biegewinkel in Gelenksystemen

- zur Eignungsfeststellung vorhandener Kompensatoren an geänderte Anforderungen.

Die wichtigsten, nachstehend beschriebenen Leistungsgrößen der Kompensatoren sind:
- die zulässige Temperatur und der zulässige Druck,
- die Bewegungsfähigkeit und
- der Verstellwiderstand.

Da sich bauartabhängig zum Teil abweichende Beziehungen ergeben, werden die verschiedenen Bauarten getrennt betrachtet.

## 8.4.1 Schiebe- und Dreh-Kompensatoren

Der zulässige Druck dieser Kompensatoren (Ratingdruck) wird in den Herstellerunterlagen als Nenndruck PN angegeben. Der Ratingdruck in bar entspricht dem Zahlenwert des Nenndruckes bei Raumtemperatur. Herstellerspezifisch werden auch bei erhöhten Temperaturen meist keine Abminderungen vorgenommen. Bei tiefen Tempera-

# 8 Berechnung von Kompensatoren

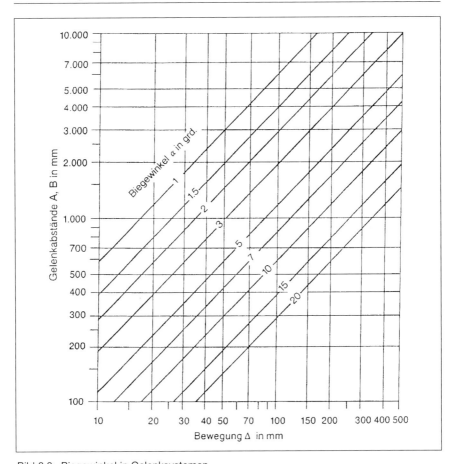

Bild 8.3: Biegewinkel in Gelenksystemen

turen unter -10 °C und bei Temperaturen über 100 °C sollte die erforderliche Druckabminderung jedoch beim Hersteller erfragt werden. Die Abminderungsfaktoren können sehr unterschiedlich sein, weil sie sowohl vom gewählten Werkstoff des Gehäuses, als auch vom eingesetzten Dichtungswerkstoff abhängen.

Die Bewegungsfähigkeit wird nur von den konstruktiv vorgesehenen Möglichkeiten begrenzt und vom möglichen Verschleiß der Dichtungen, der bei häufigen Bewegungen kurze Wartungsintervalle bedingt.

Der Verstellwiderstand ist abhängig von der Vorspannung und dem Zustand der Weichstoff-Dichtungen. Er kann sich mit zunehmender Betriebszeit ändern. Die Verstellmomente von Dreh- und Kugelgelenken sind gering und für die praktische Anwendung ohne Belang.

Der Verstellwiderstand von Schiebe-Kompensatoren ist hingegen relativ groß und bei der Festpunktauslegung zu beachten. Er entspricht der Reibkraft $F_R$ zwischen dem verschiebbaren Gleitrohr (Degenrohr) und der Stopfbuchsdichtung, weshalb er unabhängig vom Weg und nur geringfügig von der Temperatur abhängig ist. Die Werte selbst können entweder beim Hersteller erfragt werden, da meist keine Katalogangaben vorhanden sind, oder sie sind nach Gl. (8.2) zu errechnen [6.2], [6.3]:

$$F_R = 1{,}5 \cdot \mu \cdot l_D \cdot \pi \cdot d_D \cdot p \tag{8.2}$$

mit

$\mu$ – Reibungskoeffizient (je nach Ausführung und Stopfbuchsdichtung 0,1 bis 0,3)
$l_D$ – Stopfbuchslänge ($l_D \approx 30$ bis 50 mm)
$d_D$ – Degenrohrdurchmesser in mm
p – zulässiger Druck in N/mm² $\triangleq$ MPa

Für überschlägliche Berechnungen ergibt eine gute Näherung

$$F_R \approx 11 \cdot \left(1 + \frac{DN}{1200}\right) \cdot DN \text{ in N}$$

für den nichtentlasteten Gleitrohr-Kompensator. Für den entlasteten Gleitrohr-Kompensator wird wegen der 3 erforderlichen Stopfbuchsen mit ihren Gleitstellen

$$F_R \approx 38 \cdot \left(1 + \frac{DN}{1200}\right) \cdot DN \text{ in N}$$

Dabei ist berücksichtigt, dass zum Ausgleich der Kräfte durch den Innendruck der größere der beiden Degenrohrdurchmesser

$$d_A \approx \sqrt{2} \cdot DN$$

sein muss.

### 8.4.2 Weichstoff-Kompensatoren

Der zulässige Druck dieser Bauart ist gering, Über- und Unterdrücke von ±350 mbar sind möglich. Die Kompensatoren werden jeweils für die herrschenden Betriebsbedingungen (Druck, Temperatur) auftragsbezogen entworfen, eine Druckabminderung ist ohne Bedeutung.

Die Bewegungsfähigkeit hängt von der gewählten Balgform und der freien Baulänge $A_o$ (siehe Bild 3.70 und 3.71 im Band I) ab, die üblicherweise zwischen 200 und 500 mm liegt. Neben axialer Stauchung (Dehnung ist nicht erlaubt) ist gleichzeitig eine laterale Bewegung zulässig. Anhaltswerte enthält Tafel 3.33 im Band I. Alternativ ist eine Angularbewegung oder Verdrehung möglich, deren zulässige Größe vom Hersteller zu erfragen ist. Daneben können Schwingungen ohne Lebensdauereinbuße aufgenommen werden. Die Zahl der ertragbaren Lastspiele liegt über 1000, wenn die eingesetzten Werkstoffe den betrieblichen Anforderungen entsprechen.

# 8 Berechnung von Kompensatoren

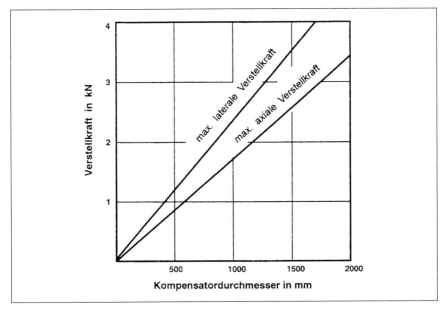

Bild 8.4: Verstellkräfte von Weichstoff-Kompensatoren

Der Verstellwiderstand der Weichstoff-Kompensatoren ist gering und kann bei der Auslegung von Führungen und Festpunkten im allgemeinen vernachlässigt werden [8.3]. Anhaltswerte sind Bild 8.4 zu entnehmen.

## 8.4.3 Gummi-Kompensatoren

Die Tragfähigkeit (der Ratingdruck) der Gummi-Kompensatoren basiert auf dem Nenndruck, für den die Auslegung des Gummibalges erfolgte. Bis zur Grenztemperatur, die wesentlich von dem für die drucktragende Gewebekarkasse eingesetzten Material abhängt, ist ein Druck zulässig, der dem Zahlenwert des Nenndruckes PN in bar entspricht. Bei erhöhten Temperaturen muss nach Tafel 8.2 abgemindert werden. Bei auftretenden Druckstößen soll der zulässige Druck auf etwa $0{,}7 \cdot PN$ begrenzt werden.

Tafel 8.2: Zulässige Drücke von Gummi-Kompensatoren

| Typ | Karkasse | Temperatur °C | | |
|---|---|---|---|---|
| | | ≤ 50 | 100[1] | 110[1] |
| Normal / Standard | Synthesefaser/ Nyloncord | PN | 0,7 PN | - |
| Spezial für Heizungsanlagen nach DIN 4809-1 und DIN 4809-2 | Stahldraht/ Spezialcord | 16 | 10 | 6 |
| [1] soweit aufgrund der eingesetzten Gummiqualitäten zulässig | | | | |

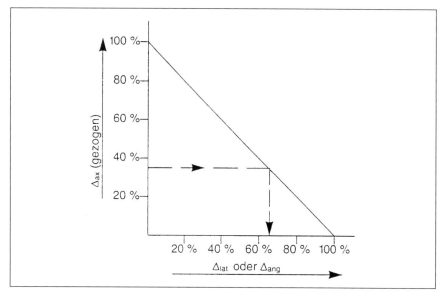

Bild 8.5: Zulässige Bewegungskombination von Gummi-Kompensatoren
(Werkbild: IWK Regler + Kompensatoren GmbH, Stutensee)

Die Bewegungsfähigkeit wird in den Maßtabellen der Hersteller angegeben. Sie ist abhängig von Durchmesser, Baulänge und Balgform der Kompensatoren. Es sind axiale, laterale und angulare Bewegungen möglich. Außerdem können Schwingungen praktisch unbegrenzt ertragen werden. Die in den Herstellerunterlagen angegebenen Bewegungswerte sind Nominalwerte, die nur in Ausnahmefällen voll ausgenutzt werden dürfen. In axialer Richtung sind für das Stauchen meist größere Werte als für das Strecken zugelassen. Bei kombinierten Bewegungen dürfen die einzelnen prozentualen Bewegungsanteile in der Summe 100 % nicht überschreiten (siehe Bild 8.5). Um eine Verletzung des Balges an den Flanschschrauben zu verhindern, ist beim Zusammenwirken von lateraler oder angularer Bewegung mit axialer Verschiebung nur Strecken, kein Stauchen, zulässig [8.4]. Eine kombinierte Bewegung bei gleichzeitigem Stauchen des Balges ist jedoch ohne weiteres möglich, wenn der Balg durch Stützkragen auf Distanz zu den Schraubenköpfen gehalten wird. Die Lebensdauer wird im Regelfall nicht durch die Lastspiele, sondern durch die Alterung bestimmt, die zeit- und temperaturabhängig ist. Definitive Aussagen sind nicht möglich. Mit Standzeiten von reichlich 10 Jahren kann jedoch beim Einsatz geeigneter Materialqualitäten gerechnet werden.

Der Verstellwiderstand von Gummi-Kompensatoren ist, begünstigt durch das verformungsfähige Kautschukmaterial und die eingelegten Synthesefaser-Karkassen, im drucklosen Zustand relativ gering. Aufgrund der meist einwelligen Tonnenform sind die Verstellraten für das Stauchen z.T. wesentlich niedriger als für das Strecken. Laterale und angulare Verstellraten sind ebenfalls niedrig und im Wesentlichen durchmesserabhängig. Die wegen der Tonnenform gegebene Druckabhängigkeit der Verstellkräfte, nicht zu verwechseln mit der axialen Druckkraft, wird selten in den zugänglichen Herstellerunterlagen angegeben. Sie sollte bei Bedarf beim Hersteller erfragt werden. Die Veränderung der Verstellraten mit der Betriebstemperatur ist unbedeutend und daher vernachlässigbar.

### 8.4.4 PTFE-Kompensatoren

Der zulässige Druck von PTFE-Kompensatoren, soweit es sich nicht um solche mit drucktragendem Edelstahlbalg handelt, hängt sehr stark von der Baulänge (Wellenzahl) und der Arbeitstemperatur ab. Er wird daher normalerweise nicht in Nenndruckstufen angegeben. Aus Bild 8.6 geht für die verschiedenen Nennweitenbereiche der Zusammenhang zwischen dem zulässigen Druck und der Temperatur hervor, dargestellt an einem 3-welligen PTFE-Balg mit Stützringen. Mit geringer werdender Wellenzahl steigen die Drücke an, für kleine Durchmesser bis etwa DN 150 um mehr als 30 %. Bei großen Wellenzahlen fallen die zulässigen Drücke im gesamten Nennweitenbereich auf 6 bar und weniger [8.5].

Die Bewegungsfähigkeit der Bälge ist praktisch nur durch die Wellengeometrie begrenzt. Eine nennenswerte Abhängigkeit von der Lastspielzahl oder der Betriebstemperatur ist nicht gegeben. Es sind axiale, laterale und angulare Bewegungen möglich.

Der Verstellwiderstand der PTFE-Kompensatoren ist gering. Er wird in Form von Verstellraten angegeben. Dabei ist zu beachten, dass sich die Verstellkräfte für das Stauchen mit einem fiktiven Verstellweg von $s^* = \sqrt{s}$ errechnen [8.5].

PTFE-Kompensatoren mit drucktragendem Edelstahlbalg verhalten sich prinzipiell wie Metallbalg-Kompensatoren.

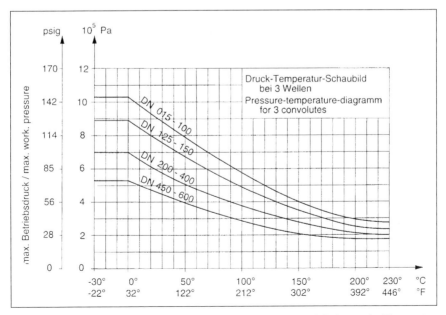

Bid 8.6: Zulässige Drücke von PTFE-Kompensatoren in Abhängigkeit von der Temperatur (Werkbild: Resistoflex GmbH, Pforzheim-Huchenfeld)

## 8.4.5 Metall-Kompensatoren

Der zulässige Druck von Metall-Kompensatoren wird meist als Nenndruck angegeben. Der Zahlenwert des Nenndruckes entspricht dabei dem Ratingdruck bei Raumtemperatur. Für erhöhte Temperaturen wird entsprechend dem Abfall der Festigkeitskennwerte der eingesetzten Werkstoffe der Ratingdruck abgewertet. Die Druckabminderung erfolgt über den Abminderungsfaktor

$$K_p = R_{p\vartheta} / R_{pRT}, \qquad (8.3)$$

mit

$R_{p\vartheta}$ – Festigkeitskennwert (0,2 %-Dehngrenze) bei Betriebstemperatur $\vartheta$; bei hohen Temperaturen ist statt dessen die Zeitstandfestigkeit $R_{m/100\,000/\vartheta}$ bzw. 1,2 · $R_{m/200\,000/\vartheta}$ einzusetzen.

$R_{pRT}$ – Festigkeitskennwert (Streckgrenze oder Dehngrenze) bei Raumtemperatur.

Für Standardwerkstoffe gelten die Faktoren der Tafel 8.3. Zur Bestimmung des Ratingdruckes ist der jeweils kleinere Faktor von Balg oder den Anschlussteilen maßgebend. In Tafel 8.3 nicht enthaltene Werkstoffe sind entsprechend Gl. (8.3) umzurechnen.

Manche Hersteller legen ihre Kompensatoren so aus, dass die zugehörigen Verankerungen aus C-Stahl und die Anschlussteile bis zu der festgelegten Grenztemperatur den Ratingdruck des Balges ertragen, so dass nur die Abminderungsfaktoren des Balgwerkstoffs berücksichtigt werden müssen [8.7].

Die Zuordnung zum Nenndruck erfolgt durch Umrechnung des Betriebsüberdruckes $p_B$ auf den Druck $p_{RT}$ bei Raumtemperatur nach der Formel

$$p_{RT} = p_B / K_p \leq PN \qquad (8.4)$$

d.h. $p_{RT}$ darf maximal dem Zahlenwert des Nenndruckes PN entsprechen. Für tiefe Temperaturen ($\vartheta < -10$ °C) müssen Tieftemperaturstähle für die ferritischen Teile gewählt werden. Tafel 8.4 enthält zugelassene Werkstoffe gemäß AD 2000-Merkblatt W 10, die eine volle Auslastung des Kompensators erlauben. Für Tiefsttemperaturen bis $\vartheta = -270$ °C ist die Ausführung aus dem austenitischen Stahl 1.4541 geeignet.

Die Bewegungsfähigkeit der Metall-Kompensatoren wird durch die Anforderungen an die Lebensdauer bestimmt. Normalerweise reichen im Anlagenbau 1000 volle Lastspiele aus, was bei wöchentlichem An- und Abfahren einer Betriebszeit von etwa 20 Jahren entspricht. Standard-Kompensatoren sind für 1000 Lastspiele ausgelegt. Ein Lastspiel bedeutet die volle Bewegung des Kompensators aus beliebiger Anfangstellung bis zum zulässigen Extremwert auf der einen Seite, zurück über den Anfangspunkt und darüber hinaus zum Extremwert auf der anderen Seite und wieder zurück in die Anfangstellung.

Die Lebensdauer eines Metall-Kompensators wird durch verschiedene Größen beeinflusst, die bei der Auswahl zu berücksichtigen sind:

– Temperatur,

– Druckauslastung,

– Bewegungsgröße und

– Druckpulsation.

# 8 Berechnung von Kompensatoren

Tafel 8.3: Temperaturabhängige Druck-Abminderungsfaktoren $K_p$

| Temperatur $\vartheta$ in °C | Werkstoff Balg: kaltgewalztes Band | | | Werkstoff Anschlussteile warmgewalztes Blech oder Rohr | | | | |
|---|---|---|---|---|---|---|---|---|
| | 1.4541 | 1.4876 lösungsgeglüht (Incoloy 800H) | | 1.0038[1]) S235JRG2 (RSt 37-2) | 1.0425 P265GH (H II) | 1.5415 16Mo3 | 1.4541 | 1.4876 (Incoloy 800H) |
| | DIN EN 10088-2 | VdTÜV-Werkstoffblatt 412 | Herstellerangaben | DIN EN 10025 | DIN EN 10028-2 | DIN EN 10028-2 | DIN EN 10088-2 | VdTÜV-Werkstoffblatt 412 |
| 20<br>100 | 1,00<br>0,83 | | | 1,00<br>0,80 | 1,00<br>0,81 | 1,00<br>0,93 | 1,00<br>0,87 | 1,00<br>0,80 |
| 150<br>200 | 0,78<br>0,74 | | | 0,74<br>0,69 | 0,77<br>0,74 | 0,85<br>0,78 | 0,82<br>0,78 | 0,73<br>0,68 |
| 250<br>300 | 0,71<br>0,67 | | | 0,60<br>0,52 | 0,66<br>0,58 | 0,73<br>0,62 | 0,74<br>0,70 | 0,63<br>0,58 |
| 350<br>400 | 0,64<br>0,62 | | | | 0,53<br>0,49 | 0,58<br>0,55 | 0,67<br>0,65 | 0,55<br>0,53 |
| 450<br>500 | 0,61<br>0,60 | | | | 0,26<br>- | 0,53<br>0,37 | 0,63<br>0,62 | 0,51<br>0,50 |
| 550<br>600 | 0,59<br>- | -<br>0,38 | -<br>0,38 | | | | 0,61<br>- | 0,48<br>0,48 |
| 650<br>700 | | 0,29<br>0,19 | 0,32<br>0,21 | | | | | 0,37<br>0,23 |
| 750<br>800 | | 0,12<br>0,08 | 0,15<br>0,1 | | | | | 0,15<br>0,09 |
| 850<br>900 | | 0,04<br>0,02 | 0,06<br>0,04 | | | | | 0,05<br>0,02 |

[1]) nur für Gefahrenkategorie I

Tafel 8.4: Werkstoffe für Tieftemperatureinsatz nach AD 2000-Merkblatt W 10

| Balg | Rohr | Flansch/ Verankerung | tiefste zulässige Temperatur $\vartheta_{min}$ in °C |
|---|---|---|---|
| 1.4541 | P235TGH P355N P355NL1 P355NL2 1.4541 | S235JRG2 P355N P355NL1 P355NL2 1.4541 | - 10 - 70 - 90 - 110 - 270 |

Daneben gibt es weitere Einflüsse, die in ihrer Wirkung kaum rechnerisch erfassbar oder die sogar unzulässig sind, wie:

- Thermoschock,
- Korrosion,
- Vorschädigung durch unsachgemäßen Einbau, Beschädigung der Wellen usw. sowie
- Resonanzen, z.B. strömungsinduzierte.

Die verschiedenen Einflussgrößen lassen sich zu einem Gesamt-Einflussfaktor $K_\Delta$ zusammenfassen:

$$K_\Delta = K_{\Delta\vartheta} \cdot K_{\Delta p} \cdot K_{\Delta L} \leq 1{,}15 \qquad (8.5)$$

In Tafel 8.5 bis 8.7 sind die 3 Einflussfaktoren für die Temperatur $K_{\Delta\vartheta}$, den Druck $K_{\Delta p}$ und die Anzahl der Lastspiele $K_{\Delta L}$ angegeben. Der Nennzustand, gekennzeichnet durch den Index N, entspricht

$$K_{\Delta\vartheta} = K_{\Delta p} = K_{\Delta L} = K_\Delta = 1$$

Tafel 8.5: Einflussfaktoren für die Temperatur $K_{\Delta\vartheta}$

| Betriebstemperatur $\vartheta_B$ in °C | 100 | 200 | 300 | 400 | 500 | 600 | 700 | 800 | 900 |
|---|---|---|---|---|---|---|---|---|---|
| Einflussfaktor $K_{\Delta\vartheta}$ | 1 | 0,9 | 0,85 | 0,8 | 0,75 | 0,7 | 0,6 | 0,5 | 0,3 |
| Balgwerkstoff | 1.4541 und vergleichbare Werkstoffe | | | | | Incoloy 800H | | | |

Tafel 8.6: Einflussfaktoren für den Betriebsdruck $K_{\Delta p}$

| Druckverhältnis[1]) $p_B$ / PN | 1 | 0,8 | 0,6 | 0,4 | 0,2 | 0 (drucklos) |
|---|---|---|---|---|---|---|
| Einflussfaktor $K_{\Delta p}$ | 1 | 1,03 | 1,06 | 1,1 | 1,13 | 1,15 |

[1]) $p_B$ ist der auf Raumtemperatur bezogene Ratingdruck.

8 Berechnung von Kompensatoren

Tafel 8.7: Einflussfaktoren für die Lastspielzahl $K_{\Delta L}$

| Lastspiele | Einflussfaktor $K_{\Delta L}$ | Lastspiele | Einflussfaktor $K_{\Delta L}$ |
|---|---|---|---|
| 500 | 1,15 | $1 \cdot 10^5$ | 0,3 |
| 1000 | 1 | $2 \cdot 10^5$ | 0,25 |
| 2000 | 0,83 | $5 \cdot 10^5$ | 0,2 |
| 4000 | 0,68 | $1 \cdot 10^6$ | 0,16 |
| 7000 | 0,59 | $2 \cdot 10^6$ | 0,14 |
| 10 000 | 0,54 | $5 \cdot 10^6$ | 0,12 |
| 20 000 | 0,45 | $1 \cdot 10^7$ | 0,1 |
| 50 000 | 0,35 | $\infty$ | 0,05 |

Die Angaben entsprechen weitgehend den Werten nach DIN EN 13445-3.

Der Nennzustand bedeutet eine Auslegung für
- Raumtemperatur (RT) und erhöhte Temperaturen bis 100 °C,
- die volle Ausnutzung des Ratingdruckes, d.h. der zulässige Druck entspricht dem Zahlenwert des Nenndruckes, und
- einer Lebensdauer von 1000 Lastwechseln.

Mit $K_\Delta$ kann die Bewegungsaufnahme $\Delta_N$ des Kompensators, die für den Nennzustand in den Herstellerunterlagen angegeben ist, durch Multiplikation auf den vorliegenden Betriebszustand umgerechnet werden:

$$\Delta_B = K_\Delta \cdot \Delta_N \qquad (8.6a)$$

Die mit $K_\Delta$ korrigierte Bewegungsaufnahme $\Delta_B$ darf den Nennwert $\Delta_N$ gemäß Herstellerunterlage um nicht mehr als 10 bis 20 % übersteigen, damit keine geometrischen Unverträglichkeiten entstehen, d.h. der Faktor $K_\Delta$ ist mit $K_\Delta \leq 1,15$ begrenzt.

Umgekehrt kann aber auch die Bewegung des Rohrsystems $\Delta$ entsprechend Abschnitt 8.2 auf den Nennzustand reduziert und als Sollwert $\Delta_S$ vorgegeben werden. Hiernach kann der Kompensator ausgewählt werden:

$$\Delta_S = \Delta / K_\Delta \leq \Delta_N . \qquad (8.6b)$$

Wird der Kompensator mit einem Bewegungskollektiv beaufschlagt, d.h. es sind n Bewegungen mit unterschiedlichen Lastspielzahlen bei möglicherweise abweichenden Drücken und Temperaturen aufzunehmen, sind diese zunächst mit $K_{\Delta,i}$ auf die jeweiligen Kaltwerte $\Delta_{S,i}$ umzurechnen, bezogen auf 1000 Lastspiele. Anschließend lässt sich daraus der rechnerische Gesamtweg des Bewegungskollektivs $\Delta_S$ mit guter Näherung ermitteln:

$$\Delta_S = \left(\sum \Delta_{S,i}^4\right)^{1/4} = \sqrt[4]{\sum_{i=1}^n \left(\frac{\Delta_i}{K_{\Delta\vartheta,i} \cdot K_{\Delta p,i} \cdot K_{\Delta L,i}}\right)^4} \leq \Delta_N \qquad (8.7)$$

Bei der Nachrechnung von Kompensatoren wird üblicherweise der Ausnutzungsgrad D = Σ ($n_i$ / $N_i$) ≤ 1 überprüft ($N_i$ – zulässige Lastspiele für den Zustand i). Dem statischen Druck überlagerte Druckpulsationen oder schwellende Betriebsdrücke beeinflussen die Lebensdauer. Ihre Wirkung, die durch Näherungsrechnungen abgeschätzt werden kann, hängt von der

– Größe der Druckschwankungen im Verhältnis zum Nenndruck und
– von ihrer Häufigkeit

ab. Übliche Druckschwankungen haben keinen nennenswertem Einfluss. Werden wegen der Größe und der Häufigkeit von Druckstößen negative Auswirkungen auf die Lebensdauer befürchtet, sollte beim Hersteller nachgefragt werden.

Mit der nach Gl. (8.6b) oder Gl. (8.7) auf den Nennzustand reduzierten Bewegungsaufnahme $\Delta_S$ lassen sich die erforderlichen Kompensatoren aus den Maßtabellen auswählen. Es ist zu beachten, dass die Hersteller meist den zulässigen Gesamtweg des Kompensators, z.B. $\Delta_N = 2 \cdot \delta_N$ angeben, d.h. es ist der Einbau mit 50 % Vorspannung einkalkuliert. Das gilt für alle 3 Bewegungsarten: axial, lateral und angular.

Sollen Axial-Kompensatoren auch angulare (α), laterale (λ) oder kombinierte Bewegungen aufnehmen, können die angularen oder lateralen Bewegungsanteile in äquivalente axiale Bewegungen δ umgerechnet werden (Bild 8.7):

$$\delta_\alpha = \alpha \frac{d_a}{115} \quad \text{bzw.} \quad \delta_\lambda = \lambda \frac{3 \cdot d_a}{l}. \tag{8.8}$$

α, λ – siehe Bild 8.7
$d_a$ – Balgaußendurchmesser (Bild 8.10)
l – gewellte Balglänge (Bild 8.7)

Gl. (8.8) gilt für Axial-Kompensatoren mit nur einem Balg und ohne bewegungsbegrenzendes Leitrohr. Bei Angularbewegung muss der zulässige Druck des Axial-Kompensators nach Bild 8.8 reduziert werden. Das dazu erforderliche Winkelverhältnis α / $α_0$ ergibt sich aus dem erforderlichen Winkel α nach Bild 8.7 und dem theoretisch möglichen Winkel:

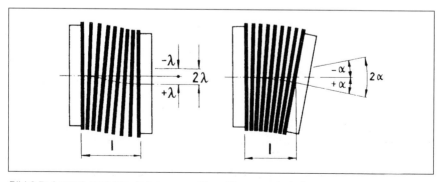

Bild 8.7: Lateral- und Angularbewegung eines Kompensatorbalges

# 8 Berechnung von Kompensatoren

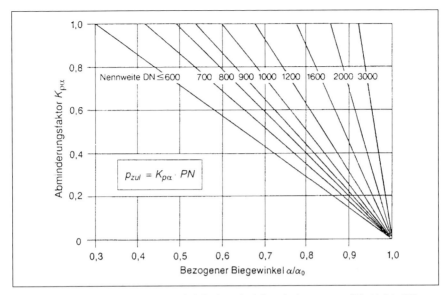

Bild 8.8: Druckabminderung eines Axialbalges bei Angularbewegung (Werkbild: Witzenmann GmbH, Pforzheim)

$$\alpha_o = \delta_N \cdot \frac{d_a}{115} \quad (8.9)$$

mit dem einseitigen Nennweg $\delta_N$ gemäß Herstellerangaben. Universal-Kompensatoren für alle 3 Bewegungsrichtungen mit 2 Bälgen sollten wegen druckmindernder Einflüsse vom Hersteller auftragsbezogen ausgelegt werden.

Soll ein Axial-Kompensator zur Schwingungsaufnahme eingesetzt werden, so errechnen sich die zulässigen Schwingungsamplituden $\delta_\infty$ entsprechend Gl. (8.6a) bei dauerfester Auslegung und nicht zu hohen Temperaturen zu

$$\delta_\infty \approx K_\Delta \cdot \delta_N \approx 0{,}05 \cdot \delta_N \quad (8.10a)$$

oder bei lateraler Schwingungsamplitude pro Balg zu

$$\lambda_\infty \approx K_\Delta \cdot \lambda_N \approx 0{,}05 \cdot \frac{1}{3} \cdot (l/d_a) \cdot \delta_N \quad (8.10b)$$

Die Gleichungen geben Maximalwerte für die Schwingungen in jeweils einer Ebene an. Bei mehreren Schwingungsebenen sind nur Teilamplituden zulässig, die zusammen 100 % nicht überschreiten dürfen.

Wenn hohe Strömungsgeschwindigkeiten befürchten lassen, dass die Balgwellen zu Schwingungen angeregt werden, sind Leitrohre erforderlich. Richtwerte für zulässige

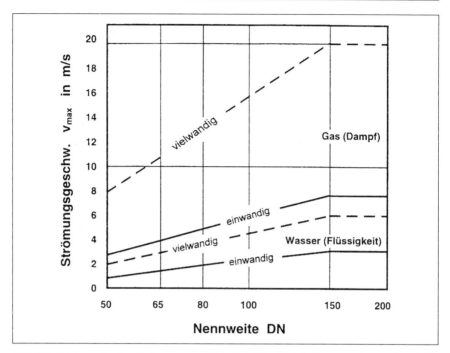

Bild 8.9: Grenzwerte der Strömungsgeschwindigkeit in Metall-Kompensatoren ohne Leitrohr

Strömungsgeschwindigkeiten ohne Leitrohr sind im Bild 8.9 enthalten. Bei den Werten ist bereits eine ungünstige Anströmung der Balgwellen vorausgesetzt. Aus dem Diagramm ist erkennbar, dass die Dämpfungseigenschaften vielwandiger Bälge höhere Strömungsgeschwindigkeiten als einwandige Bälge erlauben [8.2]. Im Zweifelsfalle ist der Kompensatorhersteller zu befragen.

## 8.5 Festpunktkräfte

Jedes warmgehende Rohrsystem übt Kräfte auf seine Festpunkte aus, unabhängig davon, ob natürlich kompensiert wird oder ob die Wärmedehnungen mit Kompensatoren aufgenommen werden. Natürlich kompensierte Systeme werden im Allgemeinen durch eine statische Berechnung überprüft, die auch die Festpunktkräfte und Momente liefert. Sind in der Leitung Kompensatoren eingebaut, muss die Art der Kompensation bei der Ermittlung der Festpunktkräfte berücksichtigt werden.

### 8.5.1 Axiale Druckkraft

Grundsätzlich herrscht in einer druckführenden Rohrleitung eine axial wirkende Druckkraft der Größe

$$F_L = A_R \cdot p$$

# 8 Berechnung von Kompensatoren

wobei $A_R$ der Rohrquerschnitt und p der innere Überdruck ist. Sie entsteht durch die axiale Druckkomponente, die am Ende einer Rohrstrecke auf eine projizierte Abschlussfläche trifft. Die Druckkraft wirkt bei einem geschlossenen System ohne Kompensator nicht nach außen, sondern wird durch Längsspannungen in der Rohrwand aufgenommen.

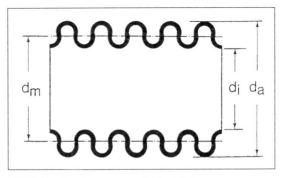

Bild 8.10: Durchmesser am Wellrohrbalg

Beim Einsatz eines flexiblen, unverankerten Kompensators will diese Druckkraft den Kompensator strecken bzw. bei Unterdruck (negativer Überdruck) stauchen, falls sie nicht an beiden Enden der Rohrstrecke durch Festpunkte abgefangen wird.

Da der Kompensator konstruktionsbedingt einen mittleren Balgdurchmesser hat, der größer als der Rohrinnendurchmesser ist, wird die bei der Auslegung der Festpunkte zu berücksichtigende Kraft noch etwas größer:

$$F_p = A_K \cdot p$$

Wird der wirksame Balgquerschnitt $A_K$ in cm² und der Überdruck p in bar eingesetzt, erhält man die Gebrauchsformel

$$F_p = 0{,}01 \cdot A_K \cdot p \text{ in kN} \tag{8.11}$$

Der wirksame Balgquerschnitt $A_K$, der auch in den Herstellerunterlagen angegeben ist, errechnet sich mit guter Näherung aus dem mittleren Balgdurchmesser $d_m$ (Bild 8.10):

$$A_K = \frac{\pi}{4} d_m^2 \quad \text{mit} \quad d_m \approx \frac{1}{2}(d_i + d_a) \tag{8.12}$$

Für die Festpunktauslegung ist der größte auftretende Überdruck einzusetzen, meist der Prüfdruck. Bei verankerten Kompensatoren oder bei solchen mit innerem Druckausgleich wirkt die axiale Druckkraft nicht nach außen, d.h. sie belastet nicht die Festpunkte.

## 8.5.2 Verstellkraft von Kompensatoren und Kompensationssystemen

Für Axial-Kompensatoren findet man in den Herstellerunterlagen die axiale Verstellkraftrate $c_\delta$, z.B. in N/mm. Hiernach errechnet sich die axiale Verstellkraft in kN zu:

$$F_\delta = 0{,}001 \cdot c_\delta \cdot \delta \tag{8.13a}$$

mit $\delta$ als der axialen Verschiebung des Kompensators aus seiner ungespannten Nulllage heraus.

Geht man von einem Gesamtweg (hier Axialweg $\Delta$) und einer Vorspannrate V aus, so erhält man für die axiale Vorspannkraft im Montagezustand:

$$F_{\delta M} = 0{,}001 \cdot c_\delta \cdot \Delta \cdot V \tag{8.13b}$$

Für den Betriebszustand ist für die Verstellkraft V durch (1-V) zu ersetzen.

Die Berechnung der Verstellkräfte und -momente über Gesamtbewegung und Vorspannrate kann in allen folgenden Fällen ebenfalls angewendet werden.

Bei einem nicht vorgespannten Kompensator (V = 0) werden die Kräfte oder Momente im Montagezustand demzufolge null, während sie im Betriebszustand den vollen Wert erreichen. Bei 50 % Vorspannung (V = 0,5) sinken sie hingegen auf 50 %, wirken aber in gleicher Höhe, jedoch in umgekehrter Richtung, auch im Montagezustand.

Bei Lateral-Kompensatoren findet man in den Maßtabellen der Hersteller die Verstellkraftraten $c_r$ in N/bar, $c_\lambda$ in N/mm und $c_p$ in N/(bar · mm) oder in äquivalenten Einheiten. Die Verstellkraft eines Lateral-Kompensators im Betriebszustand errechnet sich damit wie folgt:

$$F_\lambda = 0{,}001 \; (c_r \cdot p + c_\lambda \cdot \lambda + c_p \cdot p \cdot \lambda) \text{ in kN} \qquad (8.14)$$

wenn man λ als die Lateralverschiebung des Kompensators aus der Nulllage annimmt. Bei einigen Herstellern fehlen jedoch Angaben zur Verstellkraftrate $c_p$, wodurch die Verstellkraft um bis zu 20 % zu gering ermittelt wird.

Bei Gelenksystemen sind die Verstellkräfte und -momente nicht so einfach zu errechnen wie bei Axial- oder Lateral-Kompensatoren. Eine ausführliche Darstellung enthält Abschnitt 8.6.

### 8.5.3 Reibungskraft zwischen Rohrleitung und Auflagern

Auf die Festpunkte wirkt bei warmgehenden Rohrleitungen zusätzlich die Summe aller Reibungskräfte an den Rohrhalterungen zwischen Kompensationssystem und Festpunkt. Einzelheiten zur Berechnung einschließlich Reibungskoeffizienten enthält Abschnitt 6.

Man muss berücksichtigen, dass die Reibungskräfte den Festpunkt in wechselnden Richtungen beanspruchen. Beim Anfahren (Erwärmen) der Leitung wirken sie umgekehrt wie beim Abfahren (Abkühlung). Durch veränderte Anordnung des Kompensationssystems auf der Strecke zwischen den Festpunkten kann eine andere Verteilung der Reibungskräfte auf die beiden Festpunkte erreicht werden. Wird beispielsweise das Kompensationssystem unmittelbar an einem der Festpunkte angeordnet, ist dieser Festpunkt nicht durch Reibungskräfte belastet. Hingegen muss der andere Festpunkt die gesamte Reibungskraft aufnehmen. Liegt das Kompensationssystem mittig zwischen den Festpunkten, wird jeder Festpunkt mit der halben Reibungskraft beaufschlagt.

### 8.5.4 Zentrifugalkraft und sonstige anlagenbedingte Kräfte

Eine Zentrifugalkraft tritt nur an Eckfestpunkten von axial kompensierten Leitungen auf (Bild 8.11). Sie ist im Regelfall vernachlässigbar. Bei Flüssigkeiten mit hoher Strömungsgeschwindigkeit kann sich eine nennenswerte Kraft ergeben. Die Zentrifugalkraft errechnet sich aus:

$$F_z = \frac{A_R \cdot \rho \cdot w^2 \cdot \sin\beta}{10\,000} \text{ in kN} \qquad (8.15)$$

$A_R$ – Rohrquerschnitt in cm²
$\rho$ – Dichte des Fluids in g/cm³
w – Strömungsgeschwindigkeit in m/s
β – Abwinkelung der Leitung gemäß Bild 8.11

# 8 Berechnung von Kompensatoren

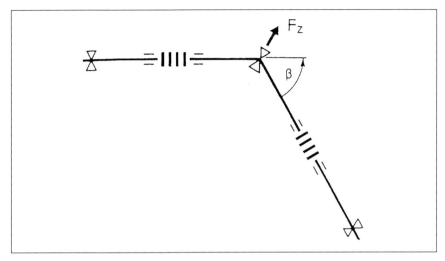

Bild 8.11: Wirkungsrichtung der Zentrifugalkraft an einem Eckfestpunkt

Außer den Kräften, die direkt aus dem Einbau der Kompensatoren herrühren, müssen für die Festpunktdimensionierung auch Kräfte berücksichtigt werden, die aus der Anlage oder Leitungsführung stammen oder durch Zusatzlasten verursacht werden. Einzelheiten siehe Abschnitt 6.

## 8.6 Berechnung der Anschlusskräfte und –momente für Metall-Kompensatoren

### 8.6.1 Bezugsbasis der Berechnungsgleichungen

Die folgenden Berechnungsgleichungen gelten für den Zustand bei Raumtemperatur. Im Betriebszustand liegen die Kräfte und Momente etwas niedriger. Bis zu Temperaturen < 200 °C sind die Abweichungen vernachlässigbar. Bei Temperaturen ab 200 °C sind für die Standard-Werkstoffe 1.4541 und 1.4876 (Incoloy 800H) die Verstellraten mit dem Reduzierfaktor $K_C$ nach Tafel 8.8 zu multiplizieren. Für andere Werkstoffe ergibt sich $K_C$ aus dem Quotienten der Elastizitätsmodule im warmen und kalten Zustand.

### 8.6.2 Berechnungsmodell

Werden in ein starres Rohrleitungssystem Kompensatoren eingebaut, ändert sich das Elastizitätsverhalten grundlegend. Man kann vereinfachend annehmen, dass die Kompensatoren Gelenke darstellen, und dass die Rohrleitung zwischen den Gelenken steif

Tafel 8.8: Reduzierfaktor für Verstellraten $K_C$ für die Werkstoffe 1.4541 und 1.4876 (Incoloy 800 H)

| Zulässige Temperatur $\vartheta_B$ in °C | 200 | 300 | 400 | 500 | 600 | 700 | 800 | 900 |
|---|---|---|---|---|---|---|---|---|
| Reduzierfaktor $K_C$ | 0,93 | 0,90 | 0,86 | 0,83 | 0,81 | 0,79 | 0,77 | 0,75 |

# 8 Berechnung von Kompensatoren

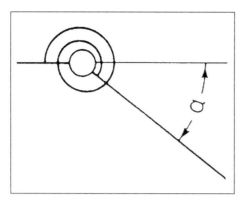

ist. Bei einer Bewegung des Gelenksystems um den Winkel $\alpha$ wird jedoch analog wie bei einer Drehfeder (Bild 8.12) der Rohrleitung durch das Verstellmoment der Bälge und durch das Reibmoment in den Gelenken ein äußeres Moment aufgezwungen. Es setzt sich aus folgenden 3 Anteilen zusammen:

$$M = c_r \cdot p + c_\alpha \cdot \alpha + c_p \cdot p \cdot \alpha \quad (8.16)$$

$c_r$ – Reibbeiwert des Gelenkes in Nm/bar

Bild 8.12: Gelenk mit Drehfeder als Ersatzsystem für einen Angular-Kompensator

$c_\alpha$ – Verstell- oder Momentrate des Balges in Nm/grd

$c_p$ – druckabhängige Momentrate des Balges in Nm/(bar · grd), wobei dieser Wert nicht von allen Kompensatoren-Herstellern angegeben wird, obwohl er im Allgemeinen nicht vernachlässigbar ist

p – Berechnungsüberdruck in bar

$\alpha$ – Biegewinkel des Kompensators aus der Nullage in grd

## 8.6.3 Zwei-Gelenk-System

Durch ein Zwei-Gelenk-System (Bild 8.13) ist keine vollständige Kompensation zu erreichen, so dass zusätzliche Kräfte und Momente aus der Rohrbiegung entstehen. Sie

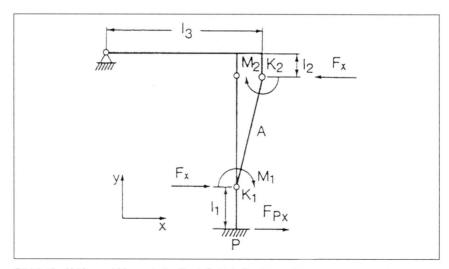

Bild 8.13: Kräfte und Momente im Zwei-Gelenk-System

# 8 Berechnung von Kompensatoren

werden bei der nachstehenden Berechnung nicht berücksichtigt, da sie im allgemeinen vernachlässigbar sind. Bei Erfordernis müssen sie über rohrstatische Berechnungen gemäß Abschnitt 6 ermittelt werden.

Die nachfolgenden Berechnungssgleichungen gelten für 2 gleiche Angular-Kompensatoren oder einen Lateral-Kompensator, der ebenfalls ein Zwei-Gelenk-System bildet.

– Einzelmomente der Kompensatoren

$$M_1 = M_2 = M = c_r \cdot p + c_\alpha \cdot \alpha + c_p \cdot p \cdot \alpha \qquad (8.17)$$

– Verstellkraft $F_x$ (A - Gelenkabstand)

$$F_x = 2 \cdot M / A \qquad (8.18)$$

– Festpunktkräfte am Punkt P für $l_3 \gg l_2$

$$F_{Px} = 2 \cdot M / A \qquad (8.19a)$$

$$F_{Py} = 0 \qquad (8.19b)$$

– Festpunktmoment am Punkt P mit $l_1$ nach Bild 8.13

$$M_{Pz} = M_1 + F_x \cdot l_1 \qquad (8.20)$$

Der Momentenverlauf geht aus Bild 8.14 hervor. Wird im räumlichen System ein allseitig bewegliches Zwei-Gelenk-System vorgesehen, muss zur Berechnung der Verstellmomente und Verstellkräfte das System in zwei Ebenen betrachtet werden. Aus den oben angegebenen Formeln erhält man die Kräfte und Momente in den beiden Ebenen.

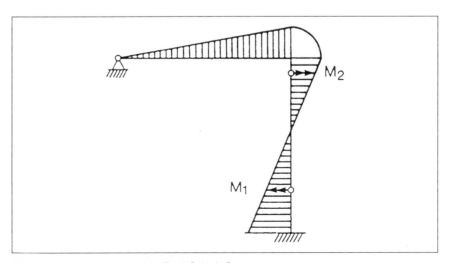

Bild 8.14: Momentenverlauf im Zwei-Gelenk-System

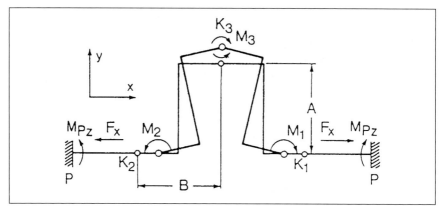

Bild 8.15: Kräfte und Momente im Drei-Gelenk-System in U-Anordnung

Man kann auch die resultierende Bewegung

$$\Delta_{res} = \sqrt{\Delta_1^2 + \Delta_2^2} \tag{8.21}$$

bilden und mit den o.g. Gleichungen die resultierenden Kräfte und Momente errechnen.

### 8.6.4 Drei-Gelenk-System in U-Anordnung
- Einzelmomente der Kompensatoren (Bild 8.15)

$$M_1 = M_2 = c_{r1} \cdot p + c_{\alpha 1} \cdot \alpha_1 + c_{p1} \cdot p \cdot \alpha_1 \tag{8.22a}$$

$$M_3 = c_{r3} \cdot p + c_{\alpha 3} \cdot \alpha_3 + c_{p3} \cdot p \cdot \alpha_3 \tag{8.22b}$$

- Verstellkraft $F_x$ (A - Ausladung)

$$F_x = (M_1 + M_3) / A \tag{8.23}$$

- Festpunktkraft am Punkt P

$$F_{Px} = F_x = (M_1 + M_3) / A \tag{8.24}$$

- Festpunktmoment am Punkt P

$$M_{Pz} = M_1 = M_2 \tag{8.25}$$

Der Momentenverlauf geht aus Bild 8.16 hervor.

# 8 Berechnung von Kompensatoren

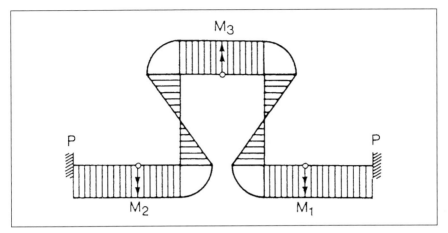

Bild 8.16: Momemtenverlauf im Drei-Gelenk-System in U-Anordnung

## 8.6.5 Räumliches Drei-Gelenk-System in L-Anordnung

– Einzelmomente der Kompensatoren (Bild 8.17)

$$M_1 = M_{1x} = c_{r1} \cdot p + c_{\alpha 1} \cdot \alpha_1 + c_{p1} \cdot p \cdot \alpha_1 \quad (8.26a)$$

$$M_2 = M_{2x} = c_{r2} \cdot p + c_{\alpha 2} \cdot \alpha_2 + c_{p2} \cdot p \cdot \alpha_2 \quad (8.26b)$$

$$M_3 = M_{3x} = c_{r3} \cdot p + c_{\alpha 3} \cdot \alpha_3 + c_{p3} \cdot p \cdot \alpha_3 \quad (8.26c)$$

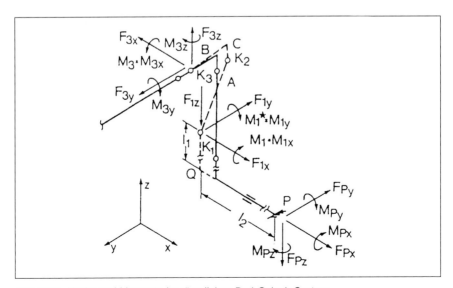

Bild 8.17: Kräfte und Momente im räumlichen Drei-Gelenk-System

- Biegemomente der Kompensatoren $K_1$ und $K_2$ aus zusätzlicher Bewegung gegenüber dem ebenen System [8.7]

$$M_1^* = M_{1y} = c_{r1} \cdot p + c_{\alpha 1} \cdot \alpha_1^* + c_{p1} \cdot p \cdot \alpha_1^* \qquad (8.27a)$$

$$M_2^* = M_{2y} = c_{r2} \cdot p + c_{\alpha 2} \cdot \alpha_2^* + c_{p2} \cdot p \cdot \alpha_2^* \qquad (8.27b)$$

mit $\alpha_1^* = \alpha_2^* = \arcsin\dfrac{(1-V)\cdot \Delta_1}{A}$

- Verstellkräfte in der Hauptebene (A, B und C sind die Gelenkabstände)

$$F_{1y} = F_{2y} = F_{3y} = (M_1 + M_2)/A \qquad (8.28a)$$

$$F_{1z} = F_{2z} = F_{3z} = (M_3 + M_2 + F_{3y} \cdot C)/B \qquad (8.28b)$$

- Verstellkräfte und -momente aus zusätzlicher Bewegung (A, B und C sind die Gelenkabstände)

$$F_{1x} = F_{2x} = F_{3x} = (M_1^* + M_2^*)/A \qquad (8.29)$$

$$M_{3y} = M_2^* + F_{2x} \cdot C \qquad (8.30a)$$

$$M_{3z} = F_{2x} \cdot B \qquad (8.30b)$$

- Festpunktkräfte am Punkt P

$$F_{Px} = F_{1x} = (M_1^* + M_2^*)/A \qquad (8.31a)$$

$$F_{Py} = F_{1y} = (M_1 + M_2)/A \qquad (8.31b)$$

$$F_{Pz} = F_{1z} = (M_3 + M_2 + F_{3y} \cdot C)/B \qquad (8.31c)$$

- Festpunktmomente am Punkt P ($l_1$ und $l_2$ nach Bild 8.17)

$$M_{Px} = M_1 + F_{1y} \cdot l_1 \qquad (8.32a)$$

$$M_{Py} = (M_1^* + F_{1x} \cdot l_1) - F_{1z} \cdot l_2 \qquad (8.32b)$$

$$M_{Pz} = F_{1y} \cdot l_2 \qquad (8.32c)$$

## 8.7 Führungen bei kompensierten Leitungen

*a) Führungen bei axialer Kompensation*

Grundsätzlich sind für die Bemessung der Lager und der Lagerabstände (Stützweiten) die von der Rohrleitung gegebenen Bedingungen maßgebend. Zusätzlich sind beim Einsatz von Axial-Kompensatoren folgende Führungen erforderlich:

# 8 Berechnung von Kompensatoren

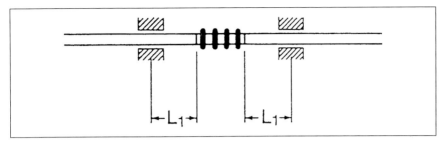

Bild 8.18: Führungslager unmittelbar vor und hinter einem Axial-Kompensator

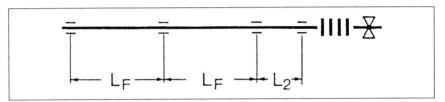

Bild 8.19: Führungslager in einer Rohrleitung mit Axial-Kompensator

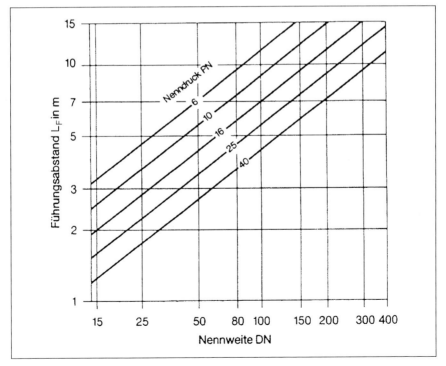

Bild 8.20: Richtwerte für Rohrhalterungsabstände gegen Ausknicken bei axialer Kompensation

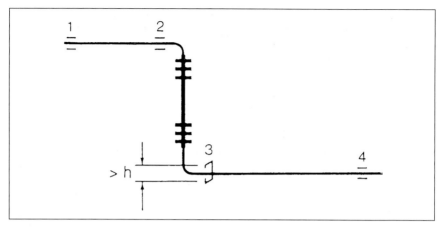

Bild 8.21: Bogenhöhe im Zwei-Gelenk-System

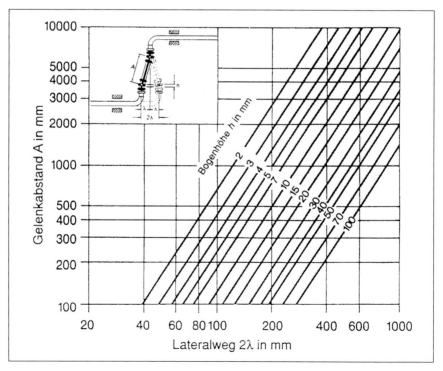

Bild 8.22: Scheitelverschiebung eines Zwei-Gelenk-Systems bei Lateralbewegung (Bogenhöhe)

# 8 Berechnung von Kompensatoren

- Die Führungen unmittelbar vor und hinter dem Axial-Kompensator dürfen höchstens 3 x DN vom Kompensator entfernt sein, d.h. $L_1 \approx 3 \cdot DN$ gemäß Bild 8.18.
- Der Abstand zwischen der Führung unmittelbar am Kompensator und dem nächsten Rohrlager darf nur halb so groß sein wie die normale Stützweite, d.h. $L_2 \approx 0,5 \cdot L_F$ (Bild 8.19).
- Die normale Stützweite $L_F$ muss gegebenenfalls reduziert werden, wenn ein Ausknicken der Rohrleitung zu befürchten ist [8.6]. Richtwerte enthält Bild 8.20.

*b) Führungen bei lateraler Kompensation oder bei Zwei-Gelenk-Systemen*

Bei lateraler Kompensation verbleibt immer eine Restdehnung, die durch Biegung vom System aufgenommen werden muss. Diese Restdehnung setzt sich aus zwei Komponenten zusammen:

- der Wärmedehnung der unkompensierten Strecke, d.h. einschließlich der Länge der Kompensatoren;
- der Bogenhöhe aus der Kreisbewegung des Lateral-Kompensators bzw. des Systems mit 2 Angular-Kompensatoren (Bild 8.21). Die Bogenhöhe errechnet sich dabei zu:

$$h = A - \sqrt{A^2 - \lambda^2} \qquad (8.33)$$

mit dem Gelenkabstand A (Bild 8.13) und dem halbem Lateralweg $\lambda$ (Bild 8.7). Im Bild 8.22 ist Gl. (8.33) ausgewertet.

Es muss deshalb an dem einem Ende des Kompensators bzw. des Zwei-Gelenk-Systems eine ausreichende Bewegungsmöglichkeit geschaffen werden, um Zwangskräfte zu vermeiden.

# 9 Fluiddynamische Berechnungen

## 9.1 Instationäre Strömungsvorgänge, Druckstoß

Wird in einer Rohrleitung das Fluid beschleunigt oder verzögert, z.b. durch schnelles Öffnen oder Schließen einer Armatur, werden in dem System Unter- bzw. Überdruckwellen erzeugt. Diese Druckwellen laufen mit Schallgeschwindigkeit a von der Armatur weg in das Rohr hinein, werden reflektiert, überlagern sich und klingen schließlich infolge Dämpfungseffekte ab.

Bild 9.1 zeigt das Druckstoßverhalten für ein Rohr mit Behälter und einem schließenden Schieber. Der Reibungseinfluss wurde hier vernachlässigt. Schließt der Schieber innerhalb der Zeit T, bildet sich eine Druckwelle mit einem Wellenkopf der Länge a · T, die stromaufwärts läuft und vom Behälter reflektiert wird. Am geschlossenen Schieber angekommen, erfolgt eine weitere Reflexion, so dass hier hin- und herlaufende Druckwellen entstehen, die mit der Zeit infolge der Dämpfungseffekte wie Reibung abklingen.

Der Druckanstieg beträgt nach Joukowsky [9.1]:

$$\Delta p = \rho \cdot a \cdot \Delta w \tag{9.1}$$

mit

$\rho$ – Fluiddichte und
$\Delta w$ – Geschwindigkeitsänderung.

Die Laufzeit der Welle beträgt L / a, die Zeitperiode am geschlossenen Schieber ist 4 · L / a (L nach Bild 9.1). Die Reflexionszeit des Rohres beträgt somit

$$T_R = 2 \cdot L / a \tag{9.2}$$

Ist die Schließzeit T der Armatur kleiner als die Reflexionszeit, kommt der volle Joukowsky-Stoß zur Wirkung. Die Bilder 9.2a bis 9.2e zeigen die Geschwindigkeitsänderungen und die Druckwellenbilder am Ort des Schiebers für das o.a. Rohrsystem. Es sind Plotterbilder der Ergebnisse eines Computerprogrammes, mit dem dieses einfache System analysiert wurde.

Bei einer Rohrlänge von L = 500 m und einer Schallgeschwindigkeit von a = 1000 m/s ergibt sich eine Reflexionszeit von 1 s. Mit der Fluiddichte von $\rho$ = 1000 kg/m³ beträgt der Druckanstieg $\Delta p = 10^6$ N/m² also 10 bar. Dies gilt für Schließzeiten, die kleiner oder gleich der Reflexionszeit sind (Bilder 9.2a bis 9.2c). Ist die Schließzeit der Armatur größer als die Reflexionszeit, nämlich T > $T_R$, wird durch die zurückkommende Unterdruckwelle der volle Joukowskystoß reduziert (Bilder 9.2d bis 9.2e). Der Druckanstieg beträgt näherungsweise

$$\Delta p = \rho \cdot a \cdot \Delta w \cdot T_R/T \tag{9.3}$$

## 9.2 Vereinfachte Berechnungen

Für einfache Rohrsysteme ohne Verzweigungen oder Vermaschungen lassen sich die Druckwellen hinsichtlich Druckhöhe und Verlauf mit Hilfe der Joukowskybeziehung

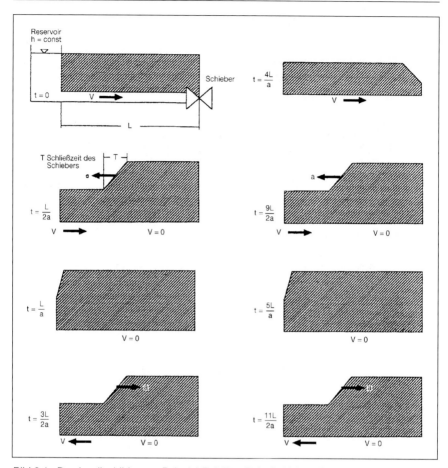

Bild 9.1: Druckwellenbilder am Beispiel Behälter-Rohr-Schieber; Schließen der Armatur in der Zeit T

recht gut abschätzen. Diese Beziehung gilt streng genommen nur für Flüssigkeiten. Bei bekannter Schallgeschwindigkeit und Dichte der Flüssigkeit sowie dem Schließgesetz der Armatur erhält man für die überschlägliche Auslegung brauchbare Ergebnisse.

### 9.2.1 Ermittlung der Schallgeschwindigkeit

Die Schallgeschwindigkeit a der Druckwelle wird sowohl von den elastischen Eigenschaften des Fluids als auch von der Elastizität der Rohrwand bestimmt. Sie ist bei bei dünnwandigen und elastischen Rohren kleiner als bei dickwandigen. In Rohren für Flüssigkeiten errechnet sie sich nach der Gleichung

9 Fluiddynamische Berechnungen

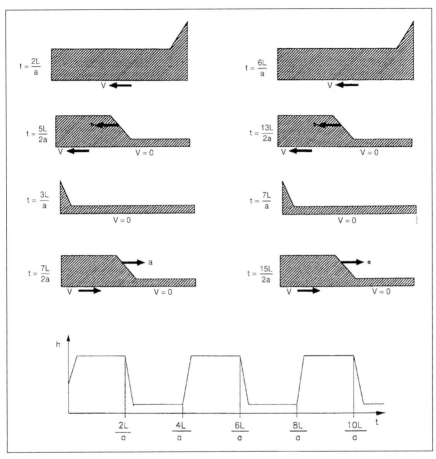

Bild 9.1 (Fortsetzung): Druckwellenbilder am Beispiel Behälter-Rohr-Schieber; Schließen der Armatur in der Zeit T

$$a = \frac{1}{\sqrt{\rho \cdot \left(\dfrac{1}{E_F} + \dfrac{1}{s \cdot E_R}\right)}} \tag{9.4}$$

mit
$E_F$ – Elastizitätsmodul des Fluids
$E_R$ – Elastizitätsmodul des Rohrwerkstoffes
s – Wanddicke der Rohrleitung

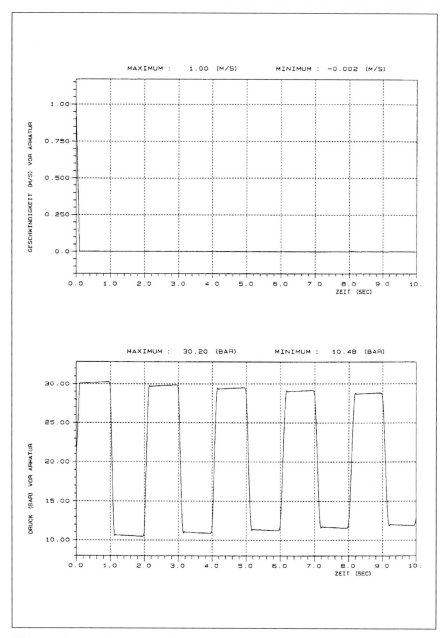

Bild 9.2a: Druckstoß-Analyse eines Systems Behälter-Rohrleitung mit schließender Armatur: L = 500 m, Schallgeschwindigkeit 1000 m/s, Reflexionszeit 1 s, Schließzeit 0,1 s   oben: Geschwindigkeit; unten: Druck am Ort der Armatur

9 Fluiddynamische Berechnungen 283

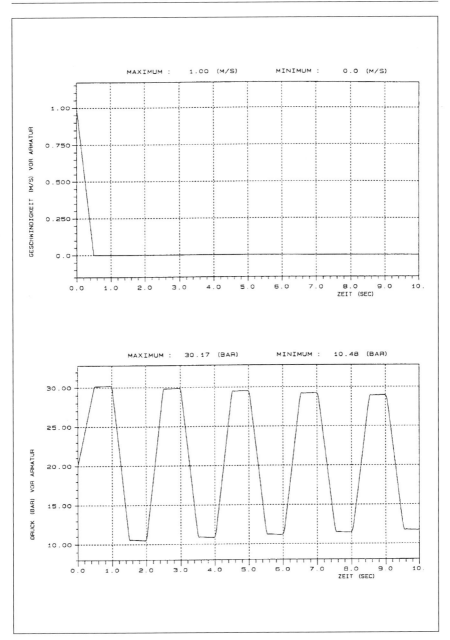

Bild 9.2b: Druckstoß-Analyse eines Systems Behälter-Rohrleitung mit schließender Armatur: L = 500 m, Schallgeschwindigkeit 1000 m/s, Reflexionszeit 1 s, Schließzeit 0,5 s    oben: Geschwindigkeit; unten: Druck am Ort der Armatur

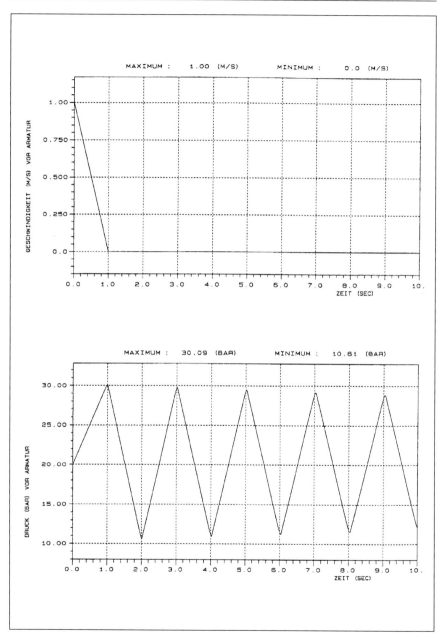

Bild 9.2c: Druckstoß-Analyse eines Systems Behälter-Rohrleitung mit schließender Armatur: L = 500 m, Schallgeschwindigkeit 1000 m/s, Reflexionszeit 1 s, Schließzeit 1 s
oben: Geschwindigkeit; unten: Druck am Ort der Armatur

# 9 Fluiddynamische Berechnungen

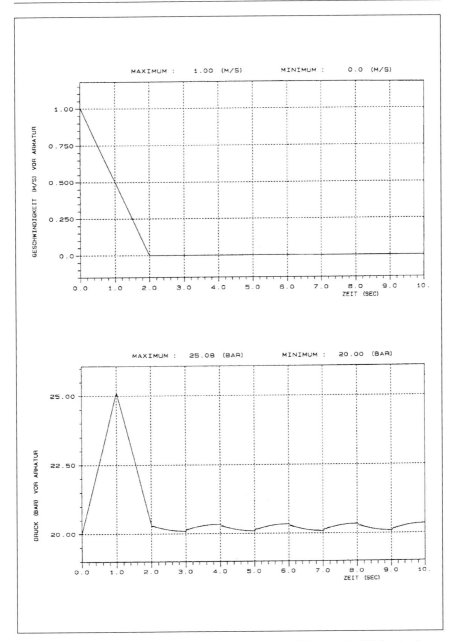

Bild 9.2d: Druckstoß-Analyse eines Systems Behälter-Rohrleitung mit schließender Armatur: L = 500 m, Schallgeschwindigkeit 1000 m/s, Reflexionszeit 1 s, Schließzeit 2 s
oben: Geschwindigkeit; unten: Druck am Ort der Armatur

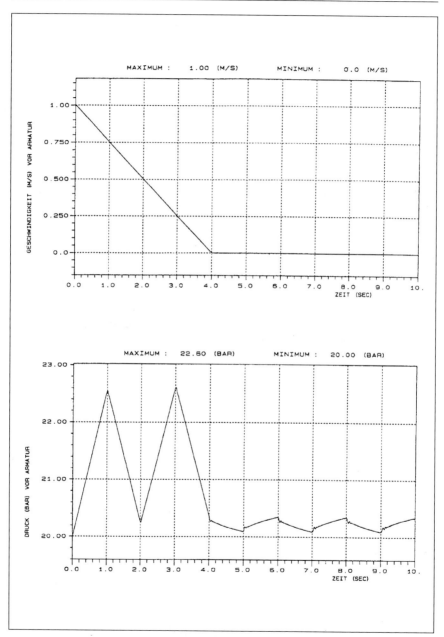

Bild 9.2e: Druckstoß-Analyse eines Systems Behälter-Rohrleitung mit schließender Armatur: L = 500 m, Schallgeschwindigkeit 1000 m/s, Reflexionszeit 1 s, Schließzeit 4 s
oben: Geschwindigkeit; unten: Druck am Ort der Armatur

# 9 Fluiddynamische Berechnungen

Bei großen Wanddicken ergibt sich näherungsweise die Schallgeschwindigkeit des Fluids zu

$$a = \sqrt{\frac{E_F}{\rho}} = \sqrt{\frac{\partial p}{\partial \rho}} \qquad (9.5)$$

Die Werte für die Schallgeschwindigkeit einzelner Stoffe können aus Stoffwerttabellen entnommen werden.

Für Wasser reicht es in vielen Fällen aus, die Schallgeschwindigkeit für Raumtemperatur und atmosphärischen Druck zu kennen. Für 15 °C beträgt $E_F = 2{,}16 \cdot 10^9$ N/m² und $\rho = 999{,}2$ kg/m³, so dass sich a = 1470 m/s nach Gl. (9.5) errechnet.

Für andere Zustände muss der Einfluss des Druckes und der Temperatur berücksichtigt werden, wobei die Druckabhängigkeit der Schallgeschwindigkeit im technischen Bereich vernachlässigbar ist. Bei einer Druckerhöhung um 100 bar steigt sie lediglich um etwa 1 % an.

Der Temperatureinfluss ist hingegen wesentlich größer. Die Werte variieren bei atmospärischem Druck zwischen 1402 m/s bei 0 °C und 1555 m/s bei 75°C. Bild 9.3 zeigt die Temperaturabhängigkeit der Schallgeschwindigkeit in reinem Wasser in relativ dickwandigen Rohrleitungen aus Stahl.

In dünnwandigen Rohren sinkt die Schallgeschwindigkeit auf etwa 1000 bis 1100 m/s, in elastischen GFK-Rohren auf etwa 450 bis 500 m/s. Weitere Angaben zur Berechnung der Schallgeschwindigkeit siehe z.B. [9.2] und [9.3].

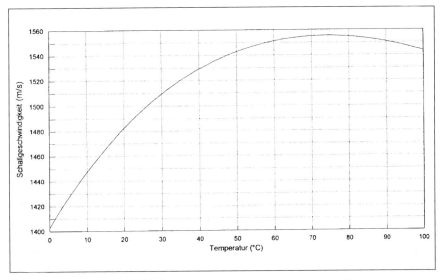

Bild 9.3: Temperaturabhängigkeit der Schallgeschwindigkeit in reinem Wasser

## 9.2.2 Druckstöße und dynamische Kräfte

Obwohl Erfahrungen an langen Leitungen zeigten, dass der Joukowsky-Stoß in vielen Fällen auftreten kann, werden die Druckspitzen häufig dadurch abgemindert, dass Reflexionen an Querschnittsänderungen, Verzweigungen oder Rohrenden entstehen. Dies wurde bereits an dem o.a. einfachen System beschrieben.

Druckstöße sind vor allen Dingen in Flüssigkeiten wegen der großen Dichte des Fluids eine nicht vernachlässigbare Erscheinung. Aber auch in Leitungen mit stark kompressiblen Medien sind Druckstöße möglich, z.B. beim Schließen des Turbinenschnellschlussventils in Frischdampfleitungen.

Wie schon erwähnt, wird bei einer Geschwindigkeitsänderung von 1 m/s in einer Wasserleitung ein Druckstoß von 10 bar erzeugt, so dass erhebliche Drücke möglich sind, die die zulässigen Spannungen der Rohrleitungen überschreiten. Ebenso können Unterdruckwellen zum Ausdampfen der Flüssigkeit führen. Die mit Dampf gefüllten Hohl

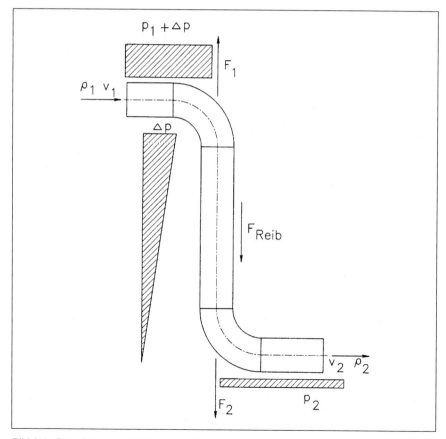

Bild 9.4: Berechnungsmodell zur Ermittlung der axialen dynamischen Rohrkraft infolge Druckstoß

# 9 Fluiddynamische Berechnungen

räume implodieren bei einem Druckanstieg schlagartig und erzeugen ihrerseits wieder Druckwellen mit hohen Druckspitzen. Die Druckstöße wirken als dynamische äußere Lasten am Rohrleitungssystem, belasten die Rohrhalterungen und können erhebliche Schäden anrichten, falls keine Vorkehrungen getroffen sind. Insbesondere warmgehende Leitungssysteme, die vorwiegend elastisch mit Hängern gehaltert sind, können durch diese Kräfte angeregt werden. Im Resonanzfall mit dem Rohrsystem treten hohe Lagerbelastungen auf. Derartige dynamische Untersuchungen sind in der Regel nicht mit Überschlagsrechnungen zu erfassen [9.4].

Zur Abschätzung der axialen Rohrkräfte aus dem Druckstoß setzt man den Impulssatz an den Umlenkungen der Rohrleitung an (Bild 9.4). Die resultierende dynamische Last ergibt sich aus der Summe der Krümmerkräfte $F_1$ und $F_2$ sowie der Reibungskraft $F_{reib}$ zwischen Flüssigkeit und Rohrwand:

$$F_{dyn} = -F_1 + F_2 + F_{reib} \tag{9.6}$$

Im stationären Fall ist $F_{dyn} = 0$, da sich die Kräfte gegenseitig aufheben. Läuft hingegen eine Druckwelle durch den Bogen 1 in den geraden Rohrleitungsteil hinein, steigt der Druck $p_1$ und somit $F_1$ an, ohne dass sich am Ort 2 die Kraft $F_2$ ändert. Bei endlichen Schließ- bzw. Öffnungszeiten von Armaturen wird eine Druckwelle erzeugt, die eine Druckrampe entsprechend der Geschwindigkeitsänderung des Fluids besitzt. Diese Druckrampe bewegt sich dann in das System mit Schallgeschwindigkeit hinein.

Im o.a. Beispiel erhält man eine Druckerhöhung von 10 bar bei einer Geschwindigkeitsänderung von 1 m/s. Dauert diese Verzögerung 1 s, so passt die komplette Druckrampe gerade in ein Rohr von 1000 m Länge. Der Druck ändert sich somit um 0,01 bar/m Rohr. Bei einem geraden Rohrstück von 100 m zwischen zwei Bogen und einem lichten Durchmesser von $d_i = 500$ mm ergibt sich eine maximale Druckdifferenz von

$$\Delta p = 100 \cdot 0{,}01 = 1 \text{ bar}$$

und somit eine axiale dynamische Kraft von

$$F_{dyn} = -A_R \cdot \left(\rho_1 \cdot w_1^2 + p_1 + \Delta p\right) + A_R \cdot \left(\rho_2 \cdot w_2^2 + p_2\right) + F_{Reib} \tag{9.7}$$

Wenn man die Reibung vernachlässigt und $w_1 = w_2$ sowie $\rho_1 = \rho_2$ setzt, erhält man

$$F_{dyn} = -A_R \cdot \Delta p = -\frac{d_i^2 \cdot \pi}{4} \cdot \Delta p \tag{9.8}$$

wobei das negative Vorzeichen angibt, dass die Kraft entgegen der positiven Strömungsrichtung wirkt. Bei dem obigen Zahlenbeispiel wird $F_{dyn} \approx -19{,}6$ kN. Bei kürzeren Schließzeiten der Armaturen erhöhen sich die Kräfte entsprechend.
Zahlreiche konstruktive Möglichkeiten stehen zur Abminderung der Druckstöße zur Verfügung:

- Vergrößerung der Schließzeit der Armaturen.
- Einsatz von Rückschlagklappen mit hydraulischen Bremsen, um den Klappenschlag zu vermeiden.
- Verwendung von Klappen mit außenliegender Klappenwelle und Hebelarm mit Zusatzgewichten zur Verkürzung der Schließzeit und der Verhinderung von Rückströmungen [9.5], [9.6].
- Ausrüstung der Pumpen mit großen Schwungmassen, um die Auslaufzeiten bei Pumpenabschaltung zu verlängern, so dass sich die Geschwindigkeitsänderungen des Fluids und somit auch die Druckamplituden verringern. Dadurch können dann freischwingende Rückschlagklappen auf der Pumpendruckseite schließen, ohne dass es zu einer nennenswerten Rückströmung kommt, die für die gefürchteten Klappenschläge verantwortlich ist.
- Zwischenschaltung von Windkesseln, Wasserschlössern oder Sicherheitstanks, die den Druckstoß dadurch abbauen, dass sie ein bestimmtes Volumen elastisch aufnehmen [9.7].

## 9.3 Rechenverfahren für komplexe Systeme

Druckstoßberechnungen werden für verzweigte und vermaschte Rohrsysteme ausschließlich mit elektronischen Rechenanlagen durchgeführt. Es gibt hierzu eine Reihe leistungsfähiger Programme, die auch auf Personalcomputer einsetzbar sind. Grundlage aller Programme, ohne auf Einzelheiten eingehen zu wollen, ist die Entwicklung der Druckstoßgleichungen aus den Gesetzen zur Erhaltung der Masse und zur Erhaltung der Energie (der Impulse), die mittels geeigneter Verfahren für den Rechner aufbereitet werden. Für Flüssigkeiten wird in der Regel das Charakteristikenverfahren eingesetzt, bei dem die partiellen Differentialgleichungen in gewöhnliche Differentialgleichungen umgeformt werden. Andere Programme arbeiten z.B. mit dem Verfahren der finiten Differenzen, die die partiellen Differentialgleichungen direkt integrieren. Obwohl in der Regel erhöhte Rechenzeiten erforderlich sind, eignen sich diese Verfahren insbesondere für kompressible Medien.

Das Rohrsystem wird als Rechenmodell in kleine Abschnitt diskretiert und in sehr kleinen Zeitschritten im Millisekundenbereich durchgerechnet. Hierbei werden die Differentialgleichungen mittels geeigneter numerischer Verfahren gelöst. Äußere Randbedingungen, wie Drücke und Massenströme, können als zeitabhängige Randfunktionen dem Programm vorgegeben werden. Innere Randbedingungen, wie die Rohrreibung, die Stellung der Armaturen oder die Drehzahlen von Pumpen, werden in speziellen Unterprogrammen für jeden Zeitschritt berechnet. Die ermittelten Ergebnisse, die Widerstandsbeiwerte und die Förderhöhen werden dem Strömungsprogramm übergeben und in die Druckwellenberechnung einbezogen. Selbst Ausdampfen kann mit bestimmten Programmen berücksichtigt werden.

Die Ergebnisse solcher Analysen sind Plots der zeitabhängigen Zustandsgrößen des Fluids, also Drücke und Dichten, Massenströme, Geschwindigkeiten, Stellgrößen oder Pumpendaten. Ebenso können die dynamischen Lasten als Plots ausgegeben werden, oder sie dienen als Eingabedaten zur dynamischen Strukturanalyse für das Rohrleitungssystem.

# 9 Fluiddynamische Berechnungen

## 9.4 Berechnungsbeispiele

Zum besseren Verständnis der Druckstoßuntersuchungen werden zwei Beispiele von Druckstoßanalysen erläutert. Die Berechnungen wurden mit den Computerprogrammen HAMMER und SHOCK auf einem Personalcomputer durchgeführt. Die Programme arbeiten nach dem Verfahren der finiten Differenzen und werden zur Druckstoßuntersuchung für Flüssigkeiten (HAMMER) und für Gase (SHOCK) eingesetzt. Durch Vergleiche der Berechnungen mit Messungen wurden die Programme verifiziert [9.7].

### 9.4.1 Pumpenausfall

Druckstoßuntersuchungen sind in vielen Fällen bei Leitungssystemen erforderlich, in denen mehrere Pumpen gleichzeitig in Betrieb sind. Üblicherweise befinden sich auf der Druckseite der Pumpe Rückschlagarmaturen zum Schutz der Pumpe gegen Rückströmungen. Oft werden freischwingende Rückschlagklappen eingesetzt. Kommt es zu einem Pumpenausfall, wird während des Pumpenauslaufes der Volumenstrom durch die Pumpe stark abgebremst, bei gleichzeitigem Abfall der Förderhöhe. Während die anderen Pumpen im System weiterlaufen, kann sich die Strömung bei der ausgefallenen Pumpe umkehren, wenn die Rückschlagklappe innerhalb der kurzen Zeit der Strömung nicht so schnell schließen kann. Infolge der negativen Strömung kann es dann zum Klappenschlag mit erheblichen dynamischen Belastungen kommen.

Im vorliegendem Beispiel handelt es sich um eine Pumpstation, bei der 5 Pumpen Wasser durch eine mehrere Kilometer lange Transportleitung auf eine Höhe von reichlich 160 m pumpen sollen. Bild 9.5 zeigt das Rechenmodell mit den Pumpen, Armaturen und Rohrleitungsabschnitten.

Es wurde unterstellt, dass die Pumpe 5 ausfällt. Bild 9.6a zeigt den Drehzahlabfall, Bild 9.6b den Zusammenbruch der Förderhöhe der Pumpe. Innerhalb der hier betrachteten Problemzeit von 0,6 s fällt die Drehzahl von anfänglich 1490 min$^{-1}$ auf 879 min$^{-1}$ ab, die Förderhöhe sinkt von 160,3 m auf 69,65 m. Die Strömungsgeschwindigkeit am Ort der Rückschlagklappe verringert sich sehr stark und nach etwa 0,145 s kehrt die Strömung um (Bild 9.6d), weil die Klappe noch nicht ganz geschlossen ist (Bild 9.6c). Obwohl die negative Strömungsgeschwindigkeit einen verhältnismäßig kleinen Wert von -0,265 m/s aufweist, erzeugt sie eine maximale Druckwellenamplitude von etwa 3,6 bar (Bild 9.6f). Bild 9.6e zeigt die Druckwellenverläufe vor, Bild 9.6f hinter der Rückschlagklappe während der Problemzeit. Man erkennt die durch den Klappenschlag kurzzeitig hervorgerufenen Druckspitzen, die sehr schnell wieder abklingen. Die dadurch entstehenden dynamischen Lasten (Bild 9.6g) haben einen ähnlichen Verlauf wie die Druckwellen. In der Folge müsste untersucht werden, ob die Pumpe die Spitzenlast von -11,29 kN ertragen kann.

### 9.4.2 Turbinenschnellschluss

Mit zunehmender Blockleistung der konventionellen thermischen Kraftwerke, verbunden mit einem großen Energiepotenzial infolge hoher Drücke und Strömungsgeschwindigkeiten, müssen auch die Dampfleitungen hinsichtlich Druckstoßgefährdung untersucht werden, so wie es bei Kernkraftwerken schon immer vorgeschrieben ist.

Im untersuchten Beispiel handelt es sich um eine Frischdampfleitung, bei der infolge Turbinenschnellschluss innerhalb von etwa 100 ms (Bild 9.8a) der Dampfstrom abgesperrt wird. Die Strömungsgeschwindigkeit beträgt vor dem Ansprechen des Turbinenschnellschlussventils etwa 70 m/s bei einem Druck von 183 bar und einer Tempe-

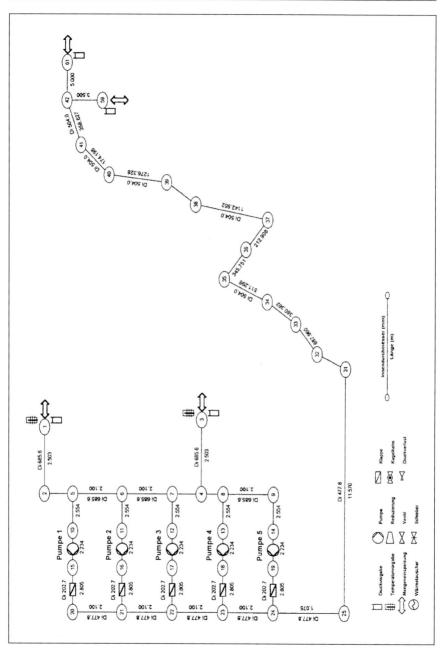

Bild 9.5: Rechenmodell einer Pumpstation für eine Druckstoßanalyse infolge Ausfall der Pumpe 5

# 9 Fluiddynamische Berechnungen

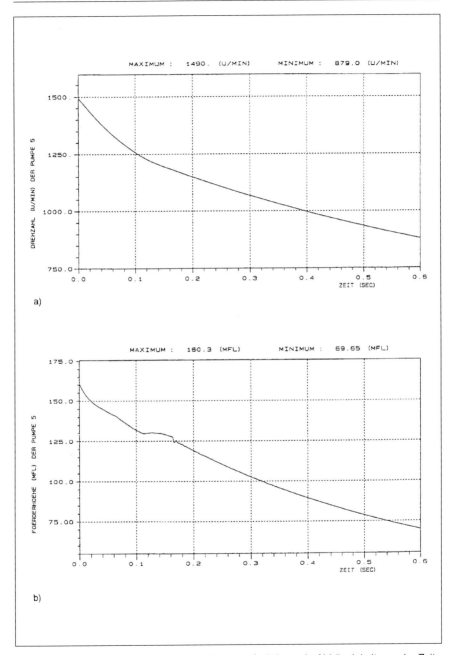

Bild 9.6a und b: Beispiel Pumpenausfall; Kennwertfunktionen in Abhängigkeit von der Zeit
a) Drehzahl; b) Förderhöhe

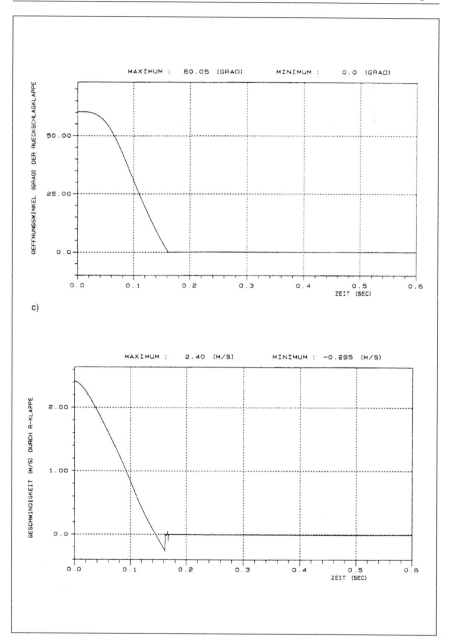

Bild 9.6c und d: Beispiel Pumpenausfall; Kennwertfunktionen in Abhängigkeit von der Zeit
c) Öffnungswinkel der Rückschlagklappe; d) Strömungsgeschwindigkeit in der Rückschlagklappe

9 Fluiddynamische Berechnungen 295

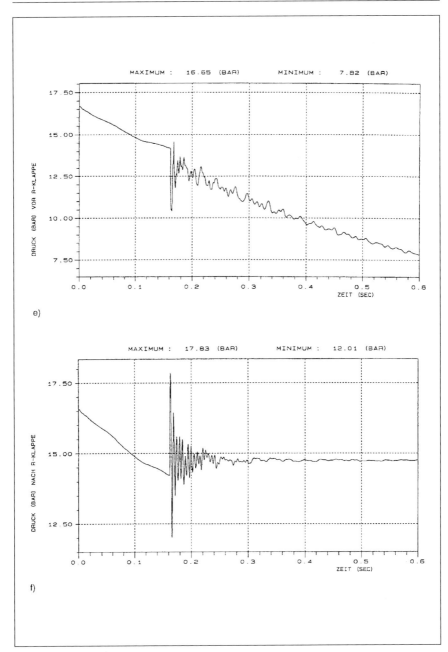

Bild 9.6e und f: Beispiel Pumpenausfall; Kennwertfunktionen in Abhängigkeit von der Zeit
e) Druck vor der Rückschlagklappe; f) Druck nach der Rückschlagklappe

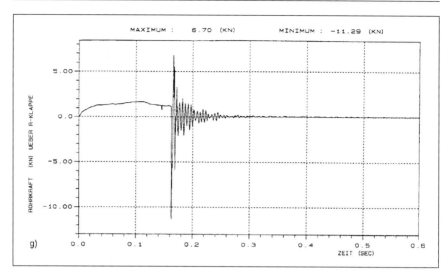

Bild 9.6g: Beispiel Pumpenausfall; Kennwertfunktionen in Abhängigkeit von der Zeit
g) dynamische Rohrkraft an der Rückschlagklappe

ratur von 540 °C. Bild 9.7 zeigt das Rechenmodell einer einsträngigen Frischdampfleitung mit den zugehörigen Rohrleitungsdaten. Durch das schnelle Abbremsen des Dampfstromes steigt der Druck vor dem Ventil von 183 bar auf 214,6 bar an (Bild 9.8b). Das Druckwellenbild im Fallstrang (Bild 9.8d) zeigt zusammen mit der Massenschwingung (Bild 9.8c) das typische Verhalten in solchen Rohrsystemen. Die Schwingungsfrequenz lässt sich zu rund 1,2 Hz ablesen, die Schallgeschwindigkeit des Dampfes wurde mit etwa 653 m/s errechnet.

Die Kräfte können auch bei kompressiblen Fluiden erhebliche Werte annehmen. Die dynamische Kraft 1, die auf den Fallstrang mit 68,6 m Länge wirkt, erreicht ein Kraftmaximum von 207 kN (Bild 9.8e), da die komplette Druckrampe in den Strang hineinpasst. Bei 100 ms Schließzeit hat die Druckrampe eine Länge von etwa 65,3 m. Die Kraft 2 wirkt im Strang unmittelbar vor dem Turbinenschnellschlussventil. Bei einer Stranglänge von 20 m kommt nur ein Teil der Druckrampe zum Tragen, so dass die Kraft 2 mit maximal 64 kN entsprechend kleiner ausfällt (Bild 9.8f).

## 9.5 Fluid-Struktur-Wechselwirkung

Wegen des hohen Rechenaufwandes von Druckstoßanalysen für komplexe Systeme wurden in der Vergangenheit die fluiddynamischen Berechnungen ohne den Einfluss der Rohrleitungsbewegung durchgeführt, d.h. mit der Randbedingung einer unbeweglichen Struktur. Die damit ermittelten dynamischen Lasten wurden dann für eine nachfolgende strukturdynamische Berechnung als Erregung verwendet.

Bei warmgehenden Rohrleitungssystemen, die in Federn aufgehängt sind, und in denen die Fluidmasse (z.B. Flüssigkeiten) einen erheblichen Anteil an der Gesamtmasse ausmacht, beeinflussen die Rohrleitungsbewegungen die Druckstoßausbreitung und umgekehrt. Durch diese Wechselwirkung werden die Druckwellen im Rohrsystem zeitlich und örtlich verändert, und somit auch die daraus resultierenden Lasten.

# 9 Fluiddynamische Berechnungen

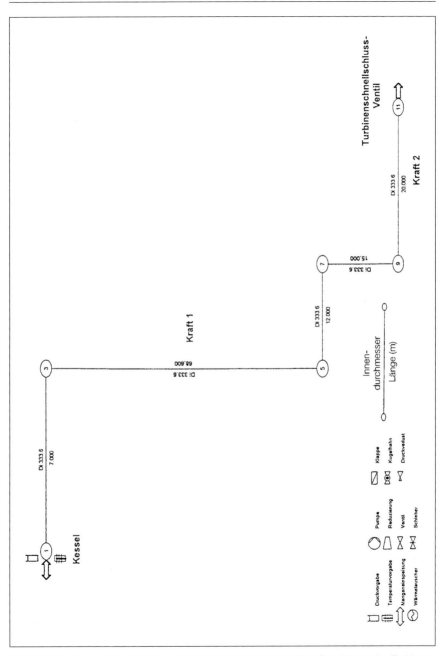

Bild 9.7: Rechenmodell der Frischdampfleitung für eine Druckstoßanalyse beim Turbinenschnellschluss

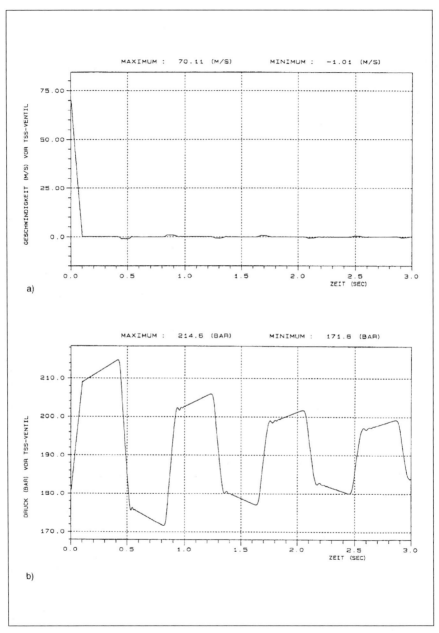

Bild 9.8: Beispiel Turbinenschnellschluss; Kennwertfunktionen in Abhängigkeit von der Zeit
a) Strömungsgeschwindigkeit vor dem Turbinenschnellschlussventil;
b) Druck vor dem Turbinenschnellschlussventil

9 Fluiddynamische Berechnungen

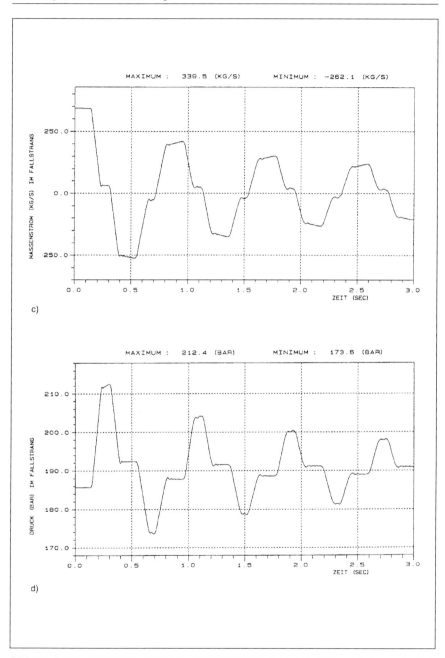

Bild 9.8: Beispiel Turbinenschnellschluss; Kennwertfunktionen in Abhängigkeit von der Zeit
c) Massenstrom im Fallstrang; d) Druck im Fallstrang

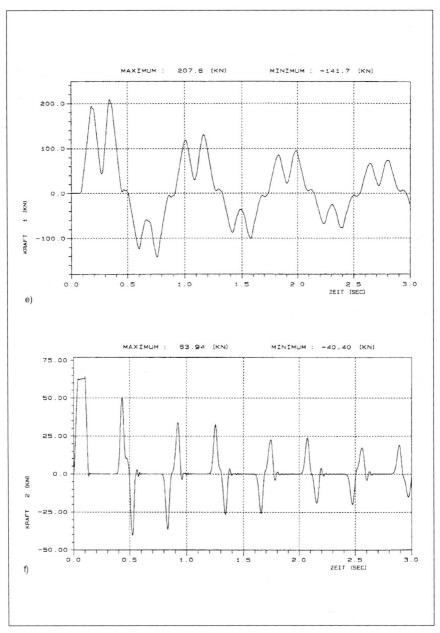

Bild 9.8: Beispiel Turbinenschnellschluss; Kennwertfunktionen in Abhängigkeit von der Zeit
e) dynamische Rohrkraft 1 im Fallstrang,
f) dynamische Rohrkraft 2 vor dem Turbinenschnellschlussventil

# 9 Fluiddynamische Berechnungen

Die Berechnung von Druckstössen mit Fluid-Struktur-Wechselwirkung erfolgt z.B. durch Kopplung des Druckstoßprogramms mit einem Rohrleitungsprogramm. Während der Berechnung werden dann simultan für jeden Berechnungszeitschritt die aktuellen Kräfte aus der Druckstoßberechnung dem Rohrleitungsprogramm übergeben. Dieses berechnet für diesen Zeitschritt die aktuellen Axialbeschleunigungen der Rohrleitungen und übergibt diese dann für jeden Kraftort dem Druckstoßprogramm. Das wiederum löst für den neuen Zeitschritt mittels Direktintegration numerisch die Erhaltungsgleichungen für die Masse und den Impuls der Strömung für jeden Abschnitt, wobei die zugehörige Rohrleitungsbeschleunigung in der Impulserhaltungsgleichung berücksichtigt wird. Als zeitabhängige Ergebnisse werden für jeden Abschnitt innerhalb eines Berechnungsganges geliefert:

- die Zustandsgrößen des Fluids, wie Druck und Geschwindigkeit.

- alle Rohrleitungsgrößen, wie Bewegungen, Kräfte, Momente, Spannungen und Lagerlasten.

Beim vorliegenden Beispiel wurde nach dieser Methode mit dem Druckstoßprogramm HAMMER und dem Rohrleitungsprogramm R2-STOSS eine fluiddynamische Simulation durchgeführt und mit Messungen verglichen. Bild 9.9 zeigt die Rohrleitungsanlage eines Versuchstandes des Delft Hydraulics Laboratorium, der speziell für die Untersuchung der Fluid-Struktur-Wechselwirkung gebaut wurde. Um den Effekt der Rohrleitungsbewegung auf die Druckwellenausbreitung möglichst zu erhöhen, wurde ein großes Verhältnis von Fluidmasse zur Strukturmasse gewählt und das Leitungssystem an Drähten im Abstand von jeweils 6 m aufgehängt.

An den Lagerstellen A und H befinden sich Festpunkte, an den Lagerstellen B und G Führungen. An der Lagerstelle E ist eine verstellbare Feder angebracht, die für den untersuchten Fall entfernt worden ist. Ein Schnellschlussventil (Position H) wird innerhalb von 10 ms geschlossen, so dass die von A nach H fließende Strömung schlagartig abgebremst wird.

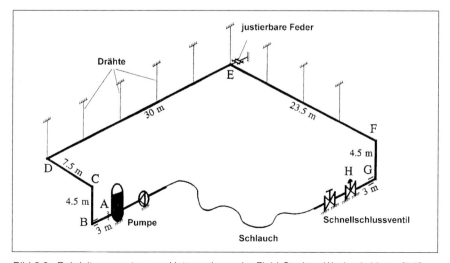

Bild 9.9: Rohrleitungssystem zur Untersuchung der Fluid-Struktur-Wechselwirkung [9.8]

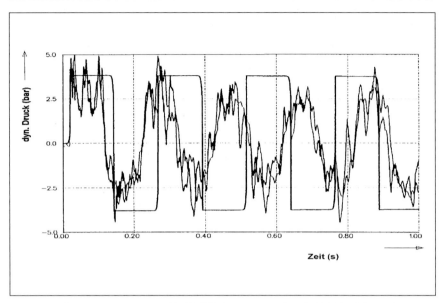

Bild 9.10: Gemessene bzw. mit FLUSTRIN berechnete Druck-Zeit-Funktionen vor dem Schnellschlussventil, mit und ohne Fluid-Struktur-Wechselwirkung

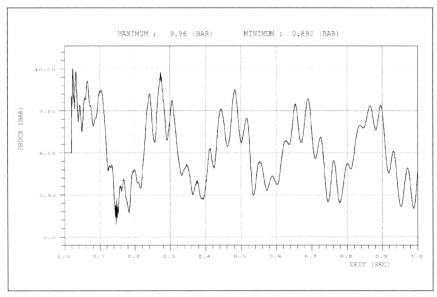

Bild 9.11: Mit den Programmen HAMMER und R2-STOSS berechnete Druck-Zeit-Funktionen vor dem Schnellschlussventil, mit Struktur-Wechselwirkung

# 9 Fluiddynamische Berechnungen

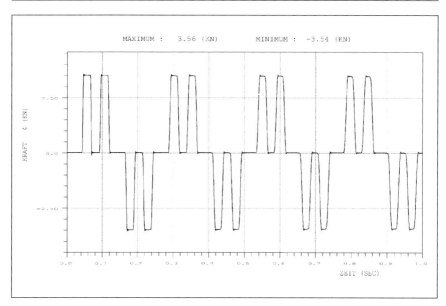

Bild 9.12: Mit dem Programm HAMMER berechnete Kraft-Zeit-Funktionen für den Rohrleitungsabschnitt D-E, ohne Struktur-Wechselwirkung

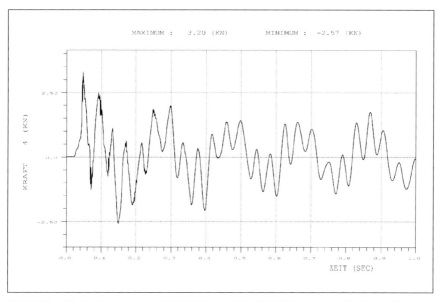

Bild 9.13: Mit den Programmen HAMMER und R2-STOSS berechnete Kraft-Zeit-Funktionen für den Rohrleitungsabschnitt D-E, mit Struktur-Wechselwirkung

Bild 9.10 zeigt den gemessenen Verlauf der Änderung des statischen Druckes vor dem Ventil. Zum Vergleich ist der mit dem delfter Programm FLUSTRIN [9.8] berechnete Druck mit und ohne Fluid-Struktur-Wechselwirkung eingetragen. Die klassische Lösung ohne Fluid-Struktur-Wechselwirkung ergibt eine 4 Hz-Schwingung.

Im Bild 9.11 ist der mit den Programmen HAMMER und R2-STOSS berechnete Druckverlauf für das gleiche System unter Berücksichtigung der Fluid-Struktur-Wechselwirkung dargestellt. Die Messung und die Berechnung zeigen in guter Übereinstimmung eine abklingende 5 Hz-Schwingung.

Die Kraft-Zeit-Verläufe der klassischen Lösung und der Berechnung mit Fluid-Struktur-Wechselwirkung sind für den 30 m langen Rohrleitungsabschnitt D-E in den Bildern 9.12 und 9.13 dargestellt. Obwohl die Druckspitzen bei der Fluid-Struktur-Wechselwirkung teilweise etwas höher liegen als bei der klassischen Lösung, sind die Kräfte in diesem Fall niedriger und klingen schneller ab. Dies muss jedoch nicht immer der Fall sein.

Es ist deshalb sinnvoll, trotz des erhöhten Aufwandes bei warmgehenden und elastisch unterstützten HD-Rohrsystemen die Berechnung unter Berücksichtigung der Fluid-Struktur-Wechselwirkung durchzuführen, um genaue Ergebnisse über die zu erwartenden Kräfte zu erhalten.

# 10 Erdverlegte Kunststoffmantelrohrsysteme

## 10.1 Allgemeines

In den Verteilungsnetzen der Fernwärme wird bei Mediumtemperaturen $\leq 140$ °C (gleitende Fahrweise) vorwiegend Kunststoffmantelrohr (KMR) eingesetzt. Das Mediumrohr aus Stahl und das Mantelrohr aus PE-HD sind über einen wärmedämmenden Polyurethan(PUR)-Hartschaumstoff kraftschlüssig miteinander verbunden, so dass unter KMR eigentlich Kunststoff-Verbundmantelrohr zu verstehen ist.

Für kleine Nennweiten sind auch flexible Kunststoffmantelrohre erhältlich, die ohne statische Berechnung nach den Anwendungsvorschriften der Hersteller verlegt werden können. Diese Rohre werden in bestimmten Fällen für Hausanschlüsse genutzt, haben im Fernwärmeleitungsbau bisher aber nur eine untergeordnete Bedeutung. Falls dabei für das Mediumrohr Kunststoff verwendet wird, ist ihr Einsatzbereich auf maximal 90 °C beschränkt.

Bei Temperaturen über 140 °C kommt erdverlegtes Stahlmantelrohr (SMR) zur Anwendung (siehe Abschnitt 11).

Die Methoden der statischen Auslegung von KMR-Systemen wurden innerhalb der letzten Jahre immer mehr verfeinert (siehe AGFW-Arbeitsblatt FW 401 Teil 10 und DIN EN 13491). Die hohe Rechengeschwindigkeit moderner PC und die Anwendung von Statikprogrammen wie z.b. sisKMR (siehe Abschnitt 16), das mit iterativen Methoden auch die nichtlinearen Kraft-Weg-Beziehungen wirklichkeitsnah erfassen kann, ermöglichen die Beurteilung der geplanten Systeme und den Vergleich von Varianten zur Auffindung optimaler Lösungen in kürzester Zeit mit vertretbarem Aufwand. Dadurch sind wesentliche Voraussetzungen für eine bessere Materialausnutzung durch den Wegfall unnötiger Sicherheitszuschläge (Angstzuschläge) gegeben. Allerdings erfordert die verbesserte Materialausnutzung eine erhöhte Sorgfalt bei der Systemauslegung in der Planung und bei der Qualitätskontrolle auf der Baustelle.

Die nachfolgenden Abschnitte beschränken sich im Wesentlichen auf die Darlegung der systemspezifischen Besonderheiten und ihre Berücksichtigung bei der Elastizitäts- und Festigkeitsberechnung der KMR-Systeme. Von besonderer Bedeutung sind dabei die Sekundäreinwirkungen, die durch die Temperaturänderungen verursacht werden.

Nachweise zu den Primäreinwirkungen Innendruck, Erd- und Verkehrslast (Auslegung der Wanddicken) sind zuvor gemäß Abschnitt 4 und 12 zu führen. Bei den handelsüblichen Wanddicken und den gewöhnlichen Drücken und Überdeckungen erübrigt sich dieser Nachweis für kleine Nennweiten.

## 10.2 Verlegemethoden

Als Folge der durch Reibung behinderten Bewegung des KMR treten im Stahlrohr in langen, geraden Leitungsabschnitten Axialspannungen bis zu 300 MPa auf.

Maßgeblich für das Spannungs- und Verformungsverhalten der KMR-Systeme ist die gewählte Verlegemethode auf den langen geraden oder leicht gekrümmten Trassenabschnitten.

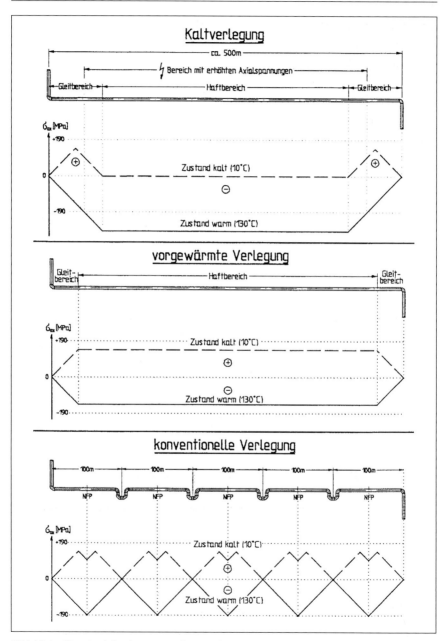

Bild 10.1: Standard-Auslegungsvarianten für eine KMR-Leitung DN 100: Trassenabschnittslänge 500 m, Überdeckung 0,8 m (ohne Wirkungen aus Innendruck und Bettungswiderstand an den Bögen)

# 10 Erdverlegte Kunststoffmantelrohrsysteme

Als Standard gelten folgende Verlegemethoden (Bild 10.1):
- Kaltverlegung,
- vorgewärmte Verlegung,
- konventionelle Kaltverlegung.

Als Sonderlösungen werden des weiteren
- Einmalkompensatoren (E-Muffen) und
- Dauerkompensatoren zur Teilkompensation (System 4)

angeboten (Bild 10.2).

## 10.2.1 Kaltverlegung

Bei der Kaltverlegung wird das KMR auf Trassenabschnitten mit beliebig großem Abstand der Kompensationsstellen ohne jegliche Vorwärm- oder sonstigen Vorspann-

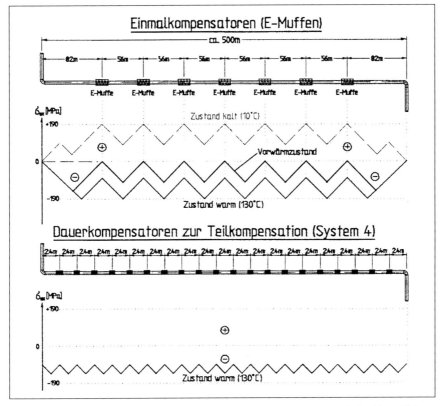

Bild 10.2: Sonderlösungen für eine KMR-Leitung DN 100: Trassenabschnittslänge 500 m, Überdeckung 0,8 m (ohne Wirkungen aus Innendruck und Bettungswiderstand an den Bögen)

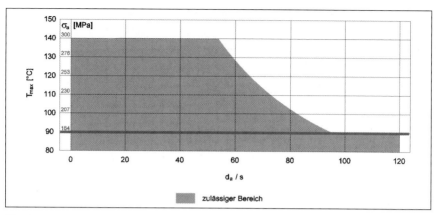

Bild 10.3: Einsatzbereich der Kaltverlegung (hinterlegter Bereich) mit maximal zulässiger Axialspannung in Abhängigkeit vom Verhältnis $d_a/s$

maßnahmen verlegt. Dadurch werden bei Temperaturänderungen von mehr als 75 K Axialspannungen erreicht, die noch in jüngster Vergangenheit als unzulässig galten. Im Bild 10.3 ist der mögliche Einsatzbereich der Kaltverlegung dargestellt. Danach ist die Kaltverlegung bis DN 250 und bis zur maximalen Betriebstemperatur von 140 °C uneingeschränkt möglich. Bei größeren Nennweiten wächst die Gefahr der örtlichen Instabilität (Beulen) mit der Temperatur.

Bei der Kaltverlegung sind folgende Besonderheiten zu beachten:

- Segmentschnitte (Knicke) sind nur bedingt anwendbar.
- an den verbleibenden Kompensationsstellen treten drei- bis viermal größere Dehnwege gegenüber vorgewärmten KMR-Leitungen auf.
- örtliche Verkleinerungen des Querschnittes (z.B. durch den Ausschnitt bei T-Stücken oder Anbohrungen) sind durch Wandverstärkungen auszugleichen.
- an allen Richtungsänderungen, z.B. an Bogen, Knicken und Bogenrohren, treten erhöhte Druckspannungen im PUR-Schaum auf.
- Armaturen müssen für die hohen Axialkräfte ausgelegt sein.
- bei Freigrabung oder Parallelaufgrabung besteht erhöhte Ausknickgefahr.

### 10.2.2 Verlegung mit Vorwärmung

Um die Axialspannungen durch Verteilung auf Zug- und Druckbeanspruchung betragsmäßig zu minimieren, werden die Kunststoffmantelrohre bei dieser Verlegemethode vor dem Einbetten auf eine mittlere Temperatur vorgewärmt. Die Verbindung mit den Ausgleichsbereichen (Dehnschenkel) erfolgt zweckmäßigerweise noch vor der Abkühlung der eingebetteten Vorspannstrecke, so dass sich die in den Zuständen *kalt* und *warm* erwarteten Verschiebungen im Ausgleichsbereich vorteilhaft auf die negativen und positiven Bereiche verteilen.

Die Einbringung von 50 bis 60 % Vorspannung durch fachgerechte Vorwärmung weist folgende Vorteile auf:

# 10 Erdverlegte Kunststoffmantelrohrsysteme

- geringeres technisches Risiko gegenüber Kaltverlegung, höhere Betriebssicherheit und Nutzungsdauer.
- die Rohrleitung kann wie bei der Kaltverlegung ohne zusätzliche Dehnungselemente über beliebig große Entfernungen geradlinig verlegt werden.
- die Dehnschenkel der Kompensationsbereiche und eventuell erforderliche Kompensatoren können kleiner ausgelegt werden.
- geringe Dehnungen und Querverschiebungen im Kompensationsbereich erfordern geringe Dehnpolsterdicken, wodurch unzulässige Mantelrohrtemperaturen besser vermeidbar sind.
- wesentlich geringere Axialspannungen, bei Sommerbetrieb nahezu null.
- bei Parallelaufgrabungen in unmittelbarer Nähe der Fernwärmeleitung kann das Ausknicken der KMR verhindert werden, indem die Leitung mit Vorwärmtemperatur betrieben wird.

Das Vorspannen durch Vorwärmung erfordert allerdings einen erhöhten Aufwand in der Planungs- und Ausführungsphase. Bei der Planung sind die statischen Erfordernisse sowohl für die Vorwärmphase, als auch für den Betriebszustand zu berücksichtigen. Bei der Ausführung muss der aufwändige Baustellenablauf beachtet werden.

Die Vorwärmung stellt einen nicht zu übersehenden Kostenfaktor dar, wenn ein Anschluss an ein bereits vorhandenes Netz nicht möglich ist. Weitere Nachteile sind das erforderliche Offenhalten langer Streckenabschnitte und die damit verbundene Bauzeitverlängerung.

Darüber hinaus birgt die Verlegung mit Vorwärmung im offenen Graben das Risiko des sogenannten Großrohr-Effektes in sich, der erstmals beim Bau der Transportleitung DN 800 von Wedel nach Hamburg auftrat und deshalb auch als Hamburg-Effekt bezeichnet wird. Beim Abkühlen der eingebetteten Rohrleitung wurden Endverschiebungen gemessen, die um den Faktor 2,5 größer als die vorausberechneten waren. Als Ursache wird die geringe radiale Ausdehnung der Rohrleitung angenommen, die bei sinkendem Druck und sinkender Temperatur wieder rückläufig ist. Dadurch ist ein gewisser Tunneleffekt möglich, der zu einer Verringerung der Reibung und zu einem Vorspannungsverlust führen kann.

Aus diesem Grund wird empfohlen, für den warmen Zustand mit Reibungskoeffizienten von $\mu = 0{,}4$ bis $0{,}5$ und für den kalten Zustand mit $\mu = 0{,}2$ bis $0{,}3$ zu rechnen.

Für Zwischentemperaturen bei Teillastwechseln wird im Programm sisKMR linear zwischen den Werten für 130 und 10 °C interpoliert. Damit wurde eine wesentlich bessere Übereinstimmung bei der Auswertung von Messergebnissen erzielt.

## 10.2.3 Konventionelle Verlegung

Die konventionelle Verlegung vermeidet das Risiko örtlicher Instabilität, indem der Abstand zwischen zwei benachbarten Kompensationsstellen die zulässige Verlegelänge nicht überschreitet. Dadurch wird ohne Vorwärmung gesichert, dass die zulässige Axialspannung im geraden Rohr (190 MPa bei P235TR1 bzw. St 37.0) nicht überschritten wird. Auf geraden Trassenabschnitten, bei denen der Abstand der durch den Trassenverlauf gegebenen Kompensationsstellen größer ist als die zulässige Verlegelänge, erfolgt der Einbau von U-Bögen oder anderen Kompensatoren (siehe Bild 10.1). Bei langgestrecktem Trassenverlauf ist dies in der Regel die teuerste Lösung.

## 10.2.4 Einmalkompensatoren (E-Muffen)

Mit Einmalkompensatoren, auch E-Muffen genannt, können die Axialspannungen im geraden Rohr auf die zulässigen Spannungen der konventionellen Verlegung reduziert werden. Einmalkompensatoren haben als Sonderlösung das Ziel, ohne aufwändige Vorwärmung im offenen Graben die geplante Vorspannung bei der ersten Inbetriebnahme einzubringen. Die Rohrleitung kann mit Ausnahme der Einmalkompensatoren sofort eingeerdet werden. Bei der ersten Inbetriebnahme wird sie zunächst nur auf Vorwärmtemperatur gebracht. Wenn die vorgesehene Verschiebung an der E-Muffe erreicht ist, wird mittels Kehlnaht die kraftschlüssige Verbindung hergestellt. Damit ist wie bei der Verlegung mit Vorwärmung die geplante Vorspannung eingebracht.

Wegen der Reibung auf den einzelnen Teilabschnitten ergibt sich aber bei dieser Art des Vorspannens ein anderer Axialspannungsverlauf (siehe Bild 10.2).

Gemäß Herstellerangaben dient die E-Muffe besonders in den nordischen Ländern häufig als Ersatz für die thermische Vorspannung. In Deutschland konnte sich diese Technik bisher nicht durchsetzen, weil die Betriebstemperaturen der Leitungen allgemein höher sind als in den nordischen Ländern und somit eine dichtere Anordnung der E-Muffen erfordern.

Bedingt durch den infolge Innendruck verursachten Axialkraftverlauf bei der ersten Inbetriebnahme sind in den äußeren Feldern keine symmetrischen Verhältnisse hinsichtlich Verschiebung zu erwarten, sofern die Dehnung am äußeren Endpunkt durch ein natürliches Ausgleichssystem (z.B. L-Bogen) aufgenommen wird. An dem Bogen wird die resultierende Kraft aus der Zugkraft durch Innendruck und der Druckkraft aus Bettungswiderstand eingeleitet. An der E-Muffe hingegen bewirkt der Innendruck eine betragsmäßig andere Druckkraft. Diese Unsymmetrie der Axialkräfte bewirkt, dass sich an den E-Muffen der äußeren Trassenabschnitte bei Erreichen der Vorspanntemperatur Abweichungen zur geplanten Verschiebungsdifferenz ergeben bzw. die geplante Verschiebungsdifferenz bei einer anderen Temperatur erreicht wird. Weiterhin können örtlich unterschiedliche Reibungskräfte dazu führen, dass sich bei der Vorspanntemperatur abweichende Verschiebungsdifferenzen an den E-Muffen einstellen.

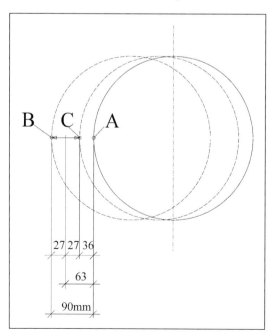

Bild 10.4: Querbewegungen im Dehnpolster

## 10.2.5 Dauerkompensatoren zur Teilentlastung

In jüngster Zeit wird mit dem sogenannten Entlastersystem

(auch System 4 genannt) eine weitere Sonderlösung zur Reduzierung der Axialspannungen angeboten.

Beim System 4 werden die Axialspannungen durch eingebaute Entlaster (Axialkompensatoren mit Dehnungsbegrenzung) reduziert. Derartige Entlaster nehmen bis zu 20 mm Dehnung auf. Entsprechende Anschläge sind für die Aufnahme der verbleibenden Belastungen (Zug- und Druckkräfte) und als Sicherung gegen Verdrehung ausgelegt. Der Axialkompensator wird komplett mit Ummantelung aus PUR-Schaum und Mantelrohr geliefert. Die Kompression des PUR-Schaumes und des Mantelrohres erfolgt nach Herstellerangaben in einer ca. 2 m langen Gleitzone, die keinen Verbund zwischen PUR-Schaum und Mantelrohr aufweist.

Im Nennweitenbereich DN 50 bis DN 250 ist bei Betriebstemperaturen von 130 °C und einer Überdeckung von 0,75 m nach jeder zweiten 12 m-Rohrstange ein Entlaster erforderlich.

Das Entlastersystem verteilt die Dehnungsaufnahme auf zahlreiche Kompensatoren und reduziert dadurch die Axialspannungen und Verschiebungen auf eine Größenordnung, wie bei der Verlegung mit Vorwärmung. Der Graben kann allerdings sofort verfüllt werden.

Die unsymmetrischen Bedingungen der äußeren Felder, verursacht durch Innendruck und Bettungsreaktionen (analog zu Abschnitt 10.2.4) sind bei diesem System besonders zu beachten, da sie bei allen Betriebszuständen mehr oder weniger stark wirksam werden. Deshalb kommt bei dieser Verlegemethode im Bogenbereich kein Dehnpolster zum Einsatz, so dass die Erdbettung als Widerlager zur Aufnahme der durch inneren Überdruck hervorgerufenen Kräfte dient und die Verschiebungen klein gehalten und ausreichend gesichert werden.

## 10.3 Kompensation der Endverschiebungen

Trasseneckpunkte mit Ablenkwinkeln von ca. 90° bilden als L- oder Z-System ebenso wie eventuell zusätzlich angeordnete U-Ausgleicher denjenigen Ausgleichsbereich, in dem die Endverschiebungen der angrenzenden Trassenabschnitte kompensiert werden. Diese Endverschiebungen führen zu erheblichen lateralen Verschiebungen.

Die zulässige Druckspannung im PUR-Schaum wird aber bei normaler Verdichtung der Bettung schon bei wesentlich kleineren Lateralverschiebungen erreicht. In [10.2] wurden erstmals Versuchergebnisse zum seitlichen Bettungsdruck an zylindrischen Körpern veröffentlicht. Im AGFW-Arbeitsblatt FW 401 Teil 10 sind die Ergebnisse umfangreicher FEM-Berechnungen zu dieser Problematik der KMR-Systeme ausgewertet.

Zur flexiblen Kompensation werden deshalb Dehnpolster eingesetzt, die bei den erwarteten Endverschiebungen auf etwa 20 bis 30 % ihrer Dicke komprimiert werden und dabei noch die Einhaltung der zulässigen Druckspannung des PUR-Schaumes ermöglichen. Versuchsergebnisse zu dem nichtlinearen elastischen Verhalten des Dehnpolstermaterials enthält [10.1]. Der funktionale Zusammenhang zwischen Flächenbettungsdruck und Stauchung ist für die charakteristischen Merkmale *steif*, *mittelsteif* und *weich* im AGFW-Arbeitsblatt FW 401 Teil 10 dargelegt.

Allerdings entspricht das Dehnpolster einer zusätzlichen Dämmschicht und führt deshalb zu erhöhten Temperaturen des Mantelrohres. Überdimensionierungen der Dehnpolsterdicke sind aus diesem Grund zu vermeiden.

Der seitliche Bettungsdruck im Bogenbereich bewirkt, dass die lateralen Verschiebungen in geringerer Entfernung vom Bogen abklingen, als bei freiverlegten Ausgleichsystemen. Eine dementsprechende Abstufung der Dehnpolsterdicke ist vorteilhaft. Sie bewirkt in dem unmittelbar angrenzenden Erdbettungsbereich eine Verminderung der Spannungen im PUR-Schaum und kann außerdem zur Kostensenkung beitragen.

Die Endverschiebungen, die aus der Kaltverlegung resultieren, sind in der Regel so groß, dass sie nicht ohne zusätzliche Maßnahmen in Dehnpolstern aufgenommen werden können. Für die Aufnahme einer Endverschiebung von 90 mm wäre eine Dehnpolsterdicke von mindestens 120 mm erforderlich. Dehnpolsterdicken von mehr als 80 mm sind aber in der Regel unzulässig, weil sie zu hohe Manteltemperaturen zur Folge haben. In solchen Fällen hat sich die Verlegung der Dehnpolster mit Vorspannung bewährt.

Für ein Trassenbeispiel (L-System DN 100, Überdeckung 0,6 m, Schenkellängen 120 und 40 m) zeigt Bild 10.4 die verschiedenen Rohrpositionen in der Bogenmitte. Die Position A entspricht der Lage bei der Verlegung. Die maximale Querverschiebung beträgt im warmen Zustand 90 mm (Position B). Durch die Behinderungen bei der Abkühlung wird die Rohrleitung nur um 54 mm in die Position C zurückgezogen.

Das Dehnpolster würde ohne zusätzliche Maßnahmen nur einseitig genutzt und müsste allein wegen der großen Erstverschiebung entsprechend dick ausgelegt werden. Bei allen nachfolgenden Grenzzuständen sind hingegen die absoluten Verschiebungswerte im Bereich 36 bis 90 mm zu erwarten, also bei 63 ± 27 mm.

Dieser Effekt lässt sich in der Praxis wie folgt nutzen:

a) *Vorspannen des Dehnpolsters mittels Vorspannvorrichtung*

Die Rohrleitung wird komplett eingesandet, außer derjenigen Verbindung im Abstand einer Rohrstangenlänge vom Bogen, die in einem Kopfloch noch offen gehalten wird. An dieser Stelle wird ein entsprechender Vorspannspalt gelassen, auf den eine Vorspannvorrichtung aufgesetzt wird (Bild 10.5). Anschließend wird der Bogenbereich herangezogen, d.h. in das Dehnpolster auf der Innenseite des Bogens gedrückt. Nach Schließen der kompletten Rohrverbindung an der Vorspannstelle kann auch das Kopfloch verfüllt werden.

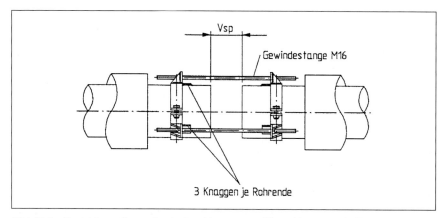

Bild 10.5:   Vorrichtung für mechanisches Vorspannen (Vsp – Vorspannspalt)

# 10 Erdverlegte Kunststoffmantelrohrsysteme

Auf diese Weise erreicht man eine Lageposition der Leitung innerhalb des Dehnpolsters, mit der die Querverschiebungen auf die beiden Dehnpolsterseiten wesentlich günstiger verteilt werden. Hiermit lassen sich die Dehnpolsterdicken im gewählten Beispiel um etwa 50 % und die Dehnpolsterlängen um etwa 25 % verringern.

b) *Nachträgliches Einerden der Dehnpolster*

Das nachträgliche Einerden der Dehnpolster ist ebenso wie das mechanische Vorspannen der Dehnpolster eine hilfreiche Technik zur Aufnahme der großen Erstverschiebung bei der Kaltverlegung. Es wird folgendermaßen vorgegangen.

Beim Verfüllen des Grabens bleiben die Dehnpolsterbereiche zunächst noch offen liegen. Das Einerden dieser Bereiche erfolgt erst nach der Inbetriebnahme der Leitung. Dadurch verändern die Dehnpolster mit der Rohrleitung zusammen ihre Lageposition beim ersten Aufheizen oder sie werden erst an der verschobenen Rohrleitung spannungsfrei angelegt. Damit entfällt für sie die Kompensation der großen Erstverschiebung. Wenn das Einerden bei einer mittleren Temperatur erfolgt, kann die aus dem warmen und kalten Zustand zu erwartende Verschiebungsdifferenz optimal verteilt werden. Auf diese Weise ist es durchaus möglich, die erforderliche Dehnpolsterdicke von 120 mm auf 40 mm zu reduzieren.

Bis zum Einerden des Dehnpolsterbereiches bestehen bei dieser Verfahrensweise günstige Bedingungen für die Messung der Verschiebungen in Abhängigkeit von Druck und Temperatur, so dass eine Überprüfung der realen Reibungskraft möglich ist. Diese Gelegenheit zur Gewinnung weiterer Erfahrungswerte sollte stets genutzt werden.

Der einzige Nachteil dieser Methode ist das Offenhalten des Bogenbereiches bis zur Inbetriebnahme der Leitung.

Eine weitere Möglichkeit zur Lösung des Problems der Endverschiebungen in den Bogenbereichen besteht im Einsatz von Druck-Bogen. Diese Neuentwicklung gestattet sogar bei der Kaltverlegung im Straßenbereich den vollständigen Verzicht auf Dehnpolster, die doch etwas kritische Komponenten im KMR-System darstellen. Darüber hinaus erhöht sich durch Druck-Bogen die Betriebssicherheit und Nutzungsdauer.

Der Druck-Bogen sieht äußerlich wie ein normaler KMR-Bogen aus und wird auch mit üblicher Muffentechnik montiert, ist also völlig systemkonform. Der Hauptunterschied zum normalen KMR-Bogen besteht in einem mit Blähglaskugeln verstärkten Polyurethanschaum. Dieser sogenannte Polyurethan-Leichtbeton hat gegenüber dem normalen PUR-Schaum eine 10-fach größere Druckfestigkeit. Die erhöhte Belastung des Stahlrohres wird durch Wandverstärkung des Bogens im Vergleich zum Standardbogen berücksichtigt. Der Druck-Bogen ist dadurch in der Lage, ohne Dehnpolster sogar die im Straßenbereich gegenüber unbefestigter Oberfläche mehrfach höheren Druckbelastungen aufzunehmen. Wegen der hohen Bettungsdrücke stellt sich der Gleichgewichtszustand bei kleinen Endverschiebungen ein.

Ein weiterer Vorteil des Druck-Bogens sind die beliebigen Richtungsänderungen zwischen 0 und 90°. Da auch bei Kaltverlegung Ablenkwinkel von z.B. 30°, 45° oder 60° zulässig sind, besteht mehr Trassierungsfreiheit.

## 10.4 Systemgerechte Trassierung

Bei der Trassierung einer KMR-Leitung gelten grundlegend andere Regeln, als bei Kanal- oder Freileitungen. Die Trassierung wird durch extrem hohe Axialkräfte im KMR bestimmt, Querverschiebungen können nur in beschränktem Umfang in Dehnpolstern aufgenommen werden. Wegen der starken Behinderung der Temperaturdehnung infolge von Reibung besteht aber die Möglichkeit, beliebig lange Geradrohrstrecken ohne Zwischenkompensation zu realisieren, so dass das gerade Rohr als Trassierungselement mit der höchsten Betriebssicherheit und den niedrigsten Investitionskosten breiteste Anwendung finden kann.

Unnötige Einbauten wie Festpunkte oder U-Bögen sind zu vermeiden.

- *90°-Bögen*

  Im Trassenverlauf vorkommende 90°-Richtungsänderungen bieten sich in Form von L- oder Z-Systemen wie bei freiverlegten Rohrleitungen als ideale Kompensationselemente an.

- *Richtungsänderungen zwischen 75° und 15°*

  Bei L-Systemen mit Ablenkwinkeln < 90° wachsen die Querverschiebungen mit abnehmendem Umlenkwinkel bis zu einem Vielfachen der Verschiebung des 90°-Bogens an. Sie erfordern daher lange und dicke Dehnpolster bzw. sind diese nur bei geringen Schenkellängen möglich. L-Systeme mit langen Schenkeln und Ablenkwinkeln zwischen 75° und 15° sind mit der Dehnpolstertechnik nicht zu beherrschen. Hierfür bieten sich je nach Trassenverlauf Bogenrohre oder querbelastbare Bogen (Druck-Bogen) an.

- *Kleine Richtungsänderungen (Knicke und elastisches Verziehen)*

  Kleine Richtungsänderungen werden üblicherweise als Gehrungsschnitt ausgeführt. Knicke mit Gehrungswinkeln bis 1,5° (Ablenkwinkel bis 3°) sind bei Axialspannungen bis 190 MPa uneingeschränkt zulässig. Da der Knick wegen der Spitzenspannungen in der Schweißnaht als hoch belastet anzusehen ist, hängt die Zulässigkeit großer Gehrungswinkel von der Axialkraft und der Längsverschiebung an der betreffenden Stelle ab. Sind Ablenkwinkel >3° statisch zulässig, ist eine spezielle Muffentechnik erforderlich, weil die üblichen Überschiebmuffen nicht mehr als 3° Richtungsänderung aufnehmen können.

  Das elastische Verziehen der Rohre im Graben ist die beste Technik, um kleine Richtungsänderungen vor Ort zu realisieren. Voraussetzung dafür ist aber, dass eine ausreichende Rohrlänge von mindestens 12 m zur Verfügung steht. Das elastische Verziehen der Rohre im Graben ist mit vertretbaren Kräften bis etwa DN 150 durchführbar.

  Kommt die Pipeline-Technik zum Einsatz, also das Einheben mehrerer vormontierter Rohrleitungsstangen in den Graben, so können auch größere Nennweiten elastisch verzogen werden.

- *Bogenrohre*

  Als Bogenrohre bezeichnet man gekrümmte Rohre mit sehr großem Biegeradius von mindestens dem 350-fachen des Rohraußendurchmessers, bezogen auf das Mediumrohr. Für die Trassierung bieten sie vielfältige Möglichkeiten, beispielsweise wenn damit dem gekrümmten Verlauf einer Straße besser gefolgt werden kann.

  In Bogenrohren treten kaum höhere Spannungen als im Geradrohr auf und es ist eine vergleichbare Lebensdauer erreichbar. Bogenrohre sind deshalb bei gekrümmtem Trassenverlauf aus statischer Sicht geradezu ideal.

Der kleinste zulässige Krümmungsradius hängt von der Nennweite, Auslegungsvariante, Überdeckungshöhe, Auslegungstemperatur sowie von den Abständen zum natürlichen Festpunkt und zum nächsten Kompensationselement ab. Durch eine statische Berechnung unter Berücksichtigung der Bettungsreaktion für die jeweilige Einbausituation ist die Zulässigkeit des Radius zu prüfen. Bei sehr kleinen Biegeradien sind außerdem die Fertigungsmöglichkeiten der Hersteller zu beachten.

Das Bogenrohr wird von mehreren Herstellern angeboten und wurde in der Praxis schon häufig eingesetzt.

– Festpunkte

Auf Grund der sich im Erdreich aus Gleichgewichtsgründen von selbst einstellenden natürlichen Festpunkte (NFP) und Haftbereiche sind Festpunkte, wie sie bei freiverlegten Rohrleitungen angewendet werden, in aller Regel überflüssig. Ausnahmen stellen z.B. Abschnitte in extremer Hanglage oder Abschnitte zwischen Axialkompensatoren und natürlichen Ausgleichsystemen dar, wenn diese Abschnitte keinen ausgeprägten Haftbereich haben. In diesen Fällen kann ein fehlender Fest- oder Haltepunkt zu unerwünschten Verschiebungen und Spannungen führen, weil bei wiederholten Lastwechseln ein Abwandern von der einen Kompensationsstelle in die andere möglich ist.

Die aufzunehmenden Belastungen eines Festpunktes ergeben sich aus der statischen Berechnung der angrenzenden Teilsysteme und deren Überlagerung, zuzüglich eines angemessenen Sicherheitszuschlages für das ungleichzeitige Wirken der von beiden Seiten entgegen gerichteten Belastungskomponenten.

Festpunkte in KMR-Systemen sind störanfällige Bauteile, weil an ihnen das Mantelrohr durchbrochen wird. Die Erfahrung hat auch gezeigt, dass sie häufig unterdimensioniert sind. Durch systemgerechte Planung sind Festpunkte in KMR-Systemen fast immer vermeidbar.

## 10.5 Abzweige und Hausabgänge

Für Verzweigungen im Verteilungsnetz und für Hausabgänge verwendet man meist T-Stücke nach DIN 2615-1 oder DIN 2615-2, bei Abgängen von kleiner Nennweite auch aufgeschweißte Stutzen. Abzweige sind hochbelastete Bauteile innerhalb des KMR-Systems und erfordern deshalb größte Beachtung bei den statischen Berechnungen.

Bei Hausabgängen ist zu berücksichtigen, dass der Abzweig und der Bogen der Abgangsleitung einer wesentlich höheren Lastwechselzahl ausgesetzt sind als die sonstigen Bauteile der Verteilleitung. Das hängt damit zusammen, dass die Spannungen im Abzweig überwiegend durch Reibung und Reibungsumkehrung bestimmt werden. Da für die Umkehr der Reibungsrichtung bereits ein Temperaturwechsel von ca. 30 K ausreicht, entspricht eine Nachtabsenkung bei diesen Bauteilen praktisch schon einem Vollastwechsel.

– *T-Abzweig*

T-Abzweige stellen die einfachste und kostengünstigste Abzweigvariante dar. Die Variante gemäß Bild 10.6a ist nur bei übereinander verlegten Verteilleitungen möglich. Bei konventioneller Verlegung der Verteilleitungen sind T-Abzweige nach Bild 10.6b erforderlich.

Wegen der fehlenden Flexibilität am Abzweig lassen diese Varianten aber nur kurze Abzweiglängen zu. Die zulässige Abzweiglänge kann erhöht werden, wenn dick-

# 10 Erdverlegte Kunststoffmantelrohrsysteme

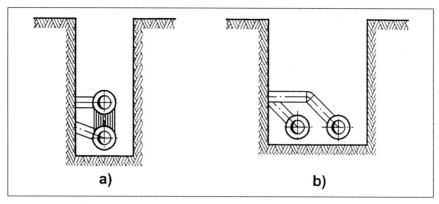

Bild 10.6: T-Abzweig
a) bei Übereinanderverlegung von Vor- und Rücklauf; b) bei Parallelverlegung des Abgangs

wandige T-Stücke nach DIN 2615-2 eingesetzt oder die Abzweigleitungen im Schutzrohr verlegt werden.

– *Parallelabzweige*

Bei langen Hausanschlüssen oder wenn z.B. eine Verteilleitung von einer Hauptleitung in eine Seitenstraße abzweigt, ist in der Regel ein Parallelabzweig erforderlich. Der parallel über dem Grundrohr verlaufende Dehnschenkel kompensiert die aus der Abzweigleitung kommende Dehnung und vermindert so die Belastungsschwingbreiten am Abzweig.

– *Anbohrtechnik*

Ein großer Teil der Hausanschlüsse wird nachträglich an in Betrieb befindlichen Leitungen angebracht. Das üblicherweise angewendete Verfahren ist das Anbohren der Verteilleitung. Es erlaubt die Herstellung eines Hausabganges ohne Unterbrechung der Wärmeversorgung. Für Abgangsnennweiten bis DN 50 wird dabei häufig ein Anbohrverfahren mit Anbohr-T-Stücken gemäß Bild 10.7a eingesetzt.

Eine Neuentwicklung stellt das Anbohr-T-Stück mit niedriger Bauhöhe nach Bild 10.7b dar. Mit ihm kann der Abstand zwischen Hausanschluss- und Verteilleitung um etwa 5 cm verringert werden. Positive Erfahrungen liegen hierzu bei der Fernwärmeversorgung der Stadt Mannheim vor.

Gleichzeitig wurde mit der Neuentwicklung dieses Anbohr-T-Stückes ein weiterer konstruktiver Nachteil des alten Anbohr-T-Stückes beseitigt. Der nach oben abgehende Stutzen zur Aufnahme des Anbohrgerätes wurde soweit verkürzt, dass der kostenmäßige Aufwand für die Nachdämmung der Abgangskonstruktion in erheblichem Maße reduziert werden konnte. Für die Nachdämmung können jetzt standardmäßig hergestellte Bauteile statt der bisherigen Sonderformteile verwendet werden.

Der nachträgliche Anschluss von horizontalen Abzweigen ist nur mit Anbohrtechniken möglich, die ein seitliches Anbohren zulassen. Hierzu gehören:

# 10 Erdverlegte Kunststoffmantelrohrsysteme

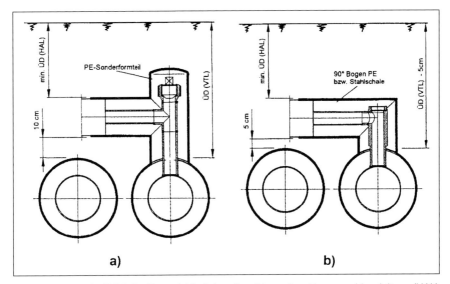

Bild 10.7: Anbohr-T-Stücke für nachträglichen Anschluss einer Hausanschlussleitung (HAL) an eine Verteilleitung (VTL)
a) bisherige Anbohrtechnik; b) Neuentwicklung mit niedriger Bauhöhe

- das Anbohren mit einer verlorenen Armatur, z.B. einem Kugelhahn oder einer Anbohrsperre.
- das Anschießen der Verteilleitung.

Ungeeignet ist das Anbohrverfahren mit Anbohr-T-Stück, mit dem nur nach oben abgehende Anbohrungen möglich sind.

## 10.6 Grundlagen der Elastizitätsberechnung bei KMR-Systemen

Die statische Berechnung der KMR-Systeme kann an dieser Stelle nur in ihren wesentlichsten Teilen dargelegt werden. Dabei stehen die Berechnung der Reibung und die des Bettungswiderstandes bei Querverschiebung im Vordergrund. Die wirklichkeitsnahe Berücksichtigung dieser Belastungen ist die wichtigste Voraussetzung für die Berechnung realer Schnittgrößen, Spannungen und Spannungsschwingbreiten.

### 10.6.1 Reibungskraft $F_R'$ bei Axialverschiebung

Die längenbezogene Reibungskraft $F_R'$ hat in der Regel den größten Einfluss auf das Verschiebungsverhalten und die dadurch verursachten Beanspruchungen der erdverlegten KMR-Systeme. Für die Berechnung gilt allgemein:

$$F_R' = \mu \cdot (F_N' + F_G') \qquad (10.1)$$

Gemäß AGFW-Arbeitsblatt FW 401 Teil 10 beträgt die am Mantelrohr wirksame Erddruckbelastung

$$F_N' = D_a \cdot \pi \cdot \gamma \cdot H \cdot (1 + K_0) / 2 \qquad (10.2)$$

Die Gewichtsbelastung

$$F_G' = m' \cdot g$$

hat bei den erdgebetteten Leitungen nur geringen Einfluss auf $F_R'$. Der Ruhedruckbeiwert

$$K_0 = 1 - \sin \varphi$$

für den horizontal wirkenden Erddruck ändert sich bei Verdichtung in den Beiwert $K_d$. In Abhängigkeit vom Verdichtungszustand und der Verformbarkeit des Rohres ergeben sich für $K_d$ Werte zwischen 0,3 und 0,8. Weiterhin sind durch unterschiedliche Grabenbedingungen abweichende Erddrücke am Rohrscheitel zu erwarten, die sich bei späteren Setzungen verändern. Aus diesen Gründen wird bei der Planung von KMR-Systemen gewöhnlich mit dem Faktor $K_0$ gerechnet, so dass bei Sand mit dem inneren Reibungswinkel $\varphi \approx 30°$ anstelle von Gl. (10.2) näherungsweise

$$F_N' = 0{,}75 \cdot D_a \cdot \pi \cdot \gamma \cdot H$$

geschrieben werden kann.

In anderen Quellen, z.B. Hersteller-Katalogen, wird hierfür

$$F_N' = D_a \cdot \pi \cdot \gamma \cdot h \cdot 0{,}5 \cdot [1 + K_0 \cdot (1 + 0{,}5 \cdot D_a / h)] \qquad (10.3)$$

angewendet.

Mit Gl. (10.3) ergeben sich gegenüber Gl. (10.2) insbesondere bei großen Nennweiten deutlich kleinere Werte für die Normalkraft $F_N'$. Ursache sind die unterschiedlichen Lösungsansätze für den auf den Rohrmantel wirkenden Erddruck in Abhängigkeit vom Umfangswinkel.

Beim AGFW-Arbeitsblatt FW 401 Teil 10 wird am Rohrscheitel in der Höhe h unterhalb von Oberkante Erdreich der vertikale Erddruck

$$\sigma_0 = \gamma \cdot H$$

wirksam. Er ist um den Faktor H/h größer als nach Gl. (10.3). Bei Bezug der Verlegetiefe auf die Rohrachse liefern beide Lösungsansätze mit

$$H = h + D_a / 2$$

denselben Wert für den horizontal wirkenden Erddruck.

Aus Bild 10.8 ist der vom Mantelrohrdurchmesser abhängige Unterschied erkennbar, der sich mit $K_0 = 0{,}5$ für eine Überdeckung h = 1 m und eine Wichte des Bodens $\gamma$ = 20 kN/m³ aus den beiden unterschiedlichen Lösungsansätzen ergibt. Zum Vergleich ist im selben Bild auch $F_G'$ in Abhängigkeit vom Mantelrohrdurchmesser $D_a$ dargestellt, basierend auf Rohren mit Normalwanddicke.

Für den Reibungskoeffizienten werden gemäß AGFW-Arbeitsblatt FW 401 Teil 10 als Standardwerte vorgegeben:

# 10 Erdverlegte Kunststoffmantelrohrsysteme

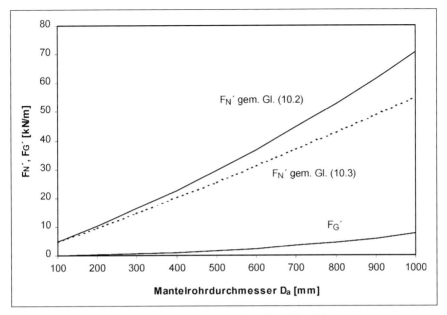

Bild 10.8: Längenbezogene Belastungen aus Erddruck und Gewicht

- μ = 0,4 für das Anfahren
- μ = 0,2 für das Abfahren (wegen des in Abschnitt 10.2.2 beschriebenen Tunneleffektes)

Andere Quellen nennen Werte bis μ = 0,5 und weisen darauf hin, dass ggf. für bestimmte Sande andere Werte in Betracht kommen, z.B. μ = 0,2 bis 0,3 für märkischen Sand aus dem Raum Berlin.

Bei der Planung der Fernwärmetransitleitung DN 700 vom HKW Lippendorf nach Leipzig erfolgten die Berechnungen gemäß Gl. (10.3) mit μ = 0,45, φ = 32,5°, γ = 19 kN/m³, Abminderungsfaktor 0,85 für 130 °C und 0,6 für 10 °C. Die thermische Vorwärmung der langen Strecken musste wegen der begrenzten Kapazität der verfügbaren Stromaggregate abschnittsweise im Pilgerschrittverfahren erfolgen. Dabei wird der jeweilig letzte, bereits eingeerdete und abgekühlte Teilabschnitt nochmals auf die geplante Vorspanntemperatur erwärmt, bevor an der nächsten Vorspannstelle die Verbindung zum folgenden, noch freiliegenden aber gleichfalls aufgeheizten Teilabschnitt mittels Passstück erfolgt.

Bei der sorgfältigen Spaltkontrolle während des Aufheizens ergab sich eine gute Übereinstimmung mit den vorausberechneten Planungswerten. Dabei hat sich auch die lineare Interpolation der Abminderungsfaktoren für Temperaturen zwischen 10 und 130 °C bewährt. Bei der Auswertung von Messungen an einer in Köln verlegten KMR-Leitung hat diese Methode ebenfalls deutlich zur Verbesserung der Übereinstimmung von Messwerten und Berechnungsergebnissen geführt.

Eine Verminderung der Normalbelastung $F_N'$ ist durch

- Grundwasser
- Baumbestand
- Erschütterungen

möglich. Bei einem Grundwasserspiegel in der Höhe $H_W$ unterhalb OK Erdreich ist im Fall $H_W < H$ die Normalkraft $F_N'$ mit dem Abminderungsfaktor

$$k_{GW} = H_W / H + (1 - \gamma_W / \gamma) \cdot (1 - H_W / H) \tag{10.4}$$

zu korrigieren.

Wegen $\gamma_W \approx 10$ kN / m³ und $\gamma \approx 20$ kN / m³ kann bei dichtem Sand näherungsweise die Korrektur mit dem Faktor

$$k_{GW} = 0{,}5 \cdot (1 + H_W / H)$$

erfolgen. Sollte die Notwendigkeit der Korrektur für Grundwasser bestehen, so erscheint ein Tunneleffekt unwahrscheinlich und die diesbezügliche Abminderung von µ nicht erforderlich.

Eine schleichende Abminderung der Reibung infolge Baumbestand in unmittelbarer Nähe der Trasse wurde bei einer kaltverlegten KMR-Leitung DN 100 der Fernwärmeversorgung Niederrhein in Dinslaken festgestellt [10.3]. Die Bäume im seitlichen Abstand von etwa 2,5 m zur Rohrleitung hatten zum Zeitpunkt der Verlegung Stammdurchmesser von 8 bis 70 cm. Sie stehen in unterschiedlichem Abstand voneinander. Am Abschnittsende mit dem dichteren und stärkeren Baumbestand vergrößerten sich die Endverschiebungen in relativ kurzer Zeit zunächst stark, später nur noch schwach auf das etwa 3-fache der vorausberechneten Werte und auf das etwa 2-fache gegenüber dem anderen Abschnittsende.

Bei der Systemberechnung mit sisKMR wurden entsprechend dem örtlichen Baumbestand Abminderungsfaktoren geschätzt und in die Berechnung einbezogen. Bereits der erste Berechnungslauf ergab eine zufriedenstellende Übereinstimmung mit den gemessenen Verschiebungswerten.

Hieraus ist auch abzuleiten, dass bei häufigem Einwirken von Erschütterungen, die bis in den Mantelrohrbereich wirken, ebenfalls große Endverschiebungen infolge Reibungsabbau wahrscheinlich sind [10.4].

Der Abbau der Kraftübertragung an der Manteloberfläche, der durch Kornverlagerungen des Sandes erklärbar ist, erfolgt nicht an allen Stellen des Gleitbereiches gleichzeitig. Der teilweise oder völlige Verlust der Kraftübertragung im Bereich der einzelnen Störung hat jeweils nur ein geringfügiges Weiterschieben des Rohres zur Folge. Mit dieser einsetzenden Verschiebung ist auch eine erneute teilweise Aktivierung der Kraftübertragung bis zur Wiederherstellung des Gleichgewichtes verbunden, so dass das Schieben wieder abgebremst wird. Wegen der Ungleichzeitigkeit der Ereignisse an verschiedenen Stellen kann sich dieser Reibungsabbau nur langsam vollziehen und zeigt wegen der damit verbundenen Verringerung des Axialspannungsgradienten abnehmende Tendenz. Bei Strecken mit Haftbereich wird dieser durch die Vergrößerung der Gleitbereiche verkürzt.

Die aufgezeigten Unsicherheiten bei der Bestimmung der Reibungskraft und ihre Bedeutung für die Berechnung der Spannungen und Verschiebungen erfordern oftmals, die Berechnung mit den möglichen Extremwerten von $F_R'$ durchzuführen. Ein großes $F_R'$ bedingt kleine Endverschiebungen und kleine Verschiebungen im Gleitbereich, so dass die Belastungen der Dehnschenkel und Bogen, sowie die Querbelastungen an den Abzweigungen niedriger sind als bei kleinem $F_R'$. Dadurch wird eine Sicherheit ausgewiesen, die eventuell gar nicht vorhanden ist.

Für die Axialspannungen an Schwachstellen, z.b. in dem durch den Ausschnitt verkleinerten Querschnitt des Grundrohres, ergeben sich hingegen erhöhte Werte, so dass hierfür erforderlichenfalls eine Wandverstärkung notwendig ist. Der Nachweis mit großem $F_R'$ liegt für eine solche Schnittstelle auf der sicheren Seite. Entgegengesetzt sind die mit kleinem $F_R'$ ermittelten Sicherheiten zu bewerten, wobei eine Überschreitung der zulässigen Schubspannung im PUR-Schaum nicht erkannt würde.

Bei den vereinfachten Darstellungen des Axialkraftverlaufes wird davon ausgegangen, dass die Reibungskraft schon bei der kleinsten Verschiebung mit dem vollen Betrag wirksam wird. In Wirklichkeit ist die Kraftübertragung mit kleinen Verformungen am Rohr und in der Bettung verbunden. Erst wenn der Spannungszustand dem der Übertragung der vollen Reibungskraft entspricht, setzt ein Verschiebungsunterschied der beteiligten Gleitflächen ein und verhindert ein weiteres Anwachsen der Kraftübertragung. Aus diesem Grund ist an der Grenze von Gleit- und Haftbereich in Wirklichkeit ein stetiger Übergang zu erwarten.

Bei der Berechnung mit PC-Programmen, die die nichtlinearen Kraft-Weg-Beziehungen durch fiktive Federn mit iterativ veränderlichen Federraten berücksichtigen, ergibt sich dieser fließende Übergang bei ausreichender Abschnittseinteilung automatisch, da die Programme nur mit endlich großen Federraten rechnen können. In Fachkreisen wird eingeschätzt, dass bei den KMR-Leitungen für die Aktivierung der vollen Reibungskraft Verschiebungen von 1 bis 3 mm erforderlich sind. Im Programm sisKMR wird z.Z. ein Minimalwert von $\Delta u_{min} = 1$ mm angesetzt. Damit kann die Federrate einer fiktiven Feder, die im Berechnungsmodell den axialen Bettungswiderstand der Teillänge $l_t$ ersetzt, maximal nur auf

$$c_u = l_t \cdot F_R' / \Delta u_{min}$$

anwachsen. Bei Umkehrung der Verschiebungsrichtung, z.B. bei Abkühlung nach vorangegangener Aufheizung ergibt sich damit der doppelte Weg für die Aktivierung der vollen Reibungskraft in der Gegenrichtung.

Bild 10.9 zeigt den Verlauf von $F_R = F_R' \cdot l_t$ in vereinfachter Darstellung für einen solchen Reibungspunkt unter Vernachlässigung der gegenseitigen Beeinflussung durch andere Reibungspunkte. Beim ersten Anfahren verschiebt sich die gespiegelte Widerstandslinie K des betreffenden Rohrbereiches von K0 nach K1. Bei der Verschiebung $u_1$ stellt sich durch iterative Veränderung der Federrate von $c_{u,max}$ nach $c_{u,1}$ das Kräftegleichgewicht ein. Durch Abkühlung verschiebt sich K von K1 nach K2. Die Umkehrung der Reibung wird voll wirksam und als Verschiebung ergibt sich $u_2$. Bei erneutem teilweisen Aufheizen verschiebt sich K von K2 nach K3. Die Reibungsumkehrung wird nur teilweise wirksam, weil sich das Kräftegleichgewicht schon am Schnittpunkt mit K3 bei der Verschiebung $u_3$ einstellt.

Sollen für eine derartige Lastfallfolge plausible Ergebnisse ausgewiesen werden, müssen nicht nur die Federraten der fiktiven Federn sondern auch ihre Randpunktver-

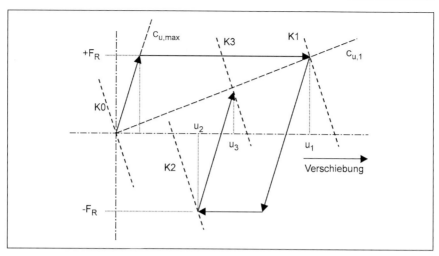

Bild 10.9: Reibungskraft $F_R$ bei Richtungsumkehrung

schiebungen sinnvoll geändert werden. Die im vorangegangenen Lastfall berechnete Verschiebung des Rohres hierfür zu verwenden, führt bei der Berechnung eines Volllastwechsels zu befriedigenden Ergebnissen. Bei der Berechnung von Teillastwechseln oder bei Änderungen der Bettungsbedingungen unter konstanter Temperatur im gesamten oder in Teilen des Systems, können mit dieser Methode widersprüchliche Ergebnisse auftreten, z.B.:

- nicht mögliche Änderungen der Verschiebung.
- nicht mögliche Änderungen der wirkenden Reibungskraft.
- entgegengesetzte Richtungen von Verschiebung und Reibungskraft bei Verschiebungsdifferenzen, bei denen dies nicht möglich ist.

Die eingehende Untersuchung dieser Problematik im Rahmen der Weiterentwicklung des Programms sisKMR führte zu Lösungen und Algorithmen, mit denen diese Unzulänglichkeiten in der Berechnung von KMR-Systemen vermieden werden, so dass auch bei der Berechnung komplizierter Vorgänge plausible Ergebnisse ausgewiesen werden.

Bild 10.10 zeigt den Dehnungsverlauf bei einem örtlichen Abbau der Reibungskraft, d.h. dass die Reibungskraft plötzlich auf null zusammenbricht. Durch Zunahme der Verschiebung wird die Kraftübertragung wieder teilweise aufgebaut, bis am Schnittpunkt mit der unveränderten Kennlinie K das Kräftegleichgewicht erneut hergestellt ist.

### 10.6.2 Axialkräfte infolge inneren Überdruckes

Die durch inneren Überdruck p hervorgerufene Axialkraft bleibt bei der statischen Berechnung frei gelagerter Rohrsysteme unberücksichtigt, wenn die Kompensation der temperaturbedingten Dehnungen durch natürlichen Ausgleich erfolgt. Nur die durch inneren Überdruck verursachte axiale Zugspannung geht in den Spannungsnachweis ein.

# 10 Erdverlegte Kunststoffmantelrohrsysteme

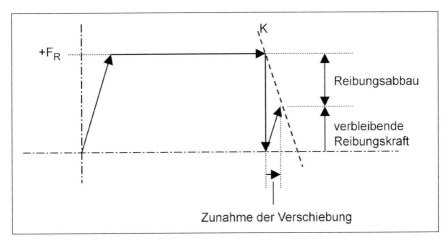

Bild 10.10: Reibungskraft $F_R$ bei Störung der Kraftübertragung

Bei Systemen mit nichtentlasteten Axial-Kompensatoren muss hingegen die Axialkraft berücksichtigt werden, weil an den Endfestpunkten die Kraft

$$\Delta N_p = A_w \cdot p$$

zusätzlich zu den übrigen Belastungen wirkt (siehe Abschnitt 8.5.1). Auch an den Stutzen von Ausrüstungen, z.B. an Behältern und Pumpen, ist die durch nichtentlastete Axial-Kompensatoren hervorgerufene Kraft von Bedeutung. Der maßgebende Wirkquerschnitt $A_w$ der Kompensatoren ist den Herstellerunterlagen zu entnehmen.

Bei Systemen mit natürlichem Dehnungsausgleich ist die dem lichten Rohrquerschnitt entsprechende und durch inneren Überdruck hervorgerufene Axialkraft

$$N_p = p \cdot d_i^2 \pi / 4$$

in der Rohrwand als Axialspannung wirksam. Sie hat aber keinen Einfluss auf die Belastungen eines Festpunktes oder Axialstops und wird deshalb bei der Elastizitätsberechnung dieser Rohrsysteme als äußere Kraft nicht berücksichtigt.

In denjenigen Bereichen, in denen der Druck p die Axialspannung $\sigma_{p,ax}$ bewirkt, ergibt sich mit dem E-Modul E die zusätzliche Dehnung

$$\varepsilon_p = \sigma_{p,ax} \cdot E.$$

Bei oberirdischen Rohrleitungen wird die temperaturbedingte Dehnung nicht oder nur geringfügig durch Reibung gemindert, so dass die kleinen durch den Druck hervorgerufenen Längenänderungen bei warmgehenden Rohrleitungen nur einen sehr geringen Anteil an der Gesamtdehnung haben. Bei warmgehenden erdgebetteten KMR-Leitungen erhöht sich deren Anteil an der Endverschiebung der Abschnittsenden aber ganz erheblich, und zwar einerseits durch die starke Unterdrückung der temperaturbedingten Dehnung, andererseits durch den meist recht großen Abstand zwischen dem sich einstellenden natürlichen Festpunkt (NFP) und dem Ausgleichsbereich. Im Bild 10.11 sind die unterschiedlichen Wirkungen des Druckes schematisch dargestellt. Weitere Kraftwirkungen, wie z.B. Rückstellkräfte im Ausgleichsbereich, wurden zur Vereinfachung vernachlässigt.

Im Bild 10.11a ist die obere Rohrhälfte einer frei gelagerten Rohrleitung mit einem nichtentlasteten Axial-Kompensator an der Stelle A dargestellt. An der Stelle B (Bogen, Knick, Blindflansch oder anderweitiger Verschluss) wirkt die Axialkraft

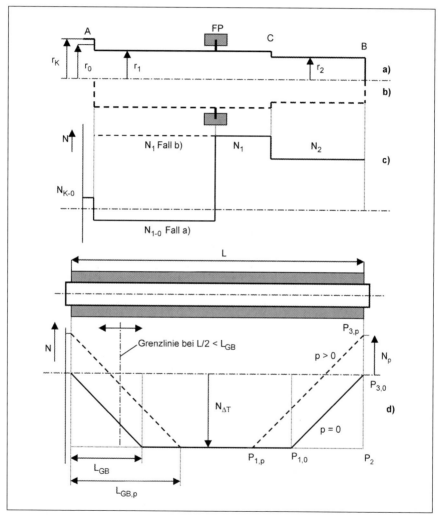

Bild 10.11: Einfluss des inneren Überdruckes auf den Axialkraftverlauf
a) Freiverlegtes Rohr mit Axial-Kompensator; b) Freiverlegtes Rohr ohne Axial-Kompensator; c) Axialkraftverlauf für a) und b); d) Axialkraftverlauf bei KMR

$$N_2 = r_2^2 \cdot \pi \cdot p.$$

An der Erweiterung C steigt diese Zugbelastung auf

$$N_1 = r_1^2 \cdot \pi \cdot p$$

an. In der äußersten Wellenwand des Kompensators bei A wirkt die Zugkraft

$$N_K = (r_K^2 - r_0^2) \cdot \pi \cdot p.$$

In das am Kompensator anschließende Rohr wird die Druckkraft

$$N_{1-0} = (r_1^2 - r_0^2) \cdot \pi \cdot p$$

eingeleitet. Der FP (Festpunkt oder Axialstop) wird mit der Kraftdifferenz

$$N_1 - N_{1-0} = r_0^2 \cdot \pi \cdot p$$

belastet. Sie entspricht wegen

$$A_w = r_0^2 \cdot \pi$$

derjenigen Kraft, die sich aus dem Wirkquerschnitt des Kompensators ergibt. Am Kompensator selbst wird diese Kraft aber nicht in das Rohr eingeleitet.

Bei KMR-Leitungen ist dieser Sachverhalt ebenfalls zu beachten, wenn die Kompensation einer Endverschiebung durch einen Axial-Kompensator erfolgt. In einem solchen Fall wäre auch hier die Druckkraft $N_{1-0}$ zu berücksichtigen, die eine Verkleinerung der Endverschiebung und eine Verkürzung des Gleitbereiches bewirkt.

Im Bild 10.11b (gestrichelte Darstellung einer unteren Rohrhälfte) ist an der Stelle A statt des Kompensators ein natürlicher Dehnungsausgleich durch ein verschlossenes, frei bewegliches Ende oder einen Dehnungsbogen wirksam. Die Zugbelastungen $N_1$ auf beiden Seiten des FP heben sich auf, so dass keine Belastung durch den Innendruck erfolgt.

Im Bild 10.11d ist der Axialkraftverlauf einer KMR-Leitung dargestellt. Die gestrichelte Linie zeigt, wie sich durch den Innendruck $p > 0$ der Axialkraftverlauf ändert. Die Wirkung des Innendruckes bleibt über die gesamte Länge $L_{GB}$ gleich. Im anschließenden Bereich

$$L_{GB,p} - L_{GB} = N_p / F_R'$$

nimmt der Einfluss linear bis auf null ab. Die Auswirkungen auf die Endverschiebungen ergeben sich aus einem Vergleich der Dreiecksflächen am rechten Ende. Der Flächeninhalt des Dreieckes $P_{1,0}$-$P_2$-$P_{3,0}$ ist äquivalent der Endverschiebung bei $p = 0$. Für $p > 0$ ergibt sich eine Endverschiebung, die dem Flächeninhalt des Dreieckes $P_{1,p}$-$P_2$-$P_{3,p}$ entspricht.

## 10.6.3 Bettungskraft $Q_v'$ infolge Querverschiebung

Die längenbezogene Bettungskraft $Q_v'$, die im Bereich von Richtungsänderungen bei der Querverschiebung v wirksam wird, ergibt sich aus

$$Q_v' = \sigma_B \cdot D_a \tag{10.5}$$

*a) Sandbettung ohne Straßendecke*

Für die Berechnung des Bettungsdruckes bei Erdbettung ohne Strassendecke gilt nach Audibert/Nyman [10.2]:

$$\sigma_B = \gamma \cdot H \cdot N_q \cdot v / (0{,}145 \cdot y_u + 0{,}855 \cdot v) \tag{10.6}$$

Der dimensionslose Beiwert $N_q$ ist abhängig vom Verhältnis $H / D_a$ und dem Reibungswinkel φ. Er kann aus einem entsprechenden Diagramm in [10.2] entnommen werden. Im Programm sisKMR wird $N_q$ mit einer ausreichend genauen Näherungsformel berechnet, wobei auch φ als Parameter berücksichtigt wird. Im AGFW-Arbeitsblatt FW 401 Teil 10 sind für die üblichen Kennwerte von lockerem und dichtem Sand einfache Näherungsformeln angegeben.

Hiernach ergeben sich die im Bild 10.12 dargestellten Kennlinien, die für diese beiden Bettungsarten eine ausreichend genaue Bestimmung von $N_q$ ermöglichen.

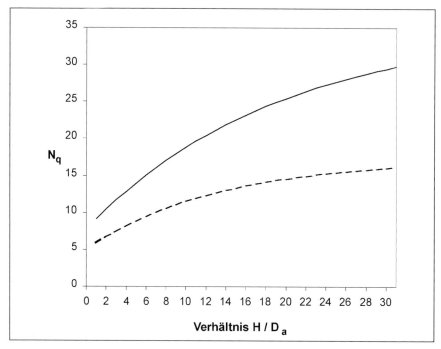

Bild 10.12: Bettungsbeiwert $N_q$

# 10 Erdverlegte Kunststoffmantelrohrsysteme

Für den Verschiebungskennwert $y_u$ gelten nach [10.2] folgende Beziehungen:

lockerer Sand:  $y_u = 0{,}020 \cdot (h + D_a)$   für $D_a \geq 300$ mm
$y_u = 0{,}030 \cdot (h + D_a)$   für $D_a \geq 120$ mm bis $D_a < 300$ mm
$y_u = 0{,}060 \cdot (h + D_a)$   für $D_a \geq 25$ mm bis $D_a < 120$ mm

dichter Sand:  $y_u = 0{,}015 \cdot (h + D_a)$   für $D_a \geq 300$ mm
$y_u = 0{,}020 \cdot (h + D_a)$   für $D_a \geq 120$ mm bis $D_a < 300$ mm
$y_u = 0{,}035 \cdot (h + D_a)$   für $D_a \geq 25$ mm bis $D_a < 120$ mm

Im AGFW-Arbeitsblatt FW 401 Teil 10 werden die für $D_a \geq 300$ mm geltenden Beziehungen generell für alle $D_a$ angewendet. Im Programm sisKMR wird hingegen für $D_a < 300$ mm linear interpoliert.

Nach Gl. (10.6) gilt für die Querverschiebung $v = y_u$ der Bettungsdruck

$$\sigma_{B,u} = \gamma \cdot H \cdot N_q \tag{10.7}$$

Durch Einführung der dimensionslosen Größen $\sigma_B / \sigma_{B,u}$ und $v / y_u$ ergibt sich die im Bild 10.13 dargestellte allgemeingültige Kennlinie für Erdbettung ohne Strassendecke. Der Verlauf dieser Kennlinie zeigt, dass der Bettungswiderstand bei $v / y_u = 0$ (gleichbedeutend mit $v = 0$) den größten Anstieg aufweist, der aber mit zunehmender Verschiebung $v$ gegen null tendiert. Für unendlich großes $v$ ergibt sich mit dem theoretischen Grenzwert $(\sigma_B / \sigma_{B,u})_{max} = 1 / 0{,}855$ die maximale Druckspannung zu

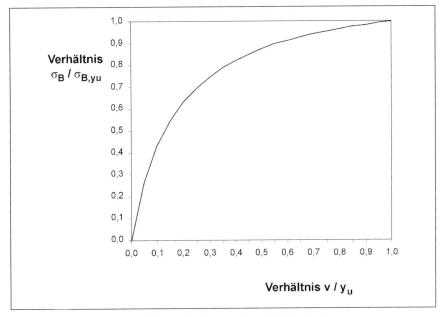

Bild 10.13: Allgemeine Kennlinie für Erdbettung ohne Straßendecke

$$\sigma_{B,max} = 1{,}17 \cdot \gamma \cdot H \cdot N_q \tag{10.8}$$

b) *Dichter Sand mit Straßendecke*

Die Berücksichtigung von Straßendecken erfolgte vor wenigen Jahren noch durch geschätzte Erhöhungsfaktoren oder Zuschläge bei der Überdeckungshöhe.
Im AGFW-Arbeitsblatt FW 401 Teil 10 wurde auf der Grundlage der Ergebnisse umfangreicher FEM-Berechnungen die folgende Näherungsformel für den Bettungsdruck entwickelt:

$$\sigma_B = f_1(D_a) \cdot v / (1 + f_2(D_a) \cdot v) \tag{10.9}$$

Die Formeln der Hilfsfunktionen lauten:

$$f_1(D_a) = 1 / (5{,}8537 + 0{,}01152 \cdot D_a) \tag{10.9a}$$

$$f_2(D_a) = 1 / (9{,}8358 + 0{,}013301 \cdot D_a) \tag{10.9b}$$

$D_a$ und v sind hierbei in mm einzusetzen. Der Bettungsdruck errechnet sich dann in $N/mm^2$.

Die FEM-Berechnungen erfolgten für 1 m Überdeckung, was den meisten praktischen Anwendungsfällen näherungsweise entspricht. Mit Gl. (10.9) ergeben sich für $\sigma_B$ die 2- bis 4-fachen Werte gegenüber dichtem Sand ohne Straße.

c) *Dehnpolster*

Zwischen dem Bettungsdruck und der durch die Querverschiebung v der Rohrleitung verursachten Stauchung des Dehnpolsters besteht ein exponentieller Zusammenhang. In früheren Programmversionen von sisKMR wurden auf der Grundlage der in [10.1] enthaltenen Messergebnisse Kennlinien für hartes, normales und weiches Dehnpolster aufgestellt. Diese Kennlinien wurden in sogenannten Bettungsblättern in Form von 10 Wertepaaren näherungsweise beschrieben. Das Programm interpolierte dann linear in dem betreffenden Bereich der Stauchung $v / d_P$ ($d_P$ = Dehnpolsterdicke).

Im AGFW-Arbeitsblatt FW 401 Teil 10 ist jetzt eine allgemeingültige empirische Funktion angegeben. Sie berücksichtigt steife, mittelsteife und weiche Dehnpolster durch 4 unterschiedliche Faktoren. Damit ist statt der iterativen Systemberechnung eine stetige Funktion vorhanden. Im Bild 10.14 sind die auf dieser Basis ermittelten Kennlinien in Diagrammform dargestellt.

d) *PUR-Schaum*

Aus dem AGFW-Arbeitsblatt FW 401 Teil 10 kann der Zusammenhang zwischen dem Bettungsdruck im PUR-Schaum und der Stauchung des PUR-Schaumes auf der gedrückten Seite entnommen werden, sofern diese Flexibilität bei den Berechnungen berücksichtigt werden soll. Gleichfalls sind darin die Kennlinien der Zugspannung in Abhängigkeit der Dehnung enthalten. Da bei diesen Spannungen noch eine deutliche Temperaturabhängigkeit vorliegt, sind zur Vereinfachung Ersatzkennlinien angegeben. Sie entsprechen dem Verlauf bei etwa 80 °C. Bis zu einer Stauchung von rund 3 % verläuft die Ersatzkennlinie nahezu linear und erreicht dabei eine Druckspannung von ungefähr 0,3 $N/mm^2$. Der weitere nichtlineare Verlauf liegt im Bereich unzulässiger Druckspannungen und ist deshalb im Rahmen der Planung kaum von Bedeutung.

Im erdgebetteten Bereich in unmittelbarer Nähe der Dehnpolster ergeben sich unter Berücksichtigung der Elastizität des PUR-Schaumes etwas kleinere Druckspannungen bei den dort noch vorhandenen Querverschiebungen. Bei der Bettung im Dehnpolster wird hingegen die gesamte Flexibilität, die sich aus denjenigen für Rohr, PUR-Schaum, PE-Mantel, Dehnpolster und Erdbettung zusammensetzt, bis zu Stauchungen des Dehnpolsters von 75 % maßgeblich durch die Flexibilität des Dehnpolsters bestimmt. Der Anteil der anderen Flexibilitäten am Ersatzmodul ist dabei sehr klein.

Als zulässige Druckspannung für den PUR-Schaum gilt allgemein

- 0,15 N/mm² bei Langzeitwirkung,
- 0,30 N/mm² bei Kurzzeitwirkung.

Lässt man die Kraftübertragung durch Zugspannungen sicherheitshalber unberücksichtigt, dürfen die Druckspannungen am Mantel nur das $d_a/D_a$-fache der zulässigen Werte betragen. Die Durchmesserverhältnis liegen zwischen 0,22 (DN 20/90) und 0,8 (DN 800/1000), so dass z.b. der Bettungsdruck am Mantelrohr DN 150/250 nur etwa 0,09 N/mm² bei Langzeitwirkung betragen darf. Bei mittelsteifem Dehnpolster ergibt sich eine solche Druckspannung schon bei einer Stauchung von rund 55 %. Die hieraus resultierende Kraft bewirkt im PUR-Schaum aber nur eine Stauchung von ungefähr 1 %. Bei einer Dehnpolsterdicke von 40 mm beträgt bei diesem Beispiel die Stauchung des Dehnpolsters 22 mm, die Stauchung des PUR-Schaumes lediglich 0,5 mm.

Eine Berücksichtigung der Kraftübertragung durch Zugspannungen auf der Stahlseite, durch die die vorhandene Spannung im PUR-Schaum am Stahlrohr näherungsweise auf den halben Wert heruntergerechnet wird, erscheint fragwürdig. Eine solche Verfahrensweise ist nur gerechtfertigt, wenn ausreichende Sicherheit besteht, dass in Bereichen starker Biegebeanspruchung und Querpressungen der Verbund zwischen PUR-

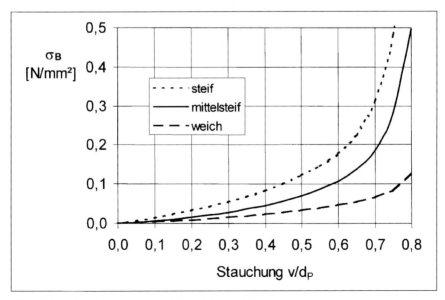

Bild 10.14: Druckspannung der Dehnpolster bei Stauchung

Schaum und Stahlrohr erhalten bleibt. Konsequenterweise ist dann aber auch die sich daraus ergebende Erhöhung der Steifigkeit des Ersatz-Moduls zu berücksichtigen.

### 10.6.4 Resultierender Bettungswiderstand

Analog zur Anwendung von fiktiven Federn in axialer Richtung gebraucht man diese Methode in modifizierter Form auch zur Berechnung der wirksamen Querpressung im Stabwerkmodell. Dabei ist das unterschiedliche Verhalten der beteiligten Werkstoffe zu berücksichtigen. Mit der Modifizierung des Verfahrens wird erreicht, dass die Steifigkeiten der wesentlichsten Komponenten entsprechend ihrer Anteile an der örtlichen Querverschiebung v wirklichkeitsnah berücksichtigt werden.

Stahlrohr, PUR-Schaum, PE-Mantel, Erdbettung und ggf. Dehnpolster können dabei als hintereinander geschaltete Federn betrachtet werden, die von der gleichen Querkraft durchlaufen werden. Die gesamte Querverschiebung v setzt sich dann aus den einzelnen Verformungen der beteiligten Komponenten zusammen. Wegen der relativ kleinen Wanddicke des PE-Mantels kann sein Einfluss von vornherein vernachlässigt werden. Im Bild 10.15a ist das Modell für einen Dehnpolsterbereich dargestellt, wobei keine Kraftübertragung durch Zugspannungen im PUR-Schaum erfolgen soll. Bild 10.15b zeigt das Modell für einen Bereich ohne Dehnpolster, jedoch mit gesicherter Übertragung von Zugspannungen im PUR-Schaum auf der Stahlrohrseite.

Entsprechend den bekannten Regeln über das Zusammenwirken von Federn bei Parallel- und Reihenschaltung ergibt sich für die resultierende Feder, die die Steifigkeiten der beteiligten Federn im Bild 10.15a ersetzt, folgende Federrate $c_{res}$:

$$c_{res} = 1/\ (1/\ c_{SR} + 1/\ c_{PUR,Druck} + 1/\ c_{DP} + 1/\ c_{EB}). \tag{10.10}$$

Für die Anordnung gemäß Bild 10.15b wird

$$c_{res} = 1/\ (1/\ c_{ZD} + 1/\ c_{EB}), \tag{10.11}$$

mit $c_{ZD} = c_Z + c_D$. Dabei gilt für die Zugspannungsseite

$$c_Z = 1/\ (1/\ c_{SR} + 1/\ c_{PUR,\ Zug})$$

und für die Druckspannungsseite

$$c_D = 1/\ (1/\ c_{SR} + 1/\ c_{PUR,\ Druck})$$

Kommt eine Übertragung von Zugspannungen nicht in Betracht, wird $c_Z = 0$ und Gl. (10.11) geht in Gl. (10.10) über; denn wegen fehlendem Dehnpolster wird $1/\ c_{DP} = 0$.

Entsprechend AGFW-Arbeitsblatt FW 401 Teil 10 gilt für den linearen Zusammenhang zwischen der Druckspannung und der Abplattung des Stahlrohres näherungsweise

$$\sigma_{B,SR}\ /\ v_{SR} = 254{,}4 \cdot E_{SR} \cdot (d_a - d_i)^3\ /\ (d_a + d_i)^4. \tag{10.12}$$

Die Elastizität der Rohrwand von der Teillänge $l_t$ kann somit durch eine fiktive Feder mit der Federrate

$$c_{SR} = 254{,}4 \cdot l_t \cdot d_a \cdot E_{SR} \cdot (d_a - d_i)^3\ /\ (d_a + d_i)^4 \tag{10.13}$$

10 Erdverlegte Kunststoffmantelrohrsysteme

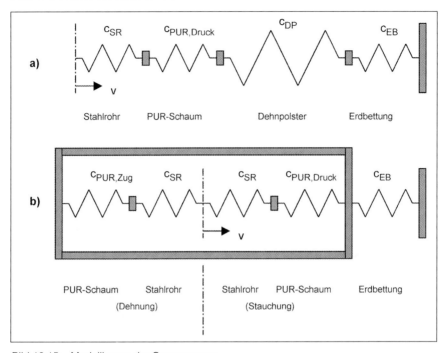

Bild 10.15: Modellierung der Querpressung

ersetzt werden. Sie ist bei Temperaturänderung nur noch mit dem entsprechenden E-Modul $E_{SR}$ umzurechnen. Wegen des linearen Zusammenhanges bleibt bei dieser Feder die Federrate während des Iterationsverlaufes konstant.

Im Rahmen der Planungsaufgaben sollen Lösungen gefunden werden, mit denen die zulässigen Spannungen eingehalten werden. Unter diesem Aspekt kann gemäß Abschnitt 10.6.3 auch für die Steifigkeit des PUR-Schaumes lineares Verhalten angenommen werden. Mit $\sigma_{B\,(0,03)} \approx 0{,}3$ N/mm² bei der Stauchung $\varepsilon_{PUR} = 0{,}03$ ergibt sich für die Teillänge $l_t$ und die PUR-Schaumdicke $d_{PUR}$ eine Federrate von

$$c_{PUR,Druck} = l_t \cdot d_a \cdot E_{PUR} / d_{PUR}, \qquad (10.14a)$$

mit dem E-Modul $E_{PUR} = \sigma_{B\,(0,03)} / 0{,}03 = 10$ N/mm².

Betrachtet man den bisher vernachlässigten dünnen PE-Mantel näherungsweise ebenfalls als PUR-Schaum, so kann $d_{PUR} = (D_a - d_a) / 2$ gesetzt und mit der Federrate

$$c_{PUR,Druck} = 2 \cdot l_t \cdot d_a \cdot E_{PUR} / (D_a - d_a) \qquad (10.14b)$$

gerechnet werden.

Bei den Federraten für die verschiedenen Dehnpolster und Erdbettungsarten ist die Anpassung an die im Abschnitt 10.6.3 angegebenen Funktionen bei jedem Iterationsschritt mit den bis dahin berechneten Verschiebungen erforderlich. Die Anteile der einzelnen Komponenten an der Gesamtverschiebung ergeben sich bei dem Modell nach Bild 10.15a aus der Gleichgewichtsbedingung

$$c_{SR} \cdot v_{SR} = c_{PUR,Druck} \cdot v_{PUR} = c_{DP} \cdot v_{DP} = c_{EB} \cdot v_{EB} \tag{10.15}$$

und aus

$$v = v_{SR} + v_{PUR} + v_{DP} + v_{EB} \tag{10.16}$$

Eine befriedigende mathematische Formulierung der Funktion $\sigma_B = f(v_{DP} + v_{EB})$ kann aus den Funktionen der Dehnpolster und Erdbettungen nicht abgeleitet werden. Aus diesem Grund musste auch hier ein iterativer Lösungsweg gefunden werden, der die sinnvolle Veränderung der beiden Federraten in den einzelnen Iterationsschritten ermöglicht.

In diesem Zusammenhang ist eine weitere Problematik zu nennen, die das hier beschriebene Berechnungsmodell und damit auch dasjenige im AGFW-Arbeitsblatt FW 401 Teil 10 in Frage stellt.

Die beteiligten Komponenten Stahlrohr und PUR-Schaum im Bereich kleiner Stauchungen können als Federn mit linearer Kennlinie betrachtet werden. Die Kennlinie des Dehnpolsters hat einen exponentiellen Verlauf. Unter der Voraussetzung, dass bei Umkehrung der Verschiebungsrichtung und der damit verbundenen Abnahme der Stauchung bei gleichen Werten von $v_{PUR}$ auch die gleichen Druckspannungen wirksam werden, ergibt sich für diesen Bettungsteil, wie bei dem Stahlrohr und dem PUR-Schaum, keine Hysterese in der Art, wie sie im Bild 10.9 für den axialen Reibungswiderstand dargestellt ist.

Bei den bisherigen Berechnungsmodellen wurde immer von einer solchen Annahme ausgegangen. Bei der Erdbettung kann ein solches elastisches Verhalten sicherlich nicht vorausgesetzt werden. Bei dieser Bettungsart ist mit großer Wahrscheinlichkeit bei Umkehrung der Verschiebungsrichtung schon bei kleinen Verschiebungen in der Gegenrichtung auch ein Richtungswechsel der seitlichen Druckbelastung zu erwarten. Für den Kennlinienverlauf ergeben sich dadurch Hysteresen. Leider sind zu dieser Problematik keine experimentellen Ergebnisse bekannt, und bei kleinen Werten von $v_{EB}$ ist die Vernachlässigung dieser Hysteresen vermutlich auch vertretbar. Bei großen Werten von $v_{EB}$, z.B. bei Bettung ohne Dehnpolster in lockerem Sand, sind jedoch erhebliche Unterschiede zu erwarten.

Da brauchbare Messergebnisse fehlen, wurde zur Berücksichtigung dieser Besonderheiten der Erdbettung im Programm sisKMR eine Hysteresewirkung modelliert, analog derjenigen bei Umkehrung der axialen Verschiebungsrichtung. Allerdings ergeben sich durch den im Bild 10.13 dargestellten Verlauf der Querpressung wesentlich kompliziertere Zusammenhänge, wenn bei den unterschiedlichsten Veränderungen der Parameter, z.B. der Temperatur oder der Überdeckung, im gesamten System oder nur in bestimmten Abschnitten plausible Berechnungsergebnisse erzielt werden sollen. Die sinnvolle Änderung der Randverschiebung der fiktiven Federn erweist sich hierbei als besonders schwierig.

Bei der Ableitung des Lösungsweges wurden folgende vereinfachende Annahmen getroffen:

10 Erdverlegte Kunststoffmantelrohrsysteme

- Die im vorangegangenen Lastfall wirksam gewordene Querpressung sinkt bei Umkehrung der Verschiebungsrichtung linear bis null ab. Der Gradient entspricht dabei dem maximalen Gradienten der allgemeingültigen Kennlinie, d.h. dem Anstieg bei v = 0.

- Geht die Verschiebung in der Gegenrichtung weiter, baut sich die Querpressung aus dem bei $\sigma_B = 0$ erreichten Verschiebungspunkt der allgemeingültigen Kennlinie entsprechend in Gegenrichtung auf. Durch diese Methode ergibt sich beim Nulldurchgang von $s_B$ ein stetiger Verlauf.

Bild 10.16 zeigt eine zu Bild 10.9 analoge Lastfallfolge in dimensionsloser Darstellung. Sind bei maximaler Betriebstemperatur nur sehr kleine Querverschiebungen am Berechnungspunkt zu erwarten, liegen alle Widerstandskennlinien K sehr nahe bei K0. Das bedingt sehr enge Hysteresen, die mit der Tangente am Nulldurchgang annähernd zusammenfallen. Für sehr kleine Verschiebungen ergibt sich damit näherungsweise die lineare Beziehung

$$0{,}145 \cdot \sigma_B / \sigma_{B,u} = v / y_u$$

Hieraus resultiert der Bettungsdruck

$$\sigma_B = (\sigma_{B,u} / y_u) \cdot v / 0{,}145 \qquad (10.17)$$

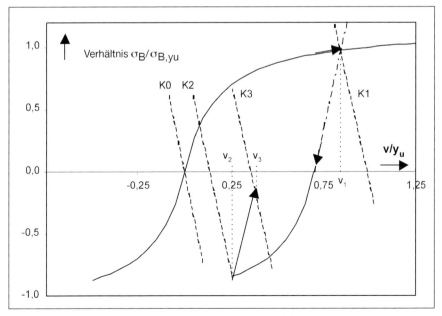

Bild 10.16: Bettungsdruck bei Richtungsumkehrung in Erdbettung (dimensionslose Darstellung)

und für die Teillänge $l_t$ die Federrate

$$c_{EB} = l_t \cdot D_a \cdot (\sigma_{B,u} / y_u) / 0{,}145 \tag{10.18}$$

Im Programm sisKMR wird von dieser Näherung nicht mehr Gebrauch gemacht, seitdem das Problem der Hysteresen theoretisch gelöst werden konnte. Vergleiche zwischen Berechnung und Messungen haben gezeigt, dass mit dem genannten Programm auch für schwierige Lastfallfolgen und komplizierte Einbaubedingungen plausible Ergebnisse erzielt werden.

# 11 Berechnung warmgehender erdverlegter Stahlmantelrohrsysteme

## 11.1 Allgemeines

Als Stahlmantelrohr (SMR) bezeichnet man die Anordnung von zwei Stahlrohren unterschiedlicher Nennweite, bei der das Mediumrohr konzentrisch im Mantelrohr gelagert ist. Der Ringraum zwischen den beiden Rohren nimmt die Wärmedämmung des Mediumrohres auf und wird häufig zur Verminderung der Wärmeverluste und zur Lecküberwachung bleibend unter Vakuum gehalten. Bei der Auslegung der Wanddicken ist dieser Unterdruck zu berücksichtigen.

SMR wird vorzugsweise bei Mediumtemperaturen über 140 °C angewendet, da das kostengünstige Kunststoffmantelrohr (KMR) für diese Temperaturen nicht geeignet ist.

Nach Art und Weise der Kompensation der Wärmedehnungen wird unterschieden in:

- SMR-Systeme mit Axial-Kompensatoren,
- SMR-Systeme ohne Axial-Kompensatoren.

Axial-Kompensatoren werden vorwiegend wie bei freiverlegten Rohrleitungen angeordnet. Die Funktion der bei Freiverlegung erforderlichen Fest- bzw. Haltepunkte übernehmen beim SMR-System die Koppelpunkte, die Medium- und Mantelrohr kraftschlüssig miteinander verbinden. Sie übertragen die durch Innendruck, Lagerreibung und Dehnung hervorgerufenen Axialkräfte auf das eingebettete Mantelrohr.

Koppelpunkte in der Nähe von natürlichen Kompensationsstellen (z.B. Richtungsänderungen) sind nicht ortsfest. Infolge der

- axialen Belastungen der Koppelpunkte und
- der Temperaturänderung des Mantelrohres

sind an diesen Stellen Verschiebungen zu erwarten, die bei der Auslegung der SMR-Systeme zu berücksichtigen sind.

Wegen der begrenzten Dehnungsaufnahme der Axial-Kompensatoren sind bei langen Trassenabschnitten mehrere Kompensatoren und Koppelpunkte erforderlich. Der damit verbundene hohe Kostenaufwand führte zur Entwicklung von SMR-Systemen ohne Axial-Kompensatoren. Die nachfolgenden Abschnitte befassen sich deshalb vorwiegend mit der Elastizitäts- und Festigkeitsberechnung sowie mit den damit in Zusammenhang stehenden Besonderheiten solcher SMR-Systeme.

## 11.2 Lagerung des Mediumrohres im Mantelrohr

Bei der Elastizitäts- und Festigkeitsberechnung der Stahlmantelrohre sind drei Arten der Lagerung des Mediumrohres im Mantelrohr zu unterscheiden.

*a) Führungslager (Zwangsführungen)*

Führungslager bestehen aus 3 oder 4 sternförmig angeordneten Gleitkufen oder Rollenlagern. Sie lassen außer dem Bewegungsspiel keine lateralen Bewegungen des Mediumrohres im Mantelrohr zu. Führungslager werden auf langen geraden oder nahezu geraden Strecken eingesetzt. Im lokalen Koordinatensystem mit der x-Richtung in Rohrachse gelten als Randbedingungen $w_y = 0$ und $w_z = 0$.

*b) Auflager*

Auflager oder Gleitlager sind im Gegensatz zu Führungslagern seitlich verschiebbar. Sie werden im Bereich von Kompensationsstellen benötigt, im Regelfall an geeigneten Trassenknickpunkten. Die Randbedingung im lokalen Koordinatensystem lautet $w_z = 0$.

*c) Festpunkte (Koppelpunkte)*

Fest- oder Fixpunkte dienen der vollständigen kraftmäßigen Kopplung zwischen Mediumrohr und Mantelrohr in axialer Richtung. Sie blockieren in den meisten Fällen alle drei Verschiebungsrichtungen, mindestens jedoch die axiale Verschiebung des Mediumrohres im Mantelrohr.

Da das Mantelrohr an diesen Stellen selbst Verschiebungen aufweisen kann, ist es richtiger, dieses Lager als Koppelpunkt in dem statischen Gesamtsystem, Mantel- plus Mediumrohr, zu bezeichnen. Es sind 2 Arten zu unterscheiden:

– Koppelpunkte in Abschnitten ohne Vorspannstrecke (Bild 11.1)

  Liegen 2 benachbarte Kompensationsstellen A und B so nahe beieinander, dass die lateralen Dehnwege der Mediumleitung im Kompensationsbereich in den zulässigen Grenzen bleiben, so genügt die etwa mittige Anordnung nur eines Koppelpunktes KP.

  Ein solcher Koppelpunkt dient der Fixierung des Mediumrohres im Mantelrohr nur insoweit, dass die Dehnwege des Mediumrohres auf die beiden Kompensationsstellen kontrolliert aufgeteilt werden. Die auf das Mantelrohr zu übertragende Axialkraft ist relativ niedrig.

  Durch Vorspannen der Kompensationsstrecken a und b und durch Durchmesservergrößerung des Mantelrohres im Eckbereich A und B kann der Abstand zwischen A und B bis zu den zulässigen Grenzen vergrößert werden. Bei Überschreiten dieser Grenzen kann auf die Anordnung von Vorspannstrecken nicht verzichtet werden.

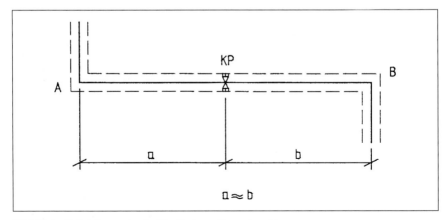

Bild 11.1: Rohrleitungsabschnitt mit einem Koppelpunkt

# 11 Berechnung warmgehender erdverlegter Stahlmantelrohrsysteme

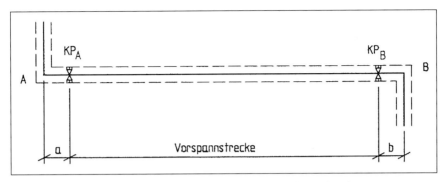

Bild 11.2: Rohrleitungsabschnitt mit Vorspannstrecke und 2 Koppelpunkten

- Koppelpunkte an den Enden von Vorspannstrecken (Bild 11.2).

Die Koppelpunkte $KP_A$ und $KP_B$ an den Enden der Vorspannstrecke dienen der weitgehenden Unterdrückung der Dehnungen des Mediumrohres zwischen den Koppelpunkten, so dass die Dehnwege an den Kompensationsstellen A und B zulässige Werte annehmen. Die Unterdrückung der Dehnung auf der Vorspannstrecke führt allerdings zu sehr hohen axialen Belastungen der Koppelpunkte.

Die hohe axiale Druckkraft zwischen $KP_A$ und $KP_B$ beim warmen Mediumrohr (Betrieb) belastet die Koppelpunkte in Richtung der Trasseneckpunkte. In gleicher Richtung belasten die infolge Innendruck zwischen Bogen und Koppelpunkten wirkenden axialen Zugkräfte die Verbindungsstelle. Beim kalten Mediumrohr (Stillstand) wirken die eventuell zu berücksichtigenden Innendruckkräfte der hohen Zugkraft zwischen $KP_A$ und $KP_B$ entgegen.

## 11.3 Lagerbelastungen infolge Eigengewicht

Für die Ermittlung der Lagerbelastungen infolge Eigengewicht gelten sinngemäß die gleichen Regeln wie bei oberirdischen Rohrsystemen (siehe Abschnitt 6).
Bei gleichgroßen Lagerabständen l und den Streckenlasten $q_R$, $q_D$ und $q_M$ für Rohr, Wärmedämmung und Medium wird

$$Q_z = l \cdot q_{ges}$$

wobei für den Betriebsfall

$$q_{ges} = q_R + q_D + q_M$$

und für den Montagefall (z.B. beim Vorspannen)

$$q_{ges} = q_R + q_D$$

zu setzen ist. Bei ungleichen Stützabständen $l_n$ und $l_{n+1}$ vor und nach dem Lager genügt es, bei manuellen Berechnungen l durch $(l_n + l_{n+1}) / 2$ zu ersetzen.

# 11 Berechnung warmgehender erdverlegter Stahlmantelrohrsysteme

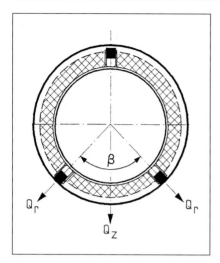

Bild 11.3: Sternförmige Führung des Mediumrohres im Mantelrohr

Bei sternförmiger Anordnung der Gleitkufen oder Rollenlager (Bild 11.3) ist für die Ermittlung der radialen Belastung $Q_r$ der unteren Lager die Zerlegung von $Q_Z$ entsprechend der Spreizung β erforderlich:

$$Q_r = 0{,}5 \cdot Q_z / \cos(β/2)$$

## 11.4 Querbelastungen in abgewinkelten Vorspannstrecken

Bei bogenartigem oder abgeknicktem Trassenverlauf auf der Vorspannstrecke führen die hohen Axialkräfte im Mediumrohr zu hohen Querbelastungen an den Führungslagern. Die Querbelastung beträgt für

– bogenartigen Trassenverlauf ($R_T$ = Trassenradius):

$$Q_y = N_i \cdot l / R_T$$

– abgeknickten Trassenverlauf ($γ_k$ = Ablenkwinkel am Knick):

$$Q_y = N_i \cdot \sin γ_k$$

Bei abgeknicktem Trassenverlauf ist entsprechend der geplanten Lageranordnung zu unterscheiden, ob $Q_y$ nur an einer Führung wirksam wird, oder ob sich diese Belastung auf zwei Führungen verteilt.
Für $N_i > 0$ (Zugkraft) ist $Q_y$ nach innen zum Krümmungsmittelpunkt gerichtet, bei $N_i < 0$ (Druckkraft) umgekehrt. Die radiale Belastung bei sternförmig angeordnetem Lager infolge Querkraft $Q_y$ ist analog zu den Belastungen infolge Vertikallast $Q_Z$ durch Zerlegung von $Q_y$ zu ermitteln und den Belastungen aus $Q_Z$ zu überlagern. Zur besseren Kraftaufteilung sind 4 Lager bei sternförmigen Führungen günstiger als 3 Lager.

## 11.5 Querbelastungen infolge behinderter Dehnung

An den Führungslagern in Nähe der Kompensationsstellen, u.U. auch an den Koppelpunkten selbst, können je nach Elastizität der Kompensationsstelle mehr oder minder große Querbelastungen wirken. Die Ermittlung dieser Querbelastungen erfolgt zweckmäßigerweise mit einem geeigneten Rohrstatikprogramm, da manuelle Berechnungen zu aufwändig sind und starke Systemvereinfachungen erforderlich machen.

## 11.6 Reaktionen und Verschiebungen an den Kompensationsstellen

Die Reaktionen und Verschiebungen werden ebenfalls am zweckmäßigsten mit geeigneten Rohrstatikprogrammen ermittelt (siehe Abschnitt 6), wobei eine relativ einfache Modellierung des Kompensationsbereiches bis zu den benachbarten Koppelpunkten unter Beachtung der gegebenen Randbedingungen meist ausreichend ist.

# 11 Berechnung warmgehender erdverlegter Stahlmantelrohrsysteme

Insbesondere bei stumpfen Ecken mit Ablenkwinkel deutlich < 90° wird die maschinelle Berechnung empfohlen. Die lateralen Bewegungen nehmen mit kleiner werdendem Ablenkwinkel stark zu und müssen deshalb möglichst exakt berechnet werden, um Kollisionen der Dämmschicht mit dem Mantelrohr zu vermeiden. In der Regel werden an Trassenknickpunkten für das Mantelrohr Segmentkrümmer verwendet, wobei oft fertigungsbedingt kleinere Radien als beim Mediumrohr gewählt werden. Diese Besonderheiten schränken den lateralen Bewegungsspielraum für das Mediumrohr zusätzlich ein.

## 11.7 Axialbelastungen der Koppelpunkte

Die resultierende axiale Belastung, die vom Innenrohr am Koppelpunkt auf das Außenrohr übertragen wird, ergibt sich aus der Differenz der axialen Reaktionen vor und hinter dem Koppelpunkt beim jeweiligen Belastungsfall.

Bei Koppelpunkten in Trassenabschnitten ohne Vorspannstrecke kann in gleicher Weise wie bei Fest- oder Haltepunkten von oberirdischen Rohrsystemen verfahren werden. Das bedeutet, dass die axialen Wirkungen des Innendruckes nur spannungsmäßig zu berücksichtigen sind, da bei beidseitig symmetrischer Anordnung und natürlichem Dehnungsausgleich die durch inneren Überdruck hervorgerufenen Axialkräfte im Gleichgewicht stehen.

Die nachfolgenden Ausführungen beschränken sich daher auf diejenigen Besonderheiten, die sich bei Trassenabschnitten mit Vorspannstrecke ergeben.

### 11.7.1 Grundlagen der Berechnung von Vorspannstrecken

Die nachfolgenden Grundgleichungen, mit den Formelzeichen nach Tafel 11.1, gelten für die Berechnung der Vorspannstrecken unter folgenden Voraussetzungen:

- Der relativ geringe Reibungseinfluss des leeren Innenrohres beim Vorspannen wird vernachlässigt.
- Eventuell in Betracht kommende Hangabtriebskräfte bei geneigtem Trassenverlauf werden nachträglich den ermittelten Kräften überlagert. Der geringe Einfluss auf Dehnungen und Verschiebungen wird vernachlässigt.
- Für das Mantelrohr werden auf der gesamten Vorspannstrecke konstante Bettungsverhältnisse angenommen, so dass an den Orten mit axialen Verschiebungen die spezifische Reibungskraft $F_R^l$ = const. der Verschiebung entgegenwirkt.

  Die Reibungskraft $F_R^l$ ist abhängig von den Bodenkennwerten, der Überdeckungshöhe, dem Mantelrohrdurchmesser und der Streckenlast infolge Eigengewicht von Medium- und Mantelrohr. Die Berechnung von $F_R^l$ erfolgt analog zu der bei KMR-Systemen (siehe Abschnitt 10).

Unter diesen Voraussetzungen gilt für das Innenrohr ortsunabhängig

- vor beidseitiger Kopplung:

    $N_i = 0$

- nach beidseitiger Kopplung:

    $N_i = \varepsilon_i \cdot (EA)_i$ \hfill (11.1)

## 11 Berechnung warmgehender erdverlegter Stahlmantelrohrsysteme

Tafel 11.1: Formelzeichen und Indizes zur Berechnung von SMR-Vorspannstrecken

| Zeichen | Bedeutung |
|---|---|
| Formelzeichen | |
| $\alpha$ | Temperaturausdehnungskoeffizient |
| w | Außenrohrverschiebung am Koppelpunkt (positiv in x-Richtung) |
| $\Delta$w | Verschiebungsdifferenz |
| E · A | Axialsteifigkeit (E-Modul x Rohrquerschnitt) |
| $\varepsilon$ | Dehnung |
| $\vartheta$ | Temperatur |
| N | Axialkraft |
| L | Länge der Vorspannstrecke |
| x | Längenkoordinate |
| $F'_R$ | spezifische Reibungskraft, auf Länge bezogen |
| $\Delta$L | Längenänderung (effektiveVorspannung) |
| Indizes | |
| a | Außenrohr |
| i | Innenrohr |
| 0 | Stelle x = 0 |
| L | Stelle x = L |
| x | ortsabhängige Größen (Stelle x) |
| V | Verlegung |
| GB | Gleitbereich |
| HB | Haftbereich |
| $\vartheta$ | Temperatur |
| A | Ausgleichsbereich |

mit

$$\varepsilon_i = (w_L - w_0 - \Delta L) / L - \varepsilon_{\vartheta,i} \qquad (11.2)$$

wobei

$$\varepsilon_{\vartheta,i} = \alpha_{\vartheta,i} \cdot (\vartheta_i - \vartheta_V)$$

und für $\vartheta_i$ die Mediumtemperatur zu setzen ist. Die Vorspannung $\Delta L$ ist in der Regel negativ, d.h. es handelt sich um eine Verkürzung.

Unter der Voraussetzung, dass noch beide Seiten der Vorspannstrecke frei sind, die Kompensationsbereiche also noch nicht angeschlossen sind, wird aus Symmetriegründen

$$w_0 = -w_L$$

und somit

$$\varepsilon_i = (2w_L - \Delta L) / L - \varepsilon_{\vartheta,i} \qquad (11.3a)$$

bzw.

$$\varepsilon_i = (-2w_0 - \Delta L) / L - \varepsilon_{\vartheta,i} \qquad (11.3b)$$

Am Außenrohr ergibt sich in den Gleitbereichen ein linearer Axialkraftverlauf mit dem Gradienten $+F_R^i$ oder $-F_R^i$. Das Vorzeichen richtet sich danach, ob die Verschiebung in positiver oder negativer x-Richtung verläuft. Weiterhin wird dieser Axialkraftverlauf durch die Gleichgewichtsbedingungen an den Koppelpunkten bestimmt. Vor beidseitiger Kopplung ergibt sich für die freien Enden:

$$N_{a,0} = 0 \text{ und } N_{a,L} = 0$$

Nach beidseitiger Kopplung wird bei noch nicht angeschlossenen Kompensationsstellen

$$N_{a,0} = N_{a,L} = -N_i$$

### 11.7.2 Mechanisches Vorspannen

Beim mechanischen Vorspannen ist die Kopplung von Innen- und Außenrohr an einem Ende der Vorspannstrecke bereits fertiggestellt. Am anderen Ende wird das Innenrohr mittels Vorrichtung gezogen, wobei das Außenrohr als Widerlager dient. Obwohl die Kopplung an dieser Stelle montageseitig noch nicht fertiggestellt ist, müssen wegen der kraftschlüssigen Verbindung über die Vorspannvorrichtung die Gleichungen für die vollzogene beidseitige Kopplung angewendet werden.

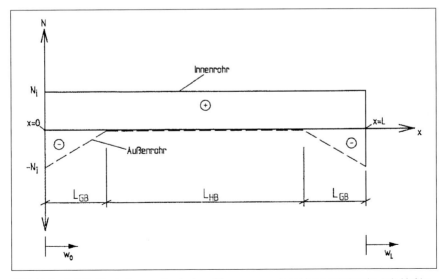

Bild 11.4: Axialkräfte beim mechanischen Vorspannen einer Vorspannstrecke mit Haftbereich

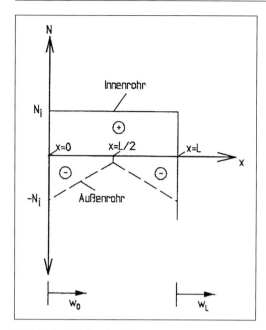

Bild 11.5: Axialkräfte bei mechanischer Vorspannung einer Vorspannstrecke ohne Haftbereich

Durch Umstellung der Gl. (11.1) ergibt sich für das Innenrohr die Dehnung

$\varepsilon_i = N_i / (EA)_i$

und die Längenänderung $L \cdot \varepsilon_i$.

Die betragsmäßig gleichgroßen Druckkräfte $N_a = -N_i$, die an den Enden auf das Außenrohr wirken, führen zu dessen Verkürzung, die jedoch durch den starken Reibungseinfluss der Bettung behindert wird. Der Verlauf der Axialkräfte von Innen- und Außenrohr ist den Bildern 11.4 und 11.5 zu entnehmen.

Aus Symmetriegründen genügt die Betrachtung im Bereich $0 \leq x \leq L_{GB}$. Für die Axialkraft im Außenrohr gilt hier

$N_{a,x} = -N_i + F_R'$ \hfill (11.4)

Die Gleitbereichslänge ergibt sich aus

$L_{GB} = \min(N_i / F_R'; L / 2)$ \hfill (11.5)

Das mechanische Vorspannen erfolgt bei konstanter Temperatur, so dass $\varepsilon_\vartheta = 0$ gesetzt werden kann. Die örtliche Dehnung beträgt somit

$\varepsilon_{a,x} = N_{a,x} / (EA)_a$ \hfill (11.6)

woraus sich am Koppelpunkt an der Stelle x = 0 die Verschiebung

$$w_0 = -\int_{x=0}^{L_{GB}} \varepsilon_{a,x} dx$$

ergibt. Unter Berücksichtigung von Gl. (11.4) und (11.6) wird somit

$w_0 = (N_i - F_R' \cdot L_{GB} / 2) \cdot L_{GB} / (EA)_a$ \hfill (11.7)

Bei Vorspannstrecken mit Haftbereich wird wegen $L_{GB} = N_i / F_R'$

$w_0 = 0{,}5 \cdot N_i^2 / [F_R' \cdot (EA)_a]$ \hfill (11.8)

Unter den gegebenen Voraussetzungen folgt

$w_L = -w_0$

## 11 Berechnung warmgehender erdverlegter Stahlmantelrohrsysteme

Aus der Längenänderung des Innenrohres

$$L \cdot \varepsilon_i = N_i / (EA)_i$$

und den Verschiebungen der Koppelpunkte $w_0$ und $w_L$ infolge Schrumpfung des Außenrohres ergibt sich der relative Vorspannbetrag, also die effektive Vorspannung zu:

$$\Delta L = -(L \cdot \varepsilon_i + w_0 - w_L)$$

bzw.

$$\Delta L = -(L \cdot \varepsilon_i + 2w_0)$$

Beim Vorspannen unter Kontrolle der Vorspannkraft $N_i$ sind somit die Größen $L_{GB}$, $w_0$ und $\Delta L$ berechenbar.

Erfolgt das Vorspannen unter Kontrolle der relativen Vorspannung $\Delta L$, so ergibt sich unter Anwendung von Gl. (11.1) und (11.3b):

$$N_i = -(EA)_i \cdot (2 w_0 + \Delta L) / L \qquad (11.9)$$

und durch Umstellung von Gl. (11.7)

$$N_i = w_0 \cdot (EA)_a / L_{GB} + F_R' \cdot L_{GB} / 2 \qquad (11.10)$$

Falls ein Haftbereich existiert, folgt aus der Umstellung der Gl. (11.8):

$$N_i = \sqrt{2 \cdot w_0 \cdot F_R' \cdot (EA)_a} \qquad (11.11)$$

und durch Gleichsetzen der rechten Seiten von Gl. (11.9) und (11.11) erhält man mit den Hilfsgrößen:

$$p = 0{,}5 \cdot F_R' \cdot (EA)_a \cdot L^2 / (EA)_i^2 - \Delta L$$

$$q = -\Delta L^2 / 4$$

schließlich

$$w_0 = -\frac{p}{2} \pm \sqrt{\frac{p^2}{4} - q} \qquad (11.12)$$

Diese Verschiebung in Gl. (11.10) oder (11.11) eingesetzt liefert $N_i$ und ermöglicht mit dem Test $N_i / F_R' < L / 2$ die Prüfung der Existenz des Haftbereiches. Wird diese Bedingung nicht erfüllt, so muss $L_{GB} = L / 2$ gesetzt werden. Unter Anwendung der Gl. (11.1), (11.3b) und (11.7) folgt nun

$$w_0 = \left[ -(EA)_i \cdot (2 w_0 + \Delta L)/L - F_R' \cdot L / 4 \right] \cdot \frac{L}{2(EA)_a}$$

und daraus

$$w_0 = -0.5 \cdot \frac{\Delta L \cdot (EA)_i - 0.25 \cdot F_R' \cdot L^2}{(EA)_a + (EA)_i} \quad , \tag{11.13}$$

so dass damit auch $N_i$ nach Gl. (11.9) bestimmbar ist.

### 11.7.3 Thermisches Vorspannen

Während des Vorwärmens besteht aus statischer Sicht unter den im Abschnitt 11.7.1 gestellten Voraussetzungen keine kraftschlüssige Verbindung zwischen Innen- und Außenrohr, obwohl die Verbindung an einem der beiden Koppelpunkte üblicherweise bereits erfolgt ist, analog wie beim mechanischen Vorspannen. Die Innenrohrleitung kann sich somit am anderen Koppelpunkt noch ungehindert ausdehnen.

Die Längenänderung beträgt $\varepsilon_{\vartheta,i} \cdot L$, mit

$$\varepsilon_{\vartheta,i} = \alpha_{\vartheta,i} \cdot (\vartheta_i - \vartheta_v)$$

Durch das Aufheizen der Innenrohrleitung ergibt sich auch eine geringe Temperatursteigerung für das Außenrohr $\vartheta_v \to \vartheta_a$. Die Dehnung dieses Rohres wird aber durch die hohen Reibungskräfte der Erdbettung stark behindert.

Die Gleitbereichslänge des Außenrohres bei dieser Erwärmung beträgt

$$L_{GB} = \min(-N_{a,HB} / F_R'; L / 2)$$

wobei $N_{a,HB}$ die Axialkraft ist, die sich bei Existenz eines Haftbereiches dort einstellen würde (siehe Bild 11.6, Linie a). Für diese Axialkraft gilt

$$N_{a,HB} = -\varepsilon_{\vartheta,a} \cdot (EA)_a \tag{11.14}$$

mit

$$\varepsilon_{\vartheta,a} = \alpha_{\vartheta,a} \cdot (\vartheta_a - \vartheta_v)$$

In den Gleitbereichen ergeben sich folgende örtliche Dehnungen:

$$\varepsilon_{x,a} = \varepsilon_{\vartheta,a} + N_{a,x} / (EA)_a$$

mit

$$N_{a,x} = -F_R' \cdot x$$

im Bereich $0 \le x \le L_{GB}$.

Die Verschiebung des Koppelpunktes bei $x = 0$ beträgt somit nach der Erwärmung

# 11 Berechnung warmgehender erdverlegter Stahlmantelrohrsysteme

bzw.
$$w_0 = -\int_{x=0}^{L_{GB}} \varepsilon_{x,a} dx$$

$$w_0 = -L_{GB} \cdot [\varepsilon_{\vartheta,a} - F_R^i / (EA)_a \cdot L_{GB} / 2] \tag{11.15}$$

Unter den genannten Symmetrie-Voraussetzungen wird wegen $w_L = -w_0$ die wirksame Vorspannlänge wiederum

$$\Delta L = -(L \cdot \varepsilon_{\vartheta,i} + 2 \cdot w_0) \tag{11.16}$$

Im Unterschied zum mechanischen Vorspannen ist hier zunächst $w_0$ negativ und dient so nur der Berechnung der effektiv eingebrachten Vorspannung $\Delta L$.

Die Kopplung der beiden Rohre erfolgt bei Vorwärmtemperatur noch ohne Kraftübertragung an der Koppelstelle, d.h. $N_i$ und $N_{a,0}$ sind gleich null. Erst durch die Abkühlung der unterschiedlich aufgeheizten Rohre ändert sich die Verschiebung und es kommt zur Kraftübertragung am Koppelpunkt.

Nachfolgend wird zunächst weiter davon ausgegangen, dass die Kompensationsbereiche noch nicht an die Vorspannstrecke angeschlossen sind, so dass das Kräftegleichgewicht am Koppelpunkt nur durch $N_i$ und $N_{a,0}$ bestimmt wird. Ohne Kopplung mit dem Mediumrohr würde sich im Mantelrohr bei Abkühlung ein Axialkraftverlauf gemäß Bild 11.6, Linie b ergeben. Durch die wesentlich größere Temperaturdifferenz des Mediumrohres bei der Abkühlung ergeben sich aber im gekoppelten System die Axialkraftverläufe c (Bild 11.6) für das Innenrohr und d für das Außenrohr.

Erfolgt das Anschließen der Kompensationsstellen voraussetzungsgemäß spannungsfrei nach Abkühlung der Vorspannstrecke, so gilt auch nach erfolgter Abkühlung $N_a = -N_i$. Es ist damit der analoge Zustand zur mechanischen Vorspannung mit $\Delta L$-Kontrolle gegeben.

Die entsprechenden Gleichungen und Bedingungen sind in vollem Umfang anwendbar, sofern die sich ergebende Gleitbereichslänge mindestens so groß ist wie die bei der vorangegangenen Vorwärmung. Diese Voraussetzung ist gleichbedeutend mit der Bedingung, dass $N_i \geq -N_{a,HB}$ sein muss, wobei sich $N_{a,HB}$ aus dem Vorwärmzustand gemäß Gl. (11.14) ergibt.

Erfolgt das Anschließen der Kompensationsstellen noch bei Vorspanntemperatur, so entsteht bei Abkühlung der Vorspannstrecke automatisch ein Vorspannen der Kompensationsstellen, wodurch zusätzliche äußere Reaktionen auf den Koppelpunkt wirken. Die Gleichgewichtsbedingung am Koppelpunkt lautet hierfür:

$$N_i + N_{a,0} = N_{iA} + N_{aA} \tag{11.17}$$

wobei $N_{iA}$ und $N_{aA}$ die aus dem angeschlossenen Ausgleichsbereich (Kompensationsbereich) herrührenden Kräfte sind.

$N_{iA}$ entspricht hierbei der Axialkraft des Mediumrohres infolge der Verschiebungsdifferenz des Anschlusspunktes. Kraftanteile aus Innendruck und Temperaturänderung entfallen noch zu diesem Zeitpunkt.

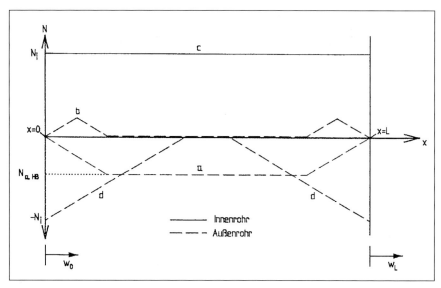

Bild 11.6: Axialkräfte bei thermischer Vorspannung
a – Mantelrohr, beim Erreichen der Vorwärmtemperatur im Mediumrohr; b – Mantelrohr nach Abkühlung ohne Kopplung (theoretischer Fall); c – Mediumrohr nach Abkühlung; d – Mantelrohr nach Abkühlung

$N_{aA}$ entspricht der Axialkraft des Mantelrohres. Sie ergibt sich aus den Anteilen infolge:

- Verschiebungsdifferenz der Anschlussstelle,
- Behinderung der Strecke Koppelpunkt/Bogen durch Reibung,
- Bettungswiderstand bei lateraler Verschiebung im Dehnschenkelbereich, insbesondere im unmittelbaren Bogenbereich.

Sowohl $N_{iA}$ als auch $N_{aA}$ bewirken, dass die Verschiebungsdifferenzen an den Koppelpunkten kleiner ausfallen als bei Anschluss der Ausgleichsbereiche nach erfolgter Abkühlung, was zu einer erhöhten Zugspannung im Mediumrohr führt.

Die Kräfte $N_i$ und $N_{iA}$ sind linear von der Verschiebung des Koppelpunktes abhängig, so dass eine entsprechende Kennlinie bzw. Funktion aus den Ergebnissen für zwei Verschiebungswerte ermittelt werden kann. Zwischen den Kräften des Mantelrohres ($N_{aA}$ und $N_{a,0}$) und den Verschiebungen der Koppelpunkte hingegen besteht ein nichtlinearer Zusammenhang. Insbesondere die Abhängigkeit von $N_{aA}$ ist mit manuellen Methoden nur in grober Näherung und bei Vorliegen entsprechender Erfahrungen abschätzbar.

Moderne PC-Programme, wie das insbesondere für erdgebettete KMR-Systeme entwickelte Programm sisKMR, ermöglichen bei sachkundiger Modellierung die geschlossene Berechnung von Medium- und Mantelrohr im Ausgleichsbereich und die Kontrolle der Relativverschiebungen im Bogenbereich. Durch Variation der Verschiebung an der Anschlussstelle (Koppelpunkt) kann bei einfacher Modellierung $N_{aA}$ und

# 11 Berechnung warmgehender erdverlegter Stahlmantelrohrsysteme

Tafel 11.2: Funktionaler Zusammenhang zwischen Axialkraft und Verschiebung am Koppelpunkt eines SMR-Systems
Beispiel: DN 700, Koppelpunkt 6 m vor der Bogenecke eines L-Systems, 80 mm Dehnpolster

| Berechnung nach Programm sisKMR | | | Linearisierte Ersatzfunktion (Umkehrfunktion) | |
|---|---|---|---|---|
| Axialkraft -N in kN | Verschiebung $w_x$ in mm für | | Axialkraft -N in kN | Verschiebung $w_x$ in mm für |
|  | $H_{ü} = 1$ m | $H_{ü} = 0,8$ m |  | $H_{ü} = 1$ m |
| 38,13 | 0,2 | 0,3 | 88 | 0 |
| 76,27 | 1,1 | 2,4 | 107 | 5 |
| 114,40 | 7,0 | 10,8 | 127 | 10 |
| 152,53 | 16,2 | 20,6 | 147 | 15 |
| 190,67 | 26,0 | 30,7 | 167 | 20 |
| 228,80 | 35,5 | 40,0 | 186 | 25 |
| 266,93 | 43,1 | 44,6 | 206 | 30 |
| 305,07 | 46,3 | 47,7 | 226 | 35 |
| 343,20 | 49,3 | 50,8 | 246 | 40 |
| – | – | – | 265 | 45 |
| – | – | – | 285 | 50 |

bei etwas aufwändigerer Modellierung $N_A = N_{iA} + N_{aA}$ in Abhängigkeit der Verschiebung $w_0$ bzw. $\Delta w_0$ bestimmt werden. Durch Linearisierung des erhaltenen Kurvenverlaufes lassen sich $N_{aA0}$ und $c_a$ und ggf. auch $N_{iA0}$ und $c_i$ ermitteln. Ein diesbezügliches Berechnungsbeispiel zeigt Tafel 11.2 mit den Bildern 11.7 und 11.8.

Die Faktoren $c_i$ und $c_a$ entsprechen Federraten, mit denen die von $\Delta w_0$ abhängigen Reaktionen des Medium- und des Mantelrohres annähernd erfasst werden. Da $c_a$ im we-

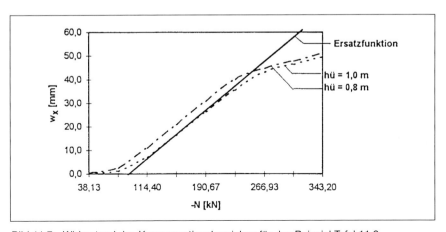

Bild 11.7: Widerstand des Kompensationsbereiches für das Beispiel Tafel 11.2

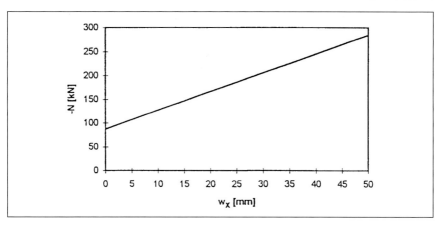

Bild 11.8: Umkehrfunktion für das Beispiel Tafel 11.2: $-N = 87{,}5 + 3{,}95 \cdot w_x$ (N in kN; $w_x$ in mm)

sentlichen durch die Querpressung am Ausgleichsschenkel bestimmt wird und damit gewöhnlich wesentlich größer als $c_i$ ist, kann der Einfluss von $c_i$ meist vernachlässigt werden.

$\Delta w_0$ ist die Verschiebungsdifferenz aus der neu zu ermittelnden Verschiebung $w_0$ und derjenigen Verschiebung, bei der der Anschluss der Kompensationsstelle vorgenommen wurde. Bezeichnet man zu diesem Zweck dasjenige $w_0$, das für den Zustand bei Vorspanntemperatur ermittelt wurde und nur der Berechnung von $\Delta L$ diente, mit $w_{Vsp}$, so wird

$$\Delta w_0 = w_0 - w_{Vsp}$$

$N_{a0}$ ist der von der Größe der Verschiebungsdifferenz $\Delta w_0$ unabhängige Betrag der axialen Reibung in der Strecke zwischen Koppelpunkt und Dehnschenkel, d.h.

$$N_{aA0} = F'_R \cdot a \tag{11.18}$$

Die Strecke a ist aus Bild 11.2 zu entnehmen.

Da die Voraussetzung $N_{a,0} = -N_i$ bei Kraftwirkungen außerhalb der Vorspannstrecke nicht gegeben ist, erhält Gl. (11.2) die Form

$$w_0 = (-N_{a,0} - F'_R \cdot L_{GB} / 2) L_{GB} / (EA)_a \tag{11.19}$$

Bei Vorliegen eines Haftbereiches ist allerdings die Gleitbereichslänge von $N_{a,0}$ abhängig:

$$L_{GB} = -N_{a,0} / F_R$$

In Gl. (11.19) eingesetzt, führt das zu der Beziehung

$$w_0 = \frac{N_{a,0}^2}{2 \cdot F'_R \cdot (EA)_a} \tag{11.20}$$

# 11 Berechnung warmgehender erdverlegter Stahlmantelrohrsysteme

Ersetzt man die rechte Seite von Gl. (11.17) durch die Kraft

$$N_A = N_{A0} + c \cdot (w_0 - w_{Vsp})$$

mit

$$N_{A0} = N_{iA0} + \text{sign}(\Delta w_0) \cdot N_{aA0} \text{ und}$$

$$c = c_i + c_a,$$

so erhält man

$$-N_{a,0} = N_i - N_{A0} - c \cdot (w_0 - w_{Vsp}) \tag{11.21}$$

Bei Abkühlung, d.h. bei Außerbetriebnahme und damit Entstehung von Zugkräften, gilt

$$\text{sign}(\Delta w_0) = 1$$

Bei Erwärmung, also Inbetriebnahme und Entstehung von Druckkräften, ist hingegen

$$\text{sign}(\Delta w_0) = -1$$

zu setzen.

Aus

$$N_i = -(EA)_i \cdot (2w_0 + \Delta L) / L$$

und Gl. (11.21) folgt schließlich

$$N_{a,0} = (EA)_i \cdot (2w_0 + \Delta L) / L + N_{A0} + c \cdot (w_0 - w_{Vsp}) \tag{11.22}$$

Die Einführung der Hilfsgrößen

$$S = c + 2 (EA)_i / L$$

$$T = N_{A0} - c \cdot w_{Vsp} + (EA)_i \cdot \Delta L / L$$

führt zu der quadratischen Gleichung

$$w_0^2 + 2 \left( \frac{T}{S} - \frac{F_R' \cdot (EA)_a}{S^2} \right) \cdot w_0 + \frac{T^2}{S^2} = 0 \tag{11.23}$$

Ersetzt man weiterhin

$$p = 2 \left[ \frac{T}{S} - \frac{F_R' \cdot (EA)_a}{S^2} \right] \tag{11.24a}$$

und

$$q = \frac{T^2}{S^2} \tag{11.24b}$$

so kann Gl. (11.12) zur expliziten Berechnung der Verschiebung $w_0$ angewendet werden. Hiermit kann $N_{a,0}$ nach Gl. (11.22) bestimmt und die Existenz des Haftbereiches geprüft werden.

Wird der Test $-N_{a,0} / F_R^i \leq L / 2$ nicht erfüllt, ist kein Haftbereich vorhanden, d.h. in Gl. (11.19) ist $L_{GB}$ durch $L / 2$ zu ersetzen. Die Berechnung der Verschiebung $w_0$ muss in diesem Fall gemäß Gleichung

$$w_0 = -0{,}5 \cdot \frac{(EA)_i \cdot \Delta L + (N_{A0} - c \cdot w_{Vsp}) \cdot L + F_R^{'} \cdot L^2 / 4}{(EA)_a + (EA)_i + c \cdot L / 2} \tag{11.25}$$

wiederholt werden.

Mit der endgültigen Verschiebung $w_0$ kann $N_{a,0}$ ggf. neu bestimmt werden und die Berechnung der übrigen am Koppelpunkt angreifenden Kräfte erfolgen. Die Belastung der Rohrverbindung am Koppelpunkt ergibt sich aus dem Kraftsprung $N_i - N_{iA}$ am Innenrohr, der entsprechend Gl. (11.17) gleich dem Kraftsprung $N_{aA} - N_{a,0}$ am Außenrohr ist.

### 11.7.4 Verschiebung und Belastung des Koppelpunktes bei Betrieb

Für das Innenrohr gilt auf der Vorspannstrecke wiederum

$$N_i = -(EA)_i \cdot [(2w_0 + \Delta L) / L - \varepsilon_{\vartheta,i}]$$

wobei in

$$\varepsilon_{\vartheta,i} = \alpha_i \cdot (\vartheta_i - \vartheta_V)$$

nunmehr für $\vartheta_i$ die zulässige Temperatur des Mediums (siehe Abschnitt 0.3) einzusetzen ist. Die im Ausgleichsbereich wirkende Axialkraft ist gleichermaßen

$$N_{iA} = N_{iA0} + c_i \cdot \Delta w_0$$

Dabei wird mit $N_{iA0}$ die gewöhnlich recht große Zugkraft infolge inneren Überdruckes berücksichtigt. Mit $c_i \cdot \Delta w_0$ werden die Reaktionen der Kompensationsstelle beim Betrieb erfasst.

Die Verschiebungsdifferenz $\Delta w_0$ ist die Differenz aus der aktuellen, noch zu ermittelnden Verschiebung $w_0$ und der Verschiebung $w_{Vsp}$. Die Gleichgewichtsbedingung am Koppelpunkt wird somit auch bei Betrieb durch die Gl. (11.17) bzw. (11.21) erfüllt.

Wegen $\varepsilon_{\vartheta,i} \neq 0$ ist aber

$$N_{a,0} = (EA)_i \cdot [(2w_0 + \Delta L) / L - \varepsilon_{\vartheta,i}] + N_{A0} + c \cdot (w_0 - w_{Vsp}) \tag{11.26}$$

zu schreiben.

Am Außenrohr ergibt sich der funktionale Zusammenhang zwischen $N_{a,0}$ und $w_0$ wieder aus

$$w_0 = -\int_{x=0}^{L_{GB}} \varepsilon_{x,d}\, dx$$

mit

$$\varepsilon_{x,a} = \varepsilon_{\vartheta,a} + N_{a,x} / (EA)_a$$

Im Gegensatz zur thermischen Vorspannung bei der Erwärmung ist aber die ortsabhängige Axialkraft $N_{a,x}$ aus

$$N_{a,x} = N_{a,0} - F_R^i \cdot x$$

zu errechnen. Zur Ermittlung von $\varepsilon_{\vartheta,a}$ ist in der Gleichung $\varepsilon_{\vartheta,a} = \alpha_i \cdot (\vartheta_a - \vartheta_V)$ für $\vartheta_a$ die Manteltemperatur einzusetzen, die bei Arbeitstemperatur des Mediumrohres erwartet wird.

Die Integration liefert die Gleichung

$$w_0 = -L_{GB} \cdot [\varepsilon_{\vartheta,a} + N_{a,0} / (EA)_a - F_R^i / (EA)_a \cdot L_{GB} / 2] \tag{11.27}$$

Zur Bestimmung der Gleitbereichslänge $L_{GB}$ kommen drei Möglichkeiten in Betracht (siehe Bild 11.9, Kurve d, e und f). Der Axialkraftverlauf gemäß Kurve d kann nur bei relativ hoher prozentualer Vorspannung der Vorspannstrecke und durch spannungsfreies Anschließen des Ausgleichsbereiches eintreten, so dass die Axialkraft $N_{a,0}$ im Betriebszustand betragsmäßig wesentlich kleiner als im Vorspannzustand ist.

Ein solcher Verlauf von $N_{a,x}$ setzt ebenso wie der Verlauf nach Kurve e die Existenz eines Haftbereiches voraus, in dem die Änderung der Axialkraft gegenüber dem Vorspannzustand der Druckkraft

$$N_{a,HB} = -\varepsilon_{\vartheta,a} \cdot (EA)_a$$

entspricht. Wie aus Bild 11.9 zu entnehmen ist, ergibt sich der Verlauf nach Kurve d, wenn die Gleitbereichslänge im Betrieb kleiner als im Vorspannzustand ist. Dazu muss die Bedingung

$$N_{a,0} < -(N_{a,0-c} - N_{a,HB}) \tag{11.28}$$

eingehalten sein (entsprechend Kurve c ist $N_{a,0-c} \equiv N_{a,0}$ im Vorspannzustand).
Ist Gl. (11.28) erfüllt, beträgt die Gleitbereichslänge

$$L_{GB} = [(N_{a,0} - N_{a,HB}) / F_R^i + L_{GB-c}] / 2 \tag{11.29}$$

wobei $L_{GB-c}$ der Gleitbereichslänge im Vorspannzustand entspricht (siehe Kurve c).
Bei etwa 50 % Vorspannung der Vorspannstrecke und der Ausgleichsbereiche ist insbesondere auch durch die Überlagerung der Innendruckkraft ein Axialkraftverlauf nach

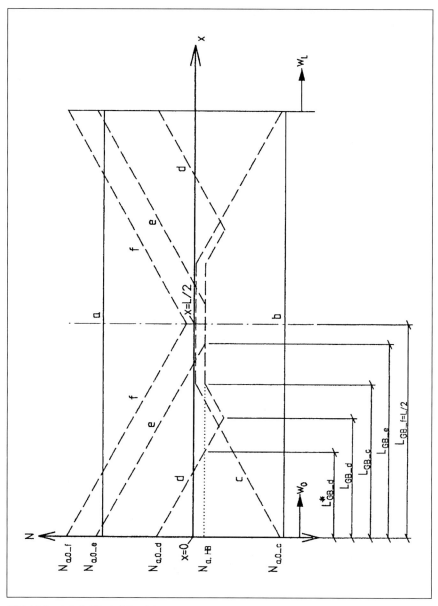

Bild 11.9: Axialkräfte bei Betrieb
a – Mediumrohr nach dem Vorspannen; b – Mediumrohr bei Betrieb; c – Mantelrohr nach dem Vorspannen; d – Mantelrohr bei Betrieb $L_{GB} < L_{GB-c}$; e – Mantelrohr bei Betrieb $L_{GB-c} < L_{GB} < L / 2$; f – Mantelrohr bei Betrieb $L_{GB} = L / 2$ (kein Haftbereich)

# 11 Berechnung warmgehender erdverlegter Stahlmantelrohrsysteme

Kurve e, bei kurzen Vorspannstrecken auch nach Kurve f (kein Haftbereich), zu erwarten.

Beide Fälle lassen sich in der Form

$$L_{GB} = \min (N_{a,0} - N_{a,HB}) / F_R' + L_{GB-c} \qquad (11.30)$$

zusammenfassen. Bei einem Kurvenverlauf e, also einem vorhandenen Haftbereich, wird

$$L_{GB} = (N_{a,0} - N_{a,HB}) / F_R'$$

und Gl. (11.27) kann in der Form

$$w_0 = -\frac{1}{2F_R' (EA)_a} \cdot (N_{a,0} - N_{a,HB})^2 \qquad (11.31)$$

geschrieben werden. Ersetzt man hierin $N_{a,0}$ durch den rechten Term von Gl. (11.26), erhält man

$$w_0 = \frac{-1}{2F_R' (EA)_a} \left[ \left( 2\frac{(EA)_i}{L} + c \right) w_0 + N_{A0} - c \cdot w_{Vsp} - N_{a,HB} + (EA)_i \cdot \left( \frac{\Delta L}{L} - \varepsilon_{\vartheta i} \right) \right] \qquad (11.32)$$

Durch Einsetzen der Hilfsgrößen p und q nach Gl. (11.24a) und (11.24b) sowie

$S = c + 2 (EA)_i / L$

$T = N_{A0} - c \cdot w_{Vsp} - N_{a,HB} + (EA)_i \cdot (\Delta L/L - \varepsilon_{\vartheta,i})$

kann $w_0$ nach Gl. (11.12) explizit bestimmt werden. Eingesetzt in Gl. (11.26) kann $N_{a,0}$ ermittelt und die Existenz des Haftbereiches geprüft werden.
Wird die Bedingung $(N_{a,0} - N_{a,HB}) / F_R' < L / 2$ nicht erfüllt, ist kein Haftbereich vorhanden. In diesem Fall ist in Gl. (11.27) $L_{GB}$ durch L / 2 zu ersetzen und die Berechnung nach Gleichung

$$w_0 = -0{,}5 \frac{(EA)_i \cdot (\Delta L - \varepsilon_{\vartheta,i} \cdot L) + (N_{A0} - N_{a,HB} - c \cdot w_{Vsp}) \cdot L - F_R' \cdot L/4}{(EA)_a + (EA)_i + c \cdot L/2} \qquad (11.33)$$

zu wiederholen.

Sollte jedoch $(N_{a,0} - N_{a,HB}) / F_R' < L_{GB-c}$ sein, so dass in Bild 11.9 der Axialkraftverlauf nach Kurve d zutrifft, dann ist in Gl. (11.27) $L_{GB}$ durch den Mittelwert

$$L_{GB} = [(N_{a,0} - N_{a,HB}) / F_R' + L_{GB-c}] / 2$$

oder wegen

$$L_{GB-c} = -N_{a,0-c} / F_R^L$$

durch

$$L_{GB} = 0{,}5 \cdot (N_{a,0} - N_{a,HB} - N_{a,0-c}) / F_R^L$$

zu ersetzen.

Mit der endgültig ermittelten Verschiebung $w_0$ können nunmehr alle am Koppelpunkt angreifenden Axialkräfte und somit auch die Kraftsprünge $N_i - N_{i,A}$ und $N_{a,A} - N_{a,0}$ berechnet werden.

Wird nicht nur die Bedingung für die Existenz des Haftbereiches erfüllt, sondern ergibt sich mit der nach Gl. (11.12) ermittelten Verschiebung $w_0$, dass $N_{a,0}$ nach Gl. (11.26) so niedrig ausfällt, dass $L_{GB} < L_{GB-c}$ wird, ist ein Axialkraftverlauf nach Kurve d zu erwarten. Die berechnete Gleitbereichslänge $L_{GB}$ würde zunächst nur der Länge $L_{GB-d}$ entsprechen. Da im Bereich

$$L_{GB-d} < x < L_{GB-c}$$

der Axialkraftverlauf unterhalb der $N_{a,HB}$-Linie verläuft, sind noch die entsprechenden Verschiebungsanteile zu berücksichtigen. Die erforderliche Korrektur beträgt

$$w_{0-korr} = -0{,}25 \cdot \left(L_{GB-c} - L_{GB-d}^*\right) / (EA)_a$$

Wegen der Abhängigkeit der Axialkraft $N_{a,0}$ von $w_0$ müssten bei hohen Genauigkeitsansprüchen weitere Angleichungen iterativ vorgenommen werden. Hierauf wird an dieser Stelle verzichtet, da ein Axialkraftverlauf nach Kurve d in der Praxis kaum zu erwarten ist.

### 11.7.5 Berechnung der Verschiebungen und Belastungen mit Computer-Programmen

Die dargelegten expliziten Berechnungsgleichungen gelten für ideale Bedingungen, z.B. kein Gefälle, konstante Überdeckungshöhe, konstante Abmessungen. In der Praxis treten mehr oder weniger große Abweichungen hiervon auf, so dass sich zur Schnittkraftbestimmung der Einsatz geeigneter Stabwerkprogramme empfiehlt. Sie müssen jedoch den Einfluss von Reibung und Reibungsumkehrung vorausgegangener Verschiebungszustände berücksichtigen können.

Für die Erfassung der nichtlinearen Kraft-Weg-Beziehungen wird in der Rohrstatik das sogenannte Federkonstantenverfahren angewendet. Bei der Berechnung von Lastfallfolgen werden die für den vorhergehenden Lastfall ermittelten Verschiebungen als Randverschiebungen der fiktiven Federn berücksichtigt. Für die Erfassung der bei Volllastwechsel auftretenden Richtungsänderung der Reibungskraft hat sich diese Vorgehensweise bewährt. Dabei wird aber die Reibung erst durch erneute kleine Verschiebung aktiviert. Bei der Berechnung von Lastfallfolgen mit sich ändernden Bedingungen führt dies zu widersprüchlichen Ergebnissen. Diese im Bereich kleiner Verschiebungsdifferenzen auftretenden Unzulänglichkeiten wurden im Programm sisKMR durch die Weiterentwicklung des Berechnungsverfahrens behoben (vergl. Abschnitt 10).

# 11 Berechnung warmgehender erdverlegter Stahlmantelrohrsysteme

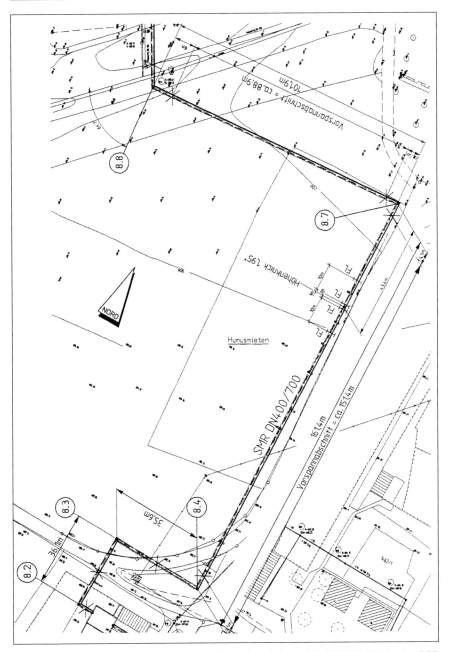

Bild 11.10: Lageplanausschnitt einer Stahlmantelrohrleitung DN 400/700 (Werkbild: GEF Ingenieur AG, Leimen)

## 11.8 Anwendungsbeispiel

Ein praktisches Anwendungsbeispiel für die dargestellte Berechnungsmethode stellt die für die Fernwärmeversorgung der Universität Ulm realisierte 5 km lange Fernwärme-Transportleitung DN 400/700 für maximale Mediumtemperaturen von 190 °C dar. Die schwierige Topographie, es waren 128 m Höhenunterschied zu überwinden, stellte in Verbindung mit den gegebenen Abmessungen und Auslegungsbedingungen hohe Anforderungen an den Planer. Bild 11.10 zeigt einen Lageplanausschnitt aus einem der 8 Trassenpläne.

Von Punkt 8.2 bis 8.4 ist die Trasse bei relativ kurzen Verlegelängen ohne Vorwärmstrecken ausgelegt. Die mit X gekennzeichneten Festpunkte entsprechen den im Bild 11.1 beschriebenen Koppelpunkten KP und verteilen die Mediumrohrverschiebungen

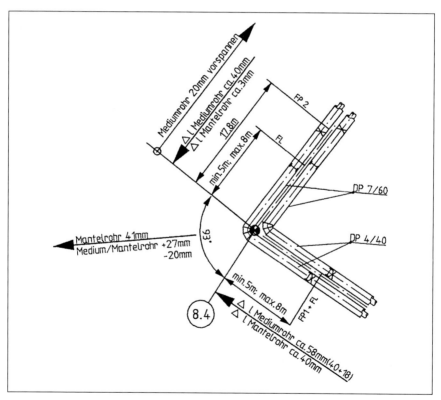

Bild 11.11:  Lagerabstände, Vorspannmaße, Dehnpolsterangaben sowie Mantel- und Mediumrohrverschiebungen am Trassenknick 8.4 von Bild 11.10 (Werkbild: GEF Ingenieur AG, Leimen)
FP 1 – Festpunkt für Vorspannabschnitt (hohe Axialkräfte); FP 2 – Festpunkt im Trassenabschnitt ohne Vorspannstrecke (niedrige Axialkräfte); FL – Führungslager; DP 4/40 – Dehnpolster 4 m lang, 40 mm dick

# 11 Berechnung warmgehender erdverlegter Stahlmantelrohrsysteme

auf die angrenzenden Bögen. Von Punkt 8.4 bis 8.8 folgen dann zwei Vorspannabschnitte von 151,4 m und 88,9 m Länge.

Die Vorspannabschnitte wurden gemäß Abschnitt 11.7.3 thermisch vorgespannt (vorgewärmt). In den Vorspannabschnitten ist die Belastung der Koppelpunkte (siehe Bild 11.2) gegenüber den anderen Abschnitten wesentlich höher. Sie wurden nach Abschnitt 11.7.3 berechnet.

Am Trassenpunkt 8.8 ergaben Optimierungsberechnungen einen Lagerabstand von 8 m, mit dem einerseits die Belastung des Mediumrohrbogens in zulässigen Grenzen gehalten und andererseits eine Erweiterung des Mantelrohres vermieden werden konnte.

An allen Lage- und Höhenknicken traten in den Vorspannstrecken erhebliche Querbelastungen auf, die nach Abschnitt 11.4 berechnet wurden. Vor und hinter dem 1,95°-Höhenknick in der Nähe des Trassenpunktes 8.7 ergaben die Berechnungen optimale Führungslagerabstände von 1 m und 10 m.

Im Bogenbereich sind die Verhältnisse besonders kompliziert. Bild 11.11 zeigt das Detail am Trassenknick Punkt 8.4. Im konventionell verlegten Schenkel wird der Mediumrohrbogen um 20 mm in Richtung des Punktes 8.3 mechanisch vorgespannt, um eine Mantelrohrerweiterung zu vermeiden. Die große Mantelrohrverschiebung aus der Vorspannstrecke erfordert eine Kompensation in Dehnpolstern.

Das Beispiel zeigt, dass die modernen Berechnungsprogramme auch bei großen und schwierigen Projekten eine effiziente Bestimmung aller Verschiebungen, Spannungen und Kräfte liefern.

# 12 Berechnung kaltgehender erdverlegter Rohrleitungen

Die Berechnung erdverlegter Rohrleitungen berücksichtigt neben der Belastung durch den Innendruck, als Grundlage für die Dimensionierung der Rohre und Rohrformstücke, auch die Zusatzlasten durch den erdverlegten Zustand.

Zur Klärung von Schadensfällen und durch die starke Verbreitung der Kunststoffrohre in allen Bereichen des Transportes und der Verteilung gasförmiger und flüssiger Medien wurden in den letzten Jahren Berechnungsverfahren entwickelt, die das Strukturverhalten erdverlegter Rohrleitungen aus Gründen der Sicherheit und der Wirtschaftlichkeit, im Hinblick auf den Langzeiteinsatz der Rohrleitungen, transparent machen sollen. Da in den verschiedenen Ländern unterschiedliche Berechnungsverfahren mit unterschiedlicher Aussagequalität angewendet werden, sind nationale und internationale Organisationen seit Jahren bemüht, Regelwerke und Richtlinien für ein einheitliches Verfahren zur Berechnung erdverlegter Rohrleitungen festzulegen. Die größte Verbreitung dürfte bisher das ATV-Arbeitsblatt A 127 für die Berechnung von Entwässerungskanälen und -leitungen erreicht haben.

Nach dem Verformungsverhalten unterscheidet man zwischen „starren" und „flexiblen" Rohren, wobei sich die Bezeichnung „starre Rohre" vor allem auf die metallischen, zementgebundenen und keramischen Rohrwerkstoffe und die Bezeichnung „flexible Rohre" auf die Kunststoffrohre bezieht. Während bei den starren Rohren der Boden nur zur Lastübertragung auf das Rohr betrachtet wird, ist bei den flexiblen Rohren die Abstützwirkung des Bodens und damit die mechanische Interaktion zwischen Boden und Rohr für das Strukturverhalten der Rohre von Bedeutung. Für starre Rohre ist aufgrund der hohen Tragfähigkeit der Spannungsnachweis und für flexible Rohre aufgrund der großen Verformbarkeit der Verformungsnachweis maßgebend.

Umfangreiche Untersuchungen [12.1] bis [12.15] zeigen, dass das Strukturverhalten erdverlegter Rohre nicht nur von den Rohreigenschaften sondern vor allem auch von den Bodeneigenschaften, den Verlege- und Einbaubedingungen usw. abhängt. Für die Beurteilung des Beanspruchungs- und Verformungszustandes erdverlegter Rohre ist daher das gesamte mechanische System „Fahrbahn-Boden-Rohr" zu betrachten. Im folgenden werden die für die Berechnung erdverlegter Rohrleitungen maßgebenden Eigenschaften der Rohre und des Bodens, die Verlege- und Einbaubedingungen sowie die Betriebs- und Belastungsverhältnisse erdverlegter Rohre betrachtet. Neben den vereinfachten Berechnungsverfahren für die Anwendungsgebiete Gas, Fernwärme, Wasser, Abwasser usw. wird eine neue Methode für die praktische Anwendung, zur Erfassung und Darstellung des Strukturverhaltens erdverlegter Rohre auf der Basis der Finite-Elemente-Methode präsentiert.

## 12.1 Mechanisches System „Fahrbahn-Boden-Rohr"

Der prinzipielle Aufbau des mechanischen Systems „Fahrbahn-Boden-Rohr", bei konventioneller Verlegung der Rohre in offener Bauweise im Rohrgraben, mit lagenweiser Einbringung und Verdichtung der Rohrgrabenverfüllung ist im Bild 12.1 dargestellt. Der Aufbau der Rohrgrabenverfüllung von der Rohrgrabensohle bis zur Fahrbahn unterteilt sich dabei in die Abschnitte (LZ) – Leitungszone und (WZ) – Wiederverfüllzone. Die Leitungszone ist jener Bereich, der das Rohr unmittelbar umgibt und für die mechanische Interaktion zwischen Boden und Rohr verantwortlich ist. Über der Leitungszone befindet sich die Wiederverfüllzone, die bis zur Fahrbahn reicht.

# 12 Berechnung kaltgehender erdverlegter Rohrleitungen

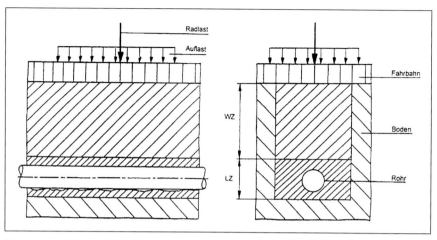

Bild 12.1: Mechanisches System „Fahrbahn-Boden-Rohr" bei konventioneller Verlegung

Im Gegensatz zur konventionellen Verlegung in offener Bauweise, entsteht bei der grabenlosen Verlegung ein Mikrotunnel für die Einbringung der Rohre, der nur eine lokale Störung des Bodens in unmittelbarer Umgebung des Rohrkanals bewirkt. Eine ausführliche Darstellung der grabenlosen im Vergleich zur konventionellen Leitungsverlegung aus geomechanischer und leitungstechnischer Sicht ist in [12.15] zu finden.

## 12.1.1 Mechanische Eigenschaften der Rohrwerkstoffe

Die Werkstoffe für erdverlegte Rohre zeigen zum Teil wesentliche Unterschiede in den mechanischen Eigenschaften. Dies gilt insbesondere für das Spannungs-Dehnungsverhalten, das Zeitstandverhalten, die Zeit- und Temperaturabhängigkeit der mechanischen Eigenschaften sowie die Alterung innerhalb der für erdverlegte Rohre relevanten Einsatzbereiche.

Folgende Rahmenbedingungen sind im allgemeinen als Anforderungen für die Rohrwerkstoffe vorgegeben:

– Mindestnutzungsdauer: 50 Jahre
– Schwellbelastung: $2 \cdot 10^6$ Lastwechsel
– Einsatztemperaturbereich: -10 °C bis 50 °C

Der Berechnung erdverlegter Rohre wird im allgemeinen ein homogener, isotroper Rohrwerkstoff mit linear-elastischem Werkstoffverhalten zugrunde gelegt. Das entsprechende Werkstoffgesetz für den dreidimensionalen Beanspruchungszustand in der Rohrwand mit den Hauptnormalspannungen in Umfangs-, Radial- und Längsrichtung ist gegeben mit dem Elastizitätsmodul $E_R$ und der Querdehnungszahl $\nu_R$:

$$\varepsilon_u = \frac{1}{E_R}\left[\sigma_u - \nu_R \cdot \left(\sigma_r + \sigma_l\right)\right] \tag{12.1a}$$

# 12 Berechnung kaltgehender erdverlegter Rohrleitungen

$$\varepsilon_r = \frac{1}{E_R}\left[\sigma_r - \nu_R \cdot (\sigma_l + \sigma_u)\right] \tag{12.1b}$$

$$\varepsilon_l = \frac{1}{E_R}\left[\sigma_l - \nu_R \cdot (\sigma_u + \sigma_r)\right] \tag{12.1c}$$

Dabei bedeuten, bezogen auf die Lage in der Rohrwand:

$\sigma_u$ – Spannungskomponente in Umfangsrichtung
$\sigma_r$ – Spannungskomponente in Radialrichtung
$\sigma_l$ – Spannungskomponente in Längsrichtung
$\varepsilon_u$ – Dehnungskomponente in Umfangsrichtung
$\varepsilon_r$ – Dehnungskomponente in Radialrichtung
$\varepsilon_l$ – Dehnungskomponente in Längsrichtung

Für den eindimensionalen Beanspruchungszustand vereinfacht sich Gl. (12.1) zu

$$\varepsilon = \frac{\sigma}{E_R} \tag{12.2}$$

Zu den Rohrwerkstoffen mit annähernd linear-elastischem Werkstoffverhalten im relevanten Einsatzbereich zählen die metallischen, die zementgebundenen und die keramischen Werkstoffe. Dabei handelt es sich vorwiegend um starre Rohre mit einem relativ hohen Elastizitätsmodul, wobei die mechanischen Eigenschaften im allgemeinen von der Temperatur und der Belastungsdauer unabhängig sind. Die im Kurzzeitversuch ermittelten Werkstoffkennwerte können auch für die Langzeitbetrachtung verwendet werden.

Bei den Kunststoffen sind die mechanischen Eigenschaften von der Belastungsdauer und der Temperatur abhängig. Kunststoffe fallen unter die Gruppe der viskoelastischen Werkstoffe. Das Spannungs-Dehnungsverhalten viskoelastischer Werkstoffe wird durch sogenannte isochrone Spannungs-Dehnungs-Diagramme beschrieben. Bei viskoelastischen Werkstoffen ist grundsätzlich zwischen den Begriffen „Kriechen" und „Relaxieren" zu unterscheiden. Kriechen bedeutet eine Zunahme der Dehnungen mit der Belastungsdauer bei konstanter Spannung. Relaxieren bedeutet eine Abnahme der Spannungen mit der Belastungsdauer bei konstanter Dehnung. Eine ausführliche Darstellung der mechanischen Eigenschaften von thermoplastischen Kunststoffrohren ist in [12.16] zu finden.

Analog zu Gl. (12.2) lässt sich das eindimensionale Werkstoffverhalten von linear-viskoelastischen, alterungsfreien Werkstoffen bei konstanter Temperatur in Abhängigkeit von der Belastungsdauer beschreiben durch:

$$\varepsilon(t) = \int_{-\infty}^{t} K_E(t-\tau) \cdot \frac{\partial \sigma(\tau)}{\partial \tau} d\tau \tag{12.3}$$

Dabei bedeutet $K_E(t)$ die Kriechfunktion des Werkstoffes und $\sigma(t)$ repräsentiert die Belastungsgeschichte über die Einsatzdauer.

Liegen die Spannungen und Dehnungen im Rahmen der Einsatzverhältnisse erdverlegter Kunststoffrohre annähernd im linearen Bereich, so kann die Berechnung mit Hilfe der sogenannten „elastischen Näherung" durchgeführt werden. Es gilt:

$$\varepsilon(t) = K_E(t) \cdot \sigma(t) \tag{12.4}$$

Die Voraussetzungen für die Anwendbarkeit der Gleichung (12.4) sind in [12.16] ausführlich beschrieben. Ohne auf die Belastungs- und Verformungsgeschichte der Kunststoffrohre innerhalb der Einsatzdauer einzugehen, kann mit Hilfe der elastischen Näherung zu jedem beliebigen Zeitpunkt der Spannungs- und Verformungszustand in den Rohren näherungsweise ermittelt werden, wenn die entsprechenden Werkstoffkennwerte als Funktion der Zeit und der Temperatur bekannt sind. In den Gleichungen für linear-elastisches Werkstoffverhalten wird der E-Modul durch den Kehrwert der Kriechfunktion bzw. den Langzeit-E-Modul ersetzt. Das Ergebnis ist ein Näherungswert für den Spannungs- und Verformungszustand in den viskoelastischen Rohren.

Rohre aus duroplastischen Kunststoffen, wie z.B. geschleuderte GF-UP-Rohre, zeigen gleichfalls ein zeitabhängiges Werkstoffverhalten [12.12], [12.17], wobei neben dem Schichtenaufbau der Rohrwand die beim Rohrwanddesign festgelegten Eigenschaften in Rohrumfangs- und Rohrlängsrichtung, entsprechend dem gewählten Rohrwandaufbau, zu berücksichtigen sind. Die anisotropen mechanischen Werkstoffeigenschaften sind auf die Orientierung der Faserverstärkung zurückzuführen, mit deren Hilfe spezielle mechanische Eigenschaften in den entsprechenden Rohrrichtungen erzielt werden können. Für die Berechnung von GF-UP-Rohren werden die Werkstoffeigenschaften, resultierend aus dem Schichtenaufbau, gemittelt über die Rohrwand angenommen.

Für die Berechnung erdverlegter Rohre werden im allgemeinen folgende Werkstoffkennwerte benötigt:

– Wichte $\gamma_R$

– Elastizitätsmodul $E_R$

– Querdehnungszahl $\nu_R$

Bei den Kunststoffrohren ist zwischen Kurzzeit- und Langzeitwerten zu unterscheiden und der Temperatureinfluss zu berücksichtigen.

In Tafel 12.1 sind die für die Berechnung erforderlichen mechanischen Werkstoffkennwerte der Rohrwerkstoffe zusammengestellt. Ausführliche Informationen über die Eigenschaften der Rohrwerkstoffe sowie die Werkstoffkennwerte für die Berechnung und die Beurteilung der Beanspruchungs- und Verformungsverhältnisse in den Rohren, sind den jeweiligen Produktnormen der Rohre zu entnehmen.

Die in Tafel 12.1 ausgewiesenen Werkstoffkennwerte beziehen sich auf eine Temperatur von 23 °C. Die mittlere Betriebstemperatur im Boden kann mit annähernd 5 °C angenommen werden. Zu beachten ist, dass insbesondere bei thermoplastischen Kunststoffrohren die Werkstoffeigenschaften und damit die Werkstoffkennwerte zwischen 5 °C und 23 °C bereits beträchtlich schwanken können.

# 12 Berechnung kaltgehender erdverlegter Rohrleitungen

Tafel 12.1: Rohrwerkstoffkennwerte

| Rohrwerkstoff | Wichte $\gamma_R$ [kN/m³] | E-Modul $E_R$ [N/mm²] Kurzzeit / Langzeit | Querdehnungszahl $\nu_R$ | Bemerkung |
|---|---|---|---|---|
| Stahl | 78,0 | 210 000 | 0,3 | |
| Gusseisen, duktil | 70,5 | 170 000 | 0,3 | |
| Beton | 24,0 | 30 000 | 0,2 | |
| Stahlbeton | 25,0 | 30 000 | 0,2 | |
| Steinzeug | 22,0 | 50 000 | -- | |
| Asbestzement | 20,0 | 25 000 | -- | |
| PVC | 13,8 | 3600 / 1750 | 0,4 | |
| PE | 9,5 | 1000 / 150 | 0,4 | |
| GF-UP [1]) | 17,5 | 10 000 / 5000 [2]) 7000 / 1400 | 0,25 bis 0,4 | Umfangsrichtung Längsrichtung |

[1]) GF-UP-Rohre aus glasfaserverstärktem, ungesättigtem Polyesterharz im Schleuderverfahren hergestellt
[2]) Werte gelten für Druckrohre. Werte für Kanalrohre: Kurzzeit 8000 N/mm² / Langzeit 3200 N/mm²

## 12.1.2 Mechanische Eigenschaften der Boden- und Verfüllmaterialien

Derzeit werden für die Berechnung erdverlegter Rohrleitungen die Bodengruppen BG1 bis BG4 unterschieden, deren Klassifizierung nach den Grob- und Feinkornanteilen sowie der Bindigkeit erfolgt:

- BG1: Grobkörnige, nichtbindige Böden
  Kies oder Sand
- BG2: Gemischtkörnige, schwach bindige Böden mit geringem Feinkornanteil
  Kies oder Sand mit geringen Anteilen Schluff oder Ton
- BG3: Gemischtkörnige, bindige Böden mit hohem Feinkornanteil
  Kies oder Sand mit hohen Anteilen Schluff oder Ton
- BG4: Feinkörnige, bindige Böden
  Schluff oder Ton, leicht bis ausgeprägt plastisch

Sofern im Einzelfall keine genaueren Angaben vorliegen, können für die Berechnung erdverlegter Rohre näherungsweise die bodenmechanischen Kennwerte der Boden- und Verfüllmaterialien nach Tafel 12.2 angenommen werden.

Tafel 12.2: Bodenmechanische Kennwerte der Boden- und Verfüllmaterialien

| Bodengruppe | Wichte [kN/m³] | | innerer Reibungswinkel $\varphi_B$ [Grad] |
|---|---|---|---|
| | $\gamma_B$ ohne Grundwasser | $\gamma_B'$ im Grundwasser | |
| BG1 | 20 | 12 | 35 |
| BG2 | 20 | 12 | 30 |
| BG3 | 20 | 12 | 25 |
| BG4 | 20 | 12 | 20 |

Tafel 12.3: Steifemodul $E_{S0}$ und Kriechbeiwert $k_{50}$ der Boden- und Verfüllmaterialien

| Boden-gruppe | Steifemodul $E_{S0}$ [N/mm²] | | | | | | | Kriech-beiwert $k_{50}$ |
|---|---|---|---|---|---|---|---|---|
| | Verdichtungsgrad $D_{Pr}$ [%] | | | | | | | |
| | 85 | 90 | 92 | 95 | 97 | 100 | 102 | |
| BG1 | 3,8 | 5,3 | 6,0 | 7,2 | 8,2 | 10,0 | 11,4 | 1,0 |
| BG2 | 2,1 | 2,9 | 3,3 | 4,0 | 4,5 | 5,5 | 6,3 | 1,0 |
| BG3 | 1,3 | 1,8 | 2,1 | 2,5 | 2,9 | 3,5 | 4,0 | 0,5 |
| BG4 | 0,9 | 1,2 | 1,4 | 1,7 | 1,9 | 2,3 | 2,6 | 0,3 |

Die Beschreibung des Last-Verformungsverhaltens der Boden- und Verfüllmaterialien erfolgt im allgemeinen durch den Steifemodul $E_S$. Dieser kann in horizontaler und vertikaler Richtung gleich angenommen werden. Nach dem Stand der Technik ist der Steifemodul $E_{S0}$ für die Bodengruppen BG1 bis BG4, in Abhängigkeit vom Verdichtungsgrad $D_{Pr}$, für den Spannungsbereich bis $\sigma_0 = 0{,}01$ N/mm² in Tafel 12.3 angegeben. Für Spannungen $\sigma > \sigma_0$ lässt sich der Steifemodul wie folgt ermitteln:

$$E_S = E_{S0} \cdot \sqrt{\frac{\sigma}{\sigma_0}} \qquad (12.5)$$

Zur Berücksichtigung von Langzeitbelastungen über einen Zeitraum von 50 Jahren ist für die Bodengruppen BG3 und BG4 der Steifemodul mit dem Kriechbeiwert $k_{50}$ nach Tafel 12.3 zu multiplizieren:

$$E_{S,50} = E_S \cdot k_{50} \qquad (12.6)$$

Im ATV-Arbeitsblatt A 127 wird das Last-Verformungsverhalten der Boden- und Verfüllmaterialien durch den Verformungsmodul $E_B$ gemäß dem Plattendruckversuch beschrieben. Für Spannungen $\sigma \leq 0{,}1$ N/mm² sind Richtwerte für den Verformungsmodul für die Bodengruppen BG1 bis BG4 in Abhängigkeit vom Verdichtungsgrad $D_{Pr}$ in Tafel 12.4 angegeben. Für Spannungen $\sigma > 0{,}1$ N/mm² steigt der Verformungsmodul an. Ohne besondere Nachweise können auch in diesem Fall die Tabellenwerte herangezogen werden. Für Bodenarten oder Verfüllmaterialien, die nicht in Tafel 12.4 enthalten sind, können die Rechenwerte mit dem Plattendruckversuch ermittelt werden.

Tafel 12.4: Verformungsmodul $E_B$ der Boden- und Verfüllmaterialien

| Bodengruppe | Verformungsmodul $E_B$ [N/mm²] | | | | | | Erddruck-verhältnis $K_2$ |
|---|---|---|---|---|---|---|---|
| | Verdichtungsgrad $D_{Pr}$ [%] | | | | | | |
| | 85 | 90 | 92 | 95 | 97 | 100 | |
| BG1 | 2 | 6 | 9 | 16 | 23 | 40 | 0,4 |
| BG2 | 1,2 | 3 | 4 | 8 | 11 | 20 | 0,3 |
| BG3 | 0,8 | 2 | 3 | 5 | 8 | 13 | 0,2 |
| BG4 | 0,6 | 1,5 | 2 | 4 | 6 | 10 | 0,1 |

## 12 Berechnung kaltgehender erdverlegter Rohrleitungen

Die für die Berechnung erdverlegter Rohre maßgebenden Bodenmodule in der Umgebung der Rohre sind im Bild 12.2 angegeben. Gewachsene Böden haben im allgemeinen Proctordichten von 90 bis 97 %. Unter dem Rohr kann $E_4 = 10 \cdot E_1$ angenommen werden, sofern keine genaueren Angaben vorliegen. Bei Gründung auf Fels kann $E_4$ wesentlich größer vorausgesetzt werden.

Grundwasser beeinflusst die Eigenschaften des Verfüllmaterials in der Leitungszone und kann näherungsweise, wie folgt berücksichtigt werden, wenn $E_2$ den Wert ohne Grundwasser und $E_{2,GW}$ den Wert im Grundwasser bedeuten:

$$E_{2,GW} = f \cdot E_2 \quad (12.7)$$

wobei gilt:

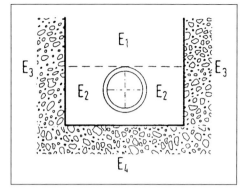

Bild 12.2: Boden- und Verfüllzonen erdverlegter Rohre
E1 – Verfüllung über dem Rohrscheitel
E2 – Leitungszone seitlich des Rohres
E3 – Boden neben dem Graben bzw. neben der Leitungszone
E4 – Boden unter dem Rohr

$$f = \frac{D_{Pr} - 75}{20} \leq 1 \quad (12.8)$$

Neben den üblichen bodenmechanischen Kennwerten ist für die Beurteilung der Boden- und Verfüllmaterialien unter Belastungen vor allem das Druck-Setzungsverhalten aus dem Kompressionsversuch maßgebend. Im Bild 12.3 ist das Druck-Setzungsver-

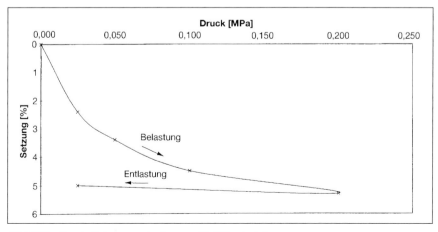

Bild 12.3: Druck-Setzungsverhalten von Verfüllmaterialien

halten eines Verfüllmaterials für die Bettung und Einbettung von Rohren in der Leitungszone bei Belastung und Entlastung dargestellt. Das Druck-Setzungsverhalten der Verfüllmaterialien ist wesentlich für die Erfassung der Auswirkungen der Verdichtung der Rohrgrabenverfüllung auf das Strukturverhalten der erdverlegten Rohre.

### 12.1.3 Verlege- und Einbaubedingungen

Die Verlege- und Einbaubedingungen für erdverlegte Rohre sind für die verschiedenen Anwendungsgebiete, Gas, Fernwärme, Wasser, Abwasser usw., in den einschlägigen Regelwerken und Richtlinien festgelegt.

Grundsätzlich ist zwischen einer seichten Verlegung mit relativ geringen Überdeckungshöhen und einer tiefen Verlegung mit großen Überdeckungshöhen, wie sie vor allem bei Kanälen vorkommen, zu unterscheiden. Der Unterschied bezieht sich neben der Belastung durch Auflasten auch auf das Einbringen und Entfernen des Grabenverbaues sowie die Verfüllung und Verdichtung im Rohrgraben.

Des weiteren wird zwischen dem Einbau im Rohrgraben und dem Einbau im Damm unterschieden. Da man den Einbau im Damm auch als Einbau in einem sehr breiten Graben betrachten kann, wird im folgenden nicht weiter auf diese Unterscheidung eingegangen.

Zu den für die Berechnung erdverlegter Rohre relevanten Verlege- und Einbaubedingungen zählen:

- Grabenformen (parallele Wände, geböschte Wände, Stufengraben und dergl.)
- Abmessungen des Rohrgrabens: Grabentiefe, Grabenbreite
- Einbringung und Entfernung des Grabenverbaues
- Anforderungen an die Rohrgrabensohle und die Rohrbettung
- Ausführung von Kopflöchern und Schweißgruben
- Grundwassereinfluss in der Leitungszone
- Einbringung, Lagerung und Verbindung der Rohre
- Anforderungen an das Verfüllmaterial in der Leitungszone
- Verfüllung und Verdichtung der Leitungszone
- Höhe der Überdeckungszone sowie der Rohrüberdeckung
- Anforderungen an das Verfüllmaterial in der Wiederverfüllzone
- Verdichtungskontrolle

Der Berechnung erdverlegter Rohre sind bestimmte Einbaudaten zugrunde zu legen, die zumindest folgende Angaben umfassen müssen:

- minimale und maximale Rohrscheitelüberdeckungshöhe
- Grabenbreite in Höhe des Rohrscheitels
- Bodengruppen BG in den relevanten Zonen des Rohrgrabens bzw. der Verfüllung
- Lagerungsfall LF

    Der Lagerungsfall legt die Bettung der Rohre in der Bettungszone und im Rohrzwickel fest. Folgende Lagerungsfälle sind zu unterscheiden:

LF1: Rohrauflager auf geeigneter Rohrgrabensohle oder Rohrbettung in der Sohlzone. Dieser Lagerungsfall ist üblich für die Verlegung von Rohren in den Anwendungsgebieten Gas, Fernwärme, Wasser, Abwasser.

LF2: Rohrauflager auf Betonbettung mit teilweiser oder voller Betonummantelung der Rohre über einen Teil oder die ganze Grabenbreite. Dieser Lagerungsfall wird bei Kanalrohren angewendet.

– Einbaufall EF

Der Einbaufall legt die Verfüllung und Verdichtung von Rohrgräben einschließlich der Art und Entfernung des Grabenverbaues fest. Folgende Einbaufälle sind zu unterscheiden:

EF1: Lagenweise Verfüllung und Verdichtung im Rohrgraben gegen den bestehenden Boden; ein Grabenverbau ist vor dem Verdichten zu entfernen.

EF2: Verfüllung des Rohrgrabens ohne oder mit vorher entferntem Grabenverbau.

Lagenweise Verfüllung und geringe Verdichtung im Rohrgraben, ohne oder mit vorher entferntem Grabenverbau.

Lagenweise Verfüllung und Verdichtung im Rohrgraben gegen einen leichten Grabenverbau, der erst nach dem Verdichten entfernt wird.

EF3: Unkontrollierte Verfüllung mit beliebigem Verfüllmaterial in einem Rohrgraben.

Verfüllung und Verdichtung im Rohrgraben zwischen einem schweren Grabenverbau, der erst nach dem Verdichten entfernt wird.

Alle sonstigen Einbaumaßnahmen, die nicht EF1 und EF2 entsprechen.

Die den Einbaufällen EF1 bis EF3 entsprechenden Verdichtungsgrade der Rohrgrabenverfüllung können in Abhängigkeit von den Bodengruppen BG1 bis BG4 näherungsweise der Tafel 12.5 entnommen werden.

– Grundwasserverhältnisse in der Leitungszone, Höhe des Grundwasserspiegels über dem Rohrscheitel.

Die Bauausführung muss den für die Berechnung getroffenen Annahmen entsprechen. Abweichungen von den festgelegten Annahmen können zu wesentlichen Abweichungen der Beanspruchungs- und Verformungsverhältnisse in den Rohren gegenüber den rechnerisch ermittelten Werten führen.

Die Berechnung erdverlegter Rohre setzt im allgemeinen gleichmäßige Belastungen über die Rohrlänge voraus. Die Rohrbettung ist daher in der Regel so auszubilden, dass Längsbiegungen und Punktlasten vermieden werden.

Tafel 12.5: Verdichtungsgrade für die Einbaufälle EF1 bis EF3

| Bodengruppe | Verdichtungsgrad $D_{Pr}$ [%] | | |
|---|---|---|---|
| | EF1 | EF2 | EF3 |
| BG1 | 97 | 90 | 85 |
| BG2 | 97 | 90 | 85 |
| BG3 | 95 | 90 | 85 |
| BG4 | 95 | 90 | 85 |

## 12.1.4 Belastungsverhältnisse

Betrachtet man die mechanischen Einwirkungen auf erdverlegte Rohre, so sind entsprechend dem Auftreten und der Wirkung zwei Belastungsgruppen zu unterscheiden. Es sind dies einerseits die sogenannten direkten Lasten, die unmittelbar auf das mechanische System „Fahrbahn-Boden-Rohr" einwirken, und andererseits die sogenannten indirekten Lasten, als Reaktionslasten aus der erzwungenen mechanischen Interaktion zwischen Boden und Rohr zufolge der Wirkung der direkten Lasten.

### a) Einwirkungen durch direkte Lasten

Als direkte Lasten werden die unmittelbar auf das mechanische System „Fahrbahn-Boden-Rohr" einwirkenden Lasten bezeichnet. Hierzu gehören:

*Innendruck $p_i$*

Die maßgebende Größe für die Dimensionierung von Rohren ist der Berechnungsdruck $p_i$. Für die Berechnung können sowohl der maximale Überdruck als auch der maximale Unterdruck maßgebend sein (siehe Abschnitt 0.6). Druckstöße sind im allgemeinen im Berechnungsdruck berücksichtigt, entsprechende Hinweise sind erforderlich.

*Außendruck $p_a$*

Der äußere Wasserdruck $p_a$, z.B. durch Grundwasser, ist der auf die Rohrachse bezogene hydrostatische Druck mit der Wichte des Wassers $\gamma_w$, der Höhe des Wasserspiegels über dem Rohrscheitel $h_w$ und dem Rohraußendurchmesser $d_a$:

$$p_a = \gamma_w \cdot \left( h_w \cdot \frac{d_a}{2} \right) \tag{12.9}$$

*Rohreigengewicht $q_R$*

Für das Rohreigengewicht gilt mit der Wichte des Rohrwerkstoffes $\gamma_R$ und der Rohrwanddicke $s$:

$$q_R = \gamma_R \cdot s \tag{12.10}$$

Das Rohreigengewicht kann im Vergleich zu den sonstigen Lasten im allgemeinen vernachlässigt werden.

*Gewicht des Transportmediums $q_M$*

Für das Gewicht des Transportmediums gilt mit $\gamma_M$ der Wichte des Transportmediums, $d_i$ dem Rohrinnendurchmesser und $\varphi$ dem Lagewinkel vom Rohrscheitel ausgehend, mit Berücksichtigung des hydrostatischen Druckes:

$$q_M = \gamma_M \cdot \frac{d_i}{2} \cdot (1 - \cos \varphi) \tag{12.11}$$

# 12 Berechnung kaltgehender erdverlegter Rohrleitungen

*Erdlast $q_E$*

Die Erdlast entspricht dem Bodengewicht über dem Rohr, entsprechend der Rohrüberdeckung, und ergibt sich ohne Berücksichtigung der Silotheorie sowie der Einwirkungen durch die Verdichtung der Rohrgrabenverfüllung vereinfacht mit $\gamma_B$ der Wichte des Verfüllmaterials und h der Überdeckungshöhe des Rohres:

$$q_E = \gamma_B \cdot h \qquad (12.12)$$

Messungen des Verformungszustandes erdverlegter Kunststoffrohre unmittelbar nach dem Einbauvorgang, mit lagenweiser Verfüllung und Verdichtung im Rohrgraben, haben gezeigt, dass Verformungen auftreten können, die weit über den Werten für den Belastungszustand „Erdlast" nach Gl. (12.12) liegen. Simulationen [12.14] zeigen, dass beim Einbau der Rohre, infolge der Verdichtung der Rohrgrabenverfüllung, entsprechend dem Druck-Setzungsverhalten des Verfüllmaterials eine bleibende Verspannung des Bodens bzw. der Verfüllung in der Leitungszone bewirkt wird, wodurch auch ohne entsprechende Auflasten hohe, nicht reversible Verformungen der Rohre möglich sind.

Der Begriff Erdlast ist im allgemeinen nur für eine Schüttung bzw. eine sehr geringe Verdichtung der Rohrgrabenverfüllung gültig. Für eine ordnungsgemäße Verdichtung der eingebrachten Rohrgrabenverfüllung, entsprechend den geforderten Verdichtungsgraden sowie den Anforderungen der Straßenerhalter, ist eine Verdichtungslast zu berücksichtigen. Abminderungen für die Erdlast nach der Silotheorie scheinen daher im allgemeinen nicht angebracht. Für die Berechnung erdverlegter Rohre ist es vielmehr notwendig, statt der Erdlast eine entsprechende Einbaulast anzusetzen, die wesentlich größer als die Erdlast sein kann. Allgemein gültige Werte für Einbaulasten liegen zur Zeit noch nicht vor. Es wurde aber eine Methode entwickelt, mit der die Einbaulasten ermittelt werden können [12.14].

*Auflasten als ruhende Lasten auf der Fahrbahn $q_A$*

Auflasten zufolge ruhender Lasten auf der Fahrbahn können auftreten durch:

- Fahrzeuge
- Baugeräte, Maschinen, Container, Transportmulden usw.
- Baumaterialien usw.

Die Lastannahmen sind entsprechend den jeweiligen Gegebenheiten zu treffen. Zu beachten ist, dass die Ausbildung der Fahrbahn einen wesentlichen Einfluss auf die Lastverteilung im Boden besitzen kann.

*Verkehrslasten als bewegte Lasten auf der Fahrbahn $q_V$*

Auf allen Flächen, auf denen eine Verkehrsbelastung nicht ausgeschlossen werden kann, sind für die Berechnung erdverlegter Rohre Verkehrslasten entsprechend der Nutzung der Flächen zu berücksichtigen.

- Straßenverkehrslasten

   Zur Berechnung der Straßenverkehrslasten werden repräsentative Regelfahrzeuge herangezogen. In Tafel 12.6 sind beispielhaft die Regelfahrzeuge nach DIN 1072 angegeben.

Tafel 12.6: Lasten und Radaufstandsflächen von Regelfahrzeugen

| Regelfahrzeug | Gesamtlast [kN] | Radlast | | Radaufstandsfläche | | $r_A$ [m] | $r_E$ [m] | dynam. Beiwert $\psi$ |
|---|---|---|---|---|---|---|---|---|
| | | $F_A$ [kN] | $F_E$ [kN] | Breite [m] | Länge [m] | | | |
| SLW 60 | 600 | 100 | 500 | 0,6 | 0,2 | 0,25 | 1,82 | 1,2 |
| SLW 30 | 300 | 50 | 250 | 0,4 | 0,2 | 0,18 | 1,82 | 1,4 |
| LKW 12 | 120 | 40 | 80 | 0,3 | 0,2 | 0,15 | 2,26 | 1,5 |

Für unbefestigte Fahrbahnen ergibt sich die wirksame Straßenverkehrsbelastung in Rohrscheitelhöhe zufolge der genormten Regelfahrzeuge mit dem dynamischen Beiwert $\psi$ nach Tafel 12.6 mit

$$q_v = p_v \cdot a_v \cdot \Psi \tag{12.13}$$

$p_v$ und $a_v$ können in Abhängigkeit von der Überdeckungshöhe h und dem mittleren Rohrdurchmessser d nach den folgenden Gleichungen, basierend auf der Theorie von Boussinesq für eine Einzellast auf den elastischen Halbraum, angenähert ermittelt werden. Der Näherung liegt eine Druckausbreitung unter der Neigung 2:1 zugrunde. Die Radlast $F_A$, die Summe der übrigen Radlasten $F_E$, der Radius der Ersatzaufstandsfläche $r_A$ und die mittlere Entfernung der übrigen Räder vom Rohrscheitel $r_E$ für die Regelfahrzeuge sind der Tafel 12.6 zu entnehmen.

$$p_v = \frac{F_A}{\pi \cdot r_A^2} \cdot \left[ 1 - \left( \frac{h^2}{h^2 + r_A^2} \right)^{\frac{3}{2}} \right] + \frac{3 \cdot F_E}{2 \cdot \pi h^2} \cdot \left( \frac{h^2}{h^2 + r_E^2} \right)^{\frac{5}{2}} \tag{12.14}$$

$$a_v = 1 - \frac{0,9}{0,9 + \frac{4h^2 + h^6}{1,1} \cdot d^{-\frac{2}{3}}} \tag{12.15}$$

Die Gleichungen (12.14) und (12.15) gelten für Überdeckungshöhen h ≥ 0,5 m und für Durchmesser d ≤ 5 m.

$p_v$ ist eine Näherung für die maximale Belastung infolge der Radlasten und Radaufstandsflächen nach Tafel 12.6, wobei keine lastverteilende Wirkung aufgrund der Fahrbahnausbildung berücksichtigt ist.

$a_v$ ist ein Korrekturfaktor zur Berücksichtigung der Druckverteilung über die Rohrbreite und der mittragenden Rohrlänge bei kleinen Überdeckungshöhen. h und d sind in Gl. (12.15) in m einzusetzen.

## 12 Berechnung kaltgehender erdverlegter Rohrleitungen

Anzumerken ist, dass nach dem Stand der Technik nur die Vertikalbelastung im Boden als Lastgröße für die Rohre berücksichtigt wird. Die durch die Vertikalbelastung aktivierte Horizontalbelastung im Boden bleibt unberücksichtigt.

Für Überdeckungshöhen h < 0,5 m sind gesonderte Betrachtungen unter Einbeziehung der Fahrbahnausbildung erforderlich.

Für befestigte Fahrbahnen ergeben sich die Belastungen auf erdverlegte Rohre ausgehend von einem Verkehrslastkollektiv auf der Straßenverkehrsfläche zufolge der Lastverteilung unter der gebetteten Fahrbahnplatte. Durch die Radlasten verschiedener Fahrzeuge, die sich zufällig verteilt mit unterschiedlichen Geschwindigkeiten auf der Fahrbahn bewegen, ergibt sich eine zeitlich und örtlich veränderliche Druckverteilung auf den Boden unter der Fahrbahn, über die im allgemeinen keine Informationen vorliegen. Die Verkehrsbelastung kann durch eine resultierende, gleichmäßige, quasistatische Druckbelastung unmittelbar auf den Boden unter der Fahrbahn wirkend ersetzt werden, wobei nach [12.2] und [12.10] als obere Schranke angenommen werden kann:

PKW: $q_v = 0,01$ N/mm$^2$

LKW: $q_v = 0,10$ N/mm$^2$

Verkehrslasten, wie sie als obere Schranke der Druckverteilung unter der Fahrbahn ermittelt wurden, sind nur mit geringer Eintrittswahrscheinlichkeit zu erwarten. Die tatsächlichen Verkehrslasten werden im allgemeinen zwischen den Belastungszuständen „ohne Verkehrslast" und „mit Verkehrslast" schwanken und damit Druckschwankungen auf den Boden unter der Fahrbahn im Intervall von $0 \leq q_v \leq 0,1$ N/mm$^2$ hervorrufen.

- Schienenverkehrslasten

Zur Berechnung der Schienenverkehrslasten auf erdverlegte Rohre wird die lastverteilende Wirkung der Schienen und Schwellen berücksichtigt. Gerechnet wird mit einer vertikalen Bodenspannung $p_v$ in Rohrscheitelhöhe in Abhängigkeit von der Überdeckungshöhe h bis zur Schwellenoberkante gemäß Tafel 12.7. Zwischen den angegebenen Werten kann linear interpoliert werden.

Die sich aus den Schienenverkehrslasten ergebende Belastung erdverlegter Rohre in Rohrscheitelhöhe erhält man nach:

$$q_v = \Psi \cdot p_v \qquad (12.16)$$

Für den dynamischen Beiwert $\Psi$ gilt mit der Überdeckungshöhe h in m:

$$\Psi = 1,4 - 0,1 \cdot (h - 0,5) \geq 1,0 \qquad (12.16a)$$

Tafel 12.7: Eisenbahn- und Schienenverkehrslasten

| h [m] | $p_v$ [kN/m$^2$] | |
|---|---|---|
| | 1 Gleis | 2 und mehr Gleise |
| 1,50 | 48 | 48 |
| 2,75 | 39 | 39 |
| 5,50 | 20 | 26 |
| $\geq$ 10,00 | 10 | 15 |

- Flugzeugverkehrslasten

  Für die Berechnung erdverlegter Rohre sind die Angaben der zuständigen Flughafenverwaltungen maßgebend.

- Sonstige Verkehrslasten

  Für den Bauzustand sind Verkehrslasten unter Baustellenbedingungen zu beachten und gegebenenfalls Einschränkungen hinsichtlich der Mindestüberdeckungshöhe festzulegen. Bei Belastungen durch spezielle Verkehrssituationen, z.B. extremer Schwerverkehr in bestimmten Zonen, müssen im Einzelfall die entsprechenden Daten vorgegeben werden.

*Sonstige Lasten*

Zusätzlich zu den angegebenen direkten Lasten auf erdverlegte Rohrleitungen sind mit einer geringen Eintrittswahrscheinlichkeit folgende weitere Lasten anzuführen:

- Belastungen durch Erdbeben
- Belastungen durch Sprengerschütterungen und Explosionslasten
- Zusatzlasten durch Bauarbeiten in der Umgebung erdverlegter Rohrleitungen

Derartige Lasten müssen nach dem Gefährdungspotenzial der Rohre individuell, entsprechend den Anforderungen des Projektes, berücksichtigt werden.

*b) Einwirkungen durch indirekte Lasten*

Die Belastung erdverlegter Rohre durch indirekte Lasten ist die Folge der erzwungenen geometrischen und mechanischen Anpassungen an die Umgebungsverhältnisse im erdverlegten Zustand. Dieser Anpassungsvorgang bewirkt Reaktionslasten vom Boden auf die Rohre, die als indirekte Lasten bezeichnet werden. Diese Belastungsgruppe lässt sich zwar einfach beschreiben, die Erfassung sowohl der Einwirkungen als auch der Auswirkungen auf erdverlegte Rohre ist aber relativ schwierig. Der Grund liegt darin, dass die Effekte nur indirekt festzustellen sind und sowohl die Einwirkungen, als auch die Auswirkungen auf erdverlegte Rohre in gewissen Schranken einer Zufälligkeit hinsichtlich des örtlichen Auftretens sowie der Größe unterliegen.

Die übliche Annahme gleichmäßiger Umgebungsbedingungen der Rohre in der Leitungszone ist meist nicht erfüllt. Die Abweichungen der Umgebungsbedingungen für erdverlegte Rohrleitungen von idealen gleichmäßigen Verhältnissen werden als Imperfektionen bezeichnet. Diese sind im Allgemeinen bereits von der Verlegung an in der Leitungszone vorhanden oder können durch nachträgliche Arbeiten im Rohrbereich sowie durch lokale Störungen der Umgebungsbedingungen eingebracht werden. Bei den Imperfektionen der Umgebungsverhältnisse erdverlegter Rohrleitungen handelt es sich nicht um determinierbare Zustände, sondern vorwiegend um regellose, zufällig verteilte Verhältnisse in der Leitungszone.

Unter die Gruppe der indirekten Lasten fallen die Einwirkungen durch:

- Unebenheiten der Rohrgrabensohle
- Ungleichmäßigkeit der Bettungs- und Einbettungsverhältnisse
- Ungleichmäßigkeit der Einbaulasten
- Vorverformungen der Rohre

# 12 Berechnung kaltgehender erdverlegter Rohrleitungen

- radiale und angulare Versätze an den Rohrverbindungen
- Wärmedehnungsbehinderungen

Eine ausführliche Darstellung der Berechnungsverfahren für indirekte Lasten sowie der Ein- und Auswirkungen für erdverlegte Rohrleitungen ist in [12.3], [12.6] und [12.8] bis [12.10] zu finden.

## 12.2 Berechnungsmethoden für erdverlegte Rohrleitungen

### 12.2.1 Grundlagen

Für die Berechnung erdverlegter Rohrleitungen stehen folgende Berechnungsverfahren zur Verfügung:

- Berechnung gegen Innendruck
- vereinfachte Verfahren
- analytische Verfahren
- Finite-Elemente-Methode

Die Berechnung gegen Innendruck ist die einfachste Art der Berechnung erdverlegter Rohre und wird vor allem zur Dimensionierung der Rohre auch in den jeweiligen Produktnormen herangezogen.

Vergleicht man die in Regelwerken und Richtlinien enthaltenen vereinfachten Berechnungsverfahren für erdverlegte Rohrleitungen mit Messergebnissen sowie mit Erkenntnissen aus Schadensfällen, so zeigt sich, dass die vereinfachten Verfahren unvollkommen hinsichtlich der auf erdverlegte Rohre einwirkenden Lasten sind. Insbesondere fehlen jene Einwirkungen, die wesentliche Beanspruchungen in der Rohrwand hervorrufen und für das Versagen der Rohre verantwortlich sein können, wie z.B.:

- Einbaulasten durch den Verdichtungsvorgang der Rohrgrabenverfüllung
- indirekte Lasten durch Imperfektionen der Umgebungsverhältnisse
- Zusatzlasten durch Rohrverbindungen
- Zusatzlasten durch das Ziehen des Grabenverbaues

Weiterhin zeigt sich, dass durch die Vielzahl der auszuwählenden Parameter bei den vereinfachten Verfahren und durch die angenommenen Vereinfachungen im Rahmen der mechanischen Modellbildung das Strukturverhalten der Rohre, vor allem bei den flexiblen Rohren, teilweise nicht hinreichend genau erfasst werden kann. Insbesondere bei der Klärung von Schadensfällen kann dies zu Fehlinterpretationen hinsichtlich der Schadensursachen führen. Messungen an erdverlegten Rohren zeigen zum Teil gravierende Abweichungen zu den nach vereinfachten Verfahren gerechneten Werten. Weiterhin liefern die vereinfachten Verfahren sowohl untereinander als auch im Vergleich zu den anderen Verfahren unterschiedliche Ergebnisse.

Analytische Verfahren und die Finite-Elemente-Methode sind komplexe Berechnungsverfahren, die keine einfachen Formeln liefern, die sich mit dem Taschenrechner auswerten lassen. Diese Verfahren führen zu Gleichungssystemen, die nur numerisch mit Hilfe geeigneter Software gelöst werden können. Die Methoden sind in der Literatur ausführlich beschrieben.

Da sowohl die analytischen Verfahren als auch die Finite-Elemente-Methode sehr effiziente Ergebnisse über das Strukturverhalten erdverlegter starrer und flexibler Rohre liefern, wurde zur allgemeinen Anwendbarkeit dieser Verfahren für die Praxis eine neue Methode entwickelt, die das Beanspruchungs- und Verformungsverhalten erdverlegter Rohre, zufolge der Einwirkungen auf das mechanische System „Fahrbahn-Boden-Rohr", in Diagrammform durch sogenannte „Rohrkennfelder" umfassend darstellt. Im Rahmen eines Forschungsprojektes der Österreichischen Vereinigung für das Gas- und Wasserfach - ÖVGW - wurden derartige Rohrkennfelder vorerst für PE-Gasrohre erarbeitet.

Für die praktische Anwendung im Rahmen der Berechnung erdverlegter Rohre steht dem Anwender ein von der ÖVGW herausgegebener Rohrkennfeldkatalog zu Verfügung, der das Beanspruchungs- und Verformungsverhalten erdverlegter Rohre in Diagrammform, basierend auf Berechnungen mit der Finite-Elemente-Methode, unter den verschiedenen Boden-, Einbau-, Betriebs- und Belastungsverhältnissen angibt, ohne dass jeweils aufwändige Berechnungen erforderlich sind. Eine ausführliche Darstellung der Rohrkennfelder ist im Abschnitt 12.3 enthalten.

Den bekannten Berechnungsverfahren für erdverlegte Rohrleitungen liegt die übliche Annahme gleichmäßiger Lagerungs-, Bettungs- und Einbettungsverhältnisse der Rohre zugrunde. Einwirkungen durch Imperfektionen der Umgebungsverhältnisse erdverlegter Rohrleitungen können mit Hilfe der Theorie der Zufallsprozesse [12.3] oder mit Hilfe spezieller Verfahren [12.6] und [12.8] bis [12.10] aufgrund von Daten über die Imperfektionen erfasst werden.

Die Berechnung erdverlegter Rohrformstücke, wie z.B. Rohrbögen, Abzweige, Reduktionen usw. erfolgt im allgemeinen nur nach dem Innendruck, entsprechend den einschlägigen Regelwerken und Richtlinien. Die Berücksichtigung der Einwirkungen durch den erdverlegten Zustand kann mit Hilfe der Finite-Elemente-Methode erfolgen.

Sonderformen erdverlegter Rohrleitungen und Rohre, wie z.B. ringversteifte Rohrleitungen, können sowohl gegen Innendruck als auch gegenüber den Einwirkungen durch den erdverlegten Zustand effizient mit Hilfe der Finite-Elemente-Methode berechnet werden.

### 12.2.2 Berechnung gegen Innendruck

Die „Kesselformel" zur Dimensionierung der Rohrwanddicke gegenüber der Beanspruchung durch Innendruck ist die einfachste Methode zur Berechnung erdverlegter Rohre, wobei nur die mittlere Umfangsspannung in der Rohrwand betrachtet wird. Die Kesselformel wird vor allem dort verwendet, wo der Innendruck die maßgebende Belastung der Rohre darstellt. Bei diesem Verfahren werden die zusätzlichen Beanspruchungen durch den Einbau sowie den erdverlegten Zustand vernachlässigt.

Bei der Berechnung von Rohren gegen Innendruck sind grundsätzlich zwei Betrachtungsweisen zu unterscheiden, die sich auf das Verhältnis Wanddicke zu Durchmesser der Rohre beziehen. Für dünnwandige Rohre wird ein mittlerer Beanspruchungszustand und für dickwandige Rohre die Verteilung der Spannungen und Verzerrungen über die Rohrwand ermittelt.

Für den Spannungszustand dünnwandiger Rohre gilt:

$$\overline{\sigma}_u = \frac{d_m}{2 \cdot s} \cdot p_i \qquad (12.17a)$$

# 12 Berechnung kaltgehender erdverlegter Rohrleitungen

$$\bar{\sigma}_r = -\frac{1}{2} \cdot p_i \quad (12.17b)$$

$$\bar{\sigma}_l = \frac{d_m}{4 \cdot s} \cdot p_i \quad (12.17c)$$

Dabei bedeuten:

$\bar{\sigma}_u$ [N/mm²] – mittlere Umfangsspannung über die Rohrwanddicke
$\bar{\sigma}_r$ [N/mm²] – mittlere Radialspannung über die Rohrwanddicke
$\bar{\sigma}_l$ [N/mm²] – mittlere Längsspannung über die Rohrwanddicke
$d_m$ [mm] – mittlerer Rohrdurchmesser
$s$ [mm] – Rohrwanddicke
$p_i$ [N/mm²] – Innendruck

Für den Spannungszustand in dickwandigen Rohren gilt:

$$\sigma_u(d) = \frac{(d_a/d)^2 + 1}{(d_a/d_i)^2 - 1} \cdot p_i \quad (12.18a)$$

$$\sigma_r(d) = \frac{(d_a/d)^2 - 1}{(d_a/d_i)^2 - 1} \cdot p_i \quad (12.18b)$$

$$\sigma_l(d) = \frac{1}{(d_a/d_i)^2 - 1} \cdot p_i \quad (12.18c)$$

Dabei bedeuten:

$\sigma_u(d)$ [N/mm²] – Umfangsspannung über die Rohrwanddicke
$\sigma_r(d)$ [N/mm²] – Radialspannung über die Rohrwanddicke
$\sigma_l(d)$ [N/mm²] – Längsspannung über die Rohrwanddicke
$d_a$ [mm] – Rohraußendurchmesser
$d$ [mm] – beliebiger Rohrdurchmesser, wobei gilt $d_i \leq d \leq d_a$
$d_i$ [mm] – Rohrinnendurchmesser

Der Verzerrungszustand in der Rohrwand ergibt sich sowohl für dünnwandige als auch für dickwandige Rohre durch Einsetzen der Gleichungen (12.17) bzw. (12.18) in das Werkstoffgesetz nach Gl. (12.1).

Für den Verformungszustand von dünnwandigen Rohren erhält man bei Belastung durch Innendruck:

$$u = \frac{L}{4 \cdot E_R} \cdot \left[\frac{d_m}{s} - 2 \cdot v_R \cdot \left(\frac{d_m}{s} - 1\right)\right] \cdot p_i \qquad (12.19)$$

$$w = \frac{d_m}{4 \cdot E_R} \cdot \left[\frac{d_m}{s} - \frac{v_R}{2} \cdot \left(\frac{d_m}{s} - 2\right)\right] \cdot p_i \qquad (12.20)$$

Dabei bedeuten:

| | | |
|---|---|---|
| u | [mm] | – Axialverformung des frei verformbaren Rohres |
| w | [mm] | – Radialverformung des Rohres |
| L | [mm] | – Rohrlänge |
| $E_R$ | [N/mm²] | – Elastizitätsmodul |
| $v_R$ | [-] | – Querdehnungszahl |

### 12.2.3 Berechnung mit vereinfachten Verfahren

Bei den vereinfachten Verfahren, wie sie auch in Regelwerken und Richtlinien für die statische Berechnung erdverlegter Rohre Anwendung finden, werden die Zusatzbeanspruchungen infolge des erdverlegten Zustandes durch einfache ebene mechanische Modelle berücksichtigt. Dabei wird das Rohr im Sinne des Schnittprinzipes der Statik aus dem mechanischen System „Fahrbahn-Boden-Rohr" herausgetrennt, für sich allein betrachtet und die mechanische Interaktion zwischen Boden und Rohr durch einfache Lastannahmen auf einen eindimensionalen Ring wirkend ersetzt.

Im folgenden werden zwei vereinfachte Berechnungsverfahren für die unterschiedlichen Anwendungsgebiete kurz dargestellt:

*a) Verfahren zur Berechnung erdverlegter Gas-, Fernwärme-, Wasser-Rohrleitungen*

Dieses Verfahren eignet sich zur Berechnung erdverlegter Druckrohrleitungen für die Anwendungsgebiete Gas, Fernwärme, Wasser usw. aus starren Rohren im Lagerungsfall LF1. Für die Berechnung flexibler Rohre wird die Verwendung von Rohrkennfeldern nach Abschnitt 12.3 empfohlen.

Den Betrachtungen wird das mechanische Ersatzsystem nach Bild 12.4 zugrunde gelegt. Die in der Scheitelebene des Rohres wirksame vertikale Belastung wird als konstante Flächenlast angenommen. Die Verteilung der vertikalen Belastung über den Rohrumfang erfolgt mit einem cos φ-Ansatz, wobei die Lagekoordinate φ vom Rohrscheitel aus gezählt wird. Der vertikale Belastungszustand im Boden aktiviert einen horizontalen Bodenspannungszustand, der als horizontale Belastung auf das Rohr wirkt. Diese horizontale Belastung wird ebenfalls als konstante Flächenlast angenommen. Die Verteilung der horizontalen Belastung über den Rohrumfang erfolgt mit einem sin φ-Ansatz.

## 12 Berechnung kaltgehender erdverlegter Rohrleitungen

Die vertikale Belastung im Boden $q_v$, die auf das Rohr wirkt, ergibt sich aus der Erdlast $q_E$ und der Verkehrslast $q_V$ mit

$$q_v = q_E + q_V \qquad (12.21)$$

Die vertikale Belastung $q_v$ im Boden aktiviert mit dem Ruhedruckbeiwert $K_0$

$$K_0 = 1 - \sin \varphi_B \qquad (12.22)$$

die horizontale Belastung auf das Rohr $q_h$:

$$q_h = K_0 \cdot q_v \qquad (12.23)$$

$\varphi_B$ bedeutet den Winkel der inneren Reibung des Verfüllmaterials in der Leitungszone gemäß Tafel 12.2.

Mit Hilfe der vertikalen und horizontalen Lastverteilung im Boden lässt sich die Lastverteilung im drucklosen Zustand des Rohres über den Rohrumfang in radialer Richtung, wie folgt angeben:

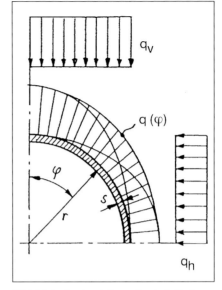

Bild 12.4: Lastverteilung durch Auflasten

$$q(\varphi) = \frac{3}{2} \cdot \left( \frac{1+K_0}{2+K_0} + \frac{1-K_0}{2+K_0} \cdot \cos 2\varphi \right) \cdot q_v \qquad (12.24)$$

Für die Schnittgrößen erhält man aufgrund der radialen Belastung $q(\varphi)$, zufolge der äußeren Lasten im erdverlegten Zustand, folgende Normalkräfte und Biegemomente (positiv, wenn es die Krümmung verkleinert) in der Rohrwand über den Rohrumfang, bezogen auf die Rohrlängeneinheit 1 mit dem mittleren Rohrradius r:

$$n(\varphi) = \frac{1}{2} \cdot \left( 3 \cdot \frac{1+K_0}{2+K_0} - \frac{1-K_0}{2+K_0} \cdot \cos 2\varphi \right) \cdot r \cdot q_v \qquad (12.25)$$

$$m(\varphi) = \frac{1}{2} \cdot \frac{1-K_0}{2+K_0} \cdot r^2 \cdot \cos 2\varphi \cdot q_v \qquad (12.26)$$

Für den Spannungszustand in der Rohrwand in Rohrumfangsrichtung erhält man durch Überlagerung der Normal- und Biegespannungen mit der Rohrwanddicke s

$$\sigma_u(\varphi) = \frac{n(\varphi)}{s} \pm \frac{6 \cdot m(\varphi)}{s^2} \qquad (12.27)$$

und durch Einsetzen weiter

$$\sigma_u(\varphi) = -\frac{1}{2} \cdot \left(3 \cdot \frac{1+K_0}{2+K_0} - \frac{1-K_0}{2+K_0} \cdot \cos 2\varphi\right) \cdot \frac{r}{s} \cdot q_v \pm 3 \cdot \frac{1-K_0}{2+K_0} \cdot \cos 2\varphi \cdot \frac{r^2}{s^2} \cdot q_v$$

(12.28)

Die maximale Randzugspannung ergibt sich für die Rohrinnenseite am Scheitel und an der Sohle mit

$$\max \sigma_{uz} = \frac{1+2 \cdot K_0}{2+K_0} \cdot \frac{r}{s} \cdot q_v + 3 \cdot \frac{1-K_0}{2+K_0} \cdot \left(\frac{r}{s}\right)^2 \cdot q_v \qquad (12.29)$$

Die maximale Randdruckspannung ist zugleich die größte Umfangsspannung im drucklosen Rohr und tritt an der Rohrinnenseite am Kämpfer auf:

$$\max \sigma_{ud} = -\frac{r}{s} \cdot q_v - 3 \cdot \frac{1-K_0}{2+K_0} \cdot \left(\frac{r}{s}\right)^2 \cdot q_v \qquad (12.30)$$

Die Berücksichtigung des Innendruckes $p_i$ kann durch Superposition der Umfangsspannungen zufolge der äußeren Lasten – Gl. (12.28) – und des Innendruckes – Gl. (12.17a) oder (12.18a) – erfolgen. Für sehr hohe Innendrücke kann die teilweise Rückverformung des Rohres durch den Innendruck und damit ein teilweiser Abbau der Ringbiegespannungen nach der Theorie 2. Ordnung berücksichtigt werden. Es ist jedoch zu bemerken, dass die Möglichkeit der Rückverformung der Rohre sehr stark von den Einbaubedingungen in der Leitungszone, insbesondere der Verdichtung der Rohrgrabenverfüllung, abhängt. Für nähere Details wird auf die einschlägige Literatur verwiesen.

Die ermittelten Spannungen sind mit den zulässigen Werten $\sigma_R$ zu vergleichen. Aus dem Verhältnis der vorhandenen Spannungen mit den zulässigen Werten resultiert der Sicherheitsbeiwert:

$$S = \frac{\sigma_R}{\sigma} \qquad (12.31)$$

Die Durchmesseränderung des Rohres in vertikaler Richtung $\Delta d_v$ und in horizontaler Richtung $\Delta d_h$ errechnet sich für den drucklosen Zustand mit:

$$\Delta d_v = -2 \cdot \frac{1-\nu_R^2}{E_R} \cdot \frac{1-K_0}{2+K_0} \cdot \left(\frac{r}{s}\right)^3 \cdot d_a \cdot q_v \qquad (12.32a)$$

$$\Delta d_h = 2 \cdot \frac{1-\nu}{E_R} \cdot \frac{1-K_0}{2+K_0} \cdot \left(\frac{r}{s}\right)^3 \cdot d_a \cdot q_v \qquad (12.32b)$$

12 Berechnung kaltgehender erdverlegter Rohrleitungen

Die Berücksichtigung des Innendruckes $p_i$ kann durch Superposition der Radialverformung des Rohres nach Gleichung (12.20) erfolgen.

Für den Stabilitätsnachweis ermittelt man den wirksamen äußeren Überdruck mit

$$p_a = p_i - \frac{3}{2} \cdot \frac{1+K_0}{2+K_0} \cdot q_v \qquad (12.33)$$

Dabei bedeutet $p_i$ den Innendruck im Rohr. Ist Unterdruck im Rohr zu erwarten, muss $p_i$ mit negativem Wert eingesetzt werden. Der kritische Beuldruck ist gegeben mit

$$\text{krit } p = \frac{E_R}{4 \cdot \left(1-v_R^2\right)} \cdot \left(\frac{s}{r}\right)^3 \qquad (12.34)$$

Der Sicherheitsbeiwert gegen das Beulen des Rohres ergibt sich mit

$$S = \frac{\text{krit } p}{p_a} \qquad (12.35)$$

Die zulässigen Sicherheitsbeiwerte sind entsprechend der Anwendungsgebiete den einschlägigen Regelwerken und Richtlinien zu entnehmen.

Liegt bei Stahlleitungen das Wanddickenverhältnis $s/d_a \geq 0{,}01$, ist bei Überdeckungen von 1 bis 6 m und unter Verkehrsbelastungen bis zu SLW 60 im allgemeinen kein detaillierter Spannungs- und Verformungsnachweis erforderlich.

*b) Verfahren zur Berechnung erdverlegter Entwässerungskanäle und -leitungen*

Dieses Verfahren eignet sich zur Berechnung erdverlegter Entwässerungskanäle und -leitungen für starre und flexible Rohre mit den Lagerungsfällen LF1 und LF2.

Den Betrachtungen wird das mechanische Ersatzsystem nach Bild 12.5 zugrunde gelegt. Die in der Scheitelebene der Rohre wirksame vertikale Belastung im Rohrgraben wird als konstante Flächenlast über die Rohrgrabenbreite angenommen. Entsprechend der unterschiedlichen Verformungsfähigkeit von Rohr und umgebenden Boden erfolgt nach der Theorie des schubsteifen Balkens die Aufteilung der Belastung auf das Rohr durch den Konzentrationsfaktor $\lambda_R$ und auf den umgebenden Boden durch den Konzentrationsfaktor $\lambda_B$. Die horizontale Belastung auf das Rohr setzt sich zusammen aus

– dem Anteil $q_h$ zufolge der Aktivierung des horizontalen Bodenspannungszustandes durch die vertikale Belastung, entsprechend dem Erddruckverhältnis $K_2$, und
– dem Bettungsreaktionsdruck $q_h^*$ infolge der Rohrverformung, der in Form einer Parabel mit dem Öffnungswinkel von $2\beta = 120°$ angesetzt wird.

Die in der Scheitelebene des Rohres wirksame vertikale Belastung im Rohrgraben über der Rohrgrabenbreite b ergibt sich zu

$$q_v = q_E + q_V \qquad (12.36)$$

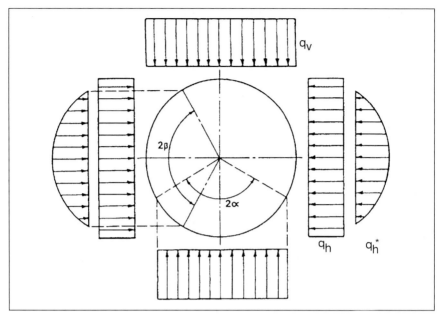

Bild 12.5: Lastverteilung durch Auflasten und Reaktionslasten

Die Aufteilung der vertikalen Belastung im Rohrgraben mit der Breite b auf das Rohr und den benachbarten Boden erfolgt entsprechend der Verformbarkeit des Rohres durch den Konzentrationsfaktor $\lambda_{RG}$, wobei die Einflussbreite der Lastumlagerung etwa dem 4-fachen Rohraußendurchmesser entspricht. Für den Konzentrationsfaktor im Rohrgraben $\lambda_{RG}$ gilt

$$1 \leq \frac{b}{d_a} \leq 4 \qquad \lambda_{RG} = \frac{\lambda_R - 1}{3} \cdot \frac{b}{d_a} + \frac{4 - \lambda_R}{3} \tag{12.37}$$

$$4 \leq \frac{b}{d_a} \leq \infty \qquad \lambda_{RG} = \lambda_R \tag{12.38}$$

Der wirksame Lastkonzentrationsfaktor $\lambda_R$ errechnet sich zu

$$\lambda_R = \frac{\max \lambda \cdot V_S + \frac{4}{3} \cdot a' \cdot K_2 \cdot \frac{\max \lambda - 1}{a' - 0{,}25}}{V_S + \frac{1}{3} \cdot a' \cdot (3 + K_2) \cdot \frac{\max \lambda - 1}{a' - 0{,}25}} \tag{12.39}$$

wobei der obere Grenzwert gegeben ist durch:

$$\lambda_{R\,max} = 4{,}0 - 0{,}15 \cdot h \leq 2{,}5 \tag{12.40}$$

## 12 Berechnung kaltgehender erdverlegter Rohrleitungen

Für ein vollkommen starres Rohr beträgt der wirksame Lastkonzentrationsfaktor $\lambda_R = \max \lambda$, wobei gilt:

$$\max \lambda = 1 + \cfrac{1}{\cfrac{d_a}{h}\left(\cfrac{3,5}{a'} + \cfrac{E_1}{E_4} \cdot \cfrac{2,2}{a'-0,25}\right) + \cfrac{0,62}{a'} + \cfrac{E_1}{E_4} \cdot \cfrac{1,6}{a'-0,25}} \qquad (12.41)$$

In den obigen Gleichungen bedeutet:

$$a' = a \cdot \frac{E_1}{E_2} \qquad (12.42)$$

Die relative Ausladung a ist aus Bild 12.6 zu entnehmen.
Für das Steifigkeitsverhältnis $V_S$ gilt:
- ohne Berücksichtigung des horizontalen Bettungsreaktionsdruckes $q_h^*$:

$$V_S = \frac{S_R}{|c_{v1}| \cdot S_{BV}} \qquad (12.43)$$

- mit Berücksichtigung des horizontalen Bettungsreaktionsdruckes $q_h^*$:

$$V_S = \frac{S_R}{|c_v^*| \cdot S_{BV}} \qquad (12.44)$$

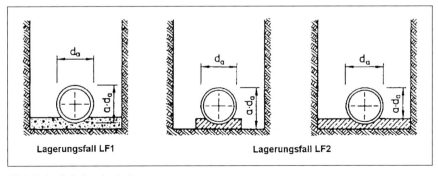

Bild 12.6: Relative Ausladung

Für die Rohrsteifigkeit $S_R$ gilt mit $I = s^3 / 12$:

$$S_R = \frac{E_R \cdot I}{r_m^3} \qquad (12.45)$$

Der Beiwert $c_v^*$ beträgt:

$$c_v^* = c_{v1} + c_{v2} \cdot K^* \qquad (12.46)$$

Die Beiwerte $c_{v1}$ und $c_{v2}$ sind entsprechend dem gewählten Auflagerwinkel $2\alpha$ aus Tafel 12.8 zu entnehmen.
Für den Reaktionsdruckbeiwert $K^*$ gilt:

$$K^* = \frac{c_{h1}}{V_{RB} - c_{h2}} \qquad (12.47)$$

Die Beiwerte $c_{h1}$ und $c_{h2}$ ergeben sich entsprechend dem Auflagerwinkel $2\alpha$ aus Tafel 12.8.
Die Systemsteifigkeit $V_{RB}$ beträgt:

$$V_{RB} = \frac{S_R}{S_{Bh}} \qquad (12.48)$$

Die horizontale Bettungssteifigkeit $S_{Bh}$ ist:

$$S_{Bh} = 0{,}6 \cdot \xi \cdot E_2 \qquad (12.49)$$

Der Korrekturfaktor für die horizontale Bettungssteifigkeit ergibt sich zu:

$$\xi = \frac{1{,}44}{\Delta f + (1{,}44 - \Delta f)\dfrac{E_2}{E_3}} \qquad (12.50)$$

Tafel 12.8: Verformungsbeiwerte

| Auflagerwinkel $2\alpha$ | $c_{V1}$ | $c_{V2}$ | $c_{h1}$ | $c_{h2}$ |
|---|---|---|---|---|
| 60° | -0,1053 | +0,0640 | +0,1026 | -0,0658 |
| 90° | -0,0966 | +0,0640 | +0,0956 | -0,0658 |
| 120° | -0,0893 | +0,0640 | +0,0891 | -0,0658 |
| 180° | -0,0833 | +0,0640 | +0,0833 | -0,0658 |

$$\Delta f = \frac{\dfrac{b}{d_a} - 1}{1{,}154 + 0{,}444 \left(\dfrac{b}{d_a} - 1\right)} \leq 1{,}44 \qquad (12.51)$$

Der Faktor $\xi$ berücksichtigt die unterschiedlichen Bodenmodule der Verfüllung seitlich neben dem Rohr $E_2$ und des bestehenden Bodens neben der Leitungszone $E_3$. Für $E_2 = E_3$ gilt $\xi = 1$.

Die vertikale Bettungssteifigkeit $S_{Bv}$ beträgt:

$$S_{Bv} = \frac{E_2}{a} \qquad (12.52)$$

Die horizontale Belastung auf das Rohr, hervorgerufen durch den horizontalen Bodenspannungszustand zufolge der vertikalen Belastung im Boden, errechnet sich mit dem Erddruckverhältnis $K_2$ nach Tafel 12.4 zu

$$q_h = K_2 \cdot \left[ \lambda_B \cdot (q_E + q_A) + \gamma_B \cdot \frac{d_a}{2} \right] \qquad (12.53)$$

Der horizontale Bettungreaktionsdruck $q_h^*$ ergibt sich zu:

$$q_h^* = (q_v - q_h) \cdot K^* \qquad (12.54)$$

Entsprechend der Druckverteilung am Rohrumfang infolge
- der äußeren Lasten,
- der horizontalen Bettungsreaktionslast,
- der Belastung durch das Rohreigengewicht,
- der Belastung durch das Gewicht des Füllmediums sowie
- der Belastung durch den Innendruck und den Außendruck

ergeben sich Ringbiegemomente und Ringnormalkräfte in der Rohrwand. Für die einzelnen Belastungen sind in Tafel 12.9 die Gleichungen für die Ringbiegemomente und die Ringnormalkräfte zusammengestellt. Die entsprechenden Momentenbeiwerte m und die Normalkraftbeiwerte n sind für die beiden Lagerungsfälle LF1 und LF2 in Tafel 12.10 angegeben. Die Beiwerte gelten für kreisförmige Rohrquerschnitte mit konstanter Wanddicke über den Rohrumfang.

Das resultierende Biegemoment und die resultierende Normalkraft in Ringrichtung ermittelt man durch Überlagerung der einzelnen Momente und Normalkräfte nach Tafel 12.9 entsprechend den jeweiligen Belastungen zu:

$$M = \sum_i M_i \qquad (12.55)$$

Tafel 12.9:   Zusammenstellung der Schnittkräfte und Schnittmomente

| Belastung | Ringbiegemoment | Ringnormalkraft |
|---|---|---|
| $q_v$ | $M_{qv} = m_{qv} \cdot q_v \cdot r_m^2$ | $N_{qv} = n_{qv} \cdot q_v \cdot r_m$ |
| $q_h$ | $M_{qh} = m_{qh} \cdot q_h \cdot r_m^2$ | $N_{qh} = n_{qh} \cdot q_h \cdot r_m$ |
| $q_h{}^*$ | $M_{qh}{}^* = m_{qh}{}^* \cdot q_h{}^* \cdot r_m^2$ | $N_{qh}{}^* = n_{qh}{}^* \cdot q_h{}^* \cdot r_m$ |
| $q_R$ | $M_R = m_R \cdot \gamma_R \cdot s \cdot r_m^2$ | $N_R = n_R \cdot \gamma_R \cdot s \cdot r_m$ |
| $q_M$ | $M_M = m_M \cdot \gamma_M \cdot r_m^3$ | $N_M = n_M \cdot \gamma_M \cdot r_m^2$ |
| $p_i, p_a$ | $M_p = (p_i - p_a) \cdot r_i \cdot r_a \cdot \left[ \dfrac{1}{2} - \dfrac{r_i \cdot r_a}{(r_a^2 - r_i^2)} \cdot \ln\left(\dfrac{r_a}{r_i}\right) \right]$ | $N_p = p_i \cdot r_i - p_a \cdot r_a$ |

$$N = \sum_i N_i \qquad (12.56)$$

Mit den Schnittkräften und Schnittmomenten ergeben sich folgende Ringspannungen in der Rohrwand, wobei ein Korrekturfaktor zur Berücksichtigung der Krümmung der inneren und der äußeren Randfaser berücksichtigt ist:

$$\sigma_i = \frac{N}{s} + \frac{6M}{s^2} \cdot \left(1 + \frac{1}{3} \cdot \frac{s}{r}\right) \qquad (12.57)$$

$$\sigma_a = \frac{N}{s} + \frac{6M}{s^2} \cdot \left(1 + \frac{1}{3} \cdot \frac{s}{r}\right) \qquad (12.58)$$

Dabei bedeutet $\sigma_i$ die Ringspannung am Innenrand, $\sigma_a$ die Ringspannung am Außenrand der Rohrwand, s die Rohrwanddicke und r der mittlere Rohrradius.
Mit den Schnittkräften und Schnittmomenten ermittelt man die entsprechenden Randfaserdehnungen wie folgt:

$$\varepsilon_i = \frac{s}{2 \cdot r^3 \cdot S_R} \cdot \left[ \frac{s \cdot N}{6} + M \cdot \left(1 + \frac{1}{3} \cdot \frac{s}{r}\right) \right] \qquad (12.59)$$

$$\varepsilon_a = \frac{s}{2 \cdot r^3 \cdot S_R} \cdot \left[ \frac{s \cdot N}{6} - M \cdot \left(1 + \frac{1}{3} \cdot \frac{s}{r}\right) \right] \qquad (12.60)$$

# 12 Berechnung kaltgehender erdverlegter Rohrleitungen

Tafel 12.10: Momenten- und Normalkraftbeiwerte

| Lagerungsfall $2\alpha$ | Schnittstelle | Momentenbeiwerte | | | | | Normalkraftbeiwerte | | | | |
|---|---|---|---|---|---|---|---|---|---|---|---|
| | | $m_{qv}$ | $m_{qh}$ | $m_{qh}^*$ | $m_R$ | $m_M$ | $n_{qv}$ | $n_{qh}$ | $n_{qh}^*$ | $n_R$ | $n_M$ |
| LF1 / 60° | Scheitel | +0,286 | −0,250 | −0,181 | +0,459 | +0,229 | 0,080 | −1,000 | −0,577 | +0,417 | +0,708 |
| | Kämpfer | −0,293 | +0,250 | +0,208 | −0,529 | −0,264 | −1,000 | 0 | 0 | −1,571 | +0,215 |
| | Sohle | +0,377 | −0,250 | −0,181 | +0,840 | +0,420 | 0,080 | −1,000 | −0,577 | −0,417 | +1,292 |
| LF1 / 90° | Scheitel | +0,274 | −0,250 | −0,181 | +0,419 | +0,210 | 0,053 | −1,000 | −0,577 | +0,333 | +0,667 |
| | Kämpfer | −0,279 | +0,250 | +0,208 | −0,485 | −0,243 | −1,000 | 0 | 0 | −1,571 | +0,215 |
| | Sohle | +0,314 | −0,250 | −0,181 | +0,642 | +0,321 | −0,053 | −1,000 | −0,577 | −0,333 | +1,333 |
| LF1 / 120° | Scheitel | +0,261 | −0,250 | −0,181 | +0,381 | +0,190 | 0,027 | −1,000 | −0,577 | +0,250 | +0,625 |
| | Kämpfer | −0,265 | +0,250 | +0,208 | −0,440 | −0,220 | −1,000 | 0 | 0 | −1,571 | +0,215 |
| | Sohle | +0,275 | −0,250 | −0,181 | +0,520 | +0,260 | −0,027 | −1,000 | −0,577 | −0,250 | +1,375 |
| LF1 / 180° | Scheitel | +0,250 | −0,250 | −0,181 | +0,345 | +0,172 | 0 | −1,000 | −0,577 | +0,167 | +0,583 |
| | Kämpfer | −0,250 | +0,250 | +0,208 | −0,393 | −0,196 | −1,000 | 0 | 0 | −1,571 | +0,215 |
| | Sohle | +0,250 | −0,250 | −0,181 | +0,441 | +0,220 | 0 | −1,000 | −0,577 | −0,167 | +1,417 |
| LF2 / 90° | Scheitel | +0,266 | −0,245 | | +0,396 | +0,198 | +0,038 | −0,989 | | +0,285 | +0,643 |
| | Kämpfer | −0,271 | +0,244 | | −0,460 | −0,230 | −1,000 | 0 | | −1,571 | +0,215 |
| | Sohle | +0,277 | −0,224 | | +0,524 | +0,262 | −0,452 | −0,718 | | −1,587 | +0,707 |
| LF2 / 120° | Scheitel | +0,240 | −0,232 | | +0,314 | +0,517 | −0,020 | −0,960 | | +0,105 | +0,552 |
| | Kämpfer | −0,240 | +0,228 | | −0,362 | −0,181 | −1,000 | 0 | | −1,571 | +0,215 |
| | Sohle | +0,202 | −0,187 | | +0,291 | +0,145 | −0,558 | −0,540 | | −1,918 | +0,541 |
| LF2 / 180° | Scheitel | +0,163 | −0,163 | | +0,071 | +0,035 | −0,212 | −0,788 | | −0,500 | +0,250 |
| | Kämpfer | −0,125 | +0,125 | | 0 | 0 | −1,000 | 0 | | −1,571 | +0,215 |
| | Sohle | +0,087 | −0,087 | | −0,071 | −0,035 | −0,788 | −0,212 | | −2,642 | +0,179 |

| Vorzeichenfestlegung | Momente | Normalkraft |
|---|---|---|
| + | Zug auf Rohrinnenseite | Zug |
| − | Zug auf Rohraußenseite | Druck |

Die errechneten Spannungen und Dehnungen sind mit den zulässigen Werten $\sigma_R$ und $\varepsilon_R$ zu vergleichen. Aus dem Verhältnis der Spannungen und Dehnungen mit den zulässigen Werten resultieren die Sicherheitsbeiwerte:

$$S = \frac{\sigma_R}{\sigma} \text{ bzw. } S = \frac{\varepsilon_R}{\varepsilon} \tag{12.61}$$

Entsprechend der Druckverteilung am Rohrumfang beträgt die vertikale Durchmesseränderung zufolge der äußeren Lasten:

$$\Delta d_v = c_v^* \cdot \frac{q_v - q_h}{S_R} \cdot 2 \cdot r \tag{12.62}$$

Um auch größere Verformungen der Rohre entsprechend den zu erwartenden Streuungen der Bodeneigenschaften entlang einer Rohrleitung zu berücksichtigen, wird für den Verformungsnachweis der Verformungsmodul $E_2$ (Bild 12.2) auf 2/3 des angenommenen Wertes nach Tafel 12.4 abgemindert.

Für flexible Rohre ist die vertikale Durchmesseränderung nach Gl. (12.62) mit dem zulässigen Langzeitverformungswert zu vergleichen. Der Kurzzeitwert, der zur Nachprüfung unmittelbar nach dem Einbau dient, wird ohne Ansatz der Verkehrs- und Auflasten auf der Fahrbahn ermittelt.

Der Stabilitätsnachweis erfolgt unter Berücksichtigung

- der vertikalen Belastung (Erdlast und Verkehrslast),
- des äußeren Wasserdrucks (Grundwasser) sowie
- durch Überlagerung der vertikalen Belastung und des äußeren Wasserdrucks,

wobei jeweils homogene Bettung der Rohre vorausgesetzt ist. Die kritische Beullast krit $q_v$ beträgt mit $S_R$ nach Gl. (12.45) und $S_{Bh}$ nach Gl. (12.49):

$$\text{krit } q_v = 2\sqrt{S_R \cdot S_{Bh}} \tag{12.63}$$

Damit ergibt sich der Sicherheitsbeiwert gegen Beulen zufolge der vertikalen Belastung $q_v$ gemäß Gl. (12.36) mit:

$$S = \frac{\text{krit } q_v}{q_v} \tag{12.64}$$

Kann der Erddruck gegenüber dem äußeren Wasserdruck vernachlässigt werden, gilt mit dem Durchschlagsbeiwert $\alpha_D = f(V_{RB}; r_m/s)$ nach Bild 12.7

$$\text{krit } p_a = \alpha_D \cdot S_R \tag{12.65}$$

Der äußere Wasserdruck $p_a$ ist der auf die Rohrachse bezogene hydrostatische Druck nach Gleichung (12.9). Der Sicherheitswert gegen Beulen des Rohres infolge äußeren Wasserdrucks beträgt:

# 12 Berechnung kaltgehender erdverlegter Rohrleitungen

$$S = \frac{\text{krit } p_a}{p_a} \quad (12.66)$$

Bei gleichzeitig wirkender vertikaler Belastung und äußerem Wasserdruck liefert die Superposition der beiden Lastfälle unter Verwendung von Gl. (12.36), (12.64), (12.9) und (12.66) unter Berücksichtigung des Auftriebes bei der Berechnung von $q_v$ die Sicherheit gegen Beulen des Rohres:

$$S = \frac{1}{\dfrac{q_v}{\text{krit } q_v} + \dfrac{p_a}{\text{krit } p_a}} \quad (12.67)$$

### 12.2.4 Berechnung mit analytischen Verfahren

Bei den analytischen Verfahren wird das gesamte mechanische System „Fahrbahn-Boden-Rohr" nach Abschnitt 12.1 zufolge der auf das System einwirkenden Lasten betrachtet. Die unmittelbare geometrische und mechanische Interaktion zwischen Boden und Rohr im erdverlegten Zustand wird nicht durch Ersatzlasten berücksichtigt, sondern es wird die Weiterleitung der Spannungen und Verformungen vom Boden auf das Rohr direkt mit Hilfe der Methode der komplexen Funktionen, entsprechend den geometrischen und mechanischen Rand- und Übergangsbedingungen zwischen Boden und Rohr, systemrelevant betrachtet.

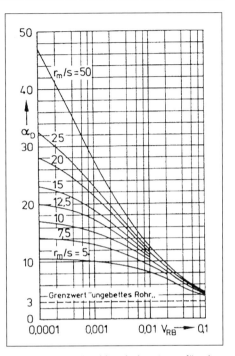

Bild 12.7: Durchschlagsbeiwert $\alpha_D$ für den kritischen äußeren Wasserdruck

Die direkten Lasten auf das mechanische System „Fahrbahn-Boden-Rohr" werden dort angesetzt, wo sie tatsächlich auftreten, ohne dass Ersatzlasten zu berücksichtigen sind. Das Rohr wird entsprechend seiner geometrischen Struktur als Kreiszylinderschale angenommen.

Durch die geringe Anzahl von frei wählbaren Parametern, entsprechend der geometrischen und mechanischen Interaktion zwischen Boden und Rohr, lässt sich das Beanspruchungs- und Verformungsverhalten erdverlegter Rohre sehr effizient berechnen. Die Gleichungen zur Beschreibung des Strukturverhaltens der erdverlegten Rohre sind allerdings nicht so einfach zu handhaben wie bei den vereinfachten Verfahren. Die Berechnung erfolgt mit Hilfe geeigneter Software.

Eine ausführliche Darstellung dieser Methode ist in [12.6] zu finden, wo auch Gegenüberstellungen mit Messergebnissen enthalten sind. Die Berechnungen zeigen eine sehr gute Übereinstimmung mit der Finite-Elemente-Methode und den Messergebnissen an erdverlegten Rohren. Die analytischen Verfahren eignen sich sowohl für starre als auch für flexible Rohre, da sie die geometrische und mechanische Interaktion zwischen Boden und Rohr direkt berücksichtigen.

## 12.2.5 Berechnung mit der Finite-Elemente-Methode

Die Finite-Elemente-Methode ist als universelle computerunterstützte Berechnungs- und Simulationsmethode zur Zeit das effizienteste Verfahren zur Berechnung erdverlegter Rohrleitungen [12.14], wobei ebenso wie bei den analytischen Verfahren das gesamte mechanische System „Fahrbahn-Boden-Rohr" betrachtet wird.

Die Finite-Elemente-Methode bietet des weiteren die Möglichkeit einer vollständigen dreidimensionalen Analyse des Strukturverhaltens erdverlegter Rohrleitungen, wobei mit geeigneter Software, wie dem Finite-Elemente-Programm MARC, auch alle nichtlinearen Eigenschaften der Komponenten des mechanischen Systems „Fahrbahn-Boden-Rohr" entsprechend berücksichtigt werden können.

Das Finite-Elemente-Programm MARC verfügt unter anderem über geeignete Bodenmodelle zur Beschreibung des Druck-Setzungsverhaltens der Verfüllmaterialien, über umfangreiche Materialmodelle für alle Arten von Rohrwerkstoffen, mit denen z.B. auch das nichtlinear-viskoelastische Werkstoffverhalten von Polyethylen in Abhängigkeit von

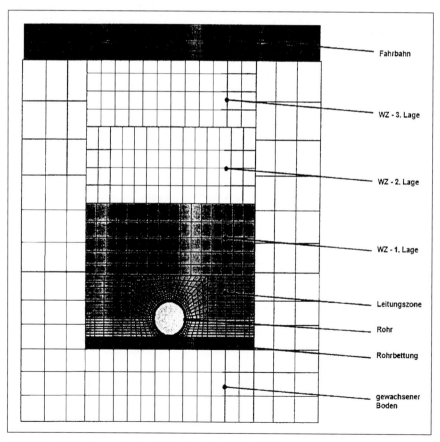

Bild 12.8: Finite-Elemente-Modell für ein erdverlegtes Rohr

## 12 Berechnung kaltgehender erdverlegter Rohrleitungen

der Temperatur und der Einsatzdauer berücksichtigt werden kann, sowie über Möglichkeiten zur Erfassung des mechanischen Kontaktes zwischen Boden und Rohr ohne und mit Berücksichtigung der Reibungsverhältnisse in der Kontaktfläche [12.18].

Die Finite-Elemente-Methode ist im Vergleich zu den anderen Verfahren aufwändiger, liefert aber zuverlässige Ergebnisse über das Beanspruchungs- und Verformungsverhalten erdverlegter Rohre.

Im Bild 12.8 ist beispielhaft das Finite-Elemente-Modell zur Berechnung eines erdverlegten Rohres im Rohrgraben mit Verfüllung und Verdichtung unter der Einwirkung der Einbaulast sowie von Betriebslasten dargestellt.

### 12.3 Rohrkennfelder für erdverlegte Rohre

Zur Beurteilung der Sicherheit und Zuverlässigkeit erdverlegter Rohre müssen die Beanspruchungen in der Rohrwand sowie das Verformungsverhalten der Rohre innerhalb der Nutzungsdauer hinreichend genau bekannt sein. Für die praktische Anwendung ist es jedoch nicht notwendig, alle Details der Berechnung erdverlegter Rohre zu kennen. Vielmehr müssen mit Hilfe hochwertiger Berechnungsmethoden die Konsequenzen der geometrischen und mechanischen Interaktion zwischen Boden und Rohr, zufolge der Lasten auf das mechanische System „Fahrbahn-Boden-Rohr", mit einfachen Mitteln transparent gemacht werden. Insbesondere ist es für die Praxis notwendig, die Auswirkungen der Bodeneigenschaften sowie der Einbauverhältnisse auf das Strukturverhalten der Rohre unter Berücksichtigung der spezifischen Eigenschaften der Rohrwerkstoffe sowie der zu erwartenden Belastungen aufzuzeigen. Dies kann relativ einfach mit Hilfe sogenannter Rohrkennfelder erfolgen [12.11], [12.14], die mit Hilfe der Finite-Elemente-Methode erstellt werden.

Die Rohrkennfelder sind eine neue und effiziente Methode zur Erfassung und Darstellung des Strukturverhaltens erdverlegter Rohre infolge Einbau und Betrieb. Neu ist insbesondere auch die Erfassung der Beanspruchungen und Verformungen in den Rohren durch den Einbau, also durch die Verfüllung und Verdichtung im Rohrgraben, entsprechend den Anforderungen der Straßenerhalter.

Mit Hilfe der Rohrkennfelder wird das Verformungsverhalten der Rohre sowie der Beanspruchungszustand in der Rohrwand in Abhängigkeit von

- den spezifischen Eigenschaften der Verfüllmaterialien,
- den spezifischen Eigenschaften der Rohrwerkstoffe (Kurzzeit - Langzeit),
- den Belastungen auf das System „Fahrbahn-Boden-Rohr" entsprechend den jeweiligen Betriebsverhältnissen,
- den Belastungen durch den Einbau der Rohre im Rohrgraben, entsprechend den einschlägigen Verlege- und Einbaurichtlinien sowie den Anforderungen der Straßenerhalter

durch Kurvenscharen in Diagrammform dargestellt. Ein wesentlicher Vorteil der Rohrkennfelder besteht darin, dass diese auch messtechnisch überprüft werden können.

In den Bildern 12.9 bis 12.11 sind beispielhaft die Rohrkennfelder für die vertikale Durchmesseränderung, die Umfangsspannungen und die Umfangsdehnungen an der Innenwand der Rohrsohle eines PE-Gasrohres 160 x 9,1 (SDR 17,6, PN 1) in Abhängigkeit von den Bodeneigenschaften, den Rohreigenschaften, den Einbau- und den Belastungsbedingungen dargestellt. Sie enthalten neben dem Steifemodul des unverdichteten Verfüllmaterials in der Leitungszone den Belastungszustand durch die Verfüllung und Verdichtung des Rohrgrabens für eine Rohrüberdeckung von 1 m, wobei

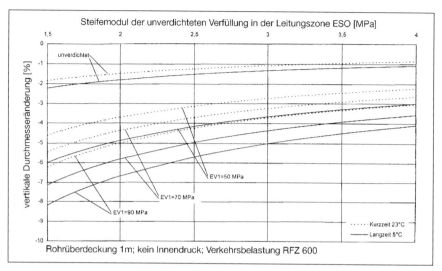

Bild 12.9: Rohrkennfeld für ein PE-Gasrohr 160 x 9,1: vertikale Durchmesseränderung als Funktion der Bodensteifigkeit, der Belastungen und der Belastungsdauer

der Verdichtungszustand der Rohrgrabenverfüllung von unverdichtet bis zu einer Verdichtung, entsprechend einem Verformungsmodul von 90 MPa am Planum der Wiederverfüllzone aus dem Lastplattenversuch, angegeben ist. Als Belastung für die Rohre im Betriebszustand sind die Verkehrslast infolge eines Raupenfahrzeuges RFZ 600

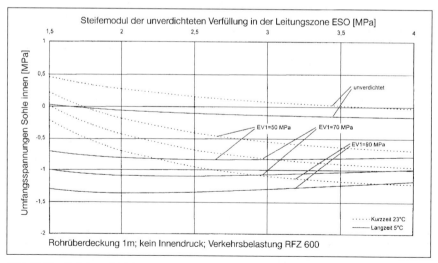

Bild 12.10: Rohrkennfeld für ein PE-Gasrohr 160 x 9,1: Umfangsspannung an der Rohrsohle innen als Funktion der Bodensteifigkeit, der Belastungen und der Belastungsdauer

## 12 Berechnung kaltgehender erdverlegter Rohrleitungen

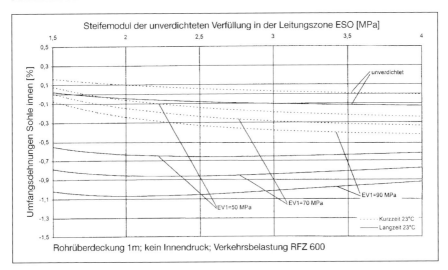

Bild 12.11: Rohrkennfeld für ein PE-Gasrohr 160 x 9,1: Umfangsdehnung an der Rohrsohle innen als Funktion der Bodensteifigkeit, der Belastungen und der Belastungsdauer

auf der unbefestigten Fahrbahn sowie der drucklose Zustand der Rohrleitung angenommen. Die Kurven gelten für konstante Belastungen über den Zeitbereich sowie hinsichtlich der örtlichen Verteilung von Auflasten unter der Fahrbahn. Sowohl das Kurzzeit- als auch das Langzeit-Verhalten des Rohrwerkstoffes ist berücksichtigt. Für den Einbauzustand ist eine Rohrtemperatur von 23 °C und für den Betriebszustand eine mittlere Rohrtemperatur von 5 °C angenommen.

Bild 12.9 zeigt, dass das Verformungsverhalten der PE-Rohre vor allem von der Verdichtung der Rohrgrabenverfüllung und den Bodeneigenschaften abhängig ist. Je geringer der Bodensteifemodul der unverdichteten Rohrgrabenverfüllung ist, um so größer sind die Verformungen im Rohr, da einerseits die erforderliche Verdichtung höher ist und andererseits die Abstützwirkung des Bodens gegen die Rohrverformung abnimmt und sich damit durch die Belastungen höhere Verformungen im Rohr einstellen können.

Im Bild 12.10 sind die Umfangsspannungen an der Rohrsohle innen als Funktion der festgelegten Systemparameter dargestellt. Aus den Kurven ist das Relaxationsverhalten des Rohrwerkstoffes und damit die Abnahme der Spannungen mit der Belastungsdauer zu erkennen.

Bild 12.11 zeigt die Umfangsdehnung an der Rohrsohle innen als Funktion der festgelegten Systemparameter. Aus den Kurven ist das Kriechverhalten des Rohrwerkstoffes und damit die Zunahme der Dehnungen mit der Belastungsdauer ersichtlich.

Die praktische Anwendung der Rohrkennfelder erfolgt derart, dass für die jeweilige Rohrdimension und den vorgegebenen Einbau- und Belastungszustand das entsprechende Rohrkennfeld aus dem Rohrkennfeldkatalog ausgewählt wird. Mit Hilfe des aus der Eignungsprüfung des Verfüllmaterials bekannten Bodensteifemoduls in der Leitungszone, der sich beim Verfüllen des Rohrgrabens ohne Verdichtung ergibt, und des vom Planer oder vom Straßenerhalter vorgegebenen Verformungsmoduls am Planum der Wiederverfüllzone aus dem Lastplattenversuch, kann man aus dem Kennfeld sehr einfach das Kurzzeit- und das Langzeitstrukturverhalten der Rohre aus den entsprechenden Kurven ablesen. Zusätzlich ist der Einfluss einer Einbautemperatur von 23 °C gegenüber einer mittleren Betriebstemperatur von 5 °C auf das Strukturverhalten der Rohre in den Rohrkennfeldern berücksichtigt.

## 12.4 Sicherheitskonzepte für erdverlegte Rohrleitungen

Zur Beurteilung der Sicherheit und Zuverlässigkeit erdverlegter Rohrleitungen ist es notwendig, den Beanspruchungs- und Verformungszustand in den Rohren infolge der relevanten Lasten den zulässigen Festigkeits- oder Verformungskennwerten gegenüberzustellen. Dies erfolgt mit Hilfe geeigneter Sicherheitskonzepte.

Die Beanspruchungsverhältnisse in erdverlegten Rohren werden im allgemeinen nach zwei Festigkeitshypothesen [12.19] bewertet (siehe auch Abschnitt 3.2):

– Gestaltänderungs-Energie-Hypothese (GEH) - Vergleichsspannung nach v. MISES

$$\sigma_{v/GEH} = \sqrt{\frac{1}{2}\left[(\sigma_r - \sigma_u)^2 + (\sigma_u - \sigma_l)^2 + (\sigma_l + \sigma_r)^2\right]} \qquad (12.68)$$

mit den entsprechenden Spannungskomponenten in der Rohrwand in Radial-, Umfangs- und Längsrichtung.

– Schubspannungs-Hypothese (SSH) - Vergleichsspannung nach TRESCA

$$\sigma_{v/SSH} = \sigma_{max} - \sigma_{min} \qquad (12.69)$$

mit den entsprechenden Spannungskomponenten, wobei $\sigma_{max} = \max(\sigma_r, \sigma_u, \sigma_l)$ und $\sigma_{min} = \min(\sigma_r, \sigma_u, \sigma_l)$ gilt.

Für die Beurteilung des Beanspruchungszustandes in Rohren durch Innendruck wird häufig wegen der einfachen Handhabung die Vergleichsspannung nach TRESCA herangezogen.

### 12.4.1 Konventionelles Sicherheitskonzept

Im Allgemeinen werden die aus der Spannungsanalyse für den ungünstigsten Lastfall ermittelten maximalen Vergleichsspannungen in der Rohrwand mit der zulässigen Spannung des Rohrwerkstoffes verglichen. Die zulässige Spannung ergibt sich dabei aus dem normgemäßen Festigkeitskennwert $\sigma_R$ (entsprechend Band I Abschnitt 2.1.3 mit $R_m$, $R_{eH}$ oder $R_{p\,0,2}$ für Stahl bezeichnet) für den Rohrwerkstoff und dem in den einschlägigen Regelwerken festgelegten Sicherheitsbeiwert $S_R$ für den jeweiligen Anwendungsfall. Für den rechnerischen Spannungsnachweis gilt demnach folgende Bedingung:

$$\sigma_v \leq zul\,\sigma = \frac{\sigma_R}{S_R} \qquad (12.70)$$

Dabei bedeuten $\sigma_v$ die Vergleichsspannung in der Rohrwand. Nach einschlägigen Regelwerken ist der Sicherheitsbeiwert für den Lastfall Innendruck bei Verwendung von $R_{eL}$ oder $R_{p\,0,2}$ z.B. mit $S_R \geq 1,5$ festgelegt.

## 12.4.2 Statistisches Sicherheitskonzept

Die mechanischen Einwirkungen auf erdverlegte Rohrleitungen und die Festigkeitskennwerte des Rohrwerkstoffes sind keine determinierten Vorgänge und Zahlenwerte, sondern sie unterliegen gewissen Schwankungen. Die Beurteilung der Sicherheit erdverlegter Rohre kann daher mit Hilfe eines statistischen Sicherheitskonzeptes nach der probabilistischen Zuverlässigkeitstheorie erfolgen [12.20]. Zum Verständnis des statistischen Sicherheitskonzeptes werden einige Begriffe vorangestellt. Für Details wird auf die einschlägige Literatur verwiesen [12.21], [12.22].

Die Versagenswahrscheinlichkeit $p_f$ ist diejenige Eintrittswahrscheinlichkeit, bei der die aus den einwirkenden Lasten resultierende Beanspruchung S größer ist als die vorhandene Beanspruchbarkeit R der Struktur. Formal kann das Versagen durch die Bedingung $P(R \leq S)$ definiert werden, wobei P die Wahrscheinlichkeit bedeutet. Es sei darauf hingewiesen, dass das Versagenskriterium, dessen jeweilige Eintrittswahrscheinlichkeit ermittelt werden soll, entsprechend den Anforderungen der Analyse festzulegen ist. Als Versagen kann dabei z.B. das Überschreiten der Fließgrenze, der Zugfestigkeit, der zulässigen Verformung oder anderer Grenzwerte angenommen werden.

Für die weiteren Betrachtungen müssen die erforderlichen statistischen Eigenschaften, wie die Wahrscheinlichkeitsdichte der Beanspruchung $f_S(x)$ und der Beanspruchbarkeit $f_R(x)$ aus der statistischen Auswertung von Versuchen oder Messungen bekannt sein. Für die Ermittlung der Versagenswahrscheinlichkeit wird angenommen, dass die Verteilungen der Beanspruchung und der Beanspruchbarkeit voneinander statistisch unabhängig sind.

Für die Versagenswahrscheinlichkeit $p_f$ gilt nach [12.22]:

$$p_f = P(R \leq S) = \int_0^\infty F_R(x) \cdot f_S(x) \, dx \tag{12.71}$$

Es bedeuten:

$F_R(x)$   –  Wahrscheinlichkeitsverteilung der Beanspruchbarkeit

$f_S(x)$   –  Wahrscheinlichkeitsdichte der Beanspruchung

Die Berechnung der Versagenswahrscheinlichkeit lässt sich somit auf die Lösung eines Integrales reduzieren. Bei bekannten Verteilungen von R und S lässt sich $p_f$ entweder analytisch oder numerisch ermitteln.

Für die weiteren Betrachtungen wird angenommen, dass die Wahrscheinlichkeitsdichten der Beanspruchung $f_S(x)$ und der Beanspruchbarkeit $f_R(x)$ normalverteilt sind. Wenn $m_S$ und $m_R$ die Mittelwerte, $s_S$ und $s_R$ die Standardabweichungen der Verteilungen der Variablen S und R bedeuten, lässt sich die Versagenswahrscheinlichkeit der Struktur wie folgt errechnen:

$$p_f = \Phi\left(-\frac{m_R - m_S}{\sqrt{s_R^2 + s_S^2}}\right) \tag{12.72}$$

Die Funktion Φ ist dabei den bekannten Tabellenwerten für die Normalverteilung zu entnehmen.

Für erdverlegte Rohrleitungen sind zwei Sicherheitsklassen definiert, für die unterschiedliche Versagenswahrscheinlichkeiten angegeben sind:

- Sicherheitsklasse A

  bezieht sich auf den normalen Betriebsfall, wobei im Versagensfall eine Gefährdung von Menschen, Grundwasser, Gebäuden sowie eine wesentliche Beeinträchtigung der Nutzung der Rohrleitung oder bedeutende wirtschaftliche Folgen zu erwarten wären.

- Sicherheitsklasse B

  bezieht sich auf selten und kurzfristig auftretende Sonderfälle, wie z.B. Druckprüfung, Bau- und Verlegezustände, wenn also im Versagensfall keine Gefährdung von Menschen, Grundwasser, Gebäuden sowie nur eine geringe Beeinträchtigung der Nutzung oder geringe wirtschaftliche Folgen zu erwarten wären.

Für diese beiden Sicherheitsklassen sind die Versagenswahrscheinlichkeiten wie folgt festgelegt:

Sicherheitsklasse A  –  Regelfall:   $p_f = 10^{-5}$

Sicherheitsklasse B  –  Sonderfall:  $p_f = 10^{-3}$

Im Bild 12.12 ist der Grundgedanke des statistischen Sicherheitskonzeptes an Hand der Wahrscheinlichkeitsdichten $f_S(x)$ für die Beanspruchung S und $f_R(x)$ für die Beanspruchbarkeit R grafisch dargestellt. Die Versagenswahrscheinlichkeit entspricht dabei der Überschneidung der Flächen unter den beiden Verteilungskurven (schraffierter Bereich). Durch Verschieben der Verteilungskurven gegeneinander läßt sich die Versagenswahrscheinlichkeit und damit die Sicherheit entsprechend beeinflussen. Diesbezügliche Sicherheitsbeiwerte sind den einschlägigen Regelwerken zu entnehmen.

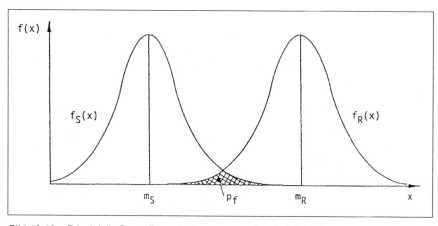

Bild 12.12:   Prinzipielle Darstellung der Versagenswahrscheinlichkeit

# 13 Lärm bei Rohrleitungen

## 13.1 Vorbemerkungen

Die nachfolgenden Ausführungen beziehen sich auf industrielle Rohrleitungen in
- Kraftwerken, Heizwerken und anderen Wärmeversorgungsanlagen,
- verfahrenstechnischen Anlagen der Chemie und
- der allgemeinen Industrie.

Sie gelten nicht für Rohrleitungen der Haustechnik. Hierfür sind spezielle Anforderungen und Gestaltungsregeln verbindlich, z.B. VDI 2715 für Warmwasser- und Heißwasser-Heizungsanlagen. Für Kanäle und Rohrleitungen der Lüftungstechnik, einschließlich Niederdruck-Lüftungsanlagen der Gebäudetechnik, sind ebenfalls gesonderte Richtlinien und Vorschriften anzuwenden.

Die nachstehenden Überschlagsrechnungen sollen dem Rohrleitungsplaner als Entscheidungshilfe dienen, inwieweit die von ihm geplante Rohrleitungsanlage hinsichtlich der an den Arbeitsplätzen zu erwartenden Schallimmissionen in zulässigen Grenzen liegt, oder ob zusätzliche Maßnahmen zur Lärmminderung erforderlich sind. Erfahrungsgemäß steht ihm für solche Betrachtungen nur wenig Zeit zur Verfügung, so dass er auf vereinfachte Berechnungen und Näherungen angewiesen ist, die aber auf der sicheren Seite liegen sollen. Für tiefergehende Untersuchungen sollte allerdings ein Akustiker hinzugezogen werden.

Formelzeichen siehe Tafel 13.1. Die angegebenen Einheiten sind konsequent einzuhalten, da ein Teil der Formeln diese voraussetzen.

## 13.2 Lärmquellen bei Rohrleitungen

Externe Schallquellen wie Mühlen, Verdichter, Pumpen und andere Aggregate sind geräuschintensive Lärmquellen in einer Anlage. Sie übertönen die Strömungsgeräusche in der Rohrleitung um ein Mehrfaches.

Aber auch für Rohrleitungen in Kraftwerken und anderen Wärmeversorgungsanlagen sind in der VGB-Richtlinie R 304 einige recht intensive Geräuschquellen genannt, die sinngemäß auch auf Rohrleitungen in anderen Anlagenarten zutreffen.

*a) Abblaseleitungen*

Die Geräusche entstehen durch das Abblasen von Dampf oder anderen Gasen ins Freie. Hiervon sind betroffen:
- Abblaseleitungen von Sicherheitsventilen.
- offene Anfahrleitungen von Kesseln, auch als Sturmleitungen bezeichnet.
- Fackelleitungen in chemischen Anlagen.
- Ausblaseleitungen von Reinigungsprovisorien während des Ausblasevorganges.

Die für Abblase- und Ausblaseleitungen zu erwartenden Lärmemissionen sowie weitere Berechnungsgrundsätze sind Abschnitt 14 und 15 zu entnehmen.

Tafel 13.1: Formelzeichen und Einheiten

| Formel-zeichen | Einheit | Bezeichnung |
|---|---|---|
| $a$ | m/s | Schallgeschwindigkeit, allgemein |
| $a_2$ | m/s | Schallgeschwindigkeit im Fluid, bezogen auf Austrittsquerschnitt Armatur |
| $a_F$ | m/s | Schallgeschwindigkeit im Fluid |
| $a_R$ | m/s | Schallgeschwindigkeit in der Rohrwand (Longitudinalwellen) |
| $d_0$ | mm | Sitzdurchmesser (kleinster Durchmesser) bei Drosselarmaturen und Sicherheitsventilen |
| $d_i$ | m | Innendurchmesser Rohrleitung |
| $k_v$ | m³/h | Durchflusskoeffizient |
| $k_{vS}$ | m³/h | Durchflusskoeffizient bei voller Öffnung (Maximalwert) |
| $m = (d_0 / DN)^2$ | - | Drosselverhältnis bei Armaturen ($m \leq 1$) |
| $p$ | bar (abs.) | Druck in der Rohrleitung |
| $p_1$ | bar (abs.) | Druck am Eintritt Armatur |
| $p_2$ | bar (abs.) | Druck am Austritt Armatur |
| $p_v$ | bar (abs.) | Siededruck einer Flüssigkeit |
| $\Delta p = p_1 - p_2$ | bar | Druckverlust oder -gefälle zwischen Ein- und Austritt Armatur |
| $s$ | mm | Bestellwanddicke |
| $s_{40}$ | mm | Bezugsgröße für Bestellwanddicke bei PN 40 |
| $v$ | m³/kg | spezifisches Volumen |
| $w_2$ | m/s | Geschwindigkeit, bezogen auf Austrittsquerschnitt Armatur |
| $y = k_v / k_{vS}$ | - | Öffnungsverhältnis einer Armatur |
| $z$ | - | armaturenspezifische Kenngröße für Kavitation bei $k_v / k_{vS} = 0{,}75$ |
| $z_y$ | - | armaturenspezifische Kenngröße für Kavitation bei $y = k_v / k_{vS}$ |
| DN | - | Nennweite |
| $D_{Kugel}$ | dB(A) | Pegelminderung bei einer Kugelwelle im Freien |
| $D_{Raum}$ | dB(A) | Pegelminderung in einem geschlossenen Raum |
| $E$ | m | Entfernung von einer Schallquelle |
| $L_A$ | dB(A) | Schalldruckpegel einer Armatur |
| $L_{Ri}$ | dB(A) | innerer Schallleistungspegel der Rohrleitung |
| $L_S$ | dB(A) | Schallleistungspegel in der Entfernung E |
| $L_W$ | dB(A) | Schallleistungspegel allgemein |
| $\Delta L_{A1F}$ | dB(A) | Schalldruckpegelanteil für Flüssigkeiten, abhängig von $k_v$ und $p_1$ |

# 13 Lärm bei Rohrleitungen

Tafel 13.1 (Fortsetzung): Formelzeichen und Einheiten

| Formelzeichen | Einheit | Bezeichnung |
|---|---|---|
| $\Delta L_{A2F}$ | dB(A) | Kavitationsabhängiger Schalldruckpegelanteil für Flüssigkeiten |
| $\Delta L_{A1G}$ | dB(A) | Schalldruckpegelanteil für Gase, abhängig von $k_v$ und $p_1$ |
| $\Delta L_{A2G}$ | dB(A) | Schalldruckpegelanteil für Gase, abhängig von $\Delta p$ und $p_1$ |
| $\Delta L_{A3}$ | dB(A) | Schalldruckpegelanteil für Flüssigkeiten, abhängig von Dichte $\rho$ |
| $\Delta L_{A4}$ | dB(A) | Schalldruckpegelanteil für Gase, abhängig von $\rho_n$ und $T_1$ |
| $\Delta L_F$ | dB(A) | Schalldruckpegelanteil für Flüssigkeiten, abhängig von Armaturenbauart |
| $\Delta L_G$ | dB(A) | Schalldruckpegelanteil für Gase, abhängig von Armaturenbauart |
| $Ma = w/a$ | - | Machzahl |
| $R$ | J/kg·K | Gaskonstante |
| $R_R$ | dB(A) | Schalldämm-Maß von Rohren |
| $\Delta R_m$ | dB(A) | Schalldämm-Maß (Korrekturwert) für Armaturenwanddicke |
| $T_1$ | K | Temperatur am Eintritt Armatur |
| $T_2$ | K | Temperatur am Austritt Armatur |
| $\alpha$ | - | Durchflusszahl, Ausflussziffer |
| $\kappa$ | - | Adiabatenexponent |
| $\rho$ | kg/m³ | Dichte des Fluids (für Wasser siehe Tafel 1.6) |
| $\rho_n$ | kg/m³ | Normdichte, für Wasserdampf gilt $\rho_n = 0{,}8$ kg/m³ |
| $\rho_R$ | kg/m³ | Dichte des Rohrwerkstoffs |
| $\zeta$ | - | Widerstandsbeiwert |

*b) Drosselarmaturen*

Hierunter sind Drosselventile, Stellventile, Sicherheitsventile, Druckminderer und andere auf dem Drosselprinzip beruhende Armaturen zu verstehen. Drosselarmaturen für Gase und Dämpfe erzeugen höhere Schalleistungspegel als solche für Flüssigkeiten. Der Schall wird teils von der Armatur direkt an die Umgebung abgestrahlt, teils über die Rohrleitung in Form von Fluidschall oder Körperschall weitergeleitet.

*c) Strömungslärm*

Der Strömungslärm in Rohrleitungen gehört nur dann zu den geräuschintensiven Lärmquellen, wenn einige Grundregeln nicht beachtet werden.

## 13.3 Lärmemission von Armaturen

### 13.3.1 Grundlagen, Voraussetzungen

*a) Berechnungsgrundlage*

Maßgebend zur Berechnung des erzeugten Schalldruckpegels $L_A$ ist

- DIN EN 60534-8-3 für gas- und dampfförmige Fluide und
- DIN EN 60534-8-4 für flüssige Fluide.

Gemäß nationalem Vorwort zu DIN EN 60534-8-4 ergeben sich nach Meinung deutscher Fachleute bei Stellventilen für flüssige Fluide zu niedrige Schallpegel, so dass eine Orientierung auf VDMA 24422 empfohlen wird.

Da zudem für den Planer die o.g. Normen nicht so einfach anwendbar sind wie die Richtlinie VDMA 24422, wird bei den folgenden Berechnungen generell auf VDMA 24422 Bezug genommen. Sie ist für alle Armaturenarten anwendbar und gestattet sowohl überschlägliche Berechnungen für den Fall, dass der konkrete Armaturentyp zum Zeitpunkt der Planung noch nicht feststeht, als auch genaue Berechnungen, wenn die Messwerte der Hersteller bekannt sind. Für heterogene Feststoffströmungen und Zweistoffströmungen ist die Berechnungsmethode nicht geeignet.

Der Geräuschpegel wird hauptsächlich vom Druckgefälle bestimmt. Die Armaturenbauart und weitere herstellerbedingte konstruktive Details beeinflussen den Schalldruckpegel durch das Korrekturglied $\Delta L_G$.

Armaturen für gas- oder dampfförmige Fluide haben meist einen höheren Schalldruckpegel als solche für flüssige Fluide, manchmal sogar, wenn bei Flüssigkeiten mit Kavitation zu rechnen ist.

Liegt der ermittelte Schalldruckpegel unter den zulässigen Werten nach Tafel 13.5, sind Standardregelventile gegenüber geräuscharmen Bauarten ausreichend, da letztere im allgemeinen mit höheren Kosten verbunden sind.

*b) Durchflusskenngröße (Durchflusskoeffizient)*

Die Durchflusskenngröße $k_v$ bildet die Grundlage zur Berechnung des Schalldruckpegels. Sie ist abhängig vom Öffnungsquerschnitt (Hub) und wird im Allgemeinen in den Herstellerunterlagen von Regel- und Drosselarmaturen in Form von Öffnungskennlinien angegeben. Für die voll geöffnete Armatur wird die Durchflusskenngröße mit $k_{vS}$ bezeichnet. Der Maximalwert des Schalldruckpegels tritt meistens bei voll geöffneter Armatur auf.

Für Absperr- und Rückschlagarmaturen wird anstelle von $k_{vS}$ meist der Widerstandsbeiwert $\zeta$ genannt. Für die Umrechnung gilt entsprechend Gl. (1.8a):

$$k_v \approx 0{,}04 \cdot DN^2 / \sqrt{\zeta} \qquad (13.1a)$$

Für Sicherheitsarmaturen wird üblicherweise die Durchflusszahl $\alpha$ angegeben. Die Umrechnung erfolgt nach Gl. (1.8c) zu:

$$k_v \approx 0{,}04 \cdot d_0^2 \cdot \alpha = 0{,}04 \cdot m \cdot DN^2 \cdot \alpha \qquad (13.1b)$$

13 Lärm bei Rohrleitungen 399

Tafel 13.2: Bezugswanddicken $s_{40}$ für Armaturen PN 40

| Nennweite DN | 25 | 40 | 50 | 80 | 100 | 150 | 200 | 250 | 300 | 400 | 500 |
|---|---|---|---|---|---|---|---|---|---|---|---|
| Bezugswanddicke $s_{40}$ in mm | 2,6 | 2,6 | 2,9 | 3,2 | 3,6 | 4,5 | 6,3 | 7,1 | 8 | 11 | 14,2 |

*c) Schalldämmung infolge der Rohrwand*

Bei der Errechnung des Schalldruckpegels $L_A$ ist bereits eine Schalldämmung infolge einer Bezugswanddicke $s_{40}$ eingerechnet. Bei Abweichungen hiervon, ist eine Korrektur in folgender Höhe erforderlich:

$$\Delta R_m = 10 \lg (s_{40} / s) \qquad (13.2)$$

Die Bezugswanddicke $s_{40}$ ist aus Tafel 13.2 zu entnehmen. Zwischenwerte sind zu interpolieren. Für Armaturen über DN 500 kann näherungsweise mit dem Wert für DN 500 gerechnet werden.

*d) Gültigkeitsgrenzen*

Die ermittelten Schalldruckpegel $L_A$ gelten für 1 m Abstand vom Rohraußendurchmesser am Armaturenaustritt. Sie haben eine Toleranz von ±5 dB(A), d.h. eine Toleranzbreite von 10 dB(A). Die aus Messwerten ermittelten Konstanten wurden so errechnet, dass das Ergebnis vorwiegend auf der sicheren Seite liegt. Aus diesem Grund sollte bei der Ermittlung der Schalldruckpegelanteile keine übertriebene Genauigkeit angestrebt werden. Eine Aufrundung auf volle dB(A) ist ausreichend.

### 13.3.2 Armaturen für Gase und Dämpfe

Der zu erwartende Schalldruckpegel errechnet sich aus

$$L_A = 14 \lg k_v + 18 \lg p_1 + 5 \lg (T_1 / \rho_n) + 20 \lg \lg (p_1 / p_2) + 52 + \Delta L_G + \Delta R_m \qquad (13.3a)$$

In VDMA 24422 ist Gl. (13.3a) in einzelne Schalldruckpegelanteile zerlegt:

$$L_A = L_{A1G} + L_{A2G} + L_{A4} + \Delta L_G + \Delta R_m \qquad (13.3b)$$

die aus Diagrammen abgelesen werden können.

Es bedeuten:

$L_{A1G}$ – Schallpegelanteil in Abhängigkeit vom Durchflusskoeffizienten $k_v$ und dem Eintrittsdruck $p_1$:

$$L_{A1G} = 14 \lg k_v + 18 \lg p_1 + 52 \qquad (13.4)$$

$L_{A2G}$ – Schallpegelanteil in Abhängigkeit vom Druckverhältnis zwischen Ein- und Austritt, bezogen auf das kritische Druckverhältnis:

$$L_{A2G} = 20 \lg \lg \frac{1}{p_2 / p_1} - 20 \lg \lg \frac{1}{0,546} = 20 \lg \lg (p_1 / p_2) + 11,6 \qquad (13.5)$$

$L_{A4}$ — Schallpegelanteil in Abhängigkeit von der Eintrittstemperatur und der Normdichte:

$$L_{A4} = 5\lg\left(T_1/\rho_n\right) + 20\lg\lg\frac{1}{0{,}546} = 5\lg\left(T_1/\rho_n\right) - 11{,}6 \qquad (13.6)$$

Die Normdichte $\rho_n$ ist aus Tabellenwerken zu entnehmen. Tafel 1.11 enthält Werte für einige häufig vorkommende Gase. Für Wasserdampf gilt $\rho_n = 0{,}8$ kg/m³.

$\Delta R_m$ — Schalldämpfung der Rohrwand nach Gl. (13.2)

$\Delta L_G$ — armaturenabhängiges Korrekturglied, das aus den Herstellerunterlagen oder Bild 13.1 zu entnehmen ist.

Die zur Berechnung erforderliche relative Druckdifferenz ist definiert zu

$$\Delta p / p_1 = (p_1 - p_2) / p_1 \qquad (13.7a)$$

bzw. zu

$$p_1/p_2 = \frac{1}{p_2/p_1} = \frac{1}{1-\left(\Delta p/p_1\right)} \qquad (13.7b)$$

Die im Bild 13.1 eingetragenen Kurven sind als Beispiele aufzufassen. Sie sollen die Schwankungsbreite der verschiedenen Armaturenbauarten demonstrieren. Bei mittleren und hohen Druckgefällen sind bei geräuscharmen Konstruktionen (Lochkegelven-

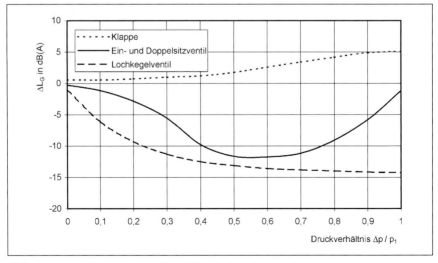

Bild 13.1: Armaturenspezifisches Korrekturglied für Gase und Dämpfe

# 13 Lärm bei Rohrleitungen

tile) Pegelminderungen in der Größenordnung von 10 bis 20 dB(A) gegenüber akustisch ungünstigen Ausführungen (Drosselklappen) zu erwarten. Ein solcher Wert wird auch in anderen Veröffentlichungen [13.2] als real angesehen.

Falls zum Zeitpunkt der Planung noch keine konkreten Armaturenangebote vorliegen, können für Überschlagsrechnungen die empirischen Werte aus Bild 13.1 entnommen werden, oder man setzt zunächst $\Delta L_G = 0$. Bei der Ausführungsplanung, wenn der konkrete Hersteller feststeht, kann dann von der Reserve Gebrauch gemacht werden. Im Regelfall wird man sich für geräuscharme Armaturen entscheiden müssen, da bei üblichen Druckgefällen bereits erhebliche Schallleistungspegel zu erwarten sind.

Gl. (13.3) setzt voraus, dass im Austrittsquerschnitt $Ma \leq 0{,}3$ eingehalten ist, d.h. die Geschwindigkeit

$$w_2 \leq 0{,}3 \cdot a \tag{13.8}$$

nicht überschritten wird. Die Formeln zur Ermittlung der Schallgeschwindigkeit sind Tafel 13.3 zu entnehmen. Die Zustandsgrößen beziehen sich auf den Austrittsquerschnitt (Index 2) der Armatur.

Für Geschwindigkeiten über $0{,}3 \cdot Ma$ ist in der Arbeit [13.1] ein Berechnungsverfahren angegeben.

### 13.3.3 Armaturen für Flüssigkeiten

Der zu erwartende Schalldruckpegel errechnet sich aus

$$L_A = 10 \lg k_v + 18 \lg (p_1 - p_v) + L_{A2F} - 5 \lg \rho + 40 + \Delta L_F + \Delta R_m \tag{13.9a}$$

Der Siededruck $p_v$ der jeweiligen Flüssigkeit ist in Abhängigkeit von der Temperatur aus Tabellenwerken zu entnehmen, für Wasser z.B. aus den VDI-Wasserdampftafeln bzw. Bild 13.2.

In VDMA 24422 ist Gl. (13.9a) wieder in einzelne Schalldruckpegelanteile zerlegt:

$$L_A = L_{A1F} + L_{A2F} + L_{A3} + \Delta L_F + \Delta R_m \tag{13.9b}$$

die aus Diagrammen abgelesen werden können.

Tafel 13.3: Formeln für die Schallgeschwindigkeit (Formelzeichen siehe Tafel 13.1)

| Fluid | Schallgeschwindigkeit a |
|---|---|
| Heißdampf | $333 \sqrt{p \cdot v}$ |
| Sattdampf | $323 \sqrt{p \cdot v}$ |
| ideales Gas | $\sqrt{\kappa \cdot R \cdot T}$ |
| Luft ($R = 287$ J/kg·K; $\kappa = 1{,}4$) | $20 \sqrt{T}$ |

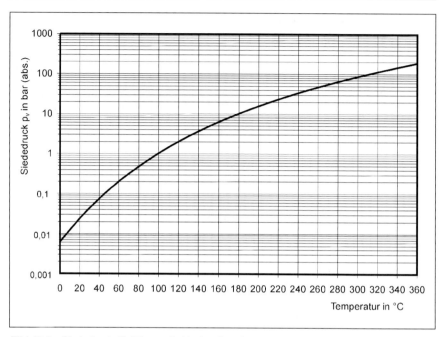

Bild 13.2: Siededruck für Wasser (kritischer Druck rund 374 bar bei 226 °C)

Es bedeuten:

$L_{A1F}$ — Schallpegelanteil in Abhängigkeit vom Durchflusskoeffizienten $k_v$ und der Druckdifferenz $(p_1 - p_v)$

$$L_{A1F} = 10 \lg k_v + 18 \lg (p_1 - p_v) - 5 \lg \rho_{KW} + 40 = \\ 10 \lg k_v + 18 \lg (p_1 - p_v) + 25 \quad (13.10)$$

$L_{A2F}$ — Schallpegelanteil in Abhängigkeit vom Druckverhältnis $X_F = \Delta p / (p_1 - p_v)$ zwischen Ein- und Austritt.

Wird der Siededruck $p_v$ bei siedenden oder heißen Flüssigkeiten (z.B. Siedewasser, Heißwasser) durch den Druckabbau unterschritten, ergibt sich ein Wert $(p_1 - p_v) \leq 0$. Die Formeln für flüssige Fluide sind hierfür nicht mehr anwendbar, da $X_F$ keine negativen Werte annehmen darf.

Zur Abschätzung des zu erwartenden Schalldruckpegels können die Formeln für dampf- und gasförmige Fluide nach Abschnitt 13.3.2 angewendet werden. Dabei ist für die Stoffwerte eine voll ausgebildete gasförmige Strömung vorauszusetzen. Siedewasserableiter (z.B. Trommelschnellentwässerungen oder Notablässe an Kesseln) sind prinzipiell in dieser Form zu berechnen.

Für Flüssigkeiten mit $(p_1 - p_v) > 0$ ist von wesentlicher Bedeutung, ob in der Armatur Kavitation zu erwarten ist oder nicht.

# 13 Lärm bei Rohrleitungen

*Kavitationsfreie Strömung*

Es muss die Bedingung

$$X_F = \Delta p / (p_1 - p_v) = (p_1 - p_2) / (p_1 - p_v) \leq z_y \quad (13.11a)$$

erfüllt sein. Die in Gl. (13.11a) enthaltene armaturenspezifische Kenngröße $z_y$ ist abhängig von der Armaturenbauart, der Konstruktion des Stellgliedes und dem Öffnungsverhältnis y (Hub). Die Kennlinien sollen Bestandteil der Herstellerunterlagen für Regelarmaturen sein. Einige typische Kennlinien sind im Bild 13.3 dargestellt.

Der bei einem Öffnungsverhältnis von $y = k_v / k_{vS} = 0{,}75$ zu erwartende Wert z soll ebenfalls in den Armaturenunterlagen angegeben sein. Richtwerte für einige Armaturenbauarten enthält Tafel 13.4. Während der Vorplanung kann mit diesen Richtwerten und der Tendenz der Kurvenverläufe aus Bild 13.3 zumindest näherungsweise der Schallpegelanteil $L_{A2F}$ ermittelt werden:

$$L_{A2F} = 18 \lg (X_F / z_y) \quad (13.12a)$$

Wegen $X_F \leq z_y$ ergibt $L_{A2F}$ nach Gl. (13.12a) negative Werte, d.h. der Pegelanteil wirkt pegelmindernd.

*Kavitationsbehaftete Strömung*

Hierfür gilt die Bedingung

$$X_F = \Delta p / (p_1 - p_v) = (p_1 - p_2) / (p_1 - p_v) > z_y \quad (13.11b)$$

Der Schallpegelanteil $L_{A2F}$ beträgt:

$$L_{A2F} = 292 (X_F - z_y)^{0{,}75} - (268 + 38 z_y) \cdot (X_F - z_y)^{0{,}935} \quad (13.12b)$$

Gl. (13.12b) ergibt in jedem Fall positive Werte, d.h. dieser Pegelanteil wirkt pegelerhöhend. Er hat ein Maximum bei

$$X_F = 0{,}48 + 0{,}72 \, z_y \leq 1 \quad (13.13)$$

Die hiernach ermittelten Maximalwerte von Gl. (13.12b) sind im Bild 13.4 dargestellt. Durch die Kavitation treten erhebliche Pegelerhöhungen gegenüber

Tafel 13.4: Richtwerte des akustischen Beiwertes z für $k_v / k_{vS} = 0{,}75$

| Armaturenbauart | akustischer Beiwert z | |
|---|---|---|
| | von | bis |
| Kugelhähne | 0,1 | 0,2 |
| Drosselklappen | 0,15 | 0,25 |
| Ein- und Zweisitzregelventile | 0,3 | 0,5 |
| Lochkegelventile | 0,6 | 0,9 |

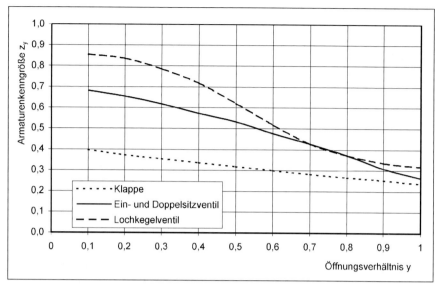

Bild 13.3: Armaturenkenngröße $z_y$ für Flüssigkeiten

der kavitationsfreien Strömung auf. Der Kavitationabereich sollte aus diesem Grund gemieden werden, zudem am Stellglied, im Sitzbereich und in den benachbarten Gehäuseteilen mit Metallabtrag zu rechnen ist.

$L_{A4}$ – Schallpegelanteil in Abhängigkeit von der Dichte, bezogen auf Kaltwasser mit $\rho_{KW} = 1000 \text{ kg/m}^3$:

$$L_{A4} = -5 \lg (\rho / \rho_{KW}) = -5 \lg \rho + 5 \lg \rho_{KW} = 5 \lg \rho + 15 \qquad (13.14)$$

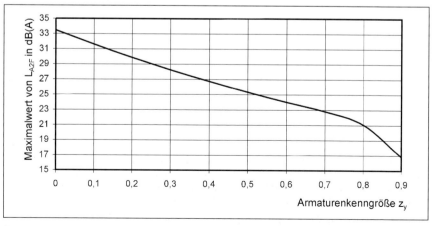

Bild 13.4: Maximalwerte des Schallpegelanteils $L_{A2F}$ bei Kavitation

# 13 Lärm bei Rohrleitungen

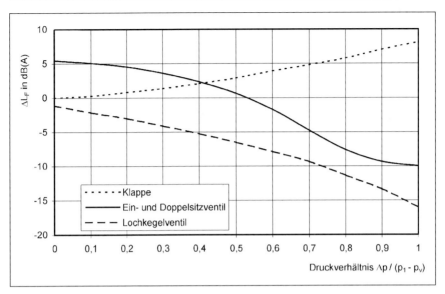

Bild 13.5: Armaturenspezifisches Korrekturglied für Flüssigkeiten

Die Dichte $\rho$ ist aus Tabellenwerken zu entnehmen. Tafel 1.6 enthält Werte für Wasser.

$\Delta R_m$ – Schalldämpfung der Rohrwand nach Gl. (13.2)

$\Delta L_F$ – armaturenabhängiges Korrekturglied, das aus den Herstellerunterlagen oder Bild 13.5 zu entnehmen ist.

Für Überschlagsrechnungen sind analog wie bei Armaturen für Gase und Dämpfe die empirischen Werte aus Bild 13.5 zu entnehmen oder zunächst $\Delta L_G = 0$ zu setzen.

Die Schalldruckpegel nach Gl. (13.9) gelten für Geschwindigkeiten $w_2$ im Austrittsquerschnitt von

$$w_2 < 4{,}5 \sqrt{p_2 - p_v} \leq 10 \, \text{m/s} \tag{13.15}$$

## 13.3.4 Absperr- und Rückschlagarmaturen

Absperr- und Rückschlagarmaturen für Gase und Dämpfe haben gegenüber Regelventilen keine Drosselfunktion und verarbeiten auch keine hohen Druckgefälle wie Sicherheitsventile. Als Druckdifferenz $\Delta p$ ist der Druckverlust gemäß Gl. (1.5) anzusetzen. Da $\Delta p \ll p_1$ ist, d.h. $p_1 / p_2 \approx 1$ ist, strebt je nach Widerstandsbeiwert $\zeta$ der Schalldruckpegelanteil für gas- oder dampfförmige Fluide $L_{A2G}$ zu hohen negativen Werten. Er beträgt z.B. $-47$ dB(A) für $p_1 / p_2 = 1{,}01$ oder $-33$ dB(A) für $p_1 / p_2 = 1{,}05$.

Da auch die Armaturenbauart bei geringen Druckgefällen wenig Einfluss auf den Lärmpegel hat, wie aus Bild 13.1 zu erkennen ist ($\Delta L_G \approx 0$), liegen die Schalldruckpegel $L_A$

für Absperrarmaturen deutlich unterhalb der zulässigen Werte für Arbeitsmittel, die gemäß Abschnitt 13.7 mit 75 dB(A) festgelegt sind.

Sinngemäß das Gleiche gilt bei Armaturen für Flüssigkeiten. Bei ihnen strebt $X_F$ gegen null, d.h. es tritt keine Kavitation auf. Der Schalldruckpegelanteil $L_{A2F}$ tendiert ebenfalls zu negativen Werten, so dass die Grenze für die Gehörschädlichkeit deutlich unterschritten wird.

Absperr- und Rückschlagarmaturen brauchen demzufolge hinsichtlich zulässigem Schalldruckpegel nicht untersucht werden.

## 13.4 Strömungslärm

### 13.4.1 Gase und Dämpfe

Maßgebende Größe für den Strömungslärm in Rohrleitungen ist die Machzahl Ma (Tafel 13.3).

Geschwindigkeiten unterhalb 0,1 Ma haben keinen Einfluss auf den Lärmpegel [13.3]. Ablösungen in engen Bögen und an scharfkantigen Abzweigen bedingen keine messbaren Pegelerhöhungen. Für Wasserdampf mit Parametern nahe der Sattdampflinie entspricht das rund 45 m/s, für den Heißdampfbereich von 500 bis 550 °C etwa 65 m/s. Aus Gründen des Druckverlustes können solche Geschwindigkeiten häufig gar nicht ausgenutzt werden.

Der Bereich 0,1 bis 0,2 Ma ist ebenfalls noch zulässig, wenn für die Rohrleitung strömungsgünstige Bauteile ohne scharfe Kanten und Toträume vorgesehen werden. Plötzliche Querschnittssprünge, vorstehende Dichtungen und andere Unstetigkeiten sind hierbei zu vermeiden. Allgemein gilt das Prinzip, dass strömungstechnisch günstig gestaltete Bauteile und Rohrleitungen auch niedrige Geräusche bedingen.

Geschwindigkeiten über 0,2 Ma sind zu vermeiden, obwohl gemäß VDMA 24422 für den Armaturenaustritt und in anderen Veröffentlichungen [13.4] auch für die Rohrleitungen Ma = 0,3 als Höchstgrenze für gasförmige Fluide angesehen wird. In der Praxis treten solche Geschwindigkeiten wegen der damit verbundenen hohen Druckverluste in der Regel nicht auf.

In VDI 3733 sind Berechnungsformel zur Ermittlung des inneren Schallleistungspegels für Geschwindigkeiten Ma < 0,3 enthalten. Entsprechend aufbereitet ergibt sich:

$$L_{Ri} = 131{,}4 - 0{,}16\, w + 60\, \lg w + 10\, \lg p + 20\, \lg d_i - 25\, \lg (R \cdot T) - 15\, \lg \kappa$$
(13.16)

Für Luft (R = 287 J/kg·K und $\kappa$ = 1,4) von atmosphärischem Druck (p = 1 bar) bei 0 °C (273 K) vereinfacht sich Gl. (13.16) zu:

$$L_{RiL} = 7 - 0{,}16\, w + 60\, \lg w + 20\, \lg d_i$$

Zur Veranschaulichung der zu erwartenden Größenordnung sind im Bild 13.6 die sich hieraus ergebenden inneren Schallleistungspegel für Ma = 0,1 bis Ma = 0,3 dargestellt (a = 330 m/s), um den üblichen Anwendungsbereich zu kennzeichnen.

Eine weitere Berechnung ist aus den o.g. Gründen im Regelfall nicht erforderlich, wenn man sich in den angegebenen Grenzen der Ma-Zahl bewegt. Die Kenntnis des inneren Schallleistungspegels kann jedoch erforderlich sein, wenn an die Rohrleitung eine externe Lärmquelle (Verdichter, Regelarmatur) angeschlossen ist, die das Strömungs-

# 13 Lärm bei Rohrleitungen

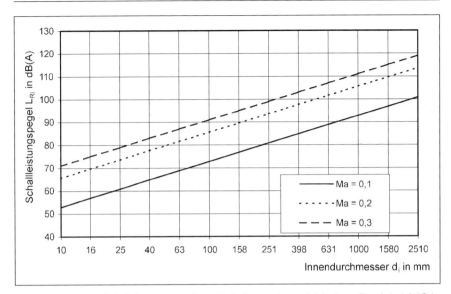

Bild 13.6: Innerer Schalleistungspegel $L_{Ri}$ für Luft von atmosphärischem Druck bei 0 °C in Abhängigkeit von der Strömungsgeschwindigkeit

geräusch überlagert. Dabei ist eine frequenzabhängige Bewertung erforderlich. Die Richtlinie VDI 3733 enthält diesbezügliche Berechnungsvorschriften.

### 13.4.2 Flüssigkeiten

Weder in VDI 3733 noch in anderen Veröffentlichungen finden sich Anhaltswerte für den Schalleistungspegel, weil bei den üblichen Strömungsgeschwindigkeiten bis zu 10 m/s der Einfluss gegenüber anderen Lärmquellen vernachlässigbar ist. Höhere Geschwindigkeiten verbieten sich schon von selbst wegen des stark steigenden Druckverlustes. Eine überschlägliche Berechnung kann nach Abschnitt 13.3.4 erfolgen, wenn z.B. eine Rohrleitungslänge von 1 m als äquivalente Armatur betrachtet wird.

Bei Siedewasserleitungen ist zu beachten, dass diese häufig zu klein dimensioniert sind. Einzelheiten siehe Abschnitt 1.2.4. Ist die Nennweite zu klein, sind Schläge und Stöße die Folge, da hohe Dampfgeschwindigkeiten mit niedrigen Kondensatgeschwindigkeiten zusammentreffen und das Kondensat auf seinem Strömungsweg immer mehr ausdampft. Diese Einflüsse auf den Lärmpegel sind rechnerisch kaum zu erfassen.

### 13.4.3 Feststoffe

Beim hydraulischen Feststofftransport tritt ein gleichmäßiges Strömungsrauschen auf. Je nach Feststoffbeschaffenheit und -größe können diesem zusätzliche Geräusche durch Anschlagen der Feststoffteile an die Rohrwandung überlagert sein. In VDI 3733 sind Schalleistungspegel von 69 bis 72 dB(A) in 0,2 m Abstand von der Rohrleitung angegeben.

Anders liegen die Verhältnisse beim pneumatischen Feststofftransport. Hierbei sind Schalleistungspegel von 85 bis 100 dB(A) in 1 m Abstand zu erwarten. Im Bereich von Krümmern können sie sogar noch 10 bis 15 dB(A) höher sein. Befindet sich eine solche Rohrleitung in der Nähe von ständigen Arbeitsplätzen, müssen Schallschutzmaßnahmen in Betracht gezogen werden.

## 13.5 Schallübertragung innerhalb der Rohrleitung

Ist an eine Rohrleitung eine externe Schallquelle angeschlossen, z.B. Regelarmaturen, Pumpen oder Verdichter, werden deren Schallemissionen über das Fluid weitergeleitet. Der Fluidschall wird über die Rohrleitungswand als Körperschall und Luftschall nach außen abgegeben.

Durch Absorption wird allerdings die Schallenergie in der Rohrleitung während ihres Strömungsweges vermindert. Anhaltswerte enthält VDI 3733. Sie betragen bei Gasen und Dämpfen 0,1 bis 0,3 dB/m, wobei die hohen Werte für kleine Nennweiten gelten. Bei Flüssigkeiten liegt die Absorption um rund eine Zehnerpotenz niedriger.

Für Industrieanlagen mit relativ kurzen Rohrleitungslängen ist die Absorption von geringer Bedeutung. Es kann daher notwendig sein, durch geeignete Maßnahmen an den externen Schallquellen den in die Rohrleitung eingetragenen Schall auf ein ertragbares Maß zu senken. Hierfür sind im allgemeinen Schalldämpfer oder andere schalldämmende Einbauten (Kugelschüttungen, Lochbleche) geeignet, die den externen Schallquellen nachgeschaltet sind.

Im Niederdruckbereich kann die externe Schallquelle auch über einen Weichstoffkompensator mit der Rohrleitung verbunden werden, so dass Körperschallübertragung vermieden wird.

## 13.6 Schall in geschlossenen Räumen
### 13.6.1 Schallabstrahlung und Schalldämmung

Die in der Rohrleitung transportierte Schallenergie wird über die Rohrleitungswand nach außen abgegeben. Die Rohrleitungswand selbst übt eine schalldämmende Wirkung aus. Im Abschnitt 13.3.1 wurden bereits Anhaltswerte für die Schalldämmung der Rohrwand genannt. Bild 13.7 enthält weitere Richtwerte für das Schalldämm-Maß $R_R$. Sie entsprechen der in VDI 3733 enthaltenen Formel:

$$R_R = 9 + 10 \cdot \lg \frac{a_R \cdot \rho_R \cdot s}{a_F \cdot \rho \cdot d_i} \tag{13.17}$$

wobei für die Schallgeschwindigkeit in der Rohrwand und die Dichte folgende Werte benutzt werden können:

| | | |
|---|---|---|
| Stahl: | $a_R$ = 5100 m/s | $\rho_R$ = 7850 kg/m³ |
| Aluminium: | $a_R$ = 5100 m/s | $\rho_R$ = 2700 kg/m³ |
| Gusseisen | $a_R$ = 3400 m/s | $\rho_R$ = 7600 kg/m³ |
| PE | $a_R$ = 1100 m/s | $\rho_R$ = 950 kg/m³ |
| PVC | $a_R$ = 1600 m/s | $\rho_R$ = 1300 kg/m³ |
| Polyesterharz | $a_R$ = 2300 m/s | $\rho_R$ = 2200 kg/m³ |

# 13 Lärm bei Rohrleitungen

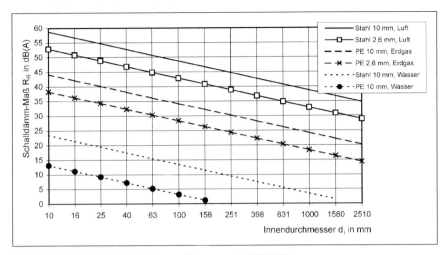

Bild 13.7: Schalldämm-Maß $R_R$ von Rohren nach VDI 3733

Bereits Wanddicken mit dem festigkeitsmäßig erforderlichen Mindestwert besitzen eine spürbare Dämmwirkung. Darüberhinaus sollte die Wanddicke jedoch nicht erhöht werden, da die zusätzliche Dämmwirkung in keinem Verhältnis zu der Kostenerhöhung der Rohrleitung besteht.

Eine hohe Dämmwirkung ist durch eine zusätzliche Schalldämmung zu erwarten. Sie unterscheidet sich von der üblichen Wärmedämmung durch
- Vermeiden metallischer Abstandshalter und durch eine
- zusätzliche Entdröhnungsbeschichtung der Blechummantelung.

Bei einer Dämmdicke von 50 mm sind Pegelminderungen in der Größenordnung von 15 bis 20 dB zu erwarten, bei 100 mm Dämmdicke und sorgfältiger Ausführung sogar 25 bis 30 dB [13.2], [13.8]. Durch Blechummantelungen mit Entdröhnungsbeschichtungen von etwa 2 mm Dicke werden weitere 10 dB erreicht.

## 13.6.2 Luftschallausbreitung im Raum

Häufig befinden sich 2 oder mehr lärmintensive Geräuschquellen in unmittelbarer Nachbarschaft. Bevor man sie überlagern kann, müssen sie zuvor auf einen gemeinsamen Punkt bezogen werden, z.B. auf einen ständigen Arbeitsplatz (Bedienstand) für ein bestimmtes Aggregat. Die Fortpflanzung von Schallwellen im Freien erfolgt in Form von Kugelwellen (Bild 13.8a), die eine Pegelminderung von

$$D_{Kugel} = 20 \lg E \qquad (13.18a)$$

ergeben. Weitere Einflussgrößen sind mehr oder weniger gut erfassbar (siehe Abschnitt 14.4.4 und VDI 2714).

Innerhalb einer Industrieanlage ist hingegen die Schallausbreitung schwer zu überschauen (Bild 13.8b). Sie wird beeinflusst

# 13 Lärm bei Rohrleitungen

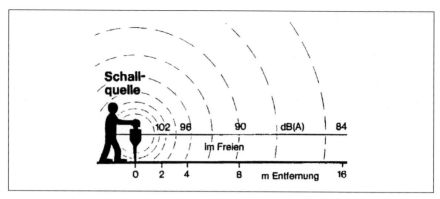

Bild 13.8a: Schallausbreitung im Freien [13.6]

- durch Richtwirkungen bei der Abstrahlung infolge geometrischer Unregelmäßigkeiten der Schallquelle selbst,
- durch Reflexionen an anderen Rohrleitungen und Ausrüstungen,
- durch Luftbewegungen,
- durch Dämpfungen an Verkleidungen und Wänden,
- durch Überlagerungen mit anderen Schallquellen und
- durch weitere schwer erfassbare Umstände.

Im Allgemeinen wird der übertragene Schall auf seinem Fortpflanzungsweg reduziert, in Ausnahmefällen kann es bei ungünstigen Reflexionen aber auch zur Pegelerhöhung kommen. Für planerische Zwecke genügt es, sich die Schallquelle punktförmig vorzustellen und mit einer Pegelminderung von

$$D_{Raum} = (10 \text{ bis } 15) \cdot \lg E \qquad (13.18b)$$

zu rechnen. Der untere Wert in Gl. (13.18b) bezieht sich auf kleine, enge Räume.

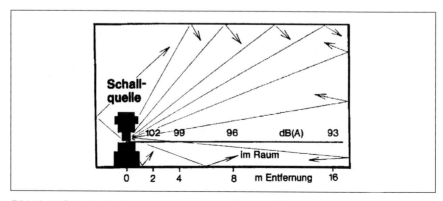

Bild 13.8b: Schallausbreitung in geschlossenen Räumen [13.6]

# 13 Lärm bei Rohrleitungen

Der Schallpegel $L_S$ einer Schallquelle, der auf einen Abstand von 0,2 bis 1 m bezogen ist, reduziert sich in der Entfernung E somit auf

$$L_W = L_S - (10...15) \lg E \tag{13.19}$$

## 13.6.3 Überlagerung von Schallleistungspegeln

Schallpegel dürfen logarithmisch addiert werden, wenn sie sich auf den gleichen geometrischen Ort beziehen, z.B. auf einen ständigen Arbeitsplatz. Liegen die Pegel in Form von Frequenzspektren vor, dürfen nur Pegel gleicher Frequenz addiert werden. Das tritt z.B. dann auf, wenn dem inneren Schalleistungspegel infolge Strömungsrauschens ein externer Schalleistungspegel durch eine angeschlossene Regelarmatur oder ein Aggregat (Verdichter, Kolbenpumpe) überlagert wird.

Die logarithmische Addition der Schallpegel nach den mathematisch exakten Formeln ist bei der praktischen Handhabung unbequem. Es wurden daher graphische und tabellarische Rechenhilfen entwickelt, mit denen sehr schnell die Pegel addiert werden können [13.5], [13.6]. Bild 13.9 zeigt ein solches Nomogramm. Die Anwendung geht aus dem begleitenden Text und dem Beispiel hervor.

Aus dem Nomogramm lassen sich folgende allgemeingültige Regeln ableiten:

- Logarithmische Addition von n gleichgroßen Pegeln $L_n$

$$L_{ges} = L_n + 10 \lg n \tag{13.20}$$

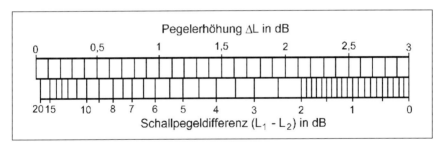

Bild 13.9: Nomogramm zur logarithmischen Addition von Schallpegeln nach [13.5]

Rechengang: Es ist von 2 Schallpegeln $L_1$ und $L_2$ die Pegeldifferenz $(L_1 - L_2)$ zu bilden und hierfür aus dem Nomogramm die Pegelerhöhung $\Delta L$ abzulesen. Diese ist zu dem größeren der beiden Schallpegel zu addieren. Sind mehr als 2 Pegel logarithmisch zu addieren, ist schrittweise zu verfahren. Die Reihenfolge ist unerheblich.

Beispiel für $L_1 = 92$ dB, $L_2 = 102$ dB, $L_3 = 96$ dB, $L_4 = 101$ dB:

1. Schritt: $L_2 - L_1 = 10$ dB $\Rightarrow \Delta L_1 = 0,4$ dB $\approx 0 \Rightarrow L_{ges1} = L_2 + \Delta L_1 = 102 + 0 =$ 102 dB

2. Schritt: $L_{ges1} - L_3 = 6$ dB $\Rightarrow \Delta L_2 = 1$ dB $\Rightarrow L_{ges2} = L_{ges1} + \Delta L_2 = 102 + 1 =$ 103 dB

3. Schritt: $L_{ges2} - L_4 = 2$ dB $\Rightarrow \Delta L_3 = 2$ dB $\Rightarrow L_{ges} = L_{ges2} + \Delta L_3 = 103 + 2 =$ 105 dB

Werden 2 gleichgroße Pegel $L_n$ überlagert (n = 2), beträgt die Pegelerhöhung 10 lg 2 ≈ 3 dB. Zum gleichen Ergebnis kommt man über Bild 13.9; denn für $L_1 - L_2$ = 0 kann die gleiche Pegelerhöhung von $\Delta L$ = 3 dB abgelesen werden.

Bei 3 gleichgroßen Pegeln beträgt die Pegelerhöhung rund 5 dB, was sich in 2 Schritten ebenfalls aus Bild 13.9 bestimmen lässt.

- Pegeldifferenzen über 10 dB

Schallpegel, die mehr als 10 dB niedriger als andere Schallpegel liegen, dürfen vernachlässigt werden, weil ihr Einfluss auf den Gesamtpegel $L_{ges}$ vernachlässigbar ist, wie aus dem oberen Skalenbereich von Bild 13.9 hervorgeht.

### 13.7 Zulässige Schallemissionen

Der an einem Arbeitsplatz personenbezogene zulässige Schalldruckpegel ist in der Unfallverhütungsvorschrift BGV B 3 begrenzt. Er beträgt:

- 50 dB(A) für überwiegend geistige Tätigkeiten,
- 70 dB(A) für überwiegend mechanisierte Bürotätigkeiten und
- 85 dB(A) für alle sonstigen Tätigkeiten, wie sie z.b. zum Betreiben von Rohrleitungen erforderlich sind.

Die angegebenen Grenzen resultieren aus Gehörschädigungen, die bei ständig höheren Lärmbelastungen auftreten können. Zeitlich begrenzte Überschreitungen der Gehörschädigungsgrenze sind zulässig, wenn die in der BGV B 3 festgelegten Wirkzeiten nicht überschritten werden (Tafel 13.5). Die Anwendung dieser Werte kann bei zeitlich begrenzt wirkenden Schallquellen wie Anfahrregelventilen und Sicherheitsventilen notwendig sein.

Für neue Arbeitsmittel, hierzu gehören alle Armaturen und Rohrleitungen, ist ein maximaler Schalldruckpegel in 1 m Abstand von 75 dB(A) vorgeschrieben. Dieser Wert ist bei Regel- und Sicherheitsarmaturen häufig nicht einhaltbar, so dass sekundäre Schallschutzmaßnahmen (Schalldämmung, Einhausung) erforderlich sind.

Tafel 13.5: Zulässige Einwirkzeiten von Schalldruckpegeln an Arbeitsplätzen nach BGV B 3

| Schalldruckpegel in dB(A) | ununterbrochene Einwirkzeit |
|---|---|
| 85 | 8 Stunden |
| 88 | 4 Stunden |
| 91 | 2 Stunden |
| 94 | 1 Stunde |
| 97 | 30 Minuten |
| 100 | 15 Minuten |
| 105 | etwa 5 Minuten |
| Zusatzbedingungen: <br> - Der ortsbezogene Beurteilungspegel muss 105 dB(A) unterschreiten. <br> - Der Höchstwert des unbewerteten Schalldruckpegels darf 140 dB (Schmerzgrenze) nicht erreichen. Dem entsprechen etwa 130 dB(A). | |

# 13 Lärm bei Rohrleitungen

Für Freianlagen sind zusätzlich die Immissionsrichtwerte nach der TA Lärm [13.7] einzuhalten. In diesem Fall gilt als Einwirkungsgrenze der Werkszaun. Die Emissionen sind nach den Bedingungen über die Ausbreitung von Schallwellen im Freien auf diese Grenze umzurechnen und mit den zulässigen Immissionen zu vergleichen. Einzelheiten siehe Abschnitt 14.4.

# 14 Auslegung der Rohrleitungen von Abblasesystemen

## 14.1 Vorbemerkungen

Abblasesysteme gehören zu den Sicherheitseinrichtungen zum Verhindern von unzulässigen Druckerhöhungen. Offene Systeme blasen in die Atmosphäre ab. Sie werden vorzugsweise für Wasserdampf, aber auch für andere neutrale gasförmige Durchflussstoffe angewandt.

Bei der Auslegung von Abblasesystemen sind die

- Innendurchmesser und die maximal zulässige Länge der Zuführungsleitung, sowie die
- Innendurchmesser der Abblaseleitungen und -schächte unter Berücksichtigung des zulässigen Eigengegendrucks und der Lärmbelastung der Anlieger

zu bestimmen. Für die Beurteilung des abgestrahlten Strömungslärms innerhalb des Gebäudes ist Abschnitt 13 anzuwenden.

Die Berechnungsgleichungen sind sinngemäß auch auf Sturmleitungen (Anfahrleitungen über Dach) und ähnliche Leitungssysteme anwendbar.

Hinweise zur Planung und Konstruktion der Abblasesysteme enthält Abschnitt 1.3.10 im Band I dieses Handbuches. Für die Definition der Drücke am Sicherheitsventil ist DIN 3320-1 maßgebend. Für die Bezeichnungen der Bauteile wurde die FDBR-Richtlinie „Druckabsicherungssysteme an Dampferzeugern" zu Grunde gelegt.

Formelzeichen und Einheiten siehe Tafel 14.1. Zusätzliche Erläuterungen gehen aus Bild 14.1 hervor.

## 14.2 Zuleitung zum Sicherheitsventil

### 14.2.1 Auslegungsgrundlagen

Der Mindestdurchmesser $d_{VLE}$ einer Zuführungsleitung ist in der Regel identisch mit dem Eintrittsdurchmesser $d_e$ des Sicherheitsventils. Durch eine Druckverlustberechnung ist zu überprüfen, ob die Zuführungsleitung mit $d_{VLE}$ ausreichend bemessen ist. Liegt der Druckverlust $\Delta p_{VLE}$ gegenüber den Vorgabewerten nach Abschnitt 14.2.2 zu hoch, ist eine Vergrößerung der Zuführungsleitung erforderlich, möglichst auf der gesamten Länge $l_{VLE}$. Die Reduzierung auf den Eintrittsdurchmesser des Sicherheitsventils $d_e$ soll erst kurz zuvor erfolgen, wobei aus konstruktiven Gründen auch eine abschnittsweise Reduzierung zulässig ist.

Die Druckverlustberechnung kann für kurze Zuführungsleitungen von

$$l_{VLE} \leq 2 \cdot d_{VLE}$$

entfallen.

Die Zuführungsleitung soll so kurz wie möglich sein. Um instabile Strömungsvorgänge zu vermeiden, ist zu überprüfen, dass die gestreckte Länge $l_{VLE}$ der Zuführungsleitung das zulässige Maß gemäß FDBR 153 nicht überschreitet (Abschnitt 14.2.3).

14 Auslegung der Rohrleitungen von Abblasesystemen

Tafel 14.1: Formelzeichen und Einheiten

| Formelzeichen | Einheit | Bezeichnung |
|---|---|---|
| $a$ | m/s | Schallgeschwindigkeit nach Tafel 13.3 |
| $A_A$ | m² | Austrittsquerschnitt der Abblasemündung (Bild 14.1) |
| $A_{ae} = d_{ae}^2 \pi / 4$ | m² | Austrittsquerschnitt des Sicherheitsventils |
| $A_K = d_K^2 \pi / 4$ | m² | engster Querschnitt mit Innendurchmesser $d_K$ vor der Abblasemündung (Bild 14.1) |
| $C$ | - | Konstante zum Errechnen der Schallgeschwindigkeit bei Wasserdampf (C = 333 für Heißdampf, C = 323 für Sattdampf) |
| $d_o$ | m | Sitzdurchmesser des Sicherheitsventils |
| $d_{ae}$ | m | Innendurchmesser am Austritt Sicherheitsventil (Bild 14.1) |
| $d_B$ | m | Bohrungsdurchmesser Lochblech (Staustufe) |
| $d_e$ | m | Innendurchmesser am Eintritt Sicherheitsventil |
| $d_i$ | m | Innendurchmesser eines Rohrleitungsabschnittes der Länge $l_i$ |
| $d_K$ | m | Innendurchmesser des Abblaseschachtes (Bild 14.1) |
| $d_{VLA}$ | m | Innendurchmesser der Abblaseleitung an der Einbindung in den Abblaseschacht (im Bild 14.1 mit $d_{4i}$ identisch) |
| $d_{VLE}$ | m | Mindestwert für den Innendurchmesser der Zuführungsleitung |
| $d_{3i} = d_3 - 2 \cdot s_3$ | m | Innendurchmesser Abblaseleitung (Bild 14.1 und Bild 14.3) |
| $d_{4i} = d_4 - 2 \cdot s_4$ | m | Innendurchmesser Stutzen am Abblaseschacht (Bild 14.1) |
| $D$ | dB(A) | Durchgangsdämm-Maß eines Abblaseschalldämpfers |
| $D_I$ | dB(A) | Richtwirkungsmaß (Richtcharakteristik) des Abblasestrahls |
| $E$ | m | Entfernung zwischen Abblasemündung und Werkszaun |
| $F_A$ | N | Austrittsimpuls (Impulskraft) |
| $F_{ae}$ | N | Austrittsimpuls (Impulskraft) am Sicherheitsventil (Bild 14.8) |
| $F_e$ | N | Eintrittsimpuls (Impulskraft) am Sicherheitsventil (Bild 14.8) |
| $F_{SIV}$ | N | Resultierende Kraft am Sicherheitsventil (Bild 14.8) |
| $G_{AA}$ | m⁻⁴ | Geometriefaktor der Abblaseleitung mit Abblaseschacht |
| $G_K$ | m⁻⁴ | Geometriefaktor des Abblaseschachtes |
| $G_{VLE}$ | m⁻⁴ | Geometriefaktor der Zuführungsleitung |
| $h$ | kJ/kg | Enthalpie |
| $H$ | m | Höhe der Abblasemündung oberhalb Niveau Werkszaun |
| $k$ | m | absolute Rohrrauheit |
| $K$ | m | projizierter Abstand zwischen Abblasemündung und Werkszaun |
| $K_1$ | - | Faktor zur Berücksichtigung des Dampfzustandes |
| $K_2$ | m | Faktor zur Berücksichtigung der Schließdruckdifferenz |
| $l_i$ | m | gestreckte Länge beim Durchmesser $d_i$ |
| $l_{ST}$ | m | Länge des Lochbleches in der Staustufe (Bild 14.3) |
| $l_{VLA}$ | m | gestreckte Länge der Abblaseleitung bis zur Einbindung in den Abblaseschacht |

14 Auslegung der Rohrleitungen von Abblasesystemen

Tafel 14.1 (Fortsetzung 1): Formelzeichen und Einheiten

| Formelzeichen | Einheit | Bezeichnung |
|---|---|---|
| $l_{VLE}$ | m | gestreckte Länge der Zuführungsleitung |
| $l_3$ | m | gestreckte Länge beim Durchmesser $d_{3i}$ (Bild 14.1) |
| $l_4$ | m | gestreckte Länge beim Durchmesser $d_{4i}$ (Bild 14.1) |
| $L_r$ | dB(A) | Immissionsrichtwert nach TA Lärm [13.7] (Tafel 14.4) |
| $L_S$ | dB(A) | Schallleistungspegel in der Entfernung E von der Abblasemündung |
| $L_W$ | dB(A) | Schallleistungspegel an der Abblasemündung |
| $p_{ae}$ | bar (abs.) | Eigengegendruck des Abblasesystems (Punkt ae im Bild 14.2) |
| $p_{ae\,zul}$ | bar (abs.) | zulässiger Eigengegendruck gemäß Herstellerangabe |
| $p_{ae\,min}$ | bar (abs.) | Mindest-Eigengegendruck zum Vermeiden von Nachexpansionen |
| $p_{at}$ | bar (abs.) | Fremdgegendruck |
| $p_A = 1$ bar | bar (abs.) | Druck an der Abblasemündung |
| $p_K$ | bar (abs.) | Druck im engsten Querschnitt |
| $p_s$ | bar (abs.) | zulässiger Druck ≈ Ansprechdruck des Sicherheitsventils (Punkt S im Bild 14.2) |
| $p_1$ | bar (abs.) | Abblasedruck des Sicherheitsventils (Punkt 1 im Bild 14.2) |
| $p_{VLA}$ | bar (abs.) | Druck an der Einbindung der Abblaseleitung in den Abblaseschacht |
| $q_m$ | kg/s | Abblaseleistung des Sicherheitsventils |
| $s_3$ | m | Wanddicke Lochblech (Staustufe) |
| $t$ | m | Stegabstand für Lochblech (Staustufe) |
| $t_S$ | °C | zulässige Temperatur vor Sicherheitsventil (Punkt S im Bild 14.2) |
| $t_1$ | °C | Temperatur beim Abblasedruck des Sicherheitsventils (Punkt 1 im Bild 14.2) |
| $v_{ae}$ | m³/kg | spezifisches Volumen nach Sicherheitsventil (Punkt ae im Bild 14.2) |
| $v_A$ | m³/kg | spezifisches Volumen an der Abblasemündung (Punkt A im Bild 14.2) |
| $v_A^*$ | m³/kg | fiktives spezifisches Volumen an der Abblasemündung (Punkt A* im Bild 14.2) |
| $v_K$ | m³/kg | spezifisches Volumen im engsten Querschnitt (Punkt K im Bild 14.2) |
| $v_K^*$ | m³/kg | fiktives spezifisches Volumen im engsten Querschnitt (Punkt K* im Bild 14.2) |
| $v_S$ | m³/kg | den Ansprechparametern zugeordnetes spezifisches Volumen |
| $w_A$ | m/s | Geschwindigkeit an der Abblasemündung |
| $w_{ae}$ | m/s | Geschwindigkeit im Austrittsquerschnitt des Sicherheitsventils |
| $w_e$ | m/s | Geschwindigkeit im Eintrittsquerschnitt des Sicherheitsventils |
| $w_K$ | m/s | Geschwindigkeit im engsten Querschnitt |
| $w_{VLA}$ | m/s | Geschwindigkeit an der Einbindung der Abblaseleitung in den Abblaseschacht |

Tafel 14.1 (Fortsetzung 2): Formelzeichen und Einheiten

| Formelzeichen | Einheit | Bezeichnung |
|---|---|---|
| $\alpha$ | - | Durchflussziffer Lochblech (Staustufe) |
| $\alpha_W$ | - | Ausflussziffer des Sicherheitsventils |
| $\delta$ | ° | Winkel zwischen Höhenkote Abblasemündung und Werkszaun (Bild 14.5) |
| $\Delta p_{ASD}$ | - | Druckverlust des Abblaseschalldämpfers |
| $\Delta p_K$ | - | Druckverlust des Abblaseschachts |
| $\Delta p_{VLA}$ | - | Druckverlust der Abblaseleitung |
| $\Delta p_{VLE}$ | - | Druckverlust der Zuführungsleitung |
| $\vartheta$ | ° | maßgeblicher Winkel für die Richtcharakteristik |
| $\vartheta_o$ | ° | Raumwinkel zwischen Strahlrichtung beim Abblasen und Werkszaun |
| $\vartheta_1$ | ° | Winkel der Strahlrichtung gegenüber der Horizontalebene (Bild 14.5) |
| $\vartheta_2$ | ° | Winkel der Strahlrichtung in der Horizontalebene (Bild 14.5) |
| $\Delta\vartheta$ | ° | Krümmungswinkel der Schallausbreitung bei Bewuchs oder Bebauung (Bild 14.5) |
| $\varepsilon$ | - | Ausnutzungsgrad der freien Lochfläche an einer Staustufe |
| $\lambda_i$ | - | Rohrreibungsbeiwert eines Rohrleitungsabschnittes der Länge $l_i$ |
| $\zeta = 1/(\alpha\ \varepsilon)^2$ | - | Einzelwiderstand einer Staustufe |
| $\Sigma\zeta_i$ | - | Summe aller Einzelwiderstände eines Rohrleitungsabschnittes der Länge $l_i$ |

## 14.2.2 Innendurchmesser der Zuführungsleitung

*a) Zulässiger Druckverlust*

Um das Flattern von Sicherheitsventilen zu vermeiden und zur Sicherung der Abblaseleistung darf bei offenen Abblasesystemen der Druckverlust $\Delta p_{VLE}$ in der Zuführungsleitung gemäß DIN EN 764-7 einen Wert von 3 % des Ansprechdrucks $p_S$ nicht überschreiten, d.h. unter Berücksichtigung der Druckdefinition gemäß Tafel 14.1:

$$\Delta p_{VLE} \leq 0{,}03 \cdot (p_S - 1) \tag{14.1a}$$

Für Rohrleitungen darf mit ausreichender Genauigkeit der zulässige Druck $p_S$ dem Ansprechdruck des Sicherheitsventils gleichgesetzt werden.

Gemäß AD 2000-Merkblatt A 2 bzw. TRD 421 wird bei geschlossenen Abblasesystemen der zulässige Druckverlust auf die Druckdifferenz zwischen Ansprechdruck $p_S$ und Fremdgegendruck $p_{at}$ bezogen, d.h.:

$$\Delta p_{VLE} \leq 0{,}03\,(p_S - p_{at}) \tag{14.1b}$$

Dabei wird vorausgesetzt, dass die Schließdruckdifferenz des Sicherheitsventils mindestens 5 % beträgt, was für übliche Sicherheitsventile und Wasserdampf im Allge-

# 14 Auslegung der Rohrleitungen von Abblasesystemen

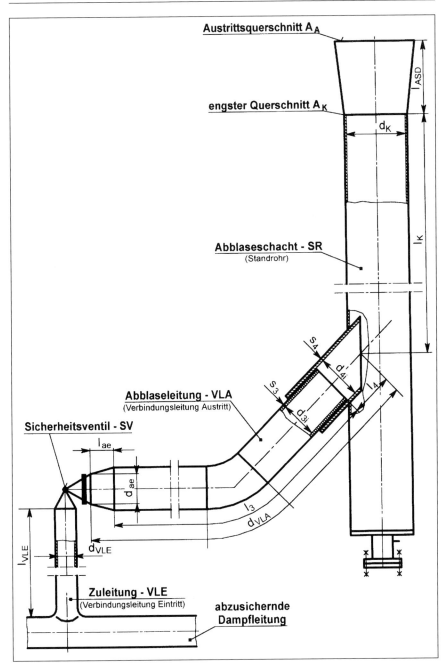

Bild 14.1: Maße an den Zu- und Ableitungen von Sicherheitsventilen

meinen zutrifft. Liegt die Schließdruckdifferenz in Ausnahmefällen unter 5 %, gelten andere zulässige Werte.

Liegt der Eigengegendruck $p_{ae}$ über dem vom Hersteller zugelassenen Wert, ist er analog Gl. (14.1b) zu berücksichtigen.

**b) Vorhandener Druckverlust**

Der Druckverlust ist auf die zulässigen Parameter $p_S$, $t_S$ zu beziehen, die den Ansprechparametern entsprechen. Gegenüber den Abblaseparametern $p_1$, $t_1$ liegen sie auf der sicheren Seite.

Die Berechnung kann nach Gl. (1.5b) erfolgen, wobei die Einheiten zu berücksichtigen sind. Die Kompressibilität darf wegen $\Delta p_{VLE} \leq 3\,\%$ vernachlässigt werden.

Bei Berücksichtigung der Formelzeichen und Einheiten nach Tafel 14.1 ergibt sich folgende Gebrauchsformel für den vorhandenen Druckverlust:

$$\Delta p_{VLE} = 10^{-5} \cdot q_m^2 \cdot v_S \cdot G_{VLE} \tag{14.2}$$

Der Geometriefaktor $G_{VLE}$ berücksichtigt den Druckverlust durch Rohrreibung und durch Einzelwiderstände:

$$G_{VLE} = \sum_{i=1}^{k} \left[ \frac{\Sigma \zeta_i + \lambda_i \cdot (l_i / d_i)}{d_i^4} \right] \tag{14.3}$$

mit dem Rohrreibungsbeiwert (vollständig rau nach Bild 1.1)

$$\lambda_i = \frac{1}{\left\{2 \lg (d_i / k_i) + 1{,}14\right\}^2} \approx \frac{1}{\left\{2 \lg d_i + 8{,}5\right\}^2} \tag{14.4}$$

Der Index i in Gl. (14.3) und (14.4) bezieht sich auf Rohrleitungsabschnitte von gleichem Durchmesser $d_i$. Bei der Näherungsformel für den Rohrreibungsbeiwert $\lambda_i$ in Gl. (14.4) wurde unter Berücksichtigung betriebsmäßigen Gebrauchs die Rohrrauheit einheitlich mit $k_i = 0{,}2 \cdot 10^{-3}$ m (20 µm) eingesetzt. Werte für Einzelwiderstände $\zeta$ sind Tafel 1.3 zu entnehmen. Für Überschlagsrechnungen genügen die Werte nach Tafel 14.2, die auf der sicheren Seite liegen.

### 14.2.3 Maximal zulässige Länge der Zuführungsleitung

Gemäß FDBR 153 kann beim Öffnen eines Sicherheitsventils eine dynamische Druckabsenkung im Fluid auftreten, die sich mit Schallgeschwindigkeit ausbreitet. Die Zuleitung muss deshalb so kurz sein, dass die zurücklaufende Druckwelle noch das geöffnete Ventil erreicht. Ist sie zu lang, und das Ventil befindet sich bereits im Schließvorgang, kann instabiles Verhalten auftreten, indem der Ventilkegel auf den Sitz hämmert.

Betroffen sind hiervon direkt wirkende Normal- oder Vollhub-Sicherheitsventile. Durch Versuche wurden deren Öffnungszeiten in der Größenordnung von 0,02 s festgestellt.

# 14 Auslegung der Rohrleitungen von Abblasesystemen

Tafel 14.2: Richtwerte für Einzelwiderstände zur Berechnung der Rohrleitungen des Abblasesystems

| Art des Einzelwiderstandes | | Zusatzbedingung | | Richtwert $\zeta$ |
|---|---|---|---|---|
| **Allgemeine Werte** | | | | |
| Bogen oder Krümmer | | $\geq 45°$ | | 0,2 |
| | | $< 45°$ | | 0,1 |
| Konische Reduzierung | | auf großen Querschnitt bezogen | | 0,2 |
| plötzliche oder kurze Erweiterung von Querschnitt $A_1$ auf $A_2$ | | auf kleinen Querschnitt $A_1$ beziehen | | $[1 - (A_1/A_2)]^2$ |
| **Zuleitung** | | | | |
| Einlauf (T-Stück) zur Zuführungsleitung | Zuleitung im Abzweig | Stutzen | scharfkantig | 1,2 |
| | | | abgerundet | 0,7 |
| | Zuleitung im Durchgang | Stutzen | scharfkantig | 0,4 |
| | | | abgerundet | 0,2 |
| **Abblaseleitung und Abblaseschacht** | | | | |
| Einbindung in den Abblaseschacht | | als plötzliche Erweiterung von Durchmesser $d_{4i}$ auf $d_K$ | | $[1 - (d_{4i}/d_K)^2]^2$ |
| | | mit Staustufe nach Abschn. 14.3.5 | | 1 |
| Abblaseformstück | | mit Querschnittserweiterung | | 0 |
| | | ohne Querschnittserweiterung | | wie Bogen oder Rohr |
| Freistrahl in die Atmosphäre | | bezogen auf Querschnitt $A_A$ | | 1 |

Gesteuerte Sicherheitsventile wirken bei Ausfall der Fremdenergie wie direkt wirkende, so dass für deren Zuleitung das Gleiche zutrifft.

Um Flattern des Ventils zu vermeiden, ist die maximal zulässige Länge $l_{VLE}$ wie folgt zu begrenzen:

$$l_{VLE} \leq \frac{K_1 \cdot K_2}{1{,}1 \cdot \alpha_W} \cdot \left(\frac{d_{VLE}}{d_o}\right)^2 \qquad (14.5)$$

Für die Konstanten gilt:

Sattdampf: $K_1 = 1$

Überhitzter Dampf: $K_1 = 1{,}4$

Schließdruckdifferenz 5 %: $K_2 = 1$ m

Schließdruckdifferenz 10 %: $K_2 = 2$ m

Besitzt die Zuführungsleitung unterschiedliche Durchmesser, kann $d_{VLE}$ aus dem gewogenen Mittel errechnet werden, z.B. bei 2 Durchmessern aus:

$$d_{VLE}^2 = \frac{\Sigma\left(d_i^2 \cdot l_i\right)}{l_{VLE}} = \frac{d_1^2 \cdot l_1 + d_2^2 \cdot l_2}{l_1 + l_2} = \frac{d_1^2 \cdot l_1 + d_2^2 \cdot l_2}{l_{VLE}} \qquad (14.6)$$

Wird Gl. (14.5) nicht erfüllt, ist durch konstruktive Maßnahmen
- entweder die Länge der Zuführungsleitung $l_{VLE}$ zu verkürzen,
- oder der Innendurchmesser $d_{VLE}$ zu vergrößern.

Die zweite Maßnahme führt wegen des quadratischen Einflusses schneller zum Ziel.
Das Ergebnis von Gl. (14.5) kann auch direkt aus einem Diagramm im FDBR 153 abgelesen werden.

### 14.2.4 Berechnungsbeispiel

*a) Vorgaben*

Absicherung einer Rohrleitung für eine Dampfleistung von 70 t/h ≙ 19,44 kg/s mit folgendem Vollhub-Sicherheitsventil:

- Abblaseleistung $\quad q_m = 20{,}7$ kg/s bei $p_S = 27$ bar (Überdruck)
- Ventileintritt: $\quad$ DN 150 / PN 63 ($d_e = 0{,}157$ m)
- Ventilaustritt $\quad$ DN 250 / PN 40 ($d_{ae} = 0{,}259$ m)
- Sitzdurchmesser $\quad d_o = 110$ mm
- Sitzquerschnitt $\quad A_o = 9503$ mm²
- Ausflussziffer $\quad \alpha_w = 0{,}70$
- Schließdruckdifferenz $\quad$ 10 %

Die maximal zulässigen Parameter der Dampfleitung betragen $p_S = 28$ bar (abs.) bei $t_S = 510\,°C$. Dem entspricht ein spezifisches Volumen von $v_S = 0{,}13$ m³/kg.

Die Zuführungsleitung mit einer gestreckten Länge von $l_{VLE} = 6$ m geht über ein T-Stück mit aufgesetztem Stutzen ab, besitzt einen Bogen 90° und eine Etage mit 30°-Bogen. Es wird über Dach abgeblasen (offenes Abblasesystem). Der Mindestdurchmesser der Zuführungsleitung beträgt

$$d_{VLE} = d_e = 0{,}157 \text{ m.}$$

*b) Berechnung des Druckverlustes*

Gemäß Gl. (14.1a) muss

$$\Delta p_{VLE} \leq 0{,}03 \cdot (p_S - 1) = 0{,}03\,(28 - 1) = 0{,}81 \text{ bar}$$

betragen.
Der Rohrreibungsbeiwert ergibt sich aus Gl. (14.4) zu:

$$\lambda_i = \frac{1}{\{2 \lg d_i + 8{,}5\}^2} = \frac{1}{\{2 \lg 0{,}157 + 8{,}5\}^2} = 0{,}021$$

# 14 Auslegung der Rohrleitungen von Abblasesystemen

und der Geometriefaktor unter Verwendung der Werte aus Tafel 14.2 gemäß Gl. (14.3):

$$G_{VLE} = \sum_{i=1}^{k}\left[\frac{\Sigma\,\zeta_i + \lambda_i \cdot (l_i/d_i)}{d_i^4}\right] = \frac{(0{,}2 + 2 \cdot 0{,}1 + 1{,}2) + 0{,}021 \cdot (6/0{,}157)}{0{,}157^4} = 3954\,\text{m}^{-4}$$

Der Druckverlust errechnet sich überschläglich nach Gl. (14.2):

$$\Delta p_{VLE} = 10^{-5} \cdot q_m^2 \cdot v_S \cdot G_{VLE} = 10^{-5} \cdot 20{,}7^2 \cdot 0{,}13 \cdot 3954 = 2{,}2\,\text{bar} > 0{,}81\,\text{bar}$$

Die Bedingung (14.1a) ist nicht eingehalten, so dass der Durchmesser auf DN 200 mit einem Innendurchmesser von 0,205 m erhöht wird.

Rohrreibungsbeiwert nach Gl. (14.4):

$$\lambda_i = \frac{1}{\{2\,\lg d_i + 8{,}5\}^2} = \frac{1}{\{2\,\lg 0{,}205 + 8{,}5\}^2} = 0{,}020$$

Geometriefaktor gemäß Gl. (14.3), erhöht um den Widerstand für eine Einziehung:

$$G_{VLE} = \sum_{i=1}^{k}\left[\frac{\Sigma\,\zeta_i + \lambda_i \cdot (l_i/d_i)}{d_i^4}\right] = \frac{(0{,}2 + 2 \cdot 0{,}1 + 1{,}2 + 0{,}2) + 0{,}020 \cdot (6/0{,}205)}{0{,}205^4} = 1351\,\text{m}^{-4}$$

Druckverlust nach Gl. (14.2):

$$\Delta p_{VLE} = 10^{-5} \cdot q_m^2 \cdot v_S \cdot G_{VLE} = 10^{-5} \cdot 20{,}7^2 \cdot 0{,}13 \cdot 1351 = 0{,}76\,\text{bar} < 0{,}81\,\text{bar}$$

Die Bedingung (14.1a) ist eingehalten.

*c) Maximal zulässige Länge der Zuführungsleitung*

Die Konstanten entsprechend Abschnitt 14.2.3 betragen:
- $K_1 = 1{,}4$ für überhitzten Dampf
- $K_2 = 2$ m für 10 % Schließdruckdifferenz

Es wird durchgängig mit $d_{VLE} = 0{,}205$ m gerechnet, da die Einziehung auf $d_e = 0{,}157$ m nur rund 150 mm lang ist und somit vernachlässigt werden kann. Gleichung (14.5) ergibt:

$$l_{VLE} \leq \frac{K_1 \cdot K_2}{1{,}1 \cdot \alpha_W} \cdot \left(\frac{d_{VLE}}{d_o}\right)^2 = \frac{1{,}4 \cdot 2}{1{,}1 \cdot 0{,}70} \cdot \left(\frac{0{,}205}{0{,}110}\right)^2 = 12{,}6\,\text{m}$$

Der Wert liegt merkbar höher als die vorhandene Länge von 6 m.

Bei der ersten Auslegung mit $d_{VLE} = 0{,}157$ m hätte Gl. (14.5) einen Wert von 7,4 m ergeben, d.h. auch hierbei hätte keine Gefahr instabiler Strömungsvorgänge bestanden.

## 14.3 Abblaseleitung und -schacht

### 14.3.1 Auslegungsgrundlagen

*a) Abblaseleitung*

Der Anschluss der Abblaseleitung (siehe Bild 14.1) ist durch den Austrittsdurchmesser $d_{ae}$ des Sicherheitsventils vorgegeben. Bei gestreckten Längen über $2 \cdot d_{VLA}$ ist unmittelbar am Austritt Sicherheitsventil eine Erweiterung um mindestens eine Nennweite auf den Durchmesser $d_3$ zweckmäßig, damit die Abblaseleistung nicht durch Schallgeschwindigkeit am Eintritt in den Abblaseschacht beeinträchtigt wird. Gemäß FDBR-Richtlinie „Druckabsicherungssysteme an Dampferzeugern" werden folgende Maximalgeschwindigkeiten empfohlen:

- $l_{VLA} \leq 5 \cdot d_{VLA}$ : $\quad w_{VLA} = 200$ bis 250 m/s
- $l_{VLA} > 5 \cdot d_{VLA}$ : $\quad w_{VLA} = 120$ m/s für Leitungen ohne Richtungsänderungen
- $l_{VLA} > 5 \cdot d_{VLA}$ : $\quad w_{VLA} = 100$ m/s für Leitungen mit Richtungsänderungen

Zur Sicherung der Abblaseleistung ist der Eigengegendruck $p_{ae}$ nach Abschnitt 14.3.3 zu kontrollieren.

*b) Abblaseschacht*

Der erforderliche Durchmesser des Abblaseschachtes $d_K \geq d_{VLA}$ ist so zu ermitteln, dass am Übergang zum Abblaseformstück bzw. zum Schalldämpfer maximal Schallgeschwindigkeit herrscht. Der Austrittsquerschnitt des Abblaseformstückes $A_A$ bzw. das Erfordernis eines Schalldämpfers hängen gemäß Abschnitt 14.4 von der abgestrahlten Schallleistung und der Entfernung bis zum Werkszaun ab. Dabei sind die Abstrahlungsrichtung und die Schallausbreitung im Freien entsprechend Abschnitt 14.4.4 zu berücksichtigen.

### 14.3.2 Innendurchmesser des Abblaseschachtes

*a) Geschwindigkeit im engsten Querschnitt*

Im engsten Querschnitt $A_K$ darf maximal Schallgeschwindigkeit herrschen. Damit die Abblaseleistung nicht beeinträchtigt wird, sollte aus Sicherheitsgründen nur maximal 90 % der Schallgeschwindigkeit a ausgenutzt werden, so dass

$$w_K \leq 0{,}9 \, a \qquad (14.7)$$

anzusetzen ist. Die Schallgeschwindigkeit a für Wasserdampf beträgt gemäß Tafel 13.3

$$a = C \sqrt{p_K \cdot v_K} \qquad (14.8)$$

Die Konstante C ist aus Tafel 14.1 zu entnehmen. Der sich im h-s-Diagramm einstellende Drosselverlauf ist im Bild 14.2 dargestellt. Im engsten Querschnitt des Abblaseschachtes (Punkt K) herrscht der Druck $p_K$ mit dem Volumen $v_K$. Hierfür gilt mit ausreichender Genauigkeit:

# 14 Auslegung der Rohrleitungen von Abblasesystemen

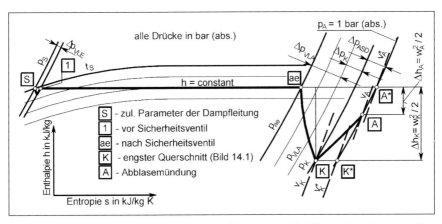

Bild 14.2: Darstellung des Abblasevorgangs (Drosselung) für Wasserdampf im h-s-Diagramm

$$p_K \cdot v_K = 1 \cdot v_K^* \approx 0{,}9 \cdot v_A^* \tag{14.9}$$

In Gl. (14.7) eingesetzt, ergibt sich schließlich

$$w_K \leq 0{,}85 \; C \sqrt{v_A^*} \tag{14.10}$$

Geht man von den bekannten zulässigen Parametern $p_S$, $t_S$ aus (Punkt S im Bild 14.2), kann das Volumen $v_A^*$ als Schnittpunkt A* aus der Linie h = const. mit $p_A$ = 1 bar abgelesen werden.

*b) Durchmesser des engsten Querschnittes*

Der Mindestdurchmesser des Abblaseschachtes $d_K$ errechnet sich analog Gl. (1.3) zu:

$$d_K \geq 2 \cdot \sqrt{\frac{q_m \cdot v_K}{\pi \cdot w_K}} \tag{14.11}$$

Als spezifisches Volumen $v_K$ ist einzusetzen:
– Abblasesysteme ohne Abblaseschalldämpfer
  Wegen $\Delta p_{ASD} = 0$ wird $p_K \approx p_A$ = 1 bar (Bild 14.2), so dass

$$v_K \approx v_K^* \approx 0{,}9 \cdot v_A^*$$

angesetzt werden kann. Das gilt auch für eine Querschnittserweiterung infolge eines Abblaseformstückes, da der Druckrückgewinn nahezu vom Reibungswiderstand aufgezehrt wird.

- Abblasesysteme mit Abblaseschalldämpfer

Das Volumen $v_K$ ist gemäß Bild 14.2 für den Druck

$$p_K = p_A + \Delta p_{ASD} = 1 \text{ bar} + \Delta p_{ASD}$$

zu ermitteln. Ist der Druckverlust des Schalldämpfers $\Delta p_{ASD}$ nicht bekannt, kann für planerische Zwecke mit ausreichender Genauigkeit $v_K \approx 0{,}8 \cdot v_A^*$ angesetzt werden. Dieser Wert liegt auf der sicheren Seite.

Der errechnete Durchmesser $d_K$ ist auf einen genormten Durchmesser aufzurunden und die Geschwindigkeit $w_K$ zu kontrollieren:

$$w_K = \frac{q_m \cdot v_K}{A_K} = \frac{4 \cdot q_m \cdot v_K}{\pi \cdot d_K^2} \leq a \tag{14.12}$$

Für das spezifische Volumen $v_K$ gilt sinngemäß das gleiche wie zu Gl. (14.11).

Aus der Berechnung des Eigengegendruckes (Abschnitt 14.3.3) kann sich eine weitere Vergrößerung des Durchmessers ergeben.

Ist Gl. (14.11) bzw. Gl. (14.12) nicht erfüllt, herrscht an der Abblasemündung Überdruck, der sich in Nachexpansionen bemerkbar macht. Ihr Einfluss auf die Höhe der Schallemission $L_W$ ist z.Z. nicht erfassbar.

### 14.3.3 Eigengegendruck

*a) Allgemeines*

Die Funktionsfähigkeit und Abblaseleistung des Sicherheitsventils sind nur gesichert, wenn

- der Eigengegendruck $p_{ae}$ einen vom Hersteller vorgegebenen Wert nicht überschreitet und
- an keiner Stelle des Abblasesystems Schallgeschwindigkeit herrscht.

Der zulässige Grenzwert des Eigengegendruckes liegt je nach Hersteller und Bauart des Sicherheitsventils bei 15 bis 20 % des Öffnungsüberdruckes (Abblasedruck $p_1$), vorzugsweise bei 20 %. Ergibt die Kontrolle einen höheren Eigengegendruck, ist entweder

- der erhöhte Eigengegendruck bei der Bestellung des Sicherheitsventils zu vereinbaren oder
- die Durchmesser der Abblaseleitung sind zu vergrößern.

Die Querschnitte über den gesamten Verlauf des Abblasesystems müssen so bemessen sein, dass unter Berücksichtigung einer Sicherheitsgrenze die Durchflussgeschwindigkeit maximal 90 % der für diese Stelle maßgebenden Schallgeschwindigkeit beträgt.

Die Berechnung des Eigengegendruckes kann nach Abschnitt 1.8 oder mit einem PC-Programm erfolgen, z.B. SINETZ. Die Kontrolle unzulässiger Schallgeschwindigkeit ist Bestandteil des Programms. Die Festlegungen zur Rohrrauheit und die Richtwerte für Einzelwiderstände sind bei der Eingabe zu berücksichtigen.

14 Auslegung der Rohrleitungen von Abblasesystemen

*b) Überschlägliche Berechnung des Eigengegendruckes*

Unter der Voraussetzung, dass an keiner Stelle des Abblasesystems Schallgeschwindigkeit zulässig ist (Sicherheitsgrenze 0,9), ergibt sich nach Gl. (1.5e) mit den Formelzeichen und Einheiten nach Tafel 14.1 und $p_A = 1\,\text{bar}$ folgende Gebrauchsformel für den Eigengegendruck $p_{ae}$:

$$p_{ae\,zul} \geq p_{ae} = \sqrt{(1+\Delta p_{ASD})^2 + 10^{-5} \cdot \left(\frac{4\,q_m}{\pi}\right)^2 \cdot v_A^* \cdot G_{AA}} \geq p_{ae\,min} \quad (14.13)$$

Dabei ist

$$p_{ae\,min} = \frac{4 \cdot q_m \cdot v_A^* \cdot p_A}{\pi \cdot 0,9 \cdot a \cdot d_{ae}^2} = \frac{1,42 \cdot q_m \cdot v_A^*}{a \cdot d_{ae}^2} \quad (14.14)$$

Der Geometriefaktor $G_{AA}$ berücksichtigt den Druckverlust durch Rohrreibung und durch Einzelwiderstände der Abblaseleitung mit dem Abblaseschacht ab Austritt Sicherheitsventil (Querschnitt ae) bis zum engsten Querschnitt $A_K$ (siehe Bild 14.1). Er beträgt analog Gl. (14.3):

$$G_{AA} = \sum_{i=1}^{k}\left[\frac{\Sigma\,\zeta_i + \lambda_i \cdot (l_i/d_i)}{d_i^4}\right] \quad (14.15)$$

Der Index i in Gl. (14.14) bezieht sich auf Rohrleitungsabschnitte mit gleichem Durchmesser $d_i$ (siehe Bild 14.1).
Für den Rohrreibungsbeiwert $\lambda_i$ ist Gl. (14.4) anzuwenden, für die Einzelwiderstände $\zeta_i$ sind die Werte nach Tafel 14.2 ausreichend. Beim Abblaseformstück mit Erweiterung gilt näherungsweise, dass der Reibungsdruckverlust durch den Druckrückgewinn infolge Diffusorwirkung kompensiert wird.
Für Abblasesysteme mit Schalldämpfer ist Gl. (14.13) je nach Herstellerangabe in folgender Weise anzuwenden:

– Angabe als Einzelwiderstand $\zeta_{ASD}$

  $\zeta_{ASD}$ ist beim Geometriefaktor $G_{AA}$ auf den Durchmesser $d_K$ zu beziehen. Hierbei ist $\Delta p_{ASD} = 0$.

– Angabe als Druckverlust $\Delta p_{ASD} = (p_K - p_A)$

  Im Geometriefaktor $G_{AA}$ bleibt der Widerstand unberücksichtigt.

Der Widerstand des Abblaseleitung mit dem Abblaseschacht ist charakterisiert durch den Geometriefaktor $G_{AA}$ und den Druckverlust des Schalldämpfers $\Delta p_{ASD}$. Er hat in folgender Weise Einfluss auf die Funktion des Abblasesystems:

– Der Widerstand liegt zu hoch ($p_{ae} > p_{ae\,zul}$)

  Wird die linke Seite von Gl. (14.13) nicht erfüllt, kann die erforderliche Abblaseleistung nicht gesichert werden. Das vorgesehene Abblasesystem ist nicht zulässig, so dass Maßnahmen zur Veränderung getroffen werden müssen, z.B. Vergrößerung der Rohrleitungsquerschnitte oder Modifizierung des Sicherheitsventils.

- Der Widerstand liegt zu niedrig ($p_{ae} < p_{ae\,min}$)

  Wird die rechte Seite von Gl. (14.13) nicht erfüllt, kann zwar die erforderliche Abblaseleistung gesichert werden, der Druck im gesamten Abblasesystem steigt jedoch an, so dass die Bedingung $p_A = 1$ bar nicht eingehalten ist. Dadurch kommt es zu Nachexpansionen am Austritt in die Atmosphäre, deren Einfluss auf den Schallleistungspegel z.Z. nicht quantifizierbar ist. Ein solcher Fall liegt z.B. vor, wenn ein Sicherheitsventil ohne nachgeschaltete Abblaseleitungen direkt ins Freie abbläst. Gegenmaßnahmen sind z.B. Nennweitenverringerung oder Einbau eines zusätzlichen Drosselwiderstandes.

### 14.3.4 Kontrolle auf unzulässige Schallgeschwindigkeit

*a) Austritt Sicherheitsventil*

Eine Nachrechnung ist nicht erforderlich, wenn die Bedingung (14.13) eingehalten ist, d.h. $p_{ae} \geq p_{ae\,min}$.

*b) Einbindung der Abblaseleitung in den Abblaseschacht*

Die Kontrolle erfolgt indirekt über den Druck $p_{VLA\,min}$ nach Gl. (14.16), der ebenso wie $p_{ae}$ einen Mindestwert aufweisen muss. Der Berechnung liegt der Durchmesser $d_{3i}$ zu Grunde. Erfolgt eine andere Art der Einbindung, z.B. über eine Staustufe nach Abschnitt 14.3.5, ist ein äquivalenter Durchmesser aus der freien Querschnittsfläche zu ermitteln.

$$p_{VLA} = \sqrt{\left(1+\Delta p_{ASD}\right)^2 + 10^{-5} \cdot \left(\frac{4\,q_m}{\pi}\right)^2 \cdot v_A^* \cdot G_K} \geq p_{VLA\,min} \qquad (14.16)$$

mit

$$p_{VLA\,min} = \frac{4 \cdot q_m \cdot v_A^* \cdot p_A}{\pi \cdot 0{,}9 \cdot a \cdot d_{3i}^2} = \frac{1{,}42 \cdot q_m \cdot v_A^*}{a \cdot d_{3i}^2} \qquad (14.17)$$

Der Geometriefaktor $G_K$ in Gl. (14.16) bezieht sich auf die im Bild 14.1 mit $l_K$ bezeichnete Strecke von der Einbindung in den Abblaseschacht bis zum Austritt in die Atmosphäre. Für Abblasesysteme mit Schalldämpfer gelten die gleichen Erläuterungen wie zu Gl. (14.13).

Ist Gl. (14.16) nicht erfüllt, müssen die geometrischen Verhältnisse der Abblaseleitung verändert werden. Dabei ist zu beachten, dass gleichzeitig auch Gl. (14.13) erfüllt sein muss.

*c) Engster Querschnitt im Abblaseschacht*

Eine Nachrechnung ist nicht erforderlich, wenn die Bedingung (14.12) eingehalten ist.

# 14 Auslegung der Rohrleitungen von Abblasesystemen

## 14.3.5 Dimensionierung von Staustufen

Entsprechend FDBR-Richtlinie „Druckabsicherungssysteme an Dampferzeugern" sind zum Erreichen optimaler Strömungsverhältnisse für das Lochblech der Staustufe (Bild 14.3) die folgenden Richtwerte anzuwenden.

### a) Größe der Bohrung

Optimale Strömungsverhältnisse bestehen bei Bohrungsdurchmessern von $d_B \approx 3 \cdot s_3$. Die Einlaufziffer (als Kehrwert ein Maß für den Widerstandsbeiwert) beträgt hierfür $\alpha = 0{,}9$. Bei $d_B \approx s_3$ steigt der Widerstand um rund 30 %, d.h. die Einlaufziffer sinkt auf $\alpha = 0{,}7$.

### b) Stegabstand

Der Stegabstand t zwischen 2 Löchern (siehe Einzelheit des Lochbleches im Bild 14.3) ist aus Festigkeitsgründen mit $t \geq d_B$ zu begrenzen.

### c) Art der Bohrung

Der Ausnutzungsgrad $\varepsilon$ ist ein Maß für die freie Durchgangsfläche der Bohrungen, bezogen auf die Flächeneinheit des Lochblechmantels. Er beträgt für die im Bild 14.3 dargestellten Formen näherungsweise für $t = d_B$:

- Rundbohrung mit $d_B$:     $\varepsilon = 0{,}28$
- Langloch der Länge $2 \cdot d_B$:     $\varepsilon = 0{,}30$
- Langloch der Länge $3 \cdot d_B$:     $\varepsilon = 0{,}35$

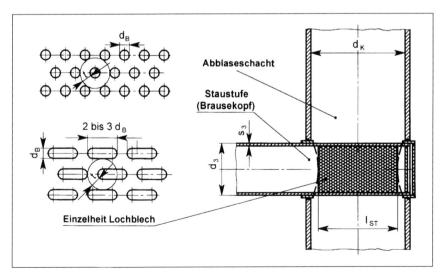

Bild 14.3: Einmündung mit Staustufe

*d) Wirksame Länge des Lochbleches*

Die Mindestlänge der gelochten Staustufe $l_{ST}$ errechnet sich aus:

$$l_{ST} \geq \frac{d_3}{4 \cdot \alpha \cdot \varepsilon} \tag{14.18}$$

Mit dem optimalen Bohrungsdurchmesser $d_B \approx 3 \cdot s_3$ (Einlaufziffer $\alpha = 0{,}9$) und den Ausnutzungsgraden $\varepsilon$ gemäß Buchstabe c beträgt die Mindestlänge:

- Rundbohrung mit $d_B$: $\quad l_{ST} = 0{,}99 \cdot d_3$
- Langloch der Länge $2 \cdot d_B$: $\quad l_{ST} = 0{,}93 \cdot d_3$
- Langloch der Länge $3 \cdot d_B$: $\quad l_{ST} = 0{,}80 \cdot d_3$

Die Bohrungen der Staustufe dürfen auf der Mindestlänge von $l_{ST}$ nicht durch Führungsringe der Staustufe oder andere Einbauten verdeckt sein. Im Interesse möglichst niedriger Geräusche ist die vom Durchmesser $d_K > d_3$ vorgegebene konstruktive Grenze von $l_{ST}$ möglichst auszuschöpfen.

## 14.4 Notwendigkeit eines Abblaseschalldämpfers

### 14.4.1 Austrittsquerschnitt der Abblasemündung

Der Austrittsquerschnitt $A_A$ bezieht sich auf die von der Strömung ausgefüllte innere Querschnittsfläche. Für kreisrunde Austrittsformen ist $A_A$ aus dem Kreisquerschnitt zu errechnen, multipliziert mit der Anzahl der Austrittsmündungen. Beispiele für genormte Abblaseformstücke enthält Band I dieses Handbuches (Abschnitt 1.3.10). Konstruktiv erforderliche Schrägschnitte an kreisförmigen Austrittsmündungen wirken nicht flächenerhöhend.

Austrittsquerschnitte, die von der Kreisform abweichen, sind zur Berücksichtigung von Sekundärströmungen (Toträumen) mit folgenden Faktoren abzuwerten:

- quadratisch: $\qquad$ Faktor 0,9
- rechteckig mit Seitenverhältnis $\geq 0{,}7$: $\qquad$ Faktor 0,8
- elliptisch oder oval mit Achsenverhältnis $\geq 0{,}8$: $\qquad$ Faktor 0,9

Für Abblaseschalldämpfer ist der Austrittsquerschnitt $A_A$ den Herstellerunterlagen zu entnehmen.

### 14.4.2 Berechnung der Austrittsgeschwindigkeit

Die für die Schallemission maßgebende Geschwindigkeit an der Mündung errechnet sich zu

$$w_A = w_K (A_K / A_A) \tag{14.19}$$

$w_K$ ist nach Gl. (14.12), $A_A$ nach Abschnitt 14.4.1 zu ermitteln.

Für Abblasesysteme ohne Schalldämpfer oder ohne Abblaseformstück mit Querschnittserweiterung, z.B. der einseitige Abblasekrümmer, ist wegen $A_K = A_A$ die Austrittsgeschwindigkeit $w_A$ mit $w_K$ identisch.

# 14 Auslegung der Rohrleitungen von Abblasesystemen

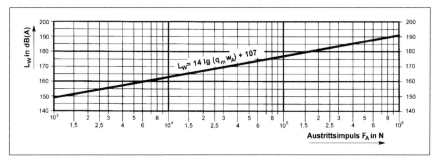

Bild 14.4: Schallleistungspegel $L_W$, bezogen auf 0,4 m Abstand von der Abblasemündung

### 14.4.3 Schallleistungspegel

Der Schallleistungspegel $L_W$ wird auf einen Abstand von 0,4 m von der Mündung des Abblaseformstückes in die Atmosphäre bezogen. Er kann aus der Gebrauchsformel

$$L_W = 14 \lg (q_m \cdot w_A) + 107 \tag{14.20}$$

errechnet werden, die als Mittelwert aus einer Vielzahl von Versuchen ermittelt wurde [14.1] und als gesichert anzusehen ist (Bild 14.4). Die logarithmische Abhängigkeit vom Austrittsimpuls

$$F_A = q_m \cdot w_A \tag{14.21}$$

ist bei anderen Darstellungen für $L_W$, z.B. in VGB-R 304, nicht so deutlich zu erkennen.

Bei Verdoppelung des Austrittsdurchmessers $d_A$ sinkt die Austrittsgeschwindigkeit $w_A$ auf ein Viertel ihres ursprünglichen Wertes. Der Schallleistungspegel $L_W$ nach Gl. (14.20) sinkt demzufolge um 14 lg 0,25, d.h. um rund 8 dB (A), was als beträchtlich anzusehen ist.

### 14.4.4 Schallausbreitung im Freien

Grundlage der Berechnung bildet VDI 2714. Hiernach erfolgt die Schallausbreitung im Freien in Form von Kugelwellen (Bild 13.8a). Bezugspunkt für die Bewertung des von der Abblaseleitung emittierten Lärmes ist die Werksgrenze. An dieser Stelle ist mit folgender Schallemission $L_S$ zu rechnen (Bild 14.5):

$$L_S = L_W - 20 \cdot \lg E + D_I - D - 11 \tag{14.22}$$

Das Richtwirkungsmaß $D_I$ ist aus Bild 14.6 zu entnehmen. Gemäß VDI 2714 ist es abhängig vom Winkel

$$\vartheta = \vartheta_o - \Delta\vartheta = \vartheta_o - \arcsin (E / 10\ 000) \tag{14.23}$$

Die Strahlkrümmung $\Delta\vartheta$ ist nur zu berücksichtigen, wenn die geradlinige Schallausbreitung zwischen Abblasemündung und Werkszaun durch Bebauung und/oder hohen Bewuchs gestört ist (Bild 14.5). Luftabsorption, Boden- und Meterologiedämpfung sind unbedeutend und daher in Gl. (14.22) vernachlässigt.

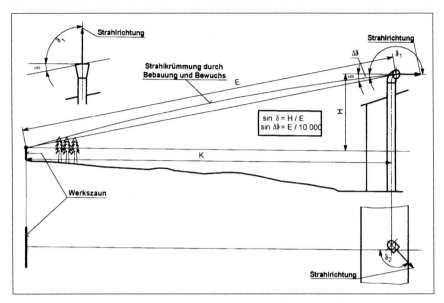

Bild 14.5: Schallausbreitung im Freien; dargestellt ist seitliches Abblasen, schräg gegen den Werkszaun
Variante links oben: Abblasen senkrecht nach oben

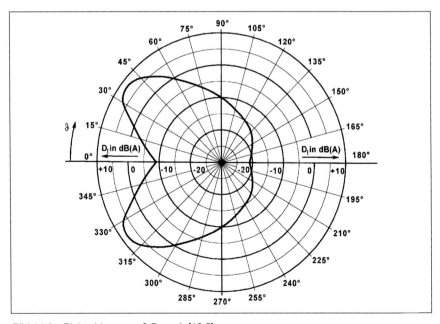

Bild 14.6: Richtwirkungsmaß $D_I$ nach [13.5]

14 Auslegung der Rohrleitungen von Abblasesystemen    433

Tafel 14.3: Näherungswerte für den Raumwinkel $\vartheta_o$ von üblichen Abblaseformstücken

| Art des Abblaseformstücks | Strahlrichtung | Raumwinkel $\vartheta_o$ |
|---|---|---|
| Abblasekonus | nach oben ($\vartheta_1 = 90°$) | $90° + \delta$ |
| Abblasekrümmer | in Richtung Werkszaun ($\vartheta_1 = 0°$; $\vartheta_2 = 0°$) | $\delta$ |
| | entgegen Richtung Werkszaun ($\vartheta_1 = 0°$; $\vartheta_2 = 180°$) | $180° + \delta$ |
| | quer zum Werkszaun ($\vartheta_1 = 0°$; $\vartheta_2 = 90°$) | $90° + \delta$ |
| Abblasehosenstück | in Richtung Werkszaun ($\vartheta_1 = 60°$; $\vartheta_2 = 0°$) | $60° + \delta$ |
| | quer zum Werkszaun ($\vartheta_1 = 60°$; $\vartheta_2 = 90°$) | $120° + \delta$ |

Der Raumwinkel $\vartheta_o$ ist in Abhängigkeit von der Strahlrichtung zu ermitteln, die durch den Horizontalwinkel ($\vartheta_1 + \delta$) und den Winkel $\vartheta_2$ innerhalb der Horizontalebene (Bild 14.5) festgelegt ist:

$$\vartheta_o = 2\arcsin\sqrt{\sin^2\left(\vartheta_1 + \delta\right)/2 + \sin^2\left(\vartheta_2/2\right)} \qquad (14.24)$$

Für übliche Abblaseformstücke und häufig vorkommende Strahlrichtungen ist der Raumwinkel $\vartheta_o$ in Tafel 14.3 angegeben.

Für Abblasesysteme ohne Schalldämpfer ist das Durchgangsdämm-Maß D = 0 zu setzen.

**14.4.5 Zulässige Immissionsrichtwerte**

Die zulässigen Immissionsrichtwerte $L_r$ sind in der TA Lärm [13.7] festgelegt (siehe Tafel 14.4). Die Werte der VDI-Richtlinie 2058 Blatt 1 sind identisch mit diesen. Die in der Tafel 14.4 angegebenen kurzzeitigen Geräuschspitzen gelten auch für seltene Ereignisse.

Tafel 14.4: Immissionsrichtwerte der TA Lärm [13.7]

| Einwirkungsort | Immissionsrichtwert $L_r$ in dB(A) [1] | |
|---|---|---|
| | tags[2] | nachts[3] |
| Industriegebiete | 70 | |
| Gewerbegebiete | 65 | 50 |
| Kerngebiete, Dorfgebiete, Mischgebiete | 60 | 45 |
| allgemeine Wohngebiete, Kleinsiedlungsgebiete | 55 | 40 |
| reine Wohngebiete | 50 | 35 |
| Kurgebiete, Krankenhäuser, Pflegeanstalten | 45 | 35 |

[1] Für seltene Ereignisse (maximal 10 Tage oder Nächte pro Jahr) gilt tags ein Wert von 70 dB(A), nachts von 55 dB(A), bei Industriegebieten generell 70 dB(A).
[2] Kurzzeitige Geräuschspitzen um 30 dB(A) sind zulässig.
[3] Kurzzeitige Geräuschspitzen um 20 dB(A) sind zulässig.

Das Ansprechen der Sicherheitsventile ist als Notfall bzw. als Abwehr einer Gefahr für die öffentliche Sicherheit anzusehen, so dass die kurzzeitigen Spitzenwerte als sanktioniert zu betrachten sind. Es sollten alle vertretbaren Möglichkeiten der Lärmminderung ausgeschöpft werden, damit die maximal zulässigen Werte unter Berücksichtigung der Spitzenzuschläge von

$L_r$ = 100 dB(A)  für Industriegebiete und

$L_r$ = 75 dB(A) für alle anderen in Tafel 14.4 angegebenen Einwirkungsorte

nicht überschritten werden.

### 14.4.6 Erfordernis eines Abblaseschalldämpfers

Ist die Bedingung

$$L_S \leq L_r \qquad (14.25)$$

nicht eingehalten, sollte man zunächst prüfen, ob nicht $L_S$ nach Gl. (14.22) vermindert werden kann. Hierzu bestehen folgende Möglichkeiten:

- Erhöhung des Austrittsquerschnittes $A_A$ durch Verwendung eines anderen Abblaseformstückes oder durch Vergrößerung des Durchmessers $d_K$.
- Beeinflussung der Entfernung E durch Vergrößerung der Höhe H (Bild 14.5).
- Verminderung des Richtwirkungsmaßes $D_l$ durch Veränderung der Strahlrichtung beim Abblasen (siehe Tafel 14.3 und Bild 14.6).

Führt auch die Kombination dieser Maßnahmen nicht zum Erfolg, ist ein Abblaseschalldämpfer notwendig. Das erforderliche Durchgangsdämm-Maß errechnet sich zu

$$D \geq L_S - L_r \qquad (14.26)$$

Im Abblaseschalldämpfer wird die Austrittsgeschwindigkeit auf ein möglichst niedriges Niveau gesenkt, was einen großen Austrittsquerschnitt $A_A$ bedingt. Zum Erreichen eines gleichmäßigen Geschwindigkeitsprofils über den Austrittsquerschnitt dienen konstruktive Maßnahmen in Form von Umlenkungen, Drosseleinbauten (z.B. Lochbleche), Schüttungen (Kugeln, beständige Dämmstoffe) und deren Kombinationen. Bild 14.7 zeigt beispielhaft einen Abblaseschalldämpfer mit Lochblecheinbauten, dessen Durchgangsdämm-Maß mit etwa 25 dB (A) zu erwarten ist.

Die Baumaße des erforderlichen Schalldämpfers können zumindest hinsichtlich des Austrittsdurchmessers überschläglich aus dem Durchgangsdämm-Maß

$$D \approx 14 \lg (A_A / A_K) = 28 \lg (d_A / d_K) \qquad (14.27)$$

errechnet werden.

### 14.5 Kräfte beim Abblasevorgang

*a) Sicherheitsventil*

Das Sicherheitsventil ist als Festpunkt zu halten. Beim Öffnen und Schließen des Sicherheitsventils treten kurzzeitig instationäre Rückstoßkräfte auf, die vektoriell zu addieren sind (Bild 14.8). Sie liegen in der Größenordnung der Ein- und Austrittskräfte $F_e$ und $F_{ae}$

$$F_e = q_m \cdot w_e \qquad (14.28a)$$
$$F_{ae} = q_m \cdot w_{ae} \qquad (14.28b)$$

und betragen beim Eckventil (Bild 14.8)

# 14 Auslegung der Rohrleitungen von Abblasesystemen

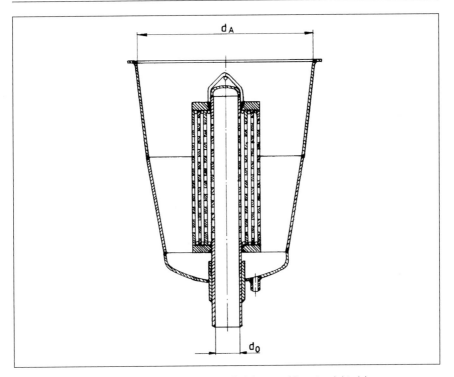

Bild 14.7: Abblaseschalldämpfer mit Lochblecheinbauten ($d_0$ entspricht $d_K$)

$$F_{SIV} = \sqrt{F_e^2 + F_{ae}^2} = q_m \cdot \sqrt{w_e^2 + w_{ae}^2} \approx q_m \cdot w_{ae} \qquad (14.28c)$$

Gl. (14.28c) ist auch für Durchgangsventile gültig, weil die Eintrittsgeschwindigkeit $w_e$ wegen der Begrenzung des Druckverlustes in der Zulaufleitung (siehe Abschnitt 14.2) sehr niedrig liegt und deshalb $F_e$ gegenüber $F_{ae}$ vernachlässigbar ist.

*b) Abblaseleitung*

Bei einer losen Einführung der Abblaseleitung in den Abblaseschacht (siehe Bild 14.1) beträgt der Austrittsimpuls entsprechend seiner Richtung:

$$F_{VLA} = q_m \cdot w_3 \qquad (14.29)$$

Durch eine Führung oder eine andere geeignete Halterung ist die Kraft $F_{VLA}$ abzufangen. Bei einer festen Einbindung in den Abblaseschacht wirkt $F_{VLA}$ nicht als äußere Kraft.

*c) Abblaseschacht*

Die Kräfte an der Mündung gehen aus Bild 14.9 hervor. Die Impulskraft $F_A$ errechnet sich aus

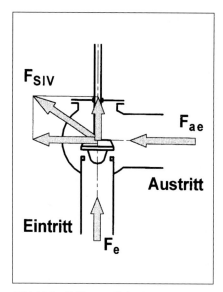

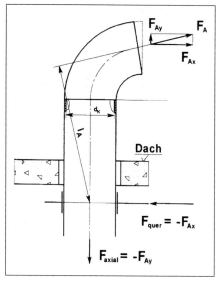

Bild 14.8: Kräfte am Sicherheitsventil

Bild 14.9: Kräfte an der Abblasemündung

$$F_A = q_m \cdot w_A \qquad (14.30)$$

Die Querkraft $F_{quer}$ bzw. das Moment $F_A \cdot L_A$ sind durch eine Zwangsführung abzufangen, die möglichst dicht unter der Dachdurchführung angeordnet werden sollte. Zur Aufnahme der Axialkraft ist eine Bockstütze oder eine andere geeignete Halterung vorzusehen, die sich in der Nähe des Entwässerungssackes abstützt oder die am Außenmantel des Abblaseschachtes angeschweißt ist.

Bei senkrechter Abblasemündung oder zweiseitigem Abblasekrümmer entfällt die Querkraft. Zur Berücksichtigung von unsymmetrischen Geschwindigkeitsverteilungen und von Windkräften sollte trotzdem eine Zwangsführung vorgesehen werden, die mindestens für

$$F_{quer} = 0{,}3 \cdot F_A \qquad (14.31)$$

zu bemessen ist.

*d) Abblaseschalldämpfer*

Bei Einsatz von Abblaseschalldämpfern ist neben den Rückstoßkräften gemäß Buchstabe c das hohe Gewicht zu berücksichtigen, das in Verbindung mit Windkräften den Abblaseschacht mit erheblichen Biegemomenten oder Schwingungen belastet. Zum Ableiten der Seitenkräfte haben sich symmetrische Dreipunktabspannungen mit Drahtseilen bewährt, die auf Grund ihrer Elastizität die Kräfte sanft abfangen.

# 15 Auslegung von Ausblasesystemen

## 15.1 Beschreibung des Reinigungsverfahrens

Bei der Erstinbetriebnahme einer Rohrleitung muss deren innere Oberfläche so sauber sein, dass sowohl die geforderte Medienreinheit möglichst schnell erreicht wird, als auch Störungen durch Oberflächenverunreinigungen und Fremdkörper vermieden werden. Das Ausblasen mit Dampf ist ein gebräuchliches Reinigungsverfahren, das häufig bei Dampfleitungen angewendet wird.

Der Reinigungseffekt beim Ausblasen mit Dampf beruht einerseits auf der Impulswirkung des strömenden Dampfes, andererseits im Verdampfen von Fetten, Ölen und anderen organischen Stoffen unter der Einwirkung der Dampftemperatur. Durch mehrmaliges rasches Anfahren und Abkühlen soll sich außerdem locker haftender Rost und Zunder von der Rohrleitung lösen und ausgeblasen werden. Fest haftender Zunder wird hingegen durch das Ausblasen nicht entfernt. Er verbleibt als unschädlicher Belag in der Rohrleitung. Die zum Ausblasen erforderliche Dampfmenge ist erheblich, so dass sich dieses Verfahren bei großen Nennweiten von selbst verbietet.

Das Ausblasen kann entweder mit gedrosseltem Eigendampf oder mit Fremddampf erfolgen. Beim Fremddampfblasen ist eine gesonderte provisorische Zuführungsleitung erforderlich, die in die zu reinigende Rohrleitung einbindet. Beim Eigendampfblasen kann hingegen der benötigte Dampf durch definitive Rohrleitungen auf die zu reinigende Rohrleitung zugeschaltet werden. Es ist aber zu beachten, dass die Eintrittsarmatur im allgemeinen nicht zum Drosseln geeignet ist, so dass sie durch eine Umführung mit Drosselarmatur zu umgehen ist.

Die Zuführungsleitung soll eine Messblende enthalten, damit der Massenstrom für die Reinigung kontrolliert werden kann. Der verschmutzte Dampf muss über eine provisorische Ausblaseleitung (Bild 15.1) ins Freie abgeführt werden.

Vor dem eigentlichen Ausblasen wird über die Drosselarmatur die zu reinigende Rohrleitung zunächst auf etwa 100 K unter der maximalen Temperatur des Ausblasedampfes angewärmt. Erst hiernach wird mit vollen Dampfparametern in mehreren Intervallen geblasen. Die Anzahl der Intervalle ist abhängig vom Verschmutzungsgrad der Rohrleitung. Die Zeit zwischen den Intervallen richtet sich nach der Verfügbarkeit von aufbereitetem Wasser zum Nachspeisen der Dampfquelle, da der ausgeblasene Dampf für den Kreislauf verloren ist. 3 Ausblasevorgänge von 10 bis 20 Minuten Dauer sind als Mindestmaß anzusehen, 6 bis 10 Intervalle bei einem Druck von 90 bar [15.1] bilden die obere Grenze. Zwischen den Ausblasintervallen soll die zu reinigende Rohrleitung sich um etwa 100 K abkühlen.

Der erzielte Reinigungseffekt ist indirekt an der Ausblasemündung durch einen in den Ausblasestrom gehaltenen Metallspiegel feststellbar. Bewertungskriterien enthält VGB-R 513 sowie der Aufsatz [15.4]. Stichprobenweise kann der Zustand der Innenoberfläche auch durch Endoskopieren kontrolliert werden.

Die zu reinigende Rohrleitung darf keine Verengungen haben. Messblenden und andere empfindliche Bauteile sind während des Blasens durch Passstücke zu überbrücken. Bei Sieben, Filtern und Schmutzfängen sollten während des Ausblasens die engmaschigen Einbauten entfernt werden, da sie sich während des Ausblasens zusetzen und

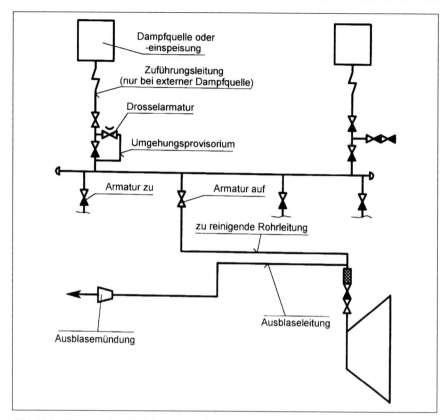

Bild 15.1: Schema eines Reinigungsprovisoriums (Beispiel Eigendampfblasen)

den Widerstand erheblich erhöhen. Schieber und andere Bauteile, in denen sich auf Grund ihrer Konstruktion (Säcke, Spalten) Schmutzpartikel sammeln können, müssen nachträglich geöffnet und gereinigt werden.

Abzweigende Rohrstränge sind separat auszublasen, da im allgemeinen nicht ausreichend Dampf zum gleichzeitigen Ausblasen zur Verfügung steht. Weitere Hinweise zur Planung und Konstruktion siehe Band I dieses Handbuches (Abschnitt 1.3.14).

### 15.2 Berechnungsgrundlage

#### 15.2.1 Sauberkeitskriterium

Um Fremdkörper und Schmutzpartikel mit Sicherheit aus der zu reinigenden Rohrleitung zu entfernen, muss die Impulskraft beim Reinigungsprozess höher sein, als während des Betriebes (Formelzeichen siehe Tafel 15.1):

$$(q_m \cdot w)_{Reinigung} \geq S \cdot (q_m \cdot w)_{Betrieb} \qquad (15.1a)$$

# 15 Auslegung von Ausblasesystemen

Tafel 15.1: Formelzeichen und Einheiten

| Formelzeichen | Einheit | Bezeichnung |
|---|---|---|
| a | m/s | Schallgeschwindigkeit nach Tafel 13.3 |
| $A_i = d_i^2 \cdot \pi / 4$ | m² | Innenquerschnitt beim Durchmesser $d_i$ |
| $A_E = d_E^2 \cdot \pi / 4$ | m² | Austrittsquerschnitt mit Innendurchmesser $d_E$ bei einer erweiterten Ausblasemündung |
| $A_K = d_K^2 \cdot \pi / 4$ | m² | engster Querschnitt mit Innendurchmesser $d_K$ vor der Ausblasemündung |
| C | - | Konstante zum Errechnen der Schallgeschwindigkeit bei Wasserdampf (C = 333 für Heißdampf) |
| $d_i$ | m | Innendurchmesser eines Rohrleitungsabschnittes der Länge $l_i$ |
| $d_{RL}$ | m | Innendurchmesser am Anfang der zu reinigenden Rohrleitung |
| $d_{AL}$ | m | Innendurchmesser der Ausblaseleitung |
| D | dB(A) | Durchgangsdämm-Maß einer erweiteren Ausblasemündung |
| $D_l$ | dB(A) | Richtwirkungsmaß (Richtcharakteristik) des Ausblasestrahls |
| $F_A$ | N | Austrittsimpuls (Impulskraft) |
| $G_i$ | m⁻⁴ | Geometriefaktor von Stelle i bis Ausblasemündung |
| $G_{AL}$ | m⁻⁴ | Geometriefaktor der Ausblaseleitung |
| $G_R$ | m⁻⁴ | Geometriefaktor von Austritt Drosselarmatur bis Ausblasemündung |
| h | kJ/kg | Enthalpie (Bild 15.2) |
| $k_i$ | m | absolute Rohrrauheit beim Durchmesser $d_i$ |
| $l_i$ | m | gestreckte Rohrleitungslänge beim Durchmesser $d_i$ |
| $L_r$ | dB(A) | Immissionsrichtwert nach TA Lärm [13.7] (Tafel 14.4) |
| $L_W$ | dB(A) | Schallleistungspegel an der Ausblasemündung |
| $p_A$ = 1 bar | bar (abs.) | atmosphärischer Druck |
| $p_{Ri}$ | bar (abs.) | Druck an der Stelle mit dem Durchmesser $d_i$ |
| $p_{RK}$ | bar (abs.) | Druck im engsten Querschnitt an der Ausblasemündung (Punkt RK im Bild 15.2) |
| $p_{R1}$ | bar (abs.) | Druck des zum Ausblasen verfügbaren Dampfes (Punkt R1 im Bild 15.2) |
| $p_{R3}$ | bar (abs.) | Druck nach Drosselventil (Punkt R3 im Bild 15.2) |
| $p_{R4}$ | bar (abs.) | Druck am Anfang Ausblaseleitung (Punkt R4 im Bild 15.2) |
| $p_S$ | bar (abs.) | zulässiger Druck der zu reinigenden Rohrleitung |
| $q_m$ | kg/s | Massenstrom, allgemein |
| $q_{mB}$ | kg/s | maximaler Massenstrom im Betriebszustand |
| $q_{mR}$ | kg/s | erforderlicher Massenstrom beim Reinigen (Ausblasen) |
| S | - | Sicherheit zur Berücksichtigung von Rechenungenauigkeiten |
| $t_S$ | °C | zulässige Temperatur der zu reinigenden Rohrleitung |
| $t_{R1}$ | °C | Temperatur des zum Ausblasen verfügbaren Dampfes (Punkt R1 im Bild 15.2) |
| $v_A^*$ | m³/kg | spezifisches Volumen bei 1 bar und h = const (Punkt A* im Bild 15.2) |
| $v_{RK}$ | m³/kg | spezifisches Volumen im engsten Querschnitt an der Ausblasemündung |
| $v_{Ri}$ | m³/kg | spezifisches Volumen beim Durchmesser $d_i$ und Druck $p_{Ri}$ |

Tafel 15.1 (Fortsetzung): Formelzeichen und Einheiten

| Formelzeichen | Einheit | Bezeichnung |
|---|---|---|
| $v_{R3}$ | m³/kg | spezifisches Volumen nach Drosselventil (Punkt R3 im Bild 15.2) |
| $v_K^*$ | m³/kg | spezifisches Volumen bei 1 bar im Punkt K* (Bild 15.2) |
| $v_S$ | m³/kg | den zulässigen Parametern $p_S$, $t_S$ zugeordnetes spezifisches Volumen |
| $w$ | m/s | Geschwindigkeit allgemein |
| $w_B$ | m/s | Geschwindigkeit am Anfang der zu reinigenden Rohrleitung im Betriebzustand |
| $w_{Ri}$ | m/s | Geschwindigkeit beim Durchmesser $d_i$ |
| $w_{R3}$ | m/s | Geschwindigkeit am Anfang der zu reinigenden Rohrleitung beim Ausblasen |
| $w_{RK}$ | m/s | Geschwindigkeit im engsten Querschnitt an der Ausblasemündung |
| $w_A$ | m/s | Geschwindigkeit an der Ausblasemündung in die Atmosphäre |
| $\Delta p_{AL}$ | bar | Druckverlust der Ausblaseleitung bis zur Mündung ins Freie |
| $\Delta p_{RL}$ | bar | Druckverlust der zu reinigenden Rohrleitung ab Drosselventil |
| $\Delta p_{NE}$ | bar | Nachexpansion in die Atmosphäre |
| $\Delta p_{ZL}$ | bar | Druckverlust der Zuführungsleitung (ab Dampfquelle bis Drosselventil) |
| $\lambda_i$ | - | Rohrreibungsbeiwert eines Rohrleitungsabschnittes der Länge $l_i$ |
| $\Sigma \zeta_i$ | - | Summe aller Einzelwiderstände eines Rohrleitungsabschnittes der Länge $l_i$ |

Der Faktor S > 1 dient zur Berücksichtigung von Rechenungenauigkeiten. Ein Wert von S = 1,2 erscheint als ausreichend [15.2]. VGB-R 513 empfiehlt S = 1,2 bis 1,7.

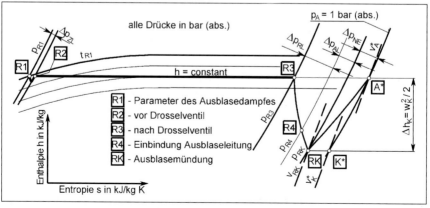

Bild 15.2: Darstellung des Reinigungsvorgangs (Drosselung) im h-s-Diagramm

15 Auslegung von Ausblasesystemen

Gleichung (15.1a) geht davon aus, dass alle losen Verunreinigungen, die den Betriebsprozess stören könnten, bei der Reinigung mit Sicherheit ausgeblasen werden. Fest haftende Teile und Partikel, die der hohen Impulskraft während des Reinigungsprozesses widerstehen, werden hingegen den Betriebsprozess wegen der niedrigeren Impulskraft nicht beeinträchtigen.

Die Geschwindigkeiten beziehen sich auf den Anfang der zu reinigenden Rohrleitung, der im Bild 15.2 als Punkt R3 gekennzeichnet ist. Er entspricht während des Reinigungsvorganges annähernd dem Dampfzustand nach Drosselarmatur. In Strömungsrichtung gesehen steigt die Geschwindigkeit bis zum Punkt R4 wegen der Volumenerhöhung infolge des Druckverlustes merkbar an, während sie im Betriebszustand nahezu konstant bleibt. Das bedingt, dass die Impulskraft während des Ausblasens signifikant höher als während des Betriebszustandes ist.

### 15.2.2 Erforderlicher Massenstrom zum Ausblasen

In Gleichung (15.1a) werden die Formelzeichen nach Tafel 15.1 eingesetzt:

$$(q_{mR} \cdot w_{R3}) \geq S \cdot (q_{mB} \cdot w_B) \tag{15.1b}$$

Die Geschwindigkeit beim Reinigungsvorgang $w_{R3}$ und beim Betrieb $w_B$ müssen sich auf die gleiche Stelle am Anfang des zu reinigenden Rohrleitungssystems beziehen:

$$w_{R3} = \frac{4\, q_{mR} \cdot v_{R3}}{d_{RL}^2 \cdot \pi} \tag{15.2a}$$

$$w_B = \frac{4\, q_{mB} \cdot v_S}{d_{RL}^2 \cdot \pi} \tag{15.2b}$$

In Gleichung (15.1b) eingesetzt, beträgt der erforderliche Ausblas-Massenstrom

$$q_{mR} = q_{mB} \sqrt{S \cdot (v_S / v_{R3})} \tag{15.3}$$

Gleichung (15.3) ist inhaltlich identisch mit den Forderungen der VGB-R 513.

Das spezifische Volumen $v_{R3}$ ergibt sich aus der Drosselung (siehe Bild 15.2) des für den Reinigungsprozess zur Verfügung stehenden Dampfes mit den Parametern $p_{R1}$ und $t_{R1}$ zu

$$v_{R3} = \frac{p_A \cdot v_A^*}{p_{R3}} = \frac{v_A^*}{p_{R3}} \tag{15.4}$$

Der an dieser Stelle vorhandene Druck $p_{R3}$ ist nach Gl. (15.9) zu berechnen. Zur Bestimmung von $v_A^*$ siehe Erläuterungen im Abschnitt 15.3.1.

## 15.3 Strömungstechnische Berechnung des Ausblasesystems

### 15.3.1 Ausblasemündung

An der Ausblasemündung (Punkt RK im Bild 15.2) herrscht in der Regel Schallgeschwindigkeit. Das gilt auch bei einer erweiterten Ausblasemündung mit dem Austrittsdurchmesser $d_E$, weil der Druckrückgewinn infolge der Erweiterung $A_E / A_K$ für die Strömungsberechnung vernachlässigbar ist.

Die Geschwindigkeit im Querschnitt $A_K$ errechnet sich mit der Schallgeschwindigkeit a für Wasserdampf nach Tafel 13.3 und den Bezeichnungen aus Tafel 15.1 zu

$$w_{RK} = \frac{q_{mR} \cdot v_{RK}}{A_K} = a = C \sqrt{p_{RK} \cdot v_{RK}} \qquad (15.5)$$

Da Sattdampf für das Ausblasen nicht in Betracht kommt, beträgt die Konstante generell C = 333 für Heißdampf.

Entsprechend dem Drosselverlauf ergibt sich für den Druck $p_{RK}$ und das Volumen $v_{RK}$ aus dem h-s-Diagramm (Bild 15.2) mit ausreichender Genauigkeit:

$$p_{RK} \cdot v_{RK} = p_A \cdot v_K^* = 1 \cdot v_K^* \approx 0{,}9 \cdot v_A^* \qquad (15.6)$$

In Gl. (15.5) eingesetzt, wird schließlich

$$w_{RK} = \frac{q_{mR} \cdot v_{RK}}{A_K} = 0{,}95 \cdot C \sqrt{v_A^*} \qquad (15.7)$$

Da die zulässigen Parameter des Ausblasedampfes $p_{R1}$, $t_{R1}$ gemäß der verfügbaren Dampfquelle bekannt sind (Punkt R1 im Bild 15.2), kann das Volumen $v_A^*$ am Schnittpunkt A* aus der Linie h = const. mit $p_A$ = 1 bar abgelesen werden.

Die Erfüllung der Gleichung (15.5) bedingt, dass der Druck $p_{RK}$ an der Ausblasemündung im Gegensatz zu Abblaseleitungen von Sicherheitsventilen (Abschnitt 14) in der Regel höher als der atmosphärische Druck ist. Er lässt sich durch Umformen von Gl. (15.7) in Verbindung mit Gl. (15.6) ermitteln:

$$p_{RK} = \frac{q_{mR}}{C \cdot A_K} \cdot \sqrt{v_K^*} \approx \frac{0{,}95 \cdot q_{mR}}{C \cdot A_K} \cdot \sqrt{v_A^*} \geq p_A = 1\,\text{bar} \qquad (15.8)$$

Die Nachexpansion von $p_{RK}$ auf $p_A$ = 1 bar ist mit einer Erhöhung des Schallleistungspegels verbunden (Abschnitt 15.4).

### 15.3.2 Gegendruck nach Drosselventil

*a) Allgemeines*

Der Gegendruck $p_{R3}$ nach Drosselventil ist zur Bestimmung des spezifischen Volumens $v_{R3}$ nach Gl. (15.4) bzw. für den Ausblas-Massenstrom nach Gl. (15.3) erforderlich.

## 15 Auslegung von Ausblasesystemen

Die Berechnung des Eigengegendruckes kann analog Abschnitt 1.8 oder mit einem PC-Programm erfolgen, z.B. SINETZ. Die Kontrolle unzulässiger Schallgeschwindigkeit ist Bestandteil des Programms. Die Festlegungen zur Rohrrauheit und die Richtwerte für Einzelwiderstände sind bei der Eingabe zu berücksichtigen.

*b) Überschlägliche Berechnung des Gegendruckes*

Unter der Voraussetzung, dass an keiner Stelle des Abblasesystems Schallgeschwindigkeit vorhanden ist, lässt sich nach Gl. (1.5e) mit den Formelzeichen und Einheiten nach Tafel 15.1 und $p_A = 1$ bar folgende Gebrauchsformel für den Gegendruck $p_{R3}$ ableiten [15.3]:

$$p_{R3} = 10^{-5} \cdot S \cdot v_S \cdot q_B^2 \left[ \frac{0.9}{(C \cdot A_K)^2} + 1.62 \cdot G_R \right] \leq p_{R1} \qquad (15.9)$$

Der Geometriefaktor $G_R$ berücksichtigt den Druckverlust durch Rohrreibung und durch Einzelwiderstände des gesamten Ausblaseweges ab Austritt Drosselventil bis zur Ausblasemündung. Er beträgt:

$$G_R = \sum_{i=1}^{k} \left[ \frac{\Sigma \zeta_i + \lambda_i \cdot (l_i/d_i)}{d_i^4} \right] \qquad (15.10)$$

mit dem Rohrreibungsbeiwert (vollständig rau nach Bild 1.1)

$$\lambda_i = \frac{1}{\{2 \lg(d_i/k_i) + 1{,}14\}^2} \approx \frac{1}{\{2 \lg d_i + 8{,}5\}^2} \qquad (15.11)$$

Für das im Bild 15.1 dargestellte Ausblasesystem sind im Geometriefaktor $G_R$ folgende Abschnitte zu erfassen, deren Druckverlust im Bild 15.2 den Bereich ($\Delta p_{RL} + \Delta p_{AL}$) umfasst:

- Austritt Drosselventil bis Einbindung in die Frischdampfleitung Kessel (Provisorium),
- Frischdampfleitung Kessel von Einbindung Provisorium bis Einbindung in den Hauptsammler (definitive Rohrleitung),
- Hauptsammler von Einbindung Kessel bis Abzweig Turbine (definitive Rohrleitung),
- Turbinenleitung ab Hauptsammler bis Austritt Ausblaseleitung (zu reinigende Rohrleitung),
- Ausblaseleitung von Turbinenleitung bis Austritt Ausblasemündung (Provisorium), die im Durchmesser keinesfalls kleiner als die zu reinigende Rohrleitung sein soll.

Der Index i in Gl. (15.10) und Gl. (15.11) bezieht sich jeweils auf Rohrleitungsabschnitte mit gleichem Durchmesser $d_i$.

Für die Einzelwiderstände $\zeta_i$ sind die Werte nach Tafel 1.3 oder nach Tafel 14.2 anzuwenden. Für das Ausblaseformstück mit Erweiterung ist null anzusetzen, da näherungsweise der Reibungsdruckverlust durch den Druckrückgewinn infolge Diffusorwirkung kompensiert wird.

Ist die Bedingung von Gl. (15.9) nicht erfüllt, muss die Ausblaseleitung vergrößert und die Rechnung wiederholt werden. Des weiteren sollte geprüft werden, ob nicht die Ausblaseleitung durch eine andere Trassenführung verkürzt werden kann. Führt beides nicht zum Erfolg, muss die Rohrleitung abschnittsweise ausgeblasen werden.

### 15.3.3 Auslegungsdruck der provisorischen Ausblaseleitung

Der Druck $p_{R4}$ ist für die Festigkeitsberechnung der Ausblaseleitung maßgebend. Er beträgt analog Gl. (14.16) unter Verwendung von Gl. (15.6):

$$p_{R4} = \sqrt{p_{RK}^2 + 0{,}9 \cdot 10^{-5} \cdot \left(\frac{4\, q_{mR}}{\pi}\right)^2 \cdot v_A^* \cdot G_{AL}} \qquad (15.12)$$

Der Geometriefaktor $G_{AL}$ ist nach Gl. (15.10) in Verbindung mit Gl. (15.11) zu berechnen. Er bezieht sich allerdings allein auf den Umfang der Ausblaseleitung, der im Bild 15.2 durch den Druckverlust $\Delta p_{AL}$ gekennzeichnet ist.

### 15.3.4 Kontrolle auf unzulässige Schallgeschwindigkeit

Gl. (15.9) setzt voraus, dass an keiner Stelle des Ausblasesystems Schallgeschwindigkeit herrscht. Die Querschnitte über den gesamten Verlauf des Ausblasesystems, ab Austritt Drosselventil bis zum Eintritt Ausblaseleitung, müssen so bemessen sein, dass unter Berücksichtigung einer Sicherheitsgrenze die Durchflussgeschwindigkeit unter der für diese Stelle maßgebenden Schallgeschwindigkeit liegt.

Für einen beliebigen Innendurchmesser $d_i$ beträgt in Anlehnung an Gl. (15.5) die an dieser Stelle herrschende Geschwindigkeit

$$w_{Ri} = \frac{q_{mR} \cdot v_{Ri}}{A_i} \leq a_i = C\sqrt{p_{Ri} \cdot v_{Ri}} \qquad (15.13)$$

Da die Schallgeschwindigkeit am Punkt K* im Bild 15.2 ihren niedrigsten Wert erreicht, besteht ausreichende Sicherheit, wenn sie als Kriterium für Gl. (15.13) verwendet wird, d.h.

$$w_{Ri} = \frac{q_{mR} \cdot v_{Ri}}{A_i} \leq 333 \cdot \sqrt{v_K^*} \approx 300 \cdot \sqrt{v_A^*} \qquad (15.14)$$

Des weiteren kann zur Vereinfachung $v_{Ri}$ auf die Linie h = constant bezogen werden, was eine weitere Sicherheit mit sich bringt.

Der für die Stelle i maßgebende Druck $p_{Ri}$ ergibt sich analog Gl. (15.12) zu

## 15 Auslegung von Ausblasesystemen

$$p_{Ri} = \sqrt{p_{RK}^2 + 0{,}9 \cdot 10^{-5} \cdot \left(\frac{4\, q_{mR}}{\pi}\right)^2 \cdot v_A^* \cdot G_i} \qquad (15.15)$$

wobei sich der Geometriefaktor $G_i$ auf den Rohrleitungsumfang von der Stelle i strömungsabwärts bis zur Ausblasemündung bezieht. Dabei ist es gleichgültig, ob es sich um Provisorien oder definitive Rohrleitungen handelt. Mit $p_{Ri}$ wird $v_{Ri}$ für Gl. (15.14) bestimmt.

Ist Gl. (15.14) nicht erfüllt, müssen die Ausblaseprovisorien vergrößert werden. Handelt es sich bei der kritischen Stelle um eine definitive Rohrleitung, kann auch eine Verkleinerung der Ausblaseprovisorien zweckmäßig sein, damit durch den erhöhten Druck $p_{Ri}$ das spezifische Volumen $v_{Ri}$ an dieser Stelle vermindert wird.

### 15.3.5 Auslegungsdruck und Druckverlust der Zuführungsleitung

Für die Auslegung einer provisorischen Zuführungsleitung sind die zulässigen Parameter des Ausblasedampfes $p_{R1}$, $t_{R1}$ entsprechend der verwendeten Dampfquelle maßgebend. Eine Auslegung auf Zeitstandbeanspruchung ist nur erforderlich, wenn die Ausblaseprovisorien wiederholt bei hoher Temperatur verwendet werden sollen, nicht nur während des ansonsten vernachlässigbar geringen Ausblasezeitraumes.

Der verwendete Werkstoff muss für die Temperatur $t_{R1}$ geeignet sein. Hierbei dürfen die in den Werkstoffnormen in Klammern angegebenen Zundergrenzen voll ausgenutzt werden.

Der Druckverlust braucht im Allgemeinen nicht ermittelt werden, da er wegen des ohnehin erforderlichen Druckabbaus in der Drosselarmatur ohne Bedeutung ist. Es genügt, die Richtgeschwindigkeiten nach Tafel 1.1 einzuhalten, wobei für den Ausblasevorgang die Obergrenzen ausgeschöpft und erforderlichenfalls auch überschritten werden dürfen.

### 15.3.6 Berechnungsablauf

Ausgehend von den Dampfparametern der verfügbaren Dampfquelle $p_{R1}$, $t_{R1}$ ist für die Berechnung der Ausblaseprovisorien folgender Berechnungsablauf zweckmäßig:

1) Berechnung des Gegendruckes $p_{R3}$ nach Gl. (15.9)
2) Ermittlung des spezifischen Volumens $v_{R3}$ nach Gl. (15.4)
3) Festlegung der erforderlichen Ausblasedampfmenge nach Gl. (15.3)
4) Festigkeitsberechnung der Ausblaseleitung mit dem Druck $p_{R4}$ nach Gl. (15.12)
5) Kontrolle auf unzulässige Schallgeschwindigkeit nach Gl. (15.14), erforderlichenfalls Korrektur der Größe der Ausblaseleitung.

Bei Rohrleitungen großer Länge ist es möglich, dass die aus der Dampfquelle verfügbare Ausblasedampfmenge niedriger als die erforderliche Ausblasedampfmenge nach Gl. (15.3) ist. In diesem Fall muss die zu reinigende Rohrleitung abschnittsweise ausgeblasen werden.

Des weiteren kann die Berechnung ergeben, dass $p_{R3} \geq p_{R1}$ ist, d.h. für die Drosselarmatur steht kein Druckgefälle mehr zur Verfügung. Führt die Vergrößerung des Ausblaseprovisoriums bzw. Verkürzung des Trassenverlaufs nicht zum Ziel, ist ebenfalls abschnittsweise auszublasen.

## 15.4 Ermittlung der Schallemissionen

Durch die Nachexpansion vom Druck $p_{RK}$ auf atmosphärischen Druck entsteht ein höherer Schallleistungspegel, als bei einer Abblaseleitung mit atmosphärischem Druck an der Abblasemündung.

Hierfür gibt es keine gesicherten Angaben. Näherungsweise sind die Werte für den Schallleistungspegel von Abblaseleitungen nach Abschnitt 14.4.3 anwendbar, wenn der Austrittsimpuls $F_A$ nach Gl. (14.21) und damit auch der Schallleistungspegel nach Gl. (14.20) mit dem Volumenverhältnis $(v_A^* / v_{RK})$ wie folgt korrigiert wird:

$$F_A = q_{mR} \cdot w_A \cdot (v_A^* / v_{RK}) \tag{15.16}$$

und

$$L_W = 14 \lg [(q_{mR} \cdot w_A \cdot (v_A^* / v_{RK})] + 107 \tag{15.17}$$

Für die Schallausbreitung im Freien gilt Abschnitt 14.4.4, für die zulässigen Immissionsrichtwerte Abschnitt 14.4.5.

Um die Belästigung der Anwohner in Grenzen zu halten, ist die Ausblasemündung so anzuordnen, dass sie in die entgegengesetzte Richtung weist. Das Richtwirkungsmaß gemäß Bild 14.6 erreicht dabei sein Optimum in Form einer Pegelminderung von $D_I$ = -20 dB(A). Ist eine solche Anordnung nicht möglich, sollten zumindest provisorische Schallschutzwände aufgestellt werden.

Sind trotz solcher Maßnahmen auch unter Berücksichtigung der kurzen Einwirkzeiten die tagsüber zulässigen Immissionsrichtwerte nicht einhaltbar, müssen Sonderfestlegungen bei der Genehmigungsbehörde beantragt werden.

Schallschutzmaßnahmen in Form von Schalldämpfern mit Einbauten oder diversen Umlenkungen sind nicht möglich. Durch die ausgeblasenen Schmutzpartikel würde sich der Schalldämpfer in kurzer Zeit zusetzen und unbrauchbar werden. Einsetzbar sind konzentrische Erweiterungen mit einem Winkel von maximal 12° gegen die Rohrachse (Erweiterungswinkel 24°), bei denen die Strömung noch mit Sicherheit anliegt. Das Durchgangsdämm-Maß beträgt entsprechend Gl. (14.27)

$$D \approx 14 \lg (A_E / A_K) = 28 \lg (d_E / d_K) \tag{15.18}$$

## 15.5 Kräfte an der Ausblasemündung

Für die Drosselarmatur gelten sinngemäß die gleichen Gesetzmäßigkeiten wie für das Sicherheitsventil bei Abblasesystemen nach Abschnitt 14.5.

Für die provisorische Ausblaseleitung sind ebenfalls die Ausführungen für Abblaseleitungen nach Abschnitt 14.5 gültig, wobei für den Austrittsimpuls $F_A$ allerdings Gl. (15.16) anzuwenden ist.

# 16 Häufig angewendete Berechnungs-Software

## 16.1 Strömungstechnische Berechnungen

### 16.1.1 Programmsystem SINETZ, SIFLOW, FWNETZ und SPRINK

*Kurzbeschreibung*

- SINETZ – Berechnung von Druck- und Wärmeverlusten in Rohrleitungsnetzen

  Aufgabe des Programms SINETZ ist die Berechnung von Druck- und Wärmeverlusten sowie Mengenverteilungen in verzweigten und vermaschten Rohrleitungsnetzen mit Kreis- und Rechteckquerschnitten. Das Leitungssystem wird über die integrierte grafische Benutzeroberfläche eingegeben.

  SINETZ errechnet Fließrichtung, Durchfluss und Druckverlust der einzelnen Rohrabschnitte sowie die Drücke und Temperaturen der einzelnen Knoten und die resultierenden Mengenverteilungen eines beliebig vermaschten Rohrnetzes. Es werden kompressible und inkompressible Medien berechnet.

  Einzelwiderstände für Bögen, Abzweige und Reduzierungen werden vom Programm ermittelt. Die Wasserdampftafel ist implementiert. Bei Gasgemischen wird der Realgasfaktor abhängig von Druck und Temperatur errechnet. Es können beliebig viele Betriebszustände definiert werden.

  Die Berechnung erfolgt für den stationären Strömungszustand eines vorgegebenen Netzes.

- SIFLOW – Berechnung von Druckverlusten inkompressibler Medien in Rohrleitungsnetzen

  SIFLOW errechnet Fließrichtung, Durchfluss und Druckverlust der einzelnen Rohrabschnitte sowie die Drücke der einzelnen Knoten und die resultierenden Mengenverteilungen eines beliebig verzweigten oder vermaschten Rohrnetzes. Einzelwiderstände von Reduzierungen werden ermittelt. Sprinklerdüsen können berechnet werden.

- FWNETZ – Berechnung von Druck- und Wärmeverlusten in Fernwärmenetzen

  FWNETZ errechnet Fließrichtung, Durchfluss und Druckverlust der einzelnen Rohrabschnitte sowie die Drücke und Temperaturen der einzelnen Knoten und die resultierenden Mengenverteilungen eines beliebig vermaschten Rohrnetzes. Es werden inkompressible Medien berechnet.

  Der Rücklauf wird automatisch generiert. Die notwendigen Massenströme an den Verbrauchern werden ermittelt.

- SPRINK – Berechnung von Druckverlusten in Sprinkleranlagen

  SPRINK errechnet Fließrichtung, Durchfluss und Druckverlust der einzelnen Rohrabschnitte sowie die Drücke der einzelnen Knoten und die resultierenden Mengenverteilungen eines beliebig verzweigten oder vermaschten Rohrnetzes sowie die Abflussmengen aus den Sprinklerdüsen.

  Das Programm ist vom VdS (Verband der Sachversicherer) geprüft und anerkannt.

*Systemvoraussetzungen*

Die Programme laufen auf IBM-kompatiblen Rechnern mit mindestens 64 MB RAM und üblichen Druckern unter Windows 95, 98, 2000, MT, ME, XP und NT. Bildschirmauflösung: 800 x 600 Pixel, empfohlen 1024 x 768 Pixel.

*Schulung, Programmpflege, Anwenderberatung*

Es wird eine Schulung der Programmanwender angeboten. Sie ermöglicht eine schnellstmögliche Einarbeitung der Anwender und damit die effektive Nutzung des Programms.

Die Leistungen im Rahmen der Gewährleistung und des optionalen Programm-Wartungsvertrages beinhalten die Anwenderberatung, kontinuierliche Software-Weiterentwicklung und Fehlerreleases. Eine gesonderte Schulung der Programmanwender ist möglich.

*Bezug*

SIGMA Ingenieurgesellschaft mbH  
Beurhausstraße 16-18  
44137 Dortmund  

Telefon: 02 31-91 40 80-0  
Telefax: 02 31-91 40 80-20  
info@rohr2.de  
www.rohr2.de und .com

### 16.1.2 Programm SISHYD zur hydraulischen und thermischen Rohrnetzberechnung

Es bestehen folgende Berechnungsmöglichkeiten für Fernwärme-, Gas- und Wasser-Druckrohrnetze:

- Ermittlung aller relevanten hydraulischen und thermischen Netzparameter in einer geschlossenen thermohydraulischen Berechnung
- Abbildung beliebiger Regeleinrichtungen (Massenstromregelung, Druckregelung, Differenzdruckregelung, Temperaturregelung), auch in Maschen
- Abbildung von Rückschlagklappen
- Vorgabe beliebiger Pumpen- und Armaturenkennlinien
- automatische Dimensionierung nach Strömungsgeschwindigkeit und/oder spezifischem Druckverlust, je nach individueller Vorgabe
- Berechnung von Laufzeiten im Netz
- optionale Berechnung der Einzelwiderstände von Abzweigen und Einbauteilen, hinterlegbar für detailgenaue Erfassung
- Ermittlung und grafische Darstellung des Einflussbereiches jedes Einspeisers
- Bestimmung kritischer Netzpunkte (Druck, Temperatur)
- optionale Überprüfung der Arbeitsbereiche von Pumpen, Armaturen, Versorgern, Verbrauchern und Rohrleitungen anhand vorgegebener Grenzen

Das Netz kann in der Draufsicht dargestellt werden, wobei den berechneten Größen Farben und Strichstärken zugeordnet werden können. Werkzeuge und Vorlagen für die Erstellung von Präsentationsplots (Hoch- und Querformat bis A0), Legenden, Schriftfelder mit automatischer Zuordnung von Informationen aus der Berechnung sind enthalten.

Das Programm enthält Import-/Export-Schnittstellen (z.B. zu Microsoft Excel für weitere Auswertungen).

*Systemvoraussetzungen*

- IBM-kompatible Rechner mit üblichen Druckern unter Windows 95, 98, 2000 und NT
- ab MicroStation 95 oder MicroStation GeoOutlook
- ab Oracle 7.3

*Systemhersteller und Bezug*

| | |
|---|---|
| GEF-RIS AG | Telefon: 062 24-97 13-33 |
| Ferdinand-Porsche-Straße 4a | Telefax: 062 24-97 13-90 |
| 69181 Leimen | info@gef.de    www.gef-ag.de |

### 16.1.3 LV-Programme: Module Bereich Strömungstechnik

*Kurzbeschreibung*

Die einzelnen Module enthalten:

| | |
|---|---|
| Rohrnetz: | Berechnung und Simulation von vermaschten Rohrnetzen für Gase, Dämpfe und Flüssigkeiten mit Sprinklersystem |
| DROS: | Durchflussmessung mit Drosselgeräten nach DIN EN ISO 5167-1/A 1 |
| FDP: | Berechnung des Druckverlustes in unvermaschten Rohrleitungssystemen |
| KV: | Auslegung, Geräuschberechnung und Stellverhalten von Armaturen |
| ZDP: | Berechnung des Reibungsdruckverlustes in zweiphasigen Rohrströmungen |

*Systemvoraussetzungen*

Die Programme laufen auf IBM-kompatiblen Rechnern und üblichen Druckern auf Windows 95, 98, NT.

*Bezug*

| | |
|---|---|
| Lauterbach Verfahrenstechnik | Telefon: 07 21-978 22-0 |
| Postfach 71 11 17 | Telefax: 07 21-78 21 06 |
| 76338 Eggenstein-Leopoldshafen | info@LV-Soft.de    www.LV-Soft.de |

## 16.2 Berechnung der Dämmung und der Wärmeverluste

Die Berechnung der Wärmeverluste erfolgt auch nach den Programmsystemen für die Rohrnetzberechnung entsprechend Abschnitt 16.1.1.

### 16.2.1 Programm ROBERT und WANDA

*Kurzbeschreibung*

Das Programm ROBERT dient zur Planung, wärmetechnischen Berechnung und Auslegung der Dämmung von Rohrleitungen in industriellen Anlagen sowie für Klima- und Lüftungsleitungen bis zu Rohrdurchmessern von 1120 mm. Rohrleitungen über 1120 mm Durchmesser sowie Rechteckkanäle, Behälter und andere große Anlagen können in ähnlicher Weise mit dem Programm WANDA berechnet werden.

*Systemvoraussetzungen*

Die Programme laufen auf IBM-kompatiblen Rechnern und üblichen Druckern ab Windows 95.

*Bezug*

SAINT-GOBAIN ISOVER G+H AG – Isover Consult   Telefon: 08 00-501-5-501
Dr.-Albert-Reimann-Straße 20   Telefax: 08 00-501-6-501
68526 Ladenburg   www.isover.de

### 16.2.2 LV-Programme: Modul Bereich Wärmeleitung

*Kurzbeschreibung*

Das angebotene Modul Eb enthält die Berechnung des Wärmeverlustes von Wänden und Rohrleitungen. Es ist Bestandteil des kompletten VDI-Wärmeatlas-Berechnungsprogrammes mit etwa 72 Modulen.

*Systemvoraussetzungen und Bezug*

siehe Abschnitt 16.1.3.

### 16.2.3 Programm FERO: Modul zur Berechnung von Dämmdicken

*Kurzbeschreibung*

Der Programmteil gestattet die Ermittlung von Dämmdicken und –gewichten für Rohrleitungen und zylindrische Behälter. Ein weiterer Programmteil ermöglicht die radiale Temperaturfeldberechnung mehrschichtiger Zylinderschalen, z.B. einer Stahlleitung mit ein oder mehreren Dämmschichten unterschiedlicher Dicke und/oder Wärmeleitung.

*Systemvoraussetzungen und Bezug*

siehe Abschnitt 16.3.1.

### 16.3 Festigkeitsberechnungen

### 16.3.1 Programmsystem FERO

*Kurzbeschreibung*

Das Programmsystem FERO dient zur Dimensionierung, Optimierung und Nachrechnung von

- innendruck- und temperaturbeaufschlagten Rohrleitungs-, Kessel- und Behälterbauteilen,
- außendruckbeanspruchten Bauteilen,
- Ermittlung der erforderlichen Bestellabmessungen für genormte Formstücke (Bögen, T-Stücke, Reduzierungen, Böden) zum Einschweißen, z.B. nach DIN EN 10253-2, DIN 2609,

# 16 Häufig angewendete Berechnungs-Software

- Rund- und Rechtecknocken,
- Flanschverbindungen.

Die Nachweise werden nach nationalen und internationalen Regelwerken geführt, z.B.:

- DIN EN 13480-3 (entspricht FDBR-Richtlinie „Berechnung von Kraftwerksrohrleitungen"),
- AD-Merkblätter bzw. DIN EN 13445-3 (Druckbehälter),
- TRD bzw. DIN EN 12952-3 und DIN EN 12953-3 (Kessel),
- DIN 2413,
- AD 2000-Merkblätter,
- ASME B31.1 und B 31.3,
- ASME-Section I ; III-NB/NC/ND ; VIII-Div.1.

Eine einfache und sichere Programmbedienung wird durch die grafisch unterstützte Menüführung, sowie die im System gespeicherten Rohrabmessungen und Kennwerte von etwa 450 Werkstoffen nach nationalen Normen, DIN EN und ASME/ANSI gesichert.

Die in den jeweiligen Regelwerken festgelegten geometrischen Geltungsbereiche werden programmintern berücksichtigt und angezeigt bzw. ausgedruckt. Wahlweise kann bei Formstücken eine Baulängen- und Gewichtsberechnung erfolgen.

Der Ausdruck erfolgt in vorprüffähiger, durch Prinzipskizzen ergänzter Form, wahlweise in deutscher oder englischer Sprache. Firmenlogos sind integrierbar. Bei Formstückberechnungen können optional vermaßte maßstäbliche Skizzen ausgegeben werden.

*Systemvoraussetzungen*

Das Programm läuft auf IBM-kompatiblen Rechnern und üblichen Druckern unter Windows 95, 98, 2000, ME, XP und NT. Es werden etwa 50 MB Festplattenspeicher benötigt.

*Bezug*

BBP Power Plants GmbH - Abteilung AEAR   Tel.: 02 08-833–38 06
Duisburger Straße 375                    Fax: 02 08-833–46 70
46049 Oberhausen                         manfred_rieke@bb-power.de

## 16.3.2 Programm PROBAD

*Kurzbeschreibung*

Das Programm PROBAD dient zur Festigkeitsberechnung von Druckteilen nach gebräuchlichen technischen Regelwerken:

- harmonisierte Normen für Rohrleitungen (DIN EN 13480-3), unbefeuerte Druckbehälter (DIN EN 12445-3), Wasserrohrkessel (DIN EN 12952-3), Großwasserraumkessel (DIN EN 12953-3), Flanschverbindungen (DIN EN 1591-1)
- AD 2000-Merkblätter der Reihe B und S
- ASME B31.1 und andere Standards des ASME Boiler and Pressure Vessel Code

Leistungsmerkmale:

- Modularer Aufbau, so dass Lizenzen für einzelne Programmteile vergeben werden können.
- Es ist sowohl die Nachrechnung bei vorgegebenen Abmessungen, als auch die Dimensionierung von Bauteilen möglich.
- Im System sind die Rohrreihen und Werkstoffdaten nach DIN, DIN EN und ANSI gespeichert.
- Es stehen deutsche und englische Eingabemasken und Druckausgaben zur Verfügung.
- Der Eingabedialog wird durch Text- und Grafik-Helps unterstützt.
- Eine Integration in kundeneigene Software ist ausführbar.

*Systemvoraussetzungen*

Das Programm läuft auf IBM-kompatiblen Rechnern mit üblichen Druckern unter Windows 95, 98, 2000 und NT.

*Bezug*

DVO-Datenverarbeitungs-Service Oberhausen GmbH  Telefon: 02 08-882-0
Lindnerstraße 96  Telefax: 02 08-882-10 00
46149 Oberhausen  probad@dvo.de  www.dvo.de

### 16.3.3 Mathcad-Dateien KONDROL

*Kurzbeschreibung*

Mathcad ist eine Rechensoftware, mit der sich ingenieurmäßig aufbereitete Festigkeitsnachweise für druckführende Komponenten übersichtlich führen lassen. In realer mathematischer Schreibweise werden ohne Programmiersprache die jeweils aktiven Berechnungsformeln auf dem Bildschirm sichtbar und zusammen mit dem Ergebnis ausgedruckt (WYSIWYG: What You See Is What You Get), inbegriffen Überschriften, Textpassagen, Skizzen und Diagramme. Zu Excel, MATLAB, Axum und CAD-Programmen gibt es Anschlussmöglichkeiten.

Für die neuen harmonisierten Berechnungsnormen DIN EN 13445-3 (Unbefeuerte Druckbehälter), DIN EN 13480-3 (Industrielle Rohrleitungen) und DIN EN 1591-1 (Flanschverbindungen) stehen die aufbereiteten Mathcad-Dateien KONDROL (Konstruktion Druckgefäße Rohrleitungen Flanschverbindungen) zur Verfügung, die vom Nutzer an den aktuellen Berechnungsfall nur durch Veränderung der Eingabewerte angepasst werden brauchen. Die Benutzeranleitung von Mathcad gilt unverändert.

*Systemvoraussetzungen*

Das Programm Mathcad läuft auf IBM-kompatiblen Rechnern mit einer Taktfrequenz von mindestens 233 MHz, 64 MB RAM und üblichen Druckern unter Windows 98, 2000, MT, ME, XP und NT. Es werden etwa 80 MB Festplattenspeicher benötigt.

*Bezug von Mathcad:*

Softline AG  Telefon: 07 81-92 93-222
Postfach 2326  Telefax: 07 81-92 93-240
77613 Offenburg  222@softline.de  www.softline.de  www.mathsoft.com

16 Häufig angewendete Berechnungs-Software 453

*Bezug von Mathcad-Dateien KONDROL:*

Dipl.-Ing. Siegfried Arnold  Telefon: 03 51-216 42 19
Bergstraße 25b  Telefax: 03 51-216 42 19
01328 Dresden  siegfried@arnold-dresden.de  www.arnold-dresden.de

### 16.3.4 LV-Programme: Module Festigkeitsberechnungen

*Kurzbeschreibung*

Die Module dienen zur Festigkeitsberechnung von Rohren, Bögen, Abzweigen, Kugel- und Y-Formstücken, Reduzierstücken, ebenen und gewölbten Böden, Flanschen und Flanschverbindungen unter Innen- oder Außendruckbelastung.

Grundlage der Berechnungen bilden das AD 2000-Regelwerk, der ASME Boiler & Pressure Vessel Code (ASME 2001), die TRD und verschiedene DIN und DIN EN. Bei Flanschverbindungen wird auf DIN EN 1591-1 orientiert (siehe Abschnitt 5). Im Programm ist eine Datenbank für 3100 Werkstoffe integriert. Schnittstellen zu CAD-Programmen sind vorhanden.

*Systemvoraussetzungen und Bezug*

siehe Abschnitt 16.1.3.

### 16.3.5 Programm AD

*Kurzbeschreibung*

Das Programm AD dient zur Festigkeitsberechnung von Rohren, Abzweigen, Reduzierstücken, ebenen und gewölbten Böden, Flanschen und Flanschverbindungen unter Innen- oder Außendruckbelastung. Berechnungsgrundlage bildet das AD 2000-Regelwerk (B 1 bis B 13 und S-Reihe) und DIN EN 13445-3. Im Programm ist eine umfangreiche Datenbank für Werkstoffe enthalten. Durch Übergabe der Geometriedaten an ein DXF-File kann das Bauteil mit einem beliebigen CAD-Programm gezeichnet werden.

*Systemvoraussetzungen*

Das Programm läuft auf IBM-kompatiblen Rechnern und üblichen Druckern unter Windows 95, 98, 2000 und NT.

*Bezug*

KED Kerntechnik, Entwicklung, Dynamik  Telefon: 061 84-95 09-0
Talstraße 3  Telefax: 061 84-95 09-50
63517 Rodenbach  info@ked.de  www.ked-de

### 16.3.6 Programm CENFLA für Flanschverbindungen

*Kurzbeschreibung*

Mit dem Programm CENFLA wird die Berechnungsmethode nach DIN EN 1591-1 vollständig umgesetzt. Festigkeit und Dichtheit der Flanschverbindung werden überprüft, Geltungsbereich und Bezeichnungen entsprechen genau den Vorgaben der europäischen Norm.

Zum Lieferumfang gehören zur Vereinfachung der Eingaben auch Datenbanken mit Standardflanschgeometrien für DIN und ANSI, sowie deren zugehörige Dichtungsgeometrien.

Als Ergebnisse werden ausgewiesen:

- Auslastungsgrade,
- erforderliche und vorhandene Kräfte bei den verschiedenen Belastungszuständen,
- Angaben zur Montage der Flanschverbindung.

*Systemvoraussetzungen*

Das Programm läuft auf IBM-kompatiblen Rechnern und üblichen Druckern unter Windows 95, 98, 2000 und NT.

*Bezug*

LINDE-KCA-DRESDEN GMBH  
Postfach 21 03 53  
01265 Dresden

Telefon: 03 51-250-33 51  
Telefax: 03 51-250-48 20  
konrad_goebel@lkca.de

### 16.3.7 Programm ADRIESS und ACRIESS

*Kurzbeschreibung*

Das Programm ADRIESS dient zur Festigkeitsberechnung von Rohren, Abzweigen, Reduzierstücken, ebenen und gewölbten Böden, Flanschen und Flanschverbindungen unter Innen- oder Außendruckbelastung. Grundlage der Berechnungen bildet das AD-2000-Regelwerk. Im Programm sind Datenbanken für übliche Werkstoffe enthalten.

Das Programm ACRIESS ist ähnlich wie das Programm ADRIESS aufgebaut, hat aber den ASME-Code als Grundlage. Die Werkstoffdatenbank enthält etwa 200 ASME-Halbzeuge.

Beide Programme sind modular aufgebaut.

*Systemvoraussetzungen*

Das Programm läuft auf IBM-kompatiblen Rechnern und üblichen Druckern ab Windows 95. Es werden etwa 10 MB Festplattenspeicher benötigt.

*Bezug*

Dipl.-Ing Peter Riess VDI  
Am Schellenberg 30  
35410 Hungen-Nonnenroth

Telefon: 064 02-14 61  
Telefax: 064 02-16 91

### 16.3.8 FEM-Programmpaket ANSYS

*Kurzbeschreibung*

Das allgemeingültige Finite-Elemente-Programm ANSYS beherrscht sämtliche Nichtlinearitäten im Geometrie-, Material- und Strukturbereich. Es löst transiente und dynamische Aufgabenstellungen bis hin zur gekoppelten Strukturmechanik-Temperaturfeld-Berechnung. Es eignet sich zur Beurteilung von Bauteilen unter Wechselbeanspruchung nach AD 2000-Merkblatt S 2. Die Werkstoffdatenbank FEZEN ist integriert. Für Bauteilnachweise wurde es mit PROBAD (siehe Abschnitt 16.3.2), für die Systemanalyse mit ROHR2 (siehe Abschnitt 16.4.1) gekoppelt. Die Systemanalysen können auch mit ANSYS selbst durchgeführt werden. Systembauteile, wie Verzweigungen und dergl., können in ihren mit ANSYS ermittelten Steifigkeitsmatrizen in die Systemanalyse eingefügt werden, so dass die Stabstatik der Wirklichkeit besser angenähert wird.

ANSYS ist mit seiner grafischen Menüoberfläche besonders leicht zu bedienen, so dass es sehr schnell erlernbar ist und sich auch für gelegentliche Anwendungen eignet.

*Systemvoraussetzungen*

Das Programm ist unter Windows 95, 98, 2000, NT und UNIX lauffähig. Es wird ein Festplattenspeicher von 300 MB bei 24 MB RAM benötigt.

*Schulung / Programmeinarbeitung*

Der Vertreiber bietet ein umfassendes Schulungsangebot. Es ist nicht ausschließlich programmbezogen.

*Bezug*

CAD-FEM GmbH - Geschäftsstelle Hannover    Telefon: 051 36-880 92-10
Schmiedestraße 31                          Telefax: 051 36-89 32 69
31303 Burgdorf                             info@cadfem.de   www.cadfem.de

### 16.4 Rohrsystemanalyse

### 16.4.1 Programmsystem ROHR2 und R2STOSS

*Kurzbeschreibung*

Aufgabe des Programms ROHR2 ist die statische und dynamische Strukturanalyse räumlicher Rohrleitungssysteme und allgemeiner Stabwerke.

Die statische Analyse umfasst die Berechnung beliebiger Lasten und Lastkombinationen nach Theorie I. und II. Ordnung für lineare und nichtlineare Randbedingungen (Reibung, Lagerspiel, Lagerabheben).

Alle Lasten können auch als dynamische Lasten mit harmonischer Erregung aufgebracht werden. Die dynamische Analyse umfasst des weiteren die Berechnung von Eigenwerten und Eigenformen, sowie deren Verarbeitung in verschiedenen Modalantwortmethoden, z.B. zur Untersuchung von Druckstoss. Die Erdbebenanalysen beruhen auf der Time-History-Methode.

Ein leistungsfähiger Überlagerungsmodul ermöglicht vielseitige Auswahl und Kombination von statischen und dynamischen Ergebnissen sowie die Generierung von Extremwerten für Lager-, Komponenten- und Stutzenbelastungen.

Spannungsnachweise für Rohrbauteile können nach einer Vielzahl von Regelwerken wie DIN EN 13480-3 (entspricht FDBR-Richtlinie „Berechnung von Kraftwerksrohrleitungen"), den AGFW-Richtlinien, ANSI, ASME B31.1 (Kraftwerke), ASME B31.3 (Petrolchemische Anlagen) sowie den KTA-Vorschriften für kerntechnische Anlagen geführt werden.

Zur Eingabe und Analyse steht eine grafische Benutzeroberfläche zur Verfügung. Optional erhältliche Schnittstellen ermöglichen die Übernahme von bereits eingegebenen Daten aus CAD-Systemen in ROHR2 und die Weitergabe an CAE- und CAD-Systeme. Das Programmsystem wird ergänzt durch Zusatzprogramme, z.B.:

- ROHR2STOSS - Strukturanalyse von Stossbelastungen nach der Methode der Direktintegration

  Das Programm dient zur umfassenden dynamischen Analyse komplexer Rohrleitungsstrukturen. Es basiert auf der Methode der Direktintegration der Schwingungsdifferentialgleichung. Sowohl lineare als auch nichtlineare Randbedingungen können berücksichtigt werden. Mit linearen Randbedingungen ist diese Methode eine Alternative zur modalen Time-History-Berechnung. Mit nichtlinearen Randbedingungen erschließt sie die Modellierung neuer Elemente wie
  - Lagerspiel,
  - hydraulische und mechanische Stoßbremsen mit Ansprechwerten,
  - Ausschlagsicherungen mit Plastizieren im Anschlag,
  - Lenker mit Plastizieren,
  - Konstanthänger mit Eigenwiderstand,
  - Lager und Federhänger mit Hysterese,
  - Visco-Dämpfer mit geschwindigkeitsproportionalem Widerstand,
  - Federelemente mit Dämpfern,
  - Bodendämpfung,
  - Reiblager, allseits beweglich oder geführt,
  - Anprall,
  - Untersuchung gegeneinanderschlagender Leitungen.

- ROHR2FEM - FE-Analyse
  - Übernahme der Geometriedaten und Belastungen aus ROHR2
  - Automatische Netzgenerierung
  - Spannungsnachweis gemäß AD 2000-Merkblatt S 4

- ROHR2ISO - Erstellung vermasster Isometrien

*Systemvoraussetzungen, Schulung und Bezug*
siehe Abschnitt 16.1.1.

### 16.4.2 Programmsystem KWUROHR

*Kurzbeschreibung*

Das Programmsystem KWUROHR hat ein Finite-Element-Programm zur Grundlage, mit dem die statische und dynamische Analyse beliebiger dreidimensionaler Rohrleitungssysteme mit maximal 1500 Knoten möglich ist. Es können beliebige statische und bestimmte dynamische Belastungen vorgegeben werden. Die Eigenschaften (Freiheitsgrade) der Rohrhalterungen, von Kompensatoren und anderen speziellen Bauteilen (z.B. Anschlusskräfte und -verschiebungen), von Vorspannungen oder Verschiebungen werden berücksichtigt. Für die einzelnen Systempunkte erfolgen Spannungs- und Ermüdungsanalysen nach

16 Häufig angewendete Berechnungs-Software 457

- den KTA-Vorschriften für kerntechnische Anlagen oder nach
- dem ASME-Code (Klasse 1 und 2).

Die Ergebnisse können isometrisch dargestellt werden. Mit Nachlaufprogrammen ist die graphische Darstellung von Modell, Verformungen, Spannungen, Rohrhalterungen und dergl. möglich.

*Systemvoraussetzungen*

Das Programm in der derzeit gültigen Version 8.0 läuft auf IBM-kompatiblen PC unter Windows 95, 98, ME und NT ab 4.0. Anpassungen aus Windows 2000 und XP sind vorgesehen.

*Schulung / Programmeinarbeitung*

Eine gesonderte Schulung der Programmanwender ist zweckmäßig.

*Bezug*

FRAMATOME ANP GmbH - Abt. NGEA4  Telefon: 069-807-931 54
Postfach 10 10 63  Telefax: 060 74-89 25 82
63010 Offenbach/Main  kwurohr@framatome-anp.de

### 16.4.3 Programmsystem P10 (Pipe-Stress-Analysis)

*Kurzbeschreibung*

Das Programmsystem P10 dient zur Berechnung beliebiger Rohrleitungssysteme. Es wird unter anderem bei der Planung von Chemieanlagen und Kraftwerken angewendet. Beliebige statische Lasten können vorgegeben werden, einschließlich Vorspannung, Setzungen und Anschlusskräfte. Rohrhalterungen können ohne und mit Reibung modelliert werden. Der Einfluss des Abhebens von Lagern, des Lagerspiels sowie von speziellen Bauteilen, wie z.B. Kompensatoren, wird berücksichtigt. Die Spannungsanalysen erfolgen nach ANSI B31.1 (Kraftwerkrohrleitungen), ANSI B31.3 (Petrochemieanlagen), DIN EN 13480-3 oder nach holländischen, britischen oder französischen Vorschriften.

*Systemvoraussetzungen*

Das Programm läuft auf IBM-kompatiblen Rechnern und üblichen Druckern unter Windows 95, 98, 2000, XP und NT.

*Bezug*

HEC Holland Engineering Consultants bv  Telefon: 00 31-30-600-60 60
Postbus 13 59  Telefax: 00 31-30-600-60 61
NL-3430 BJ Nieuwegein  info@hecbv.nl   www.hecbv.nl

### 16.4.4 Programmsystem EASYPIPE und KEDRU

*Kurzbeschreibung*

EASYPIPE ermöglicht die statische und dynamische Berechnung von Rohrleitungen. Die Topologie kann eingegeben, aber auch unmittelbar aus dem vom gleichen Unternehmen stammenden Isometrieprogramm EASYPLOT übernommen werden. Gleichfalls können die nach dem Programm KEDRU ermittelten Druckstoßkräfte unter EASY-PIPE weiterverarbeitet werden. Das Programm ermöglicht auch die Berechnung von Kunststoffrohrleitungen, von erdverlegten Rohrleitungen und von Rohrleitungen, die auf Außendruck beansprucht werden (seeverlegte Rohrleitungen). Die Spannungsnachweise können nach DIN EN 13480-3 (entspricht FDBR-Richtlinie „Berechnung von Kraftwerksrohrleitungen"), den AGFW-Richtlinien, ASME B31.1 (Kraftwerke), ASME B31.3 (Petrolchemische Anlagen) sowie den KTA-Vorschriften für kerntechnische Anlagen geführt werden.

*Systemvoraussetzungen und Bezug*

siehe Abschnitt 16.3.5.

### 16.4.5 Programmsystem CAESAR II

*Kurzbeschreibung*

Das Programmsystem wird international zur Spannungsanalyse von Rohrleitungen und anderen Druckgeräten (Behältern) in Raffinerien, Chemieanlagen, Kraftwerken und für Einzelkomponenten angewendet. Es besitzt eine 3 D-interaktive Grafik-Oberfläche, so dass sich auch komplexe Probleme lösen lassen. Es enthält umfangreiche Datenbanken für Rohrleitungen und zur Überprüfung von Stutzen an Ausrüstungen (Modul NOZZLE PRO). Bestandteile sind die automatische Auslegung von federnden Rohrhalterungen und Kompensatoren aller Art.

Für alle Berechnungspunkte werden die Verschiebungen, Verdrehungen, Kräfte und Momente ermittelt. Die Lastfälle lassen sich beliebig einstellen. Nachweise werden nach einer Reihe von internationalen Regeln und speziellen Rechenvorschriften geführt, z.B. für Pumpen-, Turbinen- und Kompressorrohrleitungen, sowie für industrielle Rohrleitungen nach DIN EN 13480-3.

Besonderheiten:

– mehrfarbige Rohrleitungsisometrie mit eingetragenen Halterungen

– Darstellung der Rohrleitungsverschiebungen bei unterschiedlichen Fahrweisen

– bestellreifer Ausdruck von federnden Rohrhalterungen

– Berücksichtigung des Einflusses von Durchbiegungen an Stahlkonstruktionen auf die Rohrleitungen

– Berücksichtigung der Elastizität von Anschlussstutzen

– Berechnung von GFK-Rohrleitungen.

Mit CAESAR II können auch dynamische Berechnungen ausgeführt werden:

– Bestimmung der Eigenfrequenzen für die Anschlussrohrleitungen von Pumpen, Turbinen und Verdichtern

– Berechnung von Erdbebenbelastungen nach der statischen und dynamischen Methode mit Eingabe des gewünschten Antwortspektrums

– Berechnung der dynamischen Belastungen bei hohen Windgeschwindigkeiten

– Einfluss der Schwingungen von Ausrüstungen auf die Anschlussrohrleitungen

– sonstige fluiddynamische Berechnungen wie Abblasen von Sicherheitsventilen, Ansprechen von Schnellschlussventilen, Wasserschläge, slug flow in Fernleitungen

*Systemvoraussetzungen*

Das Programm läuft auf IBM-kompatiblen Rechnern unter Windows 95, 98, 2000 oder NT.

*Bezug*

W. Fuchs Beratungsgesellschaft für Ingenieur- und Datenwesen mbH
Karl-Horn-Str. 6
61350 Bad Homburg

Telefon: 061 72-96 78-0
Telefax: 061 72-96 78-16
wfuchs@wfuchs.com

### 16.4.6 Programmsystem AutoPIPE

*Kurzbeschreibung*

AutoPIPE dient zur statischen und dynamischen Berechnung von Rohrleitungen mit einem Leistungsvermögen ähnlich Abschnitt 16.4.1. Neben den üblichen Spannungsnachweisen nach ASME und ANSI werden auch weitere ausländische Regelwerke berücksichtigt, z.B. British Standard, Veritas (Norwegen), RCC-M und SNCT (Frankreich), Dutch Stoomwezen (Niederlande). Die Ergebnisse können grafisch dargestellt werden. Durch 3D-Animationen kann das Rohrleitungssystem unter Belastung gezeigt werden, wobei die Wirkung dynamischer Belastungen besonders eindrucksvoll sein soll.

Die Eingaben oder Änderungen können sowohl tabellarisch als auch grafisch vorgenommen werden. Die Einarbeitungszeit soll minimal sein.

*Systemvoraussetzungen und Bezug*

siehe Abschnitt 16.3.8.

### 16.5 Betriebsbegleitende Berechnungen

### 16.5.1 Programm ConLife zur Lebensdauerüberwachung

*Kurzbeschreibung*

– Berechnung der Zeitstand- und Lastwechselerschöpfung von Kessel- und Rohrleitungsbauteilen auf der Grundlage von Betriebs- und Messdaten entsprechend TRD-Regelwerk (entspricht DIN EN 12952-4). Erweiterbarkeit auf andere Regelwerke ist möglich.

– Simulation des künftigen Erschöpfungszuwachses unter veränderten Betriebsbedingungen.

– Visualisierung von Rohrleitungsbewegungen und Lastabtragungen an repräsentativen Rohrhalterungen, an denen Messsensoren installiert sind, um einen ordnungsgemäßen Rohrleitungsbetrieb zu sichern.

– Online-Betrieb im Kraftwerk mit Datentransfer aus dem Leitsystem oder Offline-Betrieb.

– Verwaltung von Bauteilen verschiedener Kraftwerksblöcke möglich.

– Umfangreiche grafische Auswertefunktionen für Messdaten und Berechnungsergebnisse.

– Langzeitarchivierung aller Messdaten und Ergebnisse.

*Systemvoraussetzungen*

Das Programm läuft auf PC unter Windows, OS/2 sowie diversen UNIX-Plattformen. 32 MB RAM und etwa 500 MB Festplattenspeicher, ein 17"-Monitor (1024 x 768) und ein Postscript-Drucker (Farbe) sind erforderlich.

*Bezug*

Technip Germany GmbH          Telefon: 02 11-659-28 79
Theodorstraße 90              Telefax: 02 11-659-33 77
40472 Düsseldorf              kpeters@technip.com   www.technip.com

### 16.5.2 Programm „Boiler Life" zur Lebensdauerüberwachung

*Kurzbeschreibung*

Boiler Life wird zur Lebensdauerüberwachung von Dampfkessel- und Rohrleitungsbauteilen entsprechend DIN EN 12952-4 bzw. Anlage 1 zur TRD 508 eingesetzt. Es dient Leitstandsfahrern, Betriebsingenieuren und der Kraftwerksleitung zur automatischen Überwachung und Bewertung der Restlebensdauer dickwandiger Bauteile wie Rohre, Sammler und Formstücke.

Das Programm stützt seine Berechnungen auf den tatsächlichen Betriebsverlauf. Dazu werden alle relevanten Prozessdaten wie Drücke, Temperaturen und Temperaturdifferenzen über die Betriebszeit der Anlage aufgezeichnet. Berechnungen können entweder automatisch, oder bei Bedarf vom Anwender gesteuert, für einen frei definierten Zeitraum durchgeführt werden. Dadurch ist das Programm sowohl für den online-Betrieb im Kraftwerk, als auch für den offline-Betrieb einsetzbar.

Wesentliche Merkmale sind:

- Microsoft-Windows-Oberfläche und -Bedienphilosophie
- Client Server Struktur
- Einsatz der Standard-Datenbank Oracle für die Verwaltung der Konfigurationsdaten
- Verwaltung von bis zu 8 Kraftwerksblöcken in einer Installation
- Direkte Schnittstellen zu Prozess-Informationsmanagementsystemen wie Plant-Connect und PI zum Einlesen der benötigten Prozessdaten und Zurückschreiben der berechneten Erschöpfungsgrade
- Umfangreiche grafische Auswertefunktionen
- Vordefinierte Protokolle zur Dokumentation der Konfigurationsdaten und der Berechnungsergebnisse

*Systemvoraussetzungen*

Boiler Life ist lauffähig auf allen Intel-PC-kompatiblen Rechnern mit Betriebssystem Windows NT oder Windows 2000. Das Programm benötigt mindestens 128 MB RAM und minimal 350 MB freien Festplattenspeicher. Ein 19"-Monitor ist empfehlenswert. Die Druckausgaben können auf jeden beliebigen Windows-Drucker erfolgen.

*Bezug*

ABB Utilities GmbH           Telefon: 06 21-381-25 49
Kallstadter Straße 1         Telefax:  06 21-381-33 77
68309 Mannheim               opti.max@de.abb.com   www.abb.de/uta

### 16.5.3 Programm FERO: Modul zur Betriebsüberwachung

*Kurzbeschreibung*

Die Module enthalten:

- Berechnung des Erschöpfungsgrades von Rohrleitungs- und Kesselbauteilen infolge von Zeitstandbeanspruchung auf der Grundlage von TRD 508 bzw. DIN EN 12952-4
- Berechnung von Lastwechselzahlen, Anfahrgradienten (zulässige Temperaturänderungsgeschwindigkeiten, zulässige Temperaturdifferenzen) und des Ermüdungsgrades auf der Grundlage von Anlage 1 zu TRD 301 und Anlage 1 zu TRD 303
- Grafische Darstellung der Rohrleitungsbewegungen und Hängerstellungen als Gegenüberstellung von berechneten Soll- und abgelesenen Istwerten

*Systemvoraussetzungen und Bezug*

siehe Abschnitt 16.3.1.

### 16.6 Programm FLEXPERTE zur Auswahl von Kompensatoren

*Kurzbeschreibung*

Das herstellerorientierte Programm unterstützt die Auslegung von Kompensationssystemen und die Auswahl von Kompensatoren. Der Rohrleitungsverlauf kann über 3D-Koordinaten eingegeben werden, der grafisch dargestellt wird.

In Abhängigkeit von der Anwendung wird anschließend der am besten geeignete Kompensator ausgewählt, wobei die vielfältigen Randbedingungen berücksichtigt werden. Alle erforderlichen Berechnungen erfolgen selbsttätig. Bei verschiedenen Lösungsmöglichkeiten werden dem Programmanwender Alternativen mit Entscheidungshilfen angeboten. Die Ergebnisse werden ausführlich dokumentiert.

*Systemvoraussetzungen*

Das Programm läuft auf IBM-kompatiblen Rechnern und üblichen Druckern unter Windows 95, 98 und NT. Für die Installation sind 30 MB Festplattenspeicher erforderlich.

*Bezug*

Witzenmann GmbH - Metallschlauch-Fabrik     Telefon: 072 31-581-500
Östliche Karl-Friedrich-Straße 134     Telefax: 072 31-581-818
75175 Pforzheim     www.witzenmann.de

### 16.7 Berechnung von Rohrhalterungen

### 16.7.1 Berechnung von Hilfs- und Stützkonstruktionen (Stahltragwerken)

Das Programm ROHR2 (siehe Abschnitt 16.4.1) enthält auch einen Modul zur Berechnung von räumlichen Stabwerken unter beliebiger statischer Belastung. Die Tragsicherheitsnachweise werden nach DIN 18800-2 geführt. Die Querschnittswerte, Widerstands- und Trägheitsmomente der gängigen Stahlbauprofile sind in einer Datenbank gespeichert. Die Berechnung der Vergleichsspannungen und der Ausweis der Maximalspannungen ist möglich.

Tafel 16.1: Software zur Auswahl und Festigkeitsberechnung von Dübelverbindungen

| Hersteller Internetadresse | Telefon, Telefax | Softwarebezeichnung |
|---|---|---|
| | \multicolumn{2}{c}{E-mail} | |
| Artur Fischer GmbH & Co. KG Postfach 11 52 72176 Waldachtal www.fischerwerke.de | Tel.: 018 05-20 29-00 Fax: 074 43-45 68 | CC-Compufix 6.0 |
| | Anwendungstechnik@fischerwerke.de | |
| Hilti Deutschland GmbH Hiltistraße 2 86916 Kaufering www.hilti.de | Tel.: 08 00-888 55-22 Fax: 08 00-888 55-23 | HIDU-CC (Dübel) IDS (Rohrtrassen, Montageschienen usw.) |
| | de.kundenservice@hilti.com | |
| Heinrich Liebig GmbH - Stahldübelwerke Postfach 13 09 64312 Pfungstadt www.liebig-profibolt.de | Tel.: 061 57-202-7 Fax: 061 57-202-0 | LIEBIG- Bemessungsprogramm |
| | Info@liebig-profibolt.de | |
| MKT Metall-Kunststoff-Technik GmbH & Co. KG Auf dem Immel 2 67865 Weilerbach www.mkt-duebel.de | Tel.: 063 74-91 16-0 Fax: 063 74-91 16-60 | MKT Bemessungssoftware |
| | mkt@mkt-duebel.de | |
| Upat GmbH & Co. - Befestigungstechnik Postfach 13 20 79303 Emmendingen www.upat.de   www.upat.com | Tel.: 076 41-456-33 12 Fax: 076 41-456-33 76 | proselect CC-Compufix 6.0 |
| | Anwendungstechnik@fischerwerke.de | |

Für Dübelverbindungen an Bauwerkanschlüssen wird von einigen Unternehmen Software zur Auswahl und zum Festigkeitsnachweis zur Verfügung gestellt (siehe Tafel 16.1). Die Programme sind lauffähig auf üblichen Rechnern und Druckern unter Windows 95, 98, 2000 und NT.

### 16.7.2 Programm LICAD zur Auswahl und Berechnung von Standardhalterungen

*Kurzbeschreibung*

Herstellerprogramm zur Auswahl und Konfiguration kompletter Lastketten, d.h. vom rohrumschließenden Bauteil bis zum Anschluss an das Bauwerk. Alle erforderlichen Berechnungen, insbesondere hinsichtlich Feder- und Konstanthänger sowie Feder- und Konstantstützen werden selbsttätig ausgeführt. Im Ergebnis werden maßstabgerechte CAD-Zeichnungen erstellt, sowie alle zugehörigen Stücklisten einschließlich bestellreifer Daten und Gewichte. Die Zeichnungen können als DXF-Files in anderen CAD-Systemen weiterverarbeitet werden. Über definierte Schnittstellen können die Halterungskonstruktionen dreidimensional in CAD-Systeme übertragen werden. Entsprechende 2D- und 3D-Bauteilbibliotheken sind vorhanden.

*Systemvoraussetzungen*

Das Programm läuft auf IBM-kompatiblen Rechnern und üblichen Druckern unter Windows 95, 98, 2000, NX und NT. Zur Installation sind 30 MB Festplattenspeicher notwendig. Es werden keine Lizenzgebühren erhoben.

*Bezug*

| | |
|---|---|
| LISEGA GmbH | Telefon: 042 81-713-0 |
| Hochkamp 5 | Telefax: 042 81-713-214 |
| 27404 Zeven | info-licad@lisega.de   www.lisega.de |

### 16.7.3 Programm PSS 2005 zur Auswahl und Berechnung von Standardhalterungen

*Kurzbeschreibung*

Herstellerprogramm zur Zusammenstellung kompletter Lastketten ab rohrumschließendes Bauteil bis zum Bauwerkanschluss. Zugehörige Berechnungen sind eingeschlossen, insbesondere von Feder- und Konstanthängern sowie Federstützen. Das Ergebnis wird in maßstabgerechten CAD-Zeichnungen und Stücklisten einschließlich bestellreifer Daten und Gewichte ausgegeben. Zeichnungen können als DXF-Files in andere CAD-Systeme übernommen werden.

*Systemvoraussetzungen*

Das Programm läuft auf IBM-kompatiblen Rechnern und üblichen Druckern unter Windows 95, 98, 2000 und NT. Zur Installation sind 20 MB Festplattenspeicher notwendig.

*Bezug*

| | |
|---|---|
| PSS Pipe Support Systems GmbH international | Telefon: 068 21-40 11-0 |
| Gessbachstraße 2 | Telefax: 068 21-40 11-37 |
| 66538 Neunkirchen | info@pipesupp.de |

### 16.7.4 Programm CASCADE zur Auswahl und Berechnung von Standardhalterungen

*Kurzbeschreibung*

Herstellerprogramm zur Auswahl und Konfiguration kompletter Lastketten analog Abschnitt 16.7.2. Berechnungen für Feder- und Konstanthänger sowie Feder- und Konstantstützen sind Bestandteil des Programms.

Die Menüführung in den einzelnen Programmteilen wird im Internet demonstriert.

*Systemvoraussetzungen und Bezug*

siehe Abschnitt 16.6.

### 16.7.5 Programm HTA zur Auswahl und Berechnung von Ankerschienen, Applikationen für Powerclick

*Kurzbeschreibung*

HTA ist ein Herstellerprogramm zur Dimensionierung und Auswahl von Ankerschienen zum Einbetonieren.

Für standardisierte Rohrhalterungen und Stützkonstruktionen der Montagesysteme Powerclick 41 und Powerclick 63 können PDS- und PDMS-Applikationen zur Verfügung gestellt werden.

*Systemvoraussetzungen*

Das Programm läuft auf IBM-kompatiblen Rechnern und üblichen Druckern unter Windows 95, 98, 2000 und NT.

*Bezug*

HALFEN-DEHA Vertriebsgesellschaft mbH
Liebigstraße 14
40764 Langenfeld-Richrath

Telefon: 021 73-970-0
Telefax: 021 73-970-349
renate.neumann@halfen-deha.de
www.halfen-deha.de

### 16.8 Berechnung erdverlegter Rohrleitungen

Die im Abschnitt 16.4 angegebenen Programmsysteme sind teilweise auch zur Berechnung erdverlegter Rohrleitungen geeignet. Die nachfolgende Berechnungs-Software wurde im Unterschied dazu auf die speziellen Erfordernisse kalt- und warmgehender erdverlegter Rohrleitungen zugeschnitten, unter Berücksichtigung der Bodenverhältnisse und der üblichen metallischen und nichtmetallischen Rohrwerkstoffe.

#### 16.8.1 Software-Paket KEROHR zur statischen Berechnung erdverlegter Rohrleitungen

Das Software-Paket dient zur Berechnung der Belastungs- und Beanspruchungsverhältnisse erdverlegter Rohrleitungen in Umfangs- und Längsrichtung infolge direkter und indirekter Lasten, wie es für die praktische Anwendung bei Planung, Betrieb und Instandhaltung von Gas-, Fernwärme-, Öl-, Wasser- und Abwasserleitungen erforderlich ist.

*Systemvoraussetzungen*

Das Programm läuft auf IBM-kompatiblen Rechnern und üblichen Druckern unter Windows 95, 98, 2000 und NT.

*Schulung / Programmeinarbeitung*

Es besteht die Möglichkeit der Einarbeitung in das Programm.

*Bezug und Systemhersteller*

Ingenieurbüro Dr. Kiesselbach
Wienerbergstraße 7
A-1100 Wien

Telefon: 00 43-1-60 70 940
Telefax: 00 43-1-60 70 940-20
kiesselbach@via.at

#### 16.8.2 Software-Paket MARC und MENTAT zur Strukturanalyse erdverlegter Rohrleitungen

Das Software-Paket besteht aus

- MARC, dem Finite-Elemente-Programm für die lineare und nichtlineare Strukturanalyse, und
- MENTAT, dem zugehörigen interaktiven Pre- und Postprozessor.

Es besitzt folgende spezifische Berechnungsmöglichkeiten:
- Werkstoffmodelle für Boden- und Verfüllmaterialien
- Werkstoffmodelle für metallische Rohrwerkstoffe
- Werkstoffmodelle für zementgebundene und keramische Rohrwerkstoffe
- Werkstoffmodelle für viskoelastische Rohrwerkstoffe, z. B. PVC, PE
- Werkstoffmodelle für faserverstärkte Duroplaste, z. B. GF-UP
- Berücksichtigung des mechanischen Kontaktes zwischen Boden und Rohr mit und ohne Reibung
- Berücksichtigung großer Verzerrungen und Verformungen
- Berücksichtigung von Imperfektionen
- bruchmechanische Analyse von Rohrschäden

*Systemvoraussetzungen*

Workstations unter UNIX oder IBM-kompatible Rechner und übliche Drucker unter Windows 95, 98, 2000 und NT.

*Schulung, Programmeinarbeitung und Bezug*

siehe Abschnitt 16.8.1.

### 16.8.3 Programm sisKMR zur Berechnung warmgehender Kunststoff- und Stahlmantel-Rohrleitungen

Basis ist ein Stabwerkprogramm, mit dem die Schnittgrößen beliebig verzweigter dreidimensionaler KMR-Systeme unter Berücksichtigung nichtlinearer Bettungsreaktionen von Erdreich und Dehnpolster berechnet werden. Darüber hinaus enthält sisKMR Standardmodule für die schnelle Dateneingabe und exakte statische Berechnung häufig vorkommender erdverlegter Praxissituationen wie L-, Z- und U-Systeme, gerades Rohr, Knicke ohne Dehnpolster, Bogenrohre, Reduzierungen, T- und Parallelabzweige. Im Falle von SMR-Systemen sind das Mediumrohr und das Mantelrohr getrennt zu betrachten.

Für die schnelle Vordimensionierung stehen die Module
- Ausknickung bei Freigrabung
- Einmalkompensator
- Entlastersysteme und zulässige Verlegelänge

zur Verfügung.

In das Programm sind die neuesten Forschungsergebnisse zur KMR-Technik aus dem AGFW-Forschungsvorhaben „Neuartige Wärmeverteilung" integriert:
- Kaltverlegung,
- Verlegung ohne Dehnpolster,
- Übereinanderverlegung,
- Druckbogen,

- Dehnpolster mechanisch vorspannen,
- Dehnpolster nachträglich einerden,
- horizontaler Abzweig,
- komplexe räumliche Systeme, auch mit Einmalkompensatoren und Entlastern.

Der Spannungsnachweis kann wahlweise nach

- DIN EN 13941
- AGFW-Arbeitsblatt FW 401 Teil 10
- DIN EN 13480-3 (entspricht FDBR-Richtlinie „Berechnung von Kraftwerksrohrleitungen")
- AD 2000-Merkblatt S 2 und ASME-Code

geführt werden.

Das Programm ist auch für oberirdische Rohrsysteme in der Fernwärme, der Industrie und im allgemeinen Anlagenbau analog Abschnitt 16.4 geeignet.

Die Berechnungsergebnisse können in Textform, als Grafik und Diagramm ausgegeben werden.

*Systemvoraussetzungen*

- PC mit Pentium-Prozessor und mindestens 20 MB Arbeitsspeicher bei Windows 95, 32 MB bei Windows 98, Me oder NT 4.0 und 64 MB bei Windows 2000 oder XP. Zur Installation sind 10 MB Festplattenspeicher erforderlich.
- Hochauflösende Grafikkarte mit einer Auflösung von mindestens 1024x 768 Punkten.

*Bezug*

GEF Ingenieur AG  Telefon: 062 24-97 13-0
Ferdinand-Porsche-Str. 4a  Telefax: 062 24-97 13-40
69181 Leimen  andreas.schleyer@gef.de   www.gef.de

*Systemhersteller*

GEF-RIS AG  Telefon: 062 24-97 13-60
Ferdinand-Porsche-Str. 4a  Telefax: 062 24-97 13-90
69181 Leimen  thomas.bruemmer@gef.de   www.gef.de

### 16.8.4 Programm FERO: Modul für eingeerdete Rohrleitungen

*Kurzbeschreibung*

Der Programmteil enthält die statische Berechnung eingeerdeter gerader Stahlrohre unter innerem Überdruck bzw. Unterdruck auf der Grundlage von VdTÜV-Merkblatt 1063.

*Systemvoraussetzungen und Bezug*

siehe Abschnitt 16.3.1.

# 17 Verzeichnis der Normen und Regeln

## 17.1 Deutsche Normen

| | |
|---|---|
| DIN 13-1 | Metrisches ISO-Gewinde allgemeiner Anwendung - Teil 1: Nennmaße für Regelgewinde; Gewinde-Nenndurchmesser von 1 mm bis 68 mm |
| DIN 1072 | Straßen- und Wegbrücken; Lastannahmen |
| DIN 1626 | Geschweißte kreisförmige Rohre aus unlegierten Stählen für besondere Anforderungen; Technische Lieferbedingungen |
| DIN 1628 | Geschweißte kreisförmige Rohre aus unlegierten Stählen für besonders hohe Anforderungen; Technische Lieferbedingungen |
| DIN 1629 | Nahtlose kreisförmige Rohre aus unlegierten Stählen für besondere Anforderungen; Technische Lieferbedingungen |
| DIN 1630 | Nahtlose kreisförmige Rohre aus unlegierten Stählen für besonders hohe Anforderungen; Technische Lieferbedingungen |
| DIN 1988-3 | Technische Regeln für Trinkwasser-Installationen (TRWI); Ermittlung der Rohrdurchmesser; Technische Regel des DVGW |
| DIN 2089-1 | Zylindrische Schraubendruckfedern aus runden Drähten und Stäben; Berechnung und Konstruktion |
| DIN 2413-1 | Stahlrohre; Berechnung der Wanddicke von Stahlrohren gegen Innendruck |
| DIN 2448 | Nahtlose Stahlrohre; Maße, längenbezogene Massen |
| DIN 2458 | Geschweißte Stahlrohre; Maße, längenbezogene Massen |
| DIN 2605-1 | Formstücke zum Einschweißen; Rohrbogen; Verminderter Ausnutzungsgrad |
| DIN 2605-2 | Formstücke zum Einschweißen; Rohrbogen; Teil 2: Voller Ausnutzungsgrad |
| DIN 2615-1 | Formstücke zum Einschweißen; T-Stücke; Verminderter Ausnutzungsgrad |
| DIN 2615-2 | Formstücke zum Einschweißen; T-Stücke; Voller Ausnutzungsgrad |
| DIN 2616-1 | Formstücke zum Einschweißen; Reduzierstücke; Verminderter Ausnutzungsgrad |
| DIN 2616-2 | Formstücke zum Einschweißen; Reduzierstücke; Voller Ausnutzungsgrad |
| DIN 2617 | Formstücke zum Einschweißen; Kappen; Maße |
| DIN 3230-1 | Technische Lieferbedingungen für Armaturen; Allgemeine Anforderungen |

| | |
|---|---|
| DIN 3320-1 | Sicherheitsventile; Sicherheitsabsperrventile; Begriffe, Größenbemessung, Kennzeichnung |
| DIN 4132 | Kranbahnen; Stahltragwerke; Grundsätze für Berechnung, bauliche Durchbildung und Ausführung |
| DIN 4809-1 | Kompensatoren aus elastomeren Verbundwerkstoffen (Gummikompensatoren) für Wasser-Heizungsanlagen für eine maximale Betriebstemperatur von 100 °C und einen zulässigen Betriebsüberdruck von 10 bar; Anforderungen und Prüfung |
| DIN 4809-2 | Kompensatoren aus elastomeren Verbundwerkstoffen (Gummikompensatoren) für Wasser-Heizungsanlagen; Bau- und Anschlußmaße |
| DIN 15018-1 | Krane; Grundsätze für Stahltragwerke; Berechnung |
| DIN 18800-1 | Stahlbauten; Bemessung und Konstruktion |
| DIN 18800-2 | Stahlbauten; Stabilitätsfälle, Knicken von Stäben und Stabwerken |
| DIN 18800-3 | Stahlbauten; Stabilitätsfälle, Plattenbeulen |
| DIN 18800-4 | Stahlbauten; Stabilitätsfälle, Schalenbeulen |
| DIN V 18800-7 | Stahlbauten - Ausführung und Herstellerqualifikation |
| DIN 18801 | Stahlhochbau; Bemessung, Konstruktion, Herstellung |
| DIN 28011 | Gewölbte Böden; Klöpperform |
| DIN 28013 | Gewölbte Böden; Korbbogenform |
| DIN 30681 | Kompensatoren für Gas - Balg-Kompensatoren mit Bälgen aus nichtrostenden Stahl - Sicherheitstechnische Anforderungen, Prüfung, Kennzeichnung |
| DIN 50115 | Prüfung metallischer Werkstoffe; Kerbschlagbiegeversuch; Besondere Probenform und Auswerteverfahren |
| DIN EN 764 | Druckgeräte - Terminologie und Symbole - Druck, Temperatur und Volumen; Deutsche Fassung EN 764: 1994 |
| DIN EN 764-2 | Druckgeräte - Teil 2: Größen, Symbole und Einheiten; Deutsche Fassung prEN 764-2: 2002 |
| DIN EN 764-7 | Druckgeräte - Teil 7: Sicherheitseinrichtungen für unbefeuerte Druckgeräte; Englische Fassung prEN 764-7: 2002 |
| DIN EN 1092-1 | Flansche und ihre Verbindungen - Runde Flansche für Rohre, Armaturen, Formstücke und Zubehör - Teil 1: Stahlflansche, nach PN bezeichnet; Deutsche Fassung EN 1092-1: 2001 |
| DIN EN 1092-2 | Flansche und ihre Verbindungen - Runde Flansche für Rohre, Armaturen, Formstücke und Zubehörteile, nach PN bezeichnet - Teil 2: Gusseisenflansche; Deutsche Fassung EN 1092-2: 1997 |
| DIN EN 1092-3 | Flansche und ihre Verbindungen - Runde Flansche für Rohre, Armaturen, Formstücke und Zubehörteile - Teil 3: Flansche aus |

| | |
|---|---|
| | Kupferlegierungen und Verbundwerkstoffen, nach PN bezeichnet; Deutsche Fassung prEN 1092-3: 1994 |
| DIN EN 1591-1 | Flansche und ihre Verbindungen - Regeln für die Auslegung von Flanschverbindungen mit runden Flanschen und Dichtung - Teil 1: Berechnungsmethode; Deutsche Fassung EN 1591-1: 2001 |
| DIN V ENV 1591-2 | Flansche und ihre Verbindungen - Regeln für die Auslegung von Flanschverbindungen mit runden Flanschen und Dichtung - Teil 2: Dichtungskennwerte; Deutsche Fassung ENV 1591-2: 2001 |
| DIN EN 1714 | Zerstörungsfreie Prüfung von Schweißverbindungen - Ultraschallprüfung von Schweißverbindungen; Deutsche Fassung EN 1714: 1997 |
| DIN V ENV 1993-1-1 | Eurocode 3: Bemessung und Konstruktion von Stahlbauten; Teil 1-1: Allgemeine Bemessungsregeln; Bemessungsregeln für den Hochbau; Deutsche Fassung ENV 1993-1-1: 1992 |
| DIN EN 10025 | Warmgewalzte Erzeugnisse aus unlegierten Baustählen; Technische Lieferbedingungen; (enthält Änderung A1: 1993), Deutsche Fassung EN 10025: 1990 |
| DIN EN 10025-1 | Warmgewalzte Erzeugnisse aus unlegierten Baustählen - Teil 1: Allgemeine Lieferbedingungen; Deutsche Fassung prEN 10025-1: 2002 |
| DIN EN 10025-2 | Warmgewalzte Erzeugnisse aus unlegierten Baustählen - Teil 2: Technische Lieferbedingungen für unlegierte Baustähle; Deutsche Fassung prEN 10025-2: 2002 |
| DIN EN 10025-3 | Warmgewalzte Erzeugnisse aus unlegierten Baustählen - Teil 3: Technische Lieferbedingungen für normalgeglühte/normalisierend gewalzte schweißgeeignete Feinkornbaustähle; Deutsche Fassung prEN 10025-3: 2002 |
| DIN EN 10045-1 | Metallische Werkstoffe; Kerbschlagbiegeversuch nach Charpy; Teil 1: Prüfverfahren; Deutsche Fassung EN 10045-1: 1990 |
| DIN EN 10088-2 | Nichtrostende Stähle - Teil 2: Technische Lieferbedingungen für Blech und Band für allgemeine Verwendung; Deutsche Fassung EN 10088-2: 1995 |
| DIN EN 10164 | Stahlerzeugnisse mit verbesserten Verformungseigenschaften senkrecht zur Erzeugnisoberfläche; Technische Lieferbedingungen; Deutsche Fassung EN 10164: 1993 |
| DIN EN 10213-1 | Technische Lieferbedingungen für Stahlguß für Druckbehälter - Teil 1: Allgemeines; Deutsche Fassung EN 10213-1: 1995 |
| DIN EN 10213-2 | Technische Lieferbedingungen für Stahlguß für Druckbehälter - Teil 2: Stahlsorten für die Verwendung bei Raumtemperatur und erhöhten Temperaturen; Deutsche Fassung EN 10213-2: 1995 |

| | |
|---|---|
| DIN EN 10213-3 | Technische Lieferbedingungen für Stahlguß für Druckbehälter - Teil 3: Stahlsorten für die Verwendung bei tiefen Temperaturen; Deutsche Fassung EN 10213-3: 1995 |
| DIN EN 10213-4 | Technische Lieferbedingungen für Stahlguß für Druckbehälter - Teil 4: Austenitische und austenitisch-ferritische Stahlsorten; Deutsche Fassung EN 10213-4: 1995 |
| DIN EN 10216-1 | Nahtlose Stahlrohre für Druckbeanspruchungen - Technische Lieferbedingungen; Teil 1: Rohre aus unlegierten Stählen mit festgelegten Eigenschaften bei Raumtemperatur; Deutsche Fassung EN 10216-1: 2002 |
| DIN EN 10216-2 | Nahtlose Stahlrohre für Druckbeanspruchungen - Technische Lieferbedingungen - Teil 2: Rohre aus unlegierten und legierten Stählen mit festgelegten Eigenschaften bei erhöhten Temperaturen; Deutsche Fassung EN 10216-2: 2002 |
| DIN EN 10216-3 | Nahtlose Stahlrohre für Druckbeanspruchungen - Technische Lieferbedingungen - Teil 3: Rohre aus legierten Feinkornbaustählen; Deutsche Fassung EN 10216-3: 2002 |
| DIN EN 10216-4 | Nahtlose Stahlrohre für Druckbeanspruchungen - Technische Lieferbedingungen - Teil 4: Rohre aus unlegierten und legierten Stählen mit festgelegten Eigenschaften bei tiefen Temperaturen; Deutsche Fassung EN 10216-4: 2002 |
| DIN EN 10216-5 | Nahtlose Stahlrohre für Druckbeanspruchungen - Technische Lieferbedingungen - Teil 5: Rohre aus nichtrostenden Stählen; Deutsche Fassung prEN 10216-5: 2002 |
| DIN EN 10217-1 | Geschweißte Stahlrohre für Druckbeanspruchungen - Technische Lieferbedingungen - Teil 1: Rohre aus unlegierten Stählen mit festgelegten Eigenschaften bei Raumtemperatur; Deutsche Fassung EN 10217-1: 2002 |
| DIN EN 10217-2 | Geschweißte Stahlrohre für Druckbeanspruchungen - Technische Lieferbedingungen - Teil 2: Elektrisch geschweißte Rohre aus unlegierten und legierten Stählen mit festgelegten Eigenschaften bei erhöhten Temperaturen; Deutsche Fassung EN 10217-2: 2002 |
| DIN EN 10217-3 | Geschweißte Stahlrohre für Druckbeanspruchungen - Technische Lieferbedingungen - Teil 3: Rohre aus legierten Feinkornstählen; Deutsche Fassung EN 10217-3: 2002 |
| DIN EN 10217-4 | Geschweißte Stahlrohre für Druckbeanspruchungen - Technische Lieferbedingungen - Teil 4: Elektrisch geschweißte Rohre aus unlegierten Stählen mit festgelegten Eigenschaften bei tiefen Temperaturen; Deutsche Fassung EN 10217-4: 2002 |
| DIN EN 10217-5 | Geschweißte Stahlrohre für Druckbeanspruchungen - Technische Lieferbedingungen - Teil 5: Unterpulvergeschweißte Rohre aus unlegierten und legierten Stählen mit festgelegten Eigenschaften bei erhöhten Temperaturen; Deutsche Fassung EN 10217-5: 2002 |

| | |
|---|---|
| DIN EN 10217-6 | Geschweißte Stahlrohre für Druckbeanspruchungen - Technische Lieferbedingungen - Teil 6: Unterpulvergeschweißte Rohre aus unlegierten Stählen mit festgelegten Eigenschaften bei tiefen Temperaturen; Deutsche Fassung EN 10217-6: 2002 |
| DIN EN 10217-7 | Geschweißte Stahlrohre für Druckbeanspruchungen - Technische Lieferbedingungen - Teil 7: Rohre aus nichtrostenden Stählen; Deutsche Fassung prEN 10217-7: 2002 |
| DIN EN 10242 | Gewindefittings aus Temperguß; Deutsche Fassung EN 10242: 1994 |
| DIN EN 10253-1 | Formstücke zum Einschweißen - Teil 1: Unlegierter Stahl für allgemeine Anwendungen und ohne besondere Prüfanforderungen; Deutsche Fassung EN 10253-1: 1999 |
| DIN EN 10253-2 | Formstücke zum Einschweißen - Teil 2: Unlegierter und legierter Stahl mit besonderen Prüfanforderungen; Deutsche Fassung prEN 10253-2: 1999 |
| DIN EN 10269 | Stähle und Nickellegierungen für Befestigungselemente für den Einsatz bei erhöhten und/oder tiefen Temperaturen; Deutsche Fassung EN 10269: 1999 |
| DIN EN 12952-3 | Wasserrohrkessel und Anlagenkomponenten - Teil 3: Konstruktion und Berechnung für drucktragende Teile; Deutsche Fassung EN 12952-3: 2001 |
| DIN EN 12952-4 | Wasserrohrkessel und Anlagenkomponenten - Teil 4: Betriebsbegleitende Berechnung der Lebensdauererwartung; Deutsche Fassung EN 12952-4: 2000 |
| DIN EN 12953-3 | Großwasserraumkessel - Teil 3: Konstruktion und Berechnung für drucktragende Teile; Deutsche Fassung EN 12953-3: 2002 |
| DIN EN 13445-3 | Unbefeuerte Druckbehälter - Teil 3: Konstruktion; Deutsche Fassung EN 13445-3: 2002 |
| DIN EN 13445-6 | Unbefeuerte Druckbehälter - Teil 6: Anforderungen an die Konstruktion und Herstellung von Druckbehältern und Druckbehälterteilen aus Gußeisen mit Kugelgraphit; Deutsche Fassung EN 13445-6: 2002 |
| DIN EN 13480-2 | Metallische industrielle Rohrleitungen - Teil 2: Werkstoffe; Deutsche Fassung EN 13480-2: 2002 |
| DIN EN 13480-3 | Metallische industrielle Rohrleitungen - Teil 3: Konstruktion und Berechnung; Deutsche Fassung EN 13480-3: 2002 |
| DIN EN 13480-4 | Metallische industrielle Rohrleitungen - Teil 4: Fertigung und Verlegung; Deutsche Fassung EN 13480-4: 2002 |
| DIN EN 13480-5 | Metallische industrielle Rohrleitungen - Teil 5: Prüfung; Deutsche Fassung EN 13480-5: 2002 |
| DIN EN 13941 | Auslegung und Installation von werkmäßig gedämmten Verbundmantelrohren für Fernwärme; Deutsche Fassung prEN 13941: 2000 |

| | |
|---|---|
| DIN EN 60534-8-3 | Stellventile für die Prozeßregelung - Teil 8-3: Geräuschbetrachtungen; Berechnungsverfahren zur Vorhersage der aerodynamischen Geräusche von Stellventilen; (IEC 60534-8-3: 2000); Deutsche Fassung EN 60534-8-3: 2000 |
| DIN EN 60534-8-4 | Stellventile für die Prozeßregelung - Teil 8: Geräuschemission; Hauptabschnitt 4: Vorausberechnung für flüssigkeitsdurchströmte Stellventile; (IEC 60534-8-4: 1994); Deutsche Fassung EN 60534-8-4: 1994 |
| DIN EN ISO 898-1 | Mechanische Eigenschaften von Verbindungselementen aus Kohlenstoffstahl und legiertem Stahl - Teil 1: Schrauben (ISO 898-1: 1999); Deutsche Fassung EN ISO 898-1: 1999 |
| DIN EN ISO 5167-1 | Durchflußmessung von Fluiden mit Drosselgeräten - Teil 1: Blenden, Düsen und Venturirohre in voll durchströmten Leitungen mit Kreisquerschnitt (ISO 5167-1: 1991); Deutsche Fassung EN ISO 5167-1: 1995 |
| DIN EN ISO 5167-1/A1 | Durchflußmessung von Fluiden mit Drosselgeräten - Teil 1: Blenden, Düsen und Venturirohre in voll durchströmten Leitungen mit Kreisquerschnitt; Änderung A1 (ISO 5167-1991/AMD 1: 1998); Deutsche Fassung EN ISO 5167-1: 1995/A 1: 1998 |

## 17.2 Deutsche Regeln

*AD 2000-Merkblätter, herausgegeben vom Verband der Technischen Überwachungs-Vereine e. V.*

| | |
|---|---|
| AD 2000 A 2 | Ausrüstung, Aufstellung und Kennzeichnung von Druckbehältern; Sicherheitseinrichtungen gegen Drucküberschreitung; Sicherheitsventile |
| AD 2000 B 0 | Berechnung von Druckbehältern; Berechnung von Druckbehältern |
| AD 2000 B 1 | Berechnung von Druckbehältern; Zylinder- und Kugelschalen unter innerem Überdruck |
| AD 2000 B 2 | Berechnung von Druckbehältern; Kegelförmige Mäntel unter innerem und äußerem Überdruck |
| AD 2000 B 3 | Berechnung von Druckbehältern; Gewölbte Böden unter innerem und äußerem Überdruck |
| AD 2000 B 10 | Berechnung von Druckbehältern; Dickwandige zylindrische Mäntel unter innerem Überdruck |
| AD 2000 B 13 | Berechnung von Druckbehältern; Einwandige Balgkompensatoren |
| AD 2000 HP 100 R | Herstellung und Prüfung von Druckbehältern; Bauvorschriften; Rohrleitungen aus metallischen Werkstoffen |
| AD 2000 S 1 | Sonderfälle; Vereinfachte Berechnung auf Wechselbeanspruchung |
| AD 2000 S 2 | Sonderfälle; Berechnung auf Wechselbeanspruchung |

# 17 Verzeichnis der Normen und Regeln

| | |
|---|---|
| AD 2000 S 4 | Sonderfälle; Bewertung von Spannungen bei rechnerischen und experimentellen Spannungsanalysen |
| AD 2000 W 3/1 | Werkstoffe für Druckbehälter; Gusseisenwerkstoffe; Gusseisen mit Lamellengraphit (Grauguss), unlegiert und niedriglegiert |
| AD 2000 W 3/2 | Werkstoffe für Druckbehälter; Gusseisenwerkstoffe; Gusseisen mit Kugelgraphit, unlegiert und niedriglegiert |
| AD 2000 W 5 | Werkstoffe für Druckbehälter; Stahlguss |
| AD 2000 W 6/1 | Werkstoffe für Druckbehälter; Aluminium und Aluminiumlegierungen; Knetwerkstoffe |
| AD 2000 W 6/2 | Werkstoffe für Druckbehälter; Kupfer und Kupfer-Knetlegierungen |
| AD 2000 W 10 | Werkstoffe für Druckbehälter; Werkstoffe für tiefe Temperaturen; Eisenwerkstoffe |

*AGFW-Arbeitsblätter, herausgegeben von der Arbeitsgemeinschaft Fernwärme e.V. bei der Vereinigung Deutscher Elektrizitätswerke*

| | |
|---|---|
| FW 401 Teil 10 | Verlegung und Statik von Kunststoffmantelrohren (KMR) für Fernwärmenetze - Statische Auslegung; Grundlagen der Spannungsermittlung |

*ATV/VKS-Regelwerk Abwasser – Abfall, herausgegeben von der Abwassertechnischen Vereinigung e. V.*

| | |
|---|---|
| ATV A 127 | Richtlinie für die statische Berechnung von Entwässerungskanälen und –leitungen |

*DVGW-Regelwerk herausgegeben vom DVGW - Deutscher Verein des Gas- und Wasserfaches e. V.*

Arbeitsblätter sind mit A, Merkblätter mit M gekennzeichnet.

| | |
|---|---|
| DVGW G 464 | A: Berechnung von Druckverlusten bei der Gasverteilung |
| DVGW W 302 | A: Hydraulische Berechnung von Rohrleitungen und Rohrnetzen; Druckverlust; Tafeln für Rohrdurchmesser von 40-2000 mm |
| DVGW W 403 | M: Planungsregeln für Wasserleitungen und Wasserrohrnetze |

*DVS-Merkblätter und -Richtlinien, herausgegeben vom Deutschen Verband für Schweißtechnik e. V.*

| | |
|---|---|
| DVS 2205-1 | Berechnung von Behältern und Apparaten aus Thermoplasten; Kennwerte |

*FDBR-Richtlinien, herausgegeben vom Fachverband Dampfkessel-, Behälter- und Rohrleitungsbau e. V.*

| | |
|---|---|
| Richtlinie | Berechnung von Kraftwerksrohrleitungen; Ausgabe Januar 1987 |

| | |
|---|---|
| Richtlinie | Druckabsicherungssysteme an Dampferzeugern; Ausgabe 12/97 |

*Sicherheitstechnische Regeln des KTA, herausgegeben vom Kerntechnischen Ausschuss c/o Gesellschaft für Reaktorsicherheit (GRS)*

| | |
|---|---|
| KTA 2201.1 | Auslegung von Kernkraftwerken gegen seismische Einwirkungen; Teil 1: Grundsätze |
| KTA 2201.4 | Auslegung von Kernkraftwerken gegen seismische Einwirkungen; Teil 4: Anforderungen an Verfahren zum Nachweis der Erdbebensicherheit für maschinen- und elektrotechnische Anlagenteile |
| KTA 3201.2 | Komponenten des Primärkreises von Leichtwasserreaktoren; Teil 2: Auslegung, Konstruktion und Berechnung |
| KTA 3205.1 | Komponentenstützkonstruktionen mit nichtintegralen Anschlüssen; Teil 1: Komponentenstützkonstruktionen mit nichtintegralen Anschlüssen für Primärkreiskomponenten |
| KTA 3205.2 | Komponentenstützkonstruktionen mit nichtintegralen Anschlüssen; Teil 2: Komponentenstützkonstruktionen mit nichtintegralen Anschlüssen für druck- und aktivitätsführende Komponenten in Systemen außerhalb des Primärkreises |
| KTA 3205.3 | Komponentenstützkonstruktionen mit nichtintegralen Anschlüssen; Teil 3: Serienmäßige Standardhalterungen |
| KTA 3211.2 | Druck- und aktivitätsführende Komponenten von Systemen außerhalb des Primärkreises; Teil 2: Auslegung, Konstruktion und Berechnung |

*RAL-Druckschriften, herausgegeben vom Deutschen Institut für Gütesicherung und Kennzeichnung e. V.*

| | |
|---|---|
| RAL-GZ 719 | Weichstoff-Kompensatoren; Gütesicherung |

*Technische Regeln für Acetylenanlagen und Calciumcarbidlager, herausgegeben vom Verband der Technischen Überwachungs-Vereine e. V.*

| | |
|---|---|
| TRAC 204 | Acetylenleitungen |

*Technische Regeln für Dampfkessel, herausgegeben vom Verband der Technischen Überwachungs-Vereine e. V.*

| | |
|---|---|
| TRD 301 | Berechnung; Zylinderschalen unter innerem Überdruck |
| TRD 301 Anlage 1 | Berechnung; Berechnung auf Wechselbeanspruchung durch schwellenden Innendruck bzw. durch kombinierte Innendruck- und Temperaturänderungen |
| TRD 301 Anlage 2 | Berechnung; Berechnung von Rohrbögen |
| TRD 303 Anlage 1 | Berechnung; Berechnung von Kugelschalen mit Ausschnitten gegen Dehnungswechselbeanspruchung der Lochränder innen |

## 17 Verzeichnis der Normen und Regeln

| | |
|---|---|
| TRD 421 | Ausrüstung; Sicherheitseinrichtungen gegen Drucküberschreitung; Sicherheitsventile für Dampfkessel der Gruppen I, III und IV |
| TRD 508 | Prüfung; Zusätzliche Prüfungen an Bauteilen, berechnet mit zeitabhängigen Festigkeitskennwerten |
| TRD 508 Anlage 1 | Prüfung; Zusätzliche Prüfungen an Bauteilen; Verfahren zur Berechnung von Bauteilen mit zeitabhängigen Festigkeitskennwerten |

*VDI-Richtlinien, herausgegeben vom Verein Deutscher Ingenieure*

| | |
|---|---|
| VDI 2055 | Wärme- und Kälteschutz für betriebs- und haustechnische Anlagen - Berechnungen, Gewährleistungen, Meß- und Prüfverfahren, Gütesicherung, Lieferbedingungen |
| VDI 2714 | Schallausbreitung im Freien |
| VDI 2715 | Lärmminderung an Warm- und Heißwasser-Heizungsanlagen |
| VDI 3733 | Geräusche bei Rohrleitungen |

*VDMA-Einheitsblätter, herausgegeben vom Verband Deutscher Maschinen- und Anlagenbau e. V.*

| | |
|---|---|
| VDMA 24422 | Armaturen; Richtlinien für die Geräuschberechnung; Regel- und Absperrarmaturen |

*VdTÜV-Merkblätter, herausgegeben vom Verband der Technischen Überwachungs-Vereine e. V.*

| | |
|---|---|
| VdTÜV-MB 1063 | Technische Richtlinie zur statischen Berechnung eingeerdeter Stahlrohre |

*VdTÜV-Werkstoffblätter (VdTÜV WB), herausgegeben vom Verband der Technischen Überwachungs-Vereine e. V.*

| | |
|---|---|
| VdTÜV WB 412 | Walz- und Schmiedestahl X 10 NiCrAlTi 32 20; Werkstoff-Nr. 1.4876 |

*VGB-Richtlinien, herausgegeben von der Technischen Vereinigung der Großkraftwerksbetreiber e. V.*

| | |
|---|---|
| VGB-R 304 | Lärm in Kraftwerken |
| VGB-R 505 M | VGB-Richtlinien für Schrauben im Bereich hoher Temperaturen |
| VGB-R 508 L | Richtlinie für die Herstellung und Bauüberwachung von Rohrleitungsanlagen in Wärmekraftwerken |
| VGB-R 510 L | Rohrhalterungen |
| VGB-R 513 | Innere Reinigung von Wasserrohr-Dampferzeugeranlagen und Rohrleitungen |

*Berufsgenossenschaftliches Vorschriften- und Regelwerk, herausgegeben vom Hauptverband der gewerblichen Berufsgenossenschaften (HVBG)*

BGV B 3 (VBG 121)  Lärm

## 17.3 Ausländische Normen und Regeln

*Großbritannien: British Standards*

BS 5500  Specification for unfired fusion welded pressure vessels

*USA: ASME Boiler and Pressure Vessel Code, herausgegeben von The American Society of Mechanical Engineers (ASME)*

| | |
|---|---|
| ASME B31.1 | Power Piping |
| ASME B31.3 | Petroleum Refinery Piping |
| ASME | Section XI, appendices C und H, edition 2001 |
| ASME | Section III, Code Case N 494-3, edition 08/1996 |
| ASTM E 23 – 01 | Standard Test Method for Notched Bar Impact Testing of Metallic Materials |

*USA: Standard Practice, herausgegeben von Manufactures Standardization Society of the Fittings Industry Inc., Vienna – Virginia*

| | |
|---|---|
| MSS SP-58 | Pipe Hangers and Supports; Materials, Design and Manufacture. |
| MSS SP-69 | Pipe Hangers and Supports; Selection and Application |

## 17.4 Ungültige Normen und Regeln

| | |
|---|---|
| DIN 2401-1 | Innen- und außendruckbeanspruchte Bauteile; Druck- und Temperaturangaben; Begriffe, Nenndruckstufen |
| DIN V 2505 | Berechnung von Flanschverbindungen |
| DIN 2505-1 | Berechnung von Flanschverbindungen; Berechnung |
| DIN 2505-2 | Berechnung von Flanschverbindungen; Dichtungskennwerte |
| DIN 18800-1 | Stahlbauten; Bemessung und Konstruktion – *Ausgabe 03.81* |
| TGL 32903-13 | Behälter und Apparate; Festigkeitsberechnung; Flanschverbindungen |
| VDI 2058 Blatt 1 | Beurteilung von Arbeitslärm in der Nachbarschaft |

# 18 Literaturverzeichnis

*Abschnitt 1*

[1.1]   Gall, R.: Kostengünstigste Rohrleitungsdimensionierung im Industrieanlagenbau. Wissenschaftliche Zeitschrift der Technischen Hochschule Magdeburg 26 (1982) 1, S. 85-88
[1.2]   Gall, R.: Kostenmodelle und präzisierte Richtgeschwindigkeiten für die Rohrleitungsdimensionierung im Chemieanlagenbau. Chemische Technik 34 (1982) 3, S. 146-149
[1.3]   Colebrook, C. F.: Turbulent Flow in Pipes; With Particular Reference to the Transition Region between the Smooth an the Rough Pipe Laws. Journ. Inst. Civ. Engrs. 111 (1938/39) S. 133 ff.
[1.4]   Eck, B.: Technische Strömungslehre. 7. Aufl. Berlin, Göttingen, Heidelberg: Springer-Verlag 1966
[1.5]   Sauter, G.: Dimensionierung und Gestaltung von Kondensatleitungen. 3R International 18 (1979) 12, S. 749-751
[1.6]   Kütükcüoglu, A.: Strömungsform, Dampfvolumenanteil und Druckabfall bei Zweiphasenströmung von Wasser - Wasserdampf in Rohren. VDI-Zeitschrift Reihe 7, (1969) 18, S. 1-158
[1.7]   Huhn, J.; Wolf, J.: Zweiphasenströmung gasförmig/flüssig. Leipzig: Fachbuchverlag 1975
[1.8]   Ständer, W.: Berechnungsmethoden zur Bestimmung des nichtisothermischen Druckverlustes und der Wirtschaftlichkeit bei aufgeheizten Schwerölleitungen und für die damit verbundenen Rohrdehnungsprobleme. 3R International 17 (1978) 2, S. 102-110
[1.9]   Hütte. Des Ingenieurs Taschenbuch. 28. Aufl. Bd. I. Berlin (West): Wilhelm Ernst & Sohn KG 1955
[1.10]  Zentrale Versorgungsanlagen für Technische Gase - Anordnung, Bau und Betrieb. KDT-Richtlinie 038/75, hrsg. vom Fachverband Bauwesen der Kammer der Technik
[1.11]  Feldmann, K.-H.: Optimale Planung und Werkstoffauswahl für Druckluftverteilungssysteme zur Vermeidung von Energie- und Leistungsverlust. 3R International 21 (1982) 12, S. 623-631
[1.12]  Weber, M.: Vertikale hydraulische Feststoffförderung mit dem Lufthebeverfahren. In: Rohrleitungstechnik, 2. Ausgabe, S. 465-475. Essen: Vulkan-Verlag 1984
[1.13]  Mittelstädt, M.: Schüttguttransport in Rohrleitungen. In: Rohrleitungstechnik, 2. Ausgabe, S. 475-479. Essen: Vulkan-Verlag 1984
[1.14]  Klose, R. B.: Möglichkeiten des hydraulischen Transportes von Erzkonzentraten mit grober Körnung über große Entfernung. In: Rohrleitungstechnik, 2. Ausgabe, S. 492-493. Essen: Vulkan-Verlag 1984
[1.15]  Durand, R.: Basic Relationships of Transportation of Solids in Pipes; Experimental Research. Minnesota Internat. Hydraulics Div. A.S.C.E., S. 89-103, Sept. 1953
[1.16]  Gödde, E.: Zur kritischen Geschwindigkeit heterogener hydraulischer Förderung. 3R International 18 (1979) 12, S. 758-762
[1.17]  Richter, H.-J.; Scholz, G.: Zur Bestimmung des Druckverlustes beim hydraulischen Transport heterogener Feststoff-Flüssigkeits-Gemische durch Rohrleitungen. Chemische Technik 32 (1980) 9, S. 454-457
[1.18]  Klett, P.: Rohrnetzberechnung für Fernwärmenetze. Energie und Technik 25 (1973) 3, S. 69-73

[1.19] Buhrke, H.; Kecke, H.-J.; Richter, H.-J.: Strömungsförderer; Hydraulischer und pneumatischer Transport in Rohrleitungen. Berlin: Verlag Technik 1988

[1.20] Kemnitz, R.: Kraftwerksrohrleitungsanlagen; Warmhaltedrosseln; Berechnung. R-Information 105, Oktober 1974, herausgegeben von Kraftwerks- und Anlagenbau AG (K.A.B.) Berlin-Marzahn

[1.21] Stradtmann: Stahlrohr-Handbuch. 12. Auflage. Essen: Vulkan-Verlag 1995

[1.22] Bozóki, G.: Überdrucksicherungen für Behälter und Rohrleitungen. Berlin: Verlag Technik 1986

[1.23] Glück B.: Bausteine der Heizungstechnik. Hydrodynamische und gasdynamische Rohrströmung, Druckverluste. Berlin: VEB Verlag für Bauwesen 1988, S. 61-64

[1.24] Metallschläuche – Das Handbuch der Metallschläuche. Herausgegeben von der Witzenmann GmbH, Metallschlauch-Fabrik Pforzheim. Konstanz: Labhard Verlag 1998

*Abschnitt 3*

[3.1] Wellinger, K.; Dietmann, H.: Festigkeitsberechnung. 3. Auflage. Stuttgart: Kröner Verlag 1976

[3.2] Taprogge, R.: Konstruieren mit Kunststoffen. 2. Auflage. Düsseldorf: VDI-Verlag 1974

[3.3] Verlegerichtlinien für Rohrleitungen aus textilglasfaserverstärkten Reaktionsformstoffen; Planungs- und Konstruktionshinweise. 2. Fassung Juli 1993, herausgegeben vom Kunststoffverband e. V. Bonn

[3.4] Schwaigerer, S.: Festigkeitsberechnung im Dampfkessel-, Behälter- und Rohrleitungsbau. 4. Auflage. Berlin / Heidelberg / New York: Springer-Verlag 1983, überarbeitet 1990

[3.5] Dubbel – Taschenbuch für den Maschinenbau, Seite E 29. 19. Auflage. Berlin / Göttingen/ Heidelberg: Springer-Verlag 1997

[3.6] American Petroleum Institute (API): Fitness-for-Service. Recommended Practice 579, 1st edition, appendix F. Washington, D.C. (USA): API Jan. 2000

[3.7] PD 6493: Guidance on methods for assessing the acceptability of flaws in fusion welded structures. London (GB): BSI 1997

[3.8] GKSS-Forschungszentrum Geesthacht: Engineering Treatment Model (ETM) and its Practical Application. Geesthacht (NL): GKSS-Forschungszentrum 1997. (ISSN 0344-9629)

[3.9] Guide for Defect Assessment and Leak before Break Analysis. Direction des Reacteurs, Nucleares A 16: 1995 (Entwurf Dez. 1999)

[3.10] SINTAP: Structural Integrity Assessment Procedures for European Industry. Final Draft 1999. Brite Euram Programme of the EU, Project no. BE 95-1462

[3.11] Welding Research Council (WRC) Bulletin No 430, Review of Existing Fitness-for-Service Criteria for crack-like flaws. Herausgeber: Welding Research Council Inc., New York (USA) April 1998. (NY 10016-5902)

[3.12] Zerbst, U.; Hodulak, L.; Kocak, M.: SINTAP, Entwurf einer vereinheitlichten Europäischen Prozedur zur bruchmechanischen Bauteilbewertung. Materialprüfung 41 (1999) 9, S. 368-374

[3.13] Zerbst, U.; Hamann, R.; Wohlschlegel, A.: Application of the European Flaw assessment procedure SINTAP to pipes. International Journal of Pressure Vessels and Piping 77 (2000), S. 697-702

[3.14] Wohlschlegel, A.: Bruchmechanische Bewertung von Fehlstellen in Rohrleitungen mit der SINTAP-Prozedur. Diplomarbeit an der Fachhochschule Stralsund, Fachbereich Maschinenbau, April 2000

# 18 Literaturverzeichnis

[3.15] Wulf, H.; Brecht, Th.; Hoffmann, U: Computergestützes bruchmechanisches Bewertungssystem für die Bruchsicherheit von Hochdruck-Ferngasleitungen. Vortrag 1-1 in: Rohrleitungen in Kraftwerken und chemischen Anlagen – Rohrfernleitungen; 16. Rohrleitungstechnische Tagung. Essen: Vulkan-Verlag 2001

[3.16] Hübner, P.: Lebensdauervorhersage von längsnahtgeschweißten Rohren mit hoher Aufdachung. Vortrag 1-3 in: Rohrleitungen in Kraftwerken und chemischen Anlagen – Rohrfernleitungen; 16. Rohrleitungstechnische Tagung. Essen: Vulkan-Verlag 2001

[3.17] Hübner, P.; Pusch, G.: Sprödbruchsicherheit bruchmechanisch bewerten - Korrelationen zwischen Kerbschlagzähigkeit und Bruchzähigkeit. Materialprüfung 42 (2000) 1-2, S. 22-25

## Abschnitt 4

[4.1] Ong, L. S.: Allowable Shape Deviation in a Pressurized Cylinder. Journal of Pressure Vessel Technology 116 (1994) August, S. 274-277

[4.2] Diem, H.: Untersuchungen zum Geometrieeinfluß auf das Verformungs- und Versagensverhalten von Rohrbögen. Technisch-wissenschaftliche Berichte der MPA Stuttgart, Heft 94/02

[4.3] Schindler, H.: Einfluß der Unrundheit auf das Tragfähigkeitsverhalten von Rohren und Rohrbogen unter Innendruck. 3R International 33 (1994) 12, S. 670-675

[4.4] Timoshenko, S.: Strength of Materials. Part II, 3. edition. New York: Van Nostrand Company 1980

[4.5] Rieke, M.: Dimensionierung von Rohrleitungskomponenten - Unterschiede und vergleichende Berechnungen zwischen prEN 13480-3 und der bisherigen Auslegungspraxis in Deutschland. Vortrag 2-2 in: Rohrleitungen in Kraftwerken und chemischen Anlagen – Rohrfernleitungen; 15. Rohrleitungstechnische Tagung. Essen: Vulkan-Verlag 2000

[4.6] Welding Research Council Bulletin No. 107, August 1965, Revision of March 1979

[4.7] Welding Research Council Bulletin No. 297, August 1984, Revision of September 1987

[4.8] Girkmann, K.: Flächentragwerke. 6. Auflage. Berlin / Heidelberg / New York: Springer-Verlag 1978

[4.9] Peterson, R. E.: Stress Concentration Factors. New York: John Wiley & Sons 1974

[4.10] Formziffern an Ausschnitten in dickwandigen Zylindern. VdTÜV-Forschungsbericht. Köln: Verlag TÜV Rheinland 1984

[4.11] Wellinger, K.; Keil, E.: Versuche an Rohrbogen mit innerer und äußerer Wechsellast. Technische Mitteilungen des Wasserrohrkessel-Verbandes (1959)

[4.12] Palmgren, A.: Die Lebensdauer von Kugellagern. Z.VDI 68 (1924) 14, S. 339-341

[4.13] Miner, M. A.: Cumulative Damage in Fatigue. Journal of Applied Mechanics, Transactions ASME 12 (1945) S. 159-164

[4.14] Robinson, E. L.: Effect of Temperature Variations in the Long-Time Rupture strength of Steels. ASME Transactions, Vol. 74 (1952)

[4.15] Innendruckversuche an Rohrbogen aus warmfesten Stählen mit zusätzlich aufgebrachten Biegemomenten bei Temperaturen im Kriechbereich. Abschlussbericht Nr. 84700 00 000 zum BMBF Forschungsvorhaben 1500 727 der Staatlichen Materialprüfungsanstalt (MPA) der Universität Stuttgart: 1995

## Abschnitt 5

[5.1] Wölfel, J.; Räbisch, W.: Berechnung und Standardisierung von Flanschverbindungen. Chemische Technik 27 (1975) 8, S. 470-478

[5.2] Wölfel, J.: Berechnung von Flanschverbindungen auf der Basis von prEN 1591. 3R international 34 (1995) 5, S. 221-224

*Abschnitt 6*

[6.1] v. Jürgensonn, H.: Elastizität und Festigkeit im Rohrleitungsbau. 2. Auflage. Berlin / Göttingen / Heidelberg: Springer-Verlag 1953
[6.2] Wagner, W.: Rohrleitungstechnik. 6. Auflage. Würzburg: Vogel Verlag 1993.
[6.3] Wossog, G.; Manns, W.; Nötzold, G.: Handbuch für den Rohrleitungsbau. 9. Auflage. Berlin: Verlag Technik 1989

*Abschnitt 7*

[7.1] Lange, H.-W.: Temperaturmessung an Rohrschellen. 3R international 35 (1996) 12, S. 701–705
[7.2] Zulassungsbescheid Nr. Z-30.3-3 vom 03.04.1996 für nichtrostende Stähle des Instituts für Bautechnik, Berlin (entspricht technisch nahezu unverändert der früheren Zulassung Z-30-44.1)

*Abschnitt 8*

[8.1] Richtlinie 97/23/EG des Europäischen Parlaments und des Rates vom 29. Mai 1997 zur Angleichung der Rechtsvorschriften der Mitgliedsstaaten über Druckgeräte. Amtsblatt der Europäischen Gemeinschaften Nr. L 181 vm 09.07.1997, S. 1–55, einschließlich erster Berichtigung, veröffentlicht im Amtsblatt der Europäischen Gemeinschaft Nr. L 265 vom 27.09.1997, S. 110
[8.2] EJMA, Expansion Joints Manufacturers Association, Inc. New York: 1995
[8.3] Burgmann Engineering Manual 3, Kompensatoren. Katalog der Feodor Burgmann Dichtungswerke GmbH & Co., Wolfratshausen (1992)
[8.4] Nagel, K-W.; Untiedt, H-G.: Flexible Rohrverbindungen. chemieanlagen + verfahren (1994) 8, S, 42-44
[8.5] Stenflex Flexible Rohrverbindungen. Katalog der Stenflex Rudolf Stender GmbH, Hamburg (1993)
[8.6] Winzen, W.: Bestimmung der Knicklast einer axial kompensierten Rohrstrecke. Fernwärme international 6 (1977) 5, S. 212–217
[8.7] Kompensatoren - Das Handbuch der Kompensatorentechnik. Herausgegeben von der Witzenmann GmbH, Metallschlauch-Fabrik Pforzheim. Konstanz: Labhard Verlag 1994

*Abschnitt 9*

[9.1] Joukowsky, N.: Über den hydraulischen Stoß in Wasserleitungsrohren. Veröffentlichung der kaiserlichen Akademie der Wissenschaften, Petersburg 1898
[9.2] Limmer, J.: Druckstoßberechnung in elastischen Rohrleitungen unter Berücksichtigung der radialen Dehnung. Mitteilungen des Institutes für Hydraulik und Gewässerkunde der TU München, H. 16
[9.3] Meißner, E.: Einfluß des Rohrwerkstoffes auf die Dämpfung von Druckstoßschwingungen. Rohre, Rohrleitungsbau, Rohrleitungstransport (1977) S. 267 ff.
[9.4] Meder, G.; Rick, K.: Dynamische Druckstoßberechnung von Rohrleitungen mit Antwortspektren. 3R international 22 (1983) 9, S. 414-426
[9.5] Lange, H.; Korthauer, H.; Rychlik, G.: Fluid and Structural-Dynamic Piping Analyses. Vortragsmaterial der 12th International Conference on: STRUCTURAL MECHANICS IN REACTOR TECHNOLOGY (SMIRT) am 15./20.08.1993 in Stuttgart

# 18 Literaturverzeichnis

[9.6] Lange, H.; Gillessen, R.: Druckstoß in Rohrleitungssystemen - Entstehung und konstruktive Maßnahmen zur Minderung der Lastableitung. 3R international 28 (1989) 5, S. 317-323

[9.7] Lange, H.: Fluid- und strukturdynamische Analyse komplexer Rohrleitungssysteme im Vergleich zu Messungen. In: Sicherheit in der Rohrleitungstechnik. 2. Ausgabe, S. 126-137. Essen: Vulkan-Verlag 1996

[9.8] Heinsbroek, A. G. T. J.: Fluid-Structure Interaction in non-rigid pipeline systems - comparative analysis. Industrial Technology Division, Delft Hydraulics (Bezug: P.O.Box 177, NL-2600 MH Delft)

## Abschnitt 10

[10.1] Dehnpolster für Kunststoff-Mantelrohre. Unveröffentlichter Untersuchungsbericht des Fernwärme-Forschungsinstituts Hannover im Auftrag der AGFW (1988)

[10.2] Audibert, J. M. E.; Nyman, K. J.: Soil Restraint against horizontal Motion of Pipes. Journal of the Geotechnical Engineering Division (1977) October, S. 1119-1142

[10.3] Bartsch, D.; Buchner, P; Schleyer, A.; Eigner, G.: Bäume verursachen Verschiebungen bei kaltverlegten KMR-Leitungen. EUROHEAT & POWER - Fernwärme international 30 (2001) 5, S. 52-59

[10.4] Gößling, H.; Schleyer, A.: Neue Erkenntnisse zur Auslegung von erdverlegten Stahlrohrleitungen gegen bergbauliche Einwirkungen – Am Beispiel einer Fernwärmeleitung. 3R international 40 (2001) 10-11, S. 662-667

## Abschnitt 12

[12.1] Kiesselbach, G.: Die Belastungs- und Biegebeanspruchungsverhältnisse erdverlegter Gasrohrleitungen. 3R international 28 (1989) 5, S. 541-547

[12.2] Kiesselbach, G.: Zur Biegebeanspruchung erdverlegter Gasrohrleitungen durch Verkehrslasten. 3R international 29 (1990) 5, S. 264-271

[12.3] Kiesselbach, G.: Zur Biegebeanspruchung erdverlegter Rohrleitungen aufgrund von Unebenheiten der Rohrgrabensohle. 3R international 29 (1990) 10, S. 554–560

[12.4] Kiesselbach, G.: Zur Beanspruchung erdverlegter Rohrleitungen durch direkte Lasten. 3R international 30 (1991) 6-7, S. 388-394

[12.5] Kiesselbach, G.: Zum Beanspruchungs- und Verformungsverhalten von erdverlegten Kunststoffrohren. gwa Gas Wasser Abwasser 71 (1991) 8, S. 531-541

[12.6] Kiesselbach, G.: Neue Erkenntnisse zur Ursache und zum Auftreten von Rohrbrüchen in städtischen Versorgungsnetzen. In: Handbuch Wasserversorgungs- und Abwassertechnik, 4. Ausgabe. Essen: Vulkan-Verlag 1992

[12.7] Kiesselbach, G.: Erdverlegte PE-Rohre in der Gasversorgung, Strukturverhalten infolge mechanischer Einwirkungen - Stand der Erkenntnisse des ÖVGW-Forschungsprojektes. gww gas wasser wärme 47 (1993) 5, S. 146-149

[12.8] Kiesselbach, G.: Neuere Erkenntnisse zum Beanspruchungs- und Verformungsverhalten erdverlegter Rohrleitungen in der Wasserversorgung. 18. Wassertechnisches Seminar; Berichte aus Wassergüte- und Abfallwirtschaft. Technische Universität München 1993, Heft 115

[12.9] Kiesselbach, G.: Indirekte Lasten für erdverlegte Rohrleitungen. GUSSROHR-TECHNIK FGR 30, S. 38-42, Fachgemeinschaft Gußeiserne Rohre, 1995

[12.10] Kiesselbach, G.: Statische Berechnung erdverlegter Rohrleitungen. In: Handbuch Wasserversorgung- und Abwassertechnik, 5. Ausgabe, S. 119-176. Essen: Vulkan Verlag 1995

[12.11] Kiesselbach, G.: Rohrkennfelder für erdverlegte PE-Gasrohre. 3R international 36 (1997) 2-3, S. 136-142

[12.12] Kiesselbach, G.: Structural Analysis of Buried GRP-Pipes. Proceedings of the Second International Conference on GRP Pipes, Abu Dhabi Municipality 1997
[12.13] Kiesselbach, G.: Erdverlegte PE-Rohre in der Gasversorgung, Strukturverhalten infolge mechanischer Einwirkungen. ÖVGW-Forschungsbericht, Forschung Gas, Wien 1997
[12.14] Kiesselbach, G.: Statische Berechnung erdverlegter Gasrohrleitungen - Rohrkennfelder für PE-Rohre. ÖVGW-Forschungsbericht, Forschung Gas, Wien 1997
[12.15] Kiesselbach, G.: Die grabenlose im Vergleich zur konventionellen Leitungsverlegung aus geomechanischer und leitungstechnischer Sicht. 3R international 30 (1991) 9, S. 500-505
[12.16] Kiesselbach, G.; Köck, R.: Neue Gesichtspunkte bei der Dimensionierung und Berechnung von PE-Rohren in der Gas- und Wasserverteilung. In: PE-Rohrleitungen in der Gas- und Wasserverteilung, S. 47-67. Schriftenreihe des RBV. Essen: Vulkan Verlag 1997
[12.17] HOBAS GRP Pipelines Textbook; HOBAS Engineering GmbH, Austria 1995
[12.18] MARC User Information Volume A - F, MARC Analysis Research Corporation, Palo Alto
[12.19] Parkus, H.: Mechanik der festen Körper. 2. Auflage. Berlin/Göttingen/Heidelberg/ New York: Springer Verlag 1966
[12.20] Kiesselbach, G.: Statistisches Sicherheitskonzept für erdverlegte Rohrleitungen. gwa Gas-Wasser-Abwasser 72 (1992) 2, S. 76-80
[12.21] Papoulis, A.: Probability, Random Variables and Stochastic Processes. McGraw-Hill 1965
[12.22] Schueller, G. I.: Einführung in die Sicherheit und Zuverlässigkeit von Tragwerken. Berlin: Verlag Wilhelm Ernst & Sohn 1981

*Abschnitt 13*

[13.1] Bender, H.; Engel, H. O.: Geräuschberechnung bei Drosselung kompressibler Medien. Automatisierungstechnische Praxis 31 (1989) 2, S. 57-63
[13.2] Riedel, E.; Fritz, K. R.: Geräuschabstrahlung und Schalldämmung von Rohrleitungsanlagen. In: Sammelband VGB-Konferenz "Kraftwerkskomponenten 1986", S. 171-175
[13.3] Kretzschmar, H.: Geräuschmechanismen und Geräuschreduzierung bei Rohrleitungen in der Verfahrenstechnik. 3R international 21 (1982) 11, S. 585-589
[13.4] Seebold, J. G.: Lärmminderung in Prozeßleitungen. 3R international 22 (1983) 12, S. 612-616
[13.5] Autorenkollektiv: Lärmbekämpfung. Berlin: Verlag Tribüne 1971
[13.6] Hermanns, I.; Neugebauer, G.: Kleine Lärmmeßkunde für Betriebspraktiker; Kampf dem Arbeitslärm; Teil 2. 2. Auflage. Bochum: Verlag Technik & Information 1992
[13.7] Sechste Allgemeine Verwaltungsvorschrift zum Bundes-Immissionsschutzgesetz (Technische Anleitung zum Schutz gegen Lärm - TA Lärm) vom 26. August 1998. GMBl 1998 Nr. 26 S. 503-515
[13.8] Furusawa, A.; Ueda, T.: Schallschutzmaßnahmen in Chemieanlagen, besonders an Rohrleitungen. Haikan gijutsu Tokio 26 (1984) 11, S.111-114 und 131-133

*Abschnitt 14*

[14.1] Wossog, G.: Die Lärmentwicklung von Abblaseleitungen. Stadt- und Gebäudetechnik 24 (1970) 11, S. 292-295

# 18 Literaturverzeichnis

*Abschnitt 15*

[15.1]  Rau, U.: Methoden zur Reinigung des Wasser-Dampf-Kreislaufes. 3R international 15 (1976) 4, S. 146-151
[15.2]  Semykin: Diagramm zur Dampfmengenbestimmung beim Ausblasen von Dampfleitungen nach der Montage. Energetik - Moskau (1968) 1
[15.3]  Wossog, G.: Berechnung der Ausblasedampfmenge zum Reinigen von Rohrleitungen. 3R international 36 (1997) 4/5, S. 227-232
[15.4]  Kniewasser, W.; Weiher, R.: Reinigung von HD-Ringleitungen von Dampferzeugern in Anlehnung an die neue VGB-Richtlinie „Innere Reinigung von Wasserrohr-Dampferzeugeranlagen". VGB Power-Tech 82 (2002) 1, S. 57–62

# Stichwortverzeichnis

## A

Abblaseleitung 5, 395, 424
Abblaseschacht 424
Abblaseschalldämpfer 426, 430, 434
Abblasesystem 415
Abflachung 136
Abzweig 158, 180
Anbohr-T-Stück 316
Anbohrtechnik 316
Anschlussbelastung 211
Anschlusskraft 269
Arbeitsdruck 3
Arbeitsparameter 4
Arbeitstemperatur 3
Aufdachung 125, 136
Aufgesetzter Stutzen 161
Auflagerart 232
Auflast 369
Ausblaseleitung 5
Ausblasemündung 442
Ausblasesystem 437
Ausflussfunktion 74, 79
Aushalsung 162
Auskühlzeit 96
Ausladung 381
Ausländische Normen und Regeln 476
Auslegungsdruck, Ausblaseleitung 444
Auslegungsdruck, Zuführungsleitung 445
Äußerer Überdruck 166
Austrittsquerschnitt 430
Axiale Druckkraft 266

## B

Bauangabe 221, 231
Baumbestand 320
Begleitheizung 4
Behinderte Dehnung SMR 338
Berechnungs-Software 447
Berechnungsdruck 5
Berechnungsparameter 6
Berechnungstemperatur 6, 234
Berechnungstemperatur, Flanschverbindung 192
Bettungsdruck 333
Bettungskraft 326
Bettungswiderstand 329
Biegung 181
Boden- und Verfüllmaterial 364
Bodengruppe 363
Bogen, Ausschnitt 163
Bruchdehnung 101
Bruchmechanik 118
Bruchmechanisches Konzept 122

## D

Dampfabblaseleitung 78
Dampfleitung 44
Dauerkompensator KMR 310
Deckelkraft 159
Dehnpolster 310, 311, 328
Demontagehilfe 251
Deutsche Normen 467
Deutsche Regeln 472
Dichtheit, Flanschverbindung 194
Dichtungsart 193
Dichtungskennwert 193
Dreh-Kompensator 254
Drei-Gelenk-System 272
Druck- und Temperaturangabe 3
Druck- und Temperaturschwankung 184
Druck-Abminderungsfaktor 261
Druckdehnung 250
Druckstoß 288
Druckstoß-Analyse 282
Druckverlust 9
Durchflussgeschwindigkeit 9, 14
Durchflusskoeffizient 24, 398
Durchgesteckter Stutzen 161
Duroplastischer Kunststoff 108
Dynamische Kraft 288
Dynamische Viskosität 46

## E

E-Muffe 310
Ebener Boden 150
Eigengegendruck 426
Eigengewicht 337
Einbaubedingung 366
Einbaufall 367
Einbeulung 136
Eingesetzter Stutzen 161
Einmalkompensator 310
Einzelwiderstand 19, 421
Elastisches Einbeulen 168
Elastisches Verziehen 314
Elastizitätsbeiwert 204
Elastizitätsberechnung 206
Elastizitätsberechnung KMR 317
Elastizitätsfaktor 204
Elliptischer Boden 155
Erdbebenbelastung 226
Erdlast 369
Erdverlegte Druckrohrleitung 376
Erdverlegte Entwässerungsleitung 379
Erdverlegte Gasleitung 376
Erdverlegte Rohrleitung 359
Erdverlegtes Kunststoffmantelrohrsystem 305
Erdverlegtes Stahlmantelrohrsystem 335
Ermüdung 178
Erschöpfungsgrad 184
Erweiterung 148

## F

Faltenbildung 146
Federnde Aufhängung 232
Festigkeitsberechnung 127
Festigkeitshypothese 109
Festigkeitskennwert Kunststoff 113
Festpunkt 233
Festpunkt KMR 315
Festpunkt SMR 336
Festpunktkraft 266
Feststoffleitung 59
Feuerlöschwasserleitung 36
Flächenersatzverfahren 159
Flächenvergleichsmethode 136
Flächenvergleichsverfahren 132, 159
Flanschverbindung 94, 189, 198
Flexibilitätsfaktor 204

Fluid-Struktur-Wechselwirkung 296
Fluiddynamische Berechnung 279
Flüssigkeit 42
Flüssigkeitsleitung 42
Formabweichung 141
Froude-Zahl 68
Führung 274
Fundamentsenkung 251

## G

Gasgemisch 53
Gasleitung 51
Gedämmte Rohrleitung 92
Gefälleleitung 29
Geflanschter Boden 150
Gelenksystem 252
Gesamtmoment 208
Gestaltänderungs-Energie-Hypothese 109
Gewölbter Boden 155
Gleichzeitigkeitsfaktor 225
Gleitlager 233
Gummi-Kompensator 257
Gusseisen 106

## H

Halbkugelboden 155
Hängung 232
Hauptlast 230
Hauptprimärlast 206, 229
Hausabgang 315
Heißwasserleitung 36
Heterogene Förderung 65
Hochdruckgasleitung 54, 125
Hohler Rundnocken 173
Homogene Strömung 65

## I

Indirekte Last 372
Integraler Halterungsanschluss 171

## J

Joukowsky-Stoß 279

## K

Kaltverlegung KMR 307
Kaltwasserleitung 26

# Stichwortverzeichnis

Kavitation 403
Kennwert von Gas 52
Klöpperboden 155
KMR-System 305
Knagge 174
Kompensator 247, 267
Kompensator-Auswahl 253
Kondensatleitung 41
Konstanthänger 232
Konstruktionsdruck 4
Konstruktionstemperatur 5
Konvektion 88
Konventionelle Verlegung KMR 309
Koppelpunkt 336
Korbbogenboden 155
Kraft, Abblasevorgang 434
Kriechen 185
Kugelformstück 164

## L

L-Ausgleicher 219
Lagerstellenverschiebung 211
Lagerungsfall 366
Lärm 395
Lärmemission, Armatur 398
Lärmquelle 395
Lastfall "Behinderte Wärmedehnung" 223
Lastfall "Eigengewicht" 223
Lastfall "Innendruck" 226
Lastfall "Reibung" 224
Lastschwankung 179
Lokale Spannung 176
Luftleitung 51
Luftschallausbreitung 410

## M

Massenstrom 9
Massenstrom, Ausblasen 441
Mechanisches Vorspannen 341
Metall-Kompensator 260
Montagehilfe 251
Montagetoleranz 251

## N

Niederdruckgasleitung 55
Normalspannungs-Hypothese 111
Normen und Regeln 467

## O

Oberflächentemperatur 95
Ölleitung 42

## P

Plastisches Einbeulen 171
Pneumatische Förderung 67
Primäres Kriechen 103
Primärspannung 115
Prüfdruck 7
Pseudohomogene Strömung 65
PTFE-Kompensator 258
Pumpenausfall 291
PUR-Schaum 328

## R

Radaufstandsfläche 370
Ratingdruck 6
Ratingdruck, Flanschverbindung 200
Ratingparameter 7
Ratingtemperatur 7
Rechtecknocken 174
Reduzierung 148
Reibungskoeffizient 225, 318
Reibungskraft 268, 317
Reinigungseffekt 437
Reinigungsprovisorium 438
Reinigungsverfahren 437
Relaxation 186
Reynolds-Zahl 15, 63
Ringversteifung 169
Risswiderstand 120
Rohrbogen 136, 144, 147
Rohreigengewicht 368
Rohrhaltung 229
Rohrkennfeld, erdverlegtes Rohr 389
Rohrrauheit 17, 29
Rohrreibungsbeiwert 16
Rohrsystemanalyse 203
Rohrtoleranz 25
Rohrumschließendes Bauteil 233
Rohrwerkstoffkennwert 363
Rollenlager 233

## S

Sandbettung ohne Straßendecke 326
Sattwasser 39
Sattwasserentspannung 40

Sauberkeitskriterium 438
Schallabstrahlung 408
Schallausbreitung im Freien 431
Schalldämm-Maß 409
Schalldämmung 409
Schalldämmung, Rohrwand 399
Schallemission 446
Schallgeschwindigkeit 78, 280, 287, 401, 428, 444
Schallleistungspegel 431
Schallübertragung 408
Scheibenförmige Verstärkung 162
Schiebe-Kompensator 255
Schienenverkehrslast 371
Schnittkraft 384
Schnittmoment 384
Schrägstutzen 162
Schraubenanzugsmoment 201
Schubspannungs-Hypothese 110
Schweißnaht 104
Schweißnahtfaktor 133
Schwingung 250
Segmentkrümmer 146
Sekundäres Kriechen 104
Sekundärlast 207,
Sekundärspannung 115
Sicherheitskonzept, erdverlegte Rohrleitung 392
Sicherheitsventil 415
Siededruck 402
Siedewasser 39
Sinkgeschwindigkeit 59, 64
SMR-System 335
Software zur Auswahl von Kompensatoren 461
Software zur Berechnung erdverlegter Rohrleitungen 464
Software zur Berechnung von Dübelverbindungen 462
Software zur Berechnung von Standardhalterungen 462
Software zur Lebensdauerüberwachung 459
Software, Berechnung Flanschverbindung 453
Software, Berechnung Stahltragwerk 461
Software, Dämmung und Wärmeverlust 449

Software, Festigkeitsberechnung 450
Software, Rohrsystemanalyse 455
Software, strömungstechnische Berechnung 447
Sonderlast 231
Spannungs-Dehnungs-Schaubild 102, 130
Spannungsanalyse 177
Spannungsbeiwert 144, 147
Spannungserhöhungsfaktor 208
Spannungsnachweis an lokaler Stelle 117
Spannungsspitze 116
Spezifische Wärmekapazität 45
Spitzenspannung 180
Stabilitätsnachweis 243
Staustufe 429
Steifenmodul 364
Strahlung 89
Strahlungskoeffizient 90
Straßendecke 328
Straßenverkehrslast 369
Strömungsgeschwindigkeit 28, 266
Strömungslärm 397, 406
Stützkonstruktion 246
Stützweitenberechnung 234, 238
System "Fahrbahn-Boden-Rohr" 359

**T**

T-Abzweig KMR 315
Tauwasserbildung 96
Temperaturänderung 182
Temperaturbelastung 182
Tertiäres Kriechen 104
Thermisches Vorspannen 344
Thermoplastischer Kunststoff 107
Tragfähigkeit, Flanschverbindung 194
Trassierung KMR 313
Tunneleffekt 309
Turbinenschnellschluss 291

**U**

U-, Z- und L-Ausgleicher 216
U-Ausgleicher 217
Überlagerung von Schallleistungspegeln 411
Unrundheit 135, 141, 181

## Stichwortverzeichnis

### V

Vakuumbetrieb 4
Verdichtungsgrad 367
Verformungsbeiwert 382
Verformungsmodul 364
Vergleichsspannung 208
Verkehrslast 369
Verlegebedingung 366
Verlegemethode KMR 305
Verlegung mit Vorwärmung KMR 308
Verstellkraft 267
Viskosität 29, 42
Volumenstrom 9
Vorschweißblinddeckel 153
Vorspannen 312
Vorspannstrecke SMR 338, 339

### W

Wanddickenzuschlag 133
Wärmedehnung 210, 248
Wärmeleitfähigkeit 87
Wärmespannung 212
Wärmeübergangskoeffizient 88, 89
Wärmeverlust 85, 92, 94
Wärmeverlust, Zuschlag 95
Warmhalteleitung 71
Warmhaltemenge 71
Warmwasserleitung 36
Wasser 29
Wasserleitung 28
Wechselbeanspruchung 210
Weichstoff-Kompensator 256
Wellenbildung 145

Wirtschaftliche Dämmschichtdicke 97
Witterungsbedingte tiefe Temperatur 4
Wölfel-Methode 190

### Y

Y-Formstück 166

### Z

Z-Ausgleicher 218
Zähigkeitsabfall 102
Zeitabhängiger Festigkeitskennwert 103
Zeitstandbereich 104, 211
Zeitstanderschöpfung 187
Zentrifugalkraft 268
Zuführungsleitung, Sicherheitsventil 420
Zulässige Immissionsrichtwerte 433
Zulässige Schallemission 412
Zulässige Spannung 101, 111
Zulässige Spannung für Schweißnaht 242
Zulässige Spannung in Rohrhalterung 241
Zulässige Spannung in Schraubenverbindung 243
Zulässige Temperatur 2
Zulässiger Druck 2
Zulässiger Innendruck 198
Zuleitung 415
Zusatzkraftfaktor 191
Zusatzlast 231
Zusatzprimärlast 207, 229
Zwei-Gelenk-System 27
Zwischenüberhitzungsleitung 4
Zylindrisches Formstück 132

# Notizen

# Notizen

Notizen

Notizen

# Notizen

Notizen

Notizen